普通高等教育“十一五”国家级规划教材

高等学校计算机教材

# Visual C++实用教程

（Visual Studio 版）（第 6 版）

（含视频分析提高）

郑阿奇　主编

丁有和　郑　进　周怡君　编著

電子工業出版社

Publishing House of Electronics Industry

北京 • BEIJING

## 内 容 简 介

本书以 Microsoft Visual Studio 2008 为平台，在第 5 版的基础上进一步进行修改和完善，同时兼顾了 C++等级考试的内容及线上教学的需要。本书主要内容包括实用教程、习题、上机操作指导、综合应用实习、附录 5 个部分。实用教程包括 C++和 Visual C++，其中，C++部分包括基本 C++语言和 C++面向对象程序设计；Visual C++部分包括 MFC 基本应用程序的建立、窗口和对话框、常用控件、基本界面元素、文档和视图、图形和文本、数据库编程等，一般在讲解内容后紧跟实例。上机操作指导与实用教程配套和同步，通过实例先引导操作和编程，然后提出问题思考，或在原有基础上自己进行操作和编程练习。综合应用实习分为两个部分，分别对 C++和 Visual C++进行综合应用训练。

本书提供配套的教学课件、教程实例文件、实验文件、综合应用实习源文件等教学资源，可从华信教育资源网（www.hxedu.com.cn）免费下载。同时，本书提供配套微视频，可通过扫描书中二维码在线观看。

本书可作为大学本科、高职高专院校相关课程教材，也可供广大 Visual C++应用开发人员参考。



**图书在版编目（CIP）数据**

Visual C++实用教程：Visual Studio 版：含视频分析提高 / 郑阿奇主编. —6 版.
—北京：电子工业出版社，2020.12

ISBN 978-7-121-40005-6

Ⅰ. ①V⋯ Ⅱ. ①郑⋯ Ⅲ. ①C++语言－程序设计－高等学校－教材 Ⅳ. ①TP312.8

中国版本图书馆 CIP 数据核字（2020）第 234066 号

责任编辑：程超群
印　　刷：三河市兴达印务有限公司
装　　订：三河市兴达印务有限公司
出版发行：电子工业出版社
　　　　　北京市海淀区万寿路 173 信箱　　邮编：100036
开　　本：787×1 092　1/16　印张：27.5　字数：832.5 千字
版　　次：2000 年 8 月第 1 版
　　　　　2020 年 12 月第 6 版
印　　次：2024 年 8 月第 5 次印刷
定　　价：79.00 元

凡所购买电子工业出版社图书有缺损问题，请向购买书店调换。若书店售缺，请与本社发行部联系，联系及邮购电话：（010）88254888，88258888。

质量投诉请发邮件至 zlts@phei.com.cn，盗版侵权举报请发邮件至 dbqq@phei.com.cn。

本书咨询联系方式：（010）88254577，ccq@phei.com.cn。

# 前　言

Visual C++（简称 VC）是 Microsoft 公司推出的目前使用极为广泛的基于 Windows 平台的 C++可视化开发环境，我国高校计算机专业和有些非计算机专业已开设 C++和 VC 应用程序设计课程。为了方便教学，从 2000 年开始，我们以 Visual C++ 6.0（中文版）为平台，编写了《Visual C++实用教程》，得到高校教师、学生和读者的广泛认同，先后印刷 7 次。2003 年、2007 年、2012 年、2017 年我们分别出版了第 2 版～第 5 版，累计印刷 41 次、17 万多册。《Visual C++实用教程（第 5 版）》在第 4 版的基础上进行增减、修改和完善，同时兼顾 C++等级考试的内容，并提供了部分分析提高的视频。

从《Visual C++实用教程（第 6 版）》开始，我们分别推出 Visual C++ 6.0 版和 Visual Studio 版，其中，Visual C++ 6.0 版继续满足采用该平台用户的教学需要；Visual Studio 版用于适应 Windows 7 和 Windows 10 等操作系统下的 C++学习及 Visual C++应用程序开发用户需要。

为了兼顾两个平台用户教学内容和实例体系，《Visual C++实用教程（第 6 版）》采用 Microsoft Visual Studio 2008，结合近年来 VC 教学和应用开发的经验体会以及线上教学的需要，在第 5 版的基础上进一步进行修改和完善。

本书主要内容包括实用教程、习题、上机操作指导、综合应用实习、附录 5 个部分。实用教程包括 C++和 Visual C++，其中，C++部分包括基本 C++语言和 C++面向对象程序设计；Visual C++部分包括 MFC 基本应用程序的建立、窗口和对话框、常用控件、基本界面元素、文档和视图、图形和文本、数据库编程等。一般在讲解内容后紧跟实例，大小实例合理搭配，规模较大的实例和步骤较多的实例分阶段调试运行，使读者步步为营。凡标有【例 Ex_Xxx】的实例程序一般都比较完整，且一般都上机调试通过。习题除第 2 章和第 3 章突出 C++的基础内容外，其余各章的习题主要是为了弄清一些基本概念。上机操作指导与实用教程同步更新，使其系统主线更加明确，通过实例一步步引导读者进行操作和编程（先领进门），然后提出问题思考，并在原来的基础上让读者自己进行操作和编程练习。“试一试”“想一想”等环节，帮助学生更好地利用本教材学到更多的知识。另外，在第一个 C++程序上机时就有一个简单错误排查，在第一个 MFC 应用程序上机时介绍简单调试。综合应用实习仍然为 C++和 MFC 两种实现方式。

本教材各部分内容既相互联系又相对独立，并依据教学特点精心编排，方便用户根据自己的需要进行选择。

本书包含部分二维码，通过扫描这些二维码可在线观看相应的微课视频（建议在 WiFi 环境下操作），这些视频对教程实例和部分内容进行讲解，介绍解决问题的过程和要点，回答读者关心的问题，在分析的基础上提高，对解决问题和加深对 Visual C++的理解大有帮助。

本书提供配套的教学课件、教程实例文件、实验文件、综合应用实习源文件等教学资源，可从华信教育资源网（www.hxedu.com.cn）免费下载。

本教材不仅适合于教学，也非常适合于用 Visual C++编程及开发应用程序的用户学习和参考。阅读本书，结合上机操作指导进行练习，相信读者就能在较短的时间内基本掌握 Visual C++及其应用技术。

本书由丁有和（南京师范大学）、郑进（军事交通学院）、周怡君（东南大学）编写，郑阿奇（南京师范大学）对全书进行统稿。还有其他同志对本书的编写提供了许多帮助，在此一并表示感谢！

由于作者水平有限，不妥之处在所难免，恳请读者批评指正。

意见建议邮箱：easybooks@163.com

编　者

# 本书视频目录

（建议在 **WiFi** 环境下扫码观看）

| 序　号 | 视频内容及所在章节 | 时　长 |
|---|---|---|
| 1 | 1.1.2 C++程序创建 | 00:14:31 |
| 2 | 3.1.1 C++的 Windows 编程 | 00:12:40 |
| 3 | 3.2.1 设计一个 MFC 程序 | 00:11:02 |
| 4 | 4.2.1 创建一个基于对话框应用程序 | 00:06:04 |
| 5 | 4.2.3 添加对话框资源 | 00:07:09 |
| 6 | 4.2.5 添加和布局控件 | 00:07:01 |
| 7 | 4.2.6 创建对话框类并映射消息 | 00:05:00 |
| 8 | 4.3.1 使用对话框 | 00:07:11 |
| 9 | 4.3.2 非模式对话框 | 00:15:04 |
| 10 | 5.1.1 创建控件 | 00:11:08 |
| 11 | 5.1.2 控件的消息映射 | 00:08:43 |
| 12 | 5.1.3 使用控件变量_DDX_DDV | 00:14:44 |
| 13 | 5.2.3 示例：制作问卷调查 | 00:27:15 |
| 14 | 5.3.4 示例：用对话框输入学生成绩 | 00:25:53 |
| 15 | 5.4.3 示例：基本课程信息 | 00:22:30 |
| 16 | 5.5.3 示例：课程号和基本课程信息 | 00:22:47 |
| 17 | 6.1 示例：图标的使用 | 00:13:21 |
| 18 | 6.2 示例：更改并切换应用程序菜单（含快捷键） | 00:14:46 |
| 19 | 6.4 示例：将鼠标位置显示在状态栏的窗格上（含样式设置） | 00:10:05 |
| 20 | 7.2 示例：类对象序列化 | 00:26:14 |
| 21 | 8.3 示例：显示文档内容并改变字体 | 00:16:09 |

# 目　录

## 第1部分　实用教程

## 第2部分 习　题



## 第3部分 上机操作指导



## 第4部分 综合应用实习



## 第5部分 附　录

# 第1部分 实 用 教 程

## 第1章 基本C++语言

要学习和应用Visual C++，C++语言是基础。本章先来介绍基本C++语言，第2章介绍C++面向对象程序设计。第3章开始介绍Visual C++程序设计，其中MFC是其核心。

### 1.1 C++程序结构

C++是在20世纪80年代初期由贝尔实验室设计的一种在C语言的基础上增加了支持面向对象程序设计的语言，它是目前应用最为广泛的编程语言之一。

#### 1.1.1 C++概述

C++是在C语言基础上由贝尔实验室的Bjarne Stroustrup在1980年创建的。研制C++的一个重要目标是使C++首先成为一个更好的C，所以C++根除了C中存在的问题（如对数据类型检查机制比较弱，缺少支持代码重用的结构，是一种面向过程的编程语言等）。C++的另一个重要目标就是面向对象的程序设计，因此在C++中引入了类的机制。最初的C++被称为“带类的C”，1983年正式命名为C++（C Plus Plus）。以后经过不断完善，形成了目前的C++。

为了使C++具有良好的可移植性，1990年，美国国家标准局（ANSI）设立了ANSI X3J16委员会，专门负责制定C++标准。很快，国际标准化组织（ISO）也成立了自己的委员会（ISO-WG21）。同年，ANSI与ISO将两个委员会合并，统称为ANSI/ISO，共同合作进行标准化工作。经过长达9年的努力，C++的国际标准（ISO/IEC）在1998年获得了ISO、IEC（国际电工技术委员会）和ANSI的批准，这是第一个C++的国际标准ISO/IEC 14882:1998，常称为C++ 98、标准C++或ANSI/ISO C++。2003年，发布了C++标准第二版（ISO/IEC 14882:2003）；之后，于2011年、2014年、2017年相继发布了C++标准的相应版本。本书以ANSI/ISO C++内容为基础。

#### 1.1.2 C++程序创建

使用C++等高级语言编写的程序称为**源程序**。由于计算机只能识别和执行的是由0和1组成的二进制指令，称为**机器代码**，因而C++源程序是不能被计算机直接执行的，必须转换成机器代码才能被计算机执行。这个转换过程就是编译器对源代码进行**编译**和**连接**的过程，如图1.1所示。

事实上，对于C++程序的源代码编辑、编译和连接的步骤，许多C++编程工具软件商都提供了各自的C++集成开发环境（Integrated Development Environment，IDE），用于程序的一体化操作，常见的有Microsoft Visual Studio（Microsoft Visual C++）、各种版本的Borland C++（如Turbo C++、C++ Builder

等）、IBM Visual Age C++和 Bloodshed 免费的 Dev-C++等。但 Microsoft Visual Studio 在项目文件管理、调试以及操作的亲和力等方面都略胜一筹，从而成为目前使用极为广泛的基于 Windows 平台的可视化编程环境，如图 1.2 所示。

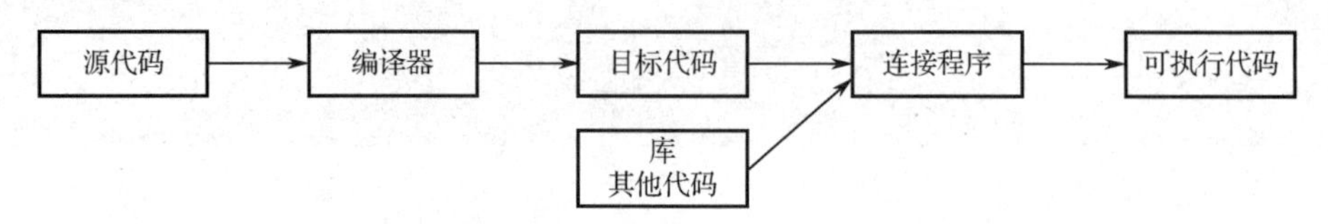


图 1.1　C++程序创建过程

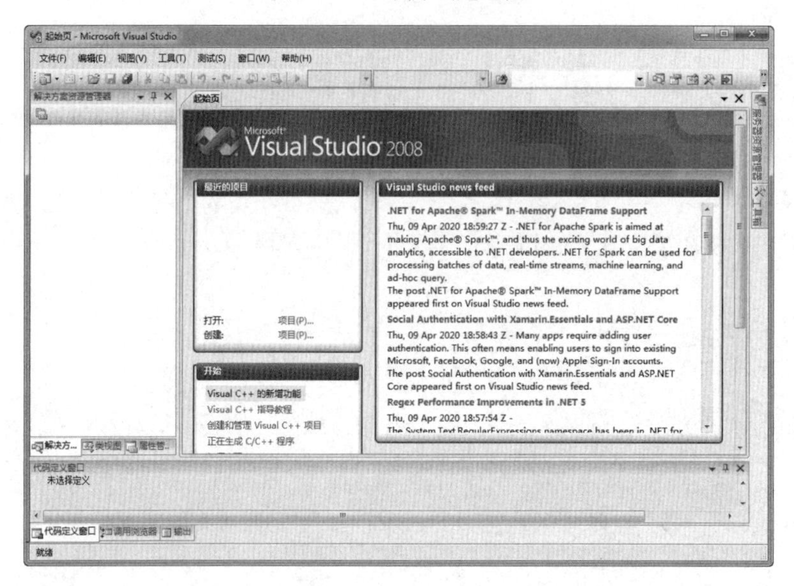


图 1.2　Microsoft Visual Studio 2008 简体中文专业版开发环境

Microsoft Visual Studio 2008（Visual C++）分为速成版、标准版、专业版和团队版四种，但其基本功能是相同的。本书以专业版作为 Windows 7 下的编程环境，为统一起见，仍称为 **Visual C++**。

需要说明的是，由于 Visual C++对应用程序是采用文件夹的方式来管理的，即一个程序项目的所有源代码、编译的中间代码、连接的可执行文件等内容均放置在与程序项目名同名的文件夹中及相应的 debug（调试）或 release（发行）子文件夹中（以后还会讨论），因此，在用 Visual C++进行应用程序开发时，一般先要创建一个工作文件夹，以便于集中管理和查找。下面以两个简单的 C++程序为例来说明在 Visual C++中创建和运行程序的一般过程。

**1. 创建工作文件夹**

创建 Visual C++的工作文件夹“D:\Visual C++程序”，以后所有创建的 C++程序都在此文件夹下。在文件夹“D:\Visual C++程序”下再创建一个子文件夹“第 1 章”用于存放第 1 章中的 C++程序；对于第 2 章程序就存放在子文件夹“第 2 章”中，以此类推。

**2. 启动 Microsoft Visual Studio 2008**

在 Windows 7（及其以后的操作系统）中，选择“开始”→“所有程序”→“Microsoft Visual Studio 2008”→“Microsoft Visual Studio 2008”菜单命令，运行 Microsoft Visual Studio 2008。

第一次运行时，会出现如图 1.3 所示的“选择默认环境设置”对话框。对于 Visual C++用户来说，为了能沿续以往的环境布局和操作习惯，应选中“Visual C++ 开发设置”，然后单击 启动 Visual Studio(S) 按钮。稍等片刻后，出现 Visual Studio 2008 开发环境（参见前图 1.2）。

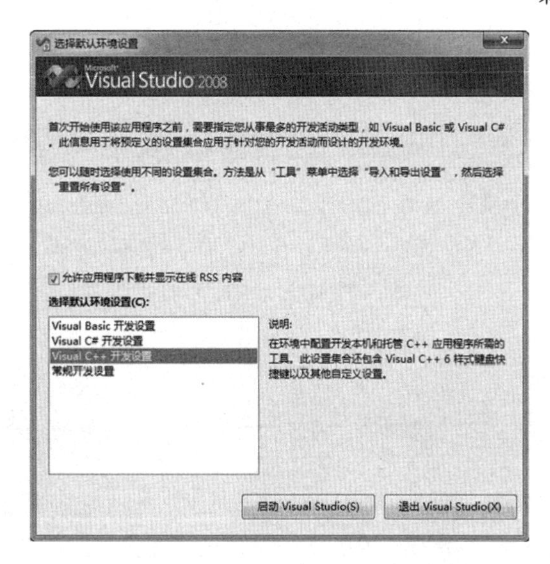


图 1.3　“选择默认环境设置”对话框

### 3. 创建项目并添加 C++程序

（1）选择“文件”→“新建”→“项目”菜单命令或按快捷键 Ctrl+Shift+N 或单击标准工具栏中的按钮，弹出“新建项目”对话框，在“项目类型”栏中选中“Visual C++”下的“Win32”，在“模板”栏中选中 Win32 控制台应用程序；单击 浏览(B)... 按钮，将项目位置定位到“D:\Visual C++程序\第 1 章”文件夹，在“名称”栏中输入项目名称“Ex_1”（双引号不输入）。**特别地，要去除对“创建解决方案的目录”复选框的选择**（不然文件夹的层次有点多），如图 1.4 所示。

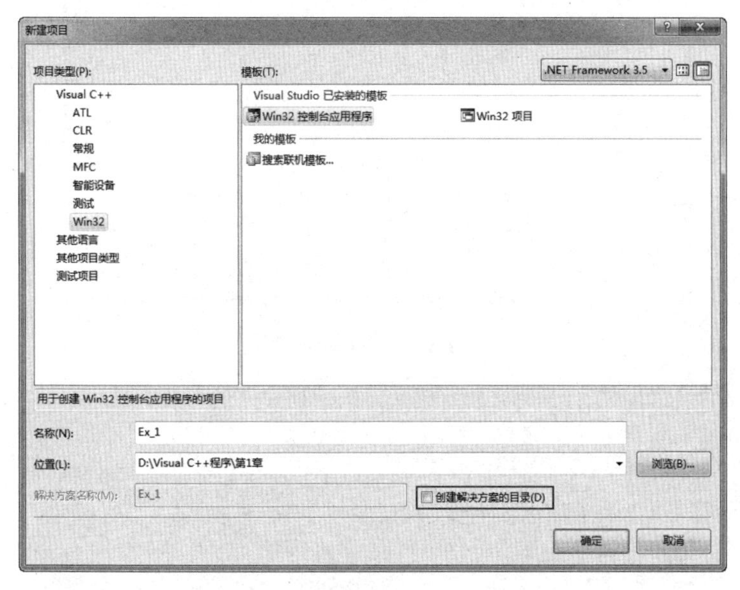


图 1.4　“新建项目”对话框

（2）单击 确定 按钮，弹出“Win32 应用程序向导”对话框，单击 下一步 > 按钮，进入“应用程序设置”界面，一定要选中“附加选项”中的“空项目”复选框，如图 1.5 所示。单击 完成 按钮，系统开始创建 Ex_1 空项目。

（3）选择“项目”→“添加新项”菜单命令或按快捷键 Ctrl+Shift+A 或单击标准工具栏中的按钮，弹出“添加新项”对话框，在“类别”栏中选中“Visual C++”下的“代码”，在“模板”栏中选中 C++ 文件(.cpp)，在“名称”栏中输入文件名称“Ex_Simple1”（双引号不输入，扩展名.cpp 可省略），如图 1.6 所示。

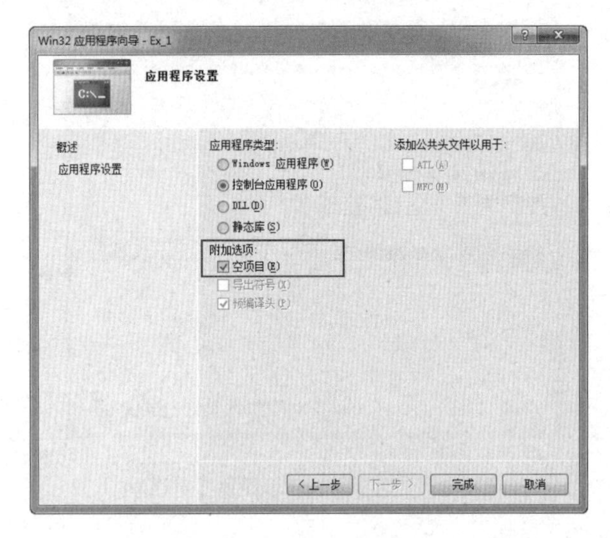


图 1.5 “应用程序设置”界面

图 1.6 添加 C++文件

（4）单击 添加(A) 按钮，在打开的文档窗口中输入下列 C++代码。

**【例 Ex_Simple1】** 一个简单的 C++程序。

```
/* 第一个简单的 C++程序 */
#include <iostream>
using namespace std;
int    main()
{
        double    r, area;                    // 定义变量 r、area 双精度整数类型
        cout<<"输入圆的半径：";                // 显示提示信息
        cin>>r;                               // 从键盘上输入的值存放到 r 中
        area = 3.14159 * r * r;               // 计算圆的面积，结果存放到 area 中
        cout<<"圆的面积为："<<area<<"\n";      // 输出结果
        return 0;                             // 指定返回值
}
```

**本书约定：**书中凡是单独代码及需要用户添加或修改的代码均用填充底纹来标明。

可以看到，输入的代码的颜色会相应地发生改变，这是 Microsoft Visual Studio 2008 的文本编辑器所具有的语法颜色功能，绿色表示注释（如//…），蓝色表示关键词（如 double）等。

**4. 生成和运行**

（1）选择“生成”→“生成解决方案”菜单命令或直接按快捷键 F7，系统开始对 Ex_Simple1.cpp 进行编译、连接，同时在输出窗口中显示编译和连接信息。当出现“Ex_1 - 0 个错误，0 个警告”时，表示可执行文件 Ex_1.exe 已经正确无误地生成了。

（2）选择“调试”→“开始执行（不调试）”菜单命令或直接按快捷键 Ctrl+F5，就可以运行刚刚生成的 Ex_1.exe 文件了，结果弹出下面的窗口（其属性已被修改过，具体修改方法见实验 1），它被称为控制台窗口，是一种为兼容传统 DOS 程序而设定的屏幕窗口：

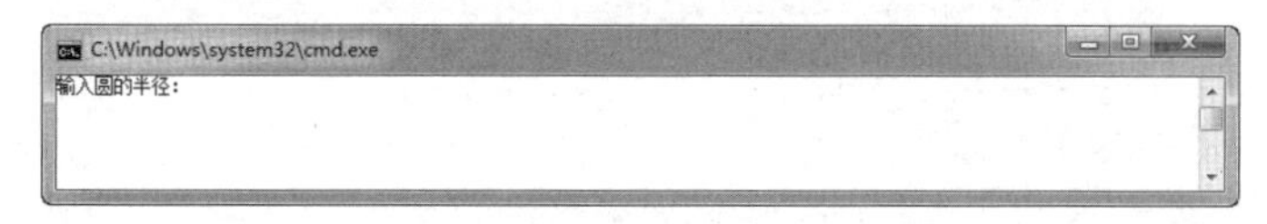


此时等待用户输入一个数。当输入 10 并按 Enter 键后，控制台窗口显示为：

其中，“请按任意键继续...”是 Visual C++自动加上去的，表示 Ex_1 运行后，按任意键将返回 Microsoft Visual Studio 2008 开发环境。这就是 C++应用项目的创建、编连和运行过程。

**本书约定：**在以后的 C++程序运行结果中，本书不再完整显示其控制台窗口，也不再显示“请按任意键继续...”，仅将控制台窗口中的运行结果列出。

**5. 添加和移除**

（1）再次选择“项目”→“添加新项”菜单命令或按快捷键 Ctrl+Shift+A 或单击标准工具栏中的按钮，弹出“添加新项”对话框，在“类别”栏中选中“Visual C++”下的“代码”，在“模板”栏中选中 C++ 文件(.cpp)，在“名称”栏中输入文件名称“Ex_Simple2”（双引号不输入，扩展名.cpp 可省略），单击 添加(A) 按钮，在打开的文档窗口中输入下列 C++代码。

**【例 Ex_Simple2】**　函数调用输出三角星阵。

```
// 输出星号的三角形阵列
#include <iostream>
using namespace std;
void ShowTriStars( int num );                    // 声明一个全局函数
int   main()
{
      ShowTriStars( 5 );                         // 函数的调用
      return 0;                                  // 指定返回值
}
void ShowTriStars( int num )                     // 函数的定义
{
      for (int   i = 0;   i < num;   i++)
      {
            for (int   j = 0;   j <= i;   j++)
                  cout<< '*';
            cout << '\n';
      }
}
```

（2）在源文件节点 Ex_Simple1.cpp 处右击鼠标，从弹出的快捷菜单中选中“从项目中排除”命令，如图 1.7 所示，这样就将最前面的 Ex_Simple1.cpp 源文件排除出项目。

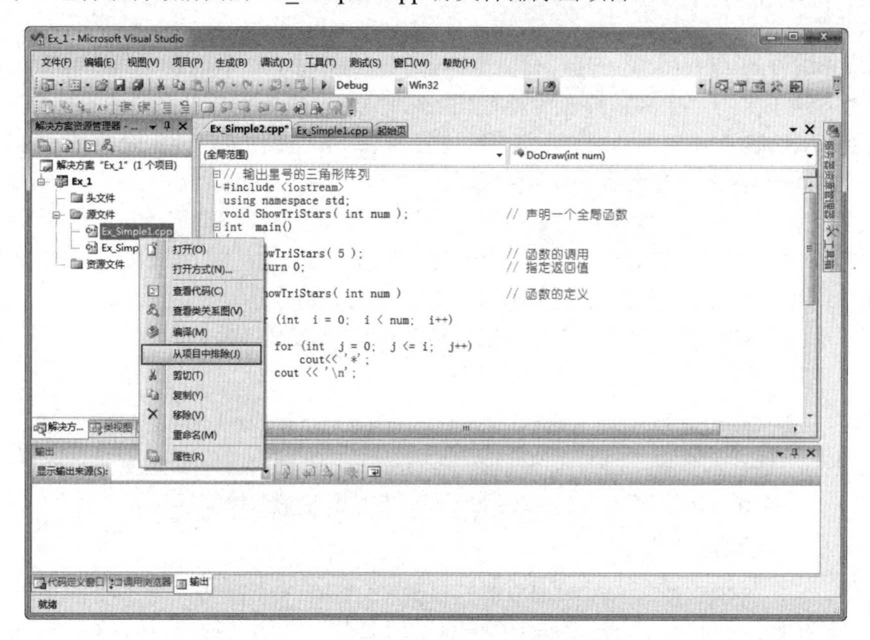

图 1.7　从项目中排除 C++源文件

（3）选择“调试”→“开始执行（不调试）”菜单命令或直接按快捷键 Ctrl+F5，弹出对话框，提示“此项目已过期，...，要生成它吗？”，单击 是(Y) 按钮，运行的结果如下面的窗口所示：

从上述过程可以看出，Microsoft Visual Studio 2008（Visual C++）是通过“项目”和“文件夹”来组织应用程序的，但它不支持单个 C++源文件的直接编译和运行。

## 1.1.3　C++代码结构

从上面的程序可以看出，一个 C++程序由编译预处理指令、数据或数据结构定义和若干个函数组成。在 C++中，一个程序可以存放在一个或多个文件中，这样的文件称为**源程序文件**。为了与其他文件相区别，每一个 C++源程序文件通常以.cpp 为扩展名。这里再以例 Ex_Simple1 的程序代码为例来分析 C++程序的组成和结构。

### 1. main 函数

代码中，main 表示**主函数**。由于每一个程序执行时都必须从 main 开始，而不管该函数在整个程序中的具体位置，因此每一个 C++程序或由多个源文件组成的 C++项目都必须包含一个且只有一个 main 函数。

在 main 函数代码中，“int main()”称为 main 函数的**函数头**。函数头下面是用一对花括号“{”和“}”括起来的部分，称为 main 函数的**函数体**，函数体中包括若干条语句（按书写次序依次顺序执行），每一条语句都由分号“;”结束。由于 main 函数名的前面有一个 int，它表示 main 函数的类型是整型，须在函数体中使用关键字 return，用来将其后面的值作为函数的返回值。

**2. 输入/输出**

main 函数体内的第 1 条语句用来定义两个双精度实型（double）变量 r 和 area；第 2 条语句是一条输出语句，它将双引号中的内容（即字符串）输出到屏幕上，cout 表示标准输出流对象（屏幕），“<<”是插入符，它将后面的内容插入 cout 中，即输出到屏幕上；第 3 条语句是一条输入语句，cin 表示标准输入流对象（键盘），“>>”是提取符，用来将用户输入的内容保存到后面的变量 r 中；“return 0;”之前的最后一条语句是采用多个“<<”将字符串和变量 area 的内容输出到屏幕中，后面的“\n”是换行符，即在内容输出后回车换行。

**3. 预处理指令**

#includc <iostrcam>称为预处理指令（即编译之前进行的指令，以后还会讨论）。iostream 是 C++编译器自带的文件，称为 **C++库文件**，它定义了标准输入/输出流的相关数据及其操作。由于程序用到了输入/输出流对象 cin 和 cout，因而需要用#include 将其合并到程序中。又由于它们总是被放置在源程序文件的起始处，所以这些文件被称为**头文件**（Header File）。C++编译器自带了许多这样的头文件，每个头文件都支持一组特定的“功能”，用于实现基本输入/输出、数值计算、字符串处理等方面的操作。

需要说明的是，为了避免与早期库文件相冲突，C++引用了“名称空间（namespace）”这个特性，并重新对库文件命名，去掉了早期库文件中的扩展名.h。又由于 iostream 是 C++标准组件库，它所定义的类、函数和变量均放入名称空间 std 中，因此需要在程序文件的开始位置处指定“using namespace std;”，以便能被后面的程序所使用。

事实上，cin 和 cout 就是 std 中已定义的流对象。若不使用“using namespace std;”，还应在调用时通过域作用运算符“::”来指定它所属的名称空间，即如下述格式来使用：

```
std::cout<<"输入圆的半径：";                    // ::是域作用运算符，表示 cout 是 std 域中的对象
std::cin>>r;
```

**4. 注释**

在 C++中，“/*...*/”之间的内容称为**块注释**，它可以出现在程序中的任何位置，包括在语句或表达式之间。而“//”只能实现单行的注释，它是将“//”开始一直到行尾的内容作为注释，称为**行注释**。注释的目的只是为了提高程序的可读性，对编译和运行并不起作用。正是因为这一点，所注释的内容既可以用汉字来表示（如 Ex_Simple1、Ex_Simple2 中的注释），也可以用英文来说明，只要便于理解就行。

一般来说，注释应在编程的过程中同时进行。不要指望程序编写完成后再补写注释，那样只会多花好几倍的时间，更为严重的是，时间长了以后甚至会读不懂自己写的程序。通常，在源文件头部进行源程序总体注释，如版权说明、版本号、生成日期、作者、内容、功能、与其他文件的关系、修改日志等；若是头文件，注释中还应有函数功能简要说明。对于函数来说，其注释往往包括函数的目的/功能、输入参数、输出参数、返回值、调用关系（函数、表）等。当然，像全局变量的功能、取值范围等也属于注释内容，但千万不要陈述那些一目了然的内容，否则会使注释的效果适得其反。

**5. 缩进**

缩进是指程序在书写时不要将程序的每一行都由第一列开始，而是在适当的地方加进一些空格，和注释一样，也是为了提高程序的可读性。通常，在书写代码时，每个“}”花括号占一行，并与使用花括号的语句对齐。花括号内的语句采用缩进书写格式，缩进量为 4 个字符（一个默认的制表符）。

除缩进外，程序代码还应注意对齐和分段（块）。所谓对齐，即同一层次的语句需从同一列开始，同一层次的左、右花括号分开时应在同一列上。而分段（块）是指将程序代码根据其作用、功能和属性分成几个段落或几个块，段落或块之间添加一个或多个空行。

## 1.2 数据类型和基本输入/输出

程序的数据必须依附其内存空间方可操作，每个数据在内存中存储的格式以及所占的内存空间的大小取决于它的数据类型。在 C++中，数据可分为变量或常量两种，是贯穿整个程序的一种流，依托 C++流的独特机制可对流进行输入/输出操作。

### 1.2.1 基本数据类型

为了能精确表征数据在计算机内存中的存储（格式及大小）和操作，C++将数据类型分为**基本数据类型**、派生类型和复合类型三类，后两种类型又可统称为**构造类型**，如图 1.8 所示。

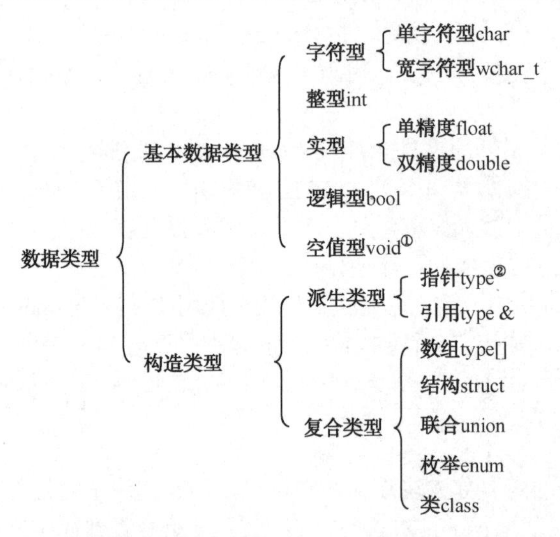


注：①void是空值型，用于描述没有返回值的函数以及通用指针类型；
②图中的type是指任意一个C++合法的数据类型。

图 1.8 C++的数据类型

基本数据类型是 C++系统内部预定义的数据类型；派生类型是将已有的数据类型定义成指针和引用；而复合类型是根据基本类型和派生类型定义的复杂数据类型，如数组、类、结构和联合等。这里先来介绍基本数据类型。

C++基本数据类型有 int（整型）、float（单精度实型）、double（双精度实型）、char（字符型）和 bool（布尔型，值为 false 或 true，而 false 用 0 表示，true 用 1 表示）等。

对于上述基本数据类型，还可以使用 short（短型）、long（长型）、signed（有符号）和 unsigned（无符号）来区分，以便更准确地适应各种情况的需要。表 1.1 列出了 C++各种基本数据的类型、字宽（以字节数为单位）和范围，它们是根据 ANSI 标准而定的。

short 只能修饰 int，写成 short int，也可省略为 short。大多数计算机中，short int 表示 2 个字节长。long 只能修饰 int 和 double。当为 long int 时，可略写成 long，一般表示 4 个字节。而 long double 一般表示 10 个字节。

signed（有符号）和 unsigned（无符号）只能修饰 char 和 int。实型 float 和 double 一般总是有符号的，因此不能用 unsigned 来修饰。char、short、int 和 long 可统称为整型，当没有任何修饰时，它们本身是有符号（signed）的。

表 1.1　C++的基本数据类型

| 类 型 名 | 类 型 描 述 | 字 宽 | 范 围 |
|---|---|---|---|
| bool | 布尔型 | 1 | false（0）或 true（1） |
| char | 单字符型 | 1 | -128～127 |
| unsigned char | 无符号字符型 | 1 | 0～255（0xff） |
| signed char | 有符号字符型 | 1 | -128～127 |
| wchar_t | 宽字符型 | 2 | 视系统而定 |
| short [int] | 短整型 | 2 | -32768～32767 |
| unsigned short [int] | 无符号短整型 | 2 | 0～65535（0xffff） |
| signed short [int] | 有符号短整型（与 short int 相同） | 2 | -32768～32767 |
| int | 整型 | 4 | -2147483648～2147483647 |
| unsigned [int] | 无符号整型 | 4 | 0～4294967295（0xffffffff） |
| signed [int] | 有符号整型（与 int 相同） | 4 | -2147483648～2147483647 |
| long [int] | 长整型 | 4 | -2147483648～2147483647 |
| unsigned long [int] | 无符号长整型 | 4 | 0～4294967295（0xffffffff） |
| signed long [int] | 有符号长整型（与 long int 相同） | 4 | -2147483648～2147483647 |
| float | 单精度实型 | 4 | 7 位有效位 |
| double | 双精度实型 | 8 | 15 位有效位 |
| long double | 长双精度实型 | 10 | 19 位有效位，视系统而定 |

注：① 表中的字宽和范围是 32 位系统的结果，若在 16 位系统中，则 int、signed int、unsigned int 的字宽为 2 个字节，其余相同。

② 表中的[int]表示可以省略，即在 int 之前有 signed、unsigned、short、long 时，可以省略 int 关键字。

## 1.2.2　字面常量

根据 C++程序中数据的可变性，可将数据分为常量和变量两大类。

在 C++程序运行过程中，其值始终保持不变的数据称为常量。常量可分字面常量和标识符常量两类。所谓字面常量，是指能直接从其字面形式即可判别其类型的常量，又称为直接量，如 1、20、0、-6 为整数，1.2、-3.5 为实数，'a'、'b'为字符，"C++语言"为字符串，等等。而标识符常量是用标识符来说明的常量，如 const 修饰的只读变量、#define 定义的常量以及 enum 类型的枚举常量等。下面先来介绍常用类型的字面常量的表示方法。

**1. 整数常量**

C++中的**整数**可用十进制、八进制和十六进制来表示。其中，八进制整数是以数字 0 开头且由 0～7 的数字组成的数。如 045，即$(45)_8$，表示八进制数 45，等于十进制数 37；-023 表示八进制数-23，等于十进制数-19。而十六进制整数是以 0x 或 0X 开头且由 0～9、A～F 或 a～f 组成的数。如 0x7B，即$(7B)_{16}$，等于十进制的 123；-0X1a 等于十进制的-26。

需要说明的是，整数后面还可以有后缀 l、L、u、U 等。以 L 或其小写字母 l 作为结尾的整数表示长整型（long）整数，如 78L、496l、0X23L、023l 等；以 U 或 u 作为结尾的整数表示无符号（unsigned）整数，如 2100U、6u、0X91U、023u 等；以 U（u）和 L（小写字母 l）的组合作为结尾的整数表示无符号长整型（unsigned long）整数，如 23UL、23ul、23LU、23lu、23Ul、23uL 等。若一个整数没有后缀，则可能是 int 或 long 类型，这取决于该整数的大小。

### 2. 实数常量

**实数**即**浮点数**，它有十进制数和指数两种表示形式。

十进制数形式是由整数部分和小数部分组成的（注意：必须有小数点），例如 0.12、.12、1.2、12.0、12.、0.0 都是合法的十进制数形式实数。

指数形式采用科学表示法，它能表示出很大或很小的实数，例如 1.2e9 或 1.2E9 都表示 $1.2\times10^9$。注意：字母 E（或 e）前必须有数字，且 E（或 e）后面的指数必须是整数。

需要说明的是，若实数是以 F（或 f）结尾的，如 1.2f，则表示单精度浮点数（float），以 L（或小写字母 l）结尾的，如 1.2L，表示长双精度浮点数（long double）。若一个实数没有任何后缀，则表示双精度浮点数（double）。

### 3. 字符常量

在 C++中，用单引号将其括起来的字符称为**字符常量**。如'B'、'b'、'%'、'␣'等都是合法的字符，但若只有一对单引号''则是不合法的，因为 C++不支持空字符常量。注意：'B'和'b'是两个不同的字符。

**本书约定：**阅读时由于书中的空格难以看出，故用符号␣表示一个空格。

除了上述形式的字符常量外，C++还可以用“\”开头的字符序列来表示特殊形式的字符。例如，在前面程序中的'\n'，它代表回车换行，即相当于按 Enter 键，而不是表示字母 n。这种将反斜杠（\）后面的字符转换成另外意义的方法称为转义序列表示法。'\n'称为**转义字符**，“\”称为转义字符引导符，单独使用没有任何意义，因此若要表示反斜杠字符，则应为'\\'。表 1.2 列出了常见的转义序列符。

表 1.2　C++中常见转义序列符

| 字符形式 | 含　义 | ASCII 码值 |
|---|---|---|
| \a | 响铃（BEL） | 07H |
| \b | 退格（相当于按 Backspace 键）（BS） | 08H |
| \n | 换行（相当于按 Enter 键）（CR、LF） | 0DH、0AH |
| \r | 回车（CR） | 0DH |
| \t | 水平制表（相当于按 Tab 键）（HT） | 09H |
| \v | 垂直制表（仅对打印机有效）（VT） | 0BH |
| \' | 单引号 | 27H |
| \" | 双引号 | 22H |
| \\ | 反斜杠 | 5CH |
| \? | 问号 | 3FH |
| *ooo* | 用 1 位、2 位或 3 位八制数表示的字符 | $(ooo)_8$ |
| \x*hh* | 用 1 位或多位十六制数表示的字符 | *hh*H |

需要说明的是，当转义字符引导符后接数字时，用来指定字符的 ASCII 码值。默认时，数字为八进制，此时数字可以是 1 位、2 位或 3 位。若采用十六进制，则需在数字前面加上 **X** 或 **x**，此时数字可以是 1 位或多位。例如，'\101'和'\x41'都是表示字符'A'；若为'\0'，则表示 ASCII 码值为 0 的字符。

> **注意：**
> ANSI/ISO C++中由于允许出现多字节编码的字符，因此对于“\x”或“\X”后接的 16 进制的数字位数已不再限制。

不是每个以转义序列表示的字符都是有效的转义字符，当 C++无法识别时，就会将该转义字符解释为原来的字符。例如，'\A'和'\N'等虽都是合法的转义字符，但却都不能被 C++识别，此时'\A'当作'A'，'\N'当作'N'。注意 0、'0'和'\0'的区别：0 表示整数，'0'表示数字 0 字符，'\0'表示 ASCII 码值为 0 的字符。

**4. 字符串常量***

C++语言除了允许使用字符常量外，还允许使用字符串常量。字符串常量是由一对双引号括起来的字符序列，简称为字符串。字符串常量中除一般字符外，还可以包含空格、转义序列符或其他字符（如汉字）等。例如：

```
"Hello, World!\n"
"C++语言"
```

都是合法的字符串常量。字符串常量的字符个数称为字符串长度。若只有一对双引号" "，则这样的字符串常量的长度为 0，称为空字符串。

由于双引号是字符串的分界符，因此，如果需要在字符串中出现双引号则必须用“\"”表示。例如：

```
"Please press \"F1\" to help!"
```

这个字符串被解释为：

```
Please press "F1" to help!
```

字符串常量应尽量在同一行书写，若一行写不下，可用“\”来连接，例如：

```
"ABCD \
EFGHIJK…"
```

注意：不要将字符常量和字符串常量混淆不清。它们主要的区别如下：

（1）字符常量是用单引号括起来的，仅占 1 个字节；而字符串常量是用双引号括起来的，至少需要 2 字节，但空字符串除外，它只需 1 个字节。例如，字符串"a"的字符个数为 1，即长度为 1，但它所需要的字节大小不是 1 而是 2，因为除了字符 a 需要 1 个字节外，字符串结束符“\0”还需 1 个字节。如图 1.9 所示。

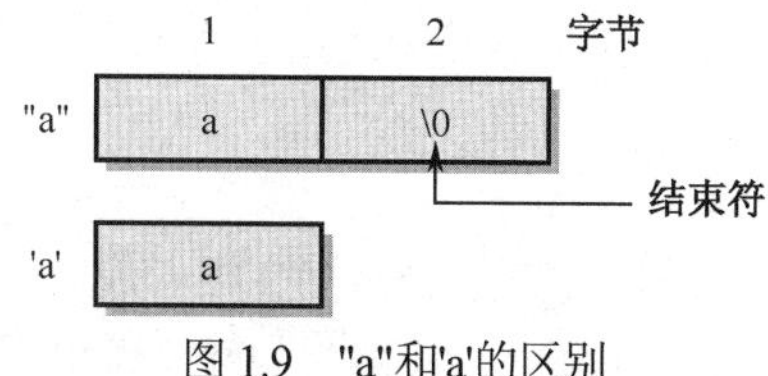


图 1.9　"a"和'a'的区别

（2）内存中，字符是以 ASCII 码值来存储的，因此可将字符看作整型常量的特殊形式，它可以参与常用的算术运算，而字符串常量则不能。例如：

```
int  b = 'a' + 3;                    // 结果 b 为 100，这是因为让'a'的 ASCII 码值 97 参与了运算
```

## 1.2.3　变量及其命名规则

变量是指在程序执行中其值可以改变的量。变量的作用是存取程序中需要处理的数据，它“对应”于某个内存空间。变量有 3 个基本要素：C++合法的变量名、变量的数据类型和变量的数值。

**1. 变量名命名**

变量名需用标识符来标识。所谓**标识符**，是用来标识变量名、函数名、数组名、类名、对象名等的有效字符序列。标识符命名的好坏直接影响程序的可读性，以下几个原则是命名时所必须注意的。

（1）合法性。C++规定标识符由大小写字母、数字字符（0～9）和下画线组成，且第一个字符必须

*书中表示字符串的一对双引号“”是汉字字符，在程序代码中是没有的，它们均用"来表示；类似地，一对单引号‘’在程序代码中均用'表示。注意：不要在程序代码中误用这些汉字字符。

为字母或下画线。任何标识符中都不能有空格、标点符号及其他字符，例如下面的标识符是**不合法**的：

93Salary， Peter.Ding， $178， #5f68， r<d

而且，用户定义的标识符不能和系统关键字同名。以下是 63 个 ANSI/ISO C++标准关键字：

| | | | | | | |
|---|---|---|---|---|---|---|
| asm | auto | bool | break | case | catch | char |
| class | const | const_cast | continue | default | delete | do |
| double | dynamic_cast | else | enum | explicit | export | extern |
| false | float | for | friend | goto | if | inline |
| int | long | mutable | namespace | new | operator | private |
| protected | public | register | reinterpret_cast | return | short | signed |
| sizeof | static | static_cast | struct | switch | template | this |
| throw | true | try | typedef | typeid | typename | union |
| unsigned | using | virtual | void | volatile | wchar_t | while |

需要说明的是，程序中定义的标识符除了不能与关键字同名外，还不能与系统库文件中预定义的标识符同名，如以前遇到的 cin、cout 等。最好也不要与这些关键字相似或只是大小写区别，如 Int、Long 等，虽然在 ANSI/ISO C++中是合法的，但在有的 C++系统中常将 Int 和 Long 看作 int 和 long 的别名，因此它们都是不好的标识符。再如，include、define 虽是合法的标识符，但是和预处理指令#include、#define 相似，也是不好的。

另外，C++中标识符的大小写是有区别的。例如，data、Data、DaTa、DATA 等都是不同的标识符。尽管如此，也不要将两个标识符定义成字母相同、大小写不同的标识符。

（2）有效性。有的编译器只能识别前 32 个字符，也就是说前 32 个字符相同的两个不同标识符被有的系统认为是同一个标识符，因此，虽然标识符的长度（组成标识符的字符个数）是任意的，但最好不要超过 32 个。

（3）易读性。在定义标识符时，若能做到“见名知意”就可以达到易读性的目的。实际上，许多程序员还采用“匈牙利标记法”来定义标识符（详见附录 D），这种方法是在每个变量名前面加上表示数据类型的小写字符，变量名中每个单词的首字母均大写。例如，用 nWidth 或 iWidth（宽度）表示整型（int）变量。

**2. 变量定义**

C++中，定义变量的最简单的方法是先写数据类型，然后是变量名，数据类型和变量名之间必须用 1 个或多个空格来分隔，最后以分号来结尾，即如下列格式的语句所示：

```
<数据类型>  <变量名 1>[，  <变量名 2>，  …];
```

**本书约定**：凡格式中出现的尖括号“<>”，表示括号中的内容是必须指定的；若为方括号“[ ]”，则表示括号中的内容是可选的。

数据类型是告诉编译器要为由变量名指定的变量分配多少字节的内存空间，以及变量中要存取的是什么类型的数据。例如：

```
double    x;                                // 双精度实型变量
```

这样，x 占用了 8 个字节连续的内存空间，存取的数据类型是 double 型，称为**双精度实型变量**。再如：

```
float     y;                                // 单精度实型变量
```

则 y 占用了 4 个字节连续的内存空间，存取的数据类型是 float 型，称为**单精度实型变量**。此后，变量 x、y 就分别对应于各自的内存空间，换句话说，开辟的那块 8 字节的内存空间就叫 x，那块 4 字节的内存空间就叫 y。又如：

```
int   nNum1;                                // 整型变量
int   nNum2;                                // 整型变量
int   nNum3;                                // 整型变量
```

则 nNum1、nNum2、nNum3 分别占用 4 个字节的内存空间，其存取的数据类型是 int 型，称为**整型变量**。由于它们都是同一类型的变量，因此为了使代码简洁，可将同类型的变量定义在一行语句中，不过同类型的变量名要用逗号（,）分隔（逗号前后可以有 0 个或多个空格）。例如，上述三个整型变量可这样定义（注意，只有最后一个变量 nNum3 的后面才有分号）：

```
int   nNum1,   nNum2,   nNum3;
```

需要说明的是，除了上述整型变量、实型变量外，还可有**字符型变量**，即用 char 定义的变量。这些都是最基本的数据类型变量。实际上，只要是合法的 C++数据类型，均可以用来定义变量。例如：

```
unsigned short    x,   y,   z;          // 无符号短整型变量
long double       pi;                   // 长双精度实型变量
```

在 C++中没有基本数据类型的字符串变量。**字符串变量**是用字符类型的数组、指针或 string 类来定义的（以后会讨论）。

在同一个**作用域**（以后会讨论）中，不能对同一个变量重新定义。或者说，在同一个作用域中，不能有两个或两个以上的变量名相同。例如：

```
float        x,   y,   z;          // 单精度实型变量
int          x;                    // 错误，变量 x 重复定义
float        y;                    // 错误，变量 y 重复定义
```

C++变量满足即用即定义的编程习惯。也就是说，变量定义的位置可以不固定，比较自由，但一定要遵循先定义后使用的原则。例如：

```
int          x;                    // 即用即定义
x = 8;
int          y;
cout<<z<<endl;                     // 错误，z 还没有定义
```

**3. 变量赋值和初始化**

变量一旦定义后，就可以通过变量名来引用变量进行赋值等操作。所谓**引用变量**，就是使用变量名对其内存空间进行操作。例如：

```
int   x,   y;
x = 8;                             // 给 x 赋值
y = x;                             // 将 x 的值赋给 y
```

“x = 8;”和“y = x;”都是变量的赋值操作，“=”是赋值运算符（以后还会讨论）。由于变量名 x 和 y 标识它们的内存空间，因此，“x = 8;”是将“=”右边的数据 8 存储到左边变量 x 的内存空间中。而“y = x;”这个操作则包括两个过程：先获取 x 的内存空间中存储的值（此时为 8），然后将该值存储到 y 的内存空间中。

当首次引用一个变量时，变量必须有一个确定的值，这个值就是变量的**初值**。在 C++中，可用下列形式或方法给变量赋初值。

（1）在变量定义后，使用赋值语句来赋初值，如前面的“x = 8;”和“y = x;”，使 x 和 y 的初值都设为 8。

（2）在变量定义的同时赋给变量初值，这个过程称为**变量初始化**。例如：

```
int          nNum1 = 3;            // 指定 nNum1 为整型变量，初值为 3
double       x = 1.28;             // 指定 x 为双精度实型变量，初值为 1.28
char         c = 'G';              // 指定 c 为字符变量，初值为'G'
```

（3）也可以在多个变量的定义语句中单独对某个变量进行初始化。例如：

```
int   nNum1,   nNum2 = 3,   nNum3;
```

表示 nNum1、nNum2、nNum3 为整型变量，但只有 nNum2 的初值为 3。

（4）在 C++中，变量的初始化还有另外一种形式，例如：

```
int   nX(1),   nY(3),   nZ;
```

表示 nX、nY 和 nZ 都是整型变量，其中紧随 nX 和 nY 后面的括号中的数值 1 和 3 分别为 nX 和 nY 的初值。

> **注意：**
> 一个没有初值的变量并不表示它所在的内存空间没有数值，而是取决于编译为其开辟内存空间时的处理方式，它可能是系统的默认值或者该内存空间以前操作后留下来的无效值。

### 1.2.4 标识符常量和枚举

标识符常量又称为**符号常量**，它是用一个标识符来代替一个数值。在程序中使用标识符常量不仅可以提高程序的可读性，且修改方便，并能预防程序出错。例如，整个程序的许多地方都要用一个常数 π，每次输入时都得写上 3.14159，如果在某些地方写错这个值，则会导致计算结果的错误。如果给这个 π 取一个名字 PI（标识符），每处需要的地方都用 PI 来代替，不仅输入方便，而且即便写错了，编译器一般还能检查出来。如果 π 值不需要太精确的话，那么只要修改 PI 的值（如 3.1416）即可。事实上，布尔常量中的 false 和 true 就是系统内部预定义的两个标识符常量，即用 false 代替 0，用 true 代替 1。

与变量相似，标识符常量在使用前同样需要先**声明**（所谓声明，就是告诉编译器这个标识符要被使用，声明不同于定义，由于声明时不会分配任何内存空间，所以可以声明多次。而定义不同，它是要分配内存空间的，只能定义一次）。

在 C++中，标识符常量可以有 const 修饰的只读变量、enum 类型的枚举常量以及#define 定义的常量 3 种形式。这里先介绍前面两种。

**1. const 只读变量**

在变量定义时，可以使用关键字 const 来修饰，这样的变量是只读的，即在程序中对其只能读取不能修改。由于不可修改，因而它是一个标识符常量，且在定义时必须初始化。需要说明的是，通常将标识符常量中的标识符写成大写字母以与其他标识符相区别。例如：

```
const    float  PI = 3.14159265f;          // 指定后缀 f 使其类型相同，否则会有警告错误
```

因 π 字符不能作为 C++的标识符，因此这里用 PI 来表示。PI 被定义成一个 float 类型的只读变量，由于 float 变量只能存储 7 位有效位精度的实数，因此 PI 的实际值为 **3.141592**。若将 PI 定义成 double，则全部接受上述数字。事实上，const 还可放在类型名之后（它们的区别以后会讨论），如下列语句：

```
double    const   PI = 3.14159265;
```

这样，就可在程序中使用 PI 这个标识符常量来代替 3.14159265 了。

**【例 Ex_PI】** 用 const 定义标识符常量。

```
#include <iostream>
using namespace std;
const   double   PI = 3.14159265;                  // PI 是一个只读变量
int   main()
{
      double r = 100.0, area;
      area = PI * r * r;                           // 引用 PI
      cout<<"圆的面积是："<<area<< "\n";
      return 0;                                    // 指定返回值
}
```

程序运行结果如下：

```
圆的面积是：31415.9
```

需要说明的是，由于 const 标识符常量的值不能修改，因此下列语句是错误的：

```
const   float   PI;                                // 此时 PI 的值无法确定
PI = 3.14159265;                                   // 错误：只读变量不能放在赋值运算符的左边
```

**2. 枚举常量**

枚举常量是在由关键字 enum 指定的枚举类型中定义的。枚举类型属于构造类型，它是一系列有标识符的整型常量的集合，因此每一个枚举常量实质上就是一个整型标识符常量。

定义时，先写关键字 enum，然后是要定义的枚举类型名、一对花括号（{}），最后以分号结尾。enum 和类型名之间至少要有一个空格，花括号里面是指定的各个枚举常量名，各枚举常量名之间要用逗号分隔。即如下列格式所示：

```
enum    <枚举类型名> {<枚举常量 1, 枚举常量 2, …>};
```

例如：

```
enum    COLORS { Black,   Red,   Green,   Blue,   White };
```

其中，COLORS 是要定义的枚举类型名，通常将枚举类型名写成大写字母以与其他标识符相区别。它有 5 个枚举常量（又称为**枚举值**、**枚举元素**），系统默认为每一个枚举常量对应一个整数，并从 0 开始，逐个增 1，也就是说枚举常量 Black 等于 0，Red 等于 1，Green 等于 2，以此类推。

当然，这些枚举常量默认的值可单独重新指定，也可部分指定，例如：

```
enum    COLORS { Black = 5,   Red,   Green = 3,   Blue,   White = 7 };
```

由于 Red 没有赋值，则其值自动为前一个枚举常量值增 1，即为 6。同样，Blue 为 4，这样各枚举常量的值依次为 5、6、3、4、7。以后就可直接使用这些枚举常量了。例如：

```
int n = Red;                                   // n 的初值为 6
cout << Blue + White <<endl;                   // 输出 11
```

事实上，在枚举定义时可不指定枚举类型名。例如：

```
enum { Black = 5,   Red,   Green = 3,   Blue,   White = 7 };
```

显然，用 enum 一次可以定义多个标识符常量，不像 const 和#define 每次只能定义一个。又如，若在程序中使用 TRUE 表示 true，FALSE 表示 false，则可定义为：

```
enum    { FALSE,   TRUE };                     // 或 enum    { TRUE = true,   FALSE = false };
```

### 1.2.5　基本输入/输出

通过前面程序的学习，已经对 C++的标准输入流 cin 和标准输出流 cout 有所了解。所谓“流”是从数据的传输（流动）抽象而来的，可以把它理解成“特殊的文件”。从操作系统的角度来说，每一个与主机相连的输入/输出设备都可以看作一个文件。例如，终端键盘是输入文件（输入流），屏幕和打印机是输出文件（输出流）。

cin 和 cout 是 C++预定义的流对象，分别代表标准输入设备（键盘）和标准输出设备（DOS 下指“屏幕”，Windows 下指“控制台窗口”）。这里进一步介绍用 cin 和 cout 进行输入/输出的方法。

**1. 输入流（cin）**

cin 可以获得多个键盘的输入值，它具有下列格式：

```
cin>> <变量 1 > [>> <变量 2>…];
```

其中，提取运算符“>>”可以连续写多个，每个提取运算符后面跟一个获得输入值的变量。例如：

```
int    nNum1, nNum2, nNum3;
cin>>nNum1>>nNum2>>nNum3;
```

要求从键盘上输入 3 个整数。输入时，必须在 3 个数值之间加上一些空格来分隔，空格个数不限，最后用回车键结束输入；或者在每个数值之后按回车键。例如，上述输入语句执行时，可以输入：

```
12␣9␣20↲
```

或

```
12↲
9↲
20↲
```

**本书约定**：书中出现的“↲” 表示输入一个回车键（Enter 键）。

此后变量 nNum1、nNum2 和 nNum3 的值分别为 12、9 和 20。需要说明的是，提取运算符“>>”能自动将 cin 输入值转换成相应变量的数据类型，但从键盘输入数据的个数、数据类型及顺序必须与 cin 中列举的变量一一匹配。例如：

```
char	c;
int	i;
float	f;
long	l;
cin>> c >> i >> f >> l;
```

上述语句运行后，若输入：

```
1␣2␣9␣20↵
```

则变量 c 等于字符'1'，i 等于 2，f 等于 9.0f，l 等于 20L。要注意输入字符时，不能像字符常量那样输入'1'，而是直接输入字符，否则不会有正确的结果。例如，输入：

```
'1'␣2␣9␣20↵
```

由于 c 是字符型变量，占一个字节，故无论输入的字符后面是否有空格，c 总是等于输入的第 1 个字符，即为一个单引号。此后，i 就等于“1'”，由于 i 需要输入的是一个整数，而此时的输入值有一个单引号，因而产生错误，但单引号前面有一个“1”，于是就将 1 提取给 i，故 i 的值为 1。一旦产生错误，输入语句运行中断，后面的输入就变为无效，因此 f 和 l 都不会有正确的值。

**2. 输出流（cout）**

与 cin 相对应，通过 cout 可以输出一个整数、实数、字符及字符串等，如下列格式所示：

```
cout<< <对象 1> [<< <对象 2> ...];
```

cout 中的插入运算符“<<”可以连续写多个，每个后面可以跟一个要输出的常量、变量、转义序列符及表达式等，例如：

【例 Ex_Cout】 cout 的输出及 endl 算子。

```
#include <iostream>
using namespace std;
int main()
{
	cout<<"ABCD\t"<<1234<<"\t"<<endl;
	return 0;						// 指定返回值
}
```

执行该程序，结果如下：

```
ABCD	1234
```

程序中，转义字符'\t'是制表符；endl 是 C++中控制输出流的一个操作算子（预定义对象），它的作用和'\n'等价，都是结束当前行并另起一行。

**3. 使用格式算子 oct、dec 和 hex**

格式算子 oct、dec 和 hex 能分别将输入或输出的整数转换成八进制、十进制及十六进制。

【例 Ex_ODH】 格式算子的使用。

```
#include <iostream>
using namespace std;
int main()
{
	int	nNum;
	cout<<"Please input a Hex integer:";
	cin>>hex>>nNum;
	cout<<"Oct\t"<<oct<<nNum<<endl;
	cout<<"Dec\t"<<dec<<nNum<<endl;
	cout<<"Hex\t"<<hex<<nNum<<endl;
	return 0;
}
```

程序运行后，其结果如下：

```
Please input a Hex integer:7b↲
Oct       173
Dec       123
Hex       7b
```

综上所述，在外观上，提取运算符“>>”和插入运算符“<<”好比是一个箭头，它表示流的方向。显然，将数据从 cin 流入到一个变量时，则流的方向一定指向变量，即如“cin…>>a”格式；而将数据流入到 cout 时，则流的方向一定指向 cout，即如“cout<<…”格式。

## 1.3　运算符和表达式

和其他程序设计语言一样，C++记述运算的符号称为“运算符”，运算符的运算对象称为“操作数”。对一个操作数运算的运算符称为“单目运算符”或称为“一元运算符”，如-a、--i；对两个操作数运算的运算符称为“双目（二元）运算符”，如 3+5；对三个操作数运算的运算符称为“三目（三元）运算符”，如 x?a:b。而表达式是由变量、常量等操作数通过一个或多个运算符组合而成的，一个合法的 C++表达式经过运算应有一个确定的值和类型。本节重点介绍 C++的常用运算符及其表达式。

### 1.3.1　算术运算符

数学中，算术运算包括加、减、乘、除、乘方及开方等。在 C++中，算术运算符可以实现这些数学运算。但乘方和开方没有专门的运算符，它们一般通过 pow（幂）、sqrt（平方根）等库函数来实现，这些库函数是在头文件 math.h 中定义的（见附录 C）。

由操作数和算术运算符构成的**算术表达式**常用于数值运算，与数学中的代数表达式相对应。C++算术运算符有双目的加减乘除四则运算符、求余运算符及单目的正负运算符，如下所示：

```
+          正号运算符，如+4，+1.22 等
-          负号运算符，如-4，-1.22 等
*          乘法运算符，如 6*8，1.4*3.56 等
/          除法运算符，如 6/8，1.4/3.56 等
%          模运算符或求余运算符，如 40%11 等
+          加法运算符，如 6+8，1.4+3.56 等
-          减法运算符，如 6-8，1.4-3.56 等
```

在算术表达式中，C++算术运算符和数学运算的概念及运算方法是一致的，但要注意以下几点：

（1）除法运算。两个整数相除，结果为整数，如 7/5 的结果为 1，它是将小数部分去掉，而不是四舍五入。若除数和被除数中有一个是实数，则进行实数除法，结果是实型，如 7/5.0、7.0/5、7.0/5.0 的结果都是 1.4。

（2）求余运算。求余运算要求参与运算的两个操作数都是整型，其结果是两个数相除的余数。例如，40%5 的结果是 0，40%11 的结果是 7。要理解负值的求余运算，例如，40%-11 的结果是 7，-40%11 的结果是-7，-40%-11 的结果也是-7。

（3）优先级和结合性。在算术表达式中，先乘除后加减的运算规则是由运算符的优先级来保证的。其中，单目的正负运算符的优先级最高，其次是乘、除和求余，最后是加、减。优先级相同的运算符，则按它们的结合性进行处理。所谓运算符的结合性是指运算符和操作数的结合方式，它有“从左至右”和“从右至左”两种。“从左至右”的结合是指运算符左边的操作数先与运算符相结合，再与运算符右边的操作数进行运算；而“自右至左”的结合次序刚好相反，它是将运算符右边的操作数先与运算符相结合。在算术运算符中，除单目运算符外，其余运算符的结合性都是从左至右的。要注意，只有当两个同级运算符共用一个操作数时，结合性才会起作用。例如，2*3 + 4*5，则 2*3 和 4*5 不会按其结

合性来运算，究竟是先计算 2*3 还是 4*5 由编译器来决定；若有 2*3*4，则因为两个“*”运算符共用一个操作数 3，因此按其结合性来运算，即先计算 2*3，然后再与 4 进行“*”运算。

（4）关于书写格式。在使用运算符进行数值运算时，往往要在双目运算符的两边加上一些空格，否则编译器会得出与自己理解完全不同的结果。例如：

```
-5*-6--7
```

和

```
-5␣*␣-6␣-␣-7                                    // 注意空格
```

结果是不一样的。前者发生编译错误，而后果的结果是 37。但对于**单目运算符**来说，虽然也可以与操作数之间存在空格，但最好与操作数写在一起。事实上，在书写 C++表达式时，应尽可能有意识地加上一些圆括号，这不仅能增强程序的可读性，而且尤其当对优先关系犹豫时，加上括号是保证正确结果的最好方法，因为括号运算符“( )”的优先级几乎是最高的。

## 1.3.2 赋值运算符

前面已经多次遇到过赋值操作的示例。在 C++中，赋值运算是使用赋值符“=”来操作的，它是一个使用最多的双目运算符。这里就左值和右值、数值溢出、复合赋值、多重赋值以及赋值过程中的运算次序等几个方面的内容来讨论。

### 1. 左值和右值

赋值运算符“=”的结合性从右到左，其作用是将赋值符右边操作数的值存储到左边的操作数所在的内存空间中，显然，左边的操作数应是一个**左值**。

所谓左值（L-Value，L 是 Left 的首字母），即出现在赋值运算符左边（Left）的操作数，但它还必须满足两个条件：一是必须对应于一块内存空间；二是所对应的内存空间中的内容必须可以改变，也就是说左值的值必须可以改变。

这就是说，用 const 定义的只读变量，虽有一个确定的内存空间，但它的值不能被改变，因此 const 变量不能作为左值。同样，字面常量等由于不能被修改，因此也不能作为左值。大多数表达式如“a+b”，由于不能明确对应于一块内存空间，因而也不能成为左值。

与左值相对的是**右值**，即出现在赋值运算符右边的操作数，它可以是函数、常量、变量以及表达式等，但右边的操作数必须有具体的值且可以进行取值操作。

### 2. 数值截取和数值溢出

每一个合法的表达式在求值后都有一个确定的值和类型。对于赋值表达式来说，其值和类型就是左值的值和类型。例如：

```
float   fTemp;
fTemp = 18;                                    // fTemp 是左值，整数 18 是右值
```

对实型变量 fTemp 的赋值表达式“fTemp = 18;”完成后，该赋值表达式的类型是左值 fTemp 的类型 float，表达式的值经类型自动转换后变成 18.0f，即左值 fTemp 的值和类型。

显然，在赋值表达式中，当右值的数据类型低于左值的数据类型时，C++会自动进行数据类型的转换。但若右值的数据类型高于左值的数据类型，且不超过左值的范围时，则 C++会自动进行**数值截取**。例如，若有“fTemp = 18.0;”，因为常量 18.0 默认时是 double 型，高于 fTemp 指定的 float 型，但 18.0 没有超出 float 型数值范围，因而此时编译后会出现警告，但不会影响 fTemp 结果的正确性。

但如果一个数值超出一个数据类型所表示的数据范围时，则会出现**数值溢出**。数值溢出的一个典型的特例是当某数除以 0，这种严重情况编译器将报告错误并终止程序运行。而超出一个数据类型所表示的数据范围的溢出在编译时往往不会显示错误信息，也不会引起程序终止，因此在编程时需要特别小心。

【例 Ex_OverFlow】 一个整数溢出的例子。

```
#include <iostream>
using namespace std;
int  main()
{
        short  nTotal, nNum1, nNum2;
        nNum1 = nNum2 = 1000;
        nTotal = nNum1*nNum2;
        cout<<nTotal<<"\n";
        return 0;
}
```

程序运行后，输出 nTotal 的计算结果 16960，这个结果与想象中的 1000000 相差太远。这是因为，任何变量的值在计算机内部都是以二进制存储的，nNum1*nNum2 的 1000000 结果很显然超过了短整型数的最大值 32767，将 1000000 放入 nTotal 中，就必然产生高位溢出，也就是说，1000000 的二进制数$(11110100001001000000)_2$中只有后面 16 位的$(0100001001000000)_2$有效，结果是十进制的 16960。这个问题可以通过改变变量的类型来解决，例如，将 nTotal 类型定义成整型（int）或长整型（long）。

### 3. 复合赋值

在 C++中，规定了下列 10 种复合赋值运算符：

```
+=      加赋值          &=      位与赋值
-=      减赋值          |=      位或赋值
*=      乘赋值          ^=      位异或赋值
/=      除赋值          <<=     左移位赋值
%=      求余赋值        >>=     右移位赋值
```

它们都是在赋值符“=”之前加上其他运算符而构成的，其中算术复合赋值运算符的含义如表 1.3 所示，其他复合赋值运算符的含义均与其相似。

表 1.3　算术复合赋值运算符

| 运　算　符 | 含　　义 | 例　　子 | 等 效 表 示 |
|---|---|---|---|
| += | 加赋值 | a += b | a = a + b |
| -= | 减赋值 | a -= b | a = a - b |
| *= | 乘赋值 | a *= b | a = a * b |
| /= | 除赋值 | a /= b | a = a / b |
| %= | 求余赋值 | nNum %= 8 | nNum = nNum % 8 |

尽管复合赋值运算符看起来有些古怪，但它却能简化代码，使程序精练，更主要的是在编译时能产生高效的执行代码。需要说明的是，在复合赋值运算符之间不能有空格，例如 += 不能写成 +␣=，否则编译时将提示出错信息。复合赋值运算符的优先级和赋值符“=”的优先级一样，在 C++的所有运算符中只高于逗号运算符，而且复合赋值运算符的结合性也和赋值符“=”一样，也是从右至左的。因此，在组成复杂的表达式时要特别小心。例如：

```
a *= b - 4/c + d
```

等效于

```
a = a * ( b - 4/c + d)
```

而不等效于

```
a = a * b - 4/c + d
```

### 4. 多重赋值

所谓**多重赋值**是指在一个赋值表达式中出现两个或更多的赋值符“=”，例如：

```
nNum1 = nNum2 = nNum3 = 100             // 若结尾有分号“;”，则表示是一条语句
```

由于赋值符的结合性是从右至左的，因此上述的赋值是这样的过程：首先对赋值表达式 nNum3 = 100 求值，即将 100 赋值给 nNum3，同时该赋值表达式的结果是其左值 nNum3，值为 100；然后将 nNum3 的值赋给 nNum2，这是第二个赋值表达式，该赋值表达式的结果是其左值 nNum2，值也为 100；最后将 nNum2 的值赋给 nNum1，整个表达式的结果是左值 nNum1。

由于赋值是一个表达式，因而几乎可以出现在程序的任何地方。由于赋值运算符的等级较低，因此这时的赋值表达式两边应加上圆括号。例如：

```
a = 7 + (b = 8)                       // 赋值表达式值为 15，a 值为 15，b 值为 8
a = (c = 7) + ( b = 8)                // 赋值表达式值为 15，a 值为 15，c 值为 7，b 值为 8
( a = 6 ) = (c = 7) + ( b = 8)        // 赋值表达式值为 15，a 值为 15，c 值为 7，b 值为 8
```

要注意上面最后一个表达式的运算次序：由于圆括号运算符的优先级在该表达式中是最高的，因此先运算( a = 6 )、(c = 7)和( b = 8)，究竟这 3 个表达式谁先运算，取决于编译器。由于这三个表达式都是赋值表达式，其结果分别为它们的左值 a、c 和 b，因此整个表达式等效于 a = c + b，结果为 a=15、b=8、c=7，整个表达式的结果是左值 a。

需要说明的是，当赋值表达式出现在 cout 中时，需将赋值表达式两边加上圆括号。例如：

```
cout<<(a=6)<<endl;                    // 输出结果为 6
cout<<(a=6) + (b=5)<<endl;            // 输出结果为 11
```

## 1.3.3 数据类型转换

在进行表达式运算时，往往要遇到混合数据类型的运算问题。例如，一个整数和一个实数相加就是一个混合数据类型的运算。C++采用两种方法对其数据类型进行转换：一种是自动转换，另一种是强制转换。

### 1. 自动转换

**自动转换**是将数据类型按从低到高的顺序自动进行转换，如图 1.10 所示，箭头的方向表示转换的方向。由于这种转换不会丢失有效的数据位，因而是安全的。

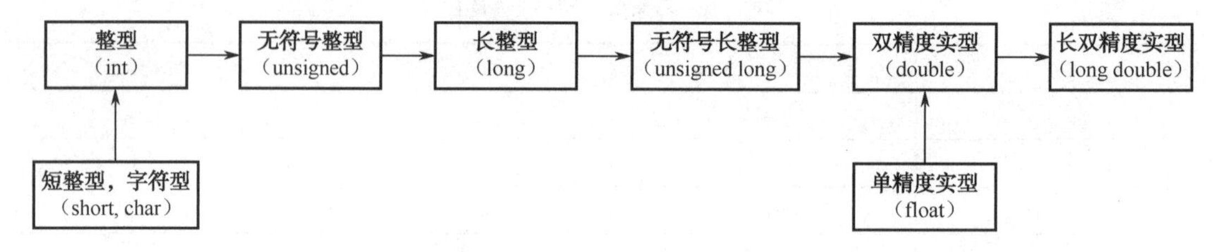


图 1.10 数据类型转换的顺序

例如，10 + 'a' + 2*1.25 - 5.0/4L 的运算次序如下：

（1）进行 2*1.25 的运算，将 2 和 1.25 都转换成 double 型，结果为 double 型的 2.5。

（2）进行 5.0/4L 的运算，将长整型 4L 和 5.0 都转换成 double 型，结果值为 1.25。

（3）进行 10 + 'a' 的运算，先将'a'转换成 int 型整数 97，运算结果为 107。

（4）整数 107 和 2.5 相加，先将整数 107 转换成 double 型，结果为 double 型，值为 109.5。

（5）进行 109.5 - 1.25 的运算，结果为 double 型的 108.25。

要注意，由于不同的编译器对表达式的优化有所不同，因此上述运算次序可能不一样，但结果是相同的。

### 2. 强制转换

**强制转换**是在程序中通过指定数据类型来改变如图 1.10 所示的类型转换顺序，将一个变量从其定义的类型改变成另一种不同的类型。由于这种转换可能会丢失有效的数据位，因而是不安全的。在强制转换操作时，C++有下列两种基本格式：

```
(<类型名>)<表达式>
<类型名>(<表达式>)
```

这里的类型名是任何合法的 C++数据类型，如 float、int 等。通过类型的强制转换可以将表达式（含常量、变量等）转换成类型名指定的类型。例如：

```
double   f = 3.56;
int   nNum;
nNum = (int)f;                         // 强制使 double 转换成 int，小数部分被截去
```

或者

```
nNum = int(f);                         // 或者 nNum = (int)(f);
```

都是将 nNum 的值变为 3。需要注意的是，当对一个表达式进行强制转换时，需将表达式用圆括号括起来。例如，(int)(x+y)是将表达式(x+y)转换为 int 型；若为(int)x+y，则是将 x 转换为 int 型后再与 y 相加，表达式最后的类型是否是 int 型还取决于 y 数据类型。

## 1.3.4　关系运算符

关系运算是逻辑运算中比较简单的一种。所谓**关系运算**实际上是比较两个操作数是否符合给定的条件。在 C++中，若符合条件（“真”）或为非 0，则关系表达式值为 bool 型的 true；否则条件为“假”或为 0 时，则为 bool 型的 false。由于关系运算需要两个操作数，所以关系运算符都是双目运算符，其结合性是从左至右的。C++提供了下列 6 种关系运算符：

```
<          小于，若表达式 e1 < e2 成立，则结果为 true，否则为 false
<=         小于等于，若表达式 e1 <= e2 成立，则结果为 true，否则为 false
>          大于，若表达式 e1 > e2 成立，则结果为 true，否则为 false
>=         大于等于，若表达式 e1 >= e2 成立，则结果为 true，否则为 false
==         相等于，若表达式 e1 == e2 成立，则结果为 true，否则为 false
!=         不等于，若表达式 e1 != e2 成立，则结果为 true，否则为 false
```

其中，前 4 种的优先级相同且高于后面的 2 种。例如，若有表达式：

```
a == b > c
```

则等效于 a == ( b > c )。若设整型变量 a=3、b=4、c=5，则表达式中，先运算 b>c，结果该条件不满足，值为 false（以 0 表示），然后再运算 a==0，显然也为 false，故整个表达式的值是 false。

需要注意的是，关系运算符“==”不要误写成赋值运算符“=”。为了避免这种情况发生，作为技巧，若操作数有常量，则应将常量写在“==”的左边，如“3==a”，这样即使不小心写成“3=a”，由于 3 不能作为左值，因此编译时会检测出它的语法错误。

注意“a<c<b”的形式。在数学中，一个条件可以是“a<c<b”的形式，表示 c 大于 a 且小于 b。在 C++中，这样的条件表达式是合法的，但含义却是：由于关系运算符的结合性是从左至右，因而等效于“(a<c)<b”表达式，即先运算“a<c”，它的结果是 false 或 true，即为 0 或 1，这时整个表达式就变成了“0<b”或“1<b”，最后结果取决于 b 的值。

注意混合表达式的运算次序和结果。由于 true 或 false 可以看成是 0 或 1 的整数，因此关系表达式可以参与算术运算，此时要注意关系运算符的优先级低于算术运算符。例如“2+3<4-1”，则先计算“2+3”和“4-1”，即为“5<3”，结果为 false；若为“2+(3<4)-1”，则有“2+0-1”，结果为值 1。

## 1.3.5　逻辑运算符

关系运算符所构成的条件一般比较简单，若需要满足多个条件，则需使用逻辑运算符。例如，对于数学中的“a<c<b”，则相应的 C++表达式可写成“(a<c)&&(c<b)”，其中的“&&”就是一个 C++逻辑运算符。逻辑运算符用于将多个关系表达式或逻辑量（true 或 false）组成一个逻辑表达式。同样，逻辑表达式的结果也是 bool 型，要么为 true，要么为 false。

C++提供了下列 3 种逻辑运算符：

```
!                 逻辑非（单目）
&&                逻辑与（双目）
||                逻辑或（双目）
```

**逻辑非**“!”是指将操作数的值为 true 时变成 false，为 false 时变成 true。

**逻辑与**“&&”是指当两个操作数都是 true 时，结果才为 true，否则为 false。

**逻辑或**“||”是指当两个操作数中有一个是 true 时，结果就为 true；而只有当它们都为 false 时，结果才为 false。

“逻辑非”、“逻辑与”和“逻辑或”的优先级依次从高到低，且“逻辑非”的优先级还比算术运算符和关系运算符高，而“逻辑与”和“逻辑或”的优先级却比关系运算符要低。

需要说明的是，C++对逻辑表达式的运算次序进行了优化。当有“e1&&e2”时，若表达式 e1 为 false，则表达式 e2 不会计算，因为无论 e2 是何值，整个表达式都为 false。类似地，当有“e1||e2”时，若 e1 为 true，则 e2 也不会计算，因为无论 e2 是何值，整个表达式都为 true。

例如，若“int a, b = 3, c = 0”，则在下面的表达式中

```
(a = 0) && ( c = a + b );                // 注意这里的 a=0 是赋值表达式
```

因(a=0)的表达式值为 0（false），故(c=a+b)不会被执行。这样，a、b 和 c 的值分别为 0、3、0。若有

```
(a = 2) || ( c = a + b );                // 注意：这里的 a=2 是赋值表达式
```

因(a = 2)的表达式值为 2（true），故(c = a+b)也不会被执行（注意：此时的逻辑符为“或”）。

### 1.3.6 位运算符

位运算符是对操作数按其在计算机内表示的二进制数逐位地进行逻辑运算或移位运算，参与运算的操作数只能是整型常量或整型变量。C++语言提供了 6 种位运算符：

```
~                 按位求反（单目）
&                 按位与（双目）
^                 按位异或（双目）
|                 按位或（双目）
<<                左移（双目）
>>                右移（双目）
```

**按位求反**“~”是将一个二进制数的每一位求反，0 变成 1，1 变成 0。

**按位与**“&”是将两操作数对应的每个二进制位分别进行逻辑与操作。

**按位异或**“^”是将两操作数对应的每个二进制位分别进行异或操作，相同为 0，不同为 1。

**按位或**“|”是将两操作数对应的每个二进制位分别进行逻辑或操作。

**左移**“<<”（两个<符号连写）是将左操作数的二进制值向左移动指定的位数，它具有下列格式：

```
操作数<<移位的位数
```

左移后，低位补 0，移出的高位舍弃。例如，表达式 4<<2 的结果是 16（二进制为 00010000），其中 4 是操作数，二进制为 00000100，2 是左移的位数。

**右移**“>>”（两个>符号连写）是将左操作数的二进制值向右移动指定的位数，它的操作格式与“左移”相似，即具有下列格式：

```
操作数>>移位的位数
```

右移后，移出的低位舍弃。如果是无符号数，则高位补 0；如果是有符号数，则高位补符号位（补 1）或补 0，不同的编译器对此有不同的处理方法，Visual C++ 6.0 采用的是补符号位（补 1）的方法。

需要说明的是，由于左移和右移运算速度比较快，因此在许多场合下用来替代乘和除以 $2^n$，$n$ 为移位的位数。

## 1.3.7　条件运算符

条件运算符“?:”是 C++中唯一的一个三目运算符，它具有下列格式：

```
<e1> ? <e2> : <e3>
```

其中，表达式 e1 是 C++中可以产生 true 和 false 结果的任何表达式。其功能是：如果表达式 e1 的结果为 true，则执行表达式 e2，否则执行表达式 e3。例如：

```
nNum = (a > b) ? 10 : 8;
```

当(a > b)为 true 时，则表达式(a > b) ? 10 : 8 的结果为 10，从而 nNum = 10；否则(a > b) ? 10 : 8 的结果为 8，nNum = 8。

需要说明的是，由于条件运算符“?:”的优先级比较低，仅高于赋值运算符，因此“nNum = (a > b) ? 10 : 8”中的条件表达式“(a > b)”两边可以不加圆括号，即可写成：

```
nNum = a > b ? 10 : 8;
```

## 1.3.8　sizeof 运算符

sizeof 的目的是返回操作数所占的内存空间大小（字节数），它具有下列两种格式：

```
sizeof(<表达式>)
sizeof(<数据类型>)
```

例如：

```
sizeof("Hello")                  // 计算"Hello"所占内存的字节大小，结果为 6
sizeof(int)                      // 计算整型 int 所占内存的字节数
```

需要说明的是，由于同一类型的操作数在不同的计算机中占用的存储字节数可能不同，因此 sizeof 的结果有可能不一样。例如，sizeof(int)的值可能是 4，也可能是 2。

## 1.3.9　逗号运算符

逗号运算符“,”是优先级最低的运算符，它用于把多个表达式连接起来，构成一个逗号表达式。逗号表达式的一般形式为：

```
表达式 1,表达式 2,表达式 3,…,表达式 n
```

在计算时，C++将从左至右逐个计算每个表达式，最终整个表达式的结果是最后计算的那个表达式的类型和值，即表达式 *n* 的类型和值。例如：

```
a = 1,  b = a + 2,  c = b + 3
```

该表达式依次从左至右计算，最终的类型和值为最后一个表达式“c = b + 3”的类型和值，结果为左值 c（c 值为 6）。

要注意逗号运算符“,”的优先级是最低的，必要时要注意加上圆括号，以使逗号表达式的运算次序先于其他表达式。例如：

```
j = ( i = 12 , i + 8)
```

则整个表达式可解释为一个赋值表达式。圆括号中，“i = 12 , i + 8”是逗号表达式，计算次序是先计算表达式 i = 12，然后再计算 i + 8。整个表达式的类型和值是 j 的类型和值（为 20）。若不加上圆括号，则含义完全不一样。试比较：

```
j = i = 12 , i + 8
```

显然，此时整个表达式可解释为一个逗号表达式，整个表达式的类型和值取决于 i+8 的类型和值。

## 1.3.10　自增和自减

单目运算符自增（++）和自减（--）为变量左值加 1 或减 1 提供一种非常有效的方法。自增++和自减--既可放在左值的左边也可以出现在左值的右边，分别称为前缀运算符和后缀运算符。这里的左值可以是变量或结果为左值的表达式等，但不能是常量或其他右值。例如：

```
int  i = 5;
i++;                        // 合法：后缀自增，等效于 i = i + 1; 或 i += 1;
++i;                        // 合法：前缀自增，等效于 i = i + 1; 或 i += 1;
i--;                        // 合法：后缀自减，等效于 i = i - 1; 或 i -= 1;
--i;                        // 合法：前缀自减，等效于 i = i - 1; 或 i -= 1;
5++; 或 ++5;                // 错误：5 是常量，不能作为左值
(i+1)++; 或++(i+1);         // 错误：i+1 是一个右值表达式
float  f1, f2 = 3.0f;
f1 = f2++;                  // 合法：f1 的值为 3.0f，f2 的值为 4.0f
(f1 = 5.0f)++;              // 合法：f1 = 5.0f 表达式的结果是 f1，可作为左值
```

要注意前缀和后缀自增、自减运算符含义的不同。若前缀运算符和后缀运算符仅用于某个变量的增 1 和减 1，则这两者是等价的。例如，若 a 的初值为 5，a++和++a 都是使 a 变成 6。但如果将这两个运算符和其他的运算符组合在一起，在求值次序上就会产生根本的不同。

- 如果用**前缀**运算符对一个变量增 1（减 1），则在将该变量增 1（减 1）后，用新的值在表达式中进行其他的运算。
- 如果用**后缀**运算符对一个变量增 1（减 1），则用该变量的原值在表达式进行其他的运算后，再将该变量增 1（减 1）。

例如：

```
a = 5;    b = ++a;          // A：相当于 a = a + 1;  b = a;
```

和

```
a = 5;    b = a++;          // B：相当于 b = a;  a = a + 1;
```

运行后，a 值的结果都是 6，但 b 的结果却不一样，前者（A）为 6，后者（B）为 5。

还需说明的是：

（1）前缀自增、自减表达式的结果仍为一个左值，而后缀自增、自减表达式的结果不是左值。例如：

```
int  a = 3;
(++a)++;                    // A：合法
++a++;                      // B：错误
++(++a);                    // C：合法
a++++;                      // D：错误
++++a;                      // E：合法
```

在 ANSI/ISO C++中，由于后缀自增、自减的运算符优先级比前缀的要高，因此++a++等效于++(a++)。在 C++中，对于等级相同的单目运算符来说，哪一个运算符靠近操作数，就跟哪个运算符先结合，即 a++++等效于(a++)++，++++a 等效于++(++a)。这也是为什么后缀自增、自减运算符的结合性是“从左至右”，而前缀自增自减运算符的结合性是“从右至左”的原因了。

A 中，++a 仍可作为左值，因此(++a)++是合法的。

B 中，++a++等效于++(a++)，由于 a++不可作为左值，所以++a++是不合法的。类似地，可对 C、D 和 E 的结果进行分析。

（2）自增或自减运算符是两个“+”或两个“-”构成的一个整体，中间不能有空格。如果有多于两个“+”或两个“-”连写的情况，则编译会首先识别自增或自减运算符。例如：

```
int a = 1, b = 3, c;
c = a++b;                   // A：错误
c = a+++b;                  // B：合法
c = a++++b;                 // C：错误
c = a+++++b;                // D：错误
```

A 中，编译会将其理解为 a++␣b。由于 b 前面没有运算符，因而会出现错误提示：缺少“;”（在标识符“b”的前面）。

B 中，编译会将其理解为 a++␣+␣b，因此是合法的，结果 c 为 4。

C 中，编译会将其理解为 a++␣++␣b，即为(a++)++␣b。由于 a++不能作为左值，因此会出现错误提示："++"需要左值。且由于 b 前面没有运算符，因而还有另一条与 A 相同的错误提示。

D 中，编译将其理解为 a++␣++␣+␣b，即为(a++)++␣+␣b。由于 a++不能作为左值，因此会出现错误提示："++"需要左值。

所以，在书写这些表达式时，一定要有意识地加上一些空格或圆括号。例如，对于 D，若写成：

```
c = a++␣+␣++b;
```

则是合法的，且容易让人读懂。

## 1.4　基本语句

C++融入了 C 语言的面向过程的结构化程序设计模式，因而它也有实现结构化程序设计中所需要的三种基本结构：顺序结构、选择结构和循环结构。

### 1.4.1　顺序语句和块

**语句**是描述程序操作的基本单位，每条语句均以分号（";"）来结束，分号前面可以有 0 个或多个空格。这里先讨论说明语句、表达式语句和块语句，它们是构成按书写顺序依次执行的顺序结构的主要语句。

**1. 说明语句**

在 C++中，把完成对数据结构的定义和描述、对变量或标识符常量的属性说明（如初值、类型等）称为**说明语句**或**声明语句**。说明语句的目的是用来在程序中引入一个新的标识符，本身一般不执行操作。例如：

```
int   a = 8, b;                       // 变量定义
int   sum(int x, int y)               // 函数定义，函数的使用以后会讨论
{
      return (x+y);
}
class CStudent                        // 类声明，以后还会讨论
{     //…
};
```

**2. 表达式语句**

表达式语句是 C++程序中最简单也是最常用的语句。任何一个表达式加上分号就是一个表达式语句。例如：

```
x + y;
nNum = 5;
```

这里的"x+y;"是一个由算术运算符"+"构成的表达式语句，其作用是完成"x+y"的操作，但由于不保留计算结果，所以无实际意义。"nNum=5;"是一个由赋值运算符"="构成的表达式语句，简称为**赋值语句**，其作用是改变 nNum 变量的值。

在书写格式上，可以将几个简单的表达式语句同时写在一行上，但此时的语句之间必须插入一些空格以提高程序的可读性。例如：

```
a = 1;     b = 2;     c = a + b;
```

此时 3 个赋值语句写在一行，各条语句之间需要增加空格以提高程序的可读性。

如果表达式是一个空表达式，那么构成的语句称为**空语句**，也就是说仅有分号";"也能构成一个语句，这个语句就是空语句。空语句不执行任何动作，仅为语法需要而设置。

### 3. 块语句

**块语句**简称**块**（block），是由一对花括号“{ }”括起来的，又称为**复合语句**。例如：

```
{                                           // 块开始
    int  i = 2, j = 3, k = 4;
    cout<<i<<j<<k<<endl;                    // 输出结果是 2、3 和 4
}                                           // 块结束
```

是由 2 条语句构成的块语句。其中，左花括号“{”表示块的开始，右花括号“}”表示块的结束，它们是成对出现的。要注意，块中的语句在书写时一定要缩进。

事实上，任何合法的语句都可以出现在块中，包括空语句。需要说明的是，从整体上看，块语句等效于一条语句。反过来说，若需要将两条或两条以上的语句作为一个整体单条语句，则必须将它们用花括号括起来。

块中的语句可以是 0 条、1 条或多条。与空语句相类似，一个不含任何语句的块，即仅由一对花括号构成，称为**空块**，它也仅为语法的需要而设置，并不执行任何动作。

在块中定义的变量仅在块中有效，块执行后，变量被释放（以后还会讨论）。

## 1.4.2 选择结构语句

**选择结构**是对给定条件进行判断，根据判断的结果（true 或 false）来决定执行两个分支或多个分支程序段中的一个分支。在 C++中，用于构成选择结构的分支语句有**条件语句**（if）和**开关语句**（switch）。

### 1. 条件语句

条件语句 if 具有下列一般形式：

```
if  (<表达式 e>) <语句 s1>
[else  <语句 s2>]
```

这里的 if、else 是 C++的关键字。注意：if 后的一对圆括号不能省略。当表达式 e 为 true 时，将执行语句 s1；当表达式 e 为 false 时，语句 s2 被执行。其中，else 可省略，即变成以下简单的 if 语句：

```
if  (<表达式 e>) <语句 s>
```

这样，只有当表达式 e 为 true 时，语句 s 才被执行。

**【例 Ex_Compare】** 输入两个整数，比较两者的大小。

```
#include <iostream>
using namespace std;
int  main()
{
    int nNum1, nNum2;
    cout<< "Please input two integer numbers: ";
    cin>>nNum1>>nNum2;
    if (nNum1!=nNum2)
        if (nNum1>nNum2)
            cout<<nNum1<< " > "<<nNum2<<endl;
        else
            cout<<nNum1<< " < "<<nNum2<<endl;
    else
        cout<<nNum1<< " = "<<nNum2<<endl;
    return 0;
}
```

程序运行结果如下：

```
Please input two integer numbers: 10 123↵
10 < 123
```

需要说明的是：

（1）“表达式 e”一般为逻辑表达式或关系表达式，如程序中的“nNum1>nNum2”。当然，表达式的类型也可以是任意的数值类型（包括整型、实型、字符型等）。例如：

```
if (3)       cout<<"This is a number 3";
```

执行结果是输出"This is a number 3"，因为 3 是一个不为 0 的数，条件总为 true。

（2）适当添加花括号“{ }”来增加程序的可读性。例如，例 Ex_Compare 中的 if 代码还可写成下列形式，其结果是一样的：

```
if (nNum1!=nNum2) {
     if (nNum1>nNum2)
          cout<<nNum1<<" > "<<nNum2<<endl;
     else
          cout<<nNum1<<" < "<<nNum2<<endl;
} else
     cout<<nNum1<<" = "<<nNum2<<endl;
```

（3）若在 if、esle 后有多条语句（复合语句），则必须用花括号将这些语句括起来，否则只有后面的第一条语句有效。例如：

```
if (nNum1>nNum2)
     cout<<nNum1<<" > "<<nNum2;              // 此句才是 if 后面的有效语句
     cout<<endl;                             // 此句无论 if 表达式是否为真都会执行
```

（4）当 if 中的语句是 if 语句时，这就形成了 if 语句的嵌套。例如，程序中 if (nNum1!=nNum2)后面的语句也是一条 if 语句。

（5）else 不能单独使用，它总是和其前面最近的 if 相配套。例如，程序中的第 1 个 else 属于第 2 个 if（代码中的加粗部分），而第 2 个 else 属于第 1 个 if 的（代码中的斜体部分）。

### 2. 开关语句

当程序有多个条件判断时，若使用 if 语句则可能使嵌套太多，降低程序的可读性。开关语句 switch 能很好地解决这种问题，它具有下列形式：

```
switch  (<表达式 e>)
{
     case  <常量表达式 v1>            :[语句 s1]
     case  <常量表达式 v2>            :[语句 s2]
     ...
     case  <常量表达式 vn>            :[语句 sn]
     [default                         :语句 sn+1]
}
```

其中，switch、case、default 都是关键字。当表达式 e 的值与 case 中某个常量表达式的值相等时，就执行该 case 中“:”号后面的所有语句，直至遇到 break 语句跳出。若 case 中所有常量表达式的值都不等于表达式 e 的值，则执行“default:”后面的语句；若 default 省略，则跳出 switch 结构。可见，switch 在多路分支中只“接通”满足条件的那一路。

需要注意的是，switch 后面的表达式 e 可以是整型、字符型或枚举型的表达式，而 case 后面的常量表达式的类型则必须与其相一致，且每一个 case 常量表达式的值必须互不相同（唯一的），否则会出现编译错误。

**【例 Ex_Switch】** 根据成绩的等级输出相应的分数段。

```
#include <iostream>
using namespace std;
int  main()
{
     char chGrade;
     cout<<"Please input a char(A～E): ";
```

```
        cin>>chGrade;
        switch(chGrade)
        {
            case 'A':
            case 'a':       cout<<"90--100"<<endl;
                            break;
            case 'B':
            case 'b':       cout<<"80--89"<<endl;
                            break;
            case 'C':
            case 'c':       cout<<"70--79"<<endl;
            case 'D':
            case 'd':       cout<<"60--69"<<endl;
            case 'E':
            case 'e':       cout<<"< 60"<<endl;
            default:        cout<<"error!"<<endl;
        }
        return 0;
}
```

运行时，当输入 A，则输出：

```
Please input a char(A～E): A↵
90--100
```

但当用户输入 d 时，则结果如下：

```
Please input a char(A～E): d↵
60--69
< 60
error!
```

显然，这不是想要的结果，而应该只输出“60--69”。仔细比较这两个结果，可以发现：“case 'a':”后面含有 break 语句，而“case 'd':”后面则没有。由于 break 语句能使系统跳出 switch 结构，因此当执行“case 'a':”后面的语句“cout<<"90--100"<<endl;”后，break 语句使其跳出 switch 结构，保证结果的正确性。若没有 break 语句，则后面的语句继续执行，直到遇到下一个 break 语句或 switch 结构的最后一个花括号“}”为止才跳出该结构。因此，break 语句对 switch 结构有时是不可缺少的（后面还会专门讨论）。

另外，还需注意：

（1）多个 case 可以共有一组执行语句，如程序中的：

```
case 'B':
case 'b':       cout<<"80--89"<<endl;
                break;
```

这时，当用户输入 B 或 b 时将得到相同的结果。

（2）同一个 case 后面的语句允许有多条，且不需要用花括号“{ }”将它们括起来。

### 1.4.3 循环结构语句

C++为循环结构提供了三种形式的循环语句：while、do…while 和 for 语句。这些循环语句的功能是相似的，在许多情况下它们可以相互替换，唯一的区别是它们的循环控制方式。

**1. while 语句**

while 循环语句具有下列格式：

```
while (<表达式 e>)      <语句 s>
```

其中，while 是 C++的关键字；语句 s 是循环体，它可以是一条语句，也可以是多条语句。当循环体为多条语句时，需用花括号“{ }”括起来，使之成为块语句，若不加花括号，则 while 的循环体 s 只是紧跟 while (e)后面的第 1 条语句。当表达式 e 为 true 时便开始执行 while 循环体中的语句 s，然后反复执行，每次执行都会判断表达式 e 是否为 true；若为 false，则终止循环。

【例 Ex_SumWhile】 求整数 1～50 的和。

```
#include <iostream>
using namespace std;
int  main()
{
    int   nNum = 1,  nTotal = 0;
    while (nNum<=50) {
        nTotal += nNum;         nNum++;
    }
    cout<<"The sum from 1 to 50 is: "<<nTotal<<"\n";
    return 0;
}
```

程序运行后，结果如下：

```
The sum from 1 to 50 is: 1275
```

需要说明的是，对循环结构来说，循环体中一定要有使循环趋向结束的语句。如上述示例中，nNum 的初值为 1，循环结束的条件是不满足 nNum<=50，随着每次循环都改变 nNum 的值，使 nNum 的值也越来越大，直到 nNum>50 为止。如果没有循环体中的“nNum++;”，则 nNum 的值始终不改变，循环就永不终止。

### 2. do…while 语句

do…while 循环语句具有下列格式：

```
do
    <语句 s>
while (<表达式 e>) ;
```

其中，do 和 while 都是 C++关键字；语句 s 是循环体，它可以是一条语句，也可以是块语句。程序从 do 开始执行，然后执行循环体语句 s，当执行到 while 时，将判断表达式 e 是否为 true，若是，则继续执行循环体语句 s，直到下一次表达式 e 为 false 时为止。要注意，while 后面的表达式 e 两边的圆括号不能省略，且表达式 e 后面的分号不能漏掉。

【例 Ex_SumDoWhile】 求整数 1～50 的和。

```
#include <iostream>
using namespace std;
int  main()
{   int   nNum = 1,  nTotal = 0;
    do {
        nTotal += nNum;         nNum++;
    } while (nNum<=50);
    cout<<"The sum from 1 to 50 is: "<<nTotal<<"\n";
    return 0;
}
```

由于程序总是自上而下地顺序运行（除非遇到 if、while 等**流程**控制语句，即改变程序的运行次序的语句），因此 do 语句中的循环会先执行，这样 nTotal 值为 1，nNum 为 2，然后判断 while 后面的“(nNum<=50)”是否为 true，若是，则流程转到 do 循环体中，直到“(nNum<=50)”为 false。

程序运行结果如下：

```
The sum from 1 to 50 is: 1275
```

从上述例子中可以看出 while 循环语句和 do…while 的区别：

（1）do…while 循环语句至少执行一次循环体，而 while 循环语句可能一次都不会执行。

（2）从局部来看，while 和 do…while 循环都有“while (表达式 e)”。为了区别起见，对于 do…while 循环来说，无论循环体是单条语句还是多条语句，习惯上都要用花括号将它们括起来，并将“while (表达式 e);”直接写在右花括号“}”的后面，如例 Ex_SumDoWhile 中的格式。

### 3. for 语句

for 循环语句具有下列格式：

```
for ([表达式 e1]; [表达式 e2]; [表达式 e3])
        <语句 s>
```

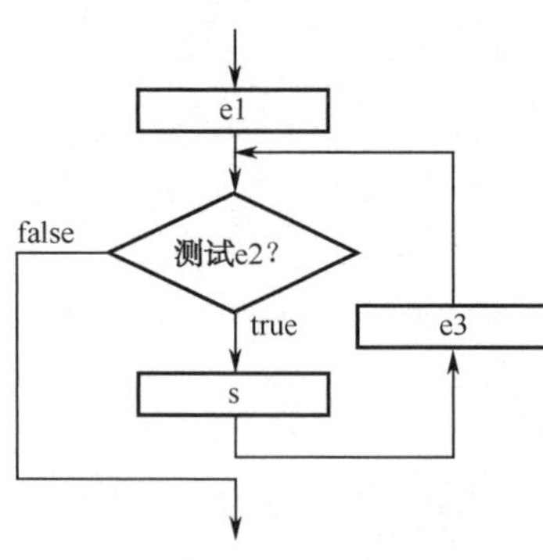


图 1.11　for 语句的流程

其中，for 是 C++的关键字；语句 s 是循环体，它可以是一条语句，也可以是块语句。for 语句比较独特，其流程如图 1.11 所示（图中的箭头表示程序运行的方向，称为流向）。由于“表达式 e1”是在循环开始前执行且只执行一次，因此“表达式 e1”常用作循环的初始化。“表达式 e2”是循环体的循环条件，当为 true 时，开始执行循环体语句 s，然后计算“表达式 e3”，再判断“表达式 e2”的值是否为 true，若是，再执行语句 s，再计算“表达式 e3”。如此反复，直到“表达式 e2”为 false 为止。

**【例 Ex_SumFor】**　求整数 1～50 的和。

```
#include <iostream>
using namespace std;
int   main()
{
        int     nTotal=0;
        for (int nNum=1; nNum<=50; nNum++)
                nTotal += nNum;
        cout<<"The sum from 1 to 50 is: "<<nTotal<<"\n";
        return 0;
}
```

程序运行结果如下：

```
The sum from 1 to 50 is: 1275
```

需要说明的是，常将循环相关的一些变量的初始化放在表达式 e1 中进行，如代码中 for 语句的“int nNum = 1”，但此时 nNum 的作用范围仅限于 for 循环结构中。

表达式 e1、e2 和 e3 可以是一个简单的表达式，也可以是逗号表达式。例如：

```
for (nNum=1,nTotal=0 ; nNum<=50 ; nNum++)          nTotal += nNum;
```

循环体（语句 s）中的语句也可以是一条空语句，这样的循环往往用于时间延迟。例如：

```
for ( int i=0; i<10000; i++)      ;                  // 注意后面的分号表示一条空语句
```

实际运用时，for 循环还有许多变化的形式，这些形式都是将 for 后面括号中的表达式 e1、e2、e3 进行部分或全部省略，但要注意起分隔作用的分号“;”不能省略。常见的省略形式有下列几种：

（1）若省略“表达式 e1”，不影响循环体的正确执行，但循环体中所需要的一些变量及其相关的数值要在 for 语句之前定义。例如：

```
int    nNum=1;
for ( ; nNum<=50 ; nNum++)  nTotal += nNum;
```

（2）若省略“表达式 e2”，则循环条件默认为 true，循环会一直进行下去，因此应在循环体中添加额外代码使之有跳出或终止循环的可能。例如：

```
for (int nNum=1;    ; nNum++)
{
        nTotal += nNum;
```

```
        if  (nNum>50) break;                // 当nNum>50 时，执行break 语句，跳出循环
    }
```

（3）若省略“表达式 e3”，应在设计循环结构时保证“表达式 e2”有为 false 的可能，以便能终止循环。例如：

```
    for (int nNum=1; nNum<=50 ;)
    {
        nTotal += nNum;        nNum++;
    }
```

（4）若省略“表达式 e1”和“表达式 e3”，它相当于 while 循环。例如：

```
    int   nNum=1;                          int   nNum=1;
    for (; nNum<=50 ;)    ◆────────────◆   while (nNum<=50)
    {                                      {
        nTotal += nNum;                        nTotal += nNum;
        nNum++;                                nNum++;
    }                                      }
```

（5）若表达式全部省略，例如：

```
    int   nNum=1;
    for ( ; ; )
    {
        nTotal += nNum;        nNum++;
        if (nNum>50) break;
    }
```

则循环体中所需要的一些变量及其相关的数值要在 for 语句之前定义，如“int nNum = 1;”；且应在循环体中添加额外代码使之有跳出或终止循环的可能，如“if (nNum>50) break;”。

由于循环体可由任何合法的语句组成，因此在循环体内还可以包含前面的几种循环语句，这样就形成了循环的嵌套。例如：

```
    for (… ; … ; …)                        while (…)
    {                                      {
        while (…)                              for (… ; … ; …)
        {                                      {
        }                                      }
    }                                      }
```

### 1.4.4　break 和 continue 语句

除了前面的分支语句和循环语句可以改变程序的流程外，C++还提供 break 和 continue 语句，用来在程序结构中强制改变流程的流向，称为**转向语句**。其中，break 语句用于循环结构和 switch 结构中；而 continue 仅用于那些依靠条件判断进行循环的循环结构，如 for、while 和 do…while。

break 和 continue 语句的一般格式如下：

```
    break;
    continue;
```

break 语句用于强制结束 switch 结构（如例 Ex_Switch）或从一个循环体跳出，即提前终止循环。要注意，break 仅使流程跳出其所在的最近的那一层循环或 switch 结构，而不是跳出所有层的循环或 switch 结构。

continue 的目的是提前结束本次循环。对于 while 和 do…while 语句来说，continue 提前结束本次循环后，流程转到 while 后面的“表达式 e”；对于 for 语句来说，continue 提前结束本次循环后，其流程转到 for 语句的“表达式 e3”，然后转到“表达式 e2”。

**【例 Ex_Continue】**　将 1～100 中不能被 7 整除的数输出。

```
#include <iostream>
using namespace std;
int   main()
{
      for (int nNum=1; nNum<=100; nNum++)
      {
            if (nNum%7 == 0)         continue;
            cout<<nNum<<"   ";
      }
      cout<<"\n";
      return 0;
}
```

当 nNum 能被 7 整除时，执行 continue 语句，流程转到 for 语句中的 nNum++，并根据表达式 nNum<=100 的值来决定是否再做循环；而当 nNum 不能被 7 整除时，才执行 cout<<nNum<<"   "语句。程序运行结果如下：

```
1  2  3  4  5  6  8  9  10  11  12  13  15  16  17  18  19  20  22  23  24  25
26  27  29  30  31  32  33  34  36  37  38  39  40  41  43  44  45  46  47  48
50  51  52  53  54  55  57  58  59  60  61  62  64  65  66  67  68  69  71  72
73  74  75  76  78  79  80  81  82  83  85  86  87  88  89  90  92  93  94  95
96  97  99  100
```

# 1.5　函数和预处理

在面向过程的结构化程序设计中，通常需要若干个模块实现较复杂的功能，而每一个模块自成结构，用来解决一些子问题。这种能完成某个独立功能的子程序模块称为**函数**。一个较为复杂的程序一般是由一个主函数 main 与若干子函数组合而成的。但 C++是一种面向对象的程序设计语言，它与面向过程设计方法的最大的不同是引入了“类和对象”的概念，而此时函数是构造“类”成员的一种手段。

## 1.5.1　函数的定义和调用

前面已提到过，一个程序开始运行时，系统自动调用 main 主函数。主函数可以调用子函数，子函数还可以调用其他子函数。调用其他函数的函数称为“主调函数”，被其他函数调用的函数称为“被调函数”。

一般来说，C++程序中除主函数 main 外，其他函数可以是库函数或自定义函数。**库函数**又称为**标准函数**，是 C++预定义的函数，只要在程序前指定其头文件，就可直接使用这类函数，而不必重新定义。**自定义函数**是根据程序的需要将某一个功能相对独立的程序定义成一个函数，或将解决某个问题的算法用一个函数来组织。在 C++程序中，与变量的使用规则相同，自定义函数一定要先声明并定义，然后才能被调用。

### 1. 函数的定义

在 C++中，定义一个函数的格式如下：

```
<函数类型> <函数名>( <形式参数表> )
{
      <若干语句>
}
```

可以看出，一个函数的定义是由函数名、函数类型、形式参数表和函数体四部分组成的。函数类型决定了函数所需要的返回值类型，它可以是函数或数组之外的任何有效的 C++数据类型，包括引用、指针等。如果不需要函数有返回值，只要将函数类型定义为 void 即可。

函数名应是一个有效的 C++标识符（注意命名规则），函数名后面必须跟一对圆括号“()”，以区别于变量名及其他定义的标识符。

函数的形式参数（简称**形参**）写在括号内，参数表中的每一个形参都由形参的数据类型和形参名构成。形参个数可以是 0，表示没有参数，但圆括号不能省略；也可以是一个或多个形参，但多个形参之间要用逗号分隔。

函数的函数体由在一对花括号中的若干条语句组成，用于实现这个函数执行的动作。C++不允许在一个函数体中再定义函数。

根据上述定义格式，可以编写一个函数。如下函数的作用是计算两个整数的绝对值之和：

```
int   sum(int x, int y)
{
      if (x<0)    x = -x;
      if (y<0)    y = -y;
      int z = x + y;
      return z;
}
```

其中，x 和 y 是 sum 函数的形参。所谓**形参**，是指调用此函数所需要的参数个数和类型。一般地，只有当函数被调用时，系统才会给形参分配内存单元；而当调用结束后，形参所占的内存单元又会被释放。

上述 sum 函数定义中，函数名前面的 int 可以省略，因为 C++规定凡不加类型说明的函数一律自动按整型（int）处理。由于 sum 的类型是整型，因此必须有返回值，且返回值的类型应与函数类型相同，也是整型。若返回值的类型与函数类型不相同，则按类型自动转换方式转换成函数的类型。关键字 return 负责将后面的值作为函数的返回值，并将流程返回到调用此函数的位置处。

由于 return 的后面可以是常量、变量或任何合法的表达式，因此函数 sum 也可简化为：

```
int   sum(int x, int y)
{
      if (x<0)    x = -x;
      if (y<0)    y = -y;
      return   (x+y);                          // 括号可以省略，即 return   x+y;
}
```

若函数类型是 void，函数体就不需要 return 语句或 return 的后面只有一个分号。需要注意的是，因为 return 是返回语句，它将退出函数体，所以一旦执行 return 语句后，在函数体内 return 后面的语句就不再被执行。例如：

```
void   f1( int a)
{
      if (a > 10)   return;
      //…
}
```

在这里，return 语句起了一个改变语句顺序的作用。

**2. 函数的调用**

定义一个函数就是为了以后的调用。调用函数时，先写函数名，然后紧跟圆括号，圆括号里是实际调用该函数时所给定的参数，称为实际参数，简称**实参**，并与形参相对应。函数调用的一般形式为：

```
<函数名>( <实际参数表> );
```

调用函数时要注意，实参与形参的个数应相等，类型应一致，且按顺序对应，一一传递数据。例如，下面的示例用来输出一个三角形的图案。

**【例 Ex_Call】**　函数的调用。

```
#include <iostream>
```

```
using namespace std;
void   printline( char ch,   int n )
{
        for (int i = 0 ; i<n ; i++)
                cout<<ch;
        cout<<endl ;
}
int   main()
{
        int   row = 5;
        for (int i = 0; i<row; i++)
                printline('*', i+1);                        // A
        return 0;
}
```

程序运行结果如下：

```
*
**
***
****
*****
```

代码中，main 函数的 for 循环语句共调用了 5 次 printline 函数（A 语句），每次调用时因实参 i+1 的值不断改变，从而使函数 printline 打印出来的星号个数也随之改变。

由于 printline 函数没有返回值，因此它作为一个语句来调用。事实上，对于有返回值的函数也可进行这种方式的调用，只是此时不使用返回值，仅要求函数完成一定的操作。实际上，在 C++中，一个函数的调用方式还有很多。例如，对于前面的 sum 函数还可有下列调用方式：

```
sum(3, 4);                                  // B
int   c = 2 * sum(4,5);                     // C
c = sum(c, sum(c,4));                       // D
```

其中，B 是将函数作为一个语句，不使用返回值，只要求函数完成一定的操作；C 把函数作为表达式的一部分，将返回值参与运算，结果 c = 18；D 是将函数作为函数的实参，等价于“c = sum(18, sum(18,4));”，执行函数参数内的 sum(18,4)后，等价于“c = sum(18,22) ;”，最后结果为 c = 40。

### 3. 函数的声明

在例 Ex_Call 中，由于函数 printline 的定义代码位置在调用语句 **A**（在 main 函数中）之前，因而 **A** 语句执行不会有问题。但若将函数 printline 的定义代码位置放在调用语句 **A** 之后，即函数定义在后，而调用在前，就会产生“printline 标识符未定义”的编译错误，此时必须在调用前进行**函数声明**。

函数声明消除了函数定义的位置的影响，也就是说，不管函数是在何处定义的，只要在调用前进行函数的声明就可保证函数调用的合法性。虽然，函数不一定在程序的开始就声明，但为了提高程序的可读性，保证程序结构的简洁，最好将主函数 main 放在程序的开头，而将函数声明放在主函数 main 之前。

声明一个函数按下列格式进行：

```
<函数类型> <函数名>( <形式参数表> );
```

可见，函数声明的格式是在函数头的后面加上分号“;”。但要注意，函数声明的内容应和函数的定义相同。例如，对于前面遇到的 sum 函数和 printline 函数可有如下声明：

```
int   sum(int x,   int y);
void   printline( char ch,   int n );
```

由于函数的声明仅是对函数的原型进行说明，即函数原型声明，其声明的形参名在声明语句中并没有任何语句操作它，因此这里的形参名和函数定义时的形参名可以不同，且函数声明时的形参名还可以省略，但函数名、函数类型、形参类型及个数应与定义时相同。例如，下面几种形式都是对 sum 函数原型的合法声明：

```
int sum(int a, int b);          // 允许原型声明时的形参名与定义时不同
int sum(int, int);              // 省略全部形参名
int sum(int a, int);            // 省略部分形参名
int sum(int, int b);            // 省略部分形参名
```

不过，从程序的可读性考虑，在声明函数原型时，为每一个形参指定有意义的标识符，并且和函数定义时的参数名相同，是一个非常好的习惯。

## 1.5.2　函数的参数传递

在讨论函数的参数传递前，先简单介绍全局变量和局部变量的概念（以后还会讨论）。

C++中每一个变量必须先定义后使用，若变量是在函数体内使用变量前定义的，则此变量就是一个**局部变量**，它只能在函数体内使用，而在函数体外则不能使用。若变量是在函数外部（如在 main 主函数前）定义的，它能被后面的所有函数或语句引用，这样的变量就是**全局变量**。但如果一个函数试图修改一个全局变量的值，也会引起结构不清晰、容易混淆等副作用。因此，许多函数都尽量使用局部变量，而将形参和函数类型作为公共接口，以保证函数的独立性。

C++中函数的参数传递有两种方式：一种是**按值传递**，另一种是**地址传递**或**引用传递**。这里先来说明按值传递的参数传递方法。

所谓**按值传递**（简称**值传递**），是指当一个函数被调用时，C++根据实参和形参的对应关系将实际参数的值一一传递给形参，供函数执行时使用。函数本身不对实参进行操作，也就是说，即使形参的值在函数中发生了变化，实参的值也不会受到影响。

**【例 Ex_SwapValue】**　交换函数两个参数的值。

```
#include <iostream>
using namespace std;
void swap(float x, float y)
{
    float temp;
    temp = x; x = y; y = temp;
    cout<<"x = "<<x<<", y = "<<y<<"\n";
}
int  main()
{
    float a = 20, b = 40;
    cout<<"a = "<<a<<", b = "<<b<<"\n";
    swap(a, b);
    cout<<"a = "<<a<<", b = "<<b<<"\n";
    return 0;
}
```

程序运行结果如下：

```
a = 20, b = 40
x = 40, y = 20
a = 20, b = 40
```

可以看出，虽然函数 swap 中交换了两个形参 x 和 y 的值，但交换的结果并不能改变实参的值，所以调用该函数后，变量 a 和 b 的值仍然为原来的值。

所以，当函数的形参是一般变量时，由于其参数传递方式是值传递，因此函数调用时所指定的实参可以是常量、变量、函数或表达式等，总之只要有确定的值就可以。函数值传递方式的最大好处是

保持函数的独立性。在值传递方式下，函数只有通过指定函数类型并在函数体中使用 return 来返回某个类型的数值。

### 1.5.3 带默认形参值的函数

在 C++中，允许在函数声明或定义时给一个或多个参数指定默认值。这样在调用时，可以不给出实参值，而按指定的默认值进行工作。例如：

```
void delay(int loops=1000);                    // 函数声明
//…
void delay(int loops)                          // 函数定义
{
    if (loops == 0) return;
    for (int i=0; i<loops; i++);               // 空循环，起延时作用
}
```

这样，当调用

```
delay();                                       // 和 delay(1000)等效
```

时，程序都会自动将 loops 当成 1000 的值来进行处理。当然，也可重新指定相应的参数值，例如：

```
delay(2000);
```

在设置函数的默认参数值时要注意以下几个方面：

（1）当函数既有原型声明又有定义时，默认参数只能在原型声明中指定，而不能在函数定义中指定。例如：

```
void delay(int loops);                     // 函数原型声明
//…
void delay(int loops = 1000)               // 错误：此时不能在函数定义中指定默认参数
{ //…
}
```

（2）当一个函数中需要有多个默认参数时，则在形参分布中，默认参数应严格从右到左逐个定义和指定，中间不能跳开。例如：

```
void display(int a, int b, int c = 3);             // 合法
void display(int a, int b = 2, int c = 3);         // 合法
void display(int a = 1, int b = 2, int c = 3);     // 合法：可以对所有的参数设置默认值
void display(int a, int b = 2, int c);             // 错误：默认参数应从最右边开始
void display(int a = 1, int b = 2, int c);         // 错误：默认参数应从最右边开始
void display(int a = 1, int b, int c = 3);         // 错误：多个默认参数中间不能有非默认参数
```

（3）当带有默认参数的函数调用时，系统按从左到右的顺序将实参与形参结合，当实参的数目不足时，系统将按同样的顺序用声明或定义中的默认值来补齐所缺的参数值。

【例 Ex_Default】 在函数定义中设置多个默认参数。

```
#include <iostream>
using namespace std;
void display(int a, int b = 2, int c = 3)          // 在函数定义中设置默认参数
{
    cout<<"a = "<<a<<", b = "<<b<<", c = "<<c<<"\n";
}
int    main()
{
    display(1);          display(1, 5);          display(1, 7, 9);
    return 0;
}
```

程序运行结果如下：

```
a = 1, b = 2, c = 3
a = 1, b = 5, c = 3
a = 1, b = 7, c = 9
```

（4）在函数声明中指定多个默认参数时，还可用多条函数原型声明语句来指定，但同一个参数的默认值只能指定一次。例如，例 Ex_Default 可改写为：

```
// 下面 2 条函数说明语句等效于 void display(int a, int b = 2, int c = 3);
void display(int a, int b, int c=3);                // 指定 c 为默认参数
void display(int a, int b=2, int c);                // 指定 b 为默认参数
```

（5）默认参数值可以是全局变量、全局常量，甚至是一个函数，但不可以是局部变量，因为默认参数的函数调用是在编译时确定的，而局部变量的值在编译时无法确定。

## 1.5.4　递归函数

C++允许在调用一个函数的过程中出现直接地或间接地调用函数本身的情况，称为函数的**递归调用**。递归（Recursion）是一种常用的程序方法（算法），相应的函数称为**递归函数**。

例如，用递归函数编程求 $n$ 的阶乘 $n!$。$n!=n*(n-1)*(n-2)*\cdots*2*1$。它也可用下式表示：

$$n!=\begin{cases}1 & \text{当 } n=0 \text{ 时}\\ n*(n-1)! & \text{当 } n>0 \text{ 时}\end{cases}$$

由于 $n!$和$(n-1)!$都是同一个问题的求解，因此可将 $n!$用递归函数 long factorial(int n)来描述。

【例 Ex_Factorial】　编程求 $n$ 的阶乘 $n!$。

```
#include <iostream>
using namespace std;
long factorial(int n);
int   main()
{
      cout<<factorial(4)<<endl;                    // 结果为 24
      return 0;
}
long factorial(int n)
{
      long   result = 0;
      if (0 == n)
            result = 1;
      else
            result = n*factorial(n-1);             // 进行自身调用
      return   result;
}
```

主函数 main 调用了求阶乘的函数 factorial，而函数 factorial 中的语句“result = n * factorial(n-1);”又调用了函数自身，因此函数 factorial 是一个递归函数。

程序运行结果如下：

```
24
```

下面来分析 main 函数中“factorial(4);”语句的执行过程，其过程还可用图 1.12 来表示。

① 进行函数 factorial(4)调用初始化，传递参数值 4，分配形参 n 的内存空间，执行函数体中的代码，此时 result = 0，因 n = 4，不等于 0，故执行“result = 4*factorial(3);”，因语句中有函数 factorial(3)调用，所以进行下一步操作。

② 进行函数 factorial(3)调用初始化，传递参数值 3，分配形参 n 的内存空间，执行函数体中的代码，此时 result = 0，因 n = 3，不等于 0，故执行“result = 4*factorial(2);”，因语句中有函数 factorial(2)

调用，所以进行下一步操作。

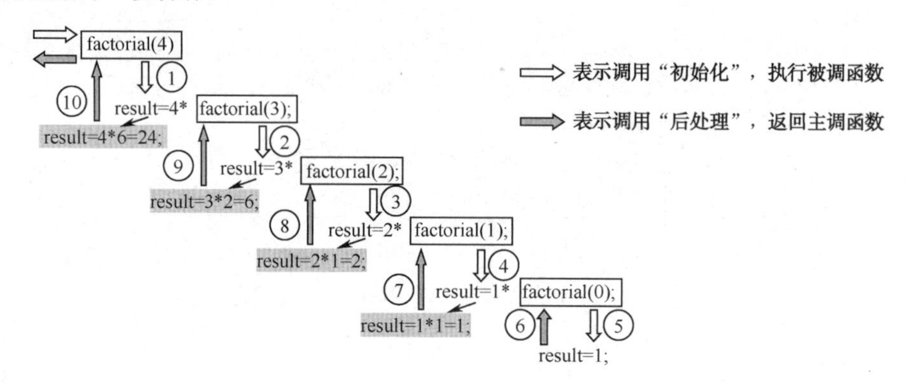


图 1.12 factorial(4)递归函数执行过程

③ 进行函数 factorial(2)调用初始化，传递参数值 2，分配形参 n 的内存空间，执行函数体中的代码，此时 result = 0，因 n = 2，不等于 0，故执行“result = 4*factorial(1);”，因语句中有函数 factorial(1)调用，所以进行下一步操作。

④ 进行函数 factorial(1)调用初始化，传递参数值 1，分配形参 n 的内存空间，执行函数体中的代码，此时 result = 0，因 n = 1，不等于 0，故执行“result = 4*factorial(0);”，因语句中有函数 factorial(0)调用，所以进行下一步操作。

⑤ 进行函数 factorial(0)调用初始化，传递参数值 0，分配形参 n 的内存空间，执行函数体中的代码，此时 result = 0，因 n = 0，故执行 result = 1。然后执行函数后面的语句。

⑥ 当执行“return result;”后，进行调用后处理，factorial(0)函数返回到主调函数 factorial(1)。在主调函数 factorial(1)中，result = 1*1=1，然后执行函数后面的语句。

⑦ 当执行“return result;”后，进行调用后处理，factorial(1)函数返回到主调函数 factorial(2)。在主调函数 factorial(2)中，result = 2*1=2，然后执行函数后面的语句。

⑧ 当执行“return result;”后，进行调用后处理，factorial(2)函数返回到主调函数 factorial(3)。在主调函数 factorial(3)中，result = 3*2=6，然后执行函数后面的语句。

⑨ 当执行“return result;”后，进行调用后处理，factorial(3)函数返回到主调函数 factorial(4)。在主调函数 factorial(4)中，result = 4*6=24，然后执行函数后面的语句。

⑩ 当执行“return result;”后，进行调用后处理，factorial(4)函数返回到主调函数 main。在主调函数 main 中，执行下一条指令，输出结果 24。

可以看出，递归函数实际上是同名函数的多级调用。但要注意，递归函数中必须有结束递归过程的条件，即函数不再进行自身调用，否则递归会无休止地进行下去，直到内存溢出为止。

### 1.5.5 内联函数

函数调用时，内部过程需要进行调用初始化、执行函数代码、调用后处理等步骤。当函数体比较小，且执行的功能比较简单时，这种函数调用方式的系统开销相对较大。为了解决这个问题，C++引入了**内联函数**的概念，它把函数体的代码直接插入调用处，将调用函数的方式改为顺序执行直接插入的程序代码，这样可以减少程序的执行时间，但同时增加了代码的实际长度。

内联函数的使用方法与一般函数相同，只是在内联函数定义时，需在函数的类型前面加上 inline 关键字。

**【例 Ex_Inline】** 用内联函数实现求两个实数的最大值。

```
#include <iostream>
using namespace std;
inline float fmax(float x, float y)
{
        return x>y?x:y;
}
int   main()
{
        float a;
        a = fmax(5, 10);                                        // A 语句
        cout<<"最大的数为："<<a<<"\n";
        return 0;
}
```

这样，当程序编译时，**A** 语句就变成了：

```
a = 5>10 ? 5 : 10;
```

程序运行结果如下：

```
最大的数为：10
```

要注意使用内联函数的一些限制：

（1）内联函数中不能有数组定义，也不能有任何静态类型（后面会讨论）的定义。

（2）内联函数中不能含有循环、switch 和复杂嵌套的 if 语句。

（3）内联函数不能是递归函数。

总之，内联函数一般是比较小的、经常被调用的、大多可在一行写完的函数，并常用来代替以后要讨论的带参数的宏定义。

## 1.5.6　函数重载

**函数重载**是指 C++允许多个同名的函数存在，但同名的各个函数的形参必须有所区别：要么形参的个数不同；要么形参的个数相同，但参数类型有所不同。

**【例 Ex_OverLoad】**　编程求两个或三个数之和

```
#include <iostream>
using namespace std;
int sum(int x, int y);
int sum(int x, int y, int z);
double sum(double x, double y);
double sum(double x, double y, double z);
int   main()
{
        cout<<sum(2, 5)<<endl;                          // 结果为 7
        cout<<sum(2, 5, 7)<<endl;                       // 结果为 14
        cout<<sum(1.2, 5.0, 7.5)<<endl;                 // 结果为 13.7
        return 0;
}
int sum(int x, int y)
{       return x+y;             }
int sum(int x, int y, int z)
{       return x+y+z;           }
double sum(double x, double y)
{       return x+y;             }
double sum(double x, double y, double z)
{       return x+y+z;           }
```

程序的运行结果为：

```
7
14
13.7
```

从上面的例子可以看出，由于使用了函数的重载，因而不仅方便函数名的记忆，更主要的是完善了同一个函数的代码功能，给调用带来了许多方便。程序中各种形式的 sum 函数都称为 sum 的重载函数，但为了叙述方便，往往将它们自上而下依次称为第 1、2、3……版本。

需要说明的是，重载函数必须具有不同的参数个数或不同的参数类型，只有返回值的类型不同是不行的。例如：

```
void  fun(int a, int b);                    // 第 1 版本
int   fun(int a, int b);                    // 第 2 版本
```

是错误的。因为若有函数调用 fun(2, 3)时，编译器无法准确地确定应调用哪个版本的 fun 函数。

同样，当函数的重载带有默认参数时，也要注意避免上述的二义性情况。例如：

```
int   fun(int a, int b = 0);                // 第 1 版本
int   fun(int a);                           // 第 2 版本
```

是错误的。因为若有函数调用 fun(2)时，编译器也无法准确地确定应调用哪个版本的 fun 函数。

## 1.5.7　作用域和可见性

作用域又称为**作用范围**，是指程序中标识符的有效范围。一个标识符是否可以被引用，称为标识符的**可见性**。在 C++程序中，一个标识符只能在声明或定义它的范围内可见，在此之外是不可见的。根据标识符的作用范围，可将其作用域分为 5 种：函数原型作用域、函数作用域、块作用域、类作用域和文件作用域。其中，类作用域将在第 2 章介绍，这里介绍其他几种。

**1. 块作用域**

这里的块就是前面已提到过的块语句。在块中声明的标识符，其作用域从声明处开始，一直到结束块的花括号为止。块作用域也称作**局部作用域**，具有块作用域的变量是**局部变量**。例如：

```
void fun(void)                      // 在形参表中指定 void，表示没有形参，void 可省略
{       int a;                      // a 的作用域起始处
        cin>>a;
        if (a<0) {
                a = -a;
                int b;              // b 的作用域起始处
                //…
        }                           // b 的作用域终止处
}                                   // a 的作用域终止处
```

代码中，声明的局部变量 a 和 b 处在不同的块中。其中，变量 a 是在 fun 函数的函数体块中，因此在函数体这个范围内，该变量是可见的；而 b 是在 if 语句块中声明的，故它的作用域是从声明处开始到 if 语句结束处终止。

需要说明的是，当标识符的作用域完全相同时，不允许出现相同的标识符名。而当标识符具有不同的作用域时，允许标识符同名。例如：

```
void fun(void)
{                                   // 块 A
        int i;
        //…
        {                           // 块 B
                int i;
                i = 100;
                //…
```

```
        }
    }
```

代码中，在 A 和 B 块中都声明了变量 i，这是允许的。但同时出现另外一个问题，语句“i = 100;”中的 i 是使用 A 块中的变量 i 还是使用 B 中的变量 i？C++规定，在这种作用域嵌套的情况下，如果内层和外层作用域声明了同名的标识符，那么在外层作用域中声明的标识符对于该内层作用域是不可见的。也就是说，在块 B 中声明的变量 i 与块 A 中声明的变量 i 无关，当块 B 中的 i=100 时，不会影响块 A 中变量 i 的值。

**2. 函数原型作用域**

**函数原型作用域**是指在声明函数原型时所指定的参数标识符的作用范围。这个作用范围在函数原型声明中的左、右圆括号之间。正因为如此，在函数原型中声明的标识符可以与函数定义中说明的标识符名称不同。由于所声明的标识符与该函数的定义及调用无关，所以可以在函数原型声明中只进行参数的类型声明，而省略参数名。

**3. 函数作用域**

具有函数作用域的标识符在声明它的函数内可见，但在此函数之外是不可见的。在 C++中，只有 goto 语句中的标号具有函数作用域。由于 goto 语句的滥用导致程序流程无规则、可读性差，因此现代程序设计方法不主张使用 goto 语句。

**4. 文件作用域**

在函数外定义的标识符或用 extern 说明（后面会讨论）的标识符称为**全局标识符**。全局标识符的作用域称为**文件作用域**，它从声明之处开始，直到文件结束一直是可见的。需要说明的是，全局的常量或变量的作用域是文件作用域，它从定义开始到源程序文件结束。

若函数定义在后，调用在前，必须进行函数原型声明。若函数定义在前，调用在后，函数定义包含了函数的原型声明。一旦声明了函数原型，函数标识符的作用域是文件作用域，它从定义开始到源程序文件结束。

在 C++中，若在块作用域内使用与局部标识符同名的块外标识符，则需使用**域作用符**“::”来引用，且该标识符必须是全局标识符，即它具有文件作用域。

**【例 Ex_Process】**　在块作用域内引用文件作用域的同名变量。

```
#include <iostream>
using namespace std;
int  i = 10;                                    // A
int  main()
{
    int  i = 20;                                // B
    {
        int  i = 5;                             // C
        int  j;
        ::i = ::i + 4;                          // ::i 是引用 A 定义的变量 i，不是 B 中的 i
        j = ::i + i;                            // 这里不加::的 i 是 C 中定义的变量
        cout<<"::i = "<<::i<<", j = "<<j<<"\n";
    }
    cout<<"::i = "<<::i<<", i = "<<i<<"\n";     // 这里不加::的 i 是 B 中定义的变量
    return 0;
}
```

程序的运行结果为：

```
::i = 14, j = 19
::i = 14, i = 20
```

## 1.5.8 存储类型

存储类型是针对变量而言的，它规定了变量的生存期。无论是全局变量还是局部变量，编译器往往根据其存储方式定义、分配和释放相应的内存空间。变量的存储类型反映了变量在哪里开辟内存空间以及占用内存空间的有效期限。

在 C++中，变量有 4 种存储类型：自动类型、静态类型、寄存器类型和外部类型。这些存储类型是在变量定义时来指定的，其一般格式如下：

```
<存储类型>  <数据类型>  <变量名表>;
```

### 1. 自动类型（auto）

一般来说，用自动存储类型声明的变量都限制在某个程序范围内使用，即为局部变量。从系统角度来说，自动存储类型变量是采用动态分配方式在栈区中分配内存空间。因此，当程序执行到超出该变量的作用域时，就释放它所占用的内存空间，其值也随之消失了。

在 C++中，声明一个自动存储类型的变量是在变量类型前加上关键字 auto，例如：

```
auto  int  i;
```

若自动存储类型的变量是在函数内或语句块中声明的，则可省略关键字 auto，例如：

```
void fun()
{
        int i;                                          // 省略 auto
        //…
}
```

### 2. 寄存器类型（register）

使用关键字 register 声明寄存器类型的变量的目的是将所声明的变量放入寄存器内，从而加快程序的运行速度。例如：

```
register  int  i;                       // 声明寄存器类型变量
```

但有时，在使用 register 声明时，若系统寄存器已经被其他数据占据，寄存器类型的变量就会自动当作 auto 变量。

### 3. 静态类型（static）

从变量的生存期来说，一个变量的存储空间可以是永久的，即在程序运行期间该变量一直存在，如**全局变量**；也可以是临时的，如**局部变量**，当流程执行到它的说明语句时，系统为其在栈区中动态分配一个临时的内存空间，并在它的作用域中有效，一旦流程超出该变量的作用域时，就释放它所占用的内存空间，其值也随之消失。

但是，若在声明局部变量类型前面加上关键字 static，则将其定义成一个静态类型的变量。这样的变量虽具有局部变量的作用域，但由于它是用静态分配方式在静态数据区中来分配内存空间，因此，在此方式下，只要程序还在继续执行，静态类型变量的值就一直有效，不会随它所在的函数或语句块的结束而消失。简单地说，静态类型的局部变量虽具有局部变量的作用域，但却有全局变量的生存期。

需要说明的是，静态类型的局部变量只在第一次执行时进行初始化，正因为如此，在声明静态类型变量时一定要指定其初值，若没有指定初值，编译器还会将其初值置为 0。

**【例 Ex_Static】** 使用静态类型的局部变量。

```
#include <iostream>
using namespace std;
void count()
{
        int  i = 0;
        static int j = 0;                               // 静态类型
        i++;          j++;
```

```
        cout<<"i = "<<i<<", j = "<<j<<"\n";
    }
    int  main()
    {
        count();
        count();
        return 0;
    }
```

程序中，当第 1 次调用函数 count 时，由于变量 j 是静态类型，因此其初值设为 0 后不再进行初始化。执行 j++后，j 值为 1，并一直有效。第 2 次调用函数 count 时，由于 j 已分配内存且进行过初始化，因此语句“static int j = 0;”被跳过，执行 j++后，j 值为 2。

程序运行结果如下：

```
i = 1, j = 1
i = 1, j = 2
```

事实上，在程序中声明的全局变量总是静态存储类型，若在全局变量定义前加上 static，则使该变量只限于本源程序文件内使用，称为全局静态变量或静态全局变量。

类似地，若在函数声明前加上 static，则该函数被声明为静态函数，此时，它只能在声明的源文件中使用，对于其他源文件则无效。

**4. 外部类型（extern）**

使用关键字 extern 声明的变量称为**外部变量**，一般是指定义在本程序外部的变量。当某个变量被声明成外部变量时，不必再次为它分配内存就可以在本程序中引用这个变量。在 C++中，只有在两种情况下需要使用外部变量。

第 1 种情况：在同一个源文件中，若定义的变量使用在前，声明在后，这时在使用前要声明为外部变量。

第 2 种情况：当由多个文件组成一个完整的程序时，在一个源程序文件中定义的变量要被其他若干个源文件引用时，引用的文件中要用 extern 对该变量进行外部声明。

需要注意的是，可以对同一个变量进行多次 extern 的声明。若在声明时，给一个外部变量赋初值，则编译器认为是一个具体的变量定义，而不是一个外部变量的声明，此时要注意同名标识符的重复定义。例如：

```
extern int n = 1;                    // 变量定义
…
int n;                               // 错误：变量 n 重复定义
```

虽然外部变量对不同源文件中或函数之间的数据传递特别有用，但也应该看到，这种能被许多函数共享的外部变量，其数值的任何一次改变都将影响到所有引用此变量的函数的执行结果，其危险性是显而易见的。

## 1.5.9　编译预处理

在进行 C++编程时，可以在源程序中加入一些编译指令，以告诉编译器如何对源程序进行编译。由于这些指令是在程序编译时被执行的，也就是说，在源程序编译以前，先要处理这些编译指令，所以，把它们称为**编译预处理**。实际上，编译预处理指令不能算是 C++语言的一部分，但它扩展了 C++程序设计的能力。合理地使用编译预处理功能，可以使编写的程序更有利于阅读、修改、移植和调试。

C++提供的预处理指令主要有三种：宏定义、文件包含和条件编译。这些指令在程序中都是以“#”来引导的，每一条预处理指令必须单独占用一行。由于它不是 C++的语句，因此在结尾没有分号（;）。

1. 宏定义

宏定义就是用一个指定的标识符来代替一个字符串。C++中宏定义是通过宏定义指令#define 来实现的，它有两种形式：不带参数的宏定义和带参数的宏定义。

以前已提及，用#define 可以定义一个标识符常量，例如：

```
#define    PI   3.141593
```

其中，#define 是宏定义指令，PI 称为宏名。在程序编译时，编译器首先将程序中的 PI 用 3.141593 来替换，然后再进行代码编译。需要注意的是，#define、PI 和 3.141593 之间一定要有空格，且一般将宏名定义成大写，以与普通标识符相区别。

宏后面的内容实际上是字符串，编译器本身不对其进行任何语法检查，仅仅用来在程序中做与宏名的简单替换。例如，下面的宏定义是合法的：

```
#define    PI   3.141ABC593
```

宏被定义后，可使用下列指令消除宏定义：

```
#undef     宏名
```

一个定义过的宏名可以用来定义其他新的宏，但要注意其中的括号，例如：

```
#define      WIDTH     80
#define      LENGTH    ( WIDTH + 10 )
```

宏 LENGTH 等价于：

```
#define      LENGTH    ( 80 + 10 )
```

但其中的括号不能省略，因为当

```
var = LENGTH * 20;
```

若宏 LENGTH 定义中有括号，则预处理后变成：

```
var = ( 80 + 10 ) * 20;
```

若宏 LENGTH 定义中没有括号，则预处理后变成：

```
var = 80 + 10 * 20;
```

显然，两者的结果是不一样的。

2. 带参数的宏定义

带参数的宏定义的一般格式为：

```
#define      <宏名>(参数名表)   字符串
```

例如：

```
#define      MAX(a,b)   ((a)>(b)?(a):(b))
```

其中，(a,b)是宏 MAX 的参数表。如果在程序中出现下列语句：

```
x = MAX(3, 9);
```

则预处理后变成：

```
x = ((3)>(9)?(3):(9));                              // 结果为 9
```

很显然，带参数的宏相当于一个函数的功能，但却比函数简洁。但要注意，定义带参数的宏时，宏名与左圆括号之间不能留有空格，否则，编译器将空格以后的所有字符均作为替代字符串，而将该宏视为无参数的宏定义。

带参数的宏内容字符串中，参数一定要加圆括号，否则不会有正确的结果。例如：

```
#define      AREA(r)   (3.14159*r*r)
```

如果在程序中出现下列语句：

```
x = AREA(3+2);
```

则预处理后变成

```
x = (3.14159*3+2*3+2);                              // 结果显然不等于 3.14159*5*5
```

故此宏定义正确的形式应是：

```
#define      AREA(r)   (3.14159*(r)*(r))
```

### 3. 文件包含

“文件包含”指令是很有用的，它可以节省程序设计人员的重复劳动。例如，在编程中，有时要经常使用一些符号常量（如 PI=3.14159265，E=2.718），可以将这些宏定义组成一个文件，然后其他人都可以用#include 指令将这些符号常量包含到自己所写的源文件中，避免了这些符号常量的再定义。

C++中，#include 指令有下列两种格式：

```
#include  <文件名>
#include  "文件名"
```

第 1 种格式是将文件名用尖括号“<>”括起来的，用来包含那些由系统提供的并放在指定子目录中的头文件，称为**标准方式**。第 2 种格式是将文件名用双引号括起来的，称为**用户方式**。在第 2 种方式下，编译先在当前工作目录中查找要包含的文件，若找不到再按标准方式查找（即再按尖括号的方式查找）。所以，一般来说，用尖括号的方式来包含系统库函数所在的头文件，以节省查找时间，而用双引号来包括用户自己编写的文件。

在使用#include 命令时需要注意的是，一条#include 命令只能包含一个文件，若想包含多个文件需用多条文件包含命令。例如：

```
#include <iostream>
#include <cmath>
//…
```

需要说明的是，为了能在 C++中使用 C 语言中的库函数，又能使用 C++新的头文件包含格式，ANSI/ISO 将有些 C 语言的头文件去掉.h，并在头文件前面加上“c”变成 C++的头文件，如表 1.4 所示，实际上它们的内容是基本相同的。

表 1.4　保留 C 语言库函数的常用 ANSI/ISO C++头文件

| C++ 头 文 件 | C 头 文 件 | 作　　用 | 函 数 举 例 |
| --- | --- | --- | --- |
| cctype | ctype.h | 标准 C 的字符类型处理 | 如：int isdigit(int); 判断 c 是否为数字字符 |
| cmath | math.h | 标准 C 的数值计算 | 如：float fabs(float); 求浮点数 x 的绝对值 |
| cstdio | stdio.h | 标准 C 的输入/输出 | 如：输出 printf，输入 scanf |
| cstdlib | stdlib.h | 标准 C 的通用函数 | 如：void exit(int); 退出程序 |
| cstring | string.h | 标准 C 的字符串处理 | 如：strcpy 用来复制字符串 |
| ctime | time.h | 标准 C 的时间处理 | 如：time 用来获取当前系统时间 |

### 4. 条件编译

一般情况下，源程序中所有的语句都参加编译，但有时也希望程序按一定的条件去编译源文件的不同部分，这就是**条件编译**。条件编译使同一源程序在不同的编译条件下得到不同的目标代码。C++提供的条件编译指令有以下三种常用的形式，现分别进行介绍。

（1）第 1 种形式：

```
#ifdef <标识符>
        <程序段 1>
[#else
        <程序段 2>]
#endif
```

其中，#ifdef、#else 和#endif 都是关键字，程序段是由若干条预处理指令或语句组成的。这种形式的含义是：如果标识符被#define 指令定义过，则编译程序段 1，否则编译程序段 2。

**【例 Ex_UseIfdef】**　使用#ifdef 条件编译指令。

```
#include <iostream>
using namespace std;
#define    LI
int    main()
{
#ifdef    LI
        cout<<"Hello, LI!\n";
#else
        cout<<"Hello, everyone!\n";
#endif
        return 0;
}
```

程序的运行结果为：

```
Hello, LI!
```

（2）第 2 种形式：

```
#ifndef <标识符>
        <程序段 1>
[#else
        <程序段 2>]
#endif
```

这与前一种形式的区别仅在于，如果标识符没有被#define 指令定义过，则编译程序段 1，否则就编译程序段 2。

（3）第三种形式：

```
#if <表达式 1>
        <程序段 1>
[#elif <表达式 2>
        <程序段 2>
        ...]
[#else
        <程序段 n>]
#endif
```

其中，#if 、#elif、#else 和#endif 是关键字。它的含义是，如果表达式 1 为 true 就编译程序段 1，否则，如果表达式 2 为 true 就编译程序段 2，…，如果各表达式都不为 true 就编译程序段 *n*。

**【例 Ex_UseIf】** 使用#if 条件编译指令。

```
#include <iostream>
using namespace std;
#define A    -1
int    main()
{
#if    A>0
        cout<<"a>0\n";
#elif    A<0
        cout<<"a<0\n";
#else
        cout<<"a==0\n";
#endif
        return 0;
}
```

程序的运行结果为：

```
a<0
```

若将“#define A　-1”中的-1 改为 0，则程序的运行结果为：

```
a=0
```

以上是 C++中最常用的预处理指令，它们都是在程序被正常编译之前执行的，而且它们可以根据需要放在程序的任何位置。但为了保证程序结构的清晰性，提高程序的可读性，应将它们放在程序的最前面。

# 1.6　数组

迄今为止，程序所用到的数据类型都是基本数据类型，如 int、float、double 等。但 C++还允许按一定的规则进行数据类型的构造，如定义数组、指针、结构和引用等，这些类型统称为**构造类型**。数组是应用最广泛的构造类型之一，它有一维、二维和多维，分别应用于不同的场合。

## 1.6.1　一维数组

在 C++中，**数组**是相同类型的元素的有序集合，每一个元素在内存中占用相同大小的内存单元，这些内存单元在内存中都是连续存放的。和变量一样，在使用数组前需要对数组进行定义以通知编译为其开辟相应的内存空间。数组一旦定义后，就可在程序中引用和操作这些数组元素，每个元素所对应的内存单元或在数组中的位置可用统一的数组名通过下标运算符“[ ]”指定下标序号来唯一确定。这里先来讨论一维数组。

### 1. 一维数组的定义和引用

C++中，一维数组的一般定义格式如下：

```
<数据类型>　<数组名>[<常量表达式>];
```

其中，方括号“[ ]”是区分数组和变量的特征符号。方括号中的常量表达式的值必须是一个确定的整型数值，且数值必须大于 0，它反映一维数组元素的个数或一维数组的大小、数组的长度。数组名前的“数据类型”必须是 C++合法的数据类型，用来指定数组中元素的数据类型，它反映各元素所占内存单元的大小。数组名与变量名一样，遵循标识符命名规则。例如：

```
int　a[10];
```

其中，a 表示数组名；方括号里的 10 表示该数组有 10 个元素，每个元素的类型都是 int。在定义中，还可将同类型的变量或同类型的其他数组的定义写在一行语句中，但它们必须用逗号隔开。例如：

```
int　a[10], b[20], n;
```

其中，a 和 b 被定义成整型数组；n 是整型变量。

一般地，数组方括号中的常量表达式中不能包含变量，但可以包括常量和符号常量。例如：

```
int        a[4 - 2];           // 合法，表达式 4-2 是一个确定的值 2
float      b[3 * 6];           // 合法，表达式 3*6 是一个确定的值 18
const int size = 18;
int        c[size];            // 合法，size 是一个标识符常量
int SIZE = 18;
int        d[SIZE];            // 不合法，SIZE 是一个变量，不能用作数组大小的定义
int        d[0];               // ANSI/ISO C++不合法，定义时，下标必须大于 0
```

需要说明的是，当数组的数据类型是 char 时，则该数组称为**字符数组**。由于字符数组的每一个元素都用来存储一个字符，因此字符数组可用来存放一个字符序列，即字符串（后面还会专门讨论）。

数组定义后，就可以用下标运算符通过指定下标序号来引用和操作数组中的元素，引用时按下列格式：

```
<数组名> [<下标表达式>]
```

其中，方括号“[ ]”是 C++的下标运算符，下标表达式的值就是下标序号，反映该元素在数组中

的位置。需要说明的是，C++数组的下标序号总是从 0 开始。例如，若有数组定义：

```
int    a[5];
```

则由于开始的下标序号为 0，也就是说，a[0]是数组 a 的第 1 个元素。由于数组 a 被定义成具有 5 个元素的一维数组，因此 a[0]、a[1]、a[2]、a[3]、a[4]是数组 a 的 5 个元素，a[4]是 a 的最后一个元素。**注意：这里的数组 a 没有 a[5]这个数组元素**。可见，在引用一维数组元素时，若数组定义时指定的大小为 $n$，则下标序号范围为 0 ～ ($n$−1)。

在引用数组元素时，下标序号的值必须为整型。它可以是一个整型常量，也可以是一个整型变量，或者结果为一个整型值的表达式等。例如：

```
int    d[10];
//…
for (int i=0; i<10; i++)          cout<<d[i]<< "\t";
```

代码中的 d[i]就是一个对数组 d 元素的合法引用，i 是一个整型变量，用来指定下标序号。当 i=0 时，引用的是元素 d[0]；当 i=1 时，引用的是元素 d[1]……以此类推。要注意，若将 for 中的 i<10 误写成 i<=10，则当 i=10 时，数组 d 的下标序号已超界，而这个错误在编译与连接中是不会反映出来的，因此在编程时必须保证数组下标序号取值的正确性。

数组定义后，编译会根据数组的大小开辟相应的内存空间，并依照下标序号从小到大的次序依次存放数组中的各个元素。显然，所开辟的内存大小（字节数）等于数组元素个数乘上 sizeof(数组类型)。

事实上，数组中的每一个元素都可看成是一个与数组数据类型相同的变量。并且，若设元素为 X[n]（X 表示数组名，n 表示合法的下标序号），则引用 X[n]就是引用该元素所对应的内存单元，它与变量名一样，都是相应内存空间的标识。因此，在程序中对数组元素进行赋值或其他处理时，它的操作与变量相同。

**2. 一维数组的初始化和赋值**

与变量一样，在引用数组元素前还可对其进行初始化或赋初值。数组元素既可以在数组定义的同时赋初值，即初始化，也可以在定义后赋值。一维数组的初始化格式如下：

```
<数据类型>   <数组名>[<常量表达式>] = {初值列表};
```

与变量初始化不同的是，数组元素的初始化是在数组定义格式中，在方括号之后，用“={初值列表}”的形式进行的。其中，初值列表中的初值个数不得多于数组元素个数，且多个初值之间要用逗号隔开。例如：

```
int    a[5] = {1, 2, 3, 4, 5};
```

是将花括号“{ }”里的初值（整数）1、2、3、4、5 分别依次填充到数组 a 的内存空间中，也就是将初值依次赋给数组 a 的各个元素。它的作用与下列的赋值语句相同：

```
a[0 ]= 1;    a[1] = 2;    a[2] = 3;    a[3] = 4;    a[4] = 5;
```

对于一维数组的初始化和赋值需注意以下几点：

（1）可以给其中的部分元素赋初值，此时其他元素的值均为 0。例如：

```
int    b[5] = {1, 2};                    // A
```

是将数组 b 的元素 b[0] = 1，b[1] = 2。此时，b[2]、b[3]、b[4]的值均默认为 0。若有：

```
int    b[5] = {0};
```

则使数组 b 的各个元素的值均设为 0。

（2）在“={初值列表}”中，花括号中的初值可以是常量或常量表达式，但不能有变量，且初值个数不能多于数组元素个数。例如：

```
double    f[5]  = {1.0, 3.0*3.14, 8.0};       // 合法
double    d     = 8.0;
double    g[5]  = {1.0, 3.0*3.14, d};         // 不合法，d 是变量
int       e[5]  = {1, 2, 3, 4, 5, 6};         // 错误，初始化值个数多于数组元素个数
```

（3）在对全部一维数组元素赋初值时，有时可以不指定一维数组的长度。例如：

```
int    c[ ] = {1, 2, 3, 4, 5};
```

编译时将根据数值的个数自动设定 c 数组的长度，这里是 5。要注意，必须让编译器能知道数组的大小。若只有：

```
int    c[ ];                                // 不合法，未指定数组大小
```

则是错误的。

（4）“={初值列表}”只限于数组定义时的初始化，不能出现在赋值语句中。例如：

```
int    c[4];                                // 合法
c[4] = {1, 2, 3, 4};                        // 错误
```

（5）在“={初值列表}”中，逗号前面必须有表达式或值。例如：

```
int f[5] = {1, , 3, 4, 5};                  // 错误，第 2 个逗号前面没有值
int g[5] = {1, 2, 3, };                     // ANSI/ISO C++中合法
int h[5] = { };                             // ANSI/ISO C++中合法，等价于 int h[5] = {0};
```

（6）两个一维数组不能直接进行赋值“=”运算，但数组元素可以。例如：

```
int    a1[4] = {1, 2, 3, 4};                // 合法
int    a2[4];                               // 合法
a2 = a1;                                    // 错误，数组名表示一个地址常量，不能作为左值
a2[0] = a1[0];                              // 合法：数组元素本质上就是一个变量
a1[2] = a2[1];                              // 合法：数组元素本质上就是一个变量
```

## 1.6.2　二维数组

在 C++数组定义中，数组的维数是通过方括号的对数来指定的。显然，若在数组定义时指定多对方括号，则定义的是多维数组。最常用的多维数组是二维数组。

### 1. 二维数组的定义和引用

二维数组定义的格式如下：

**<数据类型>　<数组名>[<常量表达式 1>][<常量表达式 2>];**

从中可以看出，二维数组定义的格式与一维数组定义基本相同，只是多了一对方括号。同样，若定义一个三维数组，则在二维数组定义格式的基础上再增加一对方括号，以此类推。显然，对于数组定义的统一格式可表示为：

**<数据类型>　<数组名>[<常量表达式 1>][<常量表达式 2>]…[<常量表达式 *n*>];**

其中，各对方括号中的常量表达式用来指定相应维的大小。例如：

```
float        b[2][3];
char         c[4][5][6];
```

其中，b 是二维数组，每个元素的数据类型都是 float 型；c 是三维数组，每个元素的数据类型都是 char 型。

需要说明的是，要注意数组定义中维的高低。如图 1.13 所示，四维数组 d 的维的次序依次从右向左逐渐升高，最右边的是最低维，最左边的是最高维。

对于多维数组来说，数组元素的个数是各维所指定的大小的乘积。例如，上述定义的二维数组 b 中的元素个数为 2×3=6 个，三维数组 c 中的元素个数为 4×5×6=120 个。

一旦定义了多维数组，就可以通过下面的格式来引用数组中的元素：

**<数组名> [<下标表达式 1>][<下标表达式 2>]…[<下标表达式 *n*>]**

这里的下标表达式 1、下标表达式 2 等分别与数组定义时的维相对应。也就是说，对于上述定义“float b[2][3];”中的二维数组 b 来说，其元素引用时需写成 b[*i*][*j*]的形式。其中，每一维的下标序号都是从 0 开始，且都小于相应维定义时指定的数值。即 *i* 的取值只能是 0 和 1，*j* 的取值只能是 0、1 和 2。

再如，对于上述定义“char c[4][5][6];”中的三维数组 c 来说，其合法的元素引用应是 c[*i*][*j*][*k*]的形式，其中，*i* 的取值只能是 0～3 的整数，*j* 的取值只能是 0～4 的整数，*k* 的取值只能是 0～5 的整数。

与一维数组元素一样，二维或多维数组元素本质上也是等同于同类型的一般变量。

**2. 二维数组元素在内存空间存放的次序**

由于内存空间是一维的，因此需要搞清二维（多维）数组元素在内存中存放的次序。在 C++中，数组维数的高低次序依次从右向左逐步升高，类似于十进制数中的个位、十位、千位……的变化次序。在内存中依次存放的数组元素的下标序号总是从低维到高维顺序变化。例如：

```
int    a[3][4];
```

则 a 在内存中存放的元素的次序如图 1.14 所示。

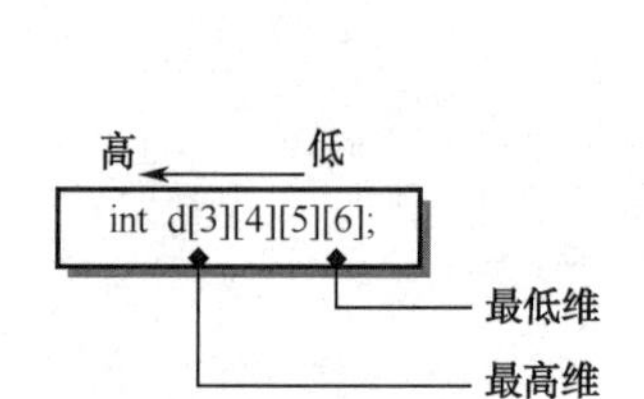


图 1.13　多维数组的维次序

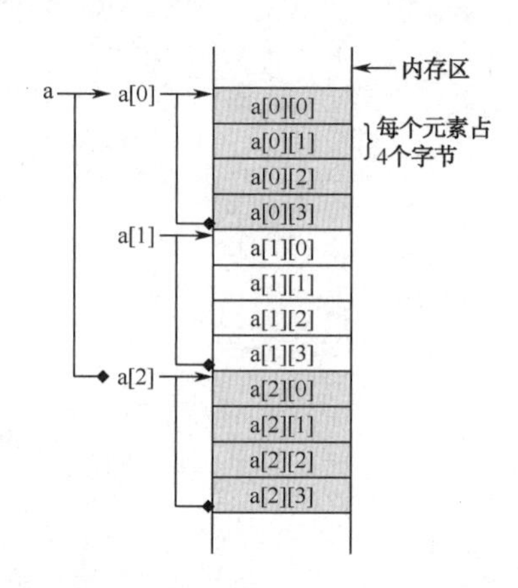


图 1.14　二维数组 a 在内存中的存放次序

事实上，若在程序中通过循环嵌套来引用二维或多维数组的元素，则是最方便的程序方法。此时，循环嵌套的层数应与数组维数相同。例如：

```
int    a[3][4], i, j;
// 输入二维数组 a 的元素值
for (i=0; i<3; i++)
    for (j=0; j<4; j++)
        cin>>a[i][j];
// 输出二维数组 a 的全部元素
for (i=0; i<3; i++)
{
    for (j=0; j<4; j++)
        cout<<a[i][j]<< "\t";
    cout<<endl;
}
```

**3. 二维数组的初始化和赋值**

在程序设计中，常将二维数组看成一个具有行和列的数据表。例如：

```
int    a[3][4];
```

由于它在内存空间的存放次序可以写成：

```
a[0]: a[0][0],      a[0][1],      a[0][2],      a[0][3],    // 第 0 行
a[1]: a[1][0],      a[1][1],      a[1][2],      a[1][3],    // 第 1 行
a[2]: a[2][0],      a[2][1],      a[2][2],      a[2][3]。   // 第 2 行
```

因此，可以认为在数组 a[3][4]中，3 表示行数，4 表示列数。故在进行二维数组初始化时常常以“行”为单位。

在 C++中，“行”的数据由“{ }”构成，且每一对“{ }”根据其书写的次序依次对应于二维数组的第 0 行、第 1 行、第 2 行……第 *i* 行。例如：

```
int    a[3][4] = { {1, 2, 3, 4}, {5, 6, 7, 8}, {9, 10, 11, 12}};
```

其中，{1, 2, 3, 4}是对第 0 行元素进行初始化，{5, 6, 7, 8}是对第 1 行元素进行初始化，{9, 10, 11, 12}是对第 2 行元素进行初始化，它们是依次进行的，行与行之间用逗号分隔。每对花括号里的数据个数均不能大于列数。它等价于：

```
int    a[3][4] = { 1, 2, 3, 4, 5, 6, 7, 8, 9, 10, 11, 12};           // 依次对元素进行初始化
```

需要说明的是，可以只对部分元素赋初值。例如：

```
int   a[3][4] = {{1, 2}, {3}, {4, 5, 6}};
```

凡没有明确列举元素值的元素，其值均为 0，即等同于：

```
int   a[3][4] = {{1, 2, 0, 0}, {3, 0, 0, 0}, {4, 5, 6, 0}};
```

又如：

```
int   a[3][4] = {1, 2, 3};
```

当数据中没有花括号时，则将其按元素在内存空间的存放次序依次赋初值，即 a[0][0] = 1，a[0][1] = 2，a[0][2] = 3，其余各个元素的初值为 0。

要注意二维数组中以“行”为单位的混合形式的初始化情况，例如：

```
int a[3][4] = {{1, 2}, {3, 4, 5}, 6};
```

则{1,2}对应于 a 的第 0 行，{3,4,5}对应于 a 的第 1 行，后面的 6 无论是否有花括号，都对应于 a 的下一行。因此，上述初始化等同于：

```
int a[3][4] = {{1, 2, 0, 0}, {3, 4, 5, 0}, {6, 0, 0, 0}};
```

要注意花括号前面最好不能有单独的数值，例如：

```
int a[3][4] = {{1, 2}, 3, {4}, 5};                    // 不要这么做
```

对多维数组来说，若有初始化，则定义数组时可以忽略最高维的大小，但其他维的大小不能省略。也就是说，在二维数组定义中，最左边方括号中的大小可以不指定，但最右边方括号中的大小必须指定。例如：

```
int b[][4] = {1, 2, 3, 4, 5, 6, 7, 8, 9, 10, 11, 12};
// 结果为 b[3][4]
int b[][4] = {{1, 2, 3, 4}, {5, 6}, {7},{ 8, 9, 10, 11}, 12};
// 结果为 b[5][4]
int b[][4] = {1, 2, 3};                               // 结果为 b[1][4]
int b[][4] = {{1}, 2, 3};                             // 结果为 b[2][4]
```

## 1.6.3　字符数组

当定义的数组的数据类型为 char 时，这样的数组就称为**字符数组**，字符数组的每个元素都是字符。由于字符数组存放的是一个字符序列，因而它跟字符串常量有着密切的关系。在 C++中，可用字符串常量来初始化字符数组，或通过字符数组名来引用字符串等。

### 1. 一维字符数组

对于一维字符数组来说，它的初始化有两种方式。一种方式是：

```
char    ch[ ] = {'H', 'e', 'l', 'l', 'o', '!', '\0'};
```

另一种方式是使用字符串常量来给字符数组赋初值。例如：

```
char    ch[ ] = {"Hello!"};
```

其中的花括号可以省略，即：

```
char    ch[ ] = "Hello!";
```

这几种方式都是使 ch[0]='H'，ch[1]='e'，ch[2]='l'，ch[3]='l'，ch[4]='o'，ch[5]='!'，ch[6]='\0'。

需要说明的是，如果指定的数组长度大于字符串中的字符个数，那么其余的元素将自动设定为'\0'。例如：

```
char   ch[9] = "Hello!";
```

因"Hello!"的字符个数为 6，但还要包括一个空字符'\0'，故数组长度至少是 7，从 ch[6]开始到 ch[8]都等于空字符'\0'。

**注意：**

由于字符串常量总是以'\0'作为结束符，它虽不是字符串的内容，但却占据了一个存储空间。因此，当字符数组用字符串常量方式进行初始化时，要注意数组的长度还应包含字符串的结束符'\0'，一定要注意字符数组与其他数组的这种区别。

要注意，不能将字符串常量直接通过赋值语句赋给一个字符数组。例如，下列赋值语句是错误的：

```
char   str[20];
str = "Hello!";                              // 错误
```

因为这里字符数组名 str 是一个指针常量（以后还会讨论），不能作为左值。

**2. 二维字符数组**

一维字符数组常用于存取一个字符串，而二维字符数组可存取多个字符串。例如：

```
char str[][20] = { "How",    "are",    "you"};
```

这时，数组元素 str[0][0]表示一个 char 字符，值为'H'；而 str[0]表示字符串"How"，str[1]表示字符串"are"，str[2]表示字符串"you"。由于省略了二维字符数组的最高维的大小，编译器会根据初始化的字符串常量，自动设为 3。要注意，二维字符数组最右边的大小应不小于初始化初值列表中最长字符串常量的字符个数+1。

## 1.6.4 数组与函数

以前所讨论的函数调用都是按实参和形参的对应关系将实际参数的值传递给形参，这种参数传递称为**值传递**。在值传递方式下，函数本身不对实参进行操作，也就是说，即使形参的值在函数中发生了变化，实参的值也不会受到影响。但若传递函数的参数是某个内存空间的地址，则对这个函数的调用就是按地址传递的函数调用，简称**传址调用**。由于函数形参和实参都是指向同一个内存空间的地址，形参值的改变也就是实参地址所指向的内存空间的内容改变，从而实参的值也将随之改变。通过地址传递，可以由函数带回一个或多个值。

数组也可作为函数的形参和实参。若数组元素作为函数的实参，则其用法与一般变量相同。但当数组名作为函数的实参和形参时，由于数组名表示数组内存空间的首地址，因此是函数的**地址传递**。

**【例 Ex_StrChange】** 改变字符串中的内容。

```
#include <iostream>
#include <cstring>
using namespace std;
void change(char str1[20]);
int    main()
{
        char name[10] = "Ding";
        cout<<name<<endl;
        change(name);                                    // 调用时，只需指定数组名
        cout<<name<<endl;
        return 0;
}
void change(char str1[20])
{
        strcpy( str1, "Zheng" );
}
```

代码中，函数 change 的形参是一个字符数组，调用时只要将数组名作为实参即可。由于函数传递的是数组的地址，因此，函数中对形参改变的内容也同样反映到实参中。

程序运行结果如下：

```
Ding
Zheng
```

需要说明的是，函数调用时，实参数组与形参数组的数据类型应一致，如不一致，结果将出错。另外，形参数组也可以不指定大小，但为了满足在被调用函数中处理数组元素的需要，可以另设一个参数，用来指定传递数组元素的个数。例如：

```
float   ave(int data[], int n);
```

## 1.7　指针和引用

指针和引用是 C++语言中非常重要的概念。指针的使用比较复杂，但一旦正确熟练地掌握后，便能使程序变得简洁高效。因此，在学习时要注意领会其特点和本质。

### 1.7.1　指针和指针变量

在计算机中，内存区中的一个**最小单元**通常是一个字节（byte）的存储空间。为了便于内存单元的访问，系统为每一个内存单元分配一个相对固定的 32 位编码（在 32 位机器中），这个编码就是内存单元的**地址**。在计算机内部，地址是内存单元的标识。

在程序中，变量名是变量所对应的内存空间的标识，对变量名的操作也就是对其内存空间的操作。在程序中用变量名来操作其内存空间的最大好处是不必关心其内存空间的地址，但同时，由于变量一旦定义后，变量名和内存空间的对应关系在编译时就确定下来了，在变量的运行生命期中这种对应关系是不能被改变的。因而，用变量名来操作其他内存空间受到了一定的限制。为了能像变量名那样来引用它所对应的内存空间，又能在程序中比较自由地访问其他不同的内存空间，C++引入了**指针**（pointer）这个概念。

由于一个内存空间可用其首地址和单元数目（大小）来唯一确定，而不同内存空间的首地址也各不相同，因此，为了能让一个指针访问不同的内存空间，则指针本身存放的值必须是不同内存空间的**首地址**。由于可以存放地址值，所以指针必须是一个变量，这样就可以在程序中进行定义了，但此时指针的数据类型不是反映它存取的数值类型，而是用来确定该指针所能访问的内存空间的大小。这样，指针一旦定义并初始化后，通过**指针名**和专门的运算符就可在程序中建立、操作和引用不同的内存空间了。

在 C++中，定义一个指针变量可按下列格式：

```
<数据类型> *<指针变量名 1>[,*<指针变量名 2>,...];
```

式中的“*”是一个定义指针变量的说明符，它不是指定指针变量名的一部分。每个指针变量前面都需要这样的“*”来标明。例如：

```
int         *pInt1, *pInt2;          // pInt1 和 pInt2 是指向整型变量的指针
float       *pFloat;                 // pFloat 是一个指向实型变量的指针
char        *pChar;                  // pChar 是一个指向字符型变量的指针，它通常用来处理字符串
```

则定义了整型指针 pInt1、pInt2，单精度实型指针 pFloat 和字符型指针 pChar。其中，由于指针 pInt1 和 pInt2 的类型是 int，因此 pInt1 和 pInt2 用来**指向**一个 4 字节的内存空间。由于指针变量的值是某个内存空间的首地址，而地址的长度都是一样的，因此指针变量自身所占的内存空间大小都是相同的，在 32 位机器中都是 4 个字节。

一般地，为了使指针变量与其他普通变量相区别，在定义时常将指针名前面的第 1 个字母用小写字母 p 来表示。

需要说明的是，绝大多数情况下，都可以将指针变量简称为“指针”。

## 1.7.2 &和*运算符

C++中有两个专门用于指针的运算符：&（取地址运算符）和*（取值运算符）。它们都是**单目**运算符。

运算符“&”的功能是获取操作对象的指针。对于变量来说，其指针值就是该变量所对应的内存空间的首地址。运算符“*”的功能是**引用**指针所指向的**内存空间**。当其作为**左值**时，则被引用的内存空间应是可写的；当其作为**右值**时，则“引用”的操作是读取被引用的内存空间的值。例如：

```
int    a = 3;                    // 整型变量，初值为3
int    *p = &a;                  // 指向整型变量的指针，其值等于a的地址
int    b = *p;                   // 取出指针所指向的内存空间中的内容并赋给b，值为3
```

指针变量的初始化除在定义时进行，还可在程序中通过赋值语句进行，注意它们的区别。例如：

```
int    a = 3;                    // 整型变量，初值为3
int    *pi;                      // 指向整型变量的指针
pi = p;                          // 将指针p的地址赋给指针pi，使它们都是指向a的指针
                                 // 它等价于pi = &a;   注意在pi前没有*
```

需要说明的是，“*”和“&”运算符在逻辑（功能）上是**互斥**的，即当它们放置在一起时可以相互抵消。例如，若有变量i，则&i用来获取i的指针，此时*(&i)就是引用i的指针的内存空间，即变量i。正因为如此，C++将“*”运算符的功能解释为“**解除&操作**”。同样，使用&*p就是使用指针p。另外，还需注意的是，在使用指针变量前，一定要进行初始化或有确定的地址数值。例如，下面的操作会产生致命的错误：

```
int    *pInt,   a = 10;
*pInt = 10;                      // 此时pInt的指向不明确
```

或

```
*pInt = a;
```

指针变量只能赋一个指针的值，若给指针变量赋了一个变量的值而不是该变量的地址，或者赋了一个常量的值，则系统会以这个值作为地址。根据这个“地址”读写的结果将是致命的。

给两个指针变量进行赋值，必须使这两个指针变量类型相同，这样才能保证操作的内存“单元”的大小是相同的，否则结果将是不可预测的。例如：

```
int *pi;
float   f = 1.22,   *pFloat = &f;
pi = pFloat;                          // 尽管本身的赋值没有错误，但结果是不可预测的。
                                      // 因为(*pi)的值不会等于1.22，也不会等于1
```

给指针变量赋值实际上是“间接”地给指针所指向的变量赋值。例如：

```
int a = 11,   *p = &a;
(*p)++;                               // 结果a的值为12
```

下面看一个示例。

**【例 Ex_CompUsePointer】** 输入a和b两个整数，按大小顺序输出。

```
#include <iostream>
using namespace std;
int   main()
{
      int *p1, *p2, *p, a, b;
      cout<<"输入两个整数：";
      cin>>a>>b;
      p1 = &a;          p2 = &b;
      if   ( a<b )
      {
            p = p1;       p1 = p2;      p2 = p;
      }
```

```
        cout<<"a = "<<a<<" , b = "<<b<<endl;
        cout<<"最大的值是："<<*p1<<", 最小的值是："<<*p2<<"\n";
        return 0;
}
```

程序中，当 a≥b 时，指针变量 p1 指向 a，p2 指向 b；而当 a<b 时，通过指针交换，p1 指向 b，p2 指向 a。因此，上述程序代码总是使 p1 指向数值最大的变量，使 p2 指向数值最小的变量。

程序运行结果如下：

```
输入两个整数：11␣28↵
a = 11 , b = 28
最大的值是：28, 最小的值是：11
```

## 1.7.3　指针运算

除了前面的赋值运算外，指针还有算术运算和关系运算。

### 1. 指针的算术运算

在实际应用中，指针的算术运算主要是对指针加上或减去一个整数。

```
<指针变量> + n
<指针变量> - n
```

指针的这种运算的意义和通常的数值加减运算的意义是不一样的。这是因为一旦指针赋初值后，指针的指向也就确定了，由于指针指向一块内存空间，因此当一个指针加减一个整数值 $n$ 时，实际上是将指针的指向向上（减）或向下（加）移动 $n$ 个位置，因此指针加上或减去一个整数值 $n$ 后，其结果仍是一个指针。

由于指针的数据类型决定了指针所指向的内存空间的大小，因此，相邻两个指向的间距等于 sizeof(指针数据类型)个字节。因此，一个指针加减一个常数 $n$ 后，其指向的地址是在原指向基础上加上或减去 sizeof(指针数据类型)*$n$ 字节。

例如，若有"int　*ptr;"，当指针初始化后，若设当前指向的位置地址值为 0012FF70h，则当指针 ptr 加上整数 2 时，即 ptr + 2，表示指针 ptr 的当前指向将向下移动 2 个指向位置，由于指针类型是 int，因而指向位置的间距是 sizeof(int)个字节，故(ptr + 2)指针的位置地址值为 0012FF70h + sizeof(int)*2，即为 0012FF78h，如图 1.15 所示。

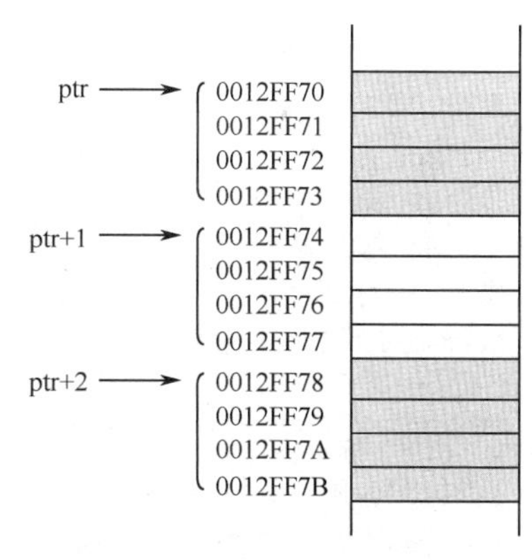


图 1.15　指针的算术运算

当 $n$ 为 1 时，若有 ptr = ptr ± $n$，则为 ptr++或 ptr--，这就是指针 ptr 的自增（++）、自减（--）运算。

### 2. 指针的关系运算

两个指针变量的关系运算是根据两个指针变量值的大小来进行比较的。在实际应用中，通常是比较两个指针反映地址的前后关系或判断指针变量的值是否为 0。

**【例 Ex_PointerOp】**　将字符数组 a 中的 n 个字符按相反顺序存放。

```
#include <iostream>
using namespace std;
int    main()
{
        char a[] = "Chinese";
        char *p1 = a, *p2 = a, temp;
        while (*p2!='\0') p2++;
        p2--;                                            // 将 p2 指向 a 的最后一个元素
        while (p1<p2)
```

```
    {
        temp = *p1;     *p1 = *p2;     *p2 = temp;     // 交换内容
        p1++;      p2--;
    }
    cout<<a<<endl;                                       // 输出结果
    return 0;
}
```

程序中，先将指针 p1 和 p2 分别指向同一个字符数组 a，然后将 p2 指向字符数组 a 的最后一个元素，p1 从数组 a 的首地址向后移动，p2 从数组 a 的末地址向前移动，当 p1 的地址在 p2 之前时，交换地址的内容，即交换字符数组 a 的元素内容，从而实现数组 a 中的字符按相反顺序存放。结果如下：

```
esenihC
```

### 1.7.4 指针和数组

在 C++中，若设数组名为 a，则下标运算符“[ ]”具有下列含义：

```
a[i] = *(a+i)
```

由这个等式可知：当 i = 0 时，a[0] = *(a+0) = *a，&a[0] = &(*a)；从而 a = &a[0]。也就是说，一维数组名 a 可以看成是一个指针。又由于数组定义后，编译只为数组每个元素开辟相同大小的内存空间，但没有为数组名本身分配内存空间，因此，一维数组的数组名 a 只能看成是一个**指针常量**。从 a = &a[0]还可得知，一维数组中数组名 a 的值就等于下标序号为 0 的元素（即数组第一个元素 a[0]）的**地址**，也就是整个一维数组 a 的内存空间的首地址。

事实上，下标运算符“[ ]”左边的操作对象除可以是指针常量外，还可以是指针变量，甚至是一个指针表达式。例如：

```
(a+i)[j] = *((a+i)+j) = *(a+i+j) = *(a+(i+j)) = a[i+j]
```

若当一个指针变量 p 指向一维数组 a 时，由于一维数组名是一个指针常量，因此它可以直接赋给指针变量 p。即：

```
int  a[5];
int  *p = a;                                    // 或 int *p = &a[0];
```

此时，若有：

```
*(p+1) = 1;
```

则和

```
a[1] = 1;
```

是等价的。由于指针变量和数组的数组名在本质上是一样的，都是反映地址值，因此指向数组的指针变量实际上也可像数组变量那样使用下标，而数组变量又可像指针变量那样使用指针。例如，p[i]与*(p+i)及 a[i]是等价的，*(a+i)与*(p+i) 是等价的。

【例 Ex_SumUsePointer】 用指针运算来计算数组元素的和。

```
#include <iostream>
using namespace std;
int  main()
{
    int   a[6]={1, 2, 3, 4, 5, 6};
    int *p = a;                                  // 用数组名 a 给指针初始化
    int sum = 0;
    for (int i=0; i<6; i++)    {
        sum += *p;           p++;
    }
    cout<<sum<<endl;                             // 输出结果
    return 0;
}
```

程序运行结果如下：

```
21
```

上述一维数组的指针比较容易理解，但对于多维数组的指针则要复杂许多。为了叙述方便，下面以二维数组的指针为例来进一步阐述（对于三维、四维数组等也可同样分析）。

设有二维数组 a，它有 2×3 个元素，如下面的定义：

```
int   a[2][3] = {{1, 2, 5}, {7, 9, 11}};
```

可以理解成：a 是数组名，a 数组包含两个元素 a[0]、a[1]，而每一个元素又是一个一维数组，例如 a[0]有 3 个元素 a[0][0]、a[0][1]、a [0][2]，它可以用一个指针来表示。例如：

```
int *p1, *p2;
p1 = a[0];
p2 = a[1];
```

而数组名 a 代表整个二维数组的首地址，又可理解成是指向一维数组的指针的一维数组，也就是说 a 可以用指向指针的指针来表示：

```
int **p;                                        // 该指针又称为二级指针
p = a;
```

其中，p[0]或*p 等价于 p1 或 a[0]，p[1]或*(p+1)等价于 p2 或 a[1]。

【例 Ex_MultiArrayAndPointer】　分析下列程序的输出结果。

```
#include <iostream>
using namespace std;
int   main()
{
      int    a[3][3]={1, 2, 3, 4, 5, 6, 7, 8, 9};
      int    y = 0;
      for (int i=0; i<3; i++)
            for (int j=0; j<3; j++)
                  y += (*(a+i))[j];
      cout<<y<<endl;
      return 0;
}
```

程序中，“y += (*(a+i))[j];”是理解本程序的关键。事实上，*(a+i)就是 a[i]，因而(*(a+i))[j]就是 a[i][j]。这里的“y += (*(a+i))[j];”语句就是求数组 a 中各个元素之和。

程序运行结果如下：

```
45
```

### 1.7.5　指针和函数

指针既可以作为函数的形参和实参，又可以作为返回值，应用非常广泛。

#### 1. 指针作为函数的参数

函数的参数可以是 C++中任意的合法变量，自然也可以是一个指针。如果函数的某个参数是指针，对这个函数的调用就是传址调用，此时形参内容的改变必将影响实参。在实际应用中，函数可以通过指针类型的参数带回一个或多个值。

【例 Ex_SwapUsePointer】　指针作为函数参数的调用方式。

```
#include <iostream>
using namespace std;
void swap(int *x, int *y);
int   main()
{
      int   a = 7,   b = 11;
      swap(&a, &b);
```

```
        cout<<"a = "<<a<< ", b = "<<b<<"\n";
        return 0;
}
void swap(int *x, int *y)
{
        int temp;
        temp = *x;    *x = *y;    *y = temp;
        cout<<"x = "<<*x<<", y = "<<*y<<"\n";
}
```

程序运行结果如下：

```
x = 11, y = 7
a = 11, b = 7
```

这里，将传递指针的 swap 函数调用的实现过程归纳如下：

（1）函数声明中指明指针参数，即示例中的“void swap(int *x, int *y);”；

（2）函数调用的实参中指明变量的地址，即示例中的“swap(&a, &b);”；

（3）函数定义中对形参进行间接访问，即对*x 和*y 的操作，它实际上就是访问函数的实参变量 a 和 b，通过局部变量 temp 的过渡，使变量 a 和 b 的值被修改。

### 2. 返回指针的函数

函数可以返回一个指针，如下面的格式：

```
<函数类型> * <函数名>( <形式参数表> ){ <函数体> }
```

它与一般函数定义基本相同，只不过在函数名前面增加了一个“*”号，用来指明函数返回的是一个指针，该指针所指向的数据类型由函数类型决定。

**【例 Ex_PointerReturn】** 返回指针的函数：用来将一个字符串逆序输出。

```
#include <iostream>
using namespace std;
char* flip(char *str)
{
        char *p1, *p2, ch;
        p1 = p2 = str;
        while (*p2 != '\0') p2++;
        p2-- ;
        while (p1<p2)
        {
                ch = *p2;     *p2 = *p1;     *p1 = ch;  // 交换字符
                p1++;p2--;
        }
        return str;
}
int    main()
{
        char str[] = "ABCDEFGH";
        cout<<flip(str)<<"\n";
        return 0;
}
```

程序运行结果如下：

```
HGFEDCBA
```

代码中，函数 flip 定义成返回一个指向字符串的指针的函数，该函数的目的是将字符串 str 逆序后返回。

### 3. 指向函数的指针

与变量相似，每个函数都有地址。指向函数地址的指针称为**函数指针**。在实际应用中，通过函数指针可以调用相应的函数。函数指针的定义如下：

```
<函数类型>( * <指针名>)( <参数表> );
```

例如：

```
int (*func)(char a, char b);
```

就是定义的一个函数指针。int 为函数的返回类型，*表示后面的 func 是一个指针变量名。该函数具有两个字符型参数 a 和 b。需要说明的是，由于“( )”的优先级大于“*”，所以下面是返回指针的函数定义而不是函数指针定义：

```
int *func(char a, char b);
```

一旦定义了函数指针变量，就可以给它赋值。由于函数名表示该函数的入口地址，因此可以将函数名直接赋给指向函数的指针变量。一般来说，赋给函数指针变量的函数的返回值类型与参数个数、顺序要和函数指针变量相同。例如：

```
int fn1(char a, char b);
int *fn2(char a, char b);
int fn3(int n);
int (*fp1)(char x, char y);
int (*fp2)(int x);
fp1 = fn1 ;                    // 正确，fn1 函数与指针 fp1 指向的函数一致
fp1 = fn2 ;                    // 错误，fn2 函数的返回值类型与指针 fp1 指向的函数不一致
fp2 = fn3 ;                    // 正确，fn3 函数与指针 fp2 指向的函数一致
fp2 = fp1 ;                    // 错误，两个指针指向的函数不一致
fp2 = fn3(5) ;                 // 错误，函数赋给函数指针时，不能加括号
```

函数指针变量赋值后，就可以使用指针来调用函数了。调用函数的格式如下：

```
( * <指针名>)( <实数表> );
```

或

```
<指针名>( <实数表> );
```

例如：

```
(*fp2)(5);                     // 或 fp2(5) ;
```

【例 Ex_FuncPointer1】　函数指针的使用。

```
#include <iostream>
using namespace std;
double add(double x, double y)
{	return (x+y);		}
double mul(double x, double y)
{	return (x*y);		}
int	main()
{
	double	(*func)(double,double);			// 定义一个函数指针变量
	double	a, b;
	char op;
	cout<<"输入两个实数及操作方式，'+'表示'加', '*'表示乘: ";
	cin>>a>>b>>op;
	if (op == '+')		func = add;			// 将函数名赋给指针
	else			func = mul;
	cout<<a<<op<<b<<"="<<func(a,b)<<endl;		// 函数调用
	return 0;
}
```

程序运行结果如下：

```
输入两个实数及操作方式，'+'表示'加', '*'表示乘: 12.0␣25.5␣*↵
12*25.5=306
```

函数指针变量可用作函数的参数。

【例 Ex_FuncPointer2】　函数指针变量可用作函数的参数。

```
#include <iostream>
using namespace std;
double add(double x, double y)
{       return (x+y);               }
double mul(double x, double y)
{       return (x*y);               }
void op(double(*func)(double,double), double x, double y)
{
        cout<<"x = "<<x<<", y = "<<y<<", result = "<<func(x,y)<<"\n";
}
int    main()
{
        cout<<"使用加法函数: ";
        op(add, 3, 7);
        cout<<"使用乘法函数: ";
        op(mul, 3, 7);
        return 0;
}
```

程序运行结果如下：

```
使用加法函数: x = 3, y = 7, result = 10
使用乘法函数: x = 3, y = 7, result = 21
```

代码中，op 函数的第一个参数为函数指针，该指针指向的函数有两个 double 参数并返回 double 类型值。定义的 add 和 mul 函数也是有两个 double 参数并返回 double 类型值，因此，它们可以作为实参赋给函数指针 func。

与一般变量指针数组一样，函数指针也可构成指针数组。

**【例 Ex_FuncPointerArray】** 函数指针数组的使用。

```
#include <iostream>
using namespace std;
void add(double x, double y)
{       cout<<x<<" + "<<y<<" = "<<x+y<<"\n";           }
void sub(double x, double y)
{       cout<<x<<" - "<<y<<" = "<<x-y<<"\n";                   }
void mul(double x, double y)
{       cout<<x<<" * "<<y<<" = "<<x*y<<"\n";           }
void div(double x, double y)
{       cout<<x<<" / "<<y<<" = "<<x/y<<"\n";                   }
void (*func[4])(double, double) = {add, sub, mul, div};// 函数指针数组定义和初始化
int    main()
{
        double x = 3, y = 7;
        char op;
        do{
                cout  <<"+        ------- 相加\n"
                        <<"-        ------- 相减\n"
                        <<"*        ------- 相乘\n"
                        <<"/        ------- 相除\n"
                        <<"0        ------- 退出\n";
                cin>>op;
```

```
            switch(op) {
                case '+':          func[0](x, y);      break;
                case '-':          func[1](x, y);      break;
                case '*':          func[2](x, y);      break;
                case '/':          func[3](x, y);      break;
                case '0':          return 0;
            }
        }while(1);
        return 0;
    }
```

## 1.7.6　new 和 delete 运算符

C++运算符 new 和 delete 能有效而直接地进行动态内存的分配和释放。运算符 new 返回指定类型的一个指针，如果分配失败（如没有足够的内存空间）则返回 0（空指针）。例如：

```
double *p;
p = new double;
*p = 30.4;                                  // 将值存放在开辟的单元中
```

系统自动根据 double 类型的空间大小开辟一个内存单元，并将地址放在指针 p 中。当然，也可在开辟内存单元时，对单元里的值进行初始化。例如上述代码可写成：

```
double *p;
p = new double(30.4);
```

运算符 delete 操作是释放 new 请求到的内存。例如：

```
delete p;
```

它的作用是释放 p 指针的内存单元，指针变量 p 仍然有效，它可以重新指向另一个内存单元。

需要注意的是：

（1）new 和 delete 必须配对使用。也就是说，用 new 为指针分配内存，当使用结束之后，一定要用 delete 来释放已分配的内存空间。

（2）运算符 delete 必须用于先前 new 分配的有效指针。如果 delete 用于未定义的其他任何类型的指针，就会带来严重问题，如系统崩溃等。

（3）new 可以为数组分配内存，但当释放时，也可告诉 delete 数组有多少个元素。例如：

```
int     *p;
p = new int[10];                            // 分配整型数组的内存，数组中有 10 个元素
if ( !p ) {
        cout<<"内存分配失败！ ";
        exit(1);                            // 中断程序执行
}
for (int i=0; i<10; i++)
        p[i] = i;                           // 给数组赋值
//…
delete   [10]p;                             // 告诉 delete 数组有多少个元素，或 delete [ ]p;
```

## 1.7.7　引用和引用传递

C++中提供了一个与指针密切相关的特殊数据类型——引用。

### 1. 引用定义和使用

定义引用类型变量，实质上是给一个已定义的变量起一个别名，系统不会为引用类型变量分配内存空间，只是使引用类型变量与其相关联的变量使用同一个内存空间。定义引用类型变量的一般格式为：

```
<数据类型>   &<引用名> = <变量名>
```

或

```
<数据类型>  &<引用名> ( <变量名>)
```

其中，变量名必须是一个已定义过的变量。例如：

```
int     a = 3;
int     &ra = a;
```

这样，ra 就是一个引用，它是变量 a 的别名。所有对这个引用 ra 的操作，实质上就是对被引用对象 a 的操作。例如：

```
ra = ra + 2;
```

实质上是 a 加 2，a 的结果为 5。

引用与指针的最大区别是：指针是一个变量，可以把它再赋值成指向别处的地址；而引用一旦初始化后，其地址不会再改变。当然，在使用引用时，还需要注意以下几个方面：

（1）定义引用类型变量时，必须将其初始化，而且引用变量类型必须与为它初始化的变量类型相同。例如：

```
float  fVal;
int     &rfVal = fVal;                                  // 错误：类型不同
```

（2）若引用类型变量的初始化值是常数，则必须将该引用定义成 const 类型。例如：

```
const int &ref = 2;                                     // const 类型的引用
```

（3）可以引用一个结构体（以后讨论），但不能引用一个数组，这是因为数组是某个数据类型元素的集合，数组名表示该元素集合空间的起始地址，它自己不是一个真正的数据类型。例如：

```
int     a[10];
int     &ra = a;                                        // 错误：不能建立数组的引用
```

（4）引用本身不是一种数据类型，所以没有引用的引用，也没有引用的指针。例如：

```
int     a;
int     &ra = a;
int     &rra = ra;                                      // 正确，变量 a 的另一个引用
int&  *p = &ra;                                         // 错误：企图定义一个引用的指针
```

**2. 引用传递**

前面已提到过，当指针作为函数的参数时，形参改变后，相应的实参也会改变。但是，如果在函数中反复使用指针，容易产生错误且难以阅读和理解。如果以引用作为参数，则既可以实现指针所带来的功能，又简便自然。一旦在函数定义时将形参前加上引用运算符“&”，那么该函数的调用就是使用引用传递的方式。

**【例 Ex_SwapUseReference】** 引用作为函数参数的调用方式。

```
#include <iostream>
using namespace std;
void swap(int &x, int &y)
{
        int temp;
        temp = x;    x = y;    y = temp;
        cout<<"x = "<<x<<", y = "<<y<<"\n";
}
int    main()
{
        int    a(7),    b(11);
        swap(a, b);
        cout<<"a = "<<a<< ", b = "<<b<<"\n";
        return 0;
}
```

程序运行结果如下：

```
x = 11, y = 7
a = 11, b = 7
```

函数 swap 中的&x 和&y 就是形参的引用说明。在执行“swap(a, b);”时，虽然看起来是简单的变量传递，但实际上传递的是实参 a 和 b 的地址，也就是说，形参的任何操作都会改变相应的实参的数值。引用除了可作为函数的参数外，还可作为函数的返回值（这里不做讨论）。

# 1.8　字符指针和字符串处理

在 C++中，字符串既可以通过字符数组来存取，也可以用字符指针来操作。但使用字符数组时，有时其数组大小与字符串的长度不一定相匹配，因此，在许多场合中使用字符指针更为恰当。另外，字符串本身有拼接、截取以及比较等操作。

## 1.8.1　字符指针

如果一个指针定义时指定的类型是 char*，则这样定义的指针为**字符指针**。与普通指针变量一样，在 C++中定义一个**字符指针**变量（指针）的格式如下：

```
char *<指针名 1>[, *<指针名 2>, ...];
```

例如：

```
char *str1, *str2;                    // 字符指针
```

则定义的 str1 和 str2 都是字符指针变量。对于字符指针变量的初始化，可以用字符串常量或一维字符数组进行。

一个字符串常量由于自身有一个地址，因而它可直接赋给一个字符指针变量。例如：

```
char   *p1 = "Hello";
```

或

```
char   *p1;
p1 = "Hello";
```

都使字符指针变量 p1 指向“Hello”字符串常量。

由于一维字符数组的数组名是一个指向字符串的指针常量，因此，它也可用于字符指针变量的初始化或赋值操作。例如：

```
char   *p1, str[] = "Hello";
p1 = str;
```

则使字符指针变量 p1 指向字符数组 str，而 str 存放的内容是“Hello”字符串常量，因此，这种赋值实际上是使 p1 间接指向“Hello”字符串常量。

字符指针一旦初始化或赋初值后，就可在程序中使用它，并且以前讨论过的指针操作都可以用于字符指针。例如，下面的示例是将一个字符串逆序输出。

【例 Ex_StrInv】　字符串逆序输出。

```
#include <iostream>
using namespace std;
int   main()
{
      char *p1 = "ABCDEFG", *p2 = p1;
      while (*p1 != '\0')
            p1++;                /* 将指针指向字符常量最后的结束符 */
      while (p2<=p1--)
            cout<<*p1;
```

```
        cout<<endl;
        return 0;
}
```

程序运行结果如下：

```
GFEDCBA
```

## 1.8.2 带参数的 main 函数

到目前为止，所接触到的 main 函数都是不带参数的。但在实际应用中，程序有时需要从命令行输入参数。例如：

```
C:\>copy file1 file2
```

这是一个常用的 DOS 命令。当它运行时，操作系统将命令行参数以字符串的形式传递给 main。为了能使程序处理这些参数，需要 main 带有参数，其最常用的格式是：

```
int main(int argc, char * argv[])
```

参数列表中，第一个 int 型参数用来存放命令行参数的个数，实际上 argc 所存放的数值比命令行参数的个数多 1，即将命令字（或称为可执行文件名，如 copy）也计算在内；第二个参数 argv 是一个一维的指针数组，用来存放命令行中各个参数和命令字的字符串，且规定：

```
argv[0]存放命令字
argv[1]存放命令行中第一个参数
argv[2]存放命令行中第二个参数
argv[3]存放命令行中第三个参数
…
```

这里，argc 的值和 argv[]各元素的值都是系统自动赋给的。

【例 Ex_Main】 处理命令行参数。

```
#include <iostream>
using namespace std;
int   main(int argc, char *argv[])
{
        cout<<"这个程序的程序名是："<<argv[0]<<"\n";
        if (argc<=1)cout<<"没有参数！";
        else   {
                int nCount = 1;
                while(nCount < argc)    {
                        cout<<"第"<<nCount<<"个参数是："<<argv[nCount]<<"\n";               nCount++;
                }
        }
        return 0;
}
```

程序编译连接后，将 Ex_Main.exe 复制到 C 盘，然后切换到 DOS 命令提示符，输入：

```
C:\>Ex_Main␣ab␣cd␣E␣F↵
```

则运行结果为：

```
这个程序的程序名是：Ex_Main
第 1 个参数是：ab
第 2 个参数是：cd
第 3 个参数是：E
第 4 个参数是：F
```

## 1.8.3 字符串处理函数

由于字符串使用广泛，几乎所有版本的 C++都提供了兼容 C 语言的若干个通用字符串处理函数，放在 cstring 头文件中，这里介绍几个常用的函数。特别地，Microsoft Visual Studio 2008 会对这些函数的编译产生 C4996 警告，解决的办法是在项目属性“C / C ++”→“预处理器”的“预处理器定义”中，增加_CRT_SECURE_NO_DEPRECATE 宏标记即可。

### 1. strcat 和 strncat

函数 strcat 是“string（字符串）catenate（连接）”的简写，其作用是将两个字符串连接起来，形成一个新的字符串。它的函数原型如下：

```
char *strcat(char *dest, const char *src);
```

其功能是将参数 src 指定的字符串连接到由参数 dest 指定的字符串的末尾，连接成新的字符串由参数 dest 返回。函数成功调用后，返回指向 dest 内存空间的指针，否则返回空指针 NULL。例如：

```
char s1[50] = "good␣";
char s2[] = "morning";
strcat(s1,s2);           cout<<s1;
```

结果输出 good␣morning。需要说明的是，dest 指向的内存空间必须足够大，且是可写的，以便能存下连接的新字符串。这就是说，dest 位置处的实参不能是字符串常量，也不能是 const 字符指针。

尽管 dest 和 src 指定的字符串都有'\0'，但连接的时候，dest 字符串后面的'\0'被清除，这样连接后的新字符串只有末尾仍保留'\0'结束符。

在 cstring 头文件中，还有一个 strncat 函数，其作用也是连接两个字符串，其函数原型如下：

```
char *strncat(char *dest, const char *src, size_t maxlen);
```

只不过，它还限定了连接到 dest 的字符串 src 的最大字符个数 maxlen。若字符串 src 字符个数小于或等于 maxlen，则等同于 strcat。若字符串 src 字符个数大于 maxlen，则只有字符串 src 的前 maxlen 个字符被连接到 dest 字符串的末尾。

### 2. strcpy 和 strncpy

函数 strcpy 是“string copy（字符串复制）”的简写，用于字符串的“赋值”。其函数原型如下：

```
char *strcpy(char *dest, const char *src);
```

其功能是将参数 src 指定的字符串复制到由参数 dest 指定的内存空间中，包括结尾的字符串结束符'\0'。复制后的字符串由参数 dest 返回。函数成功调用后，返回指向 dest 内存空间的指针，否则返回空指针 NULL。例如：

```
char s1[50];
char s2[]="word";
strcpy(s1,s2);
cout<<s1;
```

结果输出 word，说明 strcpy 已经将 s2 的字符串复制到了 s1 中。需要说明的是，复制是内存空间的写入操作，因而需要 dest 所指向的内存空间足够大，且内存空间是可写入的，以便能容纳被复制的字符串 src。要注意，dest 所指向的内存空间的大小至少是 src 字符个数+1，因为末尾还有一个结束符'\0'。例如，下面的错误代码比较隐蔽：

```
char s2[]="ABC";
char s1[3];
strcpy(s1,s2);
cout<<s1;
```

表面上看 s2 只有 3 个字符，s1 定义长度 3 就够了。但 strcpy 执行过程是将字符串结束符也一起复制过去的，因此 s1 的长度应该至少定义为 4。

不要试图通过指针的指向改变来复制字符串。例如，下面的代码都不是真正的复制：

```
char s2[]="ABC";
char s1[10], *pstr;
s1 = s2;                                  /* 错误：s1 是指针常量，不能作为左值 */
```

```
pstr = s1;                                      /* pstr 指向 s1 内存空间 */
pstr = s2;                                      /* pstr 指向 s2 内存空间 */
cout<<s1;
```

虽然输出的结果也是 ABC，看似复制成功，但事实上只是 pstr 指向 s2 内存空间，并非 s1 内存空间的内容是字符串“ABC”。

可以使用 strncpy 函数来限制被复制的字符串 src 的字符个数。strncpy 函数原型如下：

```
char  *strncpy(char *dest, const char *src, size_t maxlen);
```

其中，maxlen 用来指定被复制字符串 src 的最大字符个数（不含结束符'\0'）。若字符串 src 字符个数小于或等于 maxlen，则等同于 strcpy。若字符串 src 字符个数大于 maxlen，则只有字符串 src 的前 maxlen 个字符连同结束符'\0'被复制到 dest 指定的内存空间中。

### 3. strcmp 和 strncmp

string.h 头文件中定义的函数 strcmp 是“string compare（字符串比较）”的简写，用于两个字符串的“比较”。其函数原型如下：

```
int     strcmp(const char *s1, const char *s2);
```

其功能是：如果字符串 s1 和字符串 s2 完全相等，则函数返回 0；如果字符串 s1 大于字符串 s2，则函数返回一个正整数；如果字符串 s1 小于字符串 s2，则函数返回一个负整数。

在 strcmp 函数中，字符串比较的规则是：将两个字符串从左至右逐个字符按照 ASCII 码值的大小进行比较，直到出现 ASCII 码值不相等的字符或遇到'\0'为止。如果所有字符的 ASCII 码值都相等，则这两个字符串相等。如果出现了不相等的字符，以第一个不相等字符的 ASCII 码值比较结果为准。需要说明的是，在字符串比较操作中，不能直接使用“关系运算符”比较两个字符数组名或字符串常量或字符指针来决定字符串本身是否相等、大于或小于等。例如：

```
char s1[100], s2[100];
cin>>s1>>s2;
if( s1 == s2 ) cout<<"same!"<<endl;
```

则这种比较只是比较 s1 和 s2 所在的内存空间的首地址，并非字符串内容的比较。

可以使用 strncmp 函数来限制两个字符串比较的字符个数。strncmp 函数原型如下：

```
int      strncmp(const char *s1, const char *s2, size_t maxlen);
```

其中，maxlen 用来指定两个字符串比较的最大字符个数。若字符串 s1 或 s2 中任一字符串的字符个数小于或等于 maxlen，则等同于 strcmp；若字符串 s1 和 s2 字符个数都大于 maxlen，则参与比较的是前 maxlen 个字符。

事实上，字符串操作还不止上述论及的库函数，cstring 头文件中定义的还有许多，例如 strlen（求字符串长度，字符个数，不是字节数）、strlwr（转换成小写）、strupr（转换成大写）以及 strstr（查找子串）等。这些库函数的功能和原型可参见附录 B。

## 1.9 结构、共用和自定义

程序中所描述的数据往往来源于日常生活，比如一个学生有多门课程成绩，此时用一维数组来组织数据则可满足需要。若是多个学生有多门课程成绩，则此时用二维数组来组织仍可满足。但若还有每门课程的学分数据，则用三维数组就无法反映其对应关系了。事实上，可将数据这个概念拓展为信息，每条信息看作一条记录。显然，对记录的描述就不能用简单的一维或多维数组来组织，而应该使用从 C 语言继承下来的结构体类型来构成。除结构体之外，C++还允许构造共用体等类型，它们从另一个方面来诠释数据类型的构造方法。

## 1.9.1　结构体

**结构体**是一种构造数据类型，它是由多种类型的数据（变量）组成的整体。组成结构体的各个分量称为结构体的**数据成员**（简称为**成员**，或称为**成员变量**）。

### 1. 结构体声明

在 C++中，结构体的声明可按下列格式进行：

```
struct  [结构体名]
{
      <成员定义 1>;
      <成员定义 2>;
          …
      <成员定义 n>;
};
```

结构体声明是以关键字 struct 开始的，结构体名应是一个有效的合法的标识符，若该结构体以后不再定义变量，则结构体名也可不指定。结构体中的每个成员都必须通过成员定义来确定其数据类型和成员名。要注意以下几个方面：

（1）成员的数据类型可以是基本数据类型，也可以是数组、结构体等构造类型或其他已声明的合法的数据类型。

（2）结构体的声明仅仅是一个数据类型的说明，编译不会为其分配内存空间，只有当用结构体数据类型定义结构体变量时，编译才会为这种变量分配内存空间。

（3）由于结构体声明是一条语句，因而最后的分号“;”不能漏掉。

例如，若声明的学生成绩结构体为：

```
struct  STUDENT
{
      int        no;                          // 学号
      float      score[3];                    // 三门课程成绩
      float      edit[3];                     // 三门课程的学分
      float      total, ave;                  // 总成绩和平均成绩
      float      alledit;                     // 总学分
};                                            // 分号不能漏掉
```

则结构体中的成员变量有 no（学号）、score[3]（三门课程成绩）、edit[3]（三门课程的学分）、total（总成绩）、ave（平均成绩）和 alledit（总学分）。需要说明的是，在结构体中，成员变量定义与一般变量定义规则相同。若多个成员变量的数据类型相同，还可写在一行定义语句中，如 total 和 ave 成员变量的定义。

结构体中的成员变量的定义次序只会影响在内存空间中的分配顺序（当定义该结构体变量时），而对所声明的结构体类型没有影响。

结构体名是区分不同类型的标识。例如，若再声明一个结构体 PERSON，其成员变量都与 STUDENT 相同，但却是两个不同的结构体。结构体名通常用大写来表示，以便与其他类型名相区别。

### 2. 结构体变量的定义

一旦在程序中声明了一个结构体，就为程序增添了一种新的数据类型，也就可以用这种数据类型定义变量。虽然结构体变量的定义与基本数据类型变量定义基本相同，但也有一些区别。在 C++中，定义一个结构体变量可有以下三种方式。

（1）先声明结构体类型，再定义结构体变量，称为**声明之后定义方式**（推荐方式）。这种方式与基本数据类型变量定义格式相同，即：

```
[struct] <结构类型名>   <变量名 1>[, <变量名 2>, …<变量名 n>];
```

例如：

```
struct   STUDENT    stu1, stu2;
```

其中，结构体名 STUDENT 前面的关键字 struct 可以省略。一旦定义了结构体变量，编译就会为其分配相应的内存空间，其内存空间的大小就是声明时指定的各个成员所占的内存空间大小之和。

（2）在结构体类型声明的同时定义结构体变量，称为**声明之时**定义方式。这种方式是将结构体类型的声明和变量的定义同时进行。在格式上，被定义的结构体变量名应写在最后花括号和分号之间，多个变量名之间要用逗号隔开。例如：

```
struct   STUDENT
{
        //…
} stu1, stu2;                                          // 定义结构体变量
```

（3）在声明结构体类型时，省略结构体名，**直接定义**结构体变量。由于这种方式一般只用于程序不再二次使用该结构体类型的场合，因此称这种方式为**一次性**定义方式。例如：

```
struct {
        //…
} stu1, stu2;                                          // 定义结构体变量
```

此时应将左花括号"{"和关键字 struct 写在一行上，以便与其他方式相区别，也增加了程序的可读性。

### 3. 结构体变量的初始化

与一般变量和数组一样，结构体变量也允许在定义的同时赋初值，即结构体变量的初始化，其一般形式是在定义的结构体变量后面加上"= {<初值列表>};"。例如：

```
STUDENT    stu1 = {1001, 90, 95, 75, 3, 2, 2};
```

它是将花括号中的初值按其成员变量定义的顺序依次给成员变量赋初值，也就是说，此时 stu1 中的 no = 1001，score[0] = 90，score[1] = 95，score[2] = 75，edit[0] = 3，edit[1] = 2，edit[2] = 2。由于其他成员变量的初值未被指定，因此它们的值是默认值或不确定。

需要说明的是，可以在上述 stu1 的初值列表中适当地增加一些花括号，以增加可读性，例如 stu1 的成员 score 和 edit 都是一维数组，因此可以这样初始化：

```
STUDENT    stu1 = {1001, {90, 95, 75}, {3, 2, 2}};
```

此时初值中的花括号仅起分隔作用。但若是对结构体数组进行初始化，则不能这么做。

### 4. 结构类型变量的引用

当一个结构体变量定义之后，就可引用这个变量。使用时，遵循下列规则：

（1）只能引用结构体变量中的成员变量，并采用下列格式：

```
<结构体变量名>.<成员变量名>
```

例如：

```
struct POINT
{
        int x,    y;
} spot = {20, 30};
cout<<spot.x<<spot.y;
```

其中，"." 是成员运算符，它的优先级很高，仅次于域作用符"::"，因而可以把 spot.x 和 spot.y 作为一个整体来看待，它可以像普通变量那样进行赋值或进行其他各种运算。

（2）若成员本身又是一个结构体变量，则引用时需要用多个成员运算符一级一级地找到最低一级的成员。例如：

```
struct RECT
{
        POINT       ptLeftTop;
```

```
        POINT      ptRightDown;
    } rc = {{10,20},{40,50}};
```

则有

```
    cout<<rc.ptLeftTop.x<< rc.ptLeftTop.y;
```

（3）多数情况下，类型相同的结构体变量之间可以直接赋值，这种赋值等效于各个成员的依次赋值。例如：

```
struct POINT
{
    int x,  y;
};
POINT   pt1 = {10, 20};
POINT   pt2 = pt1;                                  // 将 pt1 直接赋给 pt2
cout<<pt2.x<<"\t"<<pt2.y<<endl;                     // 输出 10      20
```

其中，“pt2 = pt1;”等效于“pt2.x = pt1.x;pt2.y = pt1.y;”。

## 1.9.2　结构体数组

当数组的元素是结构体类型时，这样的数组称为**结构体数组**。

### 1. 结构体数组的初始化

由于结构体类型声明的是一条记录信息，而一条记录在二维线性表中就表示一行，因此一维结构体数组的初始化的形式应与二维普通数组相同。例如：

```
struct  STUDENT
{
    int         no;                                 // 学号
    float       score[3];                           // 三门课程成绩
    float       edit[3];                            // 三门课程的学分
    float       total, ave;                         // 总成绩和平均成绩
    float       alledit;                            // 总学分
};
STUDENT   stu[3] = {{1001, 90, 95, 75, 3, 2, 2},
                    {1002, 80, 90, 78, 3, 2, 2},
                    {1003, 75, 80, 72, 3, 2, 2}};
```

此时初值中的花括号起到类似二维数组中的行的作用，并与二维数组初始化中的花括号的使用规则相同。这里依次将初值中的第 1 对花括号里的数值赋给元素 stu[0]中的成员，将初值中的第 2 对花括号里的数值赋给元素 stu[1]中的成员，将初值中的第 3 对花括号里的数值赋给元素 stu[2]中的成员。需要说明的是，与普通数组初始化相同，在结构体数组初始化中，凡成员未被指定初值时，则这些成员的初值均为 0。

### 2. 结构体数组元素的引用

一旦定义结构体数组后，就可以在程序中引用结构体数组元素。由于结构体数组元素等同于一个同类型的结构体变量，因此它的引用与结构体变量相类似，如下列格式：

```
<结构体数组名>[<下标表达式>].<成员>
```

例如：

```
for (int i=0; i< sizeof(stu)/sizeof(STUDENT); i++)
{
    stu[i].total        = stu[i].score[0] + stu[i].score[1] + stu[i].score[2];
    stu[i].ave          = stu[i].total/3.0;
    stu[i].alledit= stu[i].edit[0] + stu[i].edit[1] + stu[i].edit[2];
    if (stu[i].ave > stu[nMax].ave)         nMax = i;
}
```

### 1.9.3 结构体与函数

当结构体变量作为函数的参数时，它与普通变量一样，由于结构体变量不是地址，因此这种传递是值传递方式，整个结构体都将被复制到形参中去。

【例 Ex_StructValue】 将结构体的值作为参数传给函数。

```
#include <iostream>
using namespace std;
struct PERSON
{
	int		age;				// 年龄
	float		weight;				// 体重
	char		name[25];				// 姓名
};
void print(PERSON one)
{
	cout	<<one.name<<"\t"
		<<one.age<<"\t"
		<<one.weight<<"\n";
}
PERSON all[4] = {	{20, 60, "Zhang"},
			{28, 50, "Fang "},
			{33, 78, "Ding "},
			{19, 65, "Chen "}};
int	main()
{
	for (int i=0; i<4; i++)
		print(all[i]);
	return 0;
}
```

程序运行结果如下：

```
Zhang	20	60
Fang	28	50
Ding	33	78
Chen	19	65
```

print 函数的参数是结构体 PERSON 变量，main 函数调用了 4 次 print 函数，实参为结构体 PERSON 数组的元素。事实上，结构体还可以作为一个函数的返回值。

### 1.9.4 结构体指针

当定义一个指针变量的数据类型为结构体类型时，则这样的指针变量就称为结构体指针变量，它指向结构体变量。

【例 Ex_StructPointer】 指针在结构体中的应用。

```
#include <iostream>
#include <cstring>
using namespace std;
struct PERSON
{
	int		age;				// 年龄
	char		sex;				// 性别
	float		weight;				// 体重
	char		name[25];				// 姓名
};
int	main()
{
```

```
    struct   PERSON   one;
    struct   PERSON   *p;                               // 指向 PERSON 类型的指针变量
    p = &one;
    p->age = 32;           p->sex = 'M';           p->weight = (float)80.2;
    strcpy(p->name, "LiMing");
    cout<<"姓名："<<(*p).name<<endl;
    cout<<"性别："<<(*p).sex<<endl;
    cout<<"年龄："<<(*p).age<<endl;
    cout<<"体重(kg)："<<(*p).weight<<endl;
    return 0;
}
```

程序运行结果如下：

```
姓名：LiMing
性别：M
年龄：32
体重(kg)：80.2
```

程序中，"->"称为指向运算符，如 p->name，它和(*p).name 是等价的，都是引用结构体 PERSON 变量 one 中的成员 name。由于成员运算符"."优先于"*"运算符，所以(*p).name 中*p 两侧的括号不能省略，否则*p.name 与*(p.name)等价，但这里的*(p.name)是错误的。

实际上，指向结构体变量数组的指针操作和指向一般数组的指针操作是一样的。例如，若有：

```
PERSON   many[10], *pp;
pp = many;                                          // 等价于 pp=&many[0];
```

则 pp+i 与 many+i 是等价的，(pp+i)->name 与 many[i].name 是等价的，等等。

事实上，结构体指针变量也可作为函数的参数或作为函数的返回值，由于其使用与一般指针变量相类似，因此这里不再赘述。

## 1.9.5　共用体

在 C++中，共用体的功能和语句都和结构体相同，但它们最大的区别是：共用体在任一时刻只有一个成员处于活动状态，且共用体变量所占的内存长度等于各个成员中最长的成员的长度；而结构体变量所占的内存长度等于各个成员的长度之和。在共用体中，各个成员所占内存的字节数各不相同，但都是从同一地址开始的。

定义一个共用体可用下列格式：

```
union <共用体名>
{
    <成员定义 1>;
    <成员定义 2>;
        …
    <成员定义 n>;
} [共用体变量名表];                                  // 注意最后的分号不要忘记
```

例如：

```
union NumericType
{
    int     iValue;                                 // 整型变量，4 字节长
    long    lValue;                                 // 长整型变量，4 字节长
    float   fValue;                                 // 实型，8 字节长
};
```

这时，系统为 NumericType 开辟了 8 字节的内存空间，因为成员 fValue 是实型，故它所占空间最大。需要说明的是，共用体除了关键字（union）与结构体不同外，其使用方法均与结构体相同。

## 1.9.6 使用 typedef

在 C++中可使用关键字 typedef 来为一个已定义的合法的类型名增加新名称，从而使相同类型具有不同的类型名。这样的好处有两个：一是可以按统一的命名规则定义一套类型名称体系，从而可以提高程序的移植性；二是可以将一些难以理解的、冗长的数据类型名重新命名，使其变得容易理解和阅读。例如，若为 const char *类型名增加新的名称 CSTR，则在程序中不仅书写方便，而且更具有可读性。这里就不同数据类型来说明 typedef 的使用方法。

### 1. 为基本数据类型添加新的类型名

当使用 typedef 为基本数据类型名添加新的名称时，可使用下列格式：

```
typedef    <基本数据类型名>  <新的类型名>;
```

其功能是将新的类型名赋予基本数据类型的含义。其中，基本数据类型名可以是 char、short、int、long、float、double 等，也可以是带有 const、unsigned 或其他修饰符的基本类型名。例如：

```
typedef    int              Int ;
typedef    unsigned int     UInt ;
typedef    const int        CInt ;
```

书写时，typedef 以及类型名之间必须有一个或多个空格，且一条 typedef 语句只能定义一个新的类型名。这样，上述 3 条 typedef 语句就是在原先基本数据类型名的基础上增加了 Int、UInt 和 CInt 类型名。之后，就可直接使用这些新的类型名来定义变量了。例如：

```
UInt     a, b;                          // 等效于 unsigned int a, b;
CInt     c = 8;                         // 等效于 const int a = 8;
```

再如，若有：

```
typedef    short     Int16 ;
typedef    int       Int32 ;
```

则新的类型名 Int16 和 Int32 可分别反映 16 位和 32 位的整型。这在 32 位系统中类型名和实际是吻合的。若在 16 位系统中，为了使 Int16 和 Int32 也具有上述含义，则可用 typedef 语句重新定义：

```
typedef    int       Int16 ;
typedef    long      Int32 ;
```

这样就保证了程序的可移植性。

### 2. 为数组类型增加新的类型名

当使用 typedef 为数组类型增加新的名称时，可使用下列格式：

```
typedef    <数组类型名>  <新的类型名>[<下标>];
```

其功能是将新的类型名作为一个数组类型名，下标用来指定数组的大小。例如：

```
typedef    int       Ints[10] ;
typedef    float     Floats[20] ;
```

则新的类型名 Ints 和 Floats 分别表示具有 10 个元素的整型数组类型和具有 20 个元素的单精度实型数组类型。这样，就可有：

```
Ints      a;                            // 等效于 int a[10];
Floats    b;                            // 等效于 float b[20];
```

### 3. 为结构体增加新的类型名

当使用 typedef 为结构体增加新的类型名称时，可使用下列格式：

```
typedef  struct  [结构体名]
{…
} <新的类型名> ;
```

这种格式是在结构体声明的同时进行的，其功能是将新类型名作为此结构体的一个新名称。例如：

```
typedef  struct  student
{…
```

```
} STUDENT;
STUDENT   stu1;                                        // 等效于 struct student stu1;
```

#### 4. 为指针类型名增加新的类型名称

由于指针类型不容易理解，因此 typedef 常用于指针类型名的重新命名。例如：

```
typedef   int*        PInt;
typedef   float*      PFloat;
typedef   char*       String;
PInt  a, b;                                            // 等效于 int *a, *b;
```

则 PInt、PFloat 和 String 分别被声明成整型指针类型名、单精度实型指针类型名和字符指针类型名。由于字符指针类型常用来操作一个字符串，因此，常将字符指针类型名声明为 String 或 STR。

可见，用 typedef 为一个已有的类型名声明新的类型名称的一般步骤如下：

（1）用已有的类型名写出定义一个变量的格式，例如“int　a;”。

（2）在格式中将变量名换成要声明的新的类型名称，例如“int　**Int**;”。

（3）在最前面添加关键字 typedef 即可完成声明。例如“**typedef**　int　Int;”。

（4）之后，就可使用新的类型名定义变量了。

需要说明的是，与 struct、enum 和 union 构造类型不同的是，typedef 不能用于定义变量，也不会产生新的数据类型，它所声明的仅仅是一个已有数据类型的别名。另外，typedef 声明的标识符也有作用域范围，也遵循先声明后使用的原则。

以上是 C++语言最基础的内容。第 2 章将讨论 C++所支持的面向对象的程序设计方法。

# 第2章 C++面向对象程序设计

在传统的结构化程序设计方法中，数据和处理数据的程序是分离的。当对某段程序进行修改或删除时，整个程序中所有与之相关的部分都要进行相应的修改，从而使程序代码的维护变得越来越困难。为了避免这种情况的发生，C++引入了面向对象（Object-Oriented Programming，OOP）的设计方法，它是将数据及处理数据的相应函数封装到一个**类**（class）中，类的实例称为**对象**（object）。在一个对象内，只有属于该对象的函数才可以存取该对象的数据。这样，其他函数就不会无意中破坏它的内容，从而达到保护和隐藏数据的效果。

## 2.1 类和对象

面向对象的程序设计方法是将描述某类事物的数据与处理这些数据的函数**封装**成一个整体，称为**类**。**类**实际上是一种新的数据类型，也是实现**抽象**类型的工具（所谓抽象，简单来说，就是分析并提取事物对象中的数据、属性和方法）；而对象是某个类的实例。因此，类和对象是密切相关的。

### 2.1.1 类的定义

C++中定义类的一般格式如下：

```
class <类名>
{
    private:
        [<私有型数据和函数>]
    public:
        [<公有型数据和函数>]
    protected:
        [<保护型数据和函数>]
};
<各个成员函数的实现>
```

其中，class是定义类的关键字，class的后面是用户定义的类名。类中的数据和函数是类的成员，分别称为**数据成员**和**成员函数**。**数据成员**用来描述类状态等的属性，由于数据成员常用变量来定义，所以有时又将这样的数据成员称为**成员变量**。**成员函数**用来对数据成员进行操作，又称为**方法**。由一对花括号构成的是类体。注意：由于类的声明是一条语句，所以类体中最后一个花括号后面的分号“;”不能省略。

需要说明的是，对于类名，它通常用大写的C字母开头的标识符来描述，C表示Class。当然，也可将类名的首字母大写，以便与对象、函数及其他数据类型名相区别。

类中的关键字public、private和protected声明了类中的成员与类外（或程序其他部分）之间的关系，称为**访问权限**。对于public成员来说，它们是公有的，能被外面的程序访问（后面会讨论）。对于private成员来说，它们是私有的，不能被外面的程序所访问，此时的数据成员只能由类中的函数所使用，成员函数只允许在类中调用。而对于protected成员来说，它们是受保护的，具有半公开性质，虽不能在类外被访问，但可在类中或其子类中访问（以后还会讨论）。

从类的声明格式可以看出，类的定义一般分为**声明部分**和**实现部分**。简单地说，**声明部分**告诉使用者将要“做什么”，而**实现部分**是告诉使用者“怎么做”。格式中，“各个成员函数的实现”是类定义中的实现部分，它包含所有在类体中声明的函数的定义，即对成员函数的实现。若一个成员函数已在类体中定义，则不必也不能在实现部分再进行定义。若所有的成员函数都是在类体中定义的，则实现部分可以省略。

需要说明的是，当类的成员函数的函数体在类的外部定义时，必须用**域作用符**“::”来通知编译器该函数所属的类。例如：

```
class CStuScore
{
public:                                          // 公有类型声明
    char  strName[12];                           // 姓名
    char  strStuNO[9];                           // 学号
    void  SetScore(float s0, float s1, float s2) // 成员函数：设置三门课成绩
    {
        fScore[0]   = s0;
        fScore[1]   = s1;
        fScore[2]   = s2;
    }
    float  GetAverage( void );
private:                                         // 私有类型声明
    float  fScore[3];                            // 三门课程成绩
};                                               // 注意分号不能省略
float CStuScore::GetAverage( void )
{
    return (fScore[0] + fScore[1] + fScore[2]) / 3.0f;
}
```

类 CStuScore 中，成员函数 SetScore 是在类体中定义的，而 GetAverage 是在类的外部定义的，注意两者的区别。另外，定义类时还应注意以下几个方面：

（1）类中数据成员的类型可以是任意合法的数据类型，包含整型、浮点型、字符型、数组、指针和引用等，也可以是另一个类的类型。但不允许对所定义的数据成员进行初始化，也不能指定除 static 之外的任何存储类型。

（2）在“public:”、“protected:”或“private:”后面定义的所有成员都是公有、保护或私有的，直到下一个“public:”、“protected:”或“private:”出现为止。若成员前面没有任何访问权限的指定，则所定义的成员是 private（私有）的，这是类的默认设置。事实上，结构也可看成类的一种简单形式，只是其成员的默认访问权限是 public（公有）的。一般来说，当只需要描述数据结构而不想在结构中进行数据操作时，则用结构较好。而若既要描述数据又要有对数据的处理方法时，则用类为好。

（3）关键字 public、protected 和 private 可以在类中出现多次，且前后的顺序没有关系。每个访问权限关键词为类成员所指定的访问权限是从该关键词开始到下一个关键词为止的。

（4）在进行类设计时，通常将数据成员声明为 private，而将大多数成员函数声明成 public。这样，类外程序不能直接访问类的私有数据成员，从而实现了数据的封装。而公有成员函数还可为内部的私有数据成员提供外部接口，但接口实现的细节在类外又是不可见的，这就是 C++类的优点之一。

（5）尽量将类单独存放在一个文件中或将类的声明放在.h 文件中，而将成员函数的实现放在与.h 文件同名的.cpp 文件中。以后将会看到，在 Visual C++ 创建的应用程序框架中都是将各个类用.h 和同名的.cpp 文件来组织的。

### 2.1.2 对象的定义

作为一种复杂的数据构造类型，类声明后，就可以定义该类的对象。与结构体类型一样，它也有 3 种定义方式：声明之后定义、声明之时定义和一次性定义。但由于类比任何数据类型都要复杂得多，为了提高程序的可读性，真正将类当成一个密闭、“封装”的盒子（接口），在程序中定义对象时应尽量采用“声明之后定义”的方式，并按下列格式进行：

```
<类名> <对象名表>;
```

其中，类名是已定义过的类的标识符；对象名表可以有一个或多个，多个时要用逗号分隔。被定义的对象既可以是一个普通对象，也可以是一个数组对象或指针对象。例如：

```
CStuScore one, *two, three[2];
```

则 one 是 CStuScore 类的一个普通对象，two 和 three 分别是该类的指针对象和对象数组。

一个对象的成员就是该对象的类所定义的数据成员（成员变量）和成员函数。访问对象的成员可按下列方式进行：

```
<对象名>.<成员变量>
<对象名>.<成员函数>(<参数表>)
```

例如：

```
one.strName,    three[0].GetAverage();
```

若对象是一个指针，则对象的成员访问形式如下：

```
<对象指针名>-><成员变量>
<对象指针名>-><成员函数>(<参数表>)
```

“->” 也是一个成员运算符，它与“.”运算符的含义相同，只是“->”用于对象指针。需要说明的是，下面的两种表示是等价的：

```
<对象指针名>-><成员>
(*<对象指针名>).<成员>
```

例如，two->GetAverage()和(*two).GetAverage()是等价的，前面介绍过，由于成员运算符“.”的优先级比取内容运算符“*”高，因此需要在“*two”两边加上括号。

另外，对于引用对象，其成员访问形式与一般对象的成员访问形式相同。例如：

```
CStuScore &other = one;
cout<< other.GetAverage()<<endl;
```

### 2.1.3 类作用域和成员访问权限

**类的作用域**是指在类的定义中由一对花括号所括起来的部分。从类的定义可知，类作用域中可以定义变量，也可以定义函数。从这一点上看，类作用域与文件作用域很相似。但是，类作用域又不同于文件作用域，在类作用域中定义的变量不能使用 auto、register 和 extern 等修饰符，只能用 static 修饰符，而定义的函数也不能用 extern 修饰符。另外，在类作用域中的静态数据成员和成员函数还具有类外的连接属性（以后会讨论）。文件作用域中可以包含类作用域，显然，类作用域小于文件作用域。一般地，类作用域中可包含成员函数的作用域。

**1. 类名的作用域**

如果在类声明时指定了类名，则类名的作用范围从类名指定的位置开始一直到文件结尾都有效，即类名是具有文件作用域的标识符。若类的声明放在头文件中，则类名在程序文件中的作用范围从包含预处理指令位置处开始一直到文件结尾。

需要说明的是，如果在类声明之前就需要使用该类名定义对象，则必须用下列格式在使用前提前声明（需注意，类的这种形式的声明可以在相同作用域中出现多次）：

```
class <类名>;
```

例如：

```
class COne;                                       // 将类 COne 提前声明
class COne;                                       // 可以声明多次
class  CTwo
{    //…
private:
     COne a;                                      // 数据成员 a 是一个 COne 类对象
};
class  COne
{    //…
};
```

### 2. 类中成员的可见性

（1）在类中使用成员时，成员声明的前后不会影响该成员在类中的使用，这是类作用域的特殊性。例如：

```
class  A
{
     void f1()
     {
          f2();                                   // 调用类中的成员函数 f2
          cout<<a<<endl;                          // 使用类中的成员变量 a
     }
     void f2(){}
     int a;
};
```

（2）由于类的成员函数可以在类体外定义，因而此时由“类名::”开始一直到函数体最后一个花括号为止的范围都是该类的作用域。例如：

```
class  A
{
     void f1();
     //…
};
void A::f1()
{
     //…
}
```

则从 A::开始一直到 f1 函数体最后一个花括号为止的范围都属于类 A 的作用域。

（3）在同一个类的作用域中，不管成员具有怎样的访问权限，都可在类作用域中使用，而在类作用域外却不可使用。例如：

```
class  A
{
public:
     int a;
     //…
};
a = 10;                                 // 错误，不能在 A 作用域外直接使用类中的成员
```

### 3. 对象成员的可见性

前面已说过，对于**对象**的可见性来说，由于是属于类外访问，故对象只能访问 public 成员，而对 private 和 protected 均不能访问。

### 2.1.4 构造函数和析构函数

事实上，一个类总有两种特殊的成员函数：构造函数和析构函数。**构造函数**的功能是在创建对象时，使用给定的值将对象初始化。**析构函数**的功能是用来释放一个对象，在对象删除前，用它来做一些内存释放等清理工作，它与构造函数的功能正好相反。

**1. 构造函数**

前面已提及，在类的定义中是不能对数据成员进行初始化的。为了能给数据成员设置某些初值，这时就要使用类的特殊成员函数——构造函数。构造函数的最大特点是在对象建立时它会被自动执行，因此，用于变量、对象的初始化代码一般放在构造函数中。

C++规定，构造函数必须与相应的类同名，它可以带参数，也可以不带参数，与一般的成员函数定义相同，而且可以重载，即有多个构造函数出现。但不能指定函数返回值的类型，也不能指定为 void 类型。例如：

```
class CStuScore
{
public:
	CStuScore(char str[12])					// 第一个构造函数
	{
		strcpy(strName, str);
	}
	CStuScore(char str[12], char strNO[9])			// 第二个构造函数
	{
		strcpy(strName, str);	strcpy(strStuNO, strNO);
	}
	char	strName[12];					// 姓名
	char	strStuNO[9];					// 学号
	…
};
```

实际上，在类定义时，如果没有定义任何构造函数，则编译器自动为类生成一个不带任何参数的默认构造函数。对于 CStuScore 类来说，默认构造函数的形式如下：

```
CStuScore( )						// 默认构造函数的形式
{ }
```

由于构造函数的参数只能在定义对象时指定，因此有：

```
CStuScore oOne("LiMing");
```

它自动调用第一个构造函数，使 strName 内容为“LiMing”。若有：

```
CStuScore oTwo;
```

则编译器会给出错误的提示，因为类 CStuScore 中已经定义了构造函数，默认构造函数将不再显式调用，因此在类中还要给出默认构造函数的定义，这样才能对 oTwo 进行初始化。

**2. 析构函数**

与构造函数相对应的另一个特殊的 C++成员函数是析构函数，它的功能是用来释放一个对象，在对象删除前做一些清理工作，与构造函数的功能正好相反。

析构函数也要与相应的类同名，并在名称前面加上一个“~”符号。每一个类只有唯一的一个析构函数，没有任何参数，不返回任何值，也不能被重载。例如：

```
class	CStuScore
{
public:
	…
```

```
        ~CStuScore ( )                                  // 析构函数
        {    }
        …
};
```

同样，如果一个类中没有定义析构函数，则编译系统也会为类自动生成一个默认析构函数，其格式如下（以类 CStuScore 为例）：

```
    ~CStuScore( )                                       // 默认析构函数的形式
    {}
```

需要说明的是，析构函数只有在下列两种情况下才会被自动调用：

（1）当对象定义在一个函数体中，该函数调用结束后，析构函数被自动调用。

（2）用 new 为对象分配动态内存后，当使用 delete 释放对象时，析构函数被自动调用。

### 3. 应用示例

类的构造函数和析构函数的一个典型应用是在构造函数中用 new 为指针成员开辟独立的动态内存空间，而在析构函数中用 delete 释放它们。

**【例 Ex_Name】** 使用构造函数和析构函数。

```
#include <iostream>
#include <cstring>
using namespace std;
class CName
{
public:
        CName()                                         // A：显式默认构造函数
        {
                strName = NULL;                         // 空值
        }
        CName( char *str )                              // B
        {
                strName = str;
        }
        ~CName()  {}                                    // 显式默认析构函数
        char *getName()                                 // 获取字符串
        {
                return strName;
        }
private:
        char  *strName;                                 // 字符指针，名称
};
int  main()
{
        char *p = new char[5];                          // 为 p 开辟内存空间
        strcpy(p ,"DING");                              // p 指向的内存空间的值为"DING"
        CName one( p );                                 // 对象初始化
        delete []p;                                     // 释放 p 的内存空间
        cout<<one.getName()<<endl;
        return 0;
}
```

由于“CName one( p );”调用的是 B 重载构造函数，从而使私有指针成员 strName 的指向等于 p 的指向。而 p 指向 new 开辟的内存空间，其内容为“DING”，一旦 p 指向的内存空间删除后，p 的指向就变得不确定了，此时 strName 指向也不确定，所以此时运行结果为：

```
葺葺葺葺?
```

显然，输出的是一个无效的字符串。因此，为了保证类的封装性，类中的指针成员所指向的内存空间必须在类中单独开辟和释放。因此，类 CName 应改成下列代码（如斜体部分所示）：

```
class CName
{
public:
	CName()									// A：显式默认构造函数
	{
		strName = NULL;						// 空值
	}
	CName( char *str )						// B
	{
		strName = (char *)new char[strlen(str)+1];
		// 因字符串后面还有一个结束符，因此内存空间的大小要多开辟 1 个内存单元
		strcpy( strName, str );				// 复制内容
	}
	~CName()
	{
		if (strName) delete []strName;
		strName = NULL;						// 一个好习惯
	}
	char *getName()
	{
		return strName;
	}
private:
	char	*strName;						// 字符指针，名称
};
```

这样，程序运行后才会有正确的结果：

```
DING
```

需要强调的是，通常将类中的字符串数据用 char 指针来描述，如 char *strName，但此时应将 strName 在构造函数中另外开辟独立的内存空间来存储字符串，然后在析构函数中释放，以保证成员数据在类中的封装性。若在构造函数中将指针成员直接指向字符串或指向外部的存储字符串的内存空间，则会出现潜在的危险。

### 2.1.5 对象赋值和复制

在 C++中，一个类的对象的初值设定可以有多种形式。例如，对于前面的类 CName 来说，可有下列对象的定义方式：

```
CName o1;								// 通过 A 显式默认构造函数设定初值
CName o2("DING");						// 通过 B 重载构造函数设定初值
```

等都是合法有效的。但是若有：

```
o1 = o2;								// 通过赋值语句设定初值
```

因为同类型的变量可以直接用“=”赋值，因而是合法的，但运行后却会出现程序终止，这是为什么呢？这是因为对于“CName o1;”这种定义方式，编译会自动调用相应的默认构造函数，此时显式的默认构造函数使私有指针成员 strName 为空值；而“o1 = o2;”中，C++赋值运算符的操作是将右值对象内容复制到左值对象的内存空间中，由于左值对象 o1 中的 strName 没有指向任何内存空间，因此试图将数据复制到一个不存在的内存空间中，程序必然出现异常而终止。所以，“o1 = o2;”看上去

合法，但实际上是不可行的。

C++还常用下列形式的初始化来将另一个对象作为对象的初值：

```
<类名> <对象名 1>(<对象名 2>)
```

例如：

```
CName o2("DING");                    // A：通过构造函数设定初值
CName o3(o2);                        // B：通过指定对象设定初值
```

B 语句是将 o2 作为 o3 的初值，与 o2 一样，o3 这种初始化形式要调用相应的构造函数，但此时找不到相匹配的构造函数，因为 CName 类没有任何构造函数的形参是 CName 类对象。事实上，CName 还隐含一个特殊的默认构造函数，其原型为 CName(const CName &)，这种特殊的默认构造函数称为**默认复制构造函数**。在 C++中，每一个类总有一个默认复制构造函数，其目的是保证 B 语句中对象初始化形式的合法性，其功能就等价于“CName o3 = o2;”。但语句“CName o3(o2);”与语句“o1 = o2;”一样，也会出现程序终止，其原因和“o1 = o2;”的原因一样。但是，若有类 CData：

```
class CData
{
public:
    CData( int data = 0)
    {
        m_nData = data;
    }
    ~CData()    {}
    int getData()
    {
        return m_nData;
    }
private:
    int    m_nData;
};
```

则下列初始化形式却都是合法有效的：

```
CData a(3);                          // 通过重载构造函数设定初值
CData b(a);                          // 通过默认复制构造函数设定初值，
                                     // 等价于 CData b = a;
cout<< a.getData()<<endl;            // 输出 3
cout<< b.getData()<<endl;            // 输出 3
```

可见，与变量一样，在 C++中类对象的初始化也可以有两种方式：赋值方式和默认复制方式。这两种方式是等价的，例如，“CData b(a);”和“CData b = a;”是等价的。

为什么 CData 对象的赋值和默认复制初始化是可行的，而 CName 对象的赋值和默认复制初始化却是不行的呢？问题就出在其数据成员的内存空间上。

CName 的数据成员 strName 是一个“char *”指针，由于其自身的内存空间是用来存放指针的地址的，因而其数据的存储还需另辟一个不依附外部的独立的内存空间。而 CData 的数据成员 m_nData 自身的内存空间就是用来存储数据的，因此 CData 对象初始化所进行的数值复制是有效的。

解决 CName 对象初始化的内容复制问题，在 C++中有两种手段：一是给“=”运算符赋予新的操作，称为运算符重载（以后会讨论）；二是重新定义或重载默认复制构造函数。

### 2.1.6　浅复制和深复制

前面已说过，每一个 C++类都有一个隐式的默认复制构造函数，其目的是保证对象复制初始化方式的合法性，其功能是将一个已定义的对象所在的内存空间的内容依次复制到被初始化的对象的内存空间中。这种仅仅将内存空间的内容复制的方式称为**浅复制**。也就是说，默认复制构造函数是浅复制方式。

事实上，对于数据成员有指针类型的类来说，均会出现如 CName 类的问题。由于默认复制构造函数无法解决，因此必须自己定义一个复制构造函数，在进行数值复制之前，为指针类型的数据成员另辟一个独立的内存空间。由于这种复制还需另辟内存空间，因而称其为**深复制**。

复制构造函数是一种比较特殊的构造函数，除遵循构造函数的声明和实现规则外，还应按下列格式进行定义：

```
<类名>(参数表)
{}
```

可见，复制构造函数的格式就是带参数的构造函数。由于复制操作的实质是类对象空间的引用，因此 C++规定，复制构造函数的参数个数可以为 1 个或多个，但左起的第 1 个参数必须是类的引用对象，它可以是“类名 &对象”或“const 类名 &对象”形式，其中“类名”是复制构造函数所在类的类名。也就是说，对于 CName 的复制构造函数，可有下列合法的函数原型：

```
CName( CName &x );                          // x 为合法的对象标识符
CName( const CName &x );
CName( CName &x , …);                       // “…”表示还有其他参数
CName( const CName &x, …);
```

需要说明的是，一旦在类中定义了复制构造函数，则隐式的默认复制构造函数和隐式的默认构造函数就不再有效了。

**【例 Ex_CopyCon】** 使用复制构造函数。

```
#include <iostream>
#include <cstring>
using namespace std;
class CName
{
public:
	CName()
	{
		strName = NULL;
	}
	CName( char *str )
	{
		strName = (char *)new char[strlen(str)+1];
		strcpy( strName, str );                    // 复制内容
	}
	CName( CName &one )                            // A：显式的默认复制构造函数
	{
		// 为 strName 开辟独立的内存空间
		strName = (char *)new char[strlen(one.strName)+1];
		strcpy( strName, one.strName );            // 复制内容
	}
	CName( CName &one, char *add)                  // B：带其他参数的复制构造函数
	{	// 为 strName 开辟独立的内存空间
		strName = (char *)new char[strlen(one.strName) + strlen(add) +1];
		strcpy( strName, one.strName );            // 复制内容
		strcat( strName, add);                     // 连接到 strName 中
	}
	~CName()
```

```
	{
		if (strName)delete []strName;
		strName = NULL;                          // 一个好习惯
	}
	char *getName()
	{
		return strName;
	}
private:
	char  *strName;                              // 字符指针，名称
};
int main()
{
	CName o1("DING");                            // 通过构造函数初始化
	CName o2(o1);                                // 通过显式的默认复制构造函数来初始化
	cout<<o2.getName()<<endl;
	CName o3(o1, " YOU HE");                     // 通过带其他参数的复制构造函数来初始化
	cout<<o3.getName()<<endl;
	return 0;
}
```

代码中，类 CName 定义了两个复制构造函数 A 和 B，其中，A 称为显式的默认复制构造函数；B 称为重载复制构造函数，它还带有字符指针参数，用来将新对象的数据成员字符指针 strName 指向一个新开辟的动态内存空间，然后将另一个对象 one 的内容复制到 strName 中，最后调用库函数 strcat 将字符指针参数 add 指向的字符串连接到 strName 中。

程序运行结果如下：

```
DING
DING YOU HE
```

### 2.1.7　对象成员的初始化

在实际应用中，一个类的数据成员除了普通数据类型变量外，还往往是其他已定义的类的对象，这样的数据成员就称为**对象成员**，拥有对象成员的类常称为**组合类**。此时，为提高对象初始化效率，增强程序的可读性，C++允许在构造函数的函数头后面跟由冒号“:”来引导的对象成员初始化列表，列表中包含类中对象成员或数据成员的初始化代码，各对象初始化之间用逗号分隔，如下列格式：

```
<类名>::<构造函数名>(形参表):对象 1(参数表), 对象 2(参数表), …, 对象 n(参数表)
{  }
```

对象成员初始化列表

以前已讨论过，数据成员的初始化是通过构造函数来进行的。这就意味着，类的对象成员也可在类的构造函数体中进行初始化。这样一来，类的对象成员的初始化就可以有两种方式：一种是在构造函数体中进行，称为**函数构造方式**；另一种是使用由冒号“:”来引导的对象成员初始化列表的形式，称为**对象成员列表方式**。

先来看看第一种方式（函数构造方式），例如：

```
class CPoint
{
public:
	CPoint( int x, int y)
	{
		xPos = x;    yPos = y;
	}
private:
```

```
        int xPos, yPos;
};
class CRect
{
public:
        CRect( int x1, int y1, int x2, int y2)
        {
                m_ptLT    = CPoint(x1, y1);
                m_ptRB    = CPoint(x2, y2);
        }
private:
        CPoint m_ptLT, m_ptRB;
};
int   main()
{
        CRect rc(10, 100, 80, 250);
        return 0;
}
```

虽然，类 CRect 中的对象成员 m_ptLT 和 m_ptRB 的初值的设定是在构造函数中完成的，但此时编译却出现“找不到匹配的 CPoint 默认构造函数”的编译错误。这是因为当主函数 main 中定义并初始化 CRect 对象 rc 时，它首先对类 CRect 的数据成员 m_ptLT 和 m_ptRB 进行定义并分配内存空间，由于 m_ptLT 和 m_ptRB 是 CPoint 对象，因而编译会查找其构造函数进行初始化，此时 m_ptLT 和 m_ptRB 不带任何初值，故需要调用 CPoint 类的默认构造函数，而 CPoint 类已定义了带参数的构造函数，因此 CPoint 类的默认构造函数不再存在，所以会出现编译错误。

但若使用第二种方式（对象成员列表方式），如下面的代码：

```
class CPoint
{//…
};
class CRect
{
public:
        CRect( int x1, int y1, int x2, int y2)
                : m_ptLT(x1, y1), m_ptRB(x2, y2)
        {}
private:
        CPoint m_ptLT, m_ptRB;
};
…
```

则编译会顺利通过。这是因为第二种方式（对象成员列表方式）实际上是将对象成员的定义和初始化同时进行。当在 main 函数中定义了 CRect 对象 rc 时，编译首先根据类中声明的数据成员次序，为成员分配内存空间，然后从对象初始化列表中寻找其初始化代码。若查找不到，则调用相应的构造函数进行初始化；若查找到，则根据对象成员的初始化形式调用相应的构造函数进行初始化。显然，在对象成员初始化列表中由于存在 m_ptLT(x1, y1)和 m_ptRB(x2, y2)对象初始化代码，因此成员 m_ptLT 和 m_ptRB 构造时调用的是 CPoint( int , int)形式的构造函数，而类 CPoint 刚好有此形式的构造函数定义，故编译能通过。可见：

（1）函数构造方式实际上是将对象成员进行了两次初始化：第一次是在对象成员声明的同时自动调用默认构造函数进行的，而第二次是在构造函数体中执行的初始化代码。

（2）对象成员列表方式虽是将对象成员的定义和初始化代码分作两个地方书写，但却是同时运行的。对比函数构造方式可以看出，对象成员列表方式能简化对象初始化操作，提高对象初始化效率。

（3）在对象成员列表方式下，成员初始化的顺序是按成员的声明次序进行的，而跟成员在对象初始化列表中的次序无关。

另外，还需说明的是：

（1）对象成员初始化也可在类的外部进行，但必须与构造函数的定义在一起。例如：

```
class CRect
{
public:
        CRect(int left, int top, int right, int bottom);
        //…
};
CRect::CRect(int left, int top, int right, int bottom);
                :ptLT(left,top), ptRB(right,bottom),
                size(ptLT, ptRB)
{ //…
}
```

（2）成员初始化列表也可用于类中普通数据成员的初始化，但要注意其初始化格式。例如：

```
CRect(int left, int top, int right, int bottom)
                :ptLT(left,top), ptRB(right,bottom),  size(ptLT, ptRB),
                nLength(size.nLength)                    // 注意：不能是 nLength = size.nLength
{//…
}
```

## 2.2　数据共享和成员特性

类的重要特性是使数据封装与隐藏，但同时也给数据共享以及外部访问带来了不便。为此，C++提供了静态成员和友元机制来解决这些问题，但同时也要注意它们的副作用。除静态（static）成员之外，C++的成员还可以用 const 等来修饰，且成员函数中还隐藏一个特殊的 this 指针。

### 2.2.1　静态成员

以往实现数据共享的做法是设置全局变量或全局对象，但同时也带来了许多局限性：一是严重破坏类的封装性；二是全局变量或全局对象的滥用会导致程序的混乱，一旦程序变大，维护量就急剧上升。

静态成员能较好地解决上述问题。首先静态成员是类中的成员，是类的一部分。其次，静态成员有静态数据成员和静态成员函数之分，静态数据成员与静态变量相似，具有静态生存期，是在类中声明的全局数据成员，能被同一个类的所有对象所共享。而公有静态成员函数不仅可以通过类对象来访问，还可通过“类名::静态成员函数”的形式在程序中直接调用。

**1. 静态数据成员**

使用静态数据成员可以节省内存，因为它是所有对象所公有的。因此，对多个对象来说，静态数据成员只存储一处，供所有对象共享。静态数据成员的值是可以修改的，但它对每个对象都是一样的。

与静态变量相似，静态数据成员是静态存储（static）的，但定义一个静态数据成员与定义一般静态变量不一样，它必须按下列两步进行：

**（1）在类中使用关键字 static 声明静态数据成员**。在类中声明静态数据成员，仅仅说明了静态数据成员是类中的成员这个关系，即便用该类定义对象时，该静态数据成员也不会分配内存空间。因此可以说，类中声明的静态数据成员是一种形式上的虚的数据成员。静态数据成员的实际定义是由下一步来完成的。

**（2）在类外为静态数据成员分配内存空间并初始化**。类中数据成员的内存空间是在对象定义时分配的，但静态数据成员的内存空间是为所有该类对象所共享的，只能分配一次，因而不能通过定义类对象的方式来分配，必须在类的外部进行实际定义才能为所有对象共享，其定义格式如下：

```
<数据类型><类名>::<静态数据成员名>=<值>
```

可见，在类外初始化的静态数据成员与全局变量初始化格式相似，只是须指明它所属的类。由于静态数据成员的静态属性 static 已在类中声明，因此在类外不可再指定 static。

【例 Ex_StaticData】 静态数据成员的使用。

```
#include <iostream>
using namespace std;
class CSum
{
public:
	CSum(int a = 0, int b = 0)					// A
	{	nSum += a+b;		}
	int getSum()
	{	return nSum;		}
	void setSum(int sum)
	{	nSum = sum;		}
public:
	static int nSum;						// 声明静态数据成员
};
int CSum::nSum = 0;						// 静态数据成员的实际定义和初始化
int	main()
{
	CSum one(10, 2), two;
	cout<<"one: sum = "<<one.getSum()<<endl;
	cout<<"two: sum = "<<two.getSum()<<endl;
	two.setSum(5);
	cout<<"one: sum = "<<one.getSum()<<endl;
	cout<<"two: sum = "<<two.getSum()<<endl;
	return 0;
}
```

分析：

（1）A 中，由于使用了默认参数，因而使得默认构造函数和重载构造函数定义成一个构造函数。这种程序方法在实际应用时要小心使用。

（2）程序中，类 CSum 中的私有数据成员 nSum 被声明成静态的，由于类中声明的 nSum 是虚的，因此它还必须在类体外进行实际定义。若不指定初值，则默认为 0。

（3）main 函数中，对象 one 初始化后，nSum 值变为 12。对象 two 由于调用的是(a=0, b=0)的默认构造函数，故 nSum 的值没有变化，仍然是 12（注意：构造函数体的语句“nSum += a+b;”中的“+=”不是“=”）。因此，main 函数中前面两条输出语句的结果都是输出 12。当执行“two.setSum(5);”后，nSum 值被设为 5。由于 nSum 为所有对象所共享，也就是说，nSum 是所有对象的公共成员，因此对象 one 中的 nSum 的值也是 5。

程序运行结果如下：

```
one: sum = 12
two: sum = 12
one: sum = 5
two: sum = 5
```

需要说明的是：

（1）静态数据成员可看成是类中声明、类外定义的静态全局变量，因此它具有静态生存期，在程序中从实际定义时开始产生，到程序结束时消失。也就是说，静态数据成员的内存空间不会随对象的产生而分配，也不会随对象的消失而释放。当然，静态数据成员的内存空间同样不能在类的构造函数中创建或在析构函数中释放。

（2）静态数据成员是类中的成员，它的访问属性同普通数据成员一样，可以为 public、private 和 protected。当静态数据成员为 public 时，则在类外对该成员的访问和引用有两种方式：一种是通过对象来引用；另一种是直接引用。当直接引用时，应使用下列格式：

```
<类名>::<静态成员名>
```

例如，上述 CSum::nSum 在 main 函数中可有下列引用：

```
int   main()
{
      CSum one;
      one.nSum = 10;                              // 通过对象来引用
      //…
      CSum::nSum = 12;                            // 直接引用
      cout<<one.nSum<<endl;                       // 输出 12
      return 0;
}
```

代码中，引用公有型静态数据成员 nSum 的两种方式都是合法的，也是等价的。

### 2. 静态成员函数

静态成员函数和静态数据成员一样，它们都属于类的静态成员，但它们都不专属于某个对象的成员，而是所有对象所共享的成员。同样，对于公有型（public）静态成员来说，除可用对象来引用外，还可通过“类名::成员”直接引用。

在类中，静态数据成员可以被成员函数引用，也可以被静态成员函数所引用。但反过来，静态成员函数却不能直接引用类中说明的非静态成员。**假如**，静态成员函数可以引用类中的非静态成员，例如：

```
class CSum
{
public:
      static void ChangeData(int data)
      {
            nSum = data;                          // 错误：引用类中的非静态成员
      }
public:
      int nSum;
};
```

则当执行语句：

```
CSum::ChangeData(5);                              // 合法的静态成员引用
```

时必然会出现编译错误，这是因为此时 CSum 类的任何对象都还没有创建，实际的 nSum 数据成员根本就不存在。即使创建了 CSum 类对象，此时这种形式的静态成员函数调用也根本无法确定函数中所引用的 nSum 是属于哪个对象的，因此静态成员函数只能引用静态数据成员，因为它们都是独立于对象实例之外而为对象所共享的成员。

下面来看一个示例，它是用静态成员来实现数据的插入、输出和排序操作的。

**【例 Ex_StaticMember】**　静态成员的使用。

```
#include <iostream>
using namespace std;
class CData
{
public:
	static void Add( int a )						// 添加数据 a
	{
		if ( pCur >= data + 20 )
			cout<<"内存空间不足，无法添加！"<<endl;
		else
		{
			*pCur = a;  pCur++;
		}
	}
	static void Print(void);
	static void Sort(void);
private:
	static int data[20];						// 声明静态内存空间
	static int *pCur;						// 声明静态指针成员
};
int CData::data[20];							// 实际定义，元素默认的初值均为 0
int *CData::pCur = data;						// 实际定义，设初值为 data 数组的首地址
void CData::Print(void)						// 类外定义的静态成员函数
{
	for (int i=0; i<(pCur-data); i++)
		cout<<data[i]<<", ";
	cout<<endl;
}
void CData::Sort(void)						// 类外定义的静态成员函数
{
	int n = pCur - data;
	for (int i=0; i< n -1; i++)
		for (int j=i+1; j<n; j++)
			if ( data[i] > data[j] )
			{
				int temp = data[i]; data[i] = data[j];		data[j] = temp;
			}
}
int	main()
{
	CData::Add(20);		CData::Add(40);		CData::Add(-50);
	CData::Add(7);		CData::Add(13);
	CData::Print();
	CData::Sort();
	CData::Print();
	return 0;
}
```

同普通成员函数一样，类中的静态成员函数也可在类中声明，而在类外实现。由于类 CData 中所有的成员都声明成了静态的，因此在 main 函数中直接通过“类名::成员”的形式来引用其 public 成员，通过静态成员函数 Add 在静态数组成员 data 中设置并添加数组，每添加一次，静态指针成员 pCur 的

指向就向下移动一次，使其指向下一个数组元素的内存空间。静态成员函数 Print 和 Sort 分别将 data 数组中的已有数组进行输出和排序。

程序运行结果如下：

```
20, 40, -50, 7, 13,
-50, 7, 13, 20, 40,
```

可见，若将相同类别的操作均用公有型静态成员函数来实现，则无须通过对象就可引用类中的成员，此时的类成了一种工具集，这在强调程序算法的场合下得到了广泛应用。

需要强调的是：

（1）静态成员中的“静态（static）”与普通静态变量和静态函数中的“静态”含义是不一样的。普通静态变量中的“静态”使用静态存储内存空间；而类中的静态数据成员的“静态”是对象数据共享的声明，并非具有实际意义的静态存储内存空间。普通静态函数中的“静态”是表示本程序文件的内部函数；而类中的静态成员函数的“静态”表示该成员函数仅能访问静态数据成员，是为所有该类对象共享的声明方式。

（2）类的静态数据成员的内存开辟和释放只能通过静态成员函数来实现，而不能通过类的构造函数和析构函数来完成。C++中没有静态构造函数和静态析构函数。

## 2.2.2　友元

静态成员为对象的数据和操作共享提供了方便，但同时也带来了副作用。例如，若在一个对象中，它的某个操作修改了某个静态数据成员，然而这一修改造成了所有该类对象的静态数据成员都进行了更新，这给程序带来许多潜在的危险，并且不同对象的多次修改还会使静态数据成员的值被任意更新，从而导致程序的混乱，类的封装性也被严重破坏。

有没有办法允许在类外只对某个对象的数据成员进行操作呢？为解决这个问题，友元（friend）的机制便产生了，并且友元还能访问类中 private 和 protected 成员。友元包括**友元函数**和**友元类**。

### 1．友元函数

友元函数可分为**友元外部函数**和**友元成员函数**。当一个函数 f 是 A 类的友元时，若 f 还是另一个类 B 的成员函数，则这样的友元称为**友元成员函数**；若 f 不属于任何类的成员，则这样的友元称为**友元外部函数**。友元外部函数常直接简称为**友元函数**。

友元函数在类中定义的格式如下：

```
friend <函数类型> <函数名>(形参表)
{…}
```

从格式中可以看出，友元函数和类的成员函数定义格式基本一样，只是友元函数前面用一个关键字 friend 来修饰。由于友元函数与类的关系是一种“**友好**（friendship）”关系，因此**友元函数不属于类中的成员函数**，它是在类中声明的一个外部函数。需要说明的是：

（1）友元函数的定义可在类中进行，也可将友元函数在类中声明，而将其实现在类外定义。但在类外定义时，**不能**像成员函数那样指明它所属的类。

（2）由于友元函数是一个外部函数，因此它对类中的成员访问只能通过**类对象**来进行，而不能直接访问。这里的对象可以通过形参来指定，也可在友元函数中进行定义。

（3）由于友元函数是类中声明的外部函数，因而它跟成员的访问权限 private、protected 和 public 没有任何关系，因此它的声明可以出现在类中的任何部分，包括在 private 和 public 部分。但为了程序的可读性，常将友元函数声明在类体的开头或最后。

（4）由于友元函数不是类的成员，因此它在调用时不能指定其所属的类，更不能通过对象来引用友元函数。

（5）大多数外部函数对类中的数据操作采用形参对象的方式，通过对象的“引用”传递，达到修改对象数据的目的。对于友元函数，也应该采用这种方式，只是友元函数还能修改对象的私有和保护型数据成员。

下面来举一个例子，它通过友元函数将一个点（CPoint 类封装）的位置发生偏移。

【例 Ex_FriendFun】 使用友元函数。

```
#include <iostream>
using namespace std;
class CPoint
{
    friend  CPoint  Inflate(CPoint &pt, int nOffset);  // 声明一个友元函数
public:
    CPoint( int x = 0, int y = 0 )
    {
        xPos = x;          yPos = y;
    }
    void  Print()
    {
        cout << "Point(" << xPos << ", " << yPos << ")"<< endl;
    }
private:
    int xPos,  yPos;
};
CPoint Inflate ( CPoint &pt, int nOffset )              // 友元函数的定义
{
    pt.xPos += nOffset;                                 // 直接改变私有数据成员 xPos 和 yPos
    pt.yPos += nOffset;
    return  pt;
}
int  main()
{
    CPoint pt( 10, 20 );
    pt.Print();
    Inflate(pt, 3);                                     // 直接调用友元函数
    pt.Print();
    return 0;
}
```

在类 CPoint 中，Inflate 是在类中声明，在类外定义的友元函数。它有两个形参：一个是引用形参对象 pt，另一个是 int 形参变量 nOffset。由于在友元函数中，对象的所有数据成员可以直接访问，因此可直接将形参对象 pt 的私有数据成员直接加上 nOffset 指定的偏移量。由于 Inflate 指定的 pt 对象是引用传递，因此对 pt 内容的修改也就是对实参对象内容的修改。

程序运行结果如下：

```
Point(10, 20)
Point(13, 23)
```

**2. 友元成员函数**

友元成员函数在类中定义的格式如下：

```
friend <函数类型> <类名>::<函数名>(形参表)
{…}
```

由于友元成员函数还是另一个类的成员函数，因此这里的类名是指它作为成员所在的类名。同成员函数一样，友元成员函数的定义既可在类中进行，也可将友元成员函数在类中声明，而将其实现在

类外定义。但当在类外定义时，应像成员函数那样指明它所属的类。

【例 Ex_FriendMemFun】　使用友元成员函数。

```
#include <iostream>
using namespace std;
class CRect;                                          // 声明类名 CRect，以便可以被后面引用
class CPoint
{
public:
    void Inflate(CRect &rc, int nOffset);             // 成员函数
    CPoint( int x = 0, int y = 0 )
    {
        xPos = x;        yPos = y;
    }
    void    Print()
    {
        cout<<"Point("<<xPos<<", "<<yPos<<")"<<endl;
    }
private:
    int xPos,    yPos;
};
class CRect
{
    friend void CPoint::Inflate(CRect &rc, int nOffset);
public:
    CRect(int x1=0, int y1=0, int x2=0, int y2=0)
    {
        xLeft = x1;        xRight = x2;
        yTop = y1;         yBottom = y2;
    }
    void    Print()
    {
        cout<<"Rect("<<xLeft<<", "<<yTop<<", "<<xRight<<", "<<yBottom<<")"<< endl;
    }
private:
    int xLeft, yTop, xRight, yBottom;
};
void CPoint::Inflate(CRect &rc, int nOffset)          // 友元函数的定义
{
    xPos += nOffset;      yPos += nOffset;            // 直接改变自己类中的私有数据成员
    // 访问 CRect 类的私有成员
    rc.xLeft += nOffset;            rc.xRight += nOffset;
    rc.yTop += nOffset;             rc.yBottom += nOffset;
}
int main()
{
    CPoint pt( 10, 20 );
    CRect rc( 0, 0, 100, 80 );
    pt.Print();          rc.Print();
    pt.Inflate(rc, 3);                                // 调用友元函数
    pt.Print();          rc.Print();
    return 0;
}
```

在类 CRect 中声明了一个友元函数 Inflate，由于它还是类 CPoint 的成员函数，因此 Inflate 既可以直接访问 CPoint 的所有成员，也可以通过 CRect 类对象“friend”访问类 CRect 中的所有成员。由于在类 CPoint 中的 Inflate 函数的形参含有 CRect 对象，而此时 CRect 类还没有定义，因此需要在类 CPoint 前先进行 CRect 类的声明，以便后面能使用 CRect 数据类型。

程序运行结果如下：

```
Point(10, 20)
Rect(0, 0, 100, 80)
Point(13, 23)
Rect(3, 3, 103, 83)
```

3. 友元类

除一个类的成员函数可以声明成另一个类的友元外，也可以将一个类声明成另一个类的友元，称为**友元类**。当一个类作为另一个类的友元时，这就意味着这个类的所有成员函数都是另一个类的友元成员函数。友元类的声明比较简单，其格式如下：

```
friend class <类名>;
```

下面来看一个例子。

【例 Ex_ClassFriend】 使用友元类。

```
#include <iostream>
using namespace std;
class CPoint
{
	friend class COther;                                    // 声明友元类
public:
	CPoint( int x = 0, int y = 0 )
	{
		xPos = x;		yPos = y;
	}
	void	Print()
	{
		cout<<"Point("<<xPos<<", "<<yPos<<")"<<endl;
	}
private:
	int xPos,	yPos;
	void Inflate(int nOffset)
	{
		xPos += nOffset;		yPos += nOffset;
	}
};
class COther
{
public:
	COther(int a = 0, int b = 0)
	{
		pt.xPos = a;		pt.yPos = b;                    // 通过对象访问类 CPoint 的私有数据成员
	}
	void Display(void)
	{
		pt.Inflate(10);                                 // 通过对象访问类 CPoint 的私有成员函数
		pt.Print();
	}
```

```
private:
        CPoint pt;
};
int main()
{
        COther one(12,18);
        one.Display();
        return 0;
}
```

在类 CPoint 的定义中，类 COther 被声明成 CPoint 的友元类。这样，在类 COther 中，可通过 CPoint 对象 pt 访问类 CPoint 的所有成员。

程序运行结果如下：

```
Point(22, 28)
```

最后，需要说明的是：

（1）友元关系反映了程序中类与类之间、外部函数与类之间、成员函数与另一个类之间的关系，这个关系是单向的，即当在 CPoint 中声明 COther 是 CPoint 的友元类时，只能在 COther 类中通过 CPoint 对象访问 CPoint 类的所有成员，而在 CPoint 类中无法访问 COther 类的私有和保护型成员。

（2）一个类中的友元并非是该类的成员，由于“friend”关系，因而友元只能通过对象来访问声明友元所在类的成员。而静态成员是类的一个成员，它本身具有不同的访问属性，只是对于公有静态成员来说，它可以有对象访问和“类名::静态成员”两种等价的访问方式。

（3）与友元函数相比，静态成员函数只是修改类的静态数据成员，而对于友元来说，由于通过对象可以修改声明友元所在类的所有数据成员，因而友元函数比静态成员函数更加危险，并且友元类扩大了这种危险。因此，在类程序设计中，静态成员和友元一定要慎用！

## 2.2.3 常类型

常类型是指使用类型修饰符 const 说明的类型，常类型的变量或对象的值是不能被更新的。因此，定义或说明常类型时必须进行初始化。

### 1. 常对象

常对象是指对象常量，定义格式如下：

```
<类名> const <对象名>
```

定义常对象时，修饰符 const 可以放在类名后面，也可以放在类名前面。例如：

```
class COne
{
public:
        COne(int a, int b) { x = a; y = b; }
        //…
private:
        int x, y;
};
const COne a(3,4);
COne const b(5,6);
```

其中，a 和 b 都是 COne 对象常量，初始化后就不能再被更新了。

### 2. 常指针和常引用

常指针也是使用关键字 const 来修饰的。但需要说明的是，const 的位置不同，其含义也不同，它有 3 种形式：

第 1 种形式是将 const 放在指针变量的类型之前，表示声明的是一个指向常量的指针。此时，在程序中不能通过指针来改变它所指向的数据值，但可以改变指针本身的值。例如：

```
int a = 1, b = 2;
const int *p1 = &a;            // 声明指向 int 型常量的指针 p1，指针地址为 a 的地址
*p1 = 2;                       // 错误，不能更改指针所指向的数据值
p1 = &b;                       // 正确，指向常量的指针本身的值是可以改变的
```

需要说明的是，用这种形式定义的常量指针，在声明时可以赋初值，也可以不赋初值。

第 2 种形式是将 const 放在指针定义语句的指针名前，表示指针本身是一个常量，称为指针常量或**常指针**。此时，不能改变这种指针变量的值，但可以改变指针变量所指向的数据值。例如：

```
int a = 1, b = 2;
int * const p1 = &a;           // 声明指向 int 型常量的指针 p1，指针地址为 a 的地址
int * const p2;                // 错误，在声明指针常量时，必须初始化
*p1 = 2;                       // 正确，指针所指向的数据值可以改变
p1 = &b;                       // 错误，指针常量本身的值是不可改变的
```

第 3 种形式是将 const 在上述两个地方都加，表示声明的是一个指向常量的指针常量，指针本身的值不可改变，而且它所指向的数据的值也不能通过指针改变。例如：

```
int a = 1, b = 2;
const int * const pp = &a;
*pp = 2;                       // 错误
pp = &b;                       // 错误
```

需要说明的是，用第 2 种形式和第 3 种形式定义的指针常量，在声明时必须赋初值。

事实上，使用 const 修饰符也可声明引用，被声明的引用为**常引用**，一个常引用所引用的对象是不能被更新的。其定义格式如下：

```
const <类型说明符> & <引用名>
```

例如：

```
const double &v;
```

在实际应用中，常指针和常引用往往用来作为函数的形参，这样的参数称为常参数。使用常参数则表明该函数不会更新某个参数所指向或所引用的对象，这样，在参数传递过程中就不需要执行复制构造函数，这将会改善程序的运行效率。

### 3. 常成员函数

使用 const 关键字进行声明的成员函数称为**常成员函数**。只有常成员函数才有资格操作常量或常对象，一般成员函数是不能用来操作常对象的。常成员函数说明格式如下：

```
<类型说明符> <函数名> (<参数表>) const;
```

其中，const 是加在函数说明后面的类型修饰符，它是函数类型的一个组成部分，因此，在函数实现部分也要带 const 关键字。

【例 Ex_ConstFunc】 常成员函数的使用。

```
#include <iostream>
using namespace std;
class COne
{
public:
	COne(int a, int b)
	{
		x = a;		y = b;
	}
	void print();
	void print() const;				// 声明常成员函数
private:
```

```
    int x, y;
};
void COne::print()
{
    cout<<x<<", "<<y<<endl;
}
void COne::print() const
{
    cout<<"使用常成员函数："<<x<<", "<<y<<endl;
}
int  main()
{
    COne one(5, 4);                    one.print();
    const COne two(20, 52);            two.print();
    return 0;
}
```

程序运行结果如下：

```
5, 4
使用常成员函数：20, 52
```

程序中，类 COne 声明了两个重载成员函数，一个带 const，一个不带。语句“one.print();”调用成员函数“void print();”，而“two.print();”调用常成员函数“void print() const;”。

**4. 常数据成员**

类型修饰符 const 不仅可以说明成员函数，也可以说明数据成员。由于 const 类型对象必须被初始化，并且不能更新，因此，在类中声明了 const 数据成员时，只能通过成员初始化列表的方式来生成构造函数对数据成员初始化。

**【例 Ex_ConstData】**　常数据成员的使用。

```
#include <iostream>
using namespace std;
class COne
{
public:
    COne(int a)
        : x(a), r(x)                            // 常数据成员的初始化
    {   }
    void print();
    const int &r;                               // 引用类型的常数据成员
private:
    const int x;                                // 常数据成员
    static const int y;                         // 静态常数据成员
};
const int COne::y = 10;                         // 静态常数据成员的初始化
void COne::print()
{
    cout<<"x = "<<x<<", y = "<<y<<", r = "<<r<<endl;
}
int  main()
{
    COne one(100);
    one.print();
    return 0;
}
```

程序运行结果如下：

```
x = 100, y = 10, r = 100
```

### 2.2.4 this 指针

this 指针是一个仅能被类的非静态成员函数访问的特殊指针。当一个对象调用成员函数时，编译器先将对象的地址赋给 this 指针，然后调用成员函数。例如，当调用下列成员函数时：

```
one.copy(two);
```

它实际上被解释成：

```
copy( &one, two);
```

只不过，&one 参数被隐藏了。需要说明的是，通过*this 可以判断是哪个对象来调用该成员函数或通过*this 重新指定对象。

**【例 Ex_This】** this 指针的使用。

```
#include <iostream>
using namespace std;
class COne
{
public:
	COne()
	{	x = y = 0;		}
	COne(int a, int b)
	{	x = a; y = b;		}
	void copy(COne &a);					// 对象的引用作为函数参数
	void print()
	{
		cout<<x<<" , "<<y<<endl;
	}
private:
	int x, y;
};
void COne::copy(COne &a)
{
	if (this == &a) return;
	*this = a;
}
int	main()
{
	COne one, two(3, 4);
	one.print();		one.copy(two);		one.print();
	return 0;
}
```

程序运行结果如下：

```
0 , 0
3 , 4
```

程序中，使用 this 指针的函数是 copy，它在 copy 函数中出现了 2 次。“if(this == &a) return;”中的 this 是指向操作该成员函数的对象，例如“one.copy(…);”中的 this 指向的是 one 对象。这里 if 语句的作用是防止对象自己赋给自己。copy 函数中的语句

```
*this = a;
```

是将形参 a 的值存储到 this 指向的对象的内存空间中。

事实上，当成员函数的形参名与该类的成员变量名同名时，则必须用 this 指针来显式区分，例如：

```
class CPoint
{
public:
        CPoint( int x = 0, int y = 0)
        {
                this->x = x;this->y = y;
        }
        void Offset(int x, int y)
        {
                (*this).x += x;        (*this).y += y;
        }
        void Print() const
        {       cout<<"Point("<<x<<", "<<y<<")"<<endl;
        }
private:
        int x, y;
};
```

类 CPoint 中的私有数据成员 x、y 和构造函数及 Offset 成员函数的形参同名，正是因为这些函数使用了 this 指针，从而使函数中的赋值语句合法有效，且含义明确。否则，如果没有 this 指针，则构造函数中的赋值语句就变为了“x=x; y=y;”，显然是不合法的。

需要说明的是，对于静态成员函数来说，由于它为所有对象所共享，因此在静态成员函数中使用 this 指针将无法确定 this 的具体指向。所以，在静态成员函数中是不能使用 this 指针的。

## 2.3　继承和派生

继承是面向对象语言的另一个重要机制，通过继承可以在一个一般类的基础上建立新类。被继承的类称为**基类**（base class），在基类上建立的新类称为**派生类**（derived class）。如果一个类只有一个基类，则称为**单继承**，否则称为**多继承**。通过类继承，可以使派生类有条件地具有基类的属性，这个条件就是**继承方式**。

### 2.3.1　单继承

从一个基类定义一个派生类可按下列格式：

```
class <派生类名> : [<继承方式>] <基类名>
{
        [<派生类的成员>]
};
```

其中，继承方式有 3 种：public（公有）、private（私有）及 protected（保护）。若继承方式没有指定，则被指定为默认的 public 方式。继承方式决定了派生类的继承基类属性的使用权限，下面分别说明。

**1. 公有继承（public）**

公有继承的特点是基类的公有成员和保护成员作为派生类的成员时，它们都保持原有的状态，而基类的私有成员仍然是私有的。例如：

```
class CStick : public CMeter
{
        int     m_nStickNum;                        // 声明一个私有数据成员
```

```
public:
        void   DispStick();                              // 声明一个公有成员函数
        void SetStick(int nPos)
        {
              SetPos(nPos);                             // 类中调用基类的保护成员
        }
};                                                       // 注意：分号不能省略
void CStick:: DispStick()
{
        m_nStickNum = GetPos();                         // 调用基类 CMeter 的成员函数
        cout<<m_nStickNum<<' ';
}
```

这时，从基类 CMeter 派生的 CStick 类除具有 CMeter 所有公有成员和保护成员外，还有自身的私有数据成员 m_nStickNum 和公有成员函数 DispStick。

【例 Ex_PublicDerived】 派生类的公有继承示例。

```
#include <iostream>
using namespace std;
class   CMeter
{
public:
        CMeter(int nPos = 10)
        {      m_nPos = nPos;   }
        ~CMeter()
        {      }
        void StepIt()
        {      m_nPos++;          }
        int   GetPos()
        {      return m_nPos;    }
protected:
        void SetPos(int nPos)
        {      m_nPos = nPos;   }
private:
        int   m_nPos;
};
/*  上述文字中的 class CStick 代码添加在这里  */
…
int   main()
{
        CMeter oMeter(20);
        CStick oStick;
        cout<<"CMeter:"<<oMeter.GetPos()<<",CStick:"<<oStick.GetPos()<<endl;
        oMeter.StepIt();
        cout<<"CMeter:"<<oMeter.GetPos()<<",CStick:"<<oStick.GetPos()<<endl;
        oStick.StepIt();
        cout<<"CMeter:"<<oMeter.GetPos()<<",CStick:"<<oStick.GetPos()<<endl;
        oStick.DispStick();
        oStick.StepIt();
        oStick.DispStick();
```

```
        return 0;
}
```

程序运行结果如下：

```
CMeter:20,CStick:10
CMeter:21,CStick:10
CMeter:21,CStick:11
11 12
```

需要注意的是，派生类中或派生类的对象可以使用基类的公有成员（包括保护成员），例如，CStick 的成员函数 DispStick 中调用了基类 CMeter 的 GetPos 函数，oStick 对象调用了基类的 StepIt 成员函数；但基类或基类的对象却不可使用派生类的成员，这是继承的单向特性。

### 2. 私有继承（private）

私有（private）继承方式具有下列特点：

（1）在派生类中，基类的公有成员、保护成员和私有成员的访问属性都将变成私有（private），且基类的私有成员在派生类中被隐藏。因此，私有继承方式下，在派生类中仍可访问基类的公有和保护成员。

（2）由于基类的所有成员在派生类中都变成私有，因此基类的所有成员在派生类的子类中都是不可见的。换句话说，基类的成员在派生类的子类中已无法发挥基类的作用，实际上相当于终止基类的继续派生。正因为如此，实际应用中私有继承的使用情况一般比较少见。

（3）派生类对象只能访问派生类的公有成员，而不能访问基类的任何成员。

### 3. 保护继承（protected）

对于保护（protected）继承方式来说，它具有下列特点：

（1）在派生类中，基类的公有成员、保护成员的访问属性都将变成保护（protected）的，同样，基类的私有成员在派生类中也是被隐藏的。

（2）同私有继承一样，在保护继承方式下，派生类中仍可访问基类的公有成员和保护成员。但派生类对象只能访问派生类的公有成员，而不能访问基类的任何成员。

表 2.1 列出了三种不同的继承方式的基类特性和派生类特性。

**表 2.1　不同继承方式的基类特性和派生类特性**

| 继 承 方 式 | 基 类 成 员 | 基类的成员在派生类中的特性 |
|---|---|---|
| 公有继承（public） | public | public |
| | protected | protected |
| | private | 不可访问 |
| 私有继承（private） | public | private |
| | protected | private |
| | private | 不可访问 |
| 保护继承（protected） | public | protected |
| | protected | protected |
| | private | 不可访问 |

需要强调的是，一定要区分清楚派生类的**对象**和派生类中的**成员函数**对基类的访问是不同的。例如，在公有继承时，派生类的对象可以访问基类中的公有成员，派生类的成员函数可以访问基类中的公有成员和保护成员。在私有继承和保护继承时，基类的所有成员不能被派生类的对象访问，而派生类的成员函数可以访问基类中的公有成员和保护成员。

## 2.3.2 派生类的构造函数和析构函数

由于基类的构造函数和析构函数不能被派生类继承，因此，在例Ex_PublicDerived中，若有：

```
CMeter    oA(3);
```

是可以的，因为CMeter类有与之相对应的构造函数。而

```
CStick    oB(3);
```

是错误的，因为CStick类没有对应的构造函数。但

```
CStick    oC;
```

是可以的，因为CStick类有一个隐式的不带参数的默认构造函数。

当派生类的构造函数和析构函数被执行时，基类相应的构造函数和析构函数也会被执行。因而，在上例中，CStick对象oStick在建立时还调用了基类的构造函数，使oStick.GetPos返回的值为10。

事实上，派生类对象在建立时，先执行基类的构造函数，然后执行派生类的构造函数。但对于析构函数来说，其顺序刚好相反，先执行派生类的析构函数，而后执行基类的析构函数。

需要注意的是，在对派生类进行初始化时，需要对其基类设置初值，可按下列格式进行：

```
<派生类名>(总参表) : <基类1>(参数表1), <基类2>(参数表2), …, <基类n>(参数表n),
        对象成员1(对象成员参数表1), 对象成员2(对象成员参数表2), …,
        对象成员n(对象成员参数表n)
{
        …
}
```

其中，构造函数总参表“:”后面给出的是需要用参数初始化的基类名、对象成员名及各自对应的参数表，基类名和对象成员名之间的顺序可以是任意的，且对于使用默认构造函数的基类和对象成员，可以不列出基类名和对象成员名。这里所说的对象成员是指在派生类中新声明的数据成员，它属于另外一个类的对象。对象成员必须在初始化列表中进行初始化。

例如，在例Ex_PublicDerived中，CStick的构造函数可这样定义：

```
class CStick : public CMeter
{
        int     m_nStickNum;
public:
        CStick():CMeter(30)
        {       }
        void DispStick();
        void SetStick(int nPos)
        {       SetPos(nPos);       }
};
```

此时再重新运行程序，结果就会变为：

```
CMeter:20,CStick:30
CMeter:21,CStick:30
CMeter:21,CStick:31
31 32
```

## 2.3.3 多继承

前面所讨论的是单继承的基类和派生类之间的关系，实际在类的继承中，还允许一个派生类继承多个基类，这种多继承的方式可使派生类具有多个基类的特性，大大提高了程序代码的可重用性。多继承下派生类的定义格式如下：

```
class <派生类名> : [<继承方式1>] <基类名1>,[<继承方式2>] <基类名2>,...
{
```

```
        [<派生类的成员>]
};
```

其中的继承方式还是前面提到的 3 种：public、private 和 protected。例如：

```
class A
{    //…
};
class B
{    //…
};
class C : public A, private B
{    //…
};
```

由于派生类 C 继承了基类 A 和 B，具有多继承性，因此派生类 C 的成员包含了基类 A 中的成员和 B 中的成员以及该类本身的成员。

除了类的多继承性，C++还允许一个基类有多个派生类（称为**多重派生**）以及从一个基类的派生类中再进行多个层次的派生。总之，掌握了基类和派生类之间的关系，类的多种形式的继承也就清楚了。

## 2.3.4　虚基类

一般说来，在派生类中对基类成员的访问应该是唯一的。但是，由于在多继承情况下，可能造成对基类中某成员的访问出现不唯一的情况，这种情况称为基类成员调用的二义性。

**【例 Ex_Conflict】**　基类成员调用的二义性。

```
#include <iostream>
using namespace std;
class A
{
public:
    int x;
    A(int a = 0) { x = a; }
};
class B1 : public A
{
public:
    int y1;
    B1( int a = 0, int b = 0)
        : A(b)
    {    y1 = a;    }
};
class B2 : public A
{
public:
    int y2;
    B2( int a = 0, int b = 0)
        : A(b)
    {    y2 = a;    }
};
class C : public B1, public B2
{
public:
```

```
        int z;
        C(int a, int b, int d, int e, int m)
                : B1(a,b), B2(d,e)
        {       z = m;      }
        void print()
        {
                cout<<"x = "<<x<<endl;                  // 编译出错的地方
                cout<<"y1 = "<<y1<<", y2 = "<<y2<<endl;
                cout<<"z = "<<z<<endl;
        }
};
int  main()
{
        C c1(100,200,300,400,500);
        c1.print();
        return 0;
}
```

程序中，派生类 B1 和 B2 都从基类 A 继承，这时在派生类 C 中就有两个基类 A 的拷贝。当编译器编译到“cout<<"x = "<<x<<endl;”语句时，因无法确定成员 x 是从类 B1 中继承来的，还是从类 B2 继承来的，产生了二义性，从而出现编译错误。

解决这个问题的方法之一是使用作用域运算符“ ::”来消除二义性，例如，若将 print 函数实现代码变为：

```
void print()
{
        cout<<"B1::x = "<<B1::x<<endl;
        cout<<"B2::x = "<<B2::x<<endl;
        cout<<"y1 = "<<y1<<", y2 = "<<y2<<endl;
        cout<<"z = "<<z<<endl;
}
```

重新运行，结果为：

```
B1::x = 200
B2::x = 400
y1 = 100, y2 = 300
z = 500
```

实际上，还有另一种更好的方法，即使用虚基类（或称为虚继承）。使用虚基类的目的是在多重派生的过程中，使公有的基类在派生类中只有一个拷贝，从而解决上述这种二义性问题。

**【例 Ex_VirtualBase】** 基类成员调用的二义性。

```
#include <iostream>
using namespace std;
class A
{
public:
        int x;
        A(int a = 0) { x = a; }
};
class B1 : virtual public A                             // 声明虚继承
{
public:
        int y1;
        B1( int a = 0, int b = 0)
```

```
            : A(b)
        {       y1 = a;         }
        void print(void)
        {
                cout<<"B1: x = "<<x<<", y1 = "<<y1<<endl;
        }
};
class B2 : virtual public A                                     // 声明虚继承
{
public:
        int y2;
        B2( int a = 0, int b = 0)
                : A(b)
        {       y2 = a;         }
        void print(void)
        {
                cout<<"B2: x = "<<x<<", y2 = "<<y2<<endl;
        }
};
class C : public B1, public B2
{
public:
        int z;
        C(int a, int b, int d, int e, int m)
                : B1(a,b), B2(d,e)
        {       z = m;          }
        void print()
        {
                B1::print();            B2::print();
                cout<<"z = "<<z<<endl;
        }
};
int   main()
{
        C c1(100,200,300,400,500);
        c1.print();
        c1.x = 400;
        c1.print();
        return 0;
}
```

程序运行结果如下：

```
B1: x = 0, y1 = 100
B2: x = 0, y2 = 300
z = 500
B1: x = 400, y1 = 100
B2: x = 400, y2 = 300
z = 500
```

从程序中可以看出：

（1）声明一个虚基类的格式如下：

```
virtual <继承方式><基类名>
```

其中，virtual 是声明虚基类的关键字。声明虚基类与声明派生类一道进行，写在派生类名的后面。

（2）在派生类 B1 和 B2 中只有基类 A 的一个拷贝，当改变成员 x 的值时，由基类 B1 和 B2 中的成员函数输出的成员 x 的值是相同的。

（3）虚基类的构造函数的调用方法与一般基类的构造函数的调用方法是不同的。C++规定，由虚基类经过一次或多次派生出来的派生类，在其每一个派生类的构造函数的成员初始化列表中必须给出对虚基类的构造函数的调用，如果未列出，则调用虚基类的默认构造函数。在这种情况下，虚基类的定义中必须有默认的构造函数。程序中，类 C 的构造函数尽管分别调用了其基类 B1 和 B2 的构造函数，但由于虚基类 A 在类 C 中只有一个拷贝，所以编译器无法确定应该由类 B1 的构造函数还是由类 B2 的构造函数来调用基类 A 的构造函数。在这种情况下，C++规定，执行类 B1 和 B2 的构造函数都不调用虚基类 A 的构造函数，而是在类 C 的构造函数中直接调用虚基类 A 的默认构造函数。这样也就说明了运行结果中成员 x 为什么初始值为“0”了。若将 A 的构造函数改为：

```
A(int a = 100) { x = a; }
```

则成员 x 的初始值为 100。当然，不能仅变成：

```
A(int a) { x = a; }
```

因为类 A 中没有定义默认构造函数，因此会出现编译错误。与“A(int a = 100) { x = a; }”构造函数等价的是：

```
A(int a) { x = a; }
A():x(100) { }                // 添加默认构造函数的定义
```

## 2.4 多态和虚函数

**多态性**是面向对象程序设计的重要特性之一，它与封装性和继承性构成了面向对象程序设计的三大特性。所谓多态性，是指不同类型的对象接收相同的消息时产生不同的行为（或方法）。这里的消息主要是指对类的成员函数的调用，而不同的行为是指成员函数的不同实现。例如，函数重载就是多态性的典型例子之一。

### 2.4.1 多态概述

在 C++中，多态性可分为两种：编译时的多态性和运行时的多态性。编译时的多态性是通过函数的重载或运算符的重载来实现的。而运行时的多态性是通过虚函数来实现的，它是指在程序执行之前，根据函数和参数还无法确定应该调用哪一个函数，必须在程序的执行过程中根据具体的执行情况动态地确定。

与这两种多态性方式相对应的是两种编译方式：**静态联编**和**动态联编**。所谓联编（binding，又称**绑定**），就是将一个标识符和一个存储地址联系在一起的过程；或是一个源程序经过编译、连接，最后生成可执行代码的过程。

静态联编是指在编译阶段完成的联编，由于其联编过程是在程序运行前完成的，所以又称为**早期联编**。动态联编是指在程序运行时动态进行的联编，又称**晚期联编**。

一般来说，在静态联编的方式下，同一个成员函数在基类和派生类中的不同版本是不会在运行时根据程序代码的指定进行自动绑定的。因此，必须通过类的虚函数机制，才能实现基类和派生类中的成员函数不同版本的动态联编。

### 2.4.2 虚函数

先来看一个虚函数应用示例。

【例 Ex_VirtualFunc】 虚函数的使用。

```
#include <iostream>
using namespace std;
class CShape
```

```
{
public:
        virtual float area()                                     // 将 area 定义成虚函数
        {       return 0.0f;                }
};
class CTriangle : public CShape
{
public:
        CTriangle(float h, float w)
        {       H = h;          W = w;      }
        float area()
        {       return   H * W * 0.5f;      }
private:
        float H, W;
};
class CCircle : public CShape
{
public:
        CCircle(float r)
        {       R = r;                      }
        float area()
        {       return   3.14159f * R * R;  }
private:
        float R;
};
int   main()
{
        CShape *s[2];
        s[0] = new CTriangle(3,4);
        cout<<s[0]->area()<<endl;
        s[1] = new CCircle(5);
        cout<<s[1]->area()<<endl;
        return 0;
}
```

程序运行结果如下：

```
6
78.5397
```

代码中，虚函数 area 是通过在基类的 area 函数的前面加上 virtual 关键字来实现的。程序中*s[2]是定义的基类 CShape 指针，语句“s[0]=new CTriangle(3,4);”是将 s[0]指向派生类 CTriangle，因而“s[0]->area();”实际上是调用 CTriangle 类的 area 成员函数，结果是 6。同样可以分析 s[1]->area()的结果。

从这个例子可以看出，正是通过虚函数，达到了用基类指针访问派生类对象成员函数的目的，从而使一个函数具有多种不同的版本。这一点与重载函数相似，只不过虚函数的不同版本是在该基类的派生类中重新进行定义的。这样，只要声明了基类指针就可以使不同的派生类对象产生不同的函数调用，实现了程序的运行时多态。

需要说明的是：

（1）虚函数在重新定义时参数的个数和类型必须与基类中的虚函数完全匹配，这一点与函数重载完全不同。

（2）只有通过基类指针才能实现虚函数的多态性。若虚函数的调用是通过普通方式来进行的，则不能实现其多态性。例如：

```
CShape    ss;
cout<<ss.area()<<endl;
```

输出的结果为 0.0。

（3）如果不使用 new 来创建相应的派生类对象指针，也可通过使用&运算符来获取对象的地址。例如：

```
void main()
{
	CShape *p1, *p2;
	CTriangle tri(3, 4);
	CCircle cir(5);
	p1 = &tri;		p2 = &cir;
	cout<<p1->area()<<endl;
	cout<<p2->area()<<endl;
}
```

（4）虚函数必须是类的一个成员函数，不能是友元函数，也不能是静态的成员函数。

（5）可把析构函数定义为虚函数，但不能将构造函数定义为虚函数。通常在释放基类及其派生类中动态申请存储空间时，也要把析构函数定义为虚函数，以便实现撤销对象时的多态性。

### 2.4.3 纯虚函数和抽象类

在定义一个基类时，有时会遇到这样的情况：无法定义基类中虚函数的具体实现，其实现完全依赖于其不同的派生类。例如，一个“形状类”（基类）由于没有确定的具体形状，因此其计算面积的函数也就无法实现。这时可将基类中的虚函数声明为**纯虚函数**。

声明纯虚函数的一般格式为：

```
virtual <函数类型><函数名>(<形参表>) = 0;
```

显然，它与一般虚函数不同的是：在纯虚函数的形参表后面多了个“= 0”。为函数名赋予 0，本质上是将指向函数的指针的初值赋为 0。需要说明的是，纯虚函数不能有具体的实现代码。

**抽象类**是指至少包含一个纯虚函数的特殊类。它本身不能被实例化，也就是说不能声明一个抽象类的对象。必须通过继承得到派生类后，在派生类中定义了纯虚函数的具体实现代码，才能获得一个派生类的对象。

**【例 Ex_PureVirtualFunc】** 纯虚函数和抽象类的使用。

```
#include <iostream>
using namespace std;
class CShape
{
public:
	virtual float area() = 0;				// 将 area 定义成纯虚函数
};
class CTriangle:public CShape
{
public:
	CTriangle(float h, float w)
	{	H = h;		W = w;		}
	float area()						// 在派生类中定义纯虚函数的具体实现代码
	{	return	H * W * 0.5f;		}
private:
```

```
        float H, W;
};
class CCircle:public CShape
{
public:
        CCircle(float r)
        {       R = r;                  }
        float area()                                        // 在派生类中定义纯虚函数的具体实现代码
        {       return   3.14159f * R * R;      }
private:
        float R;
};
int   main()
{
        CShape *pShape;
        CTriangle tri(3, 4);
        cout<<tri.area()<<endl;
        pShape = &tri;
        cout<<pShape->area()<<endl;
        CCircle cir(5);
        cout<<cir.area()<<endl;
        pShape = &cir;
        cout<<pShape->area()<<endl;
        return 0;
}
```

程序运行结果如下：

```
6
6
78.5397
78.5397
```

从这个示例可以看出，与虚函数使用方法相同，也可以声明指向抽象类的指针，虽然该指针不能指向任何抽象类的对象（因为不存在），但可以通过该指针获得对派生类成员函数的调用。事实上，纯虚函数是一个特殊的虚函数。

## 2.5 运算符重载

**运算符重载**就是赋予已有的运算符多重含义，是一种静态联编的多态。通过重新定义运算符，使其能够对特定类对象执行特定的功能，从而增强了 C++语言的扩充能力。

### 2.5.1 运算符重载函数

事实上，运算符重载的目的是为了实现类对象的运算操作。重载时，一般是在类中定义一个特殊的函数，以便通知编译器遇到该重载运算符时调用该函数，并由该函数来完成该运算符应该完成的操作。这种特殊的函数称为**运算符重载函数**，它通常是类的成员函数或友元函数，运算符的操作数通常也是该类的对象。

在类中，定义一个运算符重载函数与定义一般成员函数相类似，只不过函数名必须以 operator 开头。其一般形式如下：

```
<函数类型><类名>::operator <重载的运算符>(<形参表>)
{…}                                     // 函数体
```

由于运算符重载函数的函数名是以特殊的关键字开始的，因而编译器很容易与其他函数名区分开来。这里先来看一个示例，它用来定义一个复数类 CComplex，然后重载“+”运算符，使这个运算符能直接完成复数的加运算。

【例 Ex_Complex】 运算符的简单重载。

```
#include <iostream>
using namespace std;
class CComplex
{
public:
        CComplex(double r = 0, double i = 0)
        {
                realPart = r;       imagePart = i;
        }
        void print()
        {
                cout<<"实部 = "<<realPart<<", 虚部 = "<<imagePart<<endl;
        }
        CComplex operator + (CComplex &c);                  // 重载运算符+
        CComplex operator + (double r);                     // 重载运算符+
private:
        double realPart;                                    // 复数的实部
        double imagePart;                                   // 复数的虚部
};
CComplex CComplex::operator + (CComplex &c)                 // 参数是 CComplex 引用对象
{
        CComplex temp;
        temp.realPart = realPart + c.realPart;
        temp.imagePart = imagePart + c.imagePart;
        return temp;
}
CComplex CComplex::operator + (double r)                    // 参数是 double 类型数据
{
        CComplex temp;
        temp.realPart = realPart + r;
        temp.imagePart = imagePart;
        return temp;
}
int   main()
{
        CComplex c1(12,20), c2(50,70), c;
        c = c1 + c2; c.print();
        c = c1+ 20;  c.print();
        return 0;
}
```

程序运行结果如下：

```
实部 = 62, 虚部 = 90
实部 = 32, 虚部 = 20
```

分析：

（1）程序中，对运算符“+”做了两个重载：一个用于实现两个复数的加法，另一个用于实现一个复数与一个实数的加法。

（2）尽管在形式上重载后的运算符的使用方法与一般运算符一样，但在本质上编译将根据表达式的不同自动完成相应的运算符重载函数的调用过程。例如，对于表达式“c = c1 + c2”，编译器首先将“c1 + c2”解释为“c1.operator + (c2)”，从而调用运算符重载函数 operator + (CComplex &c)，然后再将运算符重载函数的返回值赋给 c。同样，对于表达式“c = c1 + 20”，编译器首先将“c1 + 20”解释为“c1.operator + (20)”，调用运算符重载函数 operator + (double r)，然后再将运算符重载函数的返回值赋给 c。

（3）在编译器解释“c1 + c2”时，由于成员函数都隐含一个 this 指针，因此解释的“c1.operator + (c2)”就等价于“operator + (&c1, c2)”。正是因为 this 指针的存在，当重载的运算符函数是类的成员函数时，运算符函数的形参个数要比运算符操作数个数少一个。对于双目运算符（例如“+”）重载的成员函数来说，它应只有一个参数，用来指定其右操作数。而对于单目运算符重载的成员函数来说，由于操作数就是该类对象本身，因此运算符函数不应有参数。

需要说明的是，运算符重载函数的参数和返回值类型取决于运算符的含义和结果，它们可能是类、类引用、类指针或其他类型。

### 2.5.2 运算符重载限制

在 C++中，运算符重载还有以下一些限制：

（1）重载的运算符必须是一个已有的合法的 C++运算符，如“+”“-”“*”“/”“++”等，且不是所有的运算符都可以重载。在 C++中不允许重载的运算符有“?:”（条件）、“.”（成员）、“*.”（成员指针）、“::”（域作用符）、sizeof（取字节大小）。

（2）不能定义新的运算符，或者说，不能为 C++没有的运算符进行重载。

（3）当重载一个运算符时，该运算符的操作数个数、优先级和结合性不能改变。

（4）运算符重载的方法通常有类的操作成员函数和友元函数两种，但“=”（赋值）、“( )”（函数调用）、“[ ]”（下标）和“->”（成员指针）运算符不能重载为友元函数。

### 2.5.3 友元重载

友元重载方法既可用于单目运算符，也可用于双目运算符。其一般格式如下：

```
friend <函数类型>operator <重载的运算符>(<形参>)            // 单目运算符重载
{ … }                                                     // 函数体
friend <函数类型>operator <重载的运算符>(<形参 1, 形参 2>)   // 双目运算符重载
{ … }                                                     // 函数体
```

其中，对于单目运算符的友元重载函数来说，只有一个形参，形参类型既可能是类的对象，也可能是类的引用，这取决于运算符的类型。对于“++”“--”等来说，这个形参类型是类的引用对象，因为操作数必须是左值。对于单目“-”（负号运算符）等来说，形参类型可以是类的引用，也可以是类的对象。对于双目运算符的友元重载函数来说，它有两个形参，这两个形参中必须有一个是类的对象。

下面来看一个示例，这个例子是在例 Ex_Complex 的基础上，用友元函数实现双目运算符“+”、单目运算符“-”的重载，而用成员函数实现“+=”运算。

**【例 Ex_ComplexFriend】** 运算符的友元重载。

```
#include <iostream>
using namespace std;
class CComplex
{
```

```
public:
        CComplex(double r = 0, double i = 0)
        {
                realPart = r; imagePart = i;
        }
        void print()
        {
                cout<<"实部 = "<<realPart<<", 虚部 = "<<imagePart<<endl;
        }
        CComplex operator + (CComplex &c);                          // A 重载运算符+
        CComplex operator + (double r);                             // B 重载运算符+
        friend    CComplex operator + (double r, CComplex &c);      // C 友元重载运算符+
        friend    CComplex operator - (CComplex &c);                // 友元重载单目运算符-
        void operator += (CComplex &c);
private:
        double realPart;                                            // 复数的实部
        double imagePart;                                           // 复数的虚部
};
CComplex CComplex::operator + (CComplex &c)
{
        CComplex temp;
        temp.realPart = realPart + c.realPart;
        temp.imagePart = imagePart + c.imagePart;
        return temp;
}
CComplex CComplex::operator + (double r)
{
        CComplex temp;
        temp.realPart = realPart + r;
        temp.imagePart = imagePart;
        return temp;
}
CComplex operator + (double r, CComplex &c)
{
        CComplex temp;
        temp.realPart = r + c.realPart;
        temp.imagePart = c.imagePart;
        return temp;
}
CComplex operator - (CComplex &c)
{
        return CComplex(-c.realPart, -c.imagePart);
}
void CComplex::operator += (CComplex &c)
{
        realPart += c.realPart;         imagePart += c.imagePart;
}
int   main()
{
        CComplex c1(12,20), c2(30,70), c;
        c = c1 + c2;        c.print();
```

```
        c = c1 + 20;        c.print();
        c = 20 + c2;        c.print();
        c2 += c1;           c2.print();
        c1 = -c1;           c1.print();
        return 0;
}
```

程序运行结果如下：

```
实部 =42，虚部 =90
实部 =32，虚部 =20
实部 =50，虚部 =70
实部 =42，虚部 =90
实部 =-12，虚部 =-20
```

分析和比较：

（1）类 CComplex 中，对于双目运算符"+"的重载分别用成员函数和友元函数的方法定义了 3 个重载函数，如代码注释中所标的 A、B 和 C。

（2）当"c = 20+c2"时，这里的"20+c2"是无法解释成"20.operator + (c2)"的，因为"20"不是一个类对象，所以无法确定它所在的类，也就无法用该类的成员函数来实现运算符重载。此时，必须用友元函数才能实现。正因为如此，当"c = 20+c2"时就会自动调用 C 版本的友元运算符重载函数。

（3）类似地，当"c = c1+c2"时，这里的"c1+c2"可以被编译器解释为"c1.operator + (c2)"，即"operator +(&c1, c2)"，显然，它调用的是 A 版本运算符重载函数。若此时用友元定义 A 版本运算符"+"的重载函数，即有：

```
friend      CComplex operator + (CComplex &c1, CComplex c2);
```

则与 A 版本的运算符重载函数相冲突。因此，运算符重载要避免二义性的产生。

## 2.5.4　转换函数

类型转换是将一种类型的值映射为另一种类型的值。以前已讨论过，C++的类型转换有自动转换和强制转换两种方法。**转换函数**是实现强制转换操作的手段之一，它是类中定义的一个非静态成员函数。其一般格式为：

```
class <类名>
{
public:
        operator <类型>();
        //…
};
```

其中，"类型"是要转换后的一种数据类型，它可以是基本数据类型，也可以是构造数据类型；operator 和"类型"一起构成了转换函数名，它的作用是将"class <类名>"声明的类的对象转换成"类型"指定的数据类型。当然，转换函数既可在类中定义，也可在类体外实现，但声明必须在类中进行，因为转换函数是类中的成员函数。

下面来看一个示例，它将金额的小写形式（数字）转换成大写形式（汉字）。

**【例 Ex_Money】**　转换函数的使用。

```
#include <iostream>
#include <cstring>
using namespace std;
typedef char* USTR;
class CMoney
{
        double amount;
```

```
public:
        CMoney(double a = 0.0) { amount = a; }
        operator USTR ();
};
CMoney::operator USTR ()
{
        USTR basestr[15] = {"分", "角", "元", "拾", "佰", "仟", "万",
                                "拾", "佰", "仟", "亿",  "拾", "佰", "仟", "万"};
        USTR datastr[10] = {"零", "壹", "贰", "叁", "肆", "伍", "陆", "柒", "捌", "玖"};
        static char strResult[80];
        double temp, base = 1.0;
        int n = 0;
        temp = amount * 100.0;
        strcpy(strResult, "金额为: ");
        if (temp < 1.0)
                strcpy (strResult, "金额为:  零元零角零分");
        else
        {
                while (temp>= 10.0)
                {
                        // 计算位数
                        base = base * 10.0;         temp = temp / 10.0;         n++;
                }
                if (n>=15)    strcpy(strResult, "金额超过范围！ ");
                else
                {
                        temp = amount * 100.0;
                        for (int m=n; m>=0; m--)
                        {
                                int d   = (int)(temp / base);
                                temp = temp - base*(double)d;
                                base   =    base / 10.0;
                                strcat(strResult, datastr[d]);
                                strcat(strResult, basestr[m]);
                        }
                }
        }
        return strResult;
}
int    main()
{
        CMoney money(1234123456789.123);
        cout<<(USTR)money<<endl;
        return 0;
}
```

程序中，转换的类型是用 typedef 定义的 USTR 类型。转换函数的调用是通过直接采用强制转换方式实现的，如程序中的(USTR)money 或 USTR(money)。

程序运行结果如下：

```
金额为: 壹万贰仟叁佰肆拾壹亿贰仟叁佰肆拾伍万陆仟柒佰捌拾玖元壹角贰分
```

需要说明的是，转换函数重载用来实现类型转换的操作，但转换函数只能是成员函数，而不能是友元函数。转换函数可以被派生类继承，也可以被说明为虚函数，且在一个类中可定义多个转换函数。

## 2.5.5　赋值运算符的重载

C++中，相同类型的对象之间可以直接相互赋值，但不是所有的同类型对象都可以这么操作。当对象的成员中有数组或动态的数据类型时，就不能直接相互赋值，否则在程序的编译或执行过程中就会出现编译或运行错误。解决这一问题的方法是对赋值运算符“=”进行重载，并在重载函数中单独开辟内存空间或添加其他代码，以保证赋值的正确性。

**【例 Ex_Evaluate】**　赋值运算符的重载。

```
#include <iostream>
#include <cstring>
using namespace std;
class CName
{
public:
	CName (char *s)
	{
		name	= new char[strlen(s) + 1];		strcpy(name, s);
	}
	~CName ()
	{
		if (name)
		{
			delete []name;	name = NULL;
		}
	}
	void print()
	{
		cout<< name <<endl;
	}
	CName& operator = (CName &a)				// 赋值运算符重载
	{
		if (name)	delete []name;
		if (a.name)
		{
			name = new char[strlen(a.name) + 1];
			strcpy(name, a.name);
		}
		return *this;
	}
private:
	char *name;
};
int	main()
{
	CName d1("Key"), d2("Mouse");
	d1.print();
	d1 = d2;
	d1.print();
	return 0;
}
```

程序运行结果如下：

```
Key
Mouse
```

需要说明的是：

（1）赋值运算符重载函数 operator = ()的返回类型是 CName&。注意：它返回的是类的引用而不是对象。这是因为，C++要求赋值表达式左边的表达式是左值，它能进行下列的运算：

```
int x, y = 5;                                    // y 是左值
(x = y)++;                                       // x 是左值
```

由于引用的实质就是引用“对象的内存空间”，所以通过引用可以改变对象的值。而如果返回的类型仅是类的对象，则操作的是对象的值而不是对象的内存空间。因此，赋值操作后不能再作为左值，从而导致程序运行终止。

（2）赋值运算符不能重载为友元函数，只能重载为一个非静态成员函数。

（3）赋值运算符重载函数是唯一的一个不能被继承的运算符函数。

## 2.5.6 自增和自减运算符的重载

自增“++”和自减“--”运算符是单目运算符，它们又有前缀和后缀两种运算符。为了区分这两种运算符，在重载时应将后缀运算符视为双目运算符。即

```
obj++
```

或

```
obj--
```

应被看作：

```
obj++0
```

或

```
obj--0
```

又由于这里前缀“++”中的 obj 必须是一个左值，因此，运算符重载函数的返回类型应是引用而不能是对象。

设类为 X，当用成员函数方法来实现前缀“++”和后缀“++”运算符的重载时，则可有下列一般格式：

```
X&   operator ++( );                             // 前缀++
X    operator ++( int );                         // 后缀++
```

若用友元函数方法来实现前缀“++”和后缀“++”运算符的重载时，则可有下列格式：

```
friend   X&   operator ++( X&);                  // 前缀++
friend   X    operator ++( X&, int );            // 后缀++
```

下面来说明前缀“++”和后缀“++”运算符的重载，对于“--”运算符也可类似地进行。

**【例 Ex_Increment】** 前缀“++”和后缀“++”运算符的重载。

```
#include <iostream>
using namespace std;
class CCounter
{
public:
        CCounter( int n = 0)
        {       unCount = n;                }
        CCounter& operator ++();                         // 前缀++运算符重载声明
        friend CCounter operator ++( CCounter &one, int);      // 后缀++运算符友元重载声明
        void print()
        {       cout<<unCount<<endl;          }
private:
```

```
        unsigned unCount;
    };
    CCounter& CCounter::operator ++()                          // 前缀++运算符重载实现
    {
        unCount++;
        return *this;
    }
    CCounter operator ++(CCounter& one, int)                   // 后缀++运算符友元重载实现
    {
        CCounter temp = one;
        one.unCount++;
        return temp;
    }
    int   main()
    {
        CCounter d1(8), d2;
        d2 = d1++;
        d1.print();         d2.print();
        d2 = ++d1;
        d1.print();         d2.print();
        ++++d1;
        d1.print();
        return 0;
    }
```

程序中，类 CCounter 的运算符“++”重载函数分为前缀和后缀。对于前缀“++”运算符来说，它是通过成员函数重载来实现的；而对于后缀“++”运算符来说，它是通过友元函数来实现的。程序运行结果如下：

```
9
8
10
10
12
```

需要说明的是：

（1）在友元重载的后缀“++”运算符函数中，由于函数中的形参仅用来在格式上区分前缀“++”运算符，本身并不使用，因此不必为形参指定形参名。

（2）在后缀“++”运算符友元重载实现中，先定义一个临时的 CCounter 对象 temp，其初值设为 one，然后对形参 one 进行自增运算，最后函数返回的是 temp 的值而不是 one 的值。这样，当有：

```
d2 = d1++;
```

时，d2 的值就等于友元重载函数的返回值 temp，也就等于 d1 原来的值，满足了后缀“++”运算符的本质。由于 d1 本身还要自增，因此友元重载函数的形参应是**引用**对象，而不能是普通对象。

（3）由于前缀“++”操作后仍可以是左值，也就是说“++++d1”是成立的，因此，当用成员函数或友元函数来实现前缀“++”运算符的重载时，返回的必须是**引用**对象。

## 2.6 输入/输出流

C++没有专门的内部输入/输出语句。但为了方便灵活使用输入/输出功能，C++提供了两套输入/输出方法：一套是与 C 语言相兼容的输入/输出函数，如 printf 和 scanf 函数等；另一套是使用功能强大的输入/输出流库 ios。

尽管 printf 和 scanf 函数可以使用格式字符串来输入、输出各种不同数据，但却不能操作类对象数据。而 C++的输入/输出流库 ios 不仅可以实现 printf 和 scanf 函数的功能，而且可以通过对提取运算符“>>”和插入运算符“<<”进行重载，实现类对象数据流的操作，扩展流的输入/输出功能。

## 2.6.1 流类和流对象

在 C++中，输入/输出是由“流”来处理的。所谓**流**，它是 C++的一个核心概念，数据从一个位置到另一个位置的流动抽象为**流**。当数据从键盘或磁盘文件流入到程序中时，这样的流称为**输入流**；而当数据从程序中流向屏幕或磁盘文件时，这样的流称为**输出流**。当流被建立后就可以使用一些特定的操作从流中获取数据，也可向流中添加数据。从流中获取数据的操作称为**提取**操作，向流中添加数据的操作称为**插入**操作。

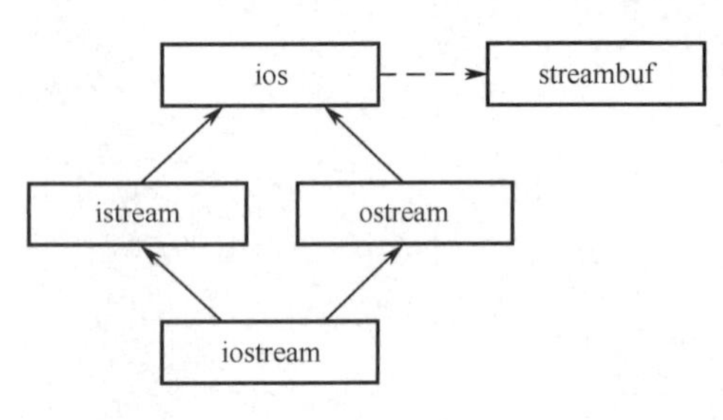


图 2.1 C++的输入/输出流库

针对流的特点，C++构造了功能强大的输入/输出流库，它具有面向对象的特性，其继承结构如图 2.1 所示。图 2.1 中，ios 类用来提供一些关于对流状态进行设置的功能，它是一个虚基类，其他类都是从这个类派生而来的。但 streambuf 不是 ios 类的派生类，在类 ios 中只有一个指针成员，指向 streambuf 类的一个对象。

streambuf 类用来为 ios 类及其派生类提供对数据的缓冲支持。所谓**缓冲**，是指系统在主存中开辟一个专门区域用来临时存放输入/输出信息，这个区域称为**缓冲区**。有了缓冲区以后，输入/输出时所占用的 CPU 时间就大大减少，提高了系统的效率。这是因为，只有当缓冲区满时，或当前送入的数据为新的一行时，系统才对流中的数据进行处理，这称为**刷新**。

istream 和 ostream 类均是 ios 的公有派生类，前者提供了向流中插入数据的有关操作，后者则提供了从流中提取数据的有关操作。iostream 类是 istream 和 ostream 类公有派生的，该类并没有提供新的操作，只是将 istream 和 ostream 类综合在一起，提供一种方便。

为了方便对基本输入/输出流进行操作，C++提供了 4 个预定义的标准流对象：cin、cout、cerr 和 clog。当在程序中包含了头文件 iostream.h 时，编译器调用相应的构造函数，产生这 4 个标准流对象。其中，cin 是 istream 类的对象，用来处理标准输入，即键盘输入；cout 是 ostream 类的对象，用来处理标准输出，即屏幕输出；cerr 和 clog 都是 ostream 类的对象，用来处理标准出错信息，并将信息显示在屏幕上。在这 4 个标准流对象中，除了 cerr 不支持缓冲外，其余 3 个都带有缓冲区。

标准流通常使用提取运算符“>>”和插入运算符“<<”来进行输入/输出操作，而且系统还会自动地完成数据类型的转换。由于以前已讨论过 cin 和 cout 的基本用法，对于 cerr 和 clog 也可参照使用，因此这里不再赘述。

## 2.6.2 流的格式控制和错误处理

C++标准的输入/输出流提供了两种格式的控制方式：一种是使用 ios 类中的相关成员函数，如 width、presision 和 fill 等；另一种是可以直接使用的格式操作算子，如 oct、hex 和 dec 等。下面分别来讨论它们的使用方法以及流的错误处理。

### 1. width、presision 和 fill

width 函数有两种格式：

```
int width();
int width(int);
```

第 1 种格式用来获取当前输出数据时的宽度，第 2 种格式用来设置当前输出数据时的宽度。例如，当在程序中执行 cout.width(10)后，数据输出的宽度为 10；如果遇到 endl，则设置的数据宽度将无效。

与 width 相似，precision 函数也有两种格式：

```
int precision();
int precision(int);
```

这两种格式分别用来获取和设置当前浮点数的有效数字的个数，第 2 种格式函数还将返回设置前的有效数字的个数。需要说明的是，C++默认的有效数字的个数为 6。

fill 函数也有两种格式：

```
char fill();
char fill(char);
```

这两种格式分别用来获取和设置当前宽度内的填充字符，第 2 种格式函数还将返回设置前的填充字符。

下面通过一个例子来说明上述格式输出函数的用法。

【例 Ex_OutFrm】　cout 的格式输出。

```
#include <iostream>
using namespace std;
int    main()
{
        int             nNum = 1234;
        double          fNum = 12.3456789;
        cout<<"1234567890"<<endl;
        cout.width(10);
        cout<<nNum<<'\n';
        cout.width(10);
        cout<<fNum<<endl;
        cout<<cout.precision(4)<<endl;
        cout<<fNum<<endl;
        cout.fill('#');
        cout.width(10);
        cout<<fNum<<endl;
        return 0;
}
```

程序运行结果如下：

```
1234567890
      1234
   12.3457
6
12.35
#####12.35
```

除上述函数外，ios 类中还有一些与格式相关的成员函数，如 setf、unsetf、flags 等，它们与状态标志有关。

### 2. 使用格式算子

前面介绍的使用成员函数进行格式控制的方法中，每次都要使用一条语句，这样操作起来比较烦琐。为此，C++提供了一些格式算子来简化上述操作。格式算子是一个对象，可以直接用插入符或提取符来操作。C++提供的预定义格式算子如表 2.2 所示。

表 2.2　C++预定义的格式算子

| 格 式 算 子 | 功　　能 | 输入（I）/输出（O） |
|---|---|---|
| dec | 设置为十进制 | I/O |
| hex | 设置为十六进制 | I/O |

续表

| 格式算子 | 功能 | 输入（I）/输出（O） |
|---|---|---|
| oct | 设置为八进制 | I/O |
| ws | 提取空白字符 | I |
| endl | 插入一个换行符 | O |
| ends | 插入一个空字符 | O |
| flush | 刷新输出流 | O |
| setbase(int) | 设置转换基数，参数值可以是 0、8、16 和 10，0 表示默认基数 | I/O |
| resetiosflags(long) | 取消指定的标志 | I/O |
| setiosflags(long) | 设置指定的标志 | I/O |
| setfill(int) | 设置填充字符 | O |
| setprecision(int) | 设置浮点数的精度 | O |
| setw(int) | 设置输出宽度 | O |

需要说明的是，若要使用表 2.2 中 resetiosflags 及之后的格式算子，则还需要在程序中包含头文件 iomanip，例如下面的例子。

【例 Ex_Formator】 使用格式算子。

```
#include <iostream>
#include <iomanip>
using namespace std;
int  main()
{
     int nNum = 12345;
     double dNum = 12345.6789;
     char *str[] = {"This", "is", "a Test!"};
     cout<<setiosflags(ios::oct|ios::showbase|ios::showpos);
     // 设置八进制，显示基和正号
     cout<<nNum<<"\t"<<dNum<<endl;
     cout<<setiosflags(ios::hex|ios::scientific|ios::uppercase);
     // 设置十六进制，科学记数法和大写标志
     cout<<nNum<<"\t"<<dNum<<endl;
     cout<<setfill('*');                    // 设置填充符号为*
     for (int i=0; i<3; i++)
          cout<<setw(12)<<str[i]<<"   ";
     cout<<endl;
     cout<<setiosflags(ios::left);          // 设置标志：左对齐
     for (int i=0; i<3; i++)
          cout<<setw(12)<<str[i]<<"   ";
     cout<<endl;
     return 0;
}
```

程序的运行结果如下：

```
030071   +12345.7
0X3039   +1.234568E+004
********This   **********is   *****a Test!
This********   is**********   a Test!*****
```

### 3. 流的错误处理

在输入/输出过程中，一旦发现操作错误，C++流就会将发生的错误记录下来。用户可以使用 C++提供的错误检测功能，检测和查明错误发生的原因及性质，然后调用 clear 函数清除错误状态，使流能够恢复处理。

在 ios 类中，定义了一个公有枚举成员 io_state 来记录各种错误的性质，并有相应的检测状态的下列成员函数：

```
int   ios::rdstate();          // 返回当前的流状态，它等于 io_state 中的枚举值
int   ios::bad();              // 如果 badbit 位被置 1，返回非 0
void  ios::clear(int);         // 清除错误状态
int   ios::eof();              // 返回非 0 表示提取操作已到文件尾
int   ios::fail();             // 如果 failbit 位被置 1，返回非 0
int   ios::good();             // 操作正常时，返回非 0
```

可以利用上述函数来检测流是否错误，然后进行相关处理。

【例 Ex_ManipError】　检测流的错误。

```
#include <iostream>
using namespace std;
int   main()
{
      int i, s;
      char buf[80];
      cout<<"输入一个整数：";
      cin>>i;
      s = cin.rdstate();
      cout<<"流状态为："<<hex<<s<<endl;
      while (s) {
            cin.clear();
            cin.getline(buf, 80);
            cout<<"非法输入，重新输入一个整数：";
            cin>>i;
            s = cin.rdstate();
      }
      return 0;
}
```

程序运行结果如下：

```
输入一个整数：a↵
流状态为：2
非法输入，重新输入一个整数：abcd↵
非法输入，重新输入一个整数：12↵
```

该程序检测输入的数据是否为整数，若不是，则要求重新输入。需要说明的是，当输入一个浮点数时，C++会自动进行类型转换，不会发生错误。只有输入字符或字符串时，才会产生输入错误。但由于 cin 有缓冲区，是一个缓冲流，输入的字符或字符串会暂时保存到它的缓冲区中，因此，为了能继续提取用户的输入，必须先将缓冲区清空，语句“cin.getline(buf, 80);”就起到这样的作用。如果没有这条语句，就必然会导致输入流不能正常工作，从而产生死循环。

## 2.6.3　使用输入/输出成员函数

不同数据类型的多次输入/输出可以通过提取符“>>”和插入符“<<”来进行，但是如果想要更为细致的控制，例如希望把输入的空格作为一个字符，就需要使用 istream 和 ostream 类中的相关成员函数。

**1. 输入操作的成员函数**

数据的输入/输出可分为三大类：字符类、字符串和数据。

（1）使用 get 和 getline 函数。

用于输入字符或字符串的成员函数 get 原型如下：

```
int get();
istream& get( char& rch );
istream& get( char* pch, int nCount, char delim = '\n' );
```

第 1 种形式是从输入流中提取一个字符，并转换成整型数值；第 2 种形式是从输入流中提取字符到 rch 中；第 3 种形式是从输入流中提取一个字符串并由 pch 返回，nCount 用来指定提取字符的最多个数，delim 用来指定结束字符，默认为'\n'。

函数 getline 原型如下：

```
istream& getline( char* pch, int nCount, char delim = '\n' );
```

它是用来从输入流中提取一个输入行，并把提取的字符串由 pch 返回，nCount 和 delim 的含义同上。这些函数可以从输入流中提取任何字符，包括空格等。

【例 Ex_GetAndGetLine】 get 和 getline 函数的使用。

```
#include <iostream>
using namespace std;
int   main()
{
        char s1[80], s2[80], s3[80];
        cout<<"请输入一个字符：";
        cout<<cin.get()<<endl;
        cin.get();                                      // 提取换行符
        cout<<"请输入一行字符串：";
        for (int i=0; i<80; i++)   {
                cin.get(s1[i]);
                if (s1[i] == '\n') {
                        s1[i] = '\0';
                        break;                          // 退出 for 循环
                }
        }
        cout<<s1<<endl;
        cout<<"请输入一行字符串：";
        cin.get(s2,80);
        cout<<s2<<endl;
        cin.get();                                      // 提取换行符
        cout<<"请输入一行字符串：";
        cin.getline(s3,80);
        cout<<s3<<endl;
        return 0;
}
```

程序运行结果如下：

```
请键入一个字符：A↵
65
请输入一行字符串：This is a test!↵
This is a test!
请输入一行字符串：Computer↵
Computer
请输入一行字符串：你今天过得好吗?↵
```

```
你今天过得好吗?
```

需要说明的是，在用 get 函数提取字符串时，由于遇到换行符就会结束提取，此时换行符仍保留在缓冲区中，当下次提取字符串时就会不正常；而 getline 函数在提取字符串时，换行符也会被提取，但不保存它。因此，当提取一行字符串时，最好能使用 getline 函数。

（2）使用 read 函数。read 函数不仅可以读取字符或字符串，而且可以读取字节数据。其原型如下：

```
istream& read( char* pch, int nCount );
istream& read( unsigned char* puch, int nCount );
istream& read( signed char* psch, int nCount );
```

read 函数的这几种形式都是从输入流中读取由 nCount 指定字节数目的数据并将它们放在由 pch 或 puch 或 psch 指定的数组中。

**【例 Ex_Read】**　read 函数的使用。

```
#include <iostream>
using namespace std;
int   main()
{
        char data[80];
        cout<<"请输入："<<endl;
        cin.read(data, 80);
        data[cin.gcount()] = '\0';
        cout<<endl<<data<<endl;
        return 0;
}
```

程序运行结果如下：

```
请输入：
12345↵
ABCDE↵
This is a test!↵
^Z↵

12345
ABCDE
This is a test!
```

其中，^Z 表示按下 Ctrl+Z 组合键，“^Z+回车键”表示数据输入提前结束；gcount 是 istream 类的另一个成员函数，用来返回上一次提取的字符个数。从这个例子可以看出，当用 read 函数读取数据时，不会因为换行符而结束读取，因此它可以读取多个行的字符串，这在许多场合下是很有用处的。

### 2. 输出操作的成员函数

ostream 类中用于输出单个字符或字节的成员函数是 put 和 write，它们的原型如下：

```
ostream& put( char ch );
ostream& write( const char* pch, int nCount );
ostream& write( const unsigned char* puch, int nCount );
ostream& write( const signed char* psch, int nCount );
```

例如：

```
char data[80];
cout<<"请输入："<<endl;
cin.read(data, 80);
cout.write(data,80);
cout<<endl;
```

## 2.6.4 提取和插入运算符重载

C++中的一个最引人注目的特性是允许用户重载“>>”和“<<”运算符，以便用户利用标准的输入/输出流来输入/输出自己定义的数据类型（包括类），实现对象的输入/输出。

重载这两个运算符时，虽然可使用别的方法，但最好将重载声明为类的友元函数，以便能访问类中的私有成员。

**【例 Ex_ExtractAndInsert】** 提取和插入运算符的重载。

```
#include <iostream>
using namespace std;
class CStudent
{
public:
	friend ostream& operator<< ( ostream& os, CStudent& stu );
	friend istream& operator>> ( istream& is, CStudent& stu );
private:
	char strName[10];				// 姓名
	char strID[10];				// 学号
	float fScore[3];				// 三门成绩
};
ostream& operator<< ( ostream& os, CStudent& stu )
{
	os<<endl<<"学生信息如下："<<endl;
	os<<"姓名："<<stu.strName<<endl;
	os<<"学号："<<stu.strID<<endl;
	os<<"成绩："<<stu.fScore[0]<<",\t"<<stu.fScore[1]<<",\t"<<stu.fScore[2]<<endl;
	return os;
}
istream& operator>> ( istream& is, CStudent& stu )
{
	cout<<"请输入学生信息"<<endl;
	cout<<"姓名：";			is>>stu.strName;
	cout<<"学号：";			is>>stu.strID;
	cout<<"三门成绩：";
	is>>stu.fScore[0]>>stu.fScore[1]>>stu.fScore[2];
	return is;
}
int   main()
{
	CStudent one;
	cin>>one;
	cout<<one;
	return 0;
}
```

程序运行结果如下：

```
请输入学生信息
姓名：LiMing↵
学号：20110212↵
三门成绩：80 90 75↵

学生信息如下：
```

```
姓名：LiMing
学号：20110212
三门成绩：80,          90,          75
```

经重载提取和插入运算符后，通过 cin 和 cout 实现了对象的直接输入和输出。

## 2.6.5　文件流及其处理

文件是保存在存储介质上的一系列数据的集合，每个操作系统都提供相应的文件系统来对文件进行存取。C++中，“文件”有两种含义：一种是指一个具有的外部设备，如可以把打印机看作一个文件，也可把屏幕看成一个文件；另一种是指一个磁盘文件，即存放在磁盘上的文件，每个文件都有一个文件名。无论是设备文件还是磁盘文件，在 C++中都看作文件流，并提供了相应的流库。

### 1. 文件流概述

C++将文件看作是由连续的字符（字节）的数据顺序组成的。根据文件中数据的组织方式，可分为**文本**文件（ASCII 文件）和**二进制**文件（或称**字节**文件）。文本文件中每一个字节用以存放一个字符的 ASCII 码值；而二进制文件是将数据用二进制形式存放在文件中，它保持了数据在内存中存放的原有格式。

无论是文本文件还是二进制文件，都需要用**文件指针**来操纵。一个文件指针总是和一个文件所关联的，当文件每一次打开时，文件指针指向文件的开始。随着对文件的处理，文件指针不断地在文件中移动，并一直指向最新处理的字符（字节）位置。

文件处理有两种方式：一种称为文件的**顺序处理**，即从文件的第一个字符（字节）开始顺序处理到文件的最后一个字符（字节），文件指针也相应地从文件的开始位置移到文件的结尾；另一种称为文件的**随机处理**，即在文件中通过 C++相关流类中的成员函数移动文件指针，并指向所要处理的字符（字节）位置。按照这两种处理方式，可将文件相应地称为**顺序文件**和**随机文件**。

为方便对文件的操作，C++提供了文件操作的文件流库，其体系结构如图 2.2 所示。其中，ifstream 类从 istream 类公有派生而来，用来支持从输入文件中提取数据的各种操作；ofstream 类从 ostream 公有派生而来，用来实现把数据写入文件中的各种操作；fstream 类从 iostream 类公有派生而来，提供从文件中提取数据或把数据写入文件的各种操作；filebuf 类从 streambuf 类派生而来，用来管理磁盘文件的缓冲区，应用程序中一般不涉及该类。

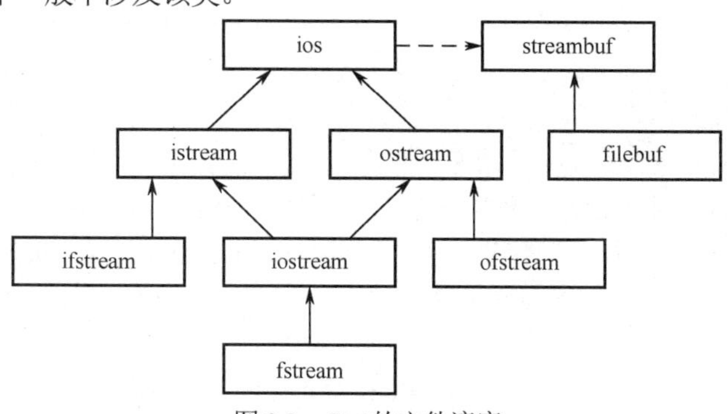


图 2.2　C++的文件流库

### 2. 文件流的使用方法

在 C++中，磁盘文件总是需要相应的文件流来关联，以便能使用相应的成员函数对关联的文件进行读写操作。操作文件时，还需要在程序中添加头文件 fstream。文件操作一般是按定义文件流对象、打开文件、读写文件、关闭文件这四步进行的，其中定义文件流对象和打开文件常常可合为一步进行。

（1）定义文件流对象。文件的操作通常有**只读**、**只写**以及**读写**方式。所谓**读写**方式，即同一个文件既可以写又可以读。根据文件这三种使用方式，应使用对应的文件流类 ifstream、ofstream、fstream

来定义相应的文件流对象。例如：

```
ifstream infile;                          // 声明一个输入（读）文件流对象
ofstream outfile;                         // 声明一个输出（写）文件流对象
fstream iofile;                           // 声明一个可读写的文件流对象
```

定义了文件流对象后，就可以用该文件流对象调用相应的成员函数进行打开、读写、关闭文件等操作。为了叙述方便，将文件流对象简称为**文件流**。

（2）使用成员函数 open 打开文件。要使用一个文件，就必须在程序中先打开该文件，其目的是将一个文件流与该磁盘文件关联起来，然后使用文件流提供的成员函数进行数据的写入与读取操作。

打开文件有两种方式：一种是调用文件流成员函数 open 来打开；另一种是在定义文件流对象时通过构造函数打开文件。其中，成员函数 open 的原型如下：

```
void ifstream::open( const char* szName, int nMode = ios::in, int nProt = filebuf::openprot );
void ofstream::open( const char* szName, int nMode = ios::out, int nProt = filebuf::openprot );
void fstream::open( const char* szName, int nMode, int nProt = filebuf::openprot );
```

其中，参数 szName 用来指定要打开的文件名，包括路径和扩展名；Mode 指定文件的访问方式，表 2.3 列出了 open 函数可以使用的访问方式；参数 nProt 用来指定文件的共享方式，默认为 filebuf::openprot，表示 DOS 兼容的方式。

表 2.3 文件访问方式

| 方　式 | 含　义 |
|---|---|
| ios::app | 打开一个文件使新的内容始终添加在文件的末尾 |
| ios::ate | 打开一个文件使新的内容添加在文件的末尾，但下一次添加时却在当前位置处进行 |
| ios::in | 为输入（读）打开一个文件，若文件存在，不清除文件原有内容 |
| ios::out | 为输出（写）打开一个文件 |
| ios::trunc | 若文件存在，清除文件原有内容 |
| ios::_Nocreate | 打开一个已有的文件，若文件不存在，则打开失败 |
| ios::_Noreplace | 若打开的文件已经存在，则打开失败 |
| ios::binary | 二进制文件方式（默认为文本文件方式） |

例如：

```
infile.open("file1.txt");
outfile.open("file2.txt");
iofile.open("file3.txt",ios::in | ios::out);
```

其中，file1.txt 文件是按只读方式来打开的，若文件不存在，则自动建立新文件 file1.txt；file2.txt 文件是按只写方式来打开的，若文件不存在，则自动建立新文件 file2.txt；file3.txt 文件是按读写方式来打开的，若文件不存在，则自动建立新文件 file3.txt。

需要说明的是：

① 从“ios::in | ios::out”中可以知道，nMode 指定文件的访问方式是通过“|”（按位或）运算组合而成的。其中，ios::trunc 方式将消除文件原有内容，在使用时要特别小心，它通常与 ios::out、ios::ate、ios::app 和 ios:in 进行“|”组合，如 ios::out | ios::trunc。

② ios::binary 是二进制文件方式，它通常可以有下列组合：

```
ios::in | ios::binary                //表示打开一个只读的二进制文件
ios::out | ios::binary               //表示打开一个可写的二进制文件
ios::in | ios::out| ios::binary      //表示打开一个可读写的二进制文件
```

这样，若有：

```
infile.open("file1.dat", ios::in | ios::binary | ios:: _Nocreate);
```

则表示以只读的二进制方式打开已存在文件 file1.dat，若 file1.dat 不存在，则打开失败，infile 流对象值为 0。

（3）使用构造函数打开文件。在使用成员函数 open 打开文件时，需要先定义一个文件流对象。事实上，在文件流对象定义的同时也可指定打开的文件及其访问方式。此时调用的是相应文件流类的构造函数，其原型如下：

```
ifstream( const char* szName, int nMode = ios::in, int nProt = filebuf::openprot );
ofstream( const char* szName, int nMode = ios::out, int nProt = filebuf::openprot );
fstream( const char* szName, int nMode, int nProt = filebuf::openprot );
```

各参数的含义与 open 成员函数相同。例如：

```
ifstream infile("file1.txt");
ofstream outfile("file2.txt");
fstream iofile("file3.txt",ios::in | ios::out);
```

通常，无论是调用成员函数 open 来打开文件，还是用构造函数来打开文件，在打开后，都要判断打开是否成功。若文件打开**成功**，则文件流对象值为**非零值**，否则为 0。因此，打开文件的一般代码为（以只读方式打开文件 file1.txt 为例）：

```
ifstream   infile("file1.txt");
if   (!infile)
{
      cout<<"不能打开的文件：file1.txt！"<<endl;
      exit(1);
}
```

（4）文件的读写。当文件打开后，就可以对文件进行读写操作。从一个文件中读出数据，可以使用 get、getline、read 函数以及提取符“>>”；而向一个文件写入数据，可以使用 put、write 函数以及插入符“<<”。需要说明的是：

① 若进行文件复制操作，则可在程序中先打开源文件与目标文件，然后用循环语句：

```
while(infile>>ch)   outfile<<ch;
```

依次从源文件中提取字符到 ch，再将 ch 中字符插入目标文件，直到 ch 中输入文件的结束标志 0 为止。

② 对于文件结尾的判定还可以使用基类 ios 中的成员函数 eof，其原型如下：

```
int ios::eof();
```

当到达文件结束位置时，该函数返回非零值，否则返回 0。

（5）关闭文件。打开一个文件且对文件进行读写操作后，应调用文件流的成员函数来关闭相应的文件。尽管在程序执行结束时，或在撤销文件流对象时，系统会自动调用相应文件流对象的析构函数关闭与该文件流相关联的文件，但**在操作完文件后，仍应立即关闭相应文件**。

与打开文件相对应，文件流类用于关闭文件的成员函数是 close，其原型如下：

```
void ifstream::close();
void ofstream:: close();
void fstream:: close();
```

它们都没有参数，用法也完全相同。例如：

```
ifstream infile("file1.txt");
//…
infile.close();
```

关闭文件时，系统将与该文件相关联的内存缓冲区中的数据写到文件中，收回与该文件相关的内存空间，并断开文件名与文件流对象之间建立的关联。

**3. 顺序文件操作**

文件的顺序处理是文件操作中最简单的一种方式，它的数据流可以是字符格式，也可是二进制格式。不论是什么格式，都可以通过 read 和 write 函数来进行文件的读写操作。

【例 Ex_File】 将文件内容保存在另一个文件中，并将内容显示在屏幕上。

```
#include <iostream>
#include <fstream>                                          // 文件操作必需的头文件
using namespace std;
int  main()
{
    fstream  file1;                                         // 定义一个 fstream 类的对象用于读
    file1.open("Ex_DataFile.txt", ios::in);
    if (!file1)
    {
        cout<<"Ex_DataFile.txt 不能打开！ \n";
        return -1;                                          // 指定一个负数作为其返回值
    }
    fstream  file2;                                         // 定义一个 fstream 类的对象用于写
    file2.open("Ex_DataFileBak.txt", ios::out | ios::trunc);
    if (!file2)
    {
        cout<<"Ex_DataFileBak.txt 不能创建！ \n";
        file1.close();      return -2;
    }
    char ch;
    while (!file1.eof())
    {
        file1.read(&ch, 1);
        cout<<ch;
        file2.write(&ch, 1);
    }
    file2.close();                                          // 别忘了在文件使用结束后要及时关闭
    file1.close();
    return 0;
}
```

程序运行结果如下：

```
Ex_DataFile.txt 不能打开！
```

由于程序运行时，并没有准备要读取的文件，因而会出现上述结果。在上述程序文件的当前文件夹中创建一个 Ex_DataFile.txt，内容自定。再次运行后，打开程序文件的当前文件夹，看看是否也有一个 Ex_DataFileBak.txt 文件，其内容是否为屏幕显示的内容。

#### 4. 随机文件操作

随机文件提供在文件中来回移动文件指针和非顺序地读写文件的能力，这样在读写磁盘文件某一数据之前无须读写其前面的数据，从而能快速地检索、修改和删除文件中的信息。

C++中顺序文件和随机文件间的差异不是物理的，这两种文件都是以顺序字符流的方式将信息写在磁盘等存储介质上，其区别仅在于文件的访问和更新方法。在以随机的方式访问文件时，文件中的信息在逻辑上组织成定长的记录格式。所谓定长的记录格式是指文件中的数据被解释成 C++的同一种类型的信息的集合，例如都是整型数或者都是用户所定义的某一种结构的数据等。这样就可以通过逻辑的方法，将文件指针直接移动到所读写的数据的起始位置，来读取数据或者将数据直接写到文件的这个位置上。

在以随机的方式读写文件时，同样必须首先打开文件，且随机方式和顺序方式打开文件所用的函数也完全相同，但随机方式的文件流的打开模式必须同时有 ios::in|ios::out。

在文件打开时，文件指针指向文件的第一个字符（字节）。当然，可根据具体的读写操作使用 C++ 提供的 seekg 和 seekp 函数将文件指针移动到指定的位置。它们的原型如下：

```
istream& seekg( long pos );
istream& seekg( long off, ios::seek_dir dir );
ostream& seekp( long pos );
ostream& seekp( long off, ios::seek_dir dir );
```

其中，pos 用来指定文件指针的绝对位置；而 off 用来指定文件指针的相对偏移值；文件指针的最后位置还依靠 dir 的值。dir 值可以是：

```
ios::beg            //从文件流的头部开始
ios::cur            //从当前的文件指针位置开始
ios::end            //从文件流的尾部开始
```

当用 seekg 或 seekp 函数将文件指针移动到文件第 *n* 个字节之后时，还可用成员函数 tellg 和 tellp 获取文件指针的当前位置值。它们的原型如下：

```
long tellg();
long tellp();
```

其中，tellg 用来获取输入文件流的文件指针的当前位置值；而 tellp 用来获取输出文件流的文件指针的当前位置值。

【例 Ex_FileSeek】 使用 seekp 函数指定文件指针的位置。

```
#include <iostream>
#include <iomanip>
#include <fstream>
#include <cstring>
using namespace std;
class CStudent
{
public:
    CStudent(char* name, char* id, float score = 0);
    void print();
    friend ostream& operator<< ( ostream& os, CStudent& stu );
    friend istream& operator>> ( istream& is, CStudent& stu );
private:
    char strName[10];                                   // 姓名
    char strID[10];                                     // 学号
    float fScore;                                       // 成绩
};
CStudent::CStudent(char* name, char* id, float score)
{
    strncpy(strName, name, 10);
    strncpy(strID, id, 10);
    fScore = score;
}
void CStudent::print()
{
    cout<<endl<<"学生信息如下："<<endl;
    cout<<"姓名："<<strName<<endl;
    cout<<"学号："<<strID<<endl;
    cout<<"成绩："<<fScore<<endl;
}
ostream& operator<< ( ostream& os, CStudent& stu )
```

```
{
        os.write(stu.strName, 10);
        os.write(stu.strID, 10);
        os.write((char *)&stu.fScore, 4);
        return os;
}
istream& operator>> ( istream& is, CStudent& stu )
{
        char name[10];
        char id[10];
        is.read(name, 10);
        is.read(id, 10);
        is.read((char*)&stu.fScore, 4);
        strncpy(stu.strName, name, 10);
        strncpy(stu.strID, id, 10);
        return is;
}
int    main()
{
        CStudent stu1("MaWenTao","99001",88);
        CStudent stu2("LiMing","99002",92);
        CStudent stu3("WangFang","99003",89);
        CStudent stu4("YangYang","99004",90);
        CStudent stu5("DingNing","99005",80);
        fstream file1;
        file1.open("student.dat",ios::out|ios::in|ios::binary|ios::trunc);
        file1<<stu1<<stu2<<stu3<<stu4<<stu5;
        CStudent* one = new CStudent("","");
        const int size = sizeof(CStudent);
        file1.seekp(size*4);        file1>>*one;        one->print();
        file1.seekp(size*1);        file1>>*one;        one->print();
        file1.seekp(size*2, ios::cur);
        file1>>*one;                one->print();
        file1.close();
        delete one;
        return 0;
}
```

程序运行结果如下：

```
学生信息如下：
姓名：DingNing
学号：99005
成绩：80

学生信息如下：
姓名：LiMing
学号：99002
成绩：92

学生信息如下：
姓名：DingNing
```

学号：99005
成绩：80

程序中，先将五个学生记录保存到文件中，然后移动文件指针，读取相应的记录，最后将数据输出到屏幕上。需要说明的是，由于文件流 file1 既可以读（ios::in）也可以写（ios::out），因此用 seekg 函数代替程序中的 seekp 函数，其结果也是一样的。

以上是 C++面向对象、输入/输出的相关内容。但实际上由于 Windows 操作系统机制的引入，标准 C++远不能满足 Windows 程序设计的需要。为此，Visual C++针对操作系统，提供了许多高效、实用的方法和技术，从下一章起将着重讨论这方面的内容。

# 第3章 MFC基本应用程序的建立

前面两章中的C++编程示例都是在控制台方式下进行的，这样可以不需要太多涉及Visual C++的细节而专心于C++程序设计的本身。但是，当C++基本内容掌握后，就不能仅停留在控制台方式下的程序设计，因为学习C++的目的在于应用。从本章开始，将重点讨论如何利用Visual C++的强大功能来开发Windows应用程序。

## 3.1 Windows编程基础

编制一个功能强大和易操作的Windows应用程序所需要的代码肯定会比一般的C++程序要多得多。但并不是所有的代码都需要自己从头开始编写，因为Visual C++中MFC不仅提供了常用的Windows应用程序的基本框架，而且可以在框架程序中直接调用Win32 API（Application Programming Interface，应用程序编程接口）函数。这样，仅需要在相应的框架中添加自己的代码或修改部分代码就可实现Windows应用程序的所需功能。

### 3.1.1 C++的Windows编程

自从图形用户界面（Graphical User Interface，GUI）的Windows操作系统取代早期的文本模式的DOS系统以后，越来越多的程序员已转而致力于Windows应用程序的研究与开发。早期的Windows应用程序开发是使用C/C++通过调用Windows API所提供的结构和函数来进行的。对于有些特殊的功能，有时还要借助相应的软件开发工具（Software Development Kit，SDK）来实现。这种编程方式由于其运行效率高，因而至今在某些特殊场合中仍旧使用，但其编程烦琐，手工代码量也比较大。下面来看一个简单的Windows应用程序。

【例Ex_HelloMsg】 一个简单的Windows应用程序。

```
#include <windows.h>
int WINAPI WinMain (HINSTANCE hInstance, HINSTANCE hPrevInstance,
                    LPSTR lpCmdLine, int nCmdShow)
{
    MessageBox (NULL, "你好，我的Visual C++世界！", "问候", 0);
    return 0 ;
}
```

在Visual C++中运行上述程序需要进行以下操作步骤：

① 选择“文件”→“新建”→“项目...”菜单命令或按快捷键Ctrl+Shift+N或单击标准工具栏中的按钮，弹出“新建项目”对话框，在“项目类型”栏中选择“Visual C++”下的“Win32”，在“模板”栏中选择 Win32 项目；单击 浏览(B)... 按钮，将项目位置定位到“D:\Visual C++程序\第3章”文件夹，在“名称”栏中输入项目名称“Ex_Start”（双引号不输入）。特别地，要去除对“创建解决方案的目录”复选框的选择，如图3.1所示。

② 单击 确定 按钮，弹出“Win32应用程序向导”对话框，单击 下一步> 按钮，进入“应用程序设置”页面，一定要选中“附加选项”中的“空项目”复选框，保留其他默认选项（“Windows应用程

序”类型)，单击 完成 按钮，系统开始创建 Ex_Start 空项目。

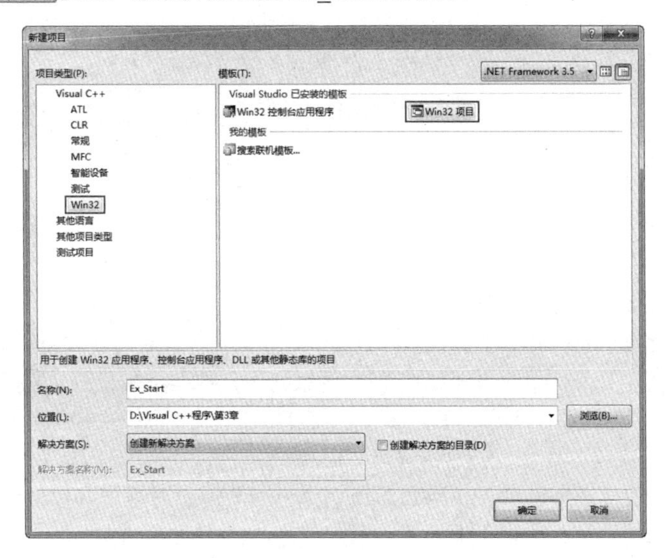

图 3.1　“新建项目”对话框

③ 选择“项目”→“添加新项...”菜单命令或按快捷键 Ctrl+Shift+A 或单击标准工具栏中的按钮，弹出“添加新项”对话框，在“类别”栏中选择“Visual C++”下的“代码”，在“模板”栏中选择 C++ 文件(.cpp)；在“名称”栏中输入文件名称“Ex_HelloMsg”(双引号不输入，扩展名.cpp 可省略)。

④ 单击 添加(A) 按钮，在打开的文档窗口中输入上面的代码，按快捷键 F7 进行编译，出现编译错误“error C2664: “MessageBoxW”: 不能将参数 2 从“const char [27]”转换为“LPCWSTR””。为此，应选择“项目”→“Ex_Start 属性”菜单命令，在弹出的“Ex_Start 属性页”窗口中，将“常规”配置属性中的“字符集”默认值改选为“使用多字节字符集”，如图 3.2 所示。

要注意，以后凡是将项目的“字符集”属性配置成“使用多字节字符集”就是指上述操作过程，本书做此约定。

⑤ 单击 确定 按钮，按快捷键 Ctrl+F5 运行程序，结果如图 3.3 所示。

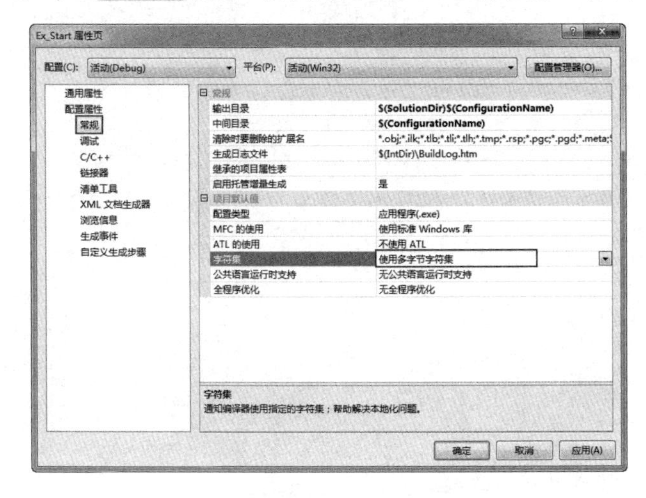

图 3.2　配置“字符集”属性

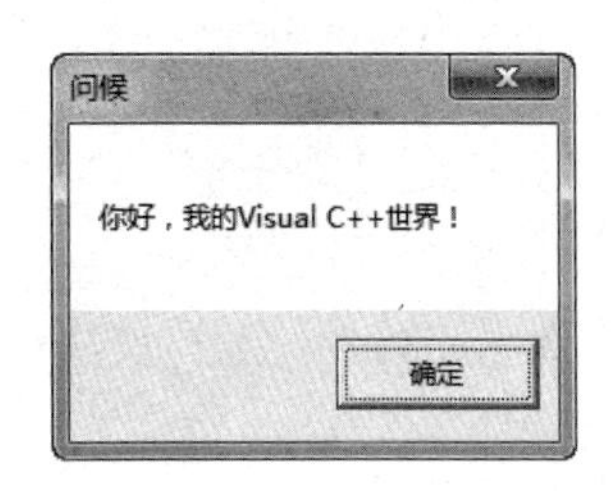


图 3.3　Ex_HelloMsg 运行结果

从上面的程序代码可以看出：

（1）C++控制台应用程序以 main 函数作为进入程序的初始入口点；但在 Windows 应用程序中，main 主函数被 WinMain 函数取代。WinMain 函数的原型如下：

```
int WINAPI WinMain (
    HINSTANCE hInstance,                    // 当前实例句柄
    HINSTANCE hPrevInstance,                // 前一实例句柄
    LPSTR lpCmdLine,                        // 指向命令行参数的指针
    int nCmdShow)                           // 窗口的显示状态
```

这里出现了一个新的概念——“句柄”（handle）。所谓句柄，它是 Windows 用来标识被应用程序所建立或使用的对象的唯一整数，这些对象包括应用程序实例、窗口、控件、位图、菜单、图标、GDI 对象（后面会讨论）等。

（2）每一个 C++ Windows 应用程序都需要 Windows.h 头文件，它还包含了其他一些 Windows 头文件。这些头文件定义了 Windows 的所有数据类型、函数调用、数据结构和符号常量等。

（3）程序中结果的输出已不再显示在屏幕（控制台窗口）上，而是通过对话框（如 MessageBox）或窗口来显示，或将结果绘制在用户界面元素上。

（4）MessageBox 是一个 Win32 API 函数，用来弹出一个消息对话框（以后还会讨论）。该函数第 1 个参数用来指定父窗口句柄，即对话框所在的窗口句柄；第 2～3 个参数分别用来指定显示的消息内容和对话框窗口的标题；最后一个参数用来指定在对话框中显示的按钮。

下面再看一个比较完整的 Windows 应用程序 Ex_HelloWin。

**【例 Ex_HelloWin】** 一个完整的 Windows 应用程序。

```
#include <windows.h>
LRESULT CALLBACK WndProc (HWND, UINT, WPARAM, LPARAM);  // 窗口过程
int WINAPI WinMain (HINSTANCE hInstance, HINSTANCE hPrevInstance,
                    LPSTR lpCmdLine, int nCmdShow)
{
    HWND        hwnd ;                                  // 窗口句柄
    MSG         msg ;                                   // 消息
    WNDCLASS    wndclass ;                              // 窗口类
    wndclass.style              = CS_HREDRAW | CS_VREDRAW ;
    wndclass.lpfnWndProc        = WndProc ;
    wndclass.cbClsExtra         = 0 ;
    wndclass.cbWndExtra         = 0 ;
    wndclass.hInstance          = hInstance ;
    wndclass.hIcon              = LoadIcon (NULL, IDI_APPLICATION) ;
    wndclass.hCursor            = LoadCursor (NULL, IDC_ARROW) ;
    wndclass.hbrBackground      = (HBRUSH) GetStockObject (WHITE_BRUSH) ;
    wndclass.lpszMenuName       = NULL ;
    wndclass.lpszClassName      = "HelloWin";           // 窗口类名
    if (!RegisterClass (&wndclass))                     // 注册窗口
    {
        MessageBox (NULL, "窗口注册失败！", "HelloWin", 0) ;
        return 0 ;
    }
    hwnd = CreateWindow ( "HelloWin",                   // 窗口类名
                        "我的窗口",                      // 窗口标题
                        WS_OVERLAPPEDWINDOW,            // 窗口样式
                        CW_USEDEFAULT,                  // 窗口最初的 x 位置
                        CW_USEDEFAULT,                  // 窗口最初的 y 位置
                        CW_USEDEFAULT,                  // 窗口最初的 x 大小
```

```
                    CW_USEDEFAULT,                  // 窗口最初的 y 大小
                    NULL,                           // 父窗口句柄
                    NULL,                           // 窗口菜单句柄
                    hInstance,                      // 应用程序实例句柄
                    NULL) ;                         // 创建窗口的参数
        ShowWindow (hwnd, nCmdShow) ;               // 显示窗口
        UpdateWindow (hwnd) ;                       // 更新窗口，包括窗口的客户区
        // 进入消息循环：当从应用程序消息队列中检取的消息是 WM_QUIT 时，则退出循环。
        while (GetMessage (&msg, NULL, 0, 0))
        {
            TranslateMessage (&msg) ;               // 转换某些键盘消息
            DispatchMessage (&msg) ;                // 将消息发送给窗口过程
        }
        return msg.wParam ;
}
LRESULT CALLBACK WndProc (HWND hwnd, UINT message, WPARAM wParam, LPARAM lParam)
{
    switch (message)  {
        case WM_CREATE:                             // 窗口创建产生的消息
                return 0 ;
        case WM_LBUTTONDOWN:
                MessageBox (NULL, "你好，我的 Visual C++世界！", "问候", 0) ;
                return 0 ;
        case WM_DESTROY:                            // 当窗口关闭时产生的消息
                PostQuitMessage (0) ;
                return 0 ;
    }
    return DefWindowProc (hwnd, message, wParam, lParam) ;     // 执行默认的消息处理
}
```

将项目 Ex_Start 中的 Ex_HelloMsg.cpp 排除，添加新项 Ex_HelloWin.cpp，输入上述代码。程序编译运行后，单击鼠标左键就会弹出一个对话框，结果如图 3.4 所示。

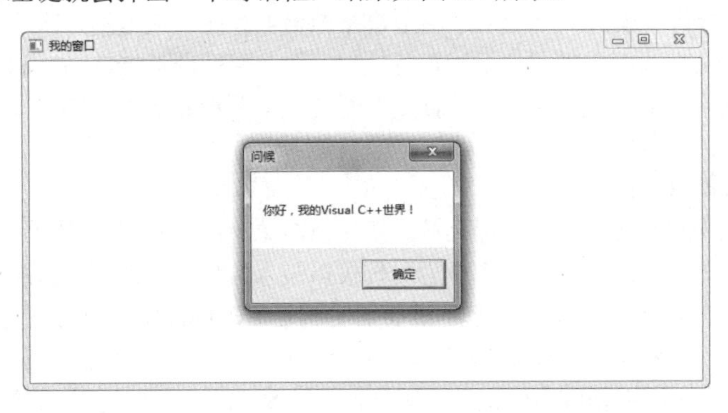


图 3.4　Ex_HelloWin 运行结果

与例 Ex_HelloMsg 相比，尽管例 Ex_HelloWin 要复杂得多，但总可以将其分解成两个基本函数的程序结构：一个是 WinMain 函数，另一个是用户定义的窗口过程函数 WndProc。窗口过程函数 WndProc 用来接收和处理各种不同的消息，而主函数 WinMain 通常要完成以下几步工作：

① 调用 API 函数 RegisterClass 注册应用程序的窗口类。

② 调用相关 API 函数创建和显示窗口，并进行其他必要的初始化处理。其中，函数 CreateWindow

用来创建已注册窗口类的窗口。Windows 每一个窗口都有一些基本属性，如窗口标题、窗口位置和大小、应用程序图标、鼠标指针、菜单和背景颜色等。窗口类就充当这些属性的模板（容器）。

③ 创建和启动应用程序的消息循环。Windows 应用程序接收各种不同的消息，包括键盘消息、鼠标以及窗口产生的各种消息。Windows 系统首先将消息放入消息队列中，应用程序的消息循环就从应用程序的消息队列中检取消息，并将消息发送至相应的窗口过程函数中做进一步处理。API 函数 GetMessage 和 DispatchMessage 就起到这样的作用。

④ 如果接收到 WM_QUIT 消息，则调用 PostQuitMessage，向系统请求退出。

### 3.1.2 Windows 编程特点

从上面的示例可以看出，一个完整的 Windows 应用程序除了包含 WinMain 函数外，还包含用于处理用户动作和窗口消息的窗口函数。这不同于一个 C++的控制台应用程序，可以将整个程序包含在 main 函数中。事实上，它们的区别还远不止这些。不久还会发现，一个 Windows 应用程序还常常具有这样的一些特性或概念：消息驱动机制、图形设备接口、基于资源的程序设计以及动态链接库等。

**1．消息驱动机制**

前面已经看到，Windows 应用程序和 C++控制台应用程序之间的一个最根本区别就在于，C++控制台应用程序是通过调用系统函数来获得用户输入的，而 Windows 应用程序则是通过系统发送的消息来处理用户输入的，例如对鼠标消息 WM_LBUTTONDOWN 的处理。

在 Windows 操作环境中，无论是系统产生的动作还是用户运行应用程序产生的动作，都称为**事件**（Events）产生的**消息**（Message）。例如，在 Windows 桌面（传统风格）上，双击应用程序的快捷图标，系统就会根据这个事件产生的消息来执行该应用程序。在 Windows 应用程序中，也是通过接收消息、分发消息、处理消息来和用户进行交互的。这种消息驱动的机制是 Windows 编程的最大特点。

需要注意的是，许多 Windows 消息都经过了严格的定义，并且适用于所有的应用程序。例如，当用户按下鼠标左键时系统就会发送 WM_LBUTTONDOWN 消息；而当用户敲了一个字符键时系统就会发送 WM_CHAR 消息；若用户进行菜单选择或工具按钮单击等操作，系统又会相应地发送 WM_COMMAND 消息给相应的窗口，等等。

**2．图形设备接口**

在传统的 DOS 环境中，要想在屏幕或打印机上显示或打印一幅图形是一件非常复杂的事件，因为用户必须按照屏幕分辨率模式以及专用绘图函数在屏幕上绘图，或根据打印机类型及指令规则向打印机输送数据。而 Windows 则提供了一个抽象的接口，称为**图形设备接口**（Graphical Device Interface，GDI），使得用户直接利用系统的 GDI 函数就能方便地实现图形和文本的输出，而不必关心与系统相连的外部设备的类型。

**3．基于资源的程序设计**

Windows 应用程序常常包含众多图形元素，如光标、菜单、工具栏、位图、对话框等。实际上，在 Windows 环境下，每一个这样的元素都作为一种可以装入应用程序的资源来存放。这些资源不仅可以被其他应用程序所共享，而且可以被编辑。需要说明的是，Visual C++ 为这些资源提供了相应的“所见即所得”编辑器。一般来说，“Visual C++”中的“Visual（可视化）”也正是体现在这一点上。

事实上，每一个资源都用相应的标识符来区分，而且 Windows 内部也有预定义的资源，例如，在例 Ex_HelloWin 中，LoadIcon 和 LoadCursor 函数将系统内部的 IDI_APPLICATION（应用程序图标）和 IDC_ARROW（箭形光标）作为创建的窗口图标和鼠标指针。

**4．动态链接库**

动态链接库（Dynamic Link Library，DLL）提供了一些特定结构的函数，能被应用程序在运行过程中装入和连接，且多个程序可以共享同一个动态链接库，这样就可以大大节省内存和磁盘空间。从编程角度来说，动态链接库可以提高程序模块的灵活性，因为它本身是可以单独设计、编译和调试的。

Windows 提供了应用程序可利用的丰富的函数调用，大多数用于实现其用户界面以及在显示器上显示的文本和图形，都是通过动态链接库来实现的。这些动态链接库是一些具有.DLL 扩展名或者.EXE 扩展名的文件。

在 Windows 系统中，最主要的 DLL 有 KERNEL32.DLL、GDI32.DLL 和 USER32.DLL 三个模块。其中，KERNEL32 用来处理存储器低层功能、任务和资源管理等 Windows 核心服务；GDI32 用来提供图形设备接口，管理用户界面和图形绘制，包括 Windows 元文件、位图、设备描述表和字体等；而 USER32 负责窗口的管理，包括消息、菜单、光标、计时器以及其他与控制窗口显示相关的一些功能。

除了上述特性外，Windows 还有进程和线程的管理模式。对于刚接触 Windows 编程的初学者来说，了解这些特点是非常必要的。在以后的章节中，将陆续讨论上述部分的相关内容。

### 3.1.3　Windows 基本数据类型

在前面的示例和函数原型中，有一些“奇怪”的数据类型，如前面的 HINSTANCE 和 LPSTR 等，事实上，很多这样的数据类型只是一些基本数据类型的别名。表 3.1 列出了一些在 Windows 编程中常用的基本数据类型。表 3.2 列出了常用的预定义句柄，它们的类型均为 void *，即一个 32 位指针。

表 3.1　Windows 常用的基本数据类型

| Windows 所用的数据类型 | 对应的基本数据类型 | 说　明 |
|---|---|---|
| BOOL | bool | 布尔值 |
| BSTR | unsigned short * | 32 位字符指针 |
| BYTE | unsigned char | 8 位无符号整数 |
| COLORREF | unsigned long | 用作颜色值的 32 位值 |
| DWORD | unsigned long | 32 位无符号整数，段地址和相关的偏移地址 |
| LONG | long | 32 位带符号整数 |
| LPARAM | long | 作为参数传递给窗口过程或回调函数的 32 位值 |
| LPCSTR | const char * | 指向字符串常量的 32 位指针 |
| LPSTR | char * | 指向字符串的 32 位指针 |
| LPVOID | void * | 指向未定义类型的 32 位指针 |
| LRESULT | long | 来自窗口过程或回调函数的 32 位返回值 |
| UINT | unsigned int | 32 位无符号整数 |
| WORD | unsigned short | 16 位无符号整数 |
| WPARAM | unsigned int | 当作参数传递给窗口过程或回调函数的 32 位值 |

表 3.2　Windows 常用的预定义句柄类型

| 句 柄 类 型 | 说　明 |
|---|---|
| HBITMAP | 保存位图信息的内存域的句柄 |
| HBRUSH | 画刷句柄 |
| HCURSOR | 鼠标光标句柄 |
| HDC | 设备描述表句柄 |
| HFONT | 字体句柄 |
| HICON | 图标句柄 |
| HINSTANCE | 应用程序的实例句柄 |

续表

| 句 柄 类 型 | 说　明 |
|---|---|
| HMENU | 菜单句柄 |
| HPALETTE | 颜色调色板句柄 |
| HPEN | 在设备上画图时用于指明线型的笔的句柄 |
| HWND | 窗口句柄 |

需要说明的是：

（1）这些基本数据类型都是以大写字符出现的，以与一般 C++基本数据类型相区别。

（2）凡是数据类型的前缀为 P 或 LP，则表示该类型是一个指针或长指针数据类型；如果前缀是 H，则表示是句柄类型；若前缀是 U，则表示是无符号数据类型，等等。

（3）Windows 还提供一些宏来处理上述基本数据类型。例如，LOBYTE 和 HIBYTE 分别用来获取 16 位数值中的低位和高位字节；LOWORD 和 HIWORD 分别用来获取 32 位数值中的低位和高位字；MAKEWORD 用来将两个 16 位无符号值结合成一个 32 位无符号值，等等。

## 3.2　创建 MFC 应用程序

前面的例 Ex_HelloMsg 和例 Ex_HelloWin 都是基于 Windows API 的 C++应用程序。显然，随着应用程序的复杂性增加，C++应用程序代码也必然越来越复杂。为了方便处理那些经常使用又复杂烦琐的各种 Windows 操作，Visual C++设计了一套基础类库（Microsoft Foundation Class Library，简称 MFC），它把 Windows 编程规范中的大多数内容封装成各种类，称为 **MFC 程序框架**，它使程序员从繁杂的编程中解脱出来，提高了编程和代码效率。

### 3.2.1　设计一个 MFC 程序

在理解 MFC 程序框架机制之前，先来看一个 MFC 应用程序。

【例 Ex_HelloMFC】　一个 MFC 应用程序。

```
#include <afxwin.h>                          // MFC 头文件
class CHelloApp : public CWinApp             // 声明应用程序类
{
public:
    virtual BOOL InitInstance();
};
CHelloApp theApp;                            // 建立应用程序类的实例
class CMainFrame: public CFrameWnd           // 声明主窗口类
{
public:
    CMainFrame()
    {
        // 创建主窗口
        Create(NULL, "我的窗口", WS_OVERLAPPEDWINDOW, CRect(0,0,400,300));
    }
protected:
    afx_msg void OnLButtonDown(UINT nFlags, CPoint point);
    DECLARE_MESSAGE_MAP()
};
```

```
// 消息映射入口
BEGIN_MESSAGE_MAP(CMainFrame, CFrameWnd)
	ON_WM_LBUTTONDOWN()				// 单击鼠标左键消息的映射宏
END_MESSAGE_MAP()
//定义消息映射函数
void CMainFrame::OnLButtonDown(UINT nFlags, CPoint point)
{
	MessageBox ("你好，我的 Visual C++世界！", "问候", 0) ;
	CFrameWnd::OnLButtonDown(nFlags, point);
}
// 每当应用程序首次执行时都要调用的初始化函数
BOOL CHelloApp::InitInstance()
{
	m_pMainWnd = new CMainFrame();
	m_pMainWnd->ShowWindow(m_nCmdShow);
	m_pMainWnd->UpdateWindow();
	return TRUE;
}
```

在 Visual C++中运行上述 MFC 程序需要进行以下步骤：

① 将 Ex_HelloWin.cpp 从项目 Ex_Start 中排除，添加新项 Ex_HelloMFC.cpp，输入上述代码。

② 选择"项目"→"Ex_Start 属性"菜单命令，弹出"Ex_Start 属性页"窗口。在左侧栏中选中"常规"类别，在右侧"配置类型"栏中的"MFC 的使用"中，将其配置为"在共享 DLL 中使用 MFC"。单击[确定]按钮。

③ 程序编译运行后，单击鼠标左键就会弹出一个对话框，结果同例 Ex_HelloWin。

## 3.2.2　理解程序代码

从例 Ex_HelloMFC 可以看出，MFC 使用 afxwin.h 来代替头文件 windows.h，但在 Ex_HelloMFC 程序中却看不到 Windows 应用程序所必需的程序入口函数 WinMain。这是因为 MFC 将它隐藏在应用程序框架内部了。

当用户运行应用程序时，Windows 会自动调用应用程序框架内部的 WinMain 函数，并自动查找该应用程序类 CHelloApp（从 CWinApp 派生）的全局变量 theApp，然后自动调用 CHelloApp 的虚函数 InitInstance，该函数会进一步调用相应的函数来完成主窗口的构造和显示工作。下面来看看上述程序中 InitInstance 的执行过程。

（1）首先执行的是：

```
m_pMainWnd = new CMainFrame();
```

该语句用来创建从 CFrameWnd 类派生而来的用户框架窗口 CMainFrame 类对象，继而调用该类的构造函数，使得 Create 函数被调用，完成窗口创建工作。

（2）然后执行后面两条语句：

```
m_pMainWnd->ShowWindow(m_nCmdShow);
m_pMainWnd->UpdateWindow();
```

用作窗口的显示和更新。

（3）最后返回 TRUE，表示窗口创建成功。

需要说明的是，全局的应用程序派生类 CHelloApp 对象 theApp 在构造时还自动进行基类 CWinApp 的初始化，这使得在 InitInstance 完成初始化工作之后，还调用基类 CWinApp 的成员函数 Run，执行应用程序的消息循环，即重复执行接收消息并转发消息的工作。当 Run 检查到消息队列为空时，将调用基类 CWinApp 的成员函数 OnIdle 进行空闲时的后台处理工作。若消息队列为空且又没有后台工作要处理时，则应用程序一直处于等待状态，一直等到有消息为止。当程序结束后，调用基类 CWinApp 的成员函数 ExitInstance，完成终止应用程序的收尾工作。

另外还需要强调的是，上述代码中还有 MFC 消息映射机制（后面会讨论）来处理单击鼠标左键产生的 WM_LBUTTONDOWN 消息。

### 3.2.3 使用 MFC 项目向导

事实上，上述 MFC 程序代码可以不必从头构造，甚至不需要输入一句代码就能创建这样的 MFC 应用程序，这就是 Visual C++中的 MFC 项目向导的功能。

Visual C++中的 MFC 项目向导能为用户快速、高效、自动地生成一些常用的标准程序结构和编程风格的应用程序，它们被称为**应用程序框架结构**。前面的例 Ex_HelloMsg 和例 Ex_HelloWin 事实上正是使用它的 Win32 项目向导类型。

在 Visual C++中，选择“文件”→“新建”→“项目”菜单命令或按快捷键 Ctrl+Shift+N 或单击标准工具栏中的按钮，弹出“新建项目”对话框，可以看到在“项目类型”栏中有许多相应的项目类型，如图 3.5 所示。

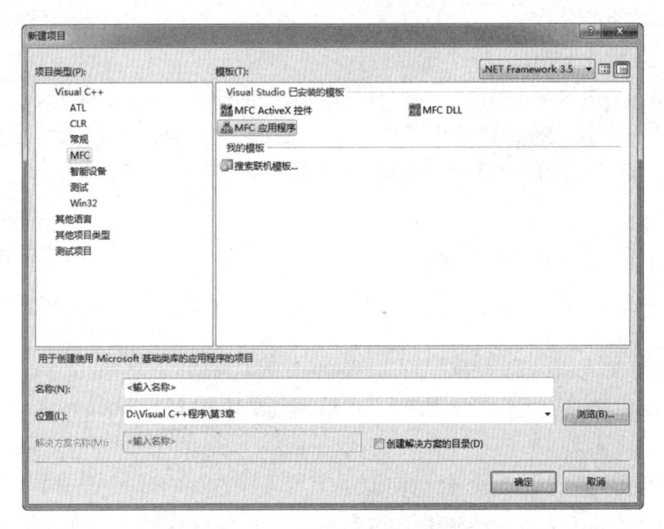


图 3.5　MFC 项目向导类型

这些类型能满足各个层次的需要，但更关心的是 MFC 应用程序 类型，因为它包含了一般创建的最常用、最基本的三种应用程序类型：单文档、多文档和基于对话框的应用程序。

所谓**单文档应用程序**是类似于 Windows 记事本的程序，其功能比较简单，复杂程度适中，虽然每次只能打开和处理一个文档，但已能满足一般工程上的需要。因此，大多数应用程序的编制都是从单文档程序框架开始的。

与单文档应用程序相比，基于对话框的应用程序是最简单也是最紧凑的。它没有菜单、工具栏及状态栏，也不能处理文档，但它的好处是速度快、代码少，程序员所花费的开发和调试时间短。

**多文档应用程序**，顾名思义，能允许同时打开和处理多个文档。与单文档应用程序相比，增加了许多功能，因而需要大量额外的编程工作。例如，它不仅需要跟踪所有打开文档的路径，而且还需要管理各文档窗口的显示和更新等。

需要说明的是，不论选择何种类型的应用程序框架，一定要根据自己的具体需要而定。

### 3.2.4 创建文档应用程序

用 MFC 应用程序 向导可以方便地创建一个通用的 Windows 单文档应用程序，其步骤如下：

### 1．开始

打开“新建项目”对话框（参见图 3.5），在左侧“项目类型”中选中“MFC”，在右侧的“模板”栏中选中 MFC 应用程序 类型（以后所论及的“MFC 应用程序向导”就是指这种操作），检查并将项目工作文件夹定位到“D:\Visual C++程序\第 3 章”，在“名称”栏中输入项目名 Ex_SDIHello。

### 2．应用程序类型

单击 确定 按钮，出现“MFC 应用程序向导”欢迎页面，显示项目当前设置的所有属性，单击 下一步 > 按钮，出现如图 3.6 所示的“应用程序类型”页面。其中，“应用程序类型”可有下列选择：

（1）“单个文档”，即单文档应用程序。

（2）“多个文档”，即多文档应用程序。当选中“选项卡式文档”选项时，则打开的多个文档的窗口管理采用“选项卡”标签页面方式，集中布排在同一个窗口区域中。

（3）“基于对话框”，即基于对话框的应用程序。当选中“使用 HTML 对话框”选项时，则对话框使用 HTML 资源界面，其中的控件与运行满足 HTML 规范。

（4）“多个顶级文档”，它属于多文档应用程序的一种，程序打开窗口的状态和任务管理器中的运行状态与 Word 2016 相似。

选中“单个文档”，将“项目类型”选为“MFC 标准”，“视觉样式和颜色”选为“Windows 本机/默认”。这样选择的结果由于能大大简化向导创建的应用程序代码，所以建议初学者采用。同时，连同“用户界面功能”页面（后面要讨论）中的“使用经典菜单”选项（“使用传统的停靠工具栏”），合称为创建一个“经典的单文档应用程序”。

### 3．复合文档支持

保留其他默认选项，单击 下一步 > 按钮，出现如图 3.7 所示的对话框，允许在程序中加入复合文档和活动文档的不同级别的支持。

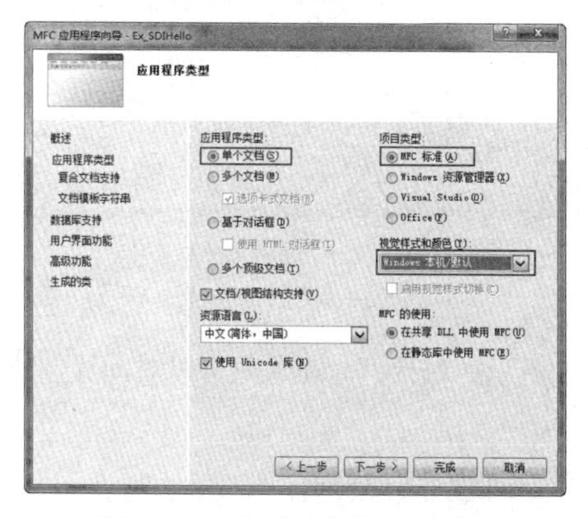


图 3.6　“应用程序类型”页面

图 3.7　“复合文档支持”页面

### 4．文档模板字符串

保留默认选项，单击 下一步 > 按钮，出现如图 3.8 所示的对话框，从中可对文档模板字符串中的相关内容进行设置（以后还会讨论）。

### 5．数据库支持

保留默认选项，单击 下一步 > 按钮，出现如图 3.9 所示的对话框，从这里可选择程序中是否加入数据库的支持（有关数据库的内容将在以后的章节中介绍）。

### 6．用户界面功能

保留默认选项，单击 下一步 > 按钮，出现如图 3.10 所示的对话框，在这里可对主框架窗口、菜单/工具栏等界面进行设置（以后还会讨论）。选中“使用经典菜单”选项时，会弹出对话框提示将禁用所有新的外观功能（选项卡文档、视觉样式和颜色），询问是否继续，单击 是(Y) 按钮。选中“使用传统的停靠工具栏”选项。

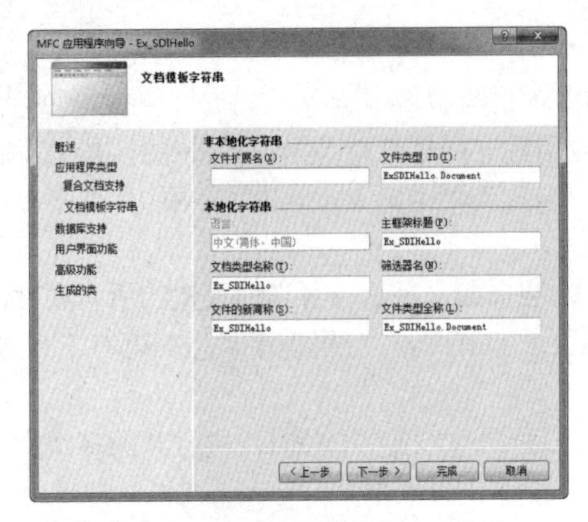


图 3.8 “文档模板字符串”页面

图 3.9 “数据库支持”页面

## 7. 高级功能

保留其他默认选项，单击下一步>按钮，出现如图 3.11 所示的对话框，在这里可对上下文帮助、打印、自动化、ActiveX 及最近使用文件数等项进行设置。特别地，“高级框架窗格”是对前面“应用程序类型”步骤中的“Visual Studio”和“Office”的“项目类型”界面的一些选项指定。

图 3.10 “用户界面功能”页面

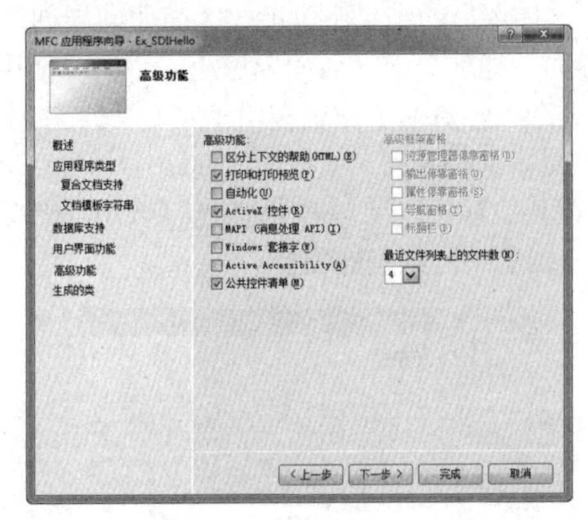


图 3.11 “高级功能”页面

## 8. 生成的类

保留默认选项，单击下一步>按钮，出现如图 3.12 所示的对话框，在这里可以对向导创建的默认类名、基类名（以后还会讨论）及各个源文件名进行修改。

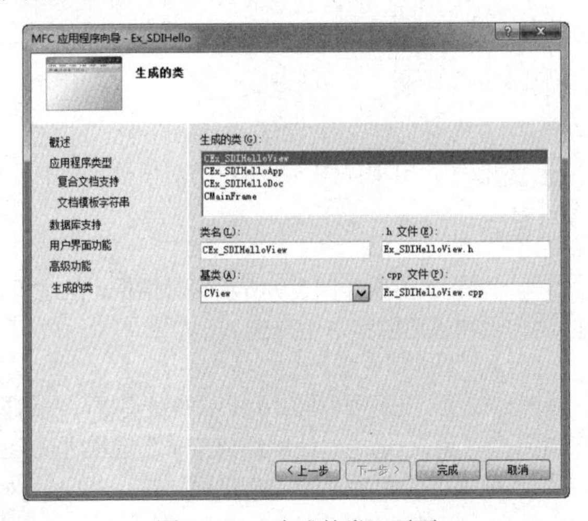


图 3.12 “生成的类”页面

### 9. 编译并运行

单击 完成 按钮，系统开始创建，并返回 Visual C++主界面。到这里为止，虽然没有编写任何程序代码，但 MFC 应用程序 向导已根据前面的选择自动生成相应的应用程序框架。按快捷键 Ctrl+F5，系统开始编连并运行生成的单文档应用程序可执行文件 Ex_SDIHello.exe，结果如图 3.13 所示。

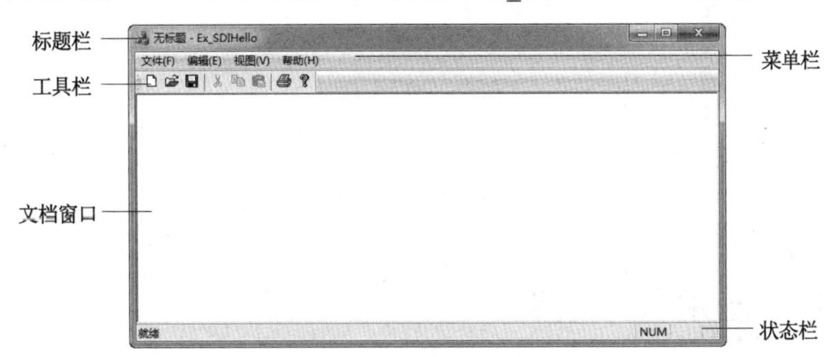


图 3.13　Ex_SDIHello 运行结果

事实上，在上述 MFC 应用程序 向导过程中，只对“应用程序类型”和“用户界面功能”页面进行了设定，其他均为默认，这种方式称为“创建**经典**的单文档应用程序”，本书做此约定。

需要说明的是，Microsoft Visual Studio 2008 对 MFC 文档应用程序界面做了全面美化，提供了“视觉管理器和样式”功能，包含了 Windows 2000、Windows XP、Office 2003、Office 2007 以及 Visual Studio 2005 等不同的界面风格。例如，用 MFC 应用程序 向导创建一个单文档应用程序 Ex_T，按以下步骤操作：

① 在向导的“应用程序类型”页面中选定“单个文档”、“MFC 标准”、“Visual Studio 2005”或“Office 2003”，去除“启用视觉样式切换”选项，如图 3.14 所示。

② 在“用户界面功能”页面中，去除“个性化菜单行为”选项，如图 3.15 所示。保留其他默认选项，单击 完成 按钮。

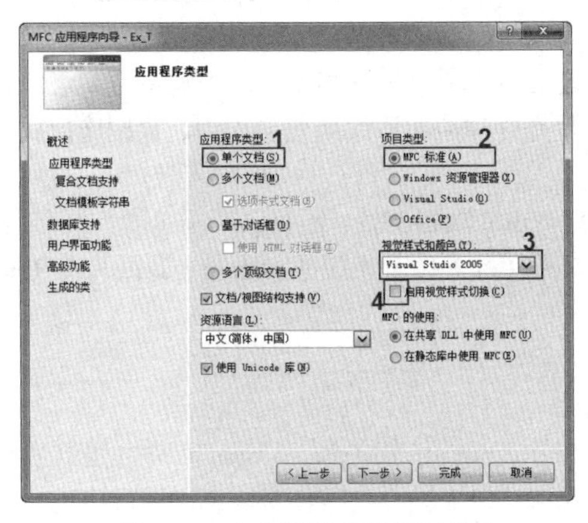


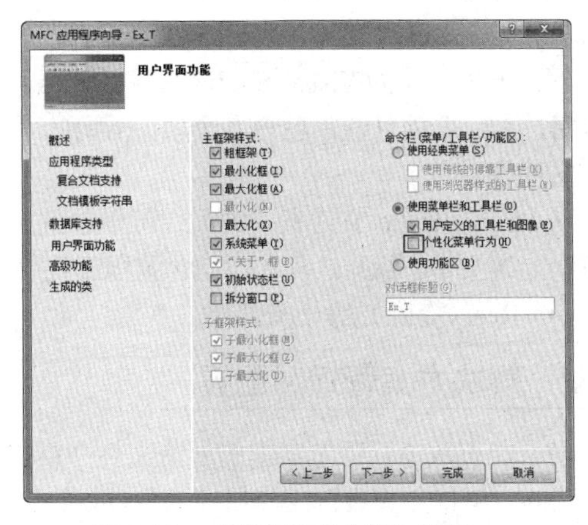


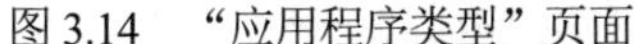

图 3.14　“应用程序类型”页面　　　　图 3.15　“用户界面功能”页面

③ 选择“项目”→“ Ex_T 属性”菜单命令，在弹出的“Ex_T 属性页”窗口中，将“常规”配置属性中的“字符集”默认值改选为“使用多字节字符集”，单击 确定 按钮。

④ 编译并运行，结果如图 3.16 所示。

特别地，上述这种方式称为“创建**精简**的单文档应用程序”，本书做此约定。另外，若是“创建**精简**的多文档应用程序”，则是指应用程序类型为“多个文档”，同时去除“选项卡式文档”选项，其他与“创建**精简**的单文档应用程序”选项相同。

图 3.16 Ex_T 运行结果

## 3.3 MFC 应用程序框架

MFC 应用程序向导所创建的应用程序框架包括了许多 Windows 应用程序必需的代码，这些代码中许多都是由 MFC 框架管理的。下面就项目和解决方案、应用程序项目管理及其配置，以及各相关类的作用等内容进行讨论。

### 3.3.1 项目和解决方案

定位到创建时指定的工作文件夹“D:\Visual C++程序\第 3 章”，可以看到 Ex_SDIHello 文件夹，打开它可看到单文档应用程序 Ex_SDIHello 所有的文件和信息。由于应用程序还包含了除源程序文件外的许多信息，因此，在 Visual C++中常将其称为**项目**或**工程**。

一个项目可简单，也可复杂。一个简单的项目可能仅由一个对话框或一个 HTML 文档、源代码文件和一个项目文件组成。但若是复杂的项目，则还可能在这些项的基础上包括数据库脚本、存储过程和对现有 XML Web Services 的引用等内容。随着软件工程不断发展以及.NET 技术的推出，Visual Studio 采用了“解决方案”来组织项目。

解决方案，作为 Visual Studio 另一类容器，其外延要比“项目”宽得多。一个解决方案可包含多个项目，而一个项目通常包含多个项。所谓的“项”，就是创建应用程序所需的引用、数据连接、文件夹和文件等。

从 Ex_SDIHello 文件夹下的文件可以看到，不但有.vcproj 项目文件，还有一个同名的扩展名为.sln 的解决方案文件。除此之外，还包含源程序代码文件（.cpp、.h）以及相应的 Debug（调试）或 Release（发行）、Res（资源）等子文件夹。

### 3.3.2 解决方案管理和配置

为了能有效地管理方案中的那些文件并维护各源文件之间的依赖关系，Visual C++通过开发环境中左边的“解决方案资源工作区窗口”（简称“工作区窗口”）来进行管理。默认工作区窗口包含三个选项卡（或称标签页面），分别是解决方案资源管理器、类视图和属性管理器。

**1. 解决方案资源管理器**

工作区窗口的“解决方案资源管理器”选项卡用来将解决方案中的所有文件（C++源文件、头文件、资源文件、Help 文件等）分类，并按树层次结构来显示。每一个类别的文件在该页面中都有自己的节点，例如，所有的.cpp 源文件都在“源文件”目录项中，而.h 文件都在“头文件”目录项中。

在该选项卡中，用户不仅可以在节点项中移动文件，而且还可以创建新的节点项以及将一些特殊类型的文件放在该节点项中。单击节点名称图标前的符号“+”或“-”或双击图标，将显示或隐藏节点下的相关内容，如图 3.17（a）所示。

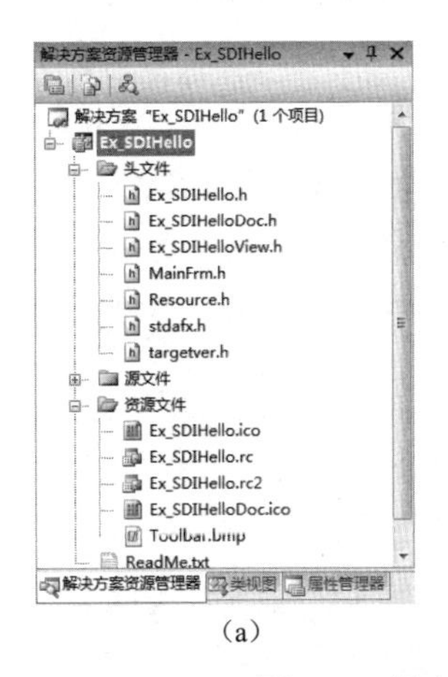


（a）

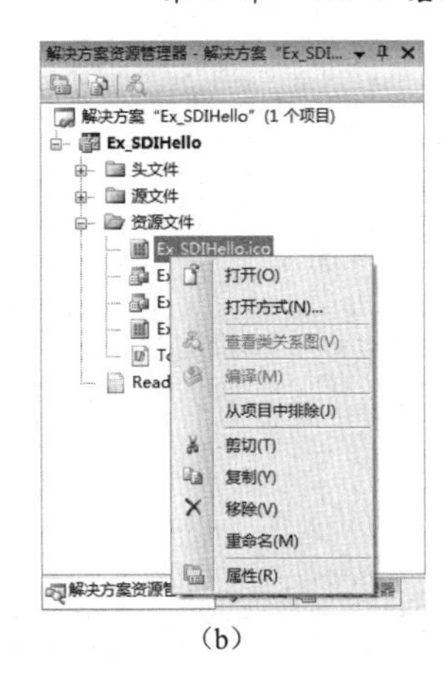


（b）

图 3.17　解决方案资源管理器

当选定顶部节点（如 **Ex_SDIHello**）时，“解决方案资源管理器”窗口的顶部出现三个工具图标。其中，用来显示树视图中所选项的相应“属性页”对话框；用来显示所有项目项，包括那些已经被排除的项和正常情况下隐藏的项；而用来启动“类设计器”，显示当前项目中类的关系图。

需要说明的是，选择的节点项不同，对应的窗口顶部出现的工具图标也不同，同时，右击节点的快捷菜单也各不相同。例如，右击 Ex_SDIHello.ico 节点，弹出如图 3.17（b）所示的快捷菜单，从中可选择相应的命令和操作。

## 2. 类视图

单击工作区窗口底部的“类视图”标签，可切换至“类视图”选项卡，它用来显示和管理项目中所有的名称空间、类和方法。“类视图”包含上下两栏：“类别和类”和“成员”，如图 3.18（a）所示。

“类别和类”栏位于整个页面的上部，它以树结构来显示当前方案中的“类别”（包括映射、宏和常量、全局函数和变量等）或“类”（以后还会讨论），其顶级节点（根）是当前的项目节点。若要展开树中选定的节点，则应单击节点前的加号按钮⊞或按数字小键盘上的加号（+）键。同样地，若要收起选定的已展开节点，则应单击节点前的减号按钮⊟或按数字小键盘上的减号（-）键。

“成员”栏位于页面的下部，用列表方式列出当前所选“类别”或“类”节点中的属性、方法、事件、变量、常量及其他成员。双击这些“成员”项，将在文档窗口中自动打开并定位到当前项的定义处。当然，若右击“成员”项，如右击 CEx_SDIHelloView 类的 OnDraw(CDC *pDC) 项，则弹出如图 3.18（b）所示的快捷菜单，从中可选择相应的命令和操作。

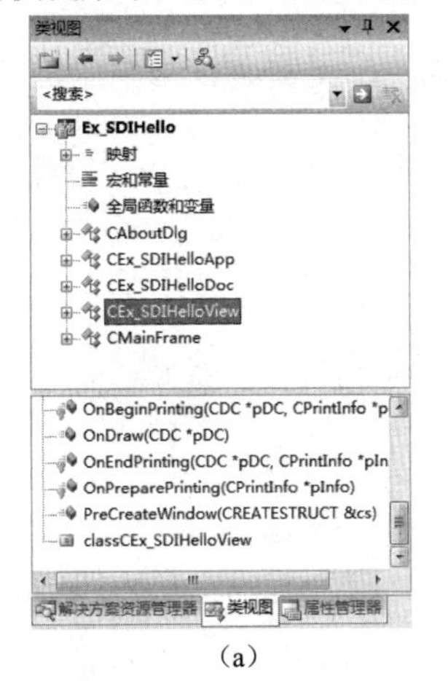


（a）

（b）

图 3.18　类视图

需要说明的是，在“类视图”选项卡中每个节点前都有一些图标，用来表示节点的含义。通常，{}表示“名称空间”，表示“类”，粉红色的向下立体小方块表示“成员函数”，天蓝色的向上立体小方块表示“成员变量”。若立体小方块前有一把锁，则表示该成员是“私有的（private）”；若有一把钥匙，则表示该成员是“保护的（protected）”；若仅有一个立体小方块，则表示该成员是“公有的（public）”。

**3．属性管理器**

单击工作区窗口底部的“属性管理器”标签，切换至“属性管理器”选项卡，如图 3.19 所示，双击任何节点都将弹出相应的“属性页”对话框，从中可修改属性表中定义的项目设置。

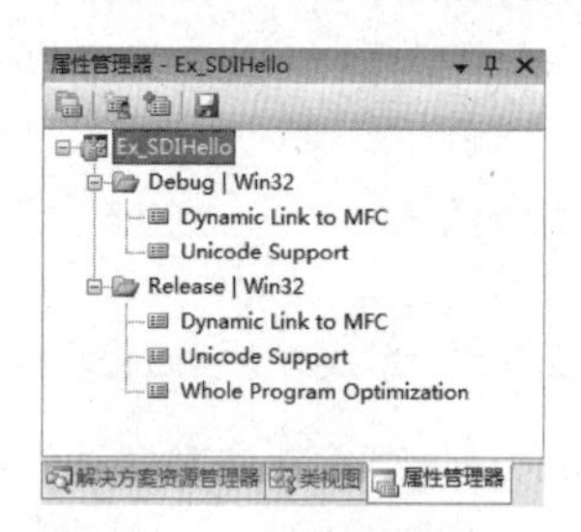


图 3.19　属性管理器

默认时，一个 Visual C++项目（解决方案）一般总会有 Debug（调试）和 Release（发行）两种类型的属性表。所谓“调试”版本，它是为调试而配置，所生成的程序中包含了大量调试信息；而“发行”版本是用来生成最终的应用程序，它对所生成的代码进行充分优化，生成的代码更小、速度更快。

需要说明的是，这里的项目属性仅是预定义的方案，具体项目生成的版本还需要通过选择“生成”→“配置管理器”菜单命令，在弹出的对话框中进行指定，如图 3.20 所示。

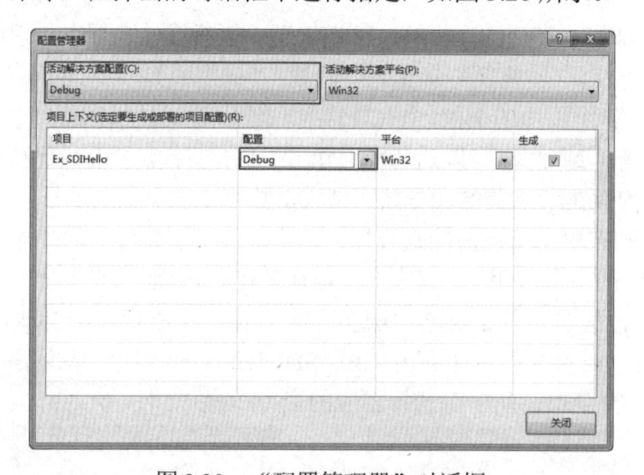


图 3.20　“配置管理器”对话框

配置时，可通过对话框上方的“活动解决方案配置”的组合框选项来进行，也可在对话框项目配置列表中为某个具体的项目进行配置。由于 Ex_SDIHello 方案中仅有一个同名的项目，所以这两种操作方式结果是相同的。事实上，项目配置也可直接通过“标准”工具栏进行，如图 3.21 所示。

图 3.21　从工具栏上设置方案配置

特别地，当应用程序项目经过测试并可以交付时，应将其配置从默认的 Win32 Debug 版本修改成 Win32 Release 版本。这样，重新编连后，在 Release 文件中的.exe 文件就是交付用户的可执行文件。

当然，交付时最好还应制作安装程序包及相应的必要文档。

### 3.3.3 MFC 程序类结构

1987 年，微软公司推出了第一代 Windows 产品，并为应用程序设计者提供了 Win16（16 位 Windows 操作系统）API，在此基础上推出了 Windows GUI（图形用户界面），然后采用面向对象技术对 API 进行封装；1992 年推出应用程序框架产品 AFX（Application Frameworks），并在 AFX 的基础上进一步发展为 MFC 产品。正因为如此，在用 MFC 应用程序向导创建的程序中仍然保留 stdafx.h 头文件包含，它是每个应用程序所必有的预编译头文件，程序所用到的 Visual C++头文件包含语句一般均添加到这个文件中。

将 Visual C++解决方案资源工作区窗口切换到“类视图”页面，展开顶部节点 **Ex_SDIHello**，可以看到 MFC 为单文档应用程序项目 Ex_SDIHello 自动创建了类 CAboutDlg、CEx_SDIHelloApp、CEx_SDIHelloDoc、CEx_SDIHelloView 和 CMainFrame。这些 MFC 类之间的继承和派生关系如图 3.22 所示。

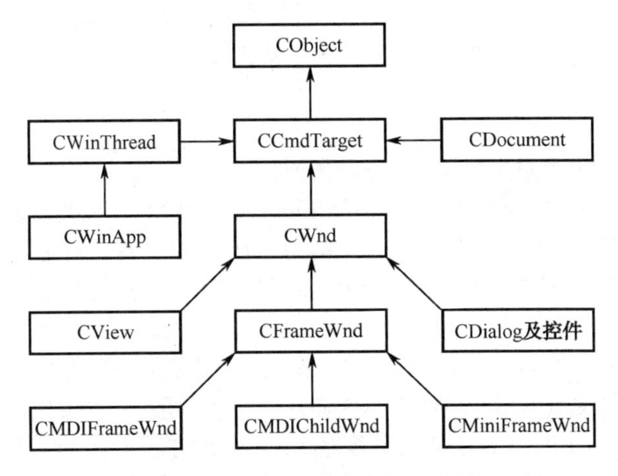


图 3.22 MFC 类的基本层次结构

其中，对话框类 CAboutDlg 是每一个应用程序框架都有的，用来显示本程序的有关信息。它是从对话框类 CDialog 派生的。

CEx_SDIHelloApp 是应用程序类，它从 CWinApp 类派生而来，负责应用程序创建、运行和终止，每一个应用程序都需要这样的类。CWinApp 类是应用程序的主线程类，它是从 CWinThread 类派生而来的。CWinThread 类用来完成对线程的控制，包括线程的创建、运行、终止和挂起等。

CEx_SDIHelloDoc 是应用程序文档类，它从 CDocument 类派生而来，负责应用程序文档数据管理。

CEx_SDIHelloView 是应用程序视图类，它既可以从基类 CView 派生，也可以从 CView 派生类（如 CListView、CTreeView 等）派生，负责数据的显示、绘制和其他用户交互。

CMainFrame 类用来负责主框架窗口的显示和管理，包括工具栏和状态栏等界面元素的初始化。对于单文档应用程序来说，主框架窗口类是从 CFrameWnd 派生而来的。

CFrameWnd 的基类 CWnd 是一个通用的窗口类，用来提供 Windows 中的所有通用特性、对话框和控件。

CFrameWnd 的派生类 CMDIFrameWnd 和 CMDIChildWnd 分别用来进行多文档应用程序的主框架窗口和文档子窗口的显示与管理。CMiniFrameWnd 类是一种简化的框架窗口，它没有最大化和最小化窗口按钮，也没有窗口系统菜单，一般很少用到。

CObject 类是 MFC 提供的绝大多数类的基类。该类完成动态空间的分配与回收，支持一般的诊断、出错信息处理和文档序列化等。

CCmdTarget 类主要负责将系统事件（消息）和窗口事件（消息）发送给响应这些事件的对象，完成消息发送、等待和派遣（调度）等工作，实现应用程序的对象之间协调运行。

需要说明的是，对于基于对话框的应用程序来说，一般有 CAboutDlg 类、应用程序类和对话框类。特别地，若文档应用程序使用了“视觉管理器和样式”功能，则其类结构中相应的基类 CWinApp、CFrameWnd、CMDIFrameWnd 和 CMDIChildWnd 类分别被更新为 CWinAppEx、CFrameWndEx、CMDIFrameWndEx 和 CMDIChildWndEx。

## 3.4 消息和消息映射

早期的 C/C++ Windows 编程中，Win32 的消息处理是在窗口过程函数中的 switch 结构中进行的。而在 MFC 中，则是使用独特的消息映射机制。所谓消息映射（Message Map）机制，就是使 MFC 类中的消息（事件）与消息（事件）处理函数（或称“处理程序”）一一对应起来的机制。

### 3.4.1 消息类型

Windows 应用程序中的消息主要有以下三种类型：

（1）窗口消息（Windows Message）。这类消息主要是指由 WM_开头的消息，但 WM_ COMMAND 除外，例如 WM_CREATE（窗口对象创建时产生）、WM_DESTROY（窗口对象清除前发生）、WM_PAINT（窗口更新时产生绘制消息）等，一般由窗口类和视图类对象来处理。窗口消息往往带有参数，以标志处理消息的方法。

（2）控件的通知消息（Control Notifications）。当控件的状态发生改变（如用户在控件中进行输入）时，控件就会向其父窗口发送 WM_COMMAND 通知消息。应用程序框架处理控件消息的方法与窗口消息相同，但按钮的 BN_CLICKED 通知消息除外，它的处理方法与命令消息相同。

（3）命令消息（Command Message）。命令消息主要包括由用户交互对象（菜单、工具条的按钮、快捷键等）发送的 WM_COMMAND 通知消息。

需要说明的是，命令消息的处理方式与其他两种消息不同，它能够被多种对象接收、处理，这些对象包括文档类、文档模板类、应用程序本身以及窗口和视类等；而窗口消息和控件的通知消息是由窗口对象接收并处理的，这里的窗口对象是指从窗口类 CWnd 中派生的类的对象，它包括 CFrameWnd、CMDIFrameWnd、CMDIChildWnd、CView、CDialog 以及从这些类派生的对象等。

### 3.4.2 消息映射和属性窗口

在 MFC 中，上述绝大多数消息的映射都可在其属性窗口中进行。

**1．打开属性窗口**

在 Visual C++中，打开“属性窗口”可以使用下列几种方法：

（1）在解决方案资源工作区窗口中，任意右击某节点，从弹出的快捷菜单中选择“属性”命令。

（2）选择“视图”→“其他窗口”→“属性窗口”菜单命令或直接按 Alt+Enter 快捷键。

这样就会在开发环境的右侧显示出“属性窗口”。“属性窗口”将根据当前节点及上下文情况显示出相应的属性列表。需要说明的是，若在某个类（如 CEx_SDIHelloView）中添加映射，则应在工作区窗口“类视图”中单击类节点，这样在“属性窗口”中分别依次单击顶部的按钮，就可显示出该类可映射的“事件”“消息”以及对虚函数的“重写”（重载），如图 3.23 所示。

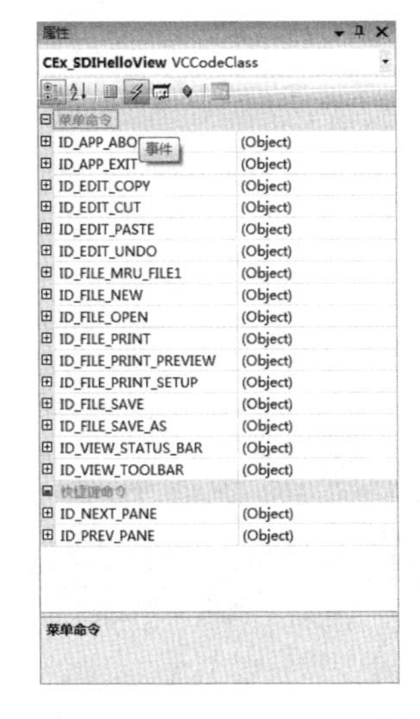


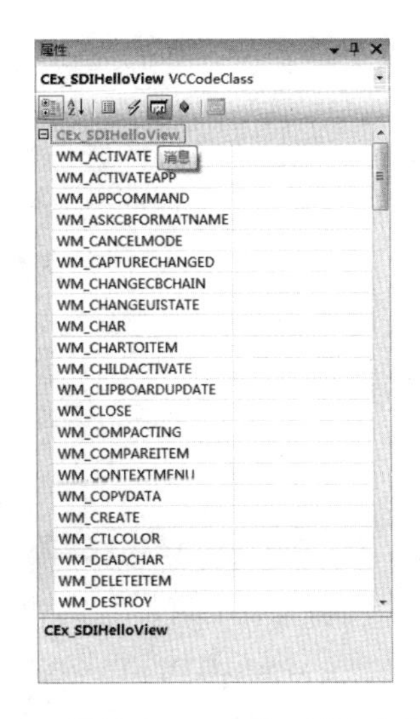

图 3.23　“属性窗口”事件、消息和重写页面

## 2．映射消息

下面以向 CEx_SDIHelloView 中添加 WM_LBUTTONDOWN（鼠标左击产生的消息）的消息映射为例，说明其消息映射的一般过程：

（1）在解决方案资源工作区窗口“类视图”中，右击类节点 CEx_SDIHelloView，从弹出的快捷菜单中选择“属性”命令，显示“属性窗口”（默认位置在开发环境的右侧）。

（2）在“属性窗口”的顶部单击消息按钮，此时属性列表中显示出可映射的全部消息，拖动右侧的滚动块，直到出现要映射的 WM_LBUTTONDOWN 消息为止。

（3）在 WM_LBUTTONDOWN 属性项的右侧栏单击鼠标，将出现一个下拉按钮，单击它，结果如图 3.24（a）所示，从中选择“<添加> OnLButtonDown”，这样就为 CEx_SDIHelloView 中添加了鼠标消息 WM_LBUTTONDOWN 的映射函数 OnLButtonDown。此时“属性窗口”内容改变，文档窗口自动打开并定位到刚添加的消息映射函数 OnLButtonDown 实现处。

需要说明的是，一个事件可能会产生多种消息，所以“消息映射函数”又可称为“事件处理程序”。

（4）在 OnLButtonDown 实现处，添加下列代码：

```
void CEx_SDIHelloView::OnLButtonDown(UINT nFlags, CPoint point)
{
    // TODO: 在此添加消息处理程序代码和/或调用默认值
    MessageBox ( "你好，我的 Visual C++世界！ ", "问候", 0) ;
    CView::OnLButtonDown(nFlags, point);
}
```

（5）这样就完成了一个消息映射过程。将“常规”配置属性中的“字符集”默认值改选为“使用多字节字符集”后，编译并运行程序，在窗口客户区单击鼠标左键，就会弹出一个消息对话框。

需要说明的是：

① 由于鼠标和键盘消息都是 MFC 预定义的窗口命令消息，它们各自都有相应的消息处理宏和预定义消息处理函数，因此，消息映射函数名称不再需要用户重新定义。但是，对于菜单和按钮等命令消息（事件）来说，在“属性窗口”映射时，还需指定消息（事件）映射函数的名称（以后还会讨论）。

② 若指定的消息映射函数需要删除，则在“属性窗口”中选中消息后，单击右侧的下拉按钮，从弹出的下拉列表中选择“<删除>...”即可，如图 3.24（b）所示。这样，Visual Studio 2008 就会通过在映射代码行前面加上“行注释”（//）的方式将其“删除”掉。

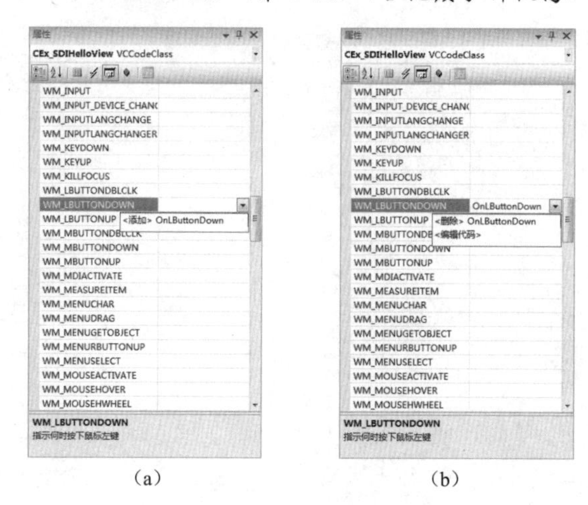


图 3.24　添加 WM_LBUTTONDOWN 消息映射

## 3.4.3　消息映射代码框架

查看上述 CEx_SDIHelloView 程序代码，可以发现：MFC 为 WM_LBUTTONDOWN 的消息映射做了以下三个方面的内容安排：

（1）在头文件 Ex_SDIHelloView.h 中声明消息处理函数 OnLButtonDown：

```
protected:
	DECLARE_MESSAGE_MAP()
public:
	afx_msg void OnLButtonDown(UINT nFlags, CPoint point);
```

（2）在 Ex_SDIHelloView.cpp 源文件前面的消息映射入口处，添加了 WM_LBUTTONDOWN 的消息映射宏 ON_WM_LBUTTONDOWN：

```
BEGIN_MESSAGE_MAP(CEx_SDIHelloView, CView)			// 消息映射开始
	// 标准打印命令
	ON_COMMAND(ID_FILE_PRINT, &CView::OnFilePrint)
	ON_COMMAND(ID_FILE_PRINT_DIRECT, &CView::OnFilePrint)
	ON_COMMAND(ID_FILE_PRINT_PREVIEW, &CView::OnFilePrintPreview)
	ON_WM_LBUTTONDOWN()
END_MESSAGE_MAP()						// 消息映射结束
```

（3）在 Ex_SDIHelloView.cpp 文件中写入一个空的消息函数（处理程序）的模板，以便用户填入具体代码，如下面的框架：

```
void CEx_SDIHelloView::OnLButtonDown(UINT nFlags, CPoint point)
{
	// TODO: 在此添加消息处理程序代码和/或调用默认值
	CView::OnLButtonDown(nFlags, point);
}
```

事实上，根据 MFC 产生的上述消息映射过程，用户可以自己手动添加一些“属性窗口”不支持的消息映射函数，以完成特定的功能。例如，前面的例 Ex_HelloMFC 就是按照上述过程添加消息映射的。

## 3.4.4　键盘和鼠标消息

当敲击键盘某个键时，应用程序框架中只有一个窗口过程能接收到该键盘消息。接收到这个键盘消息的窗口称为有“输入焦点”的窗口。通过捕获 WM_SETFOCUS 和 WM_KILLFOCUS 消息可以确

定当前窗口是否具有输入焦点。WM_SETFOCUS 表示窗口正在接收输入焦点，而 WM_KILLFOCUS 表示窗口正在失去输入焦点。

当键按下时，Windows 将 WM_KEYDOWN 或 WM_SYSKEYDOWN 放入具有输入焦点的应用程序窗口的消息队列中；当键被释放时，Windows 则把 WM_KEYUP 或 WM_SYSKEYUP 消息放入消息队列中。对于字符键来说，还会在这两个消息之间产生 WM_CHAR 消息。

当前类的“属性窗口”消息页面可方便地添加 WM_KEYDOWN 和 WM_KEYUP 击键消息映射函数的调用，它们具有下列函数原型：

```
afx_msg void OnKeyDown( UINT nChar, UINT nRepCnt, UINT nFlags );
afx_msg void OnKeyUp( UINT nChar, UINT nRepCnt, UINT nFlags );
```

其中，afx_msg 是 MFC 用于定义消息函数的标志；参数 nChar 表示“虚拟键代码”；nRepCnt 表示当用户按住一个键时的重复计数；nFlags 表示击键消息标志。所谓虚拟键代码，是指与设备无关的键盘编码。在 Visual C++中，最常用的虚拟键代码已被定义在 Winuser.h 中。例如，VK_SHIFT 表示 Shift 键，VK_F1 表示功能键 F1。

同击键消息一样，“属性窗口”消息页面也提供相应的字符消息处理框架，并能方便地添加当前类的 WM_CHAR 消息映射函数的调用，它具有下列函数原型：

```
afx_msg void OnChar( UINT nChar, UINT nRepCnt, UINT nFlags );
```

其中，参数 nChar 表示键的 ASCII 码；nRepCnt 表示当用户按住一个键时的重复计数；nFlags 表示字符消息标志。

由于键盘消息属于窗口消息（以 WM_为开头的），故只能被窗口对象加以接收、处理。若将键盘消息映射在 CMainFrame、CChildFrame（多文档）、用户应用程序类中，则不管消息映射函数中的用户代码究竟如何，都不会被执行。

当用户对鼠标进行操作时，像键盘一样也会产生对应的消息。通常，Windows 只将键盘消息发送给具有输入焦点的窗口，但鼠标消息不受这种限制。只要鼠标移过窗口的客户区，就会向该窗口发送 WM_MOUSEMOVE（移动鼠标）消息。

这里的客户区是指窗口中用于输出文档的区域。当在窗口的客户区中双击、按下或释放一个鼠标键时，就会根据所操作的鼠标按键（LBUTTON、MBUTTON 和 RBUTTON）向该窗口发生 DBLCLK（双击）、DOWN（按下）和 UP（释放）消息，如表 3.3 所示。

表 3.3　客户区鼠标消息

| 鼠标键 | 按下 | 释放 | 双击 |
|---|---|---|---|
| 左 | WM_LBUTTONDOWN | WM_LBUTTONUP | WM_LBUTTONDBLCLK |
| 中 | WM_MBUTTONDOWN | WM_MBUTTONUP | WM_MBUTTONDBLCLK |
| 右 | WM_RBUTTONDOWN | WM_RBUTTONUP | WM_RBUTTONDBLCLK |

对于所有鼠标按键消息来说，MFC 都会将其映射成类似 afx_msg void OnXXXX 的消息处理函数，如前面 WM_LBUTTONDOWN 的消息函数 OnLButtonDown，它们具有下列函数原型：

```
afx_msg void OnXXXX( UINT nFlags, CPoint point );
```

其中，point 表示鼠标光标在屏幕的(x, y)坐标；nFlags 表示鼠标按钮和键盘组合情况，它可以是下列值的组合（MK 前缀表示“鼠标键”）：

MK_CONTROL　　——键盘上的 Ctrl 键被按下
MK_LBUTTON　　——鼠标左键被按下
MK_MBUTTON　　——鼠标中键被按下
MK_RBUTTON　　——鼠标右键被按下
MK_SHIFT　　——键盘上的 Shift 键被按下

若要判断某个键是否被按下，则可用对应的标识与 nFlags 进行逻辑“与”（&）运算，所得结果为 true 时，表示该键被按下。例如，若收到了 WM_LBUTTONDOWN 消息，且值 nFlags&MK_CONTROL 为 true，则表明按下鼠标左键的同时也按下 Ctrl 键。

### 3.4.5 其他窗口消息

在系统中，除了用户输入产生的消息外，还有许多系统根据应用程序的状态和运行过程产生的消息，有时也需要用户跟踪或进行处理。

（1）WM_CREATE 消息。它是在窗口对象创建后向视图发送的第一个消息。如果有什么工作需要在初始化时处理，就可在该消息处理函数中加入所需代码。但是，由于 WM_CREATE 消息发送时，窗口对象还未完成，窗口还不可见，因此在该消息处理函数 OnCreate 内不能调用那些依赖于窗口处于完成激活状态的 Windows 函数，如窗口绘制函数等。

（2）WM_CLOSE 或 WM_DESTROY 消息。当用户从系统菜单中关闭窗口或者父窗口被关闭时，Windows 都会发送 WM_CLOSE 消息；而 WM_DESTROY 消息是在窗口从屏幕消失后发送的，因此它紧随 WM_CLOSE 之后。

（3）WM_PAINT 消息。当窗口的大小发生变化、窗口内容发生变化、窗口间的层叠关系发生变化，或调用函数 UpdateWindow 或 RedrawWindow 时，系统都将产生 WM_PAINT 消息，表示要重新绘制窗口的内容。该消息处理函数的原型是：

```
afx_msg void OnPaint();
```

用 MFC 映射该消息的目的是执行自己的图形绘制代码。

## 3.5 Visual C++常用操作

除前面的类向导使用之外，在 Visual C++应用程序编程过程中，还常常需要对代码进行定位、类添加、成员添加、函数重载等操作，这里来归纳一下。在操作之前，先来创建一个经典的单文档应用程序 Ex_SDI。

### 3.5.1 类的添加和删除

**1. 类的添加**

给项目添加一个类有很多方法，例如，先将外部源文件复制到当前项目文件夹中，然后选择“项目”→“添加现有项”菜单命令，可将外部源文件所定义的类添加到项目中。

但若选择“项目”→“添加类”菜单命令，则弹出如图 3.25 所示的“添加类”对话框，当在“类别”中选定“MFC”，在右侧“模板”栏中选中“MFC 类”，单击[添加(A)]按钮之后，弹出“MFC 类向导”对话框，如图 3.26 所示。在这里，可从大多数 MFC 类中派生一个类，并且创建的类代码自动包含 MFC 所必需的消息映射等机制。

在“MFC 类向导”对话框中，“类名”框用来指定要添加的类名，注意要以“C”字母打头，以保持与 MFC 标识符命名规则一致；当输入类名时，除“基类”外，其他框中的内容将随之改变。在输入类名后，可直接在“.h 文件”和“.cpp 文件”框中修改源文件名称或单击[...]按钮选择要指定的源文件。需要说明的是，“MFC 类向导”除支持“自动化”外，还支持“Active Accessibility”（它是一种新的 DCOM 技术，用于为残障人士提供放大器、屏幕阅读器以及触觉型鼠标等的界面支持）。

单击[完成]按钮，完成类的添加。

**2. 类的删除**

当添加的类需要删除时，则按下列步骤进行：

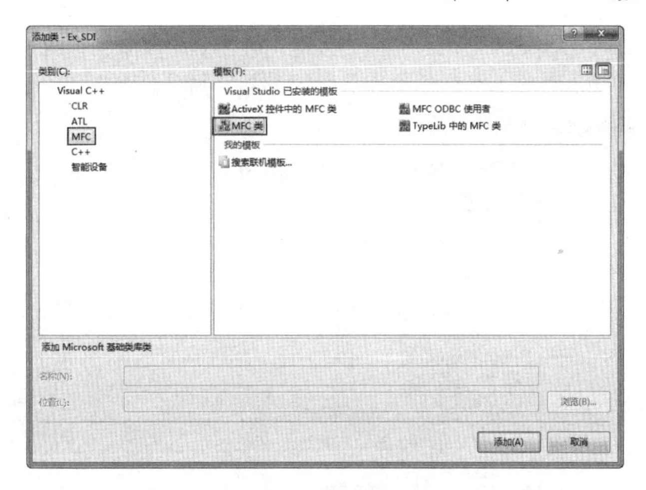


图 3.25　“添加类”对话框

图 3.26　“MFC 类向导”对话框

（1）将 Visual C++打开的所有文档窗口关闭。

（2）将工作区窗口切换到“解决方案资源”页面，展开“头文件”和“源文件”节点，分别右击要删除类的对应.h 和.cpp 文件节点，从弹出的快捷菜单中选择“从项目中排除”命令。

（3）如有必要，在项目所在的文件夹中删除该.h 和.cpp 文件。

## 3.5.2　成员的添加和删除

### 1. 添加类的成员函数

向一个类添加成员函数可按下列步骤进行，这里是向 CEx_SDIView 类添加一个成员函数 void DoDemo(int nDemo1, long lDemo2)：

（1）Visual Studio 2008 启动后，单击“起始页”最近项目栏中的 Ex_SDI，或选择“文件”→“打开”→“项目/解决方案”菜单命令，从弹出的对话框中打开前面创建的单文档应用程序项目 Ex_SDI。

（2）将工作区窗口切换到“类视图”选项卡，展开节点，右击 CEx_SDIView 类名，弹出相应的快捷菜单，如图 3.27 所示。

（3）从弹出的快捷菜单中选择“添加”→“添加函数”命令，弹出“添加成员函数向导”对话框。将“返回类型”选为 void，在“函数名”框中输入 DoDemo，保留默认的“参数类型”int，在“参数名”中输入 nDemo1，如图 3.28 所示，单击 添加(A) 按钮，第 1 个形参添加完成。将“参数类型”选为

long，在“参数名”中输入 lDemo2，单击添加(A)按钮，第 2 个形参添加完成。需要说明的是，在“参数”列表选定参数后，单击移除(R)按钮可“移除”该参数。另外，可在“返回类型”和“参数类型”中直接输入向导组合框中没有的数据类型。

图 3.27　“类视图”选项卡和快捷菜单

图 3.28　添加成员函数

（4）保留其他默认选项，单击完成按钮，向导开始添加，同时在文档窗口打开该类源代码文件，并自动定位到添加的函数实现代码处，在这里用户可以添加该函数的代码。

**2．添加类的成员变量**

向一个类添加成员变量可按下列步骤进行，这里是向 CEx_SDIView 类添加一个成员指针变量 int *m_nDemo：

（1）将工作区窗口切换到“类视图”选项卡。

（2）右击 CEx_SDIView 类名，从弹出的快捷菜单中选择“添加”→“添加变量”命令，弹出“添加成员变量向导”对话框。在“变量类型”框中输入 int*，在“变量名”框中输入 m_nDemo。

（3）保留其他默认选项，单击完成按钮，向导开始添加，并自动在构造函数中设定其初值 NULL，如下所示代码。当然，成员变量的添加也可在类的声明文件（.h）中直接进行。

```
CEx_SDIView::CEx_SDIView()
: m_nDemo(NULL)
{
    // TODO: 在此处添加构造代码
}
```

## 3.5.3 文件打开和成员定位

前面已说过，在工作区窗口“解决方案资源管理器”和“类视图”选项卡中，每个“类别名”或“类名”均有一个图标和一个套在方框中的符号“+”或“-”（分别用于节点的展开和收缩）。

在“解决方案资源管理器”选项卡中，展开节点后，可看到所有的头文件、源文件、资源文件和ReadMe.txt 节点，双击它们可直接在文档窗口中打开。

而在“类视图”选项卡中，展开节点后，双击“对象”窗格中的类节点将在文档窗口中自动打开并定位到类的声明处（.h 文件）。而在“成员”窗格中，双击“成员”节点，将在文档窗口中自动打开并定位到当前项的定义处。

特别地，在文档窗口的顶部，如图 3.29 所示，根据打开的文档提供该文档所包含的“类”组合框（左）及类中的成员函数组合框（右）。在成员函数组合框选定某成员函数，可直接在该文档窗口中定位到该函数的定义处。

图 3.29 文档窗口顶部的组合框

总之，Visual C++提供了解决方案资源工作区窗口、MFC 应用程序向导、MFC 类向导、添加成员函数及变量向导、属性窗口以及文档窗口顶部定位器等，为用户在创建 Windows 应用程序、消息映射、类操作、代码编辑等方面提供了极大的方便，而应用程序项目（解决方案）是用文件夹来管理的，并可通过工作区窗口进行常规的操作。另外，在应用程序框架代码中还提供了运行时类型检查（Run Time Type Inspection，RTTI）机制（它通过 GetRuntimeClass、IsKindOf、宏 DECLARE_DYNAMIC 和宏 IMPLEMENT_DYNAMIC 来实现），以及诊断信息转储机制（通过 AssertValid、Dump 和宏 TRACE 来实现）来提高代码的可维护性。

第 4 章将讨论窗口和对话框的设计。

# 第 4 章　窗口和对话框

窗口和对话框是 Windows 应用程序中最重要的用户界面元素，是与用户交互的重要手段。在文档应用程序中，窗口往往分成应用程序主窗口和文档窗口。通常，窗口本身还可以有一些样式，用来决定窗口的外观及功能，由于这些样式一般都是由系统内部定义的，因而可以方便地通过设置窗口的样式来达到增加或减少窗口中所包含功能的目的，且省去大量的编程代码。而**对话框**是一个特殊类型的窗口，可以作为各种**控件**的**容器**，可用于捕捉和处理用户的多个输入信息或数据。任何对窗口进行的操作（如移动、最大化、最小化等）也可在对话框中实施。在 Visual C++中，虽然窗口与对话框的创建、使用和实现比较容易，但同时也反映了开发者对界面设计的视觉艺术水平。

## 4.1　框架窗口

框架窗口可分为两类：一类是应用程序主窗口，另一类是文档窗口。

### 4.1.1　主框架窗口和文档窗口

主框架窗口是应用程序直接放置在桌面（DeskTop）上的那个窗口，每个应用程序只能有一个主框架窗口，主框架窗口的标题栏上往往显示应用程序的名称。

当用“MFC 应用程序向导”创建**经典**单文档（SDI）或多文档（MDI）应用程序时，主框架窗口类的源文件名分别是 MainFrm.h 和 MainFrm.cpp，其类名是 CMainFrame。对于**经典**单文档应用程序来说，主框架窗口类是从 CFrameWnd 派生而来的，而对于**经典**多文档应用程序，主框架窗口类是从 CMDIFrameWnd 派生的。如果应用程序中还有工具栏（CToolBar）、状态栏（CStatusBar）等（以后会讨论），那么 CMainFrame 类还含有表示工具栏和状态栏的成员变量 m_wndToolBar 和 m_wndStatusBar，并在 CMainFrame 的 OnCreate 函数中进行初始化。

文档窗口对于经典单文档应用程序来说，它和主框架窗口是一致的，即主框架窗口就是文档窗口；而对于经典多文档应用程序，文档窗口是主框架窗口的子窗口，如图 4.1 所示。

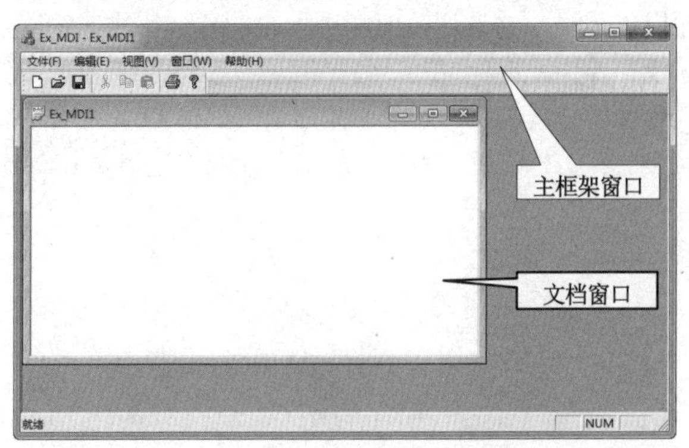


图 4.1　经典多文档应用程序的框架窗口

文档窗口一般都有相应的可见边框，它的客户区（除了窗口标题栏、边框外的白底区域）是由相应的视图来构成的，因此可以说视图是文档窗口内的子窗口。文档窗口时刻跟踪当前处于活动状态的视图的变化，并将用户或系统产生的命令消息传递给当前活动视图。而主框架窗口负责管理各个用户交互对象（包括菜单、工具栏、状态栏以及加速键）并根据用户操作相应地创建或更新文档窗口及其视图。在经典多文档应用程序中，“MFC 应用程序向导”创建的文档子窗口类的源文件是 ChildFrm.h 和 ChildFrm.cpp，其类名是 CChildFrame，它是从 CMDIChildWnd 派生的。

## 4.1.2　窗口样式的设置

在 Visual C++中，窗口样式决定了窗口的外观及功能，通过样式的设置可增加或减少窗口中所包含的功能，这些功能一般都是由系统内部定义的，不需要编程去实现。窗口样式既可以通过“MFC 应用程序向导”来设置，也可在主框架窗口或文档窗口类的 PreCreateWindow 函数中修改 CREATESTRUCT 结构，或调用 CWnd 类的成员函数 ModifyStyle 和 ModifyStyleEx 来更改。

### 1．窗口样式

窗口样式通常有一般（以 WS_为前缀）和扩展（以 WS_EX_为前缀）两种形式。这两种形式的窗口样式可在函数 CWnd::Create 或 CWnd::CreateEx 参数中指定，其中，CreateEx 函数可同时支持以上两种样式，而 CWnd::Create 只能指定窗口的一般样式。需要说明的是，对于控件和对话框这样的窗口来说，它们的窗口样式可直接通过其属性对话框来设置。窗口的一般样式如表 4.1 所示。

表 4.1　窗口的一般样式

| 风　格 | 含　义 |
| --- | --- |
| WS_BORDER | 窗口含有边框 |
| WS_CAPTION | 窗口含有标题栏（它意味着还具有 WS_BORDER 样式），但它不能和 WS_DLGFRAME 组合 |
| WS_CHILD | 创建子窗口，它不能和 WS_POPUP 组合 |
| WS_CLIPCHILDREN | 在父窗口范围内裁剪子窗口，它通常在父窗口创建时指定 |
| WS_CLIPSIBLINGS | 裁剪相邻子窗口，也就是说，具有此样式的子窗口和其他子窗口重叠的部分被裁剪。它只和 WS_CHILD 组合 |
| WS_DISABLED | 窗口初始状态是禁用的 |
| WS_DLGFRAME | 窗口含有双边框，但没有标题 |
| WS_GROUP | 此样式被控件组中第一个控件窗口指定。用户可在控件组的第一个和最后一个控件中用方向键来回选择 |
| WS_HSCROLL | 窗口含有水平滚动条 |
| WS_MAXIMIZE | 窗口初始状态处于最大化 |
| WS_MAXIMIZEBOX | 在窗口的标题栏上含有“最大化”按钮 |
| WS_MINIMIZE | 窗口初始状态处于最小化，它只和 WS_OVERLAPPED 组合 |
| WS_MINIMIZEBOX | 在窗口的标题栏上含有“最小化”按钮 |
| WS_SYSMENU | 窗口的标题栏上含有系统菜单框，它仅用于含有标题栏的窗口 |
| WS_OVERLAPPED | 创建覆盖窗口，一个覆盖窗口通常有一个标题和边框 |
| WS_OVERLAPPEDWINDOW | 创建一个含有 WS_OVERLAPPED、WS_CAPTION、WS_SYSMENU、WS_THICKFRAME、WS_MINIMIZEBOX 和 WS_MAXIMIZEBOX 样式的覆盖窗口 |
| WS_POPUP | 创建一个弹出窗口，它不能和 WS_CHILD 组合，只能用 CreateEx 函数指定 |
| WS_POPUPWINDOW | 创建一个含有 WS_BORDER、WS_POPUP 和 WS_SYSMENU 样式的弹出窗口。当 WS_CAPTION 和 WS_POPUPWINDOW 样式组合时才能使系统菜单可见 |
| WS_TABSTOP | 用户可以用 TAB 键选择控件组中的下一个控件 |

续表

| 风　格 | 含　义 |
| --- | --- |
| WS_THICKFRAME | 窗口含有边框，并可调整窗口的大小 |
| WS_VISIBLE | 窗口初始状态是可见的 |
| WS_VSCROLL | 窗口含有垂直滚动条 |

需要说明的是，除了上述样式外，主框架窗口还有以下三个自己的样式，它们都可以在 PreCreateWindow 重载函数中指定（后面有应用示例）。

（1）FWS_ADDTOTITLE。该样式用来在框架窗口标题中添加一个文档名，如图 4.1 的标题“Ex_MDI－Ex_MDI1”中的“Ex_MDI1”就是指定的默认文档名。而对于经典单文档应用程序来说，默认的文档名是“无标题”。

（2）FWS_PREFIXTITLE。该样式用来将框架窗口标题中的文档名显示在应用程序名之前。例如，未指定该样式时的窗口标题为“Ex_MDI–Ex_MDI1”，而当指定该样式后就变成了“Ex_MDI1–Ex_MDI”。

（3）FWS_SNAPTOBARS。该样式用来调整窗口的大小，使它刚好包含了框架窗口中的控制栏（如工具栏）。

**2．MFC 应用程序向导设置**

在用“MFC 应用程序向导”创建经典单文档或多文档应用程序过程的“用户界面功能”页面中，有一个“主框架样式”栏，如图 4.2 所示。

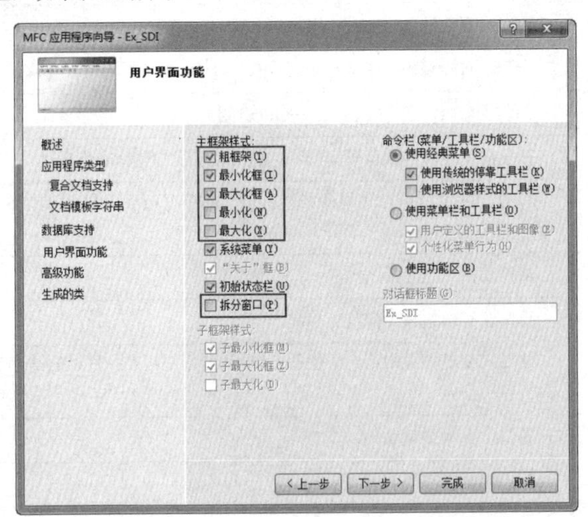


图 4.2　“用户界面功能”对话框

其中，“初始状态栏”选项用来向应用程序添加状态栏，并对状态栏窗格数组进行初始化（以后讨论），状态栏上最右边的窗格分别显示出 CapsLock、NumLock 和 ScrollLock 键的状态。“主框架样式”栏其他各选项的含义如表 4.2 所示，但在“用户界面功能”页面中，只能设定少数几种窗口样式。

**表 4.2　“主框架样式”栏的其他各项含义**

| 选　项 | 含　义 |
| --- | --- |
| 拆分窗口 | 选中时，将程序的文档窗口创建成“切分”（或称拆分）窗口 |
| 粗框架 | （默认）选中时，设置窗口样式 WS_THICKFRAME |

续表

| 选　项 | 含　义 |
|---|---|
| 最小化框 | （默认）选中时，设置窗口样式 WS_MINIMIZEBOX，标题右侧含有“最小化”按钮 |
| 最大化框 | （默认）选中时，设置窗口样式 WS_MAXIMIZEBOX，标题右侧含有“最大化”按钮 |
| 系统菜单 | （默认）选中时，设置窗口样式 WS_SYSMENU，标题左侧有系统菜单 |
| 最小化 | 选中时，设置窗口样式 WS_MINIMIZE |
| 最大化 | 选中时，设置窗口样式 WS_MAXIMIZE |

### 3．修改 CREATESTRUCT 结构

当窗口创建之前，程序将自动调用 PreCreateWindow 虚函数。在用“MFC 应用程序向导”创建经典文档应用程序框架时，MFC 已为主框架窗口或文档窗口类自动重载了该虚函数。可以在此函数中通过修改 CREATESTRUCT 结构来设置窗口的绝大多数样式。例如，在经典单文档应用程序中，框架窗口默认的样式是 WS_OVERLAPPEDWINDOW 和 FWS_ADDTOTITLE 的组合，更改其样式可用如下所示的代码：

```
BOOL CMainFrame::PreCreateWindow(CREATESTRUCT& cs)
{
	if( !CFrameWnd::PreCreateWindow(cs) )		return FALSE;
	// 新窗口不带有“最大化”按钮
	cs.style &= ~WS_MAXIMIZEBOX;
	// 取消 FWS_ADDTOTITLE 样式
	cs.style &= ~FWS_ADDTOTITLE;
	// 将窗口的大小设为 1/3 屏幕并居中
	cs.cy = ::GetSystemMetrics(SM_CYSCREEN) / 3;
	cs.cx = ::GetSystemMetrics(SM_CXSCREEN) / 3;
	cs.y = ((cs.cy * 3) - cs.cy) / 2;
	cs.x = ((cs.cx * 3) - cs.cx) / 2;
	return TRUE;
}
```

代码中，前面有“::”域作用符的函数是全局函数，一般都是一些 API 函数。“cs.style &= ~WS_MAXIMIZEBOX;”中的“~”是按位取“反”运算符，它将 WS_MAXIMIZEBOX 的值按位取反后，再和 cs.style 值按位“与”，其结果是将 cs.style 值中的 WS_MAXIMIZEBOX 标志位清零。

再如，对于经典多文档应用程序，文档窗口的样式可用下列代码更改：

```
BOOL CChildFrame::PreCreateWindow(CREATESTRUCT& cs)
{
	if( !CMDIChildWnd::PreCreateWindow(cs) )	return FALSE;
	cs.style &= ~WS_MAXIMIZEBOX;			// 创建不含有“最大化”按钮的子窗口
	return TRUE;
}
```

### 4．使用 ModifyStyle 和 ModifyStyleEx

CWnd 类中的成员函数 ModifyStyle 和 ModifyStyleEx 也可用来更改窗口样式，其中 ModifyStyleEx 还可更改窗口的扩展样式。这两个函数具有相同的参数，其含义如下。

**BOOL ModifyXXXX( DWORD** *dwRemove*, **DWORD** *dwAdd*, **UINT** *nFlags* = 0 **);**

其中，参数 dwRemove 用来指定需要删除的样式；dwAdd 用来指定需要增加的样式；nFlags 表示 SetWindowPos 的标志，0（默认）表示更改样式的同时不调用 SetWindowPos 函数。

由于框架窗口在用“MFC 应用程序向导”创建时不能直接设定其扩展样式，因此只能通过调用 ModifyStyle 函数来进行。例如，将 CChildFrame 类的“属性窗口”切换到“重写”页面，找到并添加

虚函数 OnCreateClient 的重写（重载），然后在函数中添加下列代码：

```
BOOL CChildFrame::OnCreateClient(LPCREATESTRUCT lpcs, CCreateContext* pContext)
{
	ModifyStyle(0, WS_VSCROLL, 0);
	return CMDIChildWnd::OnCreateClient(lpcs, pContext);
}
```

这样，当窗口创建客户区时就会调用虚函数 OnCreateClient。编译运行，结果如图 4.3 所示。

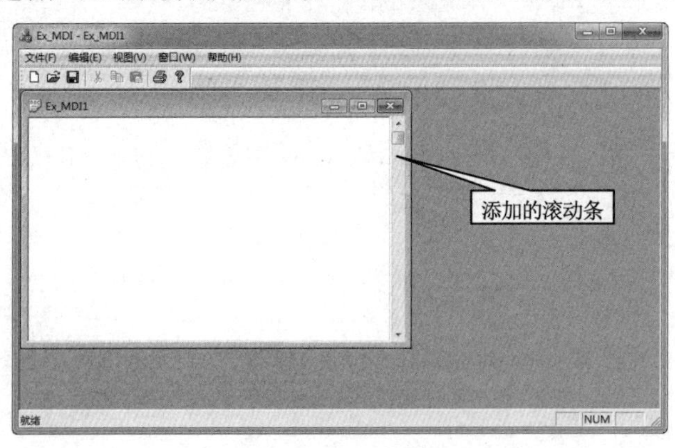


图 4.3　为文档子窗口添加垂直滚动条

## 4.1.3　窗口状态的改变

“MFC 应用程序向导”为每个窗口设置了相应的大小和位置，但默认的窗口状态有时并不那么令人满意，这时就需要对窗口状态进行适当的改变。

### 1. 用 ShowWindow 改变窗口的显示状态

当应用程序运行时，Windows 会自动调用应用程序框架内部的 WinMain 函数，并自动查找该应用程序类的全局变量 theApp，然后自动调用用户应用程序类的虚函数 InitInstance，该函数会进一步调用相应的函数来完成主窗口的构造和显示工作。如下面的代码（以经典单文档应用程序 Ex_SDI 为例）：

```
BOOL CEx_SDIApp::InitInstance()
{	//…
	m_pMainWnd->ShowWindow(SW_SHOW);				// 显示窗口
	m_pMainWnd->UpdateWindow();					// 更新窗口
	return TRUE;
}
```

代码中，m_pMainWnd 是主框架窗口指针变量；ShowWindow 是 CWnd 类的成员函数，用来按指定的参数显示窗口，该参数的值如表 4.3 所示。通过指定 ShowWindow 函数的参数值可以改变窗口显示状态。例如，下面的代码是将窗口的初始状态设置为“最小化”：

```
BOOL CEx_SDIApp::InitInstance()
{	//…
	m_pMainWnd->ShowWindow(SW_SHOWMINIMIZED);
	m_pMainWnd->UpdateWindow();
	return TRUE;
}
```

表 4.3　ShowWindow 函数常用的参数值

| 参 数 值 | 含　义 |
| --- | --- |
| SW_HIDE | 隐藏当前窗口并激活下一个窗口 |

续表

| 参 数 值 | 含　义 |
| --- | --- |
| SW_MINIMIZE | 将当前窗口最小化并激活下一个窗口 |
| SW_RESTORE | 若当前窗口是最小或最大状态，则恢复到原来的大小和位置 |
| SW_SHOW | 用当前的大小和位置激活并显示当前窗口 |
| SW_SHOWMAXIMIZED | 激活当前窗口并使之最大化 |
| SW_SHOWMINIMIZED | 激活当前窗口并使之最小化 |
| SW_SHOWNORMAL | 激活并显示当前窗口 |

需要说明的是，由于用户应用程序类继承了基类 CWinApp 的特性，因此也可在用户应用程序类中使用公有型（public）成员变量 m_nCmdShow，通过对其进行赋值，同样能达到效果。例如，上述代码可改写为：

```
BOOL CEx_SDIApp::InitInstance()
{	//…
	m_nCmdShow = SW_SHOWMINIMIZED;
	m_pMainWnd->ShowWindow(m_nCmdShow);
	m_pMainWnd->UpdateWindow();
	return TRUE;
}
```

2．用 SetWindowPos 或 MoveWindow 改变窗口的大小和位置

CWnd 中的 SetWindowPos 是一个非常有用的函数，它不仅可以改变窗口的大小、位置，而且还可以改变窗口在堆栈排列的次序（Z 次序），这个次序是根据它们在屏幕出现的先后来确定的。

```
BOOL SetWindowPos( const CWnd* pWndInsertAfter, int x, int y, int cx, int cy, UINT nFlags );
```

其中，参数 pWndInsertAfter 用来指定窗口对象指针，它可以是下列预定义窗口对象的地址：

```
wndBottom		将窗口放置在 Z 次序中的底层
wndTop			将窗口放置在 Z 次序中的顶层
wndTopMost		设置顶层窗口
wndNoTopMost		将窗口放置在所有顶层的后面，若此窗口不是顶层窗口，则此标志无效
```

其中，x 和 y 表示窗口新的左上角坐标；cx 和 cy 分别表示窗口新的宽度和高度；nFlags 表示窗口新的大小和位置方式，如表 4.4 所示。

函数 CWnd::MoveWindow 也可用来改变窗口的大小和位置，与 SetWindowPos 函数不同的是，用户必须在 MoveWindow 函数中指定窗口的大小。

```
void MoveWindow( int x, int y, int nWidth, int nHeight, BOOL bRepaint = TRUE );
void MoveWindow( LPCRECT lpRect, BOOL bRepaint = TRUE );
```

其中，参数 x 和 y 表示窗口新的左上角坐标；nWidth 和 nHeight 表示窗口新的宽度和高度；bRepaint 用于指定窗口是否重绘；lpRect 表示窗口新的大小和位置。

作为示例，这里将使用上述两个函数把主窗口移动到屏幕的(100,100)处（代码添在 CEx_SDIApp::InitInstance 中 return TRUE 语句之前）。

```
// 使用 SetWindowPos 函数的示例
m_pMainWnd->SetWindowPos(NULL,100,100,0,0,SWP_NOSIZE|SWP_NOZORDER);
// 使用 MoveWindow 函数的示例
CRect rcWindow;
m_pMainWnd->GetWindowRect(rcWindow);
m_pMainWnd->MoveWindow(100,100,rcWindow.Width(),rcWindow.Height(),TRUE);
```

当然，改变窗口的大小和位置的 CWnd 成员函数还不止以上两个。例如，CenterWindow 函数是使窗口居于父窗口中央，就像下面的代码：

```
CenterWindow(CWnd::GetDesktopWindow());          // 将窗口置于屏幕中央
AfxGetMainWnd()->CenterWindow();                 // 将主框架窗口居中
```

表 4.4 常用 nFlags 值及其含义

| nFlags 值 | 含 义 |
|---|---|
| SWP_HIDEWINDOW | 隐藏窗口 |
| SWP_NOACTIVATE | 不激活窗口。如该标志没有被指定，则依赖 pWndInsertAfter 参数 |
| SWP_NOMOVE | 不改变当前的窗口位置（忽略 x 和 y 参数） |
| SWP_NOOWNERZORDER | 不改变父窗口的 Z 次序 |
| SWP_NOREDRAW | 不重新绘制窗口 |
| SWP_NOSIZE | 不改变当前的窗口大小（忽略 cx 和 cy 参数） |
| SWP_NOZORDER | 不改变当前窗口的 Z 次序（忽略 pWndInsertAfter 参数） |
| SWP_SHOWWINDOW | 显示窗口 |

## 4.2 创建对话框

在 Visual C++ 应用程序中，创建一个对话框通常有两种方式：一种是直接创建一个基于对话框的应用程序；另一种是在一个应用程序中添加并创建对话框类。若选择第二种方式，则其一般过程是：添加对话框资源→设置对话框的属性→添加和布局控件→创建对话框类→添加对话框代码。

### 4.2.1 创建对话框应用程序

这里先来用“MFC 应用程序向导”创建一个基于对话框的应用程序，如下面的过程：

（1）启动 Visual C++，选择“文件”→“新建”→“项目...”菜单命令或按快捷键 Ctrl+Shift+N 或单击标准工具栏中的按钮，弹出“新建项目”对话框。在左侧“项目类型”栏中选中“MFC”，在右侧的“模板”栏中选中 MFC 应用程序 类型，检查并将项目工作文件夹定位到“D:\Visual C++程序\第 4 章”，在“名称”栏中输入项目名 Ex_Dlg。

（2）单击 确定 按钮，出现“MFC 应用程序向导”欢迎页面。单击 下一步 > 按钮，出现“应用程序类型”页面。选中“基于对话框”应用程序类型，此时右侧的“项目类型”自动选定为“MFC 标准”，如图 4.4 所示。

（3）单击 下一步 > 按钮，出现如图 4.5 所示的“用户界面功能”页面，除了有与文档应用程序相同的“主框架样式”选项外，还可在这里指定对话框标题。

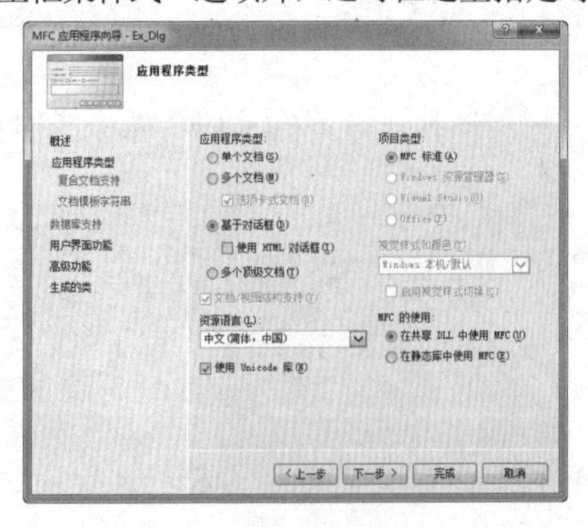


图 4.4 “应用程序类型”页面

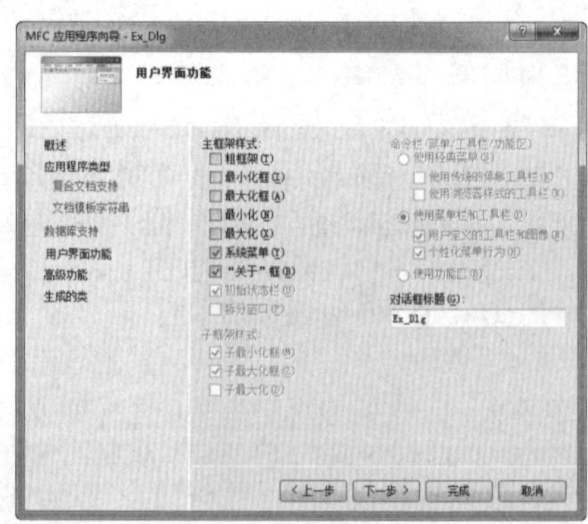


图 4.5 “用户界面功能”页面

（4）保留默认选项，单击[下一步 >]按钮，出现如图 4.6 所示的“高级功能”页面。在这里，允许在程序中加入上下文帮助、自动化、ActiveX 控件、TCP/IP 网络通信、Active Accessibility 以及提供 Windows 公共控件 DLL 的支持等。

（5）保留默认选项，单击[下一步 >]按钮，出现如图 4.7 所示的“生成的类”页面。在这里，可以对向导提供的默认类名、基类名以及各个源文件名进行修改。

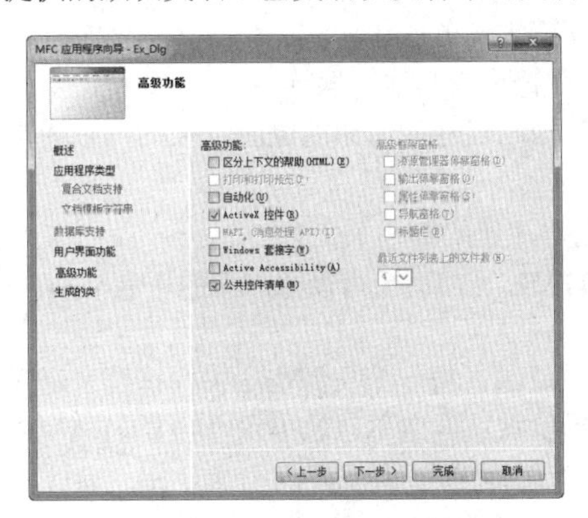

图 4.6　“高级功能”页面

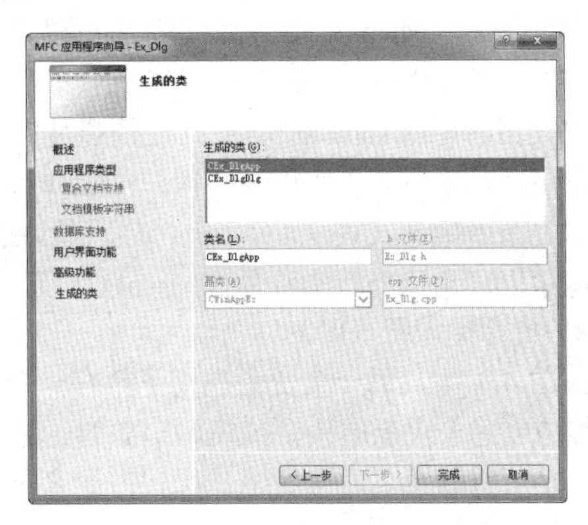

图 4.7　“生成的类”页面

（6）保留默认选项，单击[完成]按钮，系统开始创建，并返回 Visual C++主界面，同时还自动打开对话框资源（模板）编辑器以及控件工具栏、控件布局工具栏等。按快捷键 Ctrl+F5，系统开始编连并运行生成的对话框应用程序可执行文件 Ex_Dlg.exe，运行结果如图 4.8 所示。

图 4.8　Ex_Dlg 运行结果

## 4.2.2　资源和资源标识

在向应用程序添加对话框资源之前，有必要先来理解资源和资源标识的概念。

Visual C++ 将 Windows 应用程序中经常用到的菜单、工具栏、对话框、图标等都视为“资源”，并将其单独存放在一个资源文件中。每个资源都有相应的标识符来表示和区分，并且可以像变量一样进行赋值。

### 1．资源的分类

先用“MFC 应用程序向导”创建一个经典单文档应用程序 Ex_SDI，然后选择“视图”→“资源视图”菜单命令，打开“资源视图”页面，展开所有节点，如图 4.9 所示。可以看出，存放在 Ex_SDI.rc 中的资源可分为下列几类：

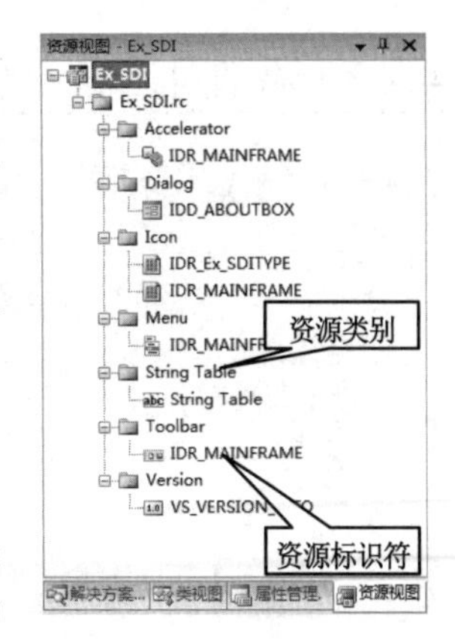


图 4.9　单文档程序的资源

（1）快捷键列表（Accelerator）。一系列组合键的集合，被应用程序用来引发一个动作。该列表一般与菜单命令相关联，用来代替鼠标操作。

（2）对话框（Dialog）。含有按钮、列表框、编辑框等各种控件的窗口。

（3）图标（Icon）。代表应用程序显示在 Windows 桌面上的位图，它同时有 32×32 像素和 16×16 像素两种规格。

（4）菜单（Menu）。用户通过菜单可以完成应用程序的大部分操作。

（5）字符串表（String Table）。应用程序使用的全局字符串或其他标识符。

（6）工具栏（Toolbar）。工具栏外观是以一系列具有相同尺寸的按钮的位图组成的，它通常与一些菜单命令项相对应，用以提高用户的工作效率。

（7）版本信息（Version）。包含应用程序的版本、用户注册码等相关信息。

除了上述常用资源类别外，Visual C++还有指针、HTML 等，甚至可以添加新的资源类别。

**2．资源标识符（ID）**

在图 4.9 中，每一个资源类别下都有一个或多个相关资源，每一个资源均是由标识符来定义的。当添加或创建一个新的资源或资源对象时，系统会为其提供默认的名称，如 IDR_MAINFRAME 等。当然，也可重新命名，一般地，标识符命名规则与变量名基本相同，只是不区分大小写。除此之外，出于习惯，Visual C++还提供了一些常用的定义标识符名称的前缀供用户使用和参考，见表 4.5。

**表 4.5　常用标识符定义的前缀**

| 标识符前缀 | 含　义 |
|---|---|
| IDR_ | 表示快捷键或菜单相关资源 |
| IDD_ | 表示对话框资源 |
| IDC_ | 表示光标资源或控件 |
| IDI_ | 表示图标资源 |
| IDB_ | 表示位图资源 |
| IDM_ | 表示菜单项 |
| ID_ | 表示命令项 |
| IDS_ | 表示字符表中的字符串 |
| IDP_ | 表示消息框中使用的字符串 |

事实上，每一个定义的标识符都保存在应用程序项目的 Resource.h 文件中，它的取值范围为 0～32767。在同一个项目中，资源标识符名称不能相同，不同的标识符的值也不能一样。

## 4.2.3　添加对话框资源

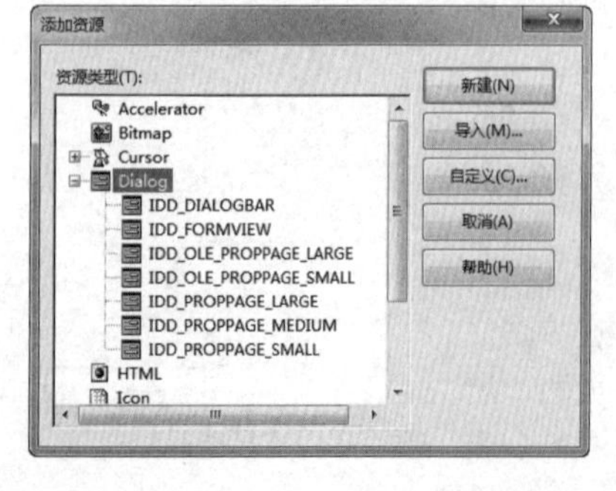


图 4.10　“添加资源”对话框

在一个 MFC 应用程序中添加一个对话框资源，通常按下列步骤进行（这里以经典单文档应用程序 Ex_SDI 为例）：

在工作区窗口任意页面中，选中根节点 Ex_SDI，然后选择“项目”→“添加资源”菜单命令，打开“添加资源”对话框，从中可以看到资源列表中存在 Dialog 项。若单击 Dialog 项左边的“+”号，将展开对话框资源的不同类型选项，如图 4.10 所示，表 4.6 列出了各种类型的对话框资源的不同用途。

其中，[新建(N)] 按钮用来创建一个由“资源类型”列表指定类型的新资源；[自定义(C)...] 按钮用来创建“资源类型”列表中没有的新类型的资源；[导入(M)...] 按钮用于将外部已有的位图、图标、光标或其他定制的资源添加到当前应用程序中。

表 4.6　对话框资源类型

| 类　型 | 说　明 |
|---|---|
| IDD_DIALOGBAR | 对话条，往往和工具条停放在一起 |
| IDD_FORMVIEW | 一个表单（一种样式的对话框），用于表单视图类的资源模板 |
| IDD_OLE_PROPPAGE_LARGE | 一个大的 OLE 属性页 |
| IDD_OLE_PROPPAGE_SMALL | 一个小的 OLE 属性页 |
| IDD_PROPPAGE_LARGE | 一个大属性页，用于属性对话框 |
| IDD_PROPPAGE_MEDIUM | 一个中等大小的属性页，用于属性对话框 |
| IDD_PROPPAGE_SMALL | 一个小的属性页，用于属性对话框 |

对展开的不同类型的对话框资源不做任何选择，选中“Dialog”，单击 新建(N) 按钮，系统就会自动为当前应用程序添加一个对话框资源，并出现如图 4.11 所示的开发环境界面（这个界面和前面创建一个对话框应用程序后出现的界面是一样的）。

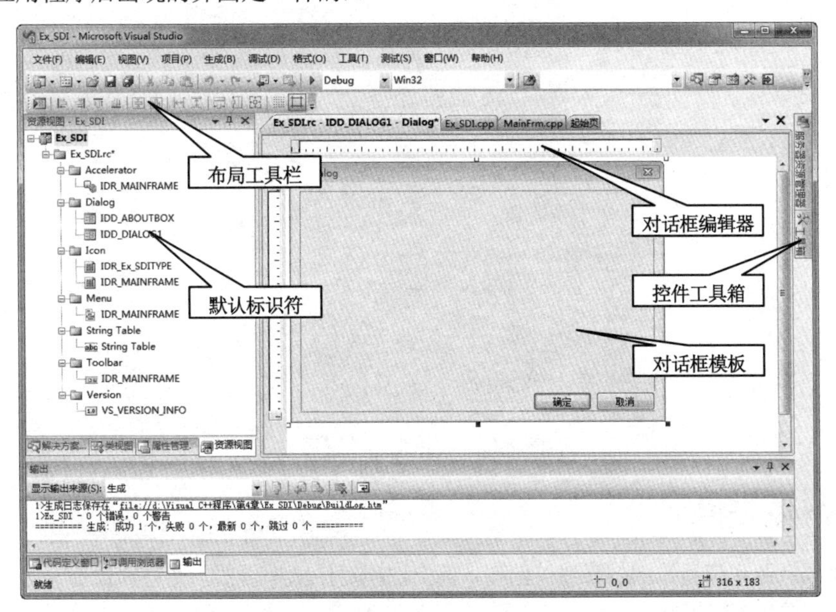


图 4.11　添加对话框资源后的开发环境界面

从中可以看出：

（1）系统为对话框资源自动赋予了一个默认的标识符名称（第一次为 IDD_DIALOG1，以后依次为 IDD_DIALOG2、IDD_DIALOG3……）。

（2）使用通用的对话框模板创建新的对话框资源。对话框的默认标题为 Dialog，有“确定”和“取消”两个按钮，这两个按钮的标识符分别为 IDOK 和 IDCANCEL。

（3）对话框模板资源所在的窗口称为**对话框资源编辑器**，在这里可进行对话框的设计，并可对对话框的属性进行设置。

## 4.2.4　设置对话框属性

在对话框模板中右击鼠标，从弹出的快捷菜单中选择“属性”命令，就会在开发环境右侧出现如

图 4.12 所示的对话框属性窗口。

从中可以看出，对话框具有这几类属性：外观、位置、行为、杂项和字体，其含义等用到时再讨论。需要说明的是：

（1）在图 4.12 所示属性窗口的右上角，有一个自动隐藏图标，单击此图标后，属性窗口隐藏，并在最右侧显示标签“属性”。一旦鼠标移动到该标签时，属性窗口自动滑出，同时自动隐藏图标变成。再次单击自动隐藏图标，则窗口又变成最初的“停靠”状态。

（2）在属性窗口“杂项”下的 ID 属性值框中，可修改对话框默认的标识符 IDD_DIALOG1；在“外观”下的 Caption 属性值框中，可设置对话框的默认标题，如改为“我的第一个对话框”。

（3）单击“字体”下的 Font(Size)属性值框右侧的按钮，弹出“字体”对话框，从中将对话框资源模板内的文本设置成“宋体，常规，9”，以使自己设计的对话框和 Windows 中的对话框保持外观上的一致（这是界面设计的“一致性”原则）。

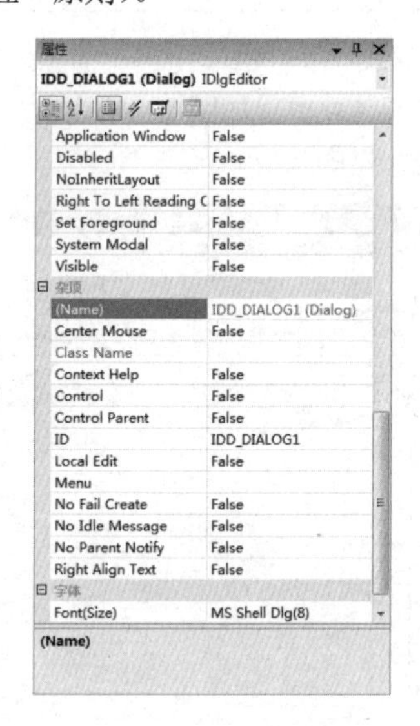


图 4.12　对话框属性窗口

## 4.2.5　添加和布局控件

一旦对话框资源（模板）被打开或被创建，就会出现对话框编辑器，通过它及工具箱可以在对话框中进行控件的添加和布局等操作。

### 1．控件的添加

将鼠标移动到开发环境最右边的“工具箱”标签，稍等片刻后，工具箱自动滑出，通过工具箱的各个工具按钮可以进行控件的添加。需要说明的是，当鼠标指针移开工具箱后，工具箱就会自动隐藏，单击“工具箱”顶部的图标按钮可使工具箱窗口一直停靠在开发环境的右侧。

向对话框资源（模板）添加一个控件的方法有下列几种：

（1）在工具箱中单击要添加的控件，然后将鼠标指针移至对话框资源（模板）中，此时的鼠标箭头在对话框资源（模板）内变成“十”字和控件标记的组合形状。此时，在对话框资源（模板）指定位置处单击鼠标，即可在该位置处添加此控件。

（2）在工具箱中单击要添加的控件，然后将鼠标指针移至对话框资源（模板）中，此时的鼠标箭头在对话框资源（模板）内变成“十”字和控件标记的组合形状。此时，在需要添加的位置处单击并按住鼠标，然后向右下方拖动光标直到控件的大小满意为止，松开鼠标。

（3）在工具箱中单击要添加的控件并按住鼠标，移动鼠标并在需要添加的位置处释放鼠标，控件被添加到当前鼠标位置的对话框资源（模板）中。

（4）在工具箱中双击要添加的控件，相应的控件添加到对话框资源（模板）中，拖动它可以改变其位置。

2．控件的选取

控件的删除、复制和布局操作一般都要先选取控件。选取单个控件时，可有下列方法：

（1）用鼠标直接选取。首先保证在控件工具箱中的选择图标按钮 是被选中的，然后移动鼠标指针至指定的控件上，单击鼠标左键即可。

（2）用 Tab 键选取。在对话框编辑器中，系统会根据控件的添加次序自动设置相应的“Tab 键顺序”。利用 Tab 键，用户可在对话框内的控件中进行选择。每按一次 Tab 键，依次选取对话框中的下一个控件；若按住 Shift 键，再按 Tab 键，则选取上一个控件。

对于多个控件的选取，可采用下列方法：

（1）先在对话框内按住鼠标左键不放，拖出一个大的虚框，然后释放鼠标，则被该虚框包围的控件都将被选取。这个称为“框选”。

（2）先按住 Shift 键不放，然后用鼠标选取控件，直到所需要的多个控件选取之后再释放 Shift 键。若在选取时，对已选取的控件再选取一下，则取消对该控件的选取。

需要注意的是：

（1）一旦单个控件被选取后，其四周由选择框包围着，选择框上还有几个（通常是 8 个）深蓝色实心小方块，称为“尺寸柄”，选中并拖动这些尺寸柄可以改变控件的大小，如图 4.13（a）所示。

（2）多个控件被选取后，其中只有一个控件的选择框有几个蓝色实心小方块，这个控件称为**主导控件**，而其他控件的选择框的小方块是空心的，如图 4.13（b）所示。

重新指定主导控件时，可有下列方法：

（1）多个控件被选取后，按下 Ctrl 键不放，然后用鼠标单击要指定的主导控件即可。

（2）单击当前选定控件的外部以清除当前的选定，重新按下 Shift 键不放，首个选定的控件即为主导控件。

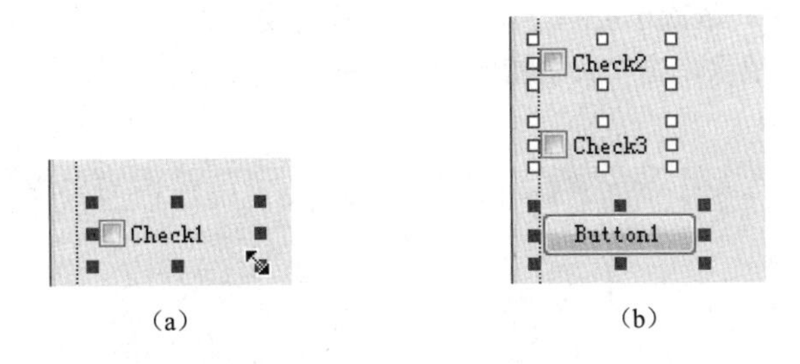


（a）　（b）

图 4.13　单个控件和多个控件的选择框

3．控件的删除、复制和布局

当单个控件或多个控件被选取后，按方向键或用鼠标拖动控件的选择框可移动控件。若在鼠标拖动过程中还按住 Ctrl 键则复制控件。若按 Del 键可将选取的控件删除。当然还有其他一些编辑操作，但这些操作方法和一般的文档编辑器基本相同，这里不再赘述。

对于控件的布局，对话框编辑器中提供了控件布局工具栏，如图 4.14 所示，它可以自动排列对话框内的控件，并能改变控件的大小。

需要说明的是：

（1）随着对话框编辑器的打开，Visual C++开发环境的菜单栏将出现“格式”菜单，它的命令与布局工具基本相对应，而且大部分命令名后面还显示出相应的快捷键，由于它们都是中文的，故这里不再列出。

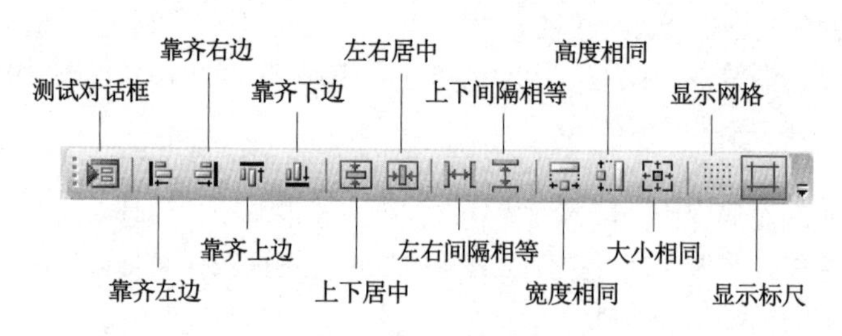


图 4.14 控件布局工具栏

（2）大多数布局控件的命令使用前，都需要用户选取多个控件，且“主导控件”起到了关键作用。例如，用户选取多个控件后，使用“大小相同”命令则将控件的大小改变成“主导控件”的尺寸。因此，在多个控件的布局过程中，常需要按前述的方法重新指定“主导控件”。

（3）为了便于用户在对话框内精确定位各个控件，系统还提供了网格、标尺等辅助工具。图 4.14 所示控件布局工具栏的最后两个按钮分别用来进行网格和标尺的切换。一旦网格显示，添加或移动控件时都将自动定位在网格线上。

**4．测试对话框**

“格式”菜单下的“测试对话框”命令或布局工具栏上的按钮用来模拟所编辑的对话框的运行情况，帮助用户检验对话框是否符合用户的设计要求以及控件功能是否有效等。

**5．操作示例**

下面来向对话框资源（模板）添加 3 个静态文本控件（一个静态文本控件就是一个文本标签）：

（1）单击布局工具栏上的按钮，打开对话框资源（模板）的网格。

（2）在工具箱上，单击 Aa Static Text 按钮，然后在对话框模板左上角单击鼠标左键不放，拖动鼠标至满意位置，释放鼠标按键。这样，第一个静态文本控件就添加到对话框模板中了。

（3）在工具箱上，将 Aa Static Text 按钮拖放到对话框模板中的左中部。这样，第二个静态文本控件就添加到对话框模板中了。同样的操作，将第三个静态文本控件拖放到对话框模板中的左下部。

（4）按住 Shift 键不放，依次单击刚才添加的三个静态文本控件，结果如图 4.15 所示。

（5）在布局工具栏上依次单击“大小相同”按钮、“靠左对齐”按钮、“上下间隔相等”按钮，结果如图 4.16 所示。

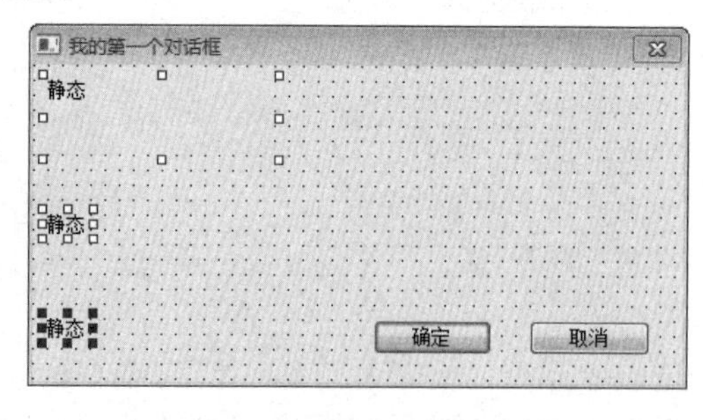


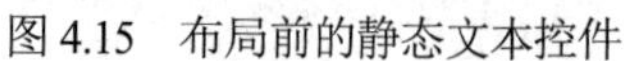
图 4.15 布局前的静态文本控件

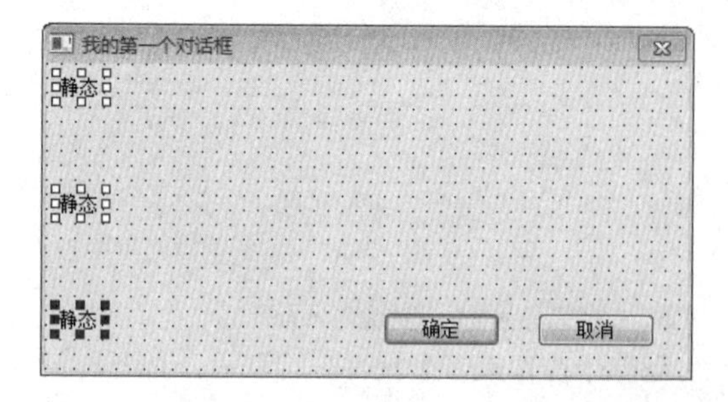


图 4.16 布局后的静态文本控件

## 4.2.6 创建对话框类

在使用对话框前，还必须为该对话框资源（模板）创建一个用户对话框类，其步骤如下：

（1）在对话框资源模板的空白区域（没有其他元素或控件）内双击鼠标左键，或选择“项目”→“添加类”菜单命令，弹出“MFC 类向导”对话框。

（2）将“基类”选为 CDialog，在“类名”框输入类名 COneDlg（注意：要以“C”字母打头，以保持与 Visual C++标识符命名规则一致），如图 4.17 所示，保留其他默认选项，单击 完成 按钮。

图 4.17　“MFC 类向导”对话框

这样，就为应用程序添加了一个新对话框资源 IDD_DIALOG1，并为之生成了一个对话框类 COneDlg。需要说明的是，在前面创建的对话框应用程序 Ex_Dlg 中，创建的对话框资源模板 ID 为 IDD_EX_DLG_DIALOG，为之生成的对话框类是 CEx_DlgDlg。

### 4.2.7　映射 WM_INITDIALOG 消息

WM_INITDIALOG 是在对话框显示之前向父窗口发送的消息。CDialog 类中包含了此消息的映射虚函数 OnInitDialog。一旦建立了它们的关联，系统在对话框显示之前就会调用此函数，因此常将对话框的一些初始化代码添加到这个函数中。

在前面创建的 Ex_Dlg 应用程序项目中，Visual C++自动为其添加了 WM_INITDIALOG 消息的映射函数 OnInitDialog，并自动添加了一系列的初始化代码：

```
BOOL CEx_DlgDlg::OnInitDialog()
{
	CDialog::OnInitDialog();
	//…
	return TRUE;  // 除非将焦点设置到控件，否则返回 TRUE
}
```

但在应用程序中添加的对话框资源，创建的对话框类并不会自动添加该消息的映射函数，这需要手动操作。下面以单文档应用程序 Ex_SDI 添加的 COneDlg 对话框为例说明消息 WM_INITDIALOG 的映射过程：

（1）将工作区窗口切换到“类视图”，展开所有节点，右击 COneDlg 节点，从弹出的快捷菜单中选择“属性”命令，弹出“属性”窗口。

（2）将“属性”窗口切换到“重写”页面，找到并添加要重写（重载）的虚函数 OnInitDialog，如图 4.18 所示。

（3）在 COneDlg::OnInitDialog 函数实现的源代码处添加如下一系列初始化代码：

```
BOOL COneDlg::OnInitDialog()
{
	CDialog::OnInitDialog();
	this->SetWindowText(L"修改标题");
	return TRUE;  // return TRUE unless you set the focus to a control
	// 异常：OCX 属性页应返回 FALSE
}
```

代码中，SetWindowText 是 CWnd 的一个成员函数，用来设置窗口的文本内容。对于对话框来说，它设置的是对话框标题。

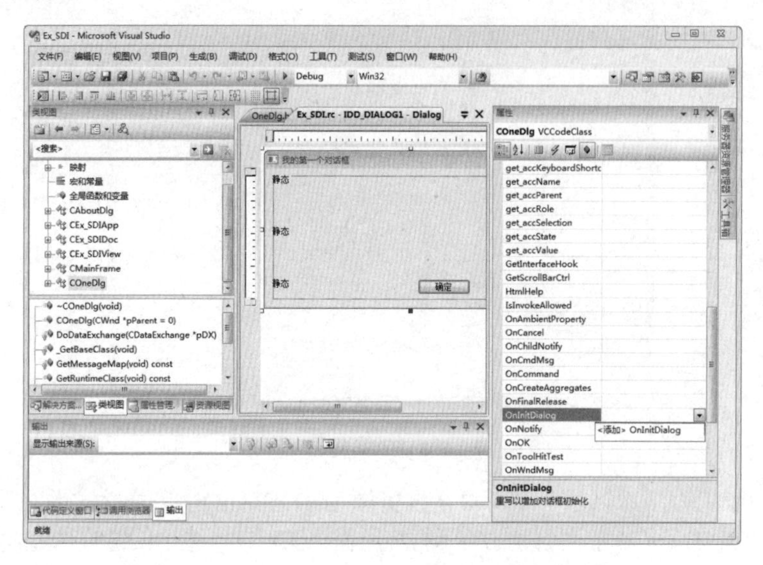


图 4.18　为类 COneDlg 添加 OnInitDialog 函数重载

## 4.3　使用对话框

一旦建立用户对话框类，就可以在程序中定义该类的对象，通过调用基类 CDialog 成员函数 DoModal 模式显示对话框。当然，也可使用基类 CWnd 成员函数 ShowWindow 来显示。

### 4.3.1　在程序中调用对话框

在程序中调用对话框，一般是通过映射事件的消息（如命令消息、鼠标消息、键盘消息等），在映射函数中进行调用。这样，相应事件产生后，就会调用其消息映射函数，从而对话框的调用代码被执行。

由于单文档应用程序包含菜单的用户界面，因而通常将代码添加到菜单命令消息的映射函数中，例如下面过程（仍以上面的 Ex_SDI 项目为例）：

（1）将工作区窗口切换到“资源视图”页面，展开所有节点，双击资源“Menu”项中的 IDR_MAINFRAME，将打开菜单编辑器，相应的 Ex_SDI 项目的菜单资源被显示出来，在菜单的最后一项，留出了一个菜单项的空位置，用来输入新的菜单项，如图 4.19 所示。

需要说明的是，文档程序中的菜单通常是多级联动的，即最上面的水平菜单为**顶层菜单**，每项菜单项都可有一个**下拉**子菜单。

（2）在顶层菜单右边的空位置上单击鼠标左键，进入菜单项编辑状态，输入菜单项标题“对话框(&D)”（双引号不输入），其中符号&用来将其后面的字符 D 作为该菜单项的助记符，这样当按住 Alt 键不放，再敲击该助记符键 D 时，对应的菜单项就会被选中，或在菜单打开时，直接按相应的助记符键 D，对应的菜单项也会被选中。

（3）同样，在“对话框(&D)”菜单下的空位置处单击鼠标，再次单击空位置处进入菜单项编辑状态，输入菜单项标题“第一个对话框(&F)”（双引号不输入），在菜单项最前面单击鼠标完成该子菜单的标题输入。

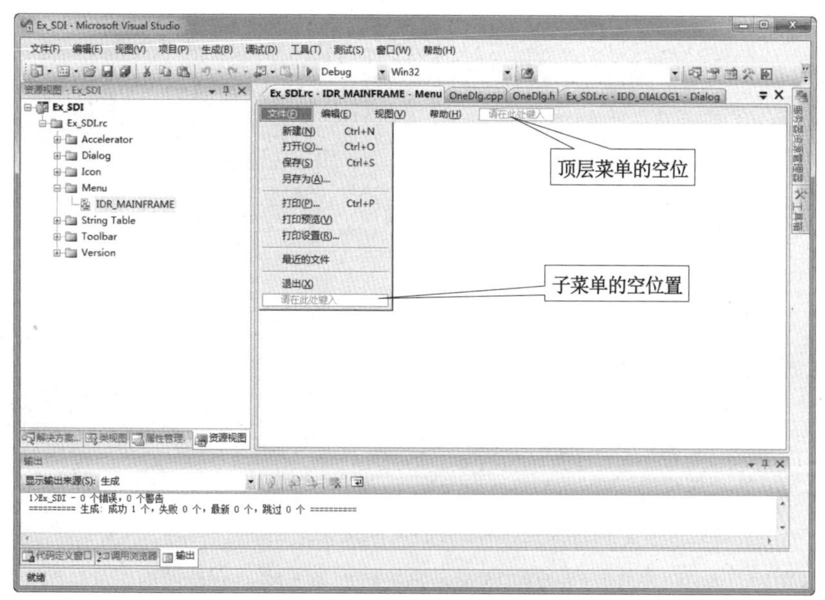


图 4.19　Ex_SDI 菜单资源

（4）双击子菜单项“第一个对话框(&F)”，打开菜单编辑器的“属性”窗口，将“杂项”中的 ID 属性值 ID_32771 改为 ID_DLG_FIRST。关闭“属性”窗口，用鼠标将新添加的菜单项拖放到“视图”和“帮助”菜单项之间，如图 4.20 所示。

图 4.20　菜单项“对话框”拖放后的位置

（5）将工作区窗口切换到“类视图”页面，右击 CEx_SDIView 节点，从弹出的快捷菜单项中选择“属性”命令，弹出其“属性”窗口。

（6）将“属性”窗口切换至“事件”页面，可以看到“菜单命令”项下的 ID_DLG_FIRST 节点，展开它，出现 COMMAND 和 UPDATE_COMMAND（更新命令消息，以后再讨论）消息。在 COMMAND 消息右侧栏单击鼠标，从中可以输入映射处理的函数名称（输完按 Enter 键），或者单击右侧的下拉按钮▾，从弹出的下拉项中选择“添加 OnDlgFirst”（默认处理函数名称），如图 4.21 所示。

（7）在 CEx_SDIView::OnDlgFirst 函数实现的源代码处添加下列代码：

```
void CEx_SDIView::OnDlgFirst()
{
        COneDlg dlg;
        dlg.DoModal();
}
```

代码中，DoModal 是基类 CDialog 成员函数，用来将对话框按模式方式来显示（后面还会讨论）。

（8）在 CEx_SDIView 类的实现文件 Ex_SDIView.cpp 的前面，即将刚才添加代码的文档窗口滚动到最前面，添加 COneDlg 类的头文件包含，即：

```
#include "stdafx.h"
//…
#include "Ex_SDIView.h"
#include "OneDlg.h"
```

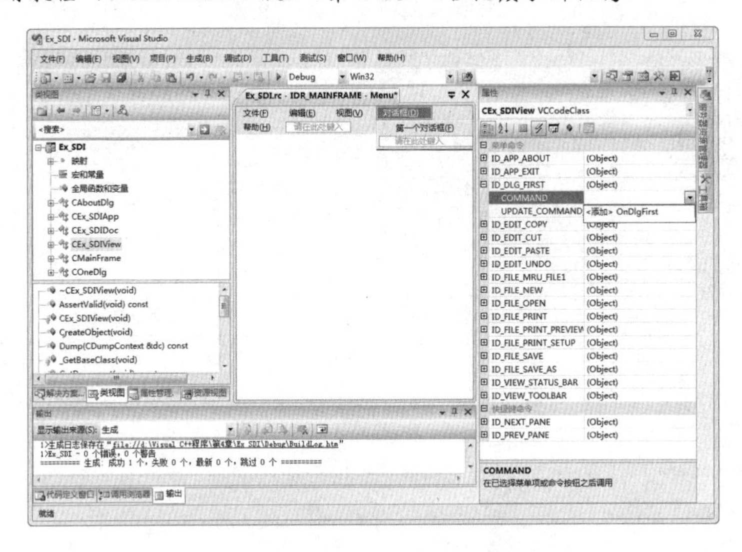

图 4.21　添加事件处理的映射函数

（9）编译并运行。在应用程序菜单上，选择“对话框”→“第一个对话框”菜单项，弹出如图 4.22 所示的对话框，这就是前面添加并创建的对话框。

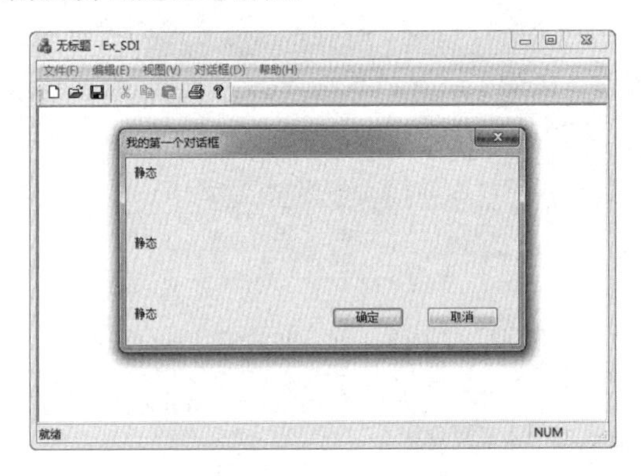

图 4.22　运行测试的结果

## 4.3.2　使用无模式对话框

上述通过 DoModal 成员函数来显示的对话框称为**模式对话框**。所谓“模式对话框”，是指当对话框被弹出后，用户必须在对话框中做出相应的操作，在退出对话框之前，对话框所在应用程序的其他操作不能继续执行。

模式对话框的应用范围较广，一般情况下，模式对话框会有 确定 （OK）和 取消 （Cancel）按钮。单击 确定 按钮，系统认定用户在对话框中的选择或输入有效，对话框退出；单击 取消 按钮，对话框中的选择或输入无效，对话框退出，程序恢复原有状态。

事实上，对话框还可以用“非模式”方式来显示，称为**非模式对话框**（或称**无模式对话框**）。所谓“非模式对话框”，是指当对话框被弹出后，一直保留在屏幕上，用户可继续在对话框所在的应用程序中进行其他操作；当需要使用对话框时，只需像激活一般窗口一样单击对话框所在的区域即可。当然，“非模式”方式还要涉及对话框的其他一些编程工作。

【例 Ex_Modeless】　创建并使用无模式对话框。

（1）用“MFC 应用程序向导”创建一个经典单文档应用程序 Ex_Modeless。添加一个默认的对话框资源，标识符仍用默认的 IDD_DIALOG1，在其属性窗口中将其标题（Caption 属性）设为“无模式对话框”，对话框的字体和大小设为“宋体，常规，9 号”。

（2）为 IDD_DIALOG1 对话框资源创建一个从基类 CDialog 派生的对话框类 CLessDlg。将工作区窗口切换到“类视图”页面，展开所有节点，右击 CLessDlg，从弹出的快捷菜单中选择“属性”命令，弹出其“属性”窗口。

（3）将“属性”窗口切换到“事件”页面，找到并展开 IDOK 节点，在其下找到并添加 BN_CLICKED 事件的默认处理函数 OnBnClickedOk，添加下列代码：

```
void CLessDlg:: OnBnClickedOk()
{
    // 添加其他代码，使用户输入对话框的数据有效
    DestroyWindow();                    // 终止对话框显示
    delete this;                        // 删除对话框，释放内存空间
    //  OnOK();                         // 去除默认的处理
}
```

代码中，DestroyWindow 是对话框基类 CWnd 的一个成员函数，用来终止窗口。

（4）类似地，在 CLessDlg 类添加[取消]按钮（标识符为 IDCANCEL）的 BN_CLICKED 事件默认的处理函数 OnBnClickedCancel，并添加下列代码：

```
void CLessDlg:: OnBnClickedCancel()
{
    // 添加其他释放代码
    DestroyWindow();                    // 终止对话框显示
    delete this;                        // 删除对话框，释放内存空间
    //  OnCancel();                     // 去除默认的处理
}
```

（5）将工作区窗口切换到“资源视图”页面，打开 IDR_MAINFRAME 菜单资源。在菜单“查看”与“帮助”之间添加一个“对话框(&D)”顶层菜单项，并在其下添加一个子菜单项，标题（Caption）为“无模式对话框(&M)”，资源标识 ID 设为 ID_DLG_MODELESS。

（6）打开 CEx_ModelessView 类“属性”窗口，在“事件”页面中添加 ID_DLG_MODELESS 的 COMMAND 消息映射，保留默认的事件处理函数名 OnDlgModeless，并添加下列代码：

```
void CEx_ModelessView::OnDlgModeless()
{
    CLessDlg *pDlg = new CLessDlg;      // 使用 new 来为对话框分配内存空间
    pDlg->Create( IDD_DIALOG1 );        // 创建对话框
    pDlg->ShowWindow( SW_NORMAL );      // 显示对话框
}
```

代码中，Create 函数可以用来以一个对话框资源来创建对话框；ShowWindow 是一个 CWnd 成员函数，用来显示对话框；SW_NORMAL 用来指定将窗口显示成一般常用的状态。

（7）在 CEx_ModelessView 类的实现文件 Ex_ModelessView.cpp 的前面，即将刚才添加代码的文档窗口滚动到最前面，添加 CLessDlg 类的头文件包含，即：

```
#include "stdafx.h"
//…
#include "Ex_ModelessDoc.h"
#include "Ex_ModelessView.h"
#include "LessDlg.h"
```

（8）编译并运行。在应用程序菜单上，多次选择“对话框”→“第一个对话框”菜单项，将会在同一个位置中出现多个对话框，拖动这些对话框到适当位置，如图 4.23 所示。

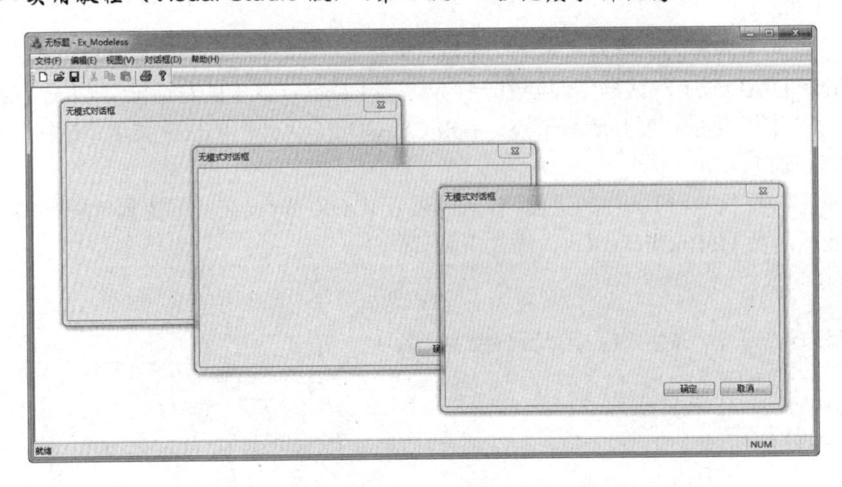


图 4.23　无模式对话框显示的结果

从上述示例可以看出，模式和无模式对话框在用编辑器设计、事件映射和使用“MFC 类向导”创建用户对话框类的方法是一致的，但对话框的创建和退出的方式是不同的。在创建时，模式对话框由系统自动分配内存空间，因此在对话框退出时，对话框对象自动删除；而无模式对话框则需要用户来指定内存以及创建和显示的代码，退出时还需自己添加代码来删除对话框对象。

## 4.4　通用对话框和消息对话框

从上面示例可以得知，使用对话框编辑器和“MFC 类向导”可以创建自己的对话框类。但事实上，MFC 还提供了一些通用对话框以及消息对话框供用户在程序中直接调用。

### 4.4.1　通用对话框

Windows 提供了一组标准用户界面对话框，它们都有相应的 MFC 库中的类来支持。或许大家早已熟悉了这些对话框的全部或大部分，因为许多基于 Windows 的应用程序其实早已使用过它们，这其中就包括 Visual C++。MFC 对这些通用对话框所构造的类都是从一个公共的基类 CCommonDialog 派生而来的。表 4.7 列出了这些通用对话框类。

表 4.7　MFC 的通用对话框类

| 对 话 框 | 用　途 |
| --- | --- |
| CColorDialog | “颜色”对话框，用来选择或创建颜色 |
| CFileDialog | “文件”对话框，用来打开或保存一个文件 |
| CFindReplaceDialog | “查找和替换”对话框，用来查找或替换指定字符串 |
| CPageSetupDialog | “页面设置”对话框，用来设置页面参数 |
| CFontDialog | “字体”对话框，用来从列出的可用字体中选择一种字体 |
| CPrintDialog | “打印”对话框，用来设置打印机的参数及打印文档 |

这些对话框都有一个共同特点：它们都只是获取信息，但并不对信息做处理。例如，“文件”对话框可用来选择一个用于打开的文件，但它实际上只是给程序提供了一个文件路径名，用户的程序必须调用相应的成员函数才能打开文件。类似地，“字体”对话框只是填充一个描述字体的逻辑结构，但它并不创建字体。

在程序中可直接使用这些通用对话框。使用时先定义通用对话框类对象，然后通过类对象调用成员函数 DoModal，当 DoModal 返回 IDOK 后，对话框类的属性获取才会有效（通用对话框的详细用法在以后的章节中将陆续介绍）。

## 4.4.2　消息对话框

消息对话框是最简单的一类对话框，它只是用来显示信息的。在 Visual C++的 MFC 类库中就提供相应的函数实现这样的功能，使用时，直接在程序中调用它们即可。它们的函数原型如下：

```
int AfxMessageBox( LPCTSTR lpszText, UINT nType = MB_OK, UINT nIDHelp = 0 );
int MessageBox( LPCTSTR lpszText, LPCTSTR lpszCaption = NULL, UINT nType = MB_OK );
```

这两个函数都是用来创建和显示消息对话框的，它们和 Win32 API 函数 MessageBox 有所不同。MFC 类的 AfxMessageBox 是全程函数，可以用在任何地方；而 MessageBox 只能在控件、对话框、窗口等一些窗口类中使用。

这两个函数都是返回用户按钮选择的结果，其中，当为 IDOK 时表示用户单击“确定”按钮。参数 lpszText 表示在消息对话框中显示的字符串文本；lpszCaption 表示消息对话框的标题，为 NULL 时使用默认标题；nIDHelp 表示消息的上下文帮助 ID 标识符；nType 表示消息对话框的图标类型以及所包含的按钮类型，这些类型是用 MFC 预先定义的一些标识符来指定的，例如 MB_ICONSTOP、MB_YESNOCANCEL 等，具体见表 4.8 和表 4.9。

表 4.8　消息对话框常用图标类型

| 图标类型 | 含　义 |
|---|---|
| MB_ICONHAND、MB_ICONSTOP、 MB_ICONERROR | 用来表示 ✖ |
| MB_ICONQUESTION | 用来表示 ? |
| MB_ICONEXCLAMATION、MB_ICONWARNING | 用来表示 ⚠ |
| MB_ICONASTERISK、MB_ICONINFORMATION | 用来表示 ℹ |

表 4.9　消息对话框常用按钮类型

| 按钮类型 | 含　义 |
|---|---|
| MB_ABOUTRETRYIGNORE | 表示含有“关于”“重试”“忽略”按钮 |
| MB_OK | 表示含有“确定”按钮 |
| MB_OKCANCEL | 表示含有“确定”“取消”按钮 |
| MB_RETRYCACEL | 表示含有“重试”“取消”按钮 |
| MB_YESNO | 表示含有“是”“否”按钮 |
| MB_YESNOCANCEL | 表示含有“是”“否”“取消”按钮 |

在使用消息对话框时，图标类型和按钮类型的标识可使用按位或运算符“|”来组合，例如下面的代码框架中，MessageBox 将产生如图 4.24 所示的结果。

```
int nChoice = MessageBox("你喜欢 Visual C++吗？","提问", MB_OKCANCEL|MB_ICONQUESTION);
if (nChoice == IDYES)
{
	//…
}
```

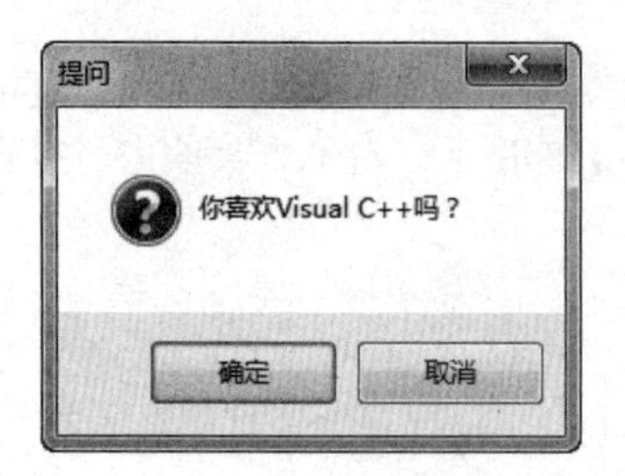


图 4.24　消息对话框

在 Visual C++中，对界面的设计均提供了“所见即所得”的编辑器，这使得操作变得非常简单。同时，不要忘记将项目“常规”配置中的“字符集”属性改为“使用多字节字符集”，并根据界面的需要将 stdafx.h 文件最后面内容中的#ifdef _UNICODE 行和最后一个#endif 行删除（不删除为经典界面，删除为当前 Windows 界面）。

第 5 章将讨论构成对话框界面的必备元素——“控件”。

# 第5章 常用控件

控件是在系统内部定义的用于和用户交互的基本单元。在所有的控件中，根据它们的使用及MFC对其支持的情况，可以把控件分为Windows一般控件（即早期的如编辑框、列表框、组合框和按钮等）、通用控件（如列表视图、树视图等控件）和MFC扩展控件（如IP地址控件）。本章重点介绍Windows应用程序中经常使用的控件，主要有静态控件、按钮、编辑框、列表框、组合框、滚动条、进展条、旋转按钮控件、滑动条、计时器和日期时间控件等。

## 5.1 创建和使用控件

在MFC应用程序中使用控件不仅简化编程，还能完成常用的各种功能。为了更好地发挥控件作用，还必须理解和掌握控件的属性、消息、变量，以及创建和使用的方法。

### 5.1.1 控件的创建方式

控件的创建方式有以下两种。一种是可视化方式，即在对话框模板中用编辑器指定控件，也就是说，将对话框看作控件的父窗口。这样做的好处是显而易见的，因为当应用程序启动该对话框时，Windows系统就会为对话框创建控件；而当对话框消失时，控件也随之自动清除。

另一种是编程方式，即调用MFC相应控件类的成员函数Create来创建，并在Create函数中指定控件的父窗口指针。例如，下面的示例过程。

**【例Ex_Create】** 使用编程方式来创建一个按钮。

（1）启动Visual C++，选择“文件”→“新建”→“项目...”菜单命令或按快捷键Ctrl+Shift+N或单击标准工具栏中的按钮，弹出“新建项目”对话框。在左侧“项目类型”中选中“MFC”，在右侧的“模板”栏中选中“MFC 应用程序”类型，检查并将项目工作文件夹定位到“D:\Visual C++程序\第5章”，在“名称”栏中输入项目名Ex_Create。

（2）单击“确定”按钮，出现“MFC应用程序向导”欢迎页面，单击“下一步 >”按钮，出现“应用程序类型”页面。选中“基于对话框”应用程序类型，此时右侧的“项目类型”自动选定为“MFC标准”，保留其他默认选项，单击“完成”按钮，系统开始创建，并又回到了Visual C++主界面。这样，一个默认的基于对话框的应用程序项目Ex_Create就创建好了。同时，不要忘记将项目“常规”配置中的“字符集”属性改为“使用多字节字符集”，并将stdafx.h文件最后面内容中的#ifdef _UNICODE行和最后一个#endif行删除。

（3）将工作区窗口切换到“类视图”页面，展开Ex_Create所有的类节点，右击CEx_CreateDlg类名，从弹出的快捷菜单中选择“添加”→“添加变量”命令，弹出“添加成员变量向导”对话框，如图5.1所示。在“变量类型”框加输入CButton（MFC按钮类），在“变量名”框中输入要定义的CButton类对象名m_btnWnd。注意：对象名通常以“m_”作为开头，表示“成员”（member）的意思。保留其他默认选项，单击“完成”按钮，向导开始添加。

需要说明的是，在MFC中，每一种类型的控件都用相应的类来封装。例如，编辑框控件的类是CEdit，按钮控件的类是CButton，通过这些类创建的对象来访问其成员，从而实现控件的相关操作。

（4）在工作区窗口的“类视图”页面中，双击CEx_CreateDlg类“成员”窗格中的OnInitDialog函数名节点，在打开的函数定义中添加下列代码（“return TRUE;”语句之前添加）：

```
BOOL CEx_CreateDlg::OnInitDialog()
{
    CDialog::OnInitDialog();
    //…
    m_btnWnd.Create("你好", WS_CHILD | WS_VISIBLE | BS_PUSHBUTTON | WS_TABSTOP,
                CRect(20, 20, 120, 40), this, 201);          // 创建
    CFont *font = this->GetFont();                           // 获取对话框的字体
    m_btnWnd.SetFont(font);                                  // 设置控件字体
    return TRUE;  // 除非将焦点设置到控件，否则返回 TRUE
}
```

分析和说明：

① 以前曾说过，由于 OnInitDialog 函数在对话框初始化时被调用，因此将对话框中的一些初始化代码都添加在此函数中。

② 由于 Windows 操作系统使用的是图形界面，因此在 MFC 中，对于每种界面元素的几何大小和位置常使用 CPoint 类（点）、CSize 类（大小）和 CRect 类（矩形）来描述（以后还会讨论）。

③ 代码中，CButton 类成员函数 Create 用来创建按钮控件。该函数第 1 个参数用来指定按钮的标题文本（宽字符串）。第 2 个参数指定按钮控件的样式，其中 BS_PUSHBUTTON（以 BS_开头的）是按钮类封装的预定义样式，表示创建的是按键按钮。WS_CHILD（子窗口）、WS_VISIBLE（可见）、WS_TABSTOP（可用 Tab 键选择）等都是 CWnd 类封装的预定义窗口样式，它们都可以直接引用，当多个样式指定时，需要使用**按位或运算符**“|”来连接。第 3 个参数用来指定它在父窗口中的位置和大小。第 4 个参数用来指定父窗口指针。最后一个参数指定该控件的标识值。

④ 由于按钮是作为对话框的一个子窗口来创建的，因此 WS_CHILD 样式是必不可少的，且还要使用 WS_VISIBLE 使控件在创建后显示出来。

⑤ 编译并运行，结果如图 5.2 所示。

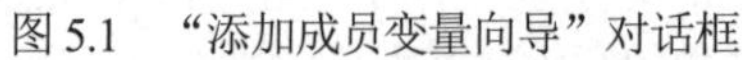

图 5.1 “添加成员变量向导”对话框

图 5.2 Ex_Create 运行结果

从以上可以看出，控件编程创建方法是使用各自封装的类的 Create 成员来创建，其最大的优点就是能动态创建，但它涉及的编程代码比较复杂，且不能发挥对话框编辑器可视化的优点，故在一般情况下都采用第一种方法，即在对话框模板中用编辑器指定控件。

## 5.1.2 控件的消息及消息映射

应用程序创建控件后，当控件的状态发生改变（例如，用户利用控件进行输入）时（产生事件），

控件就会向其父窗口发送消息，这个消息称为“通知消息”。对于 Windows 通用控件来说，其通知消息是一条 WM_NOTIFY 消息；而对于一般控件来说，其通知消息（如按钮的单击事件产生的通知消息 BN_CLICKED）却是按 WM_COMMAND 消息形式发送的。

1．映射控件消息

不管是什么控件消息，一般都可以在对话框“属性”窗口的“事件”页面添加对它们事件所产生消息的映射处理函数，如下面的过程：

（1）将工作区窗口切换到“资源视图”页面，展开所有资源节点，双击 Dialog 资源类别下的标识 IDD_EX_CREATE_DIALOG，打开 Ex_Create 项目的对话框资源（模板）。

（2）选中“TODO: 在此放置对话框控件。”控件，按 Delete 键删除。从控件工具箱中拖放添加一个按钮控件，如图 5.3 所示，保留其默认属性。

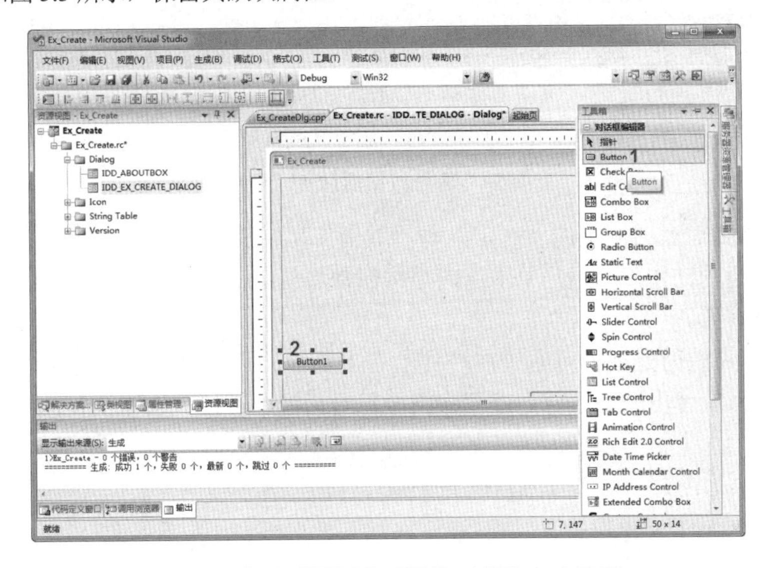

图 5.3 向对话框资源（模板）中添加一个按钮

（3）在对话框资源（模板）空白处右击鼠标，从弹出的快捷菜单中选择“属性”命令，弹出其“属性”窗口，在该窗口上部单击事件按钮，将其切换到“事件”页面，找到并展开 IDC_BUTTON1 节点，可以看到该节点下可映射的事件所产生的消息列表。

（4）在 BN_CLICKED 消息右侧栏单击鼠标，然后单击右侧的下拉按钮，从弹出的下拉项中选择“添加 OnBnClickedButton1”（默认处理函数名称），如图 5.4 所示。

（5）此时自动转向文档窗口，并定位到 CEx_CreateDlg::OnBnClickedButton1 函数实现的源代码处。关闭对话框资源（模板）的“属性”窗口，添加下列代码：

```
void CEx_CreateDlg::OnBnClickedButton1()
{
	MessageBox("你按下了\"Button1\"按钮！");
}
```

（6）编译并运行，当单击 Button1 按钮时，就会执行 OnBnClickedButton1 函数，弹出一个消息对话框，显示“你按下了"Button1"按钮！”内容。

这就是一个按钮的 BN_CLICKED 消息的映射处理过程，其他控件的消息映射处理也可类似进行。需要说明的是：

① 不同资源对象（控件、菜单命令等）所产生的消息是不相同的。例如，按钮控件 IDC_BUTTON1 的通知消息最常用的有两个：BN_CLICKED 和 BN_DOUBLECLICKED，分别表示当用户单击或双击该按钮时事件所产生的通知消息。

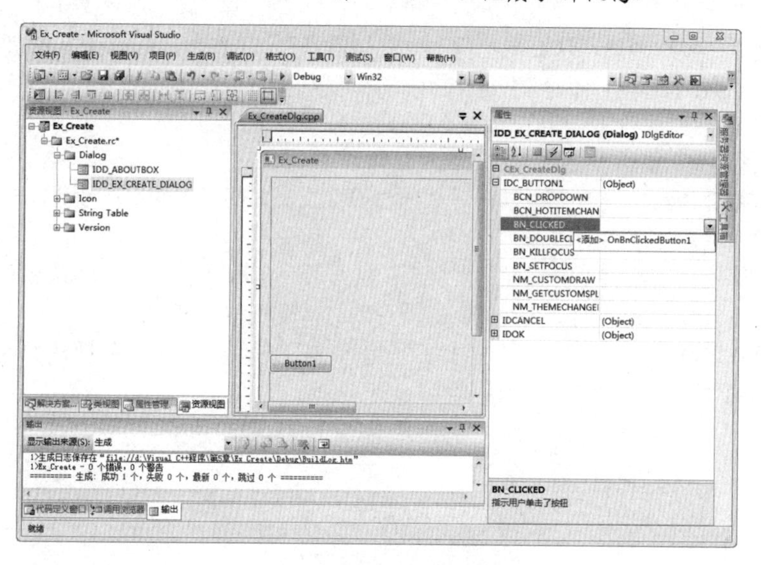


图 5.4　添加按钮消息映射函数

② 一般不需要对对话框中的“确定”与“取消”按钮进行消息映射处理，因为系统已自动设置了这两个按钮的动作，当用户单击这两个按钮都将自动关闭对话框，且“确定”按钮动作还使得对话框数据有效。

③ 控件的消息映射处理也可通过在控件上右击鼠标，从弹出的快捷菜单中选择“添加事件处理程序”命令，在弹出的“事件处理程序向导”对话框中进行，如图5.5所示。

图 5.5　“事件处理程序向导”对话框

**2. 映射控件通用消息**

上述过程是映射一个控件的某一个消息，事实上也可以通过 WM_COMMAND 消息处理虚函数 OnCommand 的重写（重载）来处理一个或多个控件的通用消息，如下面的过程：

（1）将工作区窗口切换到“类视图”页面，右击 CEx_CreateDlg 类节点，从弹出的快捷菜单中选择“属性”命令，弹出其“属性”窗口，在该窗口上部单击“重写”按钮，将其切换到“重写”页面，找到 OnCommand，在其右侧栏单击鼠标，然后单击右侧的下拉按钮，从弹出的下拉项中选择“添加 OnCommand”（默认处理函数名称），如图5.6所示，这样 OnCommand 虚函数重写（重载）函数就添加好了。

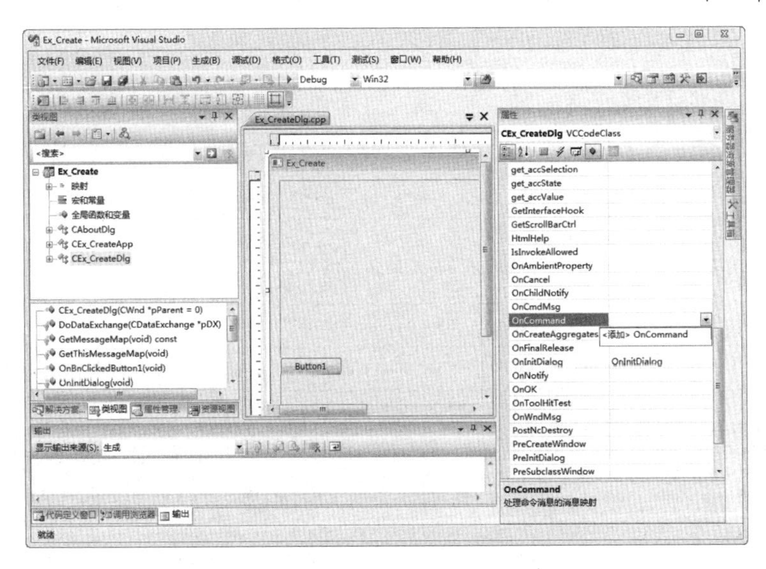


图 5.6　添加 OnCommand 虚函数的重写（重载）

（2）此时自动转向文档窗口，并定位到 CEx_CreateDlg::OnCommand 函数实现的源代码处。关闭“属性”窗口，添加下列代码：

```
BOOL CEx_CreateDlg::OnCommand(WPARAM wParam, LPARAM lParam)
{
    WORD   nCode   = HIWORD(wParam);                // 控件的通知消息
    WORD   nID     = LOWORD(wParam);                // 控件的 ID
    if ((nID == 201)&&(nCode == BN_CLICKED))
        MessageBox("你按下了\"你好\"按钮！");
    if ((nID == IDC_BUTTON1)&&(nCode == BN_CLICKED))
        MessageBox("这是在 OnCommand 处理的结果！");
    return CDialog::OnCommand(wParam, lParam);
}
```

需要说明的是，对于 WM_COMMAND 消息来说，这条消息的 wParam 参数的低位字中含有控件标识符，wParam 参数的高位字则为通知代码，lParam 参数则是指向控件的句柄。

（3）编译并运行。当单击如图 5.2 所示对话框中的 你好 按钮时，弹出消息对话框，显示“你按下了"你好"按钮！”内容。

需要说明的是：

① 在 MFC 中，资源都是用其 ID 来标识的，而各资源的 ID 本身就是数值，因此上述代码中，201 和 IDC_BUTTON1 都是程序中用来标识按钮控件的 ID，201 是前面创建控件时指定的 ID 值。

② 在上述编写的代码中，Button1 按钮的 BN_CLICKED 消息用不同的方式处理了两次，即同时存在两种函数 OnButton1 和 OnCommand，因此若单击 Button1 按钮，系统会先执行哪一个函数呢？测试的结果表明，系统首先执行 OnCommand 函数，然后执行 OnButton1 代码。之所以还能执行 OnButton1 函数代码，是因为 OnCommand 函数的最后一句代码“return CDialog::OnCommand(wParam, lParam);”，它将控件的消息交由对话框其他函数处理。

## 5.1.3　控件类和控件对象

一旦创建控件后，有时就需要使用控件进行深入编程。控件在使用之前需获得该控件的类对象指针或映射一个对象，然后通过该指针或对象来引用其成员函数进行操作。表 5.1 列出了 MFC 封装的常用控件类。

表 5.1 常用控件类

| 控件名称（工具箱中的名称） | MFC 类 | 功 能 描 述 |
|---|---|---|
| 静态控件（多个，后面再讨论） | CStatic | 用来显示一些几乎固定不变的文字或图形 |
| 按钮（Button） | CButton | 用来产生某些命令或改变某些选项，包括单选按钮、复选框和组框 |
| 编辑框（Edit Control） | CEdit | 用于完成文本和数字的输入和编辑 |
| 列表框（List Box） | CListBox | 显示一个列表，让用户从中选取一个或多个项 |
| 组合框（Combo Box） | CComboBox | 是一个列表框和编辑框组合的控件 |
| 滚动条（2 个，后面再讨论） | CScrollBar | 通过滚动块在滚动条上的移动和滚动按钮来改变某些量 |
| 进展条（Progress Control） | CProgressCtrl | 用来表示一个操作的进度 |
| 滑动条（Slider Control） | CSliderCtrl | 通过滑动块的移动来改变某些量，并带有刻度指示 |
| 旋转按钮控件（Spin Control） | CSpinButtonCtrl | 带有一对反向箭头的按钮，单击这对按钮可增加或减少某个值 |
| 日期时间控件（Date Time Picker） | CDateTimeCtrl | 用于选择指定的日期和时间 |
| 图像列表（无） | CImageList | 一个具有相同大小的图标或位图的集合 |
| 标签控件（Tab Control） | CTabCtrl | 类似于一个笔记本的分隔器或一个文件柜上的标签，使用它可以将一个窗口或对话框的相同区域定义为多个页面 |

在 MFC 中，获取一个控件的类对象指针是通过 CWnd 类的成员函数 GetDlgItem 来实现的，它具有下列原型：

```
CWnd* GetDlgItem( int nID ) const;
void GetDlgItem( int nID, HWND* phWnd) const;
```

在 C++中允许同一个类中出现同名的成员函数，只是这些同名函数的形参类型或形参个数必定各不相同（为叙述方便，这些同名函数从上到下依次称为第 1 版本、第 2 版本……）。其中，nID 用来指定控件或子窗口的 ID 值，第 1 版本是直接通过函数来返回 CWnd 类指针，而第 2 版本是通过函数形参 phWnd 来返回其句柄指针。

需要说明的是，由于 CWnd 类是通用的窗口基类，因此想要调用实际的控件类及其基类成员，还必须将其进行类型的强制转换。例如，下面的代码：

```
CButton* pBtn = (CButton*)GetDlgItem(IDC_BUTTON1);
```

由于 GetDlgItem 获取的是类对象指针，因而它可以用到程序的任何地方，且可多次使用，并可对同一个控件定义不同的对象指针，均可对指向的控件操作有效。事实上，在父窗口类，还可为控件或子窗口定义一个成员变量，通过它也能引用其成员函数进行操作。

与控件关联的变量可通称为**控件变量**。在 MFC 中，控件变量分为两种类型：一种是用于操作的控件类对象，另一种是用于存取的数据变量。它们都是与控件或子窗口进行绑定的，但 MFC 只允许每种类型仅能绑定一次。下面就来看一个示例。

**【例 Ex_Member】** 使用控件变量。

（1）创建一个默认的对话框应用程序 Ex_Member。将项目“常规”配置中的“字符集”属性改为“使用多字节字符集”，并将 stdafx.h 文件最后面内容中的#ifdef _UNICODE 行和最后一个#endif 行删除。

（2）在打开的对话框资源模板中，删除“TODO: 在此放置对话框控件。”静态文本控件，将 确定 和 取消 按钮向对话框左边移动一段位置，然后将鼠标移至对话框资源模板右下角的实心深蓝色方块处，拖动鼠标，将对话框资源模板的大小缩小一些（大小调到 230 x 120）。

（3）在对话框资源（模板）的左边添加一个编辑框控件和一个按钮控件，保留其默认属性，并将其布局得整齐一些。如图 5.7 所示。

（4）将工作区窗口切换到“类视图”，展开所有节点，右击 CEx_MemberDlg 节点，从弹出的快捷菜单中选择"添加"→"添加变量"命令，弹出"添加成员变量向导"对话框，选中"控件变量"选项，在"控件 ID"组合框的列表项中可以看到刚才添加的控钮和编辑框的标识符 IDC_BUTTON1 及 IDC_EDIT1。选定按钮控件标识符 IDC_BUTTON1，保留其他默认选项，在"变量名"框中输入 m_btnWnd，如图 5.8 所示，单击 完成 按钮，向导开始添加（也可在按钮控件 IDC_BUTTON1 上右击鼠标，从弹出的快捷菜单中选择"添加变量"命令，弹出"添加成员变量向导"对话框，从中可以添加其控件变量）。

图 5.7 添加编辑框和按钮

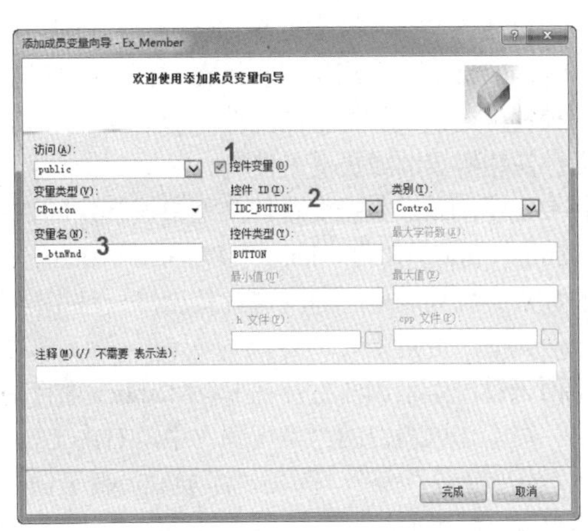


图 5.8 添加控件对象

（5）在工作区窗口的"类视图"中，右击 CEx_MemberDlg 节点，从弹出的快捷菜单中选择"属性"命令，弹出"属性"窗口，在该窗口上部单击事件按钮，将其切换到"事件"页面，找到并展开 IDC_BUTTON1 节点。

（6）在 BN_CLICKED 消息右侧栏单击鼠标，然后单击右侧的下拉按钮，从弹出的下拉项中选择"添加 OnBnClickedButton1"（默认处理函数名称）。

（7）此时自动转向文档窗口，并定位到 CEx_MemberDlg::OnBnClickedButton1 函数实现的源代码处。关闭对话框资源（模板）的"属性"窗口，添加下列代码：

```
void CEx_MemberDlg::OnBnClickedButton1()
{
    CString strEdit;                                        // 定义一个字符串
    CEdit    *pEdit = (CEdit*)GetDlgItem( IDC_EDIT1);
    pEdit->GetWindowText( strEdit );                        // 获取编辑框中的内容
    strEdit.TrimLeft();
    strEdit.TrimRight();
    if (strEdit.IsEmpty())
        m_btnWnd.SetWindowText("Button1");
    else
        m_btnWnd.SetWindowText(strEdit);
}
```

代码中，由于 strEdit 是 CString 类对象，因而可以调用 CString 类的公有成员函数。其中，TrimLeft 和 TrimRight 函数不带参数时分别用来去除字符串最左边或最右边一些空格符、换行符、Tab 字符等空白字符，IsEmpty 用来判断字符串是否为空。

这样，当编辑框内容有除"空白字符"之外的实际字符的字符串时，SetWindowText 便将其内容设定为按钮控件的标题；否则，按钮控件的标题仍为"Button1"。

（8）编译并运行。当在编辑框中输入"Hello"后，单击 Button1 按钮，按钮的标题名称就变成了编辑框控件中的内容“Hello”。

### 5.1.4 DDX 和 DDV

对于控件的数据变量，MFC 还提供了独特的 DDX 和 DDV 技术。DDX 将数据成员变量同对话类模板内的控件相联接，这样就使得数据在控件之间很容易地传输。而 DDV 用于数据的校验，例如，它能自动校验数据成员变量数值的范围，并发出相应的警告。

一旦某控件与一个数据变量相绑定后，就可以使用 CWnd::UpdateData 函数实现控件数据的输入和读取。UpdateData 函数只有一个参数，它为 TRUE 或 FALSE。当在程序中调用 UpdateData(FALSE)时，数据由控件绑定的成员变量向控件传输；当调用 UpdateData(TRUE)或不带参数的 UpdateData()时，数据从控件向相绑定的成员变量复制。

需要说明的是，数据变量的类型由被绑定的控件类型而定，例如，对于编辑框来说，数值类型可以有 CString、int、UINT、long、DWORD、float、double、BYTE、short、BOOL 等。不过，任何时候传递的数据类型只能是一种。这就是说，一旦指定了数据类型，则在控件与变量传递交换的数据就不能是其他类型，否则无效。

下面来看一个示例，它是在 Ex_Member 项目基础上进行的：

（1）在工作区窗口的“类视图”中，右击 CEx_MemberDlg 节点，从弹出的快捷菜单中选择“添加”→“添加变量”命令，弹出“添加成员变量向导”对话框，选中“控件变量”选项，在“控件 ID”组合框中选定编辑框的标识符 IDC_EDIT1，将“类别”组合框项选定为 Value，此时“变量类型”组合框项自动选定默认的 CString（字符串类，以后还会讨论）。

（2）在“变量名”框中输入 m_strEdit，同时在“最大字符数”框中输入 10（这就是控件变量的 DDV 设置），如图 5.9 所示，单击［完成］按钮，向导开始添加。

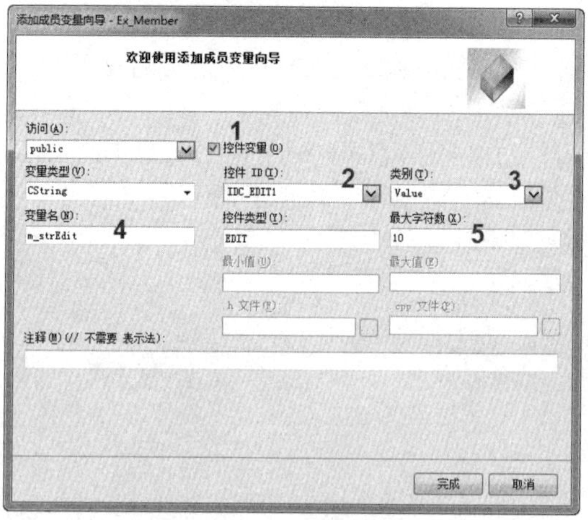

图 5.9　添加控件变量

（3）将 CEx_MemberDlg::OnBnClickedButton1 代码修改如下：

```
void CEx_MemberDlg::OnBnClickedButton1()
{
	UpdateData();                              // 将控件的内容存放到变量中
	// 没有参数，表示使用的是默认参数值 TRUE
	m_strEdit.TrimLeft();
	m_strEdit.TrimRight();
	if (m_strEdit.IsEmpty())
		m_btnWnd.SetWindowText("Button1");
	else
```

```
            m_btnWnd.SetWindowText(m_strEdit);
    }
```

（4）编译并运行。当在编辑框中输入“Hello”，单击 Button1 按钮后，OnBnClickedButton1 函数中的 UpdateData 将编辑框内容保存到 m_strEdit 变量中，从而执行下一条语句后按钮的标题名称就变成了编辑框控件中的内容“Hello”。若输入“Hello DDX/DDV”，则当输入第 10 个字符后，就再也输入不进去了，这就是 DDV 的作用。

# 5.2 静态控件和按钮

静态控件和按钮是 Windows 最基本的控件之一。

## 5.2.1 静态控件

一个静态控件用来显示一个字符串、框、矩形、图标、位图或增强的图元文件。它可被用作标签、框，或用作分隔其他的控件。一个静态控件一般不接收用户输入，也不产生通知消息。

在工具箱中，属于静态控件的有静态文本（Aa Static Text）、组框（Group Box）和静态图片（Picture Control）三种。其中，静态图片控件的“属性”窗口内容（右击添加的控件，从弹出的快捷菜单中选择“属性”菜单，即可弹出该控件的“属性”窗口）如图 5.10 所示（部分）。

图 5.10 静态图片控件的“属性”窗口

在静态图片控件的“属性”窗口中，通过指定 Type（类型）、Image（图像）两个属性内容，可将应用程序资源中的图标、位图等内容显示在该静态图片控件中。此外，还可设置控件的“外观”以及图像在控件的“位置”等。例如，将 Type（类型）属性选定为 Icon（图标），此时 Image 属性激活，将其属性选为 IDR_MAINFRAME，则静态图片控件显示的图标内容是。

另外，静态图片控件还可用来在对话框中形成一条水平或垂直蚀刻线，蚀刻线可起到分隔其他控件的作用。例如，下面的步骤是在对话框中制作一条水平蚀刻线。

**【例 Ex_Etched】** 制作水平蚀刻线。

（1）创建一个默认的对话框应用程序 Ex_Etched。

（2）在打开的对话框资源模板中，删除“TODO: 在此放置对话框控件。”静态文本控件，将 确定 和 取消 按钮向对话框左边移动一段位置，然后将鼠标移至对话框资源模板右下角的实心深蓝色方块处，拖动鼠标，将对话框资源模板的大小缩小一些（大小调到 230 x 150）。

（3）在对话框资源模板中的靠左中间位置添加一个静态图片控件，右击该控件，从弹出的快捷菜单中选择“属性”命令，弹出其“属性”窗口。

（4）将 Type（类型）属性选定为 Etched Horz（水平蚀刻）。此时，静态图片控件变成一条小的水平蚀刻线。

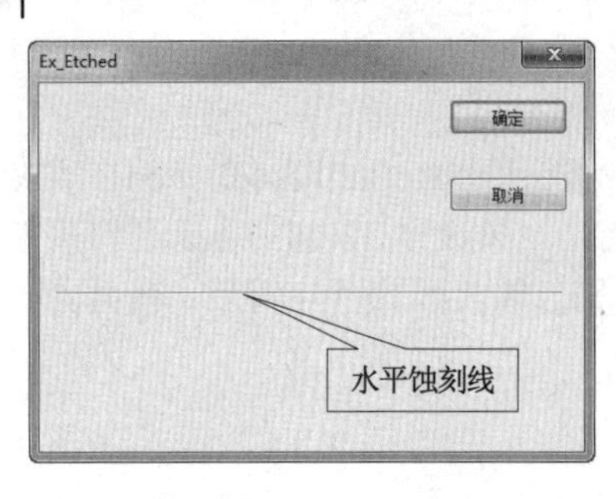


图 5.11　水平蚀刻线

（5）将鼠标移动到水平蚀刻线的左、右中间位置，使鼠标指针变成↔，拖动鼠标使控件的大小变成一条长水平线，单击对话框测试按钮，则结果如图 5.11 所示。

需要说明的是，凡以后在对话框中有这样的水平蚀刻线或垂直蚀刻线，都是指这种制作方法，到时不再讲述其制作过程。本书做此约定。

## 5.2.2　按钮

在 Windows 中所用的按钮是用来实现一种开与关的输入，常见的按钮有三种类型：按键按钮、单选按钮和复选框按钮，如图 5.12 所示。

图 5.12　按钮的不同类型

### 1．不同按钮的作用

“按键按钮”通常可以立即产生某个动作，执行某个命令，因此也常称为**命令按钮**。按键按钮有两种样式：标准按键按钮和默认按键按钮。从外观上来说，默认按键按钮是在标准按键按钮的周围加上一个青色边框（参见图 5.12），这个青色边框表示该按钮已接受到键盘的输入焦点，这样一来，用户只需按 Enter 键就能按下该按钮。一般来说，只把最常用的按键按钮设置为默认按键按钮，具体设置的方法是在按键按钮“属性”窗口中将 Default Button（默认按钮）属性设定为 True。

“单选按钮”（或称“单选框”）的外形是在文本前有一个圆圈，当它被选中时，圆圈中就标上一个青色实心圆点，它可分为一般和自动两种类型。在自动类型中，用户若选中同组按钮中的某个单选按钮，则其余的单选按钮的选中状态就会清除，保证了多个选项始终只有一个被选中。

“复选框”的外形是在文本前有一个空心方框。当它被选中时，方框中就加上一个“✔”标记。通常复选框只有选中和未选中两种状态，若方框中是青色实心方块，则这样的复选框是三态复选框，如图 5.12 所示的 Check2，它表示复选框的选择状态是“不确定”。设置成三态复选框的方法是在复选框“属性”窗口中将 Tri-State（三态）属性设定为 True。

### 2．按钮的消息

按钮消息常见的只有两个：BN_CLICKED（单击按钮）和 BN_DOUBLE_CLICKED（双击按钮）。

### 3．按钮操作

最常用的按钮操作是设置或获取一个按钮或多个按钮的选中状态。封装按钮的 CButton 类中的成员函数 SetCheck 和 GetCheck 分别用来设置或获取指定按钮的选中状态，其原型如下：

```
void SetCheck( int nCheck );
int GetCheck( ) const;
```

其中，nCheck 和 GetCheck 函数返回的值可以是 0（不选中）、1（选中）和 2（不确定，仅用于三态按钮）。

若是对同组多个单选按钮的选中状态的设置或获取，则需要使用通用窗口类 CWnd 的成员函数 CheckRadioButton 和 GetCheckedRadioButton，它们的原型如下：

```
void CheckRadioButton( int nIDFirstButton, int nIDLastButton, int nIDCheckButton );
int GetCheckedRadioButton( int nIDFirstButton, int nIDLastButton );
```

其中，nIDFirstButton 和 nIDLastButton 分别指定同组单选按钮的第一个和最后一个按钮 ID 值；nIDCheckButton 用来指定要设置选中状态的按钮 ID 值；函数 GetCheckedRadioButton 返回被选中的按钮 ID 值。

## 5.2.3　示例：制作问卷调查

问卷调查是日常生活中经常遇到的调查方式。例如，如图 5.13 所示就是一个问卷调查对话框，它针对“上网”话题提出了 3 个问题，每个问题都有 4 个选项，除最后一个问题外，其余都是单项选择。本例用到了组框、静态文本、单选按钮、复选框等控件。实现时，需要通过 CheckRadioButton 函数来设置同组单选按钮的最初选中状态，通过 SetCheck 来设置指定复选框的选中状态，然后利用 GetCheckedRadioButton 和 GetCheck 来判断被选中的单选按钮和复选框，并通过 GetDlgItemText 或 GetWindowText 获取选中控件的窗口文本。

【例 Ex_Research】　制作问卷调查。

（1）创建并设计对话框。

① 创建一个默认的基于对话框的应用程序 Ex_Research。系统会自动打开对话框编辑器并显示对话框资源模板。将项目“常规”配置中的“字符集”属性改为“使用多字节字符集”，并将 stdafx.h 文件最后面内容中的#ifdef _UNICODE 行和最后一个#endif 行删除。

② 单击“对话框编辑器”工具栏上的切换网格按钮，显示对话框资源网格。打开对话框“属性”窗口，将 Caption（标题）属性改为“上网问卷调查”。调整对话框的大小（大小调到 227 x 179），删除“TODO: 在此放置对话框控件。”静态文本控件，将 确定 和 取消 按钮移至正下方。

③ 从工具箱中选定并向对话框资源（模板）中添加组框（Group Box）控件，然后调整其大小和位置（大小调到 216 x 30）。右击添加的组框控件，从弹出的快捷菜单中选择“属性”命令，弹出该控件的“属性”窗口，可以看到其 ID 属性值为默认的 IDC_STATIC。将 Caption（标题）属性内容由“静态”改成“你的年龄”。需要说明的是，组框的 Horizontal Alignment（水平排列）属性用来指定 Caption（标题）文本在顶部的对齐方式：默认值、Left（左）、Center（居中）还是 Right（右），当为“默认值”时表示“左”（Left）对齐。

④ 在组框内添加 4 个单选按钮，默认的 ID 依次为 IDC_RADIO1、IDC_RADIO2、IDC_RADIO3 和 IDC_RADIO4。依次选中这 4 个控件，单击“对话框编辑器”工具栏的按钮命令平均它们的水平间距。在其属性窗口中将 ID 属性内容分别改成 IDC_AGE_L18、IDC_AGE_18T27、IDC_AGE_28T38 和 IDC_AGE_M38，然后将其 Caption（标题）属性内容分别改成“< 18”、“18 - 27”、“28 - 38”和“> 38”。结果如图 5.14 所示。

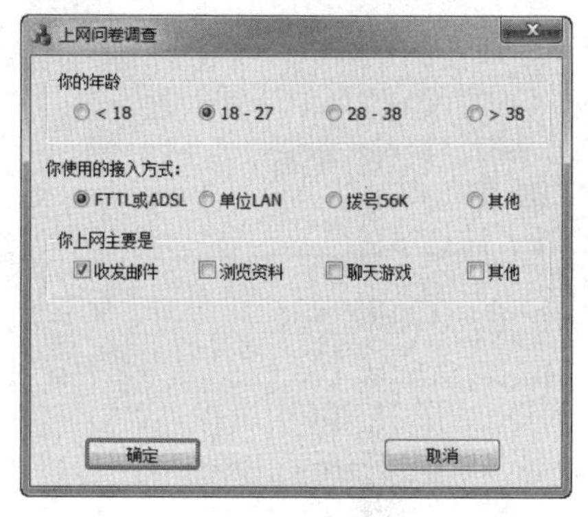


图 5.13　上网问卷调查对话框

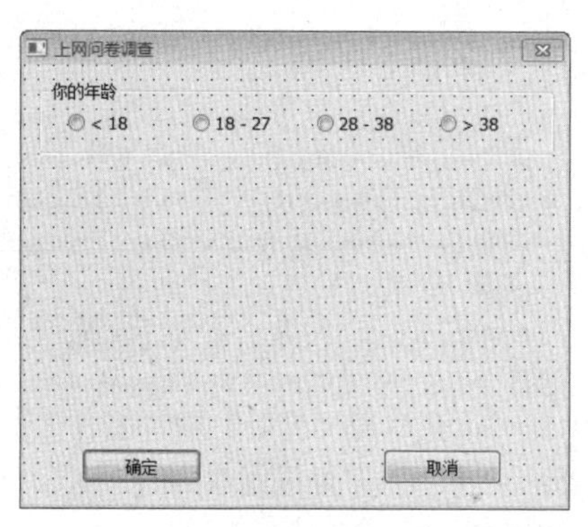


图 5.14　添加的组框和单选按钮

⑤ 在组框下添加一个静态文本（Aa Static Text），其 Caption（标题）属性设为“你使用的接入方式:”。然后在其下再添加 4 个单选按钮，依次选中这 4 个控件，单击“对话框编辑器”工具栏的按钮命令平均它们的水平间距，然后将 Caption（标题）属性分别指定为“FTTL 或 ADSL”、“单位 LAN”、“拨号 56K”和“其他”，并将相应的 ID 属性依次改成 IDC_CM_FTTL、IDC_CM_LAN、IDC_CM_56K 和 IDC_CM_OTHER。结果如图 5.15 所示。

⑥ 在对话框资源（模板）的下方，再添加一个组框控件（大小仍为 216 x 30），其 Caption（标题）属性设为“你上网主要是”。然后添加 4 个复选框，依次选中这 4 个控件，单击“对话框编辑器”工具栏的按钮命令平均它们的水平间距，然后将其 Caption（标题）属性分别指定为“收发邮件”、“浏览资料”、“聊天游戏”和“其他”，ID 属性依次分别改为 IDC_DO_POP、IDC_DO_READ、IDC_DO_GAME 和 IDC_DO_OTHER。结果如图 5.16 所示。

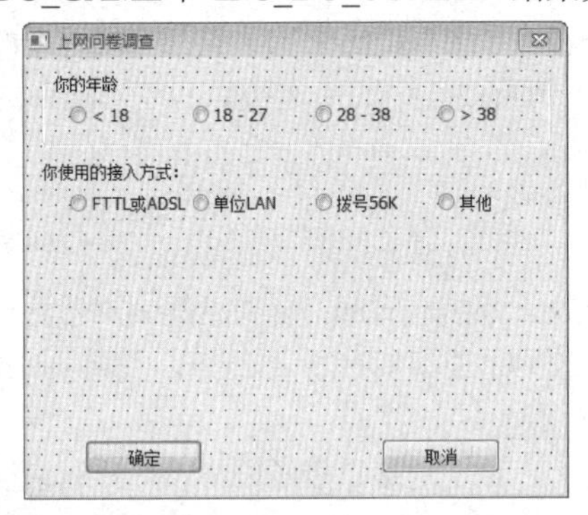

图 5.15 添加单选框

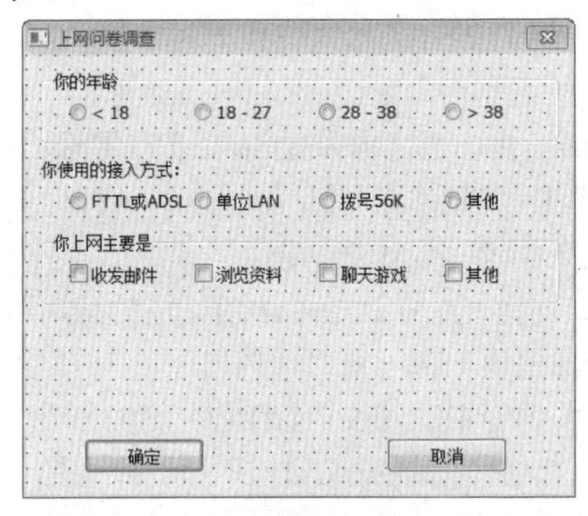


图 5.16 三个问题全部添加后的对话框

⑦ 单击工具栏上的测试对话框按钮。测试后可以发现：顺序添加的这 8 个单选按钮全部变成一组，也就是说，在这组中只有一个单选按钮被选中，这不符合本意。为此，需要分别将上面 2 个问题中的每一组单选按钮中的第 1 个单选按钮的 Group（组）属性选定为 True。

⑧ 单击“对话框编辑器”工具栏上的切换辅助线按钮，然后将对话框中的控件调整到辅助线以内，并适当对其他控件进行调整。这样，整个问卷调查的对话框就设计好了，单击工具栏上的按钮测试对话框。

（2）完善代码。

① 将工作区窗口切换到“类视图”页面，单击 CEx_ResearchDlg 类节点，在“成员”窗格中双击 OnInitDialog 函数节点，将会在文档窗口中自动定位到该函数的实现代码处，为此函数添加下列初始化代码：

```
BOOL CEx_ResearchDlg::OnInitDialog()
{
        CDialog::OnInitDialog();
        //…
        CheckRadioButton(IDC_AGE_L18, IDC_AGE_M38, IDC_AGE_18T27);
        CheckRadioButton(IDC_CM_FTTL, IDC_CM_OTHER, IDC_CM_FTTL);
        CButton* pBtn = (CButton*)GetDlgItem(IDC_DO_POP);
        pBtn->SetCheck(1);                              // 使“收发邮件”复选框选中
        return TRUE;   // 除非将焦点设置到控件，否则返回 TRUE
}
```

② 在对话框资源（模板）中，右击 确定 按钮，从弹出的快捷菜单中选择“添加事件处理程序”命令，弹出“事件处理程序向导”对话框。保留默认选项，单击 添加编辑(A) 按钮，在打开的文档窗口中的 CEx_ResearchDlg::OnBnClickedOk 函数中添加下列代码：

```
void CEx_ResearchDlg::OnBnClickedOk()
{
        CString str, strCtrl;       // 定义两个字符串变量，CString 是操作字符串的 MFC 类
        // 获取第一个问题的用户选择
        str = "你的年龄：";
        UINT nID = GetCheckedRadioButton( IDC_AGE_L18, IDC_AGE_M38);
        GetDlgItemText(nID, strCtrl);                   // 获取指定控件的标题文本
```

```
        str = str + strCtrl;
        // 获取第二个问题的用户选择
        str = str + "\n 你使用的接入方式：";
        nID = GetCheckedRadioButton( IDC_CM_FTTL, IDC_CM_OTHER);
        GetDlgItemText(nID, strCtrl);                    // 获取指定控件的标题文本
        str = str + strCtrl;
        // 获取第三个问题的用户选择
        str = str + "\n 你上网主要是：\n       ";
        UINT nCheckIDs[4] = {IDC_DO_POP, IDC_DO_READ, IDC_DO_GAME, IDC_DO_OTHER};
        CButton* pBtn;
        for (int i=0; i<4; i++)    {
            pBtn = (CButton*)GetDlgItem(nCheckIDs[i]);
            if ( pBtn->GetCheck() )
            {
                pBtn->GetWindowText( strCtrl );
                str = str + strCtrl;            str = str + "    ";
            }
        }
        MessageBox( str );
        OnOK();
}
```

代码中，GetDlgItemText 是 CWnd 类成员函数，用来获得对话框（或其他窗口）中指定控件的窗口文本。在单选按钮和复选框中，控件的窗口文本就是它们的标题属性内容。该函数有两个参数：第一个参数用来指定控件的标识，第二个参数是返回的窗口文本。后面的函数 GetWindowText 的作用与 GetDlgItemText 相同，也是获取窗口的文本内容。不过，GetWindowText 使用得更加广泛，要注意这两个函数在使用上的不同。

③ 编译并运行，出现“上网问卷调查”对话框，当回答问题后，单击 确定 按钮，出现如图 5.17 所示的消息对话框，显示选择的结果内容。

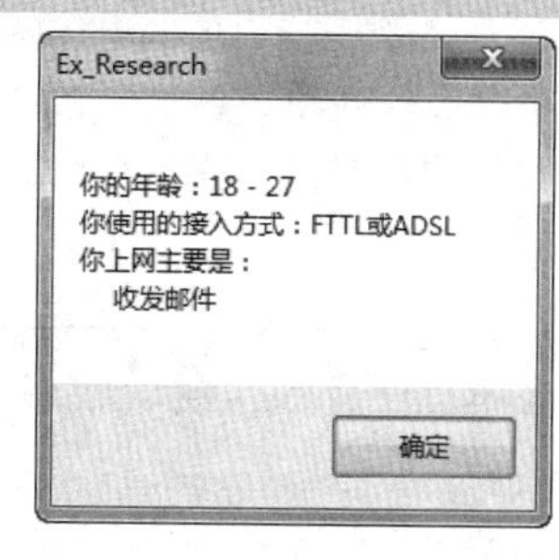


图 5.17 显示选择的内容

## 5.3 编辑框和旋转按钮控件

编辑框（ abl Edit Control ）是一个让用户从键盘输入和编辑文本的矩形窗口，用户可以通过它，很方便地输入各种文本、数字或者口令，也可使用它来编辑和修改简单的文本内容。

当编辑框被激活且具有输入焦点时，就会出现一个闪动的插入符（又可称为**文本光标**），表明当前插入点的位置。

### 5.3.1 编辑框的属性和通知消息

在编辑框“属性”窗口中，常见的属性含义如表 5.2 所示。

表 5.2 编辑框常见属性

| 项 目 | 说 明 |
|---|---|
| Align Text（排列文本） | 各行文本对齐方式：Left（靠左）、Center（居中）、Right（靠右），默认时为 Left |
| Multiline（多行） | 选为 True 时，为多行编辑框，否则为单行编辑框 |

续表

| 项　目 | 说　明 |
|---|---|
| Number（数字） | 选为 True 时，控件只能输入数字 |
| Horizontal Scroll（水平滚动） | 水平滚动，仅对多行编辑框有效 |
| Auto HScroll（自动水平滚动） | 默认为 True，当用户在行尾输入一个字符时，文本自动向右滚动 |
| Vertical Scroll（垂直滚动） | 垂直滚动，仅对多行编辑框有效 |
| Auto VScroll（自动垂直滚动） | 选为 True 时，当在最后一行按 Enter 键时，文本自动向上滚动一页，仅对多行编辑框有效 |
| Password（密码） | 选为 True 时，输入编辑框的字符都将显示为“*”，仅对单行编辑框有效 |
| No Hide Selection(没有隐藏选择） | 选为 True 时，即使编辑框失去焦点，被选择的文本仍然反色显示 |
| OEM Convert（OEM 转换） | 选为 True 时，实现对特定字符集的字符转换成 OEM 字符集 |
| Want Return（需要返回） | 选为 True 时，用户按下 Enter 键，编辑框中就会插入一个回车符 |
| Border（边框） | 选为 True 时，在控件的周围存在边框 |
| Uppercase（大写） | 选为 True 时，输入编辑框的字符全部转换成大写形式 |
| Lowercase（小写） | 选为 True 时，输入编辑框的字符全部转换成小写形式 |
| Read-Only（只读） | 选为 True 时，防止用户输入或编辑文本 |

需要注意的是，多行编辑框具有简单文本编辑器的常用功能，如它可以有滚动条等。而单行编辑框功能较简单，它仅用于单行文本的显示和操作。

当编辑框的文本被修改或者滚动时，会向其父窗口发送一些消息，如表 5.3 所示。

**表 5.3　编辑框通知消息**

| 通 知 消 息 | 说　明 |
|---|---|
| EN_CHANGE | 当编辑框中的文本已被修改，在新的文本显示之后发送此消息 |
| EN_HSCROLL | 当编辑框的水平滚动条被使用，在更新显示之前发送此消息 |
| EN_KILLFOCUS | 编辑框失去键盘输入焦点时发送此消息 |
| EN_MAXTEXT | 文本数目到达了限定值时发送此消息 |
| EN_SETFOCUS | 编辑框得到键盘输入焦点时发送此消息 |
| EN_UPDATE | 编辑框中的文本已被修改，新的文本显示之前发送此消息 |
| EN_VSCROLL | 当编辑框的垂直滚动条被使用，在更新显示之前发送此消息 |

## 5.3.2　编辑框的基本操作

由于编辑框的形式多样，用途各异，因此下面针对编辑框的不同用途，分别介绍一些常用操作，以实现一些基本功能。

### 1．口令设置

口令设置在编辑框中不同于一般的文本编辑框，用户输入的每个字符都被一个特殊的字符代替显示，这个特殊的字符称为**口令字符**。默认的口令字符是“*”。应用程序可以用 MFC 的 CEdit 类成员函数 SetPasswordChar 来定义自己的口令字符，其函数原型如下：

```
void SetPasswordChar( TCHAR ch );
```

其中，参数 ch 表示设定的口令字符，当 ch = 0 时，编辑框内将显示实际字符。

### 2．设置编辑框的页面边距

设置编辑框的页面边距可以使文本在编辑框显示更具满意效果，这在多行编辑框中尤为重要，应用程序可通过调用成员函数 CEdit::SetMargins 来实现，这个函数的原型如下：

```
void SetMargins( UINT nLeft, UINT nRight );
```

其中，参数 nLeft 和 nRight 分别用来指定左、右边距的像素大小。

3．获取编辑框文本

获取编辑框控件的文本的最简单的方法是使用 DDX/DDV。当将编辑框控件所关联的变量类型选定为 CString 后，则不管编辑框的文本有多少都可用此变量来保存，从而能简单地解决编辑框文本的读取问题。

## 5.3.3 旋转按钮控件

“旋转按钮控件”（≑ Spin Control，也称为上下控件）是一对箭头按钮，可通过单击它们来增加或减小某个值，比如一个滚动位置或显示在相应控件中的一个数字。

一个旋转按钮控件通常是与一个相伴的控件一起使用的，这个控件称为“结伴窗口”。 若相伴的控件的“Tab 键顺序”刚好在旋转按钮控件的前面，则这时的旋转按钮控件可以自动定位在它的结伴窗口的旁边，看起来就像一个单一的控件。通常，将一个旋转按钮控件与一个编辑框一起使用，以提示用户进行数字输入。单击向上箭头使当前位置向最大值方向移动，而单击向下箭头使当前位置向最小值的方向移动。如图 5.18 所示。

图 5.18 旋转按钮控件及其结伴窗口

默认时，旋转按钮控件的最小值是 100，最大值是 0。当单击向上箭头减少数值，而单击向下箭头则增加它，这看起来就像颠倒一样，因此还需使用 CSpinButtonCtrl::SetRange 成员函数来改变其最大和最小值。但在使用时不要忘记在旋转按钮控件“属性”窗口中将 Alignment（排列）属性选定为 Left（靠左）或 Right Align（靠右）（默认值为 Unattached，独立），同时须将 Auto buddy（自动结伴）属性设为 True。需要说明的是，若将 Set buddy integer（设置结伴整数）属性设为 True，则结伴窗口的数值按整数自动改变。

1．旋转按钮控件的基本操作

MFC 的 CSpinButtonCtrl 类提供了旋转按钮控件的各种操作函数，使用它们可以进行基数、范围、位置设置和获取等基本操作。

成员函数 SetBase 是用来设置其基数的，这个基数值决定了结伴窗口显示的数字是十进制还是十六进制。如果成功则返回先前的基数值，如果给出的是一个无效的基数则返回一个非零值。函数的原型如下：

```
int SetBase( int nBase );
```

其中，参数 nBase 表示控件的新的基数，如 10 表示十进制，16 表示十六进制等。与此函数相对应的成员函数 GetBase 用来获取旋转按钮控件的基数。

成员函数 SetPos 和 SetRange 分别用来设置旋转按钮控件的当前位置和范围，其函数原型如下：

```
int SetPos( int nPos );
void SetRange( int nLower, int nUpper );
```

其中，参数 nPos 表示控件的新位置，它必须在控件的上限和下限指定的范围之内；nLower 和 nUpper 表示控件的上限和下限。任何一个界限值都不能大于 0x7fff 或小于-0x7fff。与这两个函数相对应的成员函数 GetPos 和 GetRange 分别用来获取旋转按钮控件的当前位置和范围。

2．旋转按钮控件的通知消息

旋转按钮控件的常用通知消息只有一个：UDN_DELTAPOS，它是在当控件的当前数值将要改变时向其父窗口发送的。

### 5.3.4 示例：用对话框输入学生成绩

在一个简单的学生成绩结构中，常常有学生的姓名、学号以及三门成绩等内容。为了能够输入这些数据，需要设计一个对话框，如图 5.19 所示。本例将用到静态文本、编辑框、旋转按钮等控件。实现时，最关键的问题是如何将编辑框设置成旋转按钮控件的结伴窗口。

【例 Ex_Ctrl1SDI】 用对话框输入学生成绩。

（1）添加并设计对话框。

① 用“MFC 应用程序向导”创建一个**经典**单文档应用程序 Ex_Ctrl1SDI，将项目“常规”配置中的“字符集”属性改为“使用多字节字符集”，并将 stdafx.h 文件最后面内容中的#ifdef _UNICODE 行和最后一个#endif 行删除。

② 添加一个新的对话框资源，在“属性”窗口中将 ID 改为 IDD_INPUT，Caption（标题）设为“学生成绩输入”，Font(Size)改为“宋体，常规，9 号”。

③ 单击“对话框编辑器”工具栏上的切换网格按钮，显示对话框网格。调整对话框的大小（大小调到 148 x 163），将 确定 和 取消 按钮移至对话框的下方。向对话框添加如表 5.4 所示的控件，调整控件的位置（按网格点布局后，选中所有静态文本控件，然后按 2 次向下方向键进行微调），结果如图 5.20 所示。

图 5.19 “学生成绩输入”对话框

图 5.20 设计的“学生成绩输入”对话框

表 5.4 “学生成绩输入”对话框添加的控件

| 添加的控件 | ID | 标　题 | 其 他 属 性 |
|---|---|---|---|
| 编辑框 | IDC_EDIT_NAME | —— | 默认 |
| 编辑框 | IDC_EDIT_NO | —— | 默认 |
| 编辑框 | IDC_EDIT_S1 | —— | 默认 |
| 旋转按钮控件 | IDC_SPIN_S1 | —— | 自动结伴，靠右排列 |
| 编辑框 | IDC_EDIT_S2 | —— | 默认 |
| 旋转按钮控件 | IDC_SPIN_S2 | —— | 自动结伴，设置结伴整数，靠右排列 |
| 编辑框 | IDC_EDIT_S3 | —— | 默认 |
| 旋转按钮控件 | IDC_SPIN_S3 | —— | 自动结伴，设置结伴整数，靠右排列 |

需要说明的是，由于控件的添加、布局和设置属性的方法以前已详细阐述过，为了节约篇幅，这里用表格形式列出所要添加的控件，并且因默认 ID 的静态文本控件的 Caption（标题）属性内容可从对话框直接看出，因此一般不在表中列出，本书做此约定。

表格中 ID、标题和其他属性均是通过控件的属性对话框进行设置的，凡是“默认”属性均为保留“属性”窗口中的默认设置。

④ 选择“格式”→“Tab 键顺序”菜单命令，或按快捷键 Ctrl+D，此时每个控件的左上方都有一个数字，表明了当前 Tab 键顺序，这个顺序就是在对话框显示时按 Tab 键所选择控件的顺序。

⑤ 单击对话框中的控件，重新设置控件的 Tab 键顺序，以保证旋转按钮控件的 Tab 键顺序在相对应的编辑框（结伴窗口）之后，结果如图 5.21 所示，单击对话框资源（模板）空白处（外面）或按 Enter 键结束“Tab 键顺序”方式。

图 5.21　改变控件的 Tab 键顺序

⑥ 单击工具栏上的测试对话框按钮。若测试满足要求（尤其是结伴效果），则双击对话框资源（模板）空白处，弹出“MFC 类向导”对话框，在这里为该对话框资源（模板）创建一个从 CDialog 类派生的子类 CInputDlg。

（2）完善 CInputDlg 类代码。

① 将文档窗口切换到显示对话框资源（模板）页面，右击控件，从弹出的快捷菜单中选择“添加变量”命令，弹出“添加成员变量向导”对话框，依次为如表 5.5 所示控件增加成员变量。

表 5.5　控件变量

| 控件 ID 号 | 变 量 类 别 | 变 量 类 型 | 变 量 名 | 范围和大小 |
|---|---|---|---|---|
| IDC_EDIT_NAME | Value | CString | m_strName | 20 |
| IDC_EDIT_NO | Value | CString | m_strNO | 20 |
| IDC_EDIT_S1 | Value | float | m_fScore1 | 0.0～100.0 |
| IDC_SPIN_S1 | Control | CSpinButtonCtrl | m_spinScore1 | — |
| IDC_EDIT_S2 | Value | float | m_fScore2 | 0.0～100.0 |
| IDC_SPIN_S2 | Control | CSpinButtonCtrl | m_spinScore2 | — |
| IDC_EDIT_S3 | Value | float | m_fScore3 | 0.0～100.0 |
| IDC_SPIN_S3 | Control | CSpinButtonCtrl | m_spinScore3 | — |

② 打开 CInputDlg 类“属性”窗口，切换到“重写”页面，为其添加 WM_INITDIALOG 消息处理的虚函数 OnInitDialog，并添加下列代码：

```
BOOL CInputDlg::OnInitDialog()
{
    CDialog::OnInitDialog();
    m_spinScore1.SetRange( 0, 100 );                    // 设置旋转按钮控件范围
    m_spinScore2.SetRange( 0, 100 );
    m_spinScore3.SetRange( 0, 100 );
    return TRUE;   // 除非将焦点设置到控件，否则返回 TRUE
}
```

③ 将窗口切换到显示对话框资源（模板）页面，右击 IDC_SPIN_S1 控件，从弹出的快捷菜单中选择“添加事件处理程序”命令，弹出“事件处理程序向导”对话框，如图 5.22 所示，保留默认的选项，单击 添加编辑(A) 按钮，退出向导对话框。这样，就为 CInputDlg 类添加 IDC_SPIN_S1 控件的 UDN_DELTAPOS 消息映射函数 OnDeltaposSpinS1，在该函数中添加下列代码：

图 5.22 “事件处理程序向导”对话框

```
void CInputDlg::OnDeltaposSpinS1(NMHDR* pNMHDR, LRESULT* pResult)
{
	LPNMUPDOWN pNMUpDown = reinterpret_cast<LPNMUPDOWN>(pNMHDR);
	UpdateData(TRUE);                              // 将控件的内容保存到变量中
	m_fScore1 += (float)pNMUpDown->iDelta * 0.5f;
	if (m_fScore1<0.0)
		m_fScore1 = 0.0f;
	if (m_fScore1>100.0)
		m_fScore1 = 100.0f;
	UpdateData(FALSE);                             // 将变量的内容显示在控件中
	*pResult = 0;
}
```

代码中，首先将 pNMHDR 强制转换成 NM_UPDOWN 结构体指针类型 LPNMUPDOWN，其中的 reinterpret_cast 是 C++标准运算符，用于进行各种不同类型的指针之间、不同类型的引用之间以及指针和能容纳指针的整数类型之间的强制转换。NM_UPDOWN 结构体类型用于反映旋转控件的当前位置（由成员 iPos 指定）和增量大小（由成员 iDelta 指定）。

需要说明的是，在控件或菜单项的消息映射中，如不特别说明，消息映射的函数名就是默认的函数名。本书做此约定。

（3）调用对话框。

① 打开 Ex_Ctrl1SDI 经典单文档应用程序的菜单资源，添加顶层菜单项“测试(&T)”并移至菜单项“视图(&V)”和“帮助(&H)”之间；在其下添加一个菜单项“学生成绩输入(&I)”，指定 ID 属性为 ID_TEST_INPUT。

② 右击菜单项“学生成绩输入(&I)”，从弹出的快捷菜单中选择“添加事件处理程序”命令，弹出“事件处理程序向导”对话框，在“类列表”中选定 CMainFrame 类，保留其他默认选项，单击 添加编辑(A) 按钮，退出向导对话框。这样，就为 CMainFrame 类添加了菜单项 ID_TEST_INPUT 的 COMMAND 消息的默认映射函数 OnTestInput，添加下列代码：

```
void CMainFrame::OnTestInput()
{
	CInputDlg dlg;
	if (IDOK == dlg.DoModal())  {                  // 获取对话框数据
		CString str;
		str.Format("%s, %s, %4.1f, %4.1f, %4.1f",
			dlg.m_strName,   dlg.m_strNO,
```

```
                dlg.m_fScore1,    dlg.m_fScore2,    dlg.m_fScore3 );
            AfxMessageBox(str);
        }
    }
```

代码中，if 语句判断用户是否单击对话框的 确定 按钮。Format 是 CString 类的一个经常使用的成员函数，它通过格式操作使任意类型的数据转换成一个字符串。该函数的第一个参数是带格式的字符串，其中的“%s”就是一个格式符，每一个格式符依次对应于该函数后面参数表中的参数项。例如，格式字符串中第一个%s 对应于 dlg.m_strName。

③ 在文件 MainFrm.cpp 的前面添加 CInputDlg 类的头文件包含：

```
#include "Ex_Ctrl1SDI.h"
#include "MainFrm.h"
#include "InputDlg.h"
```

④ 编译并运行，在应用程序菜单上，选择“测试”→“学生成绩输入”菜单项，将弹出如图 5.19 所示的对话框。单击成绩 1 的旋转按钮控件，将以 0.5 的增量来改变它的结伴窗口的数值。而成绩 2 和成绩 3 的旋转按钮控件由于设置了“设置结伴整数（Set buddy integer）”属性，因此按默认增量 1 自动改变结伴窗口的数值。

## 5.4　列表框

列表框（List Box）是一个列有许多项目让用户选择的控件。它与单选按钮组或复选框组一样，都可让用户在其中选择一个或多个项，但不同的是，列表框中项的数目是可灵活变化的，程序运行时可在列表框中添加或删除某些项。并且，当列表框中项的数目较多，不能一次全部显示时，还可以自动提供滚动条来让用户浏览其余的列表项。

### 5.4.1　列表框的属性和通知消息

按性质来分，列表框有单选、多选、扩展多选以及非选四种类型，如图 5.23 所示。默认样式下的**单选列表框**一次只能选择一个项，**多选列表框**一次选择几个项，而**扩展多选列表框**允许用鼠标拖动或其他特殊组合键进行选择，**非选列表框**则不提供选择功能。

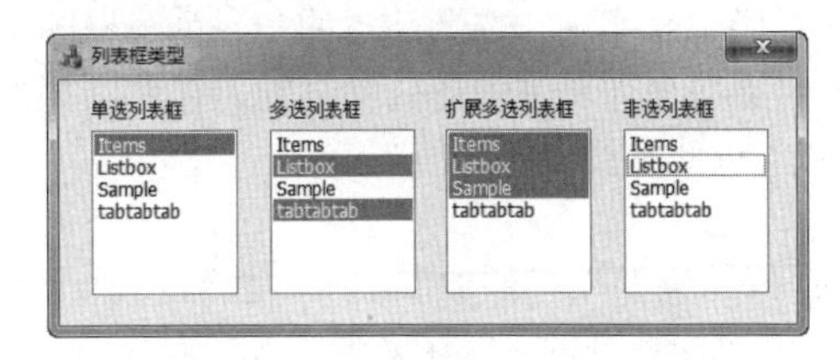


图 5.23　不同类型的列表框

列表框还有一系列属性用来定义列表框的外观及操作方式，表 5.6 列出了列表框常见属性的含义。

**表 5.6　列表框常见属性**

| 项　目 | 说　明 |
| --- | --- |
| Selection（选择） | 指定列表框的类型：单个（Single）、多个（Multiple）、已扩展（Extended）、无（None） |
| Has Strings（有字符串） | 选为 True 时，在自画列表框中的项目中含有字符串文本 |
| Border（边框） | 选为 True 时，使列表框含有边框 |
| Sort（排序） | 选为 True 时，列表框的项目按字母顺序排列 |

续表

| 项　　目 | 说　　明 |
| --- | --- |
| Notify（通知） | 选为 True 时，当用户对列表框操作，就会向父窗口发送通知消息 |
| MultiColumn（多列） | 选为 True 时，指定一个具有水平滚动条的多列列表框 |
| Horizontal Scroll（水平滚动） | 选为 True 时，在列表框中创建一个水平滚动条 |
| Vertical Scroll（垂直滚动） | 选为 True 时，在列表框中创建一个垂直滚动条 |
| No Redraw（不刷新屏幕） | 选为 True 时，列表框发生变化后不会自动重画 |
| Use Tabstops（使用制表位） | 选为 True 时，允许使用停止位来调整列表项的水平位置 |
| Want Key Input（需要键输入） | 选为 True 时，当用户按键且列表框有输入焦点时，就会向列表框的父窗口发送相应消息 |
| Disable No Scroll（禁止不滚动） | 选为 True 时，列表项即便能全部显示，垂直滚动条也会显示，但此时是禁用的（灰显） |
| No Integral Height（没有完整高度） | 选为 True 时，在创建列表框的过程中，系统会把用户指定的尺寸完全作为列表框的尺寸，而不管是否会有项目在列表框中不能完全显示出来 |

当列表框中发生了某个动作，如双击选择了列表框中某一项时，列表框就会向其父窗口发送一条通知消息。列表框常用的通知消息如表 5.7 所示。

表 5.7　列表框常用通知消息

| 通 知 消 息 | 说　　明 |
| --- | --- |
| LBN_DBLCLK | 用户双击列表框的某项字符串时发送此消息 |
| LBN_KILLFOCUS | 列表框失去键盘输入焦点时发送此消息 |
| LBN_SELCANCEL | 当前选择项被取消时发送此消息 |
| LBN_SELCHANGE | 列表框中的当前选择项将要改变时发送此消息 |
| LBN_SETFOCUS | 列表框获得键盘输入焦点时发送此消息 |

### 5.4.2　列表框的基本操作

当列表框创建之后，往往要添加、删除、改变或获取列表框中的列表项，这些操作都可以通过调用 MFC 封装 CListBox 类的成员函数来实现。需要注意的是，列表框的项除了用字符串来标识外，还常常通过索引来确定。索引表明项目在列表框中排列的位置，它是以 0 为基数的，即列表框中第 1 项的索引是 0，第 2 项的索引是 1，以此类推。

**1．添加列表项**

列表框创建时是一个空的列表，需要用户添加或插入一些列表项。CListBox 类成员函数 AddString 和 InsertString 分别用来向列表框增加列表项，其函数原型如下：

```
int AddString( LPCTSTR lpszItem );
int InsertString( int nIndex, LPCTSTR lpszItem );
```

其中，列表项的字符串文本由参数 lpszItem 来指定。虽然两个函数成功调用时都将返回列表项在列表框的索引，错误时返回 LB_ERR，空间不够时返回 LB_ERRSPACE，但 InsertString 函数不会对列表项进行排序。不管列表框控件 Sort（排序）属性是否为 True，只是将列表项插在指定索引的列表项之前；若 nIndex 等于-1，则列表项添加在列表框末尾。而 AddString 函数当列表框控件 Sort（排序）属性为 True 时会自动将添加的列表项进行排序。

上述两个函数只能将字符串增加到列表框中，但有时用户还会需要根据列表项使用其他数据。这时，就需要调用 CListBox 的 SetItemData 和 SetItemDataPtr 函数，它们能使用户数据和某个列表项关联起来。

```
int SetItemData( int nIndex, DWORD dwItemData );
```

```
int SetItemDataPtr( int nIndex, void* pData );
```

其中，SetItemData 是将一个 32 位数与某列表项（由 nIndex 指定）关联起来，而 SetItemDataPtr 可以将用户的数组、结构体等大量数据与列表项关联。若有错误产生时，两个函数都将返回 LB_ERR。

与上述函数相对应的两个函数 GetItemData 和 GetItemDataPtr 分别用来获取相关联的用户数据。

**2．删除列表项**

CListBox 类成员函数 DeleteString 和 ResetContent 分别用来删除指定的列表项和清除列表框所有项目。它们的函数原型如下：

```
int DeleteString( UINT nIndex );                    // nIndex 指定要删除的列表项的索引
void ResetContent( );
```

需要注意的是，若在添加列表项时使用 SetItemDataPtr 函数，不要忘记在进行删除操作时及时将关联数据所占的内存空间释放出来。

**3．查找列表项**

为了保证列表项不会重复地添加到列表框中，有时还需要对列表项进行查找。CListBox 类成员函数 FindString 和 FindStringExact 分别用来在列表框中查找所匹配的列表项，其中，FindStringExact 的查找精度最高。

```
int FindString( int nStartAfter, LPCTSTR lpszItem ) const;
int FindStringExact( int nIndexStart, LPCTSTR lpszFind ) const;
```

其中，lpszFind 和 lpszItem 指定要查找的列表项文本；nStartAfter 和 nIndexStart 指定查找的开始位置，若为-1，则从头至尾查找。查到后，这两个函数都将返回所匹配列表项的索引，否则返回 LB_ERR。

**4．列表框的单项选择**

当选中列表框中某个列表项后，用户可以使用 CListBox::GetCurSel 来获取这个结果，与该函数相对应的 CListBox::SetCurSel 函数用来设定某个列表项呈选中状态（高亮显示）。

```
int GetCurSel( ) const;                             // 返回当前选择项的索引
int SetCurSel( int nSelect );
```

其中，nSelect 指定要设置的列表项索引。错误时这两个函数都将返回 LB_ERR。

若要获取某个列表项的字符串，可使用下列函数：

```
int GetText( int nIndex, LPTSTR lpszBuffer ) const;
void GetText( int nIndex, CString& rString ) const;
```

其中，nIndex 指定列表项索引；lpszBuffer 和 rString 用来存放列表项文本。

## 5.4.3　示例：基本课程信息

最基本的课程信息常常包括“课程名”和“学分”，为了能添加和删除课程列表项，需要设计一个这样的对话框，如图 5.24 所示。单击[添加]按钮，将“课程名”添加到列表框中。为了使添加不重复，还要进行一些判断操作。单击列表框中的“课程名”，将在编辑框中显示出“课程名”和“学分”。单击[删除]按钮，删除当前的列表项。实现本例有两个要点：一是在添加时需要通过 FindString 或 FindStringExact 函数来判断添加的列表项是否重复，然后通过 SetItemData 函数将“学分”（由于学分可能有小数，因此将其乘 10 后，视为一个 32 位整数）与列表项关联起来；二是由于删除操作是针对当前选中的列表项，因此若当前没有选中的列表项则应通过 EnableWindow（FALSE）使[删除]按钮灰显，即不能单击它。

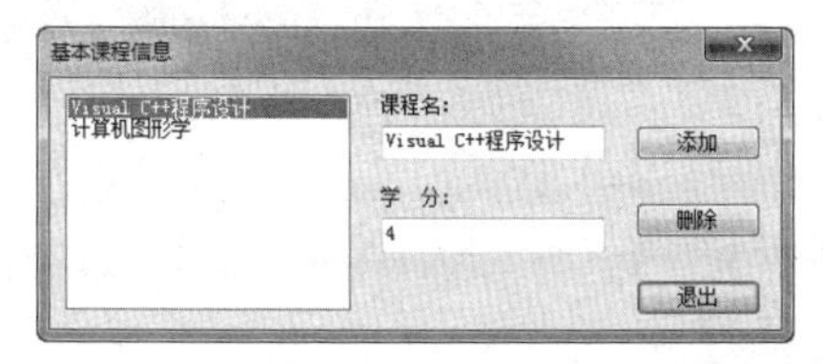


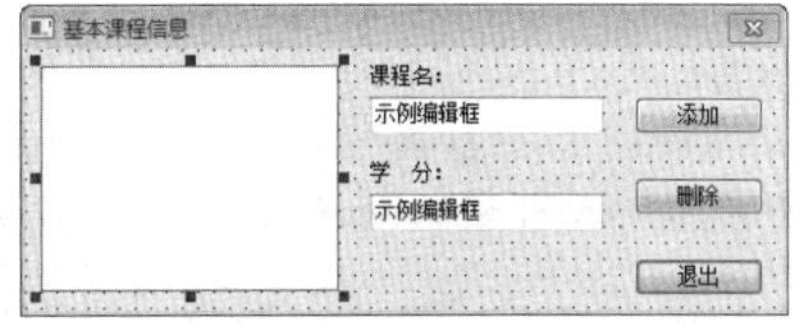


图 5.24　“基本课程信息”对话框及模板

【例 Ex_Ctrl2SDI】 创建并使用“基本课程信息”对话框。

（1）添加并设计对话框。

① 用“MFC 应用程序向导”创建一个经典单文档应用程序 Ex_Ctrl2SDI，将项目“常规”配置中的“字符集”属性改为“使用多字节字符集”，并将 stdafx.h 文件最后面内容中的#ifdef _UNICODE 行和最后一个#endif 行删除。

② 向应用程序中添加一个新的对话框资源，在“属性”窗口中将 ID 改为 IDD_COURSE，Caption（标题）设为“基本课程信息”，Font(Size)改为“宋体，常规，9 号”。为该对话框资源创建一个从 CDialog 类派生的子类 CCourseDlg。删除原来的“取消”按钮，将“确定”按钮标题改为“退出”。

③ 打开对话框资源（模板）网格，将对话框大小调整为 292 x 97（最左边的列表框的大小为 114 x 84），参看图 5.24 的控件布局，为对话框添加如表 5.8 所示的一些控件。

**表 5.8 “基本课程信息”对话框添加的控件**

| 添加的控件 | ID 号 | 标 题 | 其 他 属 性 |
|---|---|---|---|
| 列表框 | IDC_LIST1 | — | 默认 |
| 编辑框（课程名） | IDC_EDIT_NAME | — | 默认 |
| 编辑框（学分） | IDC_EDIT_CREDIT | — | 默认 |
| 按钮（添加） | IDC_BUTTON_ADD | 添加 | 默认 |
| 按钮（删除） | IDC_BUTTON_DEL | 删除 | 默认 |

（2）完善 CCourseDlg 类代码。

① 将窗口切换到显示对话框资源（模板）页面，右击控件，从弹出的快捷菜单中选择“添加变量”命令，弹出“添加成员变量向导”对话框，依次为如表 5.9 所示控件增加成员变量。

**表 5.9 控件变量**

| 控件 ID 号 | 变 量 类 别 | 变 量 类 型 | 变 量 名 | 范围和大小 |
|---|---|---|---|---|
| IDC_LIST1 | Control | CListBox | m_ListBox | — |
| IDC_EDIT_NAME | Value | CString | m_strCourse | 60 |
| IDC_EDIT_CREDIT | Value | float | m_fCredit | 0.0f~20.0f |

② 将工作区窗口切换到“类视图”页面，右击 CCourseDlg 类名节点，从弹出的快捷菜单中选择“添加”→“添加函数”命令，弹出“添加成员函数向导”对话框，将“返回类型”选定为 bool，在“函数名”框中输入 IsValidate，单击 完成 按钮。

③ 在 CCourseDlg::IsValidate 函数中输入下列代码：

```
bool CCourseDlg::IsValidate(void)
{
	UpdateData();
	m_strCourse.TrimLeft();
	if (m_strCourse.IsEmpty()) {
		MessageBox("课程名输入无效！");		return FALSE;
	}
	return TRUE;
}
```

IsValidate 函数的功能是判断课程名编辑框中的内容是否为有效的字符串。代码中，TrimLeft 是 CString 类的一个成员函数，用来去除字符串左边的空格。

④ 打开 CCourseDlg 类“属性”窗口，切换到“重写”页面，为其添加 WM_INITDIALOG 消息

处理的虚函数 OnInitDialog，并添加下列初始化代码：

```
BOOL CCourseDlg::OnInitDialog()
{
	CDialog::OnInitDialog();
	m_fCredit  = 2.0f;                                    // 设置初始的学分
	UpdateData( FALSE );                                  // 将学分显示在控件中
	GetDlgItem(IDC_BUTTON_DEL)->EnableWindow( FALSE );
	return TRUE;   // return TRUE unless you set the focus to a control
}
```

⑤ 将窗口切换到显示对话框资源（模板）页面，右击 IDC_BUTTON_ADD 控件，从弹出的快捷菜单中选择“添加事件处理程序”命令，弹出“事件处理程序向导”对话框，保留默认的选项，单击 添加编辑(A) 按钮，退出向导对话框。这样，就为 CCourseDlg 类添加 IDC_BUTTON_ADD 控件的 BN_CLICKED 消息的默认映射函数 OnBnClickedButtonAdd，在该函数中添加下列代码：

```
void CCourseDlg::OnBnClickedButtonAdd()
{
	if (!IsValidate()) return;
	int nIndex = m_ListBox.FindStringExact( -1, m_strCourse );
	if (nIndex != LB_ERR ){
		MessageBox("该课程已添加！ ");
		return;
	}
	nIndex = m_ListBox.AddString( m_strCourse );
	m_ListBox.SetItemData( nIndex, (DWORD)(m_fCredit * 10.0f) );
}
```

⑥ 用“事件处理程序向导”为 CCourseDlg 类添加 IDC_BUTTON_DEL 控件的 BN_CLICKED 消息的默认映射函数 OnBnClickedButtonDel，并增加下列代码：

```
void CCourseDlg::OnBnClickedButtonDel()
{
	int nIndex = m_ListBox.GetCurSel();
	if (nIndex != LB_ERR ){
		m_ListBox.DeleteString( nIndex );
	} else
		GetDlgItem(IDC_BUTTON_DEL)->EnableWindow( FALSE );
}
```

⑦ 用“事件处理程序向导”为 CCourseDlg 类添加列表框 IDC_LIST1 的 LBN_SELCHANGE（当前选择项发生改变时发出的消息）消息的默认映射函数，并增加下列代码。这样，当单击列表框中的课程名时，将会在编辑框中显示出课程名和学分。

```
void CCourseDlg::OnLbnSelchangeList1()
{
	int nIndex = m_ListBox.GetCurSel();
	if (nIndex != LB_ERR ){
		m_ListBox.GetText( nIndex, m_strCourse );
		m_fCredit = (float)( m_ListBox.GetItemData( nIndex ) / 10.0f );
		UpdateData( FALSE );                     // 使用当前列表项所关联的内容显示在控件上
		GetDlgItem(IDC_BUTTON_DEL)->EnableWindow( TRUE );
	}
}
```

（3）调用对话框。

① 打开 Ex_Ctrl2SDI 经典单文档应用程序的菜单资源，添加顶层菜单项“测试(&T)”并移至菜单

项“视图(&V)”和“帮助(&H)”之间，在其下添加一个菜单项“基本课程信息(&C)”，指定 ID 属性为 ID_TEST_COURSE。

② 右击菜单项“基本课程信息(&C)”，从弹出的快捷菜单中选择“添加事件处理程序”命令，弹出“事件处理程序向导”对话框，类“类列表”中选定 CMainFrame 类，保留其他默认选项，单击[添加编辑(A)]按钮，退出向导对话框。这样，就为 CMainFrame 类添加了菜单项 ID_TEST_COURSE 的 COMMAND 消息的默认映射函数 OnTestCourse，并添加下列代码：

```
void CMainFrame::OnTestCourse()
{
	CCourseDlg dlg;
	dlg.DoModal();
}
```

③ 在文件 MainFrm.cpp 的前面添加 CCourseDlg 类的头文件包含：

```
#include "MainFrm.h"
#include "CourseDlg.h"
```

④ 编译运行后，在应用程序菜单上，选择“测试”→“基本课程信息”菜单项，将弹出如图 5.24 所示的对话框。

## 5.5 组合框

作为用户输入的接口，前面的列表框和编辑框各有其优点。例如，列表框中可以列出所需的各种可能的选项，这样一来，不需要记住这些项，只需进行选择操作即可，但却不能输入列表框中列表项之外的内容。虽然编辑框允许输入内容，但却没有列表框的选择操作。于是很自然地产生这样的想法：把常用的项列在列表框中以供选择；而同时提供编辑框，允许输入列表框中所没有的新项。组合框正是这样的一种控件，它结合列表框和编辑框的特点，取二者之长，从而完成较为复杂的输入功能。

### 5.5.1 组合框的类型和通知消息

按照组合框的主要样式特征，可把组合框分为三类：简单组合框（Simple）、下拉式组合框（Dropdown）和下拉式列表框（Drop List），如图 5.25 所示，这些类型可在 Type 属性中指定。

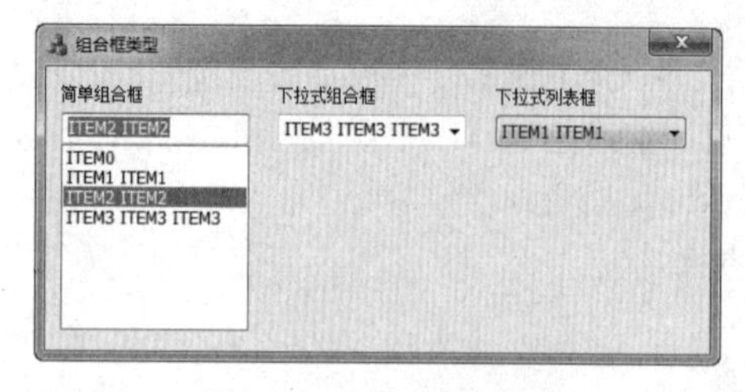


图 5.25　组合框的类型

简单组合框和下拉式组合框都包含列表框和编辑框，但是简单组合框中的列表框不需要下拉，是直接显示出来的；而当用户单击下拉式组合框中的下拉按钮时，下拉的列表框才被显示出来。下拉式列表框虽然具有下拉式的列表，却没有文字编辑功能。

组合框的属性与列表框基本相似，这里不再一一列出。需要说明的是，在组合框“属性”窗口中，有一个“数据”属性，可以用来直接输入组合框的数据项，多个数据项之间用分号隔开。

在组合框的通知消息中，有的是列表框发出的，有的是编辑框发出的，如表 5.10 所示。

表 5.10　组合框通知消息

| 通知消息 | 说　明 |
| --- | --- |
| CBN_DBLCLK | 用户双击组合框的某项字符串时发送此消息 |
| CBN_DROPDOWN | 当组合框的列表打开时发送此消息 |
| CBN_EDITCHANGE | 同编辑框的 EN_CHANGE 消息 |
| CBN_EDITUPDATE | 同编辑框的 EN_UPDATE 消息 |
| CBN_SELENDCANCEL | 当前选择项被取消时发送此消息 |
| CBN_SELENDOK | 当用户选择一个项并按下 Enter 键或单击下拉箭头（▾）隐藏列表框时发送此消息 |
| CBN_SELCHANGE | 组合框中的当前选择项将要改变时发送此消息 |
| CBN_SETFOCUS | 组合框获得键盘输入焦点时发送此消息 |

## 5.5.2　组合框常见操作

组合框的操作大致分为两类：一类是对组合框中的列表框进行操作，另一类是对组合框中的编辑框进行操作。这些操作都可以通过调用 CComboBox 成员函数来实现，见表 5.11。

由于组合框的一些编辑操作与编辑框 CEdit 的成员函数相似，如 GetEditSel、SetEditSel 等，因此这些成员函数没有在表 5.11 中列出。

表 5.11　CComboBox 类常用成员函数

| 成员函数 | 说　明 |
| --- | --- |
| int AddString( LPCTSTR lpszString ); | 向组合框添加字符串。错误时返回 CB_ERR；空间不够时返回 CB_ERRSPACE |
| int DeleteString( UINT nIndex ); | 删除指定的索引项。返回剩下的列表项总数，错误时返回 CB_ERR |
| int InsertString( int nIndex, LPCTSTR lpszString); | 在指定的位置处插入字符串，若 nIndex=-1 时，向组合框尾部添加。成功时返回插入后索引；错误时返回 CB_ERR；空间不够时返回 CB_ERRSPACE |
| void ResetContent( ); | 删除组合框的全部项和编辑文本 |
| int FindString( int nStartAfter, LPCTSTR lpszString) const; | 查找字符串。参数 1=搜索起始项的索引，-1 时为从头开始；参数 2=被搜索字符串 |
| int FindStringExact( int nIndexStart, LPCTSTR lpszFind ) const; | 精确查找字符串。成功时返回匹配项的索引，错误时返回 CB_ERR |
| int SelectString( int nStartAfter, LPCTSTR lpszString); | 选定指定字符串。返回选择项的索引，若当前选择项没有改变则返回 CB_ERR |
| int GetCurSel( ) const; | 获得当前选择项的索引。当没有当前选择项时返回 CB_ERR |
| int SetCurSel( int nSelect ); | 设置当前选择项。参数为当前选择项的索引，为-1 时没有选择项。错误时返回 CB_ERR |
| int GetCount( ) const; | 获取组合框的项数。错误时返回 CB_ERR |
| int SetItemData( int nIndex, DWORD dwItemData ); | 将一个 32 位值和指定列表项关联。错误时返回 CB_ERR |
| int SetItemDataPtr( int nIndex, void* pData ); | 将一个值的指针和指定列表项关联。错误时返回 CB_ERR |
| DWORD GetItemData( int nIndex ) const; | 获取和指定列表项关联的一个 32 位值。错误时返回 CB_ERR |
| void* GetItemDataPtr( int nIndex ) const; | 获取和指定列表项关联的一个值的指针。错误时返回-1 |

续表

| 成员函数 | 说　明 |
|---|---|
| int GetLBText( int nIndex, LPTSTR lpszText );<br>void GetLBText( int nIndex, CString& rString ); | 获取指定项的字符串。返回字符串的长度，若每一个参数无效时返回CB_ERR |
| int GetLBTextLen( int nIndex ) const; | 获取指定项的字符串长度。若参数无效时返回CB_ERR |

## 5.5.3 示例：课程号和课程信息

前面例Ex_Ctrl2SDI示例中，只是简单地涉及“课程名”和“学分”的基本信息。实际上，课程信息还包括“课程号”信息，为此本例需要设计这样的对话框，如图5.26所示。

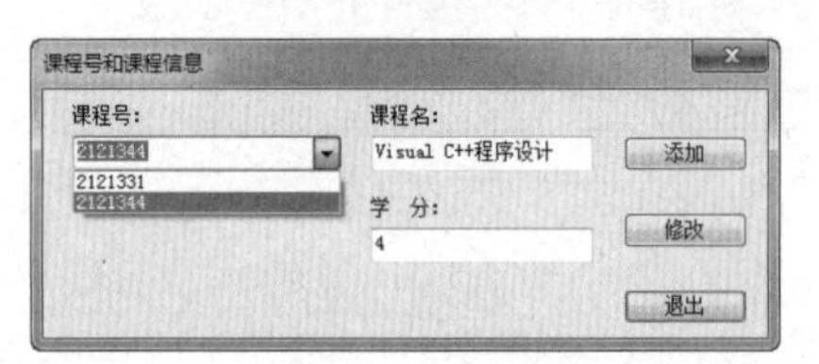


图5.26　“课程号和课程信息”对话框

单击[添加]按钮，将“课程号”、“课程名”和“学分”添加到组合框中，当然在添加前需要进行“课程号”重复性的判断。选择组合框中的“课程号”，将在编辑框中显示出“课程名”和“学分”。单击[修改]按钮，将以“课程号”作为组合框的查找关键字，找到后修改其“课程名”和“学分”内容。

实现本例最关键的技巧是如何使组合框中的“课程号”项关联“课程名”和“学分”内容。这里先将“课程名”和“学分”变成一个字符串，中间用逗号分隔，然后通过SetItemDataPtr来将字符串和组合框中的“课程号”项相关联。由于SetItemDataPtr关联的是一个数据指针，因此需要用new运算符为要关联的数据分配内存，同时在对话框即将关闭时，需要用delete运算符来释放组合框中的项所关联所有数据的内存空间。

**【例Ex_Ctrl3SDI】**　创建并使用“课程号和课程信息”对话框。

（1）添加并设计对话框。

① 用“MFC应用程序向导”创建一个经典单文档应用程序Ex_Ctrl3SDI，将项目“常规”配置中的“字符集”属性改为“使用多字节字符集”，并将stdafx.h文件最后面内容中的#ifdef _UNICODE行和最后一个#endif行删除。

② 向应用程序中添加一个新的对话框资源，在“属性”窗口中将ID改为IDD_COURSE，Caption（标题）设为“课程号和课程信息”，Font(Size)改为“宋体，常规，9号”。为该对话框资源创建一个从CDialog类派生的子类CCourseDlg。删除原来的“取消”按钮，将“确定”按钮标题改为“退出”。

③ 打开对话框资源（模板）网格，将对话框大小调整为 292 x 97，参看图5.26的控件布局，为对话框添加如表5.12所示的一些控件。

表5.12　“课程号和课程信息”对话框添加的控件

| 添加的控件 | ID | 标　题 | 其他属性 |
|---|---|---|---|
| 组合框 | IDC_COMBO1 | — | 默认 |
| 编辑框（课程名） | IDC_EDIT_NAME | — | 默认 |
| 编辑框（学分） | IDC_EDIT_CREDIT | — | 默认 |
| 按钮（添加） | IDC_BUTTON_ADD | 添加 | 默认 |
| 按钮（修改） | IDC_BUTTON_CHANGE | 修改 | 默认 |

需要说明的是，在组合框添加到对话框模板后，最好单击组合框的下拉按钮（▾），然后调整出现的下拉框大小，如图 5.27 所示，否则组合框在有些系统下可能因为下拉框太小而无法显示其下拉列表。

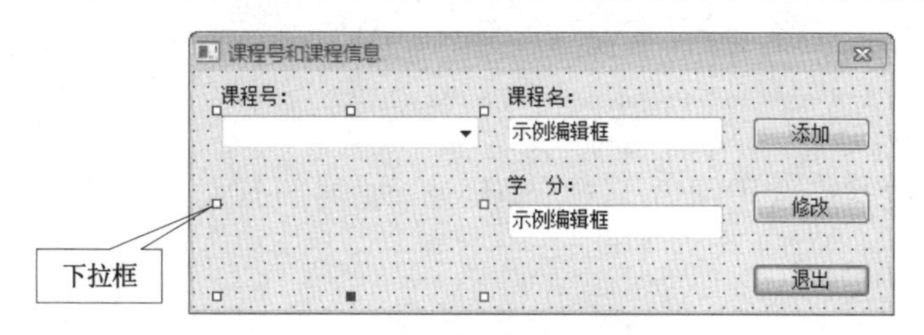


图 5.27 调整组合框的下拉框

（2）完善 CCourseDlg 类代码。

① 将窗口切换到显示对话框资源（模板）页面，右击控件，从弹出的快捷菜单中选择“添加变量”命令，弹出“添加成员变量向导”对话框，依次为如表 5.13 所示控件增加成员变量。

表 5.13 控件变量

| 控件 ID 号 | 变量类别 | 变量类型 | 变量名 | 范围和大小 |
|---|---|---|---|---|
| IDC_COMBO1 | Control | CComboBox | m_ComboBox | — |
| IDC_COMBO1 | Value | CString | m_strNo | 20 |
| IDC_EDIT_NAME | Value | CString | m_strCourse | 60 |
| IDC_EDIT_CREDIT | Value | float | m_fCredit | 0.0f~20.0f |

② 将工作区窗口切换到“类视图”页面，右击 CCourseDlg 类名节点，从弹出的快捷菜单中选择“添加”→“添加函数”命令，弹出“添加成员函数向导”对话框，将“返回类型”选定为 bool，在“函数名”框中输入 IsValidate，单击 完成 按钮。

③ 在 CCourseDlg::IsValidate 函数中输入下列代码：

```
bool CCourseDlg::IsValidate(void)
{
	UpdateData();
	m_strNo.TrimLeft();
	if (m_strNo.IsEmpty()) {
		MessageBox("课程号输入无效！");		return FALSE;
	}
	m_strCourse.TrimLeft();
	if (m_strCourse.IsEmpty()) {
		MessageBox("课程名输入无效！");		return FALSE;
	}
	return TRUE;
}
```

④ 为 CCourseDlg 类添加 IDC_BUTTON_ADD 控件的 BN_CLICKED 消息的默认映射函数，并增加下列代码：

```
void CCourseDlg::OnBnClickedButtonAdd()
{
	if (!IsValidate()) return;
	int nIndex = m_ComboBox.FindStringExact( -1, m_strNo );
	if (nIndex != CB_ERR ){
		MessageBox("该课程号已添加！");			return;
	}
```

```
        nIndex = m_ComboBox.AddString( m_strNo );
        CString strData;
        strData.Format("%s,%.1f", m_strCourse, m_fCredit);
        // 将课程名和学分合并为一个字符串
        m_ComboBox.SetItemDataPtr( nIndex, new CString(strData) );
    }
```

⑤ 为 CCourseDlg 类添加 IDC_BUTTON_CHANGE 控件的 BN_CLICKED 消息的默认映射函数，并增加下列代码：

```
void CCourseDlg::OnBnClickedButtonChange()
{
    if (!IsValidate()) return;
    int nIndex = m_ComboBox.FindStringExact( -1, m_strNo );
    if (nIndex != CB_ERR ){
        delete (CString*)m_ComboBox.GetItemDataPtr( nIndex );
        CString strData;
        strData.Format("%s,%.1f", m_strCourse, m_fCredit);
        m_ComboBox.SetItemDataPtr( nIndex, new CString(strData) );
    }
}
```

⑥ 为 CCourseDlg 类添加 IDC_COMBO1 控件的 CBN_SELCHANGE（当前选择项发生改变时发出的消息）消息的默认映射函数，并增加下列代码：

```
void CCourseDlg::OnCbnSelchangeCombo1()
{
    int nIndex = m_ComboBox.GetCurSel();
    if (nIndex != CB_ERR ){
        m_ComboBox.GetLBText( nIndex, m_strNo );
        CString strData;
        strData = *(CString*)m_ComboBox.GetItemDataPtr( nIndex );
        // 分解字符串
        int n = strData.Find(',');
        m_strCourse     = strData.Left( n );            // 前面的 n 个字符
        m_fCredit       = (float)atof( strData.Mid( n+1 ) );
        // 获取从中间第 n+1 字符到末尾的字符串，然后转换成浮点数
        UpdateData( FALSE );
    }
}
```

⑦ 在 CCourseDlg 类“属性”窗口的“消息”页面中，为 CCourseDlg 类添加 WM_DESTROY 消息的默认映射函数，并增加下列代码：

```
void CCourseDlg::OnDestroy()      // 此消息是当对话框关闭时发送的
{
    CDialog::OnDestroy();
    for (int nIndex = m_ComboBox.GetCount()-1; nIndex>=0; nIndex--)
    {   // 删除所有与列表项相关联的 CString 数据，并释放内存
        delete (CString *)m_ComboBox.GetItemDataPtr(nIndex);
    }
}
```

需要说明的是，当对话框从屏幕消失后，对话框被清除时发送 WM_DESTROY 消息。在此消息的映射函数中添加一些对象删除代码，以便在对话框清除前有效地释放内存空间。

（3）调用对话框。

① 打开 Ex_Ctrl3SDI 经典单文档应用程序的菜单资源，添加顶层菜单项“测试(&T)”并移至菜单

项“视图(&V)”和“帮助(&H)”之间，在其下添加一个菜单项“课程号和课程信息(&C)”，指定 ID 属性为 ID_TEST_COURSE。

② 为 CMainFrame 类添加菜单项 ID_TEST_COURSE 的 COMMAND 消息的默认映射函数 OnTestCourse，并添加下列代码：

```
void CMainFrame::OnTestCourse()
{
	CCourseDlg dlg;
	dlg.DoModal();
}
```

③ 在文件 MainFrm.cpp 的前面添加 CCourseDlg 类的头文件包含：

```
#include "MainFrm.h"
#include "CourseDlg.h"
```

④ 编译运行并测试。

## 5.6　进展条和日历控件

进展条通常用来说明一个操作的进度，并在操作完成时从左到右填充进展条，这个过程可以让用户看到任务还有多少要完成。而日历控件可以允许用户选择日期和时间。特别地，还有一个与时间相关的“计时器”。

### 5.6.1　进展条

进展条（进程条）（Progress Control）是一个如图 5.28 所示的控件。除了能表示一个过程的进展情况外，使用进展条还可表明温度、水平面或类似的测量值。

图 5.28　进展条

**1．进展条的属性**

进展条的属性不是很多。其中，Border （边框）用来指定进展条是否有边框；Vertical（垂直）用来指定进展条是水平的还是垂直的，当为 False 时，表示进展条从左到右水平显示；Smooth（平滑）表示平滑地填充进展条，当为 False 时，表示将用块来填充（Windows 7 下仍然为平滑填充）。

**2．进展条的基本操作**

进展条的基本操作包括设置其范围、当前位置、增量等。这些操作都是通过 CProgressCtrl 类的相关成员函数来实现的。

```
int SetPos( int nPos );
int GetPos();
```

这两个函数分别用来设置和获取进展条的当前位置。需要说明的是，这个当前位置是指在 SetRange 中的上限和下限范围之间的位置。

```
void SetRange( short nLower, short nUpper );
void SetRange32(int nLower, int nUpper );
void GetRange( int & nLower, int& nUpper );
```

它们分别用来设置和获取进展条范围的上限和下限值。一旦设置后，还会重画此进展条来反映新的范围。成员函数 SetRange32 为进展条设置 32 位的范围。参数 nLower 和 nUpper 分别表示范围的下限（默认值为 0）和上限（默认值为 100）。

```
int SetStep( int nStep );
```

该函数用来设置进展条的步长并返回原来的步长，默认步长为 10。

```
int StepIt();
```

该函数将当前位置向前移动一个步长并重画进展条以反映新的位置。函数返回进展条上一次的位置。

## 5.6.2 DTP 控件

DTP 控件（Date Time Picker），即**日期时间拾取控件**，是一个组合控件，它由编辑框和一个下拉按钮组成，单击控件右边的下拉按钮，即可弹出日（月）历控件（Month Calendar Control）供用户选择日期，如图 5.29 所示。

图 5.29　日期时间控件

DTP 控件有一些属性用来定义日期的外观及操作方式。例如，Format（格式）属性值可以有：短日期（默认，Short Date）、带有世纪信息的短日期（目前与 Short Date 相同）、长日期（Long Date）和时间（Time）。若将 Use Spin Control（使用旋转控件）设为 True，则在控件的右边出现一个旋转按钮用来调整日期。

在 MFC 中，CDateTimeCtrl 类还封装了 DTP 控件的操作。一般来说，用户最关心的是如何设置和获取日期时间控件的日期或时间，CDateTimeCtrl 类的成员函数 SetTime 和 GetTime 可以满足这样的要求。它们最常用的函数原型如下：

```
BOOL SetTime( const CTime* pTimeNew );
BOOL SetTime( const COleDateTime& timeNew );
DWORD GetTime( CTime& timeDest ) const;
BOOL GetTime( COleDateTime& timeDest ) const;
```

其中，COleDateTime 和 CTime 都是 Visual C++用于时间操作的类。COleDateTime 类封装了在 OLE 自动化中使用的 DATE 数据类型，它是 OLE 自动化的 VARIANT 数据类型转化成 MFC 日期时间的一种最有效的类型，使用时要再加上头文件 afxdisp.h 包含。而 CTime 类是对 ANSI time_t 数据类型的一种封装。这两个类都用同名的静态函数 GetCurrentTime 来获取当前的时间和日期。

## 5.6.3 计时器

严格来说，计时器不是一个控件，它实质上就像一个输入设备，周期性地按一定的时间间隔向应用程序发送 WM_TIMER 消息。由于它能实现“实时更新”以及“后台运行”等功能，因而在应用程序中计时器是一个难得的程序方法。

应用程序是通过 CWnd 的 SetTimer 函数来设置并启动计时器的，这个函数的原型如下：

```
UINT SetTimer( UINT nIDEvent, UINT nElapse,
                void (CALLBACK EXPORT* lpfnTimer)(HWND, UINT, UINT, DWORD) );
```

其中，参数 nIDEvent 用来指定该计时器的标识值（不能为 0），当应用程序需要多个计时器时可多次调用该函数，但每一个计时器的标识值应是唯一的，各不相同；nElapse 表示计时器的时间间隔（单位为毫秒）；lpfnTimer 是一个回调函数的指针，该函数由应用程序来定义，用来处理计时器 WM_TIMER 消息，一般情况下该参数为 NULL，此时 WM_TIMER 消息被放入应用程序消息队列中供 CWnd 对象处理。

SetTimer 函数成功调用后返回新计时器的标识值。当应用程序不再使用计时器时，可调用 CWnd::KillTimer 函数来停止 WM_TIMER 消息的传送，其函数原型如下：

```
BOOL KillTimer( int nIDEvent );
```

其中，nIDEvent 和用户调用 SetTimer 函数设置的计时器标识值是一致的。

对于 WM_TIMER 消息，ClassWizard 会将其映射成具有下列原型的消息处理函数：

```
afx_msg void OnTimer( UINT nIDEvent );
```

通过 nIDEvent 可判断出 WM_TIMER 是哪个计时器传送的。

## 5.6.4　示例：自动时间显示

在本例中，对话框中的日期时间控件能自动显示当前系统中的时间，同时通过进展条在线地显示 0～59 秒的情况，如图 5.30 所示。

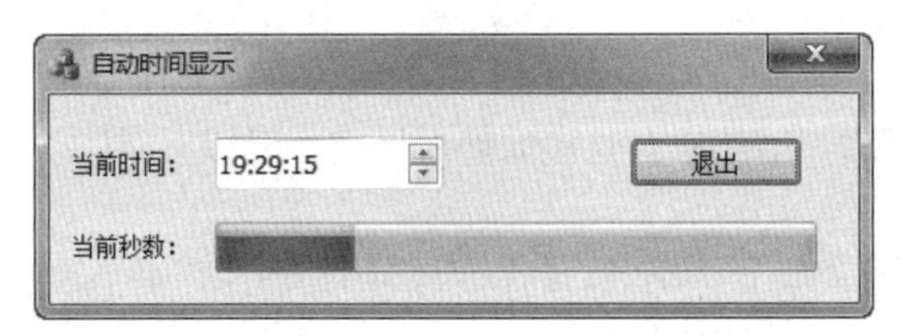


图 5.30　自动时间显示

**【例 Ex_Timer】**　自动时间显示。

（1）创建一个默认的基于对话框的应用程序 Ex_Timer。

（2）将对话框的标题设为“自动时间显示”。删除“TODO: 在此放置对话框控件。”静态文本控件和“取消”按钮，将“确定”按钮标题改为“退出”。

（3）打开对话框资源网格，将对话框大小调整为 234 x 59，参看图 5.30 所示的控件布局，向对话框资源（模板）添加 2 个静态文本控件、1 个 DTP 控件（将 Format 属性设为“时间”，其他默认）、1 个进展条控件（将 Border 属性设为 False，其他默认），调整控件的位置（按网格点布局后，选中所有静态文本控件，然后按两次向下方向键进行微调）。

（4）为进展条控件添加 Control 类型变量 m_wndProgress，为日期时间控件添加 Value 类型 CTime 变量 m_curTime。

（5）打开 CEx_TimerDlg 类“属性”窗口，切换到“消息”页面，为其添加 WM_TIMER 消息映射函数，并增加下列代码：

```
void CEx_TimerDlg::OnTimer(UINT_PTR nIDEvent)
{
    m_curTime = CTime::GetCurrentTime();          // 获取当前时间
    UpdateData( FALSE );                          // 结果显示在控件中
    int nSec      = m_curTime.GetSecond();        // 获取当前时间的秒数
    m_wndProgress.SetPos( nSec );                 // 设定进展条的当前位置
    CDialog::OnTimer(nIDEvent);
}
```

代码中，UINT_PTR 是为兼容 64 位操作系统的 UINT 类型（无符号整型）。

（6）在 CEx_TimerDlg::OnInitDialog 中添加下列代码：

```
BOOL CEx_TimerDlg::OnInitDialog()
{
    CDialog::OnInitDialog();
    …
    m_wndProgress.SetRange( 0, 59 );
    SetTimer( 1, 200, NULL );
```

```
        return TRUE;  // 除非将焦点设置到控件，否则返回 TRUE
}
```

（7）编译运行。

需要说明的是，由于 OnTimer 函数是通过获取系统时间来显示相应的内容的，因此 SetTimer 中所指定的消息发生的时间间隔对结果基本没有影响，故时间间隔设置小一些（200ms），只是为了让显示结果更加可靠。

## 5.7 滚动条和滑动条

滚动条和滑动条可以完成诸如定位、指示等操作。

### 5.7.1 滚动条

滚动条是一个独立的窗口，虽然它有直接的输入焦点，但却不能自动地滚动窗口内容，因此，它的使用受到一定的限制。

根据滚动条的走向，可分为垂直滚动条（Vertical Scroll Bar）和水平滚动条（Horizontal Scroll Bar）两种类型。这两种类型滚动条的组成部分都是一样的，两端都各有一个箭头按钮，中间有一个可沿滚动条方向移动的滚动块（参见后面的图 5.31）。

**1．滚动条的基本操作**

滚动条的基本操作一般包括设置和获取滚动条的范围及滚动块的相应位置。

由于滚动条控件的默认滚动范围是 0 到 0，因此，如果使用滚动条之前不设定其滚动范围，那么滚动条中的滚动块就滚动不起来。在 MFC 的 CScrollBar 类中，函数 SetScrollRange 用来设置滚动条的滚动范围，其原型如下：

```
SetScrollRange( int nMinPos, int nMaxPos, BOOL bRedraw = TRUE );
```

其中，nMinPos 和 nMaxPos 表示滚动位置的最小值和最大值；bRedraw 为重画标志，当为 TRUE 时，滚动条被重画。

在 CScrollBar 类中，设置滚动块位置操作是由 SetScrollPos 函数来完成的，其原型如下：

```
int SetScrollPos( int nPos, BOOL bRedraw = TRUE );
```

其中，nPos 表示滚动块的新位置，它必须是在滚动范围之内。

与 SetScrollRange 和 SetScrollPos 相对应的两个函数分别用来获取滚动条的当前范围以及当前滚动位置：

```
void GetScrollRange( LPINT lpMinPos, LPINT lpMaxPos ) ;
int GetScrollPos();
```

其中，LPINT 是整型指针类型；lpMinPos 和 lpMaxPos 分别用来返回滚动块最小和最大滚动位置。

**2．WM_HSCROLL 或 WM_VSCROLL 消息**

当对滚动条进行操作时，滚动条就会向父窗口发送 WM_HSCROLL 或 WM_VSCROLL 消息（分别对应于水平滚动条和垂直滚动条）。这些消息是通过对话框（滚动条的父窗口）“属性”窗口的“消息”页面进行映射的，并产生相应的消息映射函数 OnHScroll 和 OnVScroll，其原型如下：

```
afx_msg void OnHScroll( UINT nSBCode, UINT nPos, CScrollBar* pScrollBar );
afx_msg void OnVScroll( UINT nSBCode, UINT nPos, CScrollBar* pScrollBar );
```

其中，nPos 表示滚动块的当前位置；pScrollBar 表示滚动条控件的指针；nSBCode 表示滚动条的通知消息。如图 5.31 所示表示当鼠标单击滚动条的不同部位时所产生的不同通知消息。如表 5.14 所示列出了各通知消息的含义。

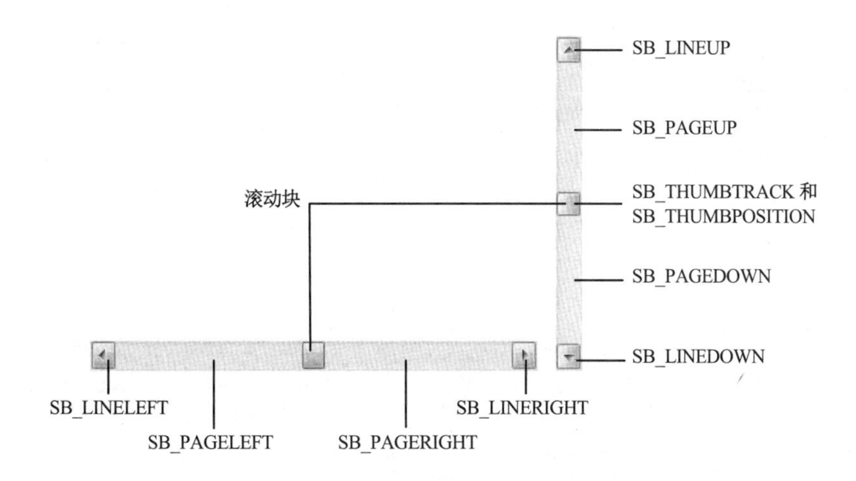


图 5.31 滚动条通知代码与位置的关系

表 5.14 滚动条通知消息

| 通知消息 | 说明 |
|---|---|
| SB_LEFT、SB_RIGHT | 滚动到最左端或最右端时发送此消息 |
| SB_TOP 、SB_BOTTOM | 滚动到最上端或最下端时发送此消息 |
| SB_LINELEFT、SB_LINERIGHT | 向左或右滚动一行（或一个单位）时发送此消息 |
| SB_LINEUP、SB_LINEDOWN | 向上或下滚动一行（或一个单位）时发送此消息 |
| SB_PAGELEFT、SB_PAGERIGHT | 向左或右滚动一页时发送此消息 |
| SB_PAGEUP、SB_PAGEDOWN | 向上或下滚动一页时发送此消息 |
| SB_THUMBPOSITION | 滚动到某绝对位置时发送此消息 |
| SB_THUMBTRACK | 拖动滚动块时发送此消息 |
| SB_ENDSCROLL | 滚动结束时发送此消息 |

## 5.7.2 滑动条

滑动条控件（Slider Control）由滑动块和可选的刻度线组成。当用鼠标或方向键移动滑动块时，该控件发送通知消息来表明这些改变。

滑动条按照应用程序中指定的增量来移动。例如，如果指定此滑动条的范围为 5，则滑动块只能有 6 个位置：在滑动条控件最左边的 1 个位置和另外 5 个在此范围内每隔一个增量的位置。通常，这些位置都是由相应的刻度线来标识的。如图 5.32 所示。

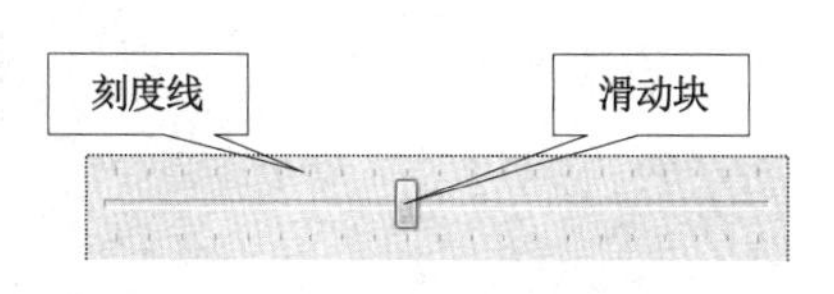


图 5.32 带刻度线的滑动条

### 1．滑动条的属性和消息

滑动条控件的外观和操作方式均可在滑动条控件的“属性”窗口中进行设置，如表 5.15 所示列出了其常见属性的含义。

滑动条的通知消息代码常见的有 TB_BOTTOM、TB_ENDTRACK、TB_LINEDOWN、TB_LINEUP、TB_PAGEDOWN、TB_PAGEUP、TB_THUMBPOSITION、TB_TOP 和 TB_THUMBTRACK 等。这些

表5.15 滑动条控件常见属性

| 项 目 | 说 明 |
|---|---|
| Orientation（方向） | 控件放置方向：Vertical（垂直）、水平（Horizontal，默认） |
| Point（刻度点） | 刻度线在滑动条控件中放置的位置：Both（两边都有）、Top/Left（顶部/左侧，水平滑动条的上边或垂直滑动条的左边，同时滑动块的尖头指向有刻度线的哪一边）、Bottom/Right（底部/右侧，水平滑动条的下边或垂直滑动条的右边，同时滑动块的尖头指向有刻度线的哪一边） |
| Tick Marks（刻度线标记） | 选为True时，在滑动条控件上显示刻度线 |
| Auto Ticks（自动刻度线） | 选为True时，滑动条控件上的每个增量位置处都有刻度线，并且增量大小自动根据其范围来确定 |
| Border（边框） | 选为True时，控件周围有边框 |
| Enable Selection Rangle（选择范围） | 选为True时，控件中供用户选择的数值范围高亮显示 |

消息代码都来自WM_HSCROLL或WM_VSCROLL消息，其具体含义同滚动条。

**2．滑动条的基本操作**

MFC的CSliderCtrl类提供了滑动条控件的各种操作函数，这其中包括范围、位置设置和获取等。成员函数SetPos和SetRange分别用来设置滑动条的位置和范围，其原型如下：

```
void SetPos( int nPos );
void SetRange( int nMin, int nMax, BOOL bRedraw = FALSE );
```

其中，参数nPos表示新的滑动条位置；bMin和nMax表示滑动条的最小和最大位置；bRedraw表示重画标志，为TRUE时，滑动条被重画。与这两个函数相对应的成员函数GetPos和GetRange分别用来获取滑动条的位置和范围。

与上两个函数相对应的成员函数为GetPos和GetRange，分别用来获取滑动条的位置和范围。

### 5.7.3 示例：调整对话框背景颜色

设置对话框背景颜色有许多方法，但最简单、最直接的方法就是通过映射WM_CTLCOLOR（当子窗口将要绘制时发送的消息，以便能使用指定的颜色绘制控件）来达到改变背景颜色的目的。本例通过滚动条和2个滑动条来调整Visual C++所使用的RGB颜色的三个分量：R（红色分量）、G（绿色分量）和B（蓝色分量），如图5.33所示。

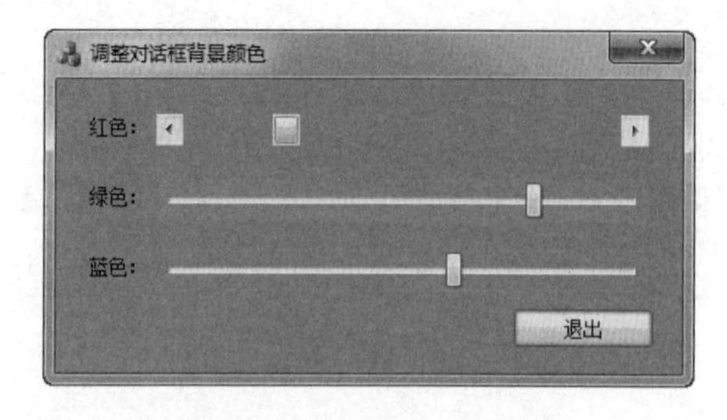


图5.33 调整对话框背景颜色

【例Ex_BkColor】 调整对话框背景颜色。

（1）创建一个默认的对话框应用程序Ex_BkColor。

（2）打开对话框“属性”窗口，将Caption（标题）属性改为“调整对话框背景颜色”。删除“TODO: 在此放置对话框控件。”静态文本控件和“取消”按钮，将“确定”按钮标题改为“退出”。

（3）打开对话框资源网格，将对话框大小调整为 222 x 101，参看图 5.34 所示的控件布局，添加如表 5.16 所示的一些控件（选中 2 个滑动条，按两次向上方向键微调）。

表 5.16　对话框添加的控件

| 添加的控件 | ID 标识符 | 标　题 | 其 他 属 性 |
|---|---|---|---|
| 水平滚动条（红色） | IDC_SCROLLBAR_RED | — | 默认 |
| 滑动条（绿色） | IDC_SLIDER_GREEN | — | 默认 |
| 滑动条（蓝色） | IDC_SLIDER_BLUE | — | 默认 |

（4）将窗口切换到显示对话框资源（模板）页面，右击控件，从弹出的快捷菜单中选择“添加变量”命令，弹出“添加成员变量向导”对话框，依次为如表 5.17 所示控件增加成员变量。

表 5.17　控件变量

| 控件 ID 标识符 | 变 量 类 别 | 变 量 类 型 | 变　量　名 | 范围和大小 |
|---|---|---|---|---|
| IDC_SCROLLBAR_RED | Control | CScrollBar | m_scrollRed | — |
| IDC_SLIDER_GREEN | Control | CSliderCtrl | m_sliderGreen | — |
| IDC_SLIDER_GREEN | Value | int | m_nGreen | |
| IDC_SLIDER_BLUE | Control | CSliderCtrl | m_sliderBlue | — |
| IDC_SLIDER_BLUE | Value | int | m_nBlue | — |

（5）为 CEx_BkColorDlg 类添加两个成员变量：一个是 int 型 m_nRedValue，用来设置颜色 RGB 中的红色分量；另一个是画刷 CBrush 类对象 m_Brush，用来设置对话框背景所需要的画刷。同时，在函数 OnInitDialog 中添加下列初始化代码：

```
BOOL CEx_BkColorDlg::OnInitDialog()
{
    CDialog::OnInitDialog();
    …
    m_scrollRed.SetScrollRange(0, 255);
    m_sliderBlue.SetRange(0, 255);
    m_sliderGreen.SetRange(0, 255);
    m_nBlue = m_nGreen = m_nRedValue = 192;
    UpdateData( FALSE );
    m_scrollRed.SetScrollPos(m_nRedValue);
    return TRUE;  // 除非将焦点设置到控件，否则返回 TRUE
}
```

（6）打开 CEx_BkColorDlg 类“属性”窗口，在“消息”页面中为其添加 WM_HSCROLL 消息的默认映射函数，并添加下列代码：

```
void CEx_BkColorDlg::OnHScroll(UINT nSBCode, UINT nPos, CScrollBar* pScrollBar)
{
    int nID = pScrollBar->GetDlgCtrlID();              // 获取对话框中控件 ID 值
    if (nID == IDC_SCROLLBAR_RED)      {              // 若是滚动条产生的水平滚动消息
        switch(nSBCode){
            case SB_LINELEFT:       m_nRedValue--;        break;
            case SB_LINERIGHT:      m_nRedValue++;        break;
            case SB_PAGELEFT:       m_nRedValue -= 10;    break;
            case SB_PAGERIGHT:      m_nRedValue += 10;    break;
            case SB_THUMBTRACK:     m_nRedValue = nPos;   break;
```

```
            }
            if (m_nRedValue<0) m_nRedValue = 0;
            if (m_nRedValue>255) m_nRedValue = 255;
            m_scrollRed.SetScrollPos(m_nRedValue);
        }
        Invalidate();
        // 使对话框无效，强迫系统重绘对话框
        CDialog::OnHScroll(nSBCode, nPos, pScrollBar);
    }
```

（7）打开 CEx_BkColorDlg 类“属性”窗口，在“消息”页面中为其添加 WM_CTLCOLOR 消息的默认映射函数，并添加下列代码：

```
    HBRUSH CEx_BkColorDlg::OnCtlColor(CDC* pDC, CWnd* pWnd, UINT nCtlColor)
    {
        UpdateData(TRUE);
        COLORREF color = RGB(m_nRedValue, m_nGreen, m_nBlue);
        m_Brush.Detach();                           // 使画刷和对象分离
        m_Brush.CreateSolidBrush(color);            // 创建颜色画刷
        pDC->SetBkColor( color );                   // 设置背景颜色
        return (HBRUSH)m_Brush;                     // 返回画刷句柄，以便系统用此画刷绘制对话框
    }
```

代码中，COLORREF 是用来表示 RGB 颜色的一个 32 位的数据类型，它是 Visual C++中一种专门用来定义颜色的数据类型（画刷的详细用法以后还会讨论）。

（8）编译运行并测试。

需要说明的是：

① 由于滚动条和滑动条等许多控件都能产生 WM_HSCROLL 或 WM_VSCROLL 消息，因此，当它们处在同一方向（水平或垂直）时，就需要添加相应代码判断消息是谁产生的。

② 由于滚动条中间的滚动块在默认时是不会停止在用户操作的位置处的，因此需要调用 SetScrollPos 函数来进行相应位置的设定。

在界面设计中，对话框资源是一种常用的模板，它包含了许多具有独立功能的控件。实际上，在文档应用程序中，除对话框外，还可有菜单栏、工具栏、状态栏、图标、光标（指针）等基本界面元素，这些内容将在第 6 章进行讨论。

# 第6章 基本界面元素

窗口、菜单、图标、光标（指针）是最基本的界面元素，工具栏和状态栏是界面中另一种形式的界面容器。这些都是 Windows 文档应用程序中不可缺少的，其风格和外观有时还直接影响着用户对软件的评价。许多优秀的软件（如 Microsoft Office）为增加对用户的吸引力，不惜资源将它们做得多姿多彩，甚至达到真三维的效果。正因为如此，Microsoft Visual Studio 2008 对 MFC 文档应用程序界面做了全面美化，提供了“视觉管理器和样式”功能。本章将从基本界面元素最简单的用法开始入手，逐步深入直到对其进行编程控制。

## 6.1 图标和光标

基于 Windows 的应用程序是离不开图形图像的，这些图像中最为常见的是 Windows 位图（Bitmap），它实际上就是一些和显示像素相对应的位阵列，可以用来保存、加载和显示（以后再讨论）。图标、光标也是一种位图，但它们有各自的特点，例如，同一个图标或光标对应于不同的显示设备（图像类型）时，可以包含不同的图像，对于光标而言，还有“热点”的特性（后面讨论）。本节将介绍如何用图形编辑器创建和编辑图标及光标，并着重讨论它们在程序中的控制方法。

### 6.1.1 图像编辑器

在 Visual C++中，图像编辑器可以创建和编辑任何位图格式的图像资源，除了后面要讨论的工具栏按钮外，它还用于位图、图标和光标。它的功能很多，如提供一套完整的绘图工具来绘制 24 位色（真彩）的图像，进行位图的移动和复制以及含有若干个编辑工具等。由于图像编辑器的使用和 Windows“绘图”工具相似，因此它的具体绘制操作在这里不再赘述。这里仅讨论一些常用操作：创建新的图标或光标，选用或定制图像类型，设置光标“热点”，以及使用颜色选择器等。

**1．创建一个新的图标或光标**

用应用程序向导创建一个应用程序（如精简的单文档应用程序 Ex_SDI）后，选择“项目”→“添加资源”菜单命令，就可打开“插入资源”对话框，从中选择 Cursor（光标）或 Icon（图标）资源类型，单击 新建(N) 按钮，系统为项目添加一个新的图标或光标资源，同时在开发环境中出现图像编辑器。如图 6.1 所示是添加一个新的图标资源后出现的图像编辑器。

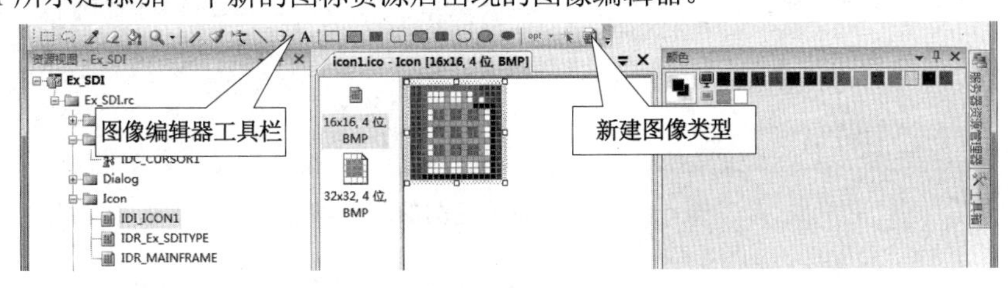


图 6.1 添加图标后的图像编辑器

在创建新图标或光标的时候，图像编辑器首先创建的是一个适合当前设备环境的图像类型，开始时它以屏幕色（透明方式）来填充。对于创建的新光标，其“热点”被初始化为左上角的点，坐标为(0,0)。默认情况下，图像编辑器所支持的图像类型分别是单色、16 色和 256 色的大小为 16×16、32×32、

48×48、96×96 以及 128×128 的类型。注意：虽然图像编辑器可以打开显示 32 位图像，但却不能编辑。

由于同一个图标或光标在不同的显示环境中包含不同的图像类型，因此，在创建图标或光标前必须事先指定好目标显示设备。这样，在打开所创建的图形资源时，与当前设备最为吻合的图像类型才会被自动打开。

**2．选用或定制图像类型**

在图像编辑器工作窗口的控制条上，有一个“新建图像类型”按钮，单击此按钮后，系统弹出相应的图像类型列表，可以从中选取需要创建的图像类型，如图 6.2 所示。

除对话框中“目标图像类型”列表框显示的图像类型外，还可以单击 自定义(C)... 按钮，在弹出的对话框中定制新的图像类型，如图 6.3 所示，在这里可指定新图像类型的尺寸大小和颜色。

图 6.2 “新建图标图像类型”对话框

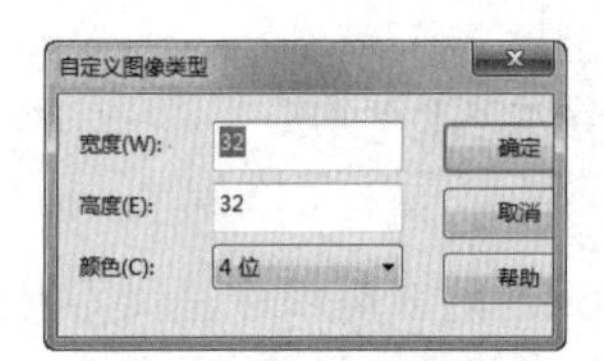


图 6.3 “自定义图像类型”对话框

**3．设置光标“热点”**

Windows 系统借助光标（Visual Studio 2008 将 Cursor 译为“游标”）“热点”来确定光标实际的位置，所以这个“热点”又称为“作用点”。在光标属性窗口的 Hot spot 属性中可以看到当前的光标“热点”位置。如图 6.4 所示是添加一个新的光标资源后出现的图像编辑器（且打开了光标的“属性”窗口）。

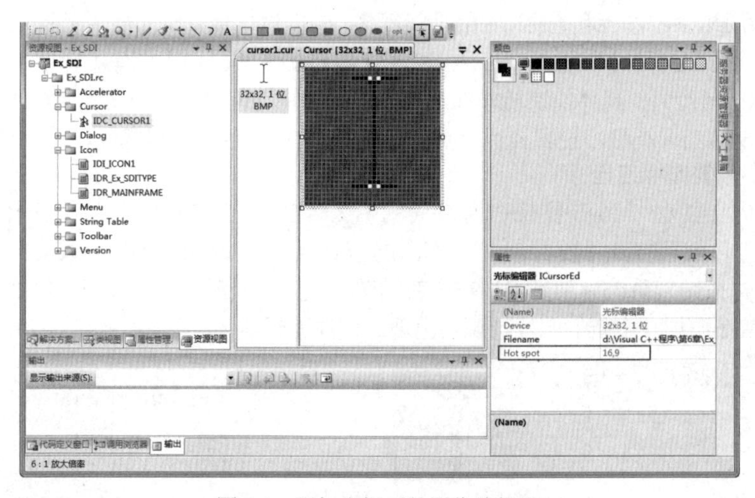


图 6.4 添加光标后的图像编辑器

默认时，根据光标的图像类型的不同，光标热点可能是图像左上角(0，0)的点或者是中间的点。当然，这个热点位置是可以重新指定的，单击“设置作用点工具”图标按钮后，在光标图像上单击要指定的像素点，此时会在其属性窗口的 Hot spot 属性中看到所点中的像素点的坐标。

**4．颜色选择器**

当图像编辑器打开后，就会在开发环境右侧出现“颜色”窗口，称为“颜色工具箱”，如图 6.5 所示。当右击调色板的“屏幕色”图标时，则背景色就是屏幕色了。所谓“屏幕色”，即该颜色在实际显示时是透明的，其下方的内容不会被覆盖。若使用“反色”，则当拖动图标时，相应的内容是以反转的颜色显示的。颜色选择器左上角的“颜色指示器”还将显示出当前指定的前景色和背景色。

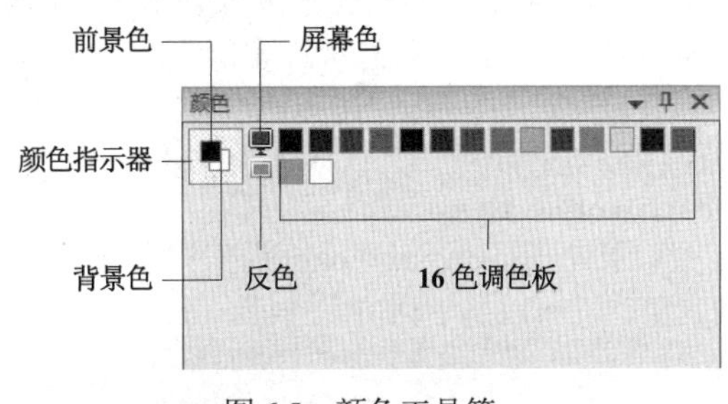


图 6.5　颜色工具箱

## 6.1.2　图标

在 Windows 图形用户界面环境中，图标的身影几乎是随处可见的。各种类型的文件、资源以及应用程序往往配有各色图标，使用户一望即知。此外，图标作为一种图形资源，还用于其他场合。例如，在任务栏通知区中显示图标来反映某些程序状态；而在消息对话框中配上适当的图标，往往更能形象地表达信息。

在 Windows 中，一个应用程序至少允许有两种尺寸的图标来标明自己：一种是普通图标，也称为**大图标**，它是 32×32 的位图；另一种是**小图标**，它是大小为 16×16 的位图。在桌面上，应用程序总是用大图标作为自身的类型标识，而一旦启动后，其窗口的左上角和任务栏的程序按钮上就显示出该应用程序的小图标。

### 1．图标的调入和清除

在 MFC 中，当在应用程序中添加一个图标资源后，就可以使用 CWinApp::LoadIcon 函数将其调入并返回一个图标句柄。函数原型如下：

```
HICON LoadIcon( LPCTSTR lpszResourceName ) const;
HICON LoadIcon( UINT nIDResource ) const;
```

其中，lpszResourceName 和 nIDResource 分别表示图标资源的字符串名和标识。函数返回的是一个图标句柄。

如果不想使用新的图标资源，也可使用系统中预定义好的标准图标，这时需调用 CWinApp::LoadStandardIcon 函数，其原型如下：

```
HICON LoadStandardIcon( LPCTSTR lpszIconName ) const;
```

其中，lpszIconName 可以是下列值之一：

```
IDI_APPLICATION         默认的应用程序图标
IDI_HAND                手形图标（用于严重警告）
IDI_QUESTION            问号图标（用于提示消息）
IDI_EXCLAMATION         警告消息图标（惊叹号）
IDI_ASTERISK            消息图标
```

图标装载后，可使用全局函数 DestroyIcon 来删除图标，并释放为图标分配的内存，其原型如下：

```
BOOL DestroyIcon( HICON hIcon );
```

其中，hIcon 用来指定要删除的图标句柄。

### 2．图标的显示

图标的显示一般有两种方法：一种是通过静态图片控件来显示，或在其他（如按钮）控件设置显示；另一种是通过函数 CDC::DrawIcon 将一个图标绘制在指定设备的位置处，函数原型如下：

```
BOOL DrawIcon( int x, int y, HICON hIcon );
```

```
BOOL DrawIcon( POINT point, HICON hIcon );
```

其中，(x, y)和 point 用来指定图标绘制的位置，而 hIcon 用来指定要绘制的图标句柄。

### 3．应用程序图标的改变

在用“MFC 应用程序向导”创建的应用程序中，图标资源 IDR_MAINFRAME 用来表示应用程序窗口的图标，通过图形编辑器可直接修改其内容。实际上，程序中还可使用 GetClassLong 和 SetClassLong 函数重新指定应用程序窗口的图标，函数原型如下：

```
DWORD SetClassLong( HWND hWnd, int nIndex, LONG dwNewLong);
DWORD GetClassLong( HWND hWnd, int nIndex);
```

其中，hWnd 用来指定窗口类句柄；dwNewLong 用来指定新的 32 位值；nIndex 用来指定与 WNDCLASSEX 结构相关的索引，它可以是下列值之一：

```
GCL_HBRBACKGROUND                窗口类的背景画刷句柄
GCL_HCURSOR                      窗口类的光标句柄
GCL_HICON                        窗口类的图标句柄
GCL_MENUNAME                     窗口类的菜单资源名称
```

下面看一个示例，它是将应用程序的图标按一定的序列来显示，使其看起来具有动画效果。

【例 Ex_Icon】 图标的使用。

（1）用“MFC 应用程序向导”创建一个经典单文档应用程序 Ex_Icon。

（2）先添加一个新的图标资源，保留默认的 ID 号 IDI_ICON1。默认时，添加的图标资源包含 2 种图像类型：一种是 16 色（4 位）的 16×16，另一种是 16 色（4 位）的 32×32。一般地，最新 Windows 的标准图像通常都是 8 位（256）颜色，因此需要进行更改。

（3）选择“图像”→“新建图像类型”菜单命令或单击图像编辑器工具栏上的图标按钮，在弹出的对话框中选择“16×16，8 位”类型，单击 确定 按钮，则添加该类型。在中间的缩略图像类型列表区域中，选定并右击“16×16，4 位”类型，从弹出的快捷菜单中选择“删除图像类型”命令，删除“16×16，4 位”类型。类似地，删除“32×32，4 位”类型。这样，添加的“16×16，8 位”图像类型才会自动起作用。

（4）将 IDI_ICON1 图标设计成如 6.6 图（左上）所示。类似地，再添加 3 个这样的新图标资源，保留图标资源默认的 ID：IDI_ICON2～IDI_ICON4，将其图标设计成如图 6.6（其他）所示。

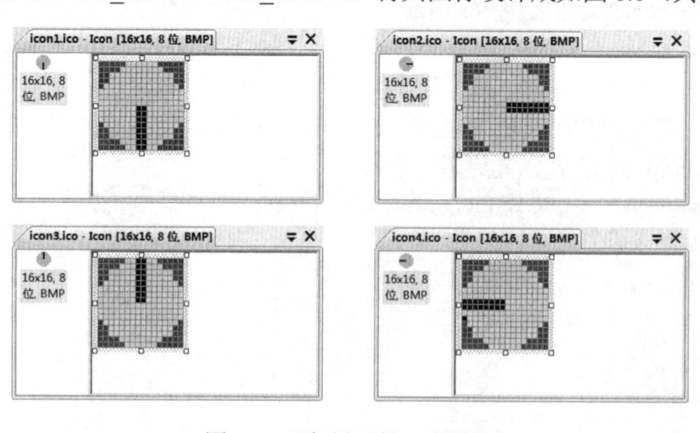


图 6.6 添加设计的 4 个图标

（5）为 CMainFrame 类添加一个成员函数 ChangeIcon，用来切换应用程序的图标，代码如下：

```
void CMainFrame::ChangeIcon(UINT nIconID)
{
    HICON hIconNew = AfxGetApp()->LoadIcon(nIconID);
    HICON hIconOld = (HICON)GetClassLong(m_hWnd, GCL_HICON);
    if (hIconNew != hIconOld)    {
```

```
            DestroyIcon(hIconOld);
            SetClassLong(m_hWnd, GCL_HICON, (long)hIconNew);
            RedrawWindow();                    // 重绘窗口
        }
    }
```

（4）在 CMainFrame::OnCreate 函数的最后添加计时器设置代码：

```
    int CMainFrame::OnCreate(LPCREATESTRUCT lpCreateStruct)
    {
        if (CFrameWnd::OnCreate(lpCreateStruct) == -1)      return -1;
        //...
        SetTimer(1, 500, NULL);
        return 0;
    }
```

（5）打开 CMainFrame 类“属性”窗口，切换到“消息”页面，为其添加 WM_TIMER 消息的默认映射处理函数，并增加下列代码：

```
    void CMainFrame::OnTimer(UINT nIDEvent)
    {
        static int icons[] = { IDI_ICON1, IDI_ICON2, IDI_ICON3, IDI_ICON4};
        static int index = 0;
        ChangeIcon(icons[index]);
        index++;
        if (index>3) index = 0;
        CFrameWnd::OnTimer(nIDEvent);
    }
```

（6）打开 CMainFrame 类“属性”窗口，切换到“消息”页面，为其添加 WM_DESTROY 消息的默认映射处理函数，并增加下列代码：

```
    void CMainFrame::OnDestroy()
    {
        CFrameWnd::OnDestroy();
        KillTimer(1);
    }
```

（7）编译并运行。可以看到任务栏上的按钮以及应用程序的标题栏上 4 个图标循环显示的动态效果，显示速度为 2 帧/秒。

### 6.1.3　光标

光标在 Windows 程序中起着非常重要的作用，它不仅能反映鼠标的运动位置，而且还可以表示程序执行的状态，引导用户的操作，使程序更加生动。例如，沙漏光标表示“正在执行，请等待”，IE 中手形光标表示“可以跳转”，另外还有一些有趣的动画光标。光标又称为“鼠标指针”。

#### 1．使用系统光标

Windows 预定义了一些经常使用的标准光标，这些光标均可以使用函数 CWinApp::LoadStandardCursor 加载到程序中，其函数原型如下：

**HCURSOR LoadStandardCursor( LPCTSTR *lpszCursorName* ) const;**

其中，lpszCursorName 用来指定一个标准光标名，它可以是下列宏定义：

```
IDC_ARROW                    标准箭头光标
IDC_IBEAM                    标准文本输入光标
IDC_WAIT                     漏斗形计时等待光标
IDC_CROSS                    十字形光标
IDC_UPARROW                  垂直箭头光标
IDC_SIZEALL                  四向箭头光标
```

```
IDC_SIZENWSE                向下的双向箭头光标
IDC_SIZENESW                向上的双向箭头光标
IDC_SIZEWE                  左右双向箭头光标
IDC_SIZENS                  上下双向箭头光标
```

例如，加载一个垂直箭头光标 IDC_UPARROW 的代码如下：

```
HCURSOR hCursor;
hCursor = AfxGetApp()->LoadStandardCursor(IDC_UPARROW);
```

**2．使用光标资源**

用编辑器创建或从外部调入的光标资源，可通过函数 CWinApp::LoadCursor 进行加载，其原型如下：

```
HCURSOR LoadCursor( LPCTSTR lpszResourceName ) const;
HCURSOR LoadCursor( UINT nIDResource ) const;
```

其中，lpszResourceName 和 nIDResource 分别用来指定光标资源的名称或 ID 号。例如，当光标资源 ID 为 IDC_CURSOR1 时，则可使用下列代码：

```
HCURSOR hCursor;
hCursor = AfxGetApp()->LoadCursor(IDC_CURSOR1);
```

需要说明的是，也可直接用全局函数 LoadCursorFromFile 加载一个外部光标文件，例如：

```
HCURSOR hCursor;
hCursor = LoadCursorFromFile("c:\\windows\\cursors\\globe.ani");
```

**3．更改程序中的光标**

更改应用程序中的光标除了可以使用 GetClassLong 和 SetClassLong 函数外，最简单的方法是映射 WM_SETCURSOR 消息，该消息是当光标移动到一个窗口内并且还没有捕捉到鼠标时产生的。CWnd 为此消息的映射处理函数定义如下的原型：

```
afx_msg BOOL OnSetCursor( CWnd* pWnd, UINT nHitTest, UINT message );
```

其中，pWnd 表示拥有光标的窗口指针；nHitTest 用来表示光标所处的位置，例如当为 HTCLIENT 时表示光标在窗口的客户区中，而为 HTCAPTION 时表示光标在窗口的标题栏处，为 HTMENU 时表示光标在窗口的菜单栏区域，等等；message 用来表示鼠标消息。

用 OnSetCursor 函数调用 SetCursor 来设置相应的光标，并将 OnSetCursor 函数返回 TRUE，就可改变当前的光标了。例如，可根据当前鼠标所在的位置来确定单文档应用程序光标的类型，当处在标题栏时为一个动画光标，当处在客户区时为一个自定义光标。

【例 Ex_Cursor】 改变应用程序光标。

（1）用“MFC 应用程序向导”创建一个**经典**单文档应用程序 Ex_Cursor，仅将项目“常规”配置中的“字符集”属性改为“使用多字节字符集”。

（2）添加一个新的光标资源，保留默认的 ID 号 IDC_CURSOR1。默认时，添加的光标资源的图像类型是单色 32×32。为此，需要为光标添加图像类型“32×32，4 位”，同时删除原来的“32×32，1 位”类型。

（3）绘制如图 6.7 所示的光标图形，指定光标热点位置为(15, 15)。

（4）保留默认的 ID 号 IDC_CURSOR1，用图像编辑器绘制光标图形，指定光标热点位置为(15, 15)，结果如图 6.7 所示。

（5）为 CMainFrame 类添加一个成员变量 m_hCursor，变量类型为光标句柄 HCURSOR。打开 CMainFrame 类“属性”窗口，切换到“消息”页面，为其添加 WM_SETCURSOR 消息的默认映射处理函数，并增加下列代码：

```
BOOL CMainFrame::OnSetCursor(CWnd* pWnd, UINT nHitTest, UINT message)
{
    BOOL bRes = CFrameWnd::OnSetCursor(pWnd, nHitTest, message);
    if (nHitTest == HTCAPTION )        {
```

```
        m_hCursor = LoadCursorFromFile("c:\\windows\\cursors\\aero_working.ani");      // Windows 7 下
        SetCursor(m_hCursor);      bRes = TRUE;
    } else if (nHitTest == HTCLIENT ) {
        m_hCursor = AfxGetApp()->LoadCursor(IDC_CURSOR1);
        SetCursor(m_hCursor);
        bRes = TRUE;
    }
    return bRes;
}
```

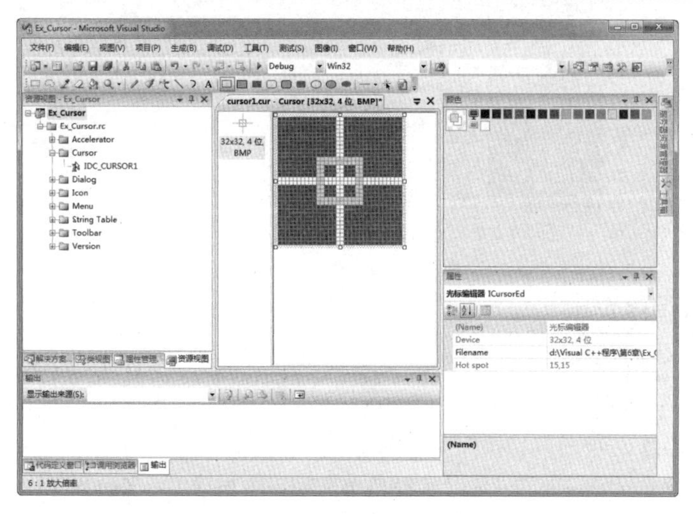

图 6.7　创建并设计的光标

（6）编译运行并测试。当鼠标移动到标题栏时，光标变成了 aero_working.ani 动画光标；而当移动到客户区时，光标变成了 IDC_CURSOR1 定义的形状。

需要说明的是，Visual C++还提供了 BeginWaitCursor 和 EndWaitCursor 函数来启动和终止动画沙漏光标。

## 6.2　菜单

像对话框一样，菜单也是一种资源模板（容器），可包含多级的菜单项（顶层、下拉）。通过对菜单项的选择可产生相应的命令消息，通过命令事件处理的映射函数实现要执行的相应任务。

### 6.2.1　菜单一般规则

为了使应用程序更容易操作，对于菜单系统的设计应遵循下列一些规则（参考图 6.8）。

（1）若单击某菜单项后，将弹出一个对话框，那么在该菜单项文本后有“…”。

（2）若某项菜单有子菜单，那么在该菜单项文本后有“▸”。

（3）若菜单项需要助记符，则用括号将带下划线的字母括起来。助记符与 Alt 键构成一个组合键，当按住 Alt 键不放，再敲击该字母时，对应的菜单项就会被选中。

（4）若某项菜单需要快捷键的支持，则一般将其列在相应菜单项文本之后。所谓“快捷键”是一个组合键，如 Ctrl+N，使用时先按下 Ctrl 键不放，然后再按 N 键。任何时候按下快捷键，相应的菜单命令都会被执行。

如图 6.8 所示是一个菜单样例，注意它们的规则含义。需要强调的是，在常见的菜单系统中，最上面的一层水平排列的菜单称为**顶层菜单**。每一个顶层菜单项可以是一个简单的菜单命令，也可以是**下拉**（Popup）菜单。在下拉菜单中的每一个菜单项也可以是菜单命令或下拉菜单，这样一级一级下去可以构造出复杂的菜单系统。

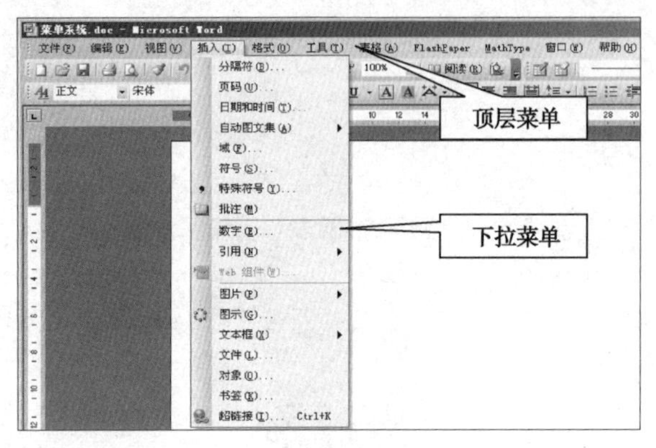


图 6.8　菜单样例

## 6.2.2　更改应用程序菜单

前面的章节多次说明了用菜单编辑器添加和修改菜单项的过程及方法，这里做进一步说明，并为应用程序重新指定一个菜单，然后切换。

【例 Ex_MenuSDI】　更改并切换应用程序菜单。

（1）用“MFC 应用程序向导”创建一个**经典**单文档应用程序 Ex_MenuSDI，仅将项目“常规”配置中的“字符集”属性改为“使用多字节字符集”。

（2）单击根节点 **Ex_MenuSDI**，选择“项目”→“添加资源”菜单命令，打开“添加资源”对话框，在资源类型中选中 Menu，单击 新建(N) 按钮，系统就会为应用程序添加一个新的菜单资源，并自动赋给它一个默认的标识符名称（第一次为 IDR_MENU1，以后依次为 IDR_MENU2、IDR_MENU3……），同时自动打开这个新的菜单资源，如图 6.9 所示。

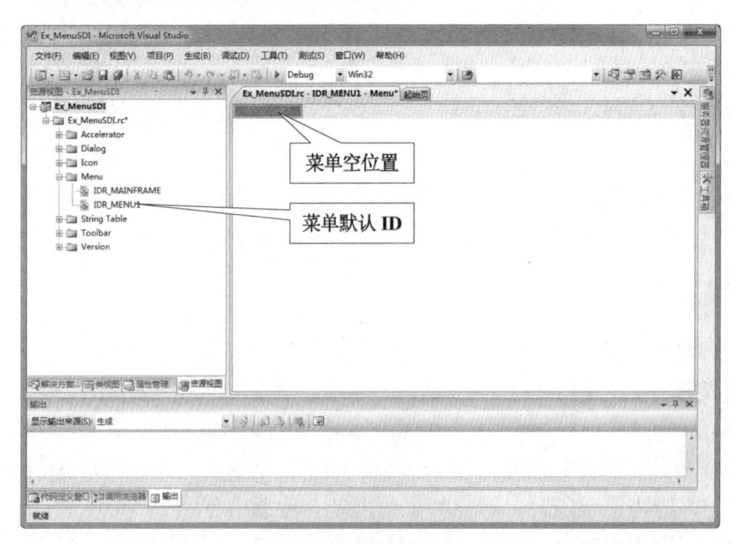


图 6.9　添加菜单资源

（3）在菜单的空位置上单击鼠标左键，进入菜单项编辑状态，输入菜单项标题“测试(&T)”（双引号不输），在“测试(&T)”菜单下的空位置处单击鼠标。再次单击空位置处进入菜单项编辑状态，输入菜单项标题“返回(&R)”（双引号不输），在菜单项最前面单击鼠标，完成该子菜单的标题输入。

（4）右击“返回(&R)”菜单项，从弹出的快捷菜单中选择“属性”命令，在弹出的属性窗口中，输入 ID 属性值 ID_TEST_RETURN（输入后随即按 Enter 键确认），如图 6.10 所示。

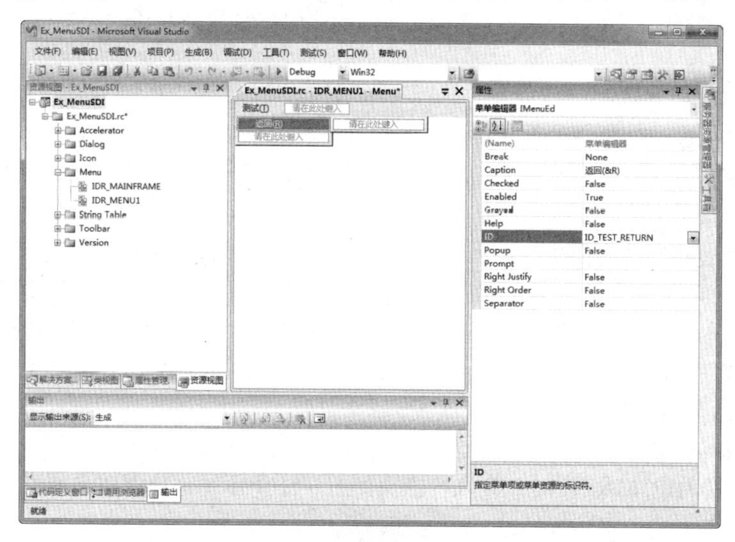


图 6.10　设计新的菜单资源

（5）打开 IDR_MAINFRAME 菜单资源，添加顶层菜单项“测试(&T)”并移至菜单项“视图(&V)”和“帮助(&H)”之间，在其下添加一个菜单项“显示测试菜单(&M)”，指定 ID 属性为 ID_VIEW_TEST。

（6）将工作区窗口切换到“类视图”页面，展开类节点，右击 CMainFrame 类名，从弹出的快捷菜单中选择“添加”→“添加变量”命令，弹出“添加成员变量向导”对话框。在这里，为 CMainFrame 类添加一个 CMenu 类型的成员变量 m_NewMenu（CMenu 类是用来处理菜单的一个 MFC 类）。单击 完成 按钮，添加指定的成员变量，同时对话框关闭。

（7）右击菜单项“显示测试菜单(&M)”，从弹出的快捷菜单中选择“添加事件处理程序”命令，弹出“事件处理程序向导”对话框。在“类列表”中选定 CMainFrame 类，其他默认，单击 添加编辑(A) 按钮，退出向导对话框。这样，就为 CMainFrame 类添加了菜单项 ID_VIEW_TEST 的 COMMAND“事件”的默认处理函数 OnViewTest。类似地，为菜单项“返回(&R)”（ID_TEST_RETURN）在 CMainFrame 类中添加其 COMMAND“事件”处理，使用默认的映射处理函数名 OnTestReturn，并添加下列代码：

```
void CMainFrame::OnViewTest()
{
    m_NewMenu.Detach();                         // 使菜单对象和菜单句柄分离
    m_NewMenu.LoadMenu( IDR_MENU1 );
    SetMenu(NULL);                              // 清除应用程序菜单
    SetMenu( &m_NewMenu );                      // 设置应用程序菜单
}
void CMainFrame::OnTestReturn()
{
    m_NewMenu.Detach();
    m_NewMenu.LoadMenu( IDR_MAINFRAME );
    SetMenu(NULL);
    SetMenu( &m_NewMenu );
}
```

代码中，LoadMenu 和 Detach 都是 CMenu 类成员函数，LoadMenu 用来装载菜单资源，而 Detach 用来使菜单对象与菜单句柄分离。在调用 LoadMenu 后，菜单对象 m_NewMenu 就拥有一个菜单句柄；当再次调用 LoadMenu 时，由于菜单对象的句柄已经创建，因而会发生运行时错误；但当菜单对象与菜单句柄分离后，就可以再次创建菜单了。SetMenu 是 CWnd 类的一个成员函数，用来设置应用程序的菜单。

（8）编译运行并测试。选择“测试”→“显示测试菜单”菜单命令，菜单栏变成了新添加的 IDR_MENU1；选择“测试”→“返回”菜单命令，程序又恢复原来默认的菜单。

### 6.2.3 使用键盘快捷键

通过上述的菜单系统，用户可以选择几乎所有可用的命令和选项，它保证了菜单命令系统的完整性。但是菜单系统也有某些美中不足之处，如操作效率不高等。尤其对于那些反复使用的命令，很有必要进一步提高效率，于是加速键应运而生。

加速键也往往被称为**键盘快捷键**，一个加速键就是一个按键或几个按键的组合，用于激活特定的命令。加速键也是一种资源，它的显示和编辑比较简单（参见图 6.11）：单击空行生成新的默认加速键项，单击 ID 属性进入编辑（修改后按 Enter 键完成），右击后从弹出的快捷菜单中选择“键入的下一个键”以及“删除”等命令。例如，下面的示例过程是为前面的两个菜单项 ID_VIEW_TEST 和 ID_TEST_RETURN 定义键盘快捷键：

（1）在 Ex_MenuSDI 中，将项目工作区窗口切换到“资源视图”页面，展开所有资源节点，双击 Accelerator 节点下的 IDR_MAINFRAME 项，出现如图 6.11 所示的加速键资源列表。

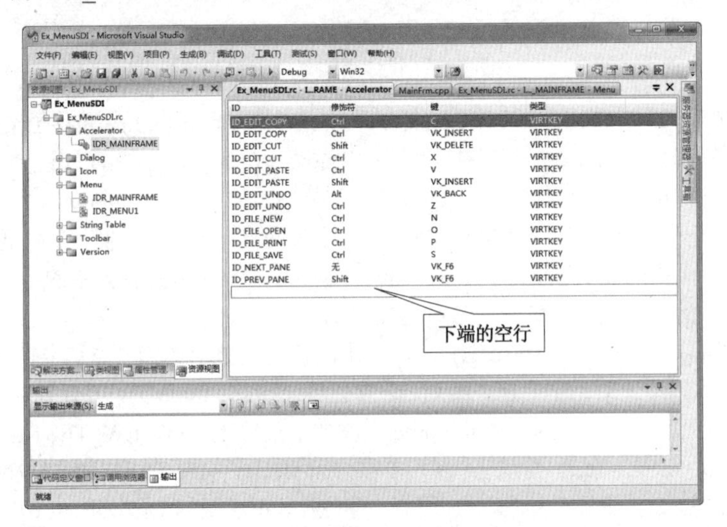


图 6.11　Ex_MenuSDI 的加速键资源

（2）单击加速键列表最下端的空行（或者右击加速键列表，从弹出的快捷菜单中选择“新建快捷键”命令），一个新的默认加速键资源添加完成。单击默认 ID 号，进入其编辑状态，单击右侧的下拉按钮，从中找到并选定 ID_VIEW_TEST。

（3）右击 ID_VIEW_TEST 加速键资源，从弹出的快捷菜单中选择“键入的下一个键”命令，弹出“捕获下一个键”对话框，按下 Ctrl+1 组合键，退出对话框。这样，为菜单项 ID_VIEW_TEST 添加的键盘快捷键就定义好了。

（4）按同样的方法，为菜单项 ID_TEST_RETURN 添加加速键 Ctrl+2。

需要说明的是，为了使其他用户能查看并使用该加速键，还需在相应的菜单项文本后面添加加速键内容。用菜单编辑器修改时，直接在菜单项文本中添加即可；也可在菜单项“属性”窗口中修改其 Caption（标题）属性。例如，可将 ID_VIEW_TEST 菜单项文本改成“显示测试菜单(&M)\tCtrl+1”，其中“\t”是将后面的“Ctrl+1”定位到一个水平制表位。

（5）编译运行并测试。当程序运行后，按加速键 Ctrl+1 和 Ctrl+2 将执行相应的菜单命令。

## 6.2.4 菜单的编程控制

在交互式软件的设计中，菜单有时会随着用户操作的改变而改变，这时的菜单就需要在程序中进行控制。MFC 菜单类 CMenu 提供了在程序运行时处理菜单的有关操作，如创建菜单、装入菜单、删除菜单项、获取或设置菜单项的状态等。

### 1．创建菜单

CMenu 类的 CreateMenu 和 CreatePopupMenu 函数分别用来创建一个菜单或子菜单框架，其原型如下：

```
BOOL CreateMenu( );                    // 产生一个空菜单
BOOL CreatePopupMenu( );               // 产生一个空的弹出式子菜单
```

### 2．装入菜单资源

将菜单资源装入应用程序中，需调用 CMenu 成员函数 LoadMenu，然后用 SetMenu 对应用程序菜单进行重新设置。

```
BOOL LoadMenu( LPCTSTR lpszResourceName );
BOOL LoadMenu( UINT nIDResource );
```

其中，lpszResourceName 为菜单资源名称；nIDResource 为菜单资源 ID。

### 3．添加菜单项

当菜单创建后，用户可以调用 AppendMenu 或 InsertMenu 函数来添加一些菜单项。但每次添加时，AppendMenu 是将菜单项添加在菜单的末尾处；而 InsertMenu 在菜单的指定位置处插入菜单项，并将后面的菜单项依次下移。

```
BOOL AppendMenu(   UINT nFlags, UINT nIDNewItem = 0,LPCTSTR lpszNewItem = NULL );
BOOL AppendMenu( UINT nFlags, UINT nIDNewItem, const CBitmap* pBmp );
BOOL InsertMenu(   UINT nPosition, UINT nFlags,
                   UINT nIDNewItem = 0, LPCTSTR lpszNewItem = NULL );
BOOL InsertMenu(   UINT nPosition, UINT nFlags, UINT nIDNewItem, const CBitmap* pBmp );
```

其中，nIDNewItem 表示新菜单项的资源 ID；lpszNewItem 表示新菜单项的内容；pBmp 用于菜单项的位图指针；nPosition 表示新菜单项要插入的菜单项位置；nFlags 表示要增加的新菜单项的状态信息，它的值影响其他参数的含义，如表 6.1 所示。

表 6.1 nFlags 的值及其对其他参数的影响

| nFlags 值 | 含　义 | nPosition 值 | nIDNewItem 值 | lpszNewItem 值 |
|---|---|---|---|---|
| MF_BYCOMMAND | 菜单项以 ID 来标识 | 菜单项资源 ID | | |
| MF_BYPOSITION | 菜单项以位置来标识 | 菜单项的位置 | | |
| MF_POPUP | 菜单项有弹出式子菜单 | | 弹出式菜单句柄 | |
| MF_SEPARATOR | 分隔线 | | 忽略 | 忽略 |
| MF_OWNERDRAW | 自画菜单项 | | | 自画所需的数据 |
| MF_STRING | 字符串标志 | | | 字符串指针 |
| MF_CHECKED | 设置菜单项的选中标记 | | | |
| MF_UNCHECKED | 取消菜单项的选中标记 | | | |
| MF_DISABLED | 禁用菜单项 | | | |
| MF_ENABLED | 允许使用菜单项 | | | |
| MF_GRAYED | 菜单项灰显 | | | |

需要注意的是：

（1）当 nFlags 为 MF_BYPOSITION 时，nPosition 表示新菜单项要插入的具体位置，为 0 时

表示第一个菜单项，为-1 时将菜单项添加到菜单的末尾处。

（2）nFlags 的标志中，可以用“|”（按位或）来组合，例如 MF_CHECKED|MF_STRING 等。但有些组合是不允许的，例如 MF_DISABLED、MF_ENABLED 和 MF_GRAYED，MF_STRING、MF_OWNERDRAW、MF_SEPARATOR 和位图，MF_CHECKED 和 MF_UNCHECKED 都不能组合在一起。

（3）当菜单项增加后，不管菜单依附的窗口是否改变，都应调用 CWnd::DrawMenuBar 来更新菜单。

**4．删除菜单项**

调用 DeleteMenu 函数可将指定的菜单项删除，其原型如下：

```
BOOL DeleteMenu( UINT nPosition, UINT nFlags );
```

其中，参数 nPosition 表示要删除的菜单项位置，它由 nFlags 进行说明。若当 nFlags 为 MF_BYCOMMAND 时，nPosition 表示菜单项的 ID；而当 nFlags 为 MF_BYPOSITION 时，nPosition 表示菜单项的位置（第一个菜单项位置为 0）。

需要注意的是，调用该函数后，不管菜单依附的窗口是否改变，都应调用 CWnd::DrawMenuBar 使菜单更新。

**5．获取菜单项**

下面的 4 个 CMenu 成员函数分别用来获得菜单的项数、菜单项的 ID、菜单项的文本内容以及弹出式子菜单的句柄。

```
UINT GetMenuItemCount( ) const;
```

该函数用来获得菜单的菜单项数，调用失败后返回-1。

```
UINT GetMenuItemID( int nPos ) const;
```

该函数用来获得由 nPos 指定菜单项位置（以 0 为基数）的菜单项的标识号，若 nPos 为 SEPARATOR，则返回-1。

```
int GetMenuString( UINT nIDItem, CString& rString, UINT nFlags ) const;
```

该函数用来获得由 nIDItem 指定菜单项位置（以 0 为基数）的菜单项的文本内容（字符串），并由 rString 参数返回。当 nFlags 为 MF_BYPOSITION 时，nPosition 表示菜单项的位置（第一个菜单项位置为 0）。

```
CMenu* GetSubMenu( int nPos ) const;
```

该函数用来获得指定菜单的弹出式菜单的菜单句柄。该弹出式菜单位置由参数 nPos 指定，开始的位置为 0。若菜单不存在，则创建一个临时的菜单指针。

下面的示例过程是利用 CMenu 成员函数向应用程序菜单中添加并处理一个菜单项。

**【例 Ex_Menu】** 菜单项的编程控制。

（1）用“MFC 应用程序向导”创建一个**经典**单文档应用程序 Ex_Menu，仅将项目“常规”配置中的“字符集”属性改为“使用多字节字符集”。

（2）将工作区窗口切换到“资源视图”页面，展开节点，右击 Ex_Menu.rc ，从弹出的快捷菜单中选择“资源符号”命令，弹出如图 6.12 所示的“资源符号”对话框，它能对应用程序中的资源标识符进行管理。由于程序中要添加的菜单项需要一个标识值，因此最好用一个标识符来代替这个值，这是一个好的习惯。因此，这里通过“资源符号”对话框来创建一个新的标识符。

（3）单击 新建(N)... 按钮，弹出如图 6.13 所示的“新建符号”对话框。在“名称”（Name）框中输入一个新的标识符 ID_NEW_MENUITEM。在“值”（Value）框中，输入该 ID 的值，系统要求自定义的 ID 值应大于 15（0X000F）而小于 61440（0XF000）。保留默认的 ID 值 310，单击 确定 按钮。

（4）关闭“资源符号”对话框。在 CMainFrame::OnCreate 函数中添加下列代码，该函数在框架窗口创建时自动调用。

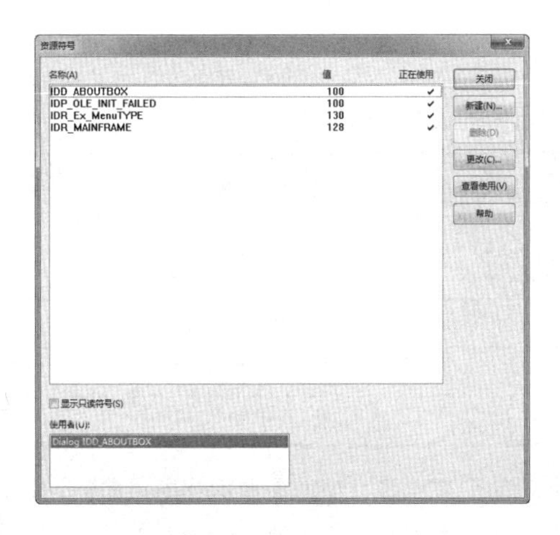


图 6.12　“资源符号”对话框

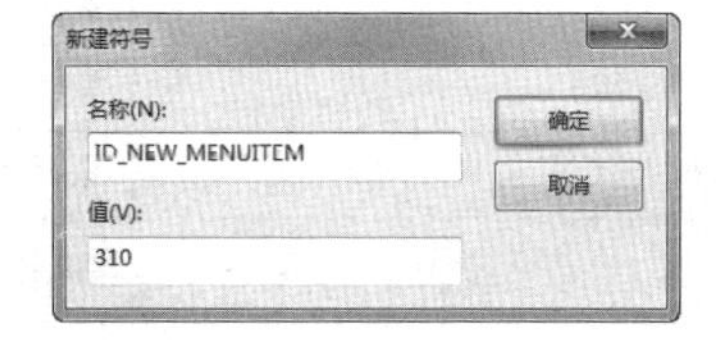


图 6.13　“新建符号”对话框

```
int CMainFrame::OnCreate(LPCREATESTRUCT lpCreateStruct)
{	//...
	CMenu* pSysMenu = GetMenu();                          // 获得程序菜单指针
	CMenu* pSubMenu = pSysMenu->GetSubMenu(1);            // 获得第二个子菜单的指针
	CString StrMenuItem("新的菜单项");
	pSubMenu->AppendMenu(MF_SEPARATOR);                   // 增加一个水平分隔线
	pSubMenu->AppendMenu(MF_STRING,ID_NEW_MENUITEM,StrMenuItem);
	                                                      // 在子菜单中增加一个菜单项
	// 允许使用 ON_UPDATE_COMMAND_UI 或 ON_COMMAND 的菜单项
	m_bAutoMenuEnable = FALSE;                            // 关闭系统自动更新菜单状态
	pSysMenu->EnableMenuItem(ID_NEW_MENUITEM,MF_BYCOMMAND|MF_ENABLED);
	                                                      // 激活菜单项

	DrawMenuBar();                                        // 更新菜单
	return 0;
}
```

（5）打开并将 CMainFrame 类“属性”窗口切换至“重写”页面，重载虚函数 OnCommand，添加下列代码：

```
BOOL CMainFrame::OnCommand(WPARAM wParam, LPARAM lParam)
{
	// wParam 的低字节表示菜单、控件、加速键的命令 ID
	if (LOWORD(wParam) == ID_NEW_MENUITEM)
		MessageBox("你选中了新的菜单项");
	return CFrameWnd::OnCommand(wParam, lParam);
}
```

（6）编译运行并测试。当选择“编辑”→“新的菜单项”菜单命令后，就会弹一个对话框，显示“你选中了新的菜单项”消息。

### 6.2.5　使用快捷菜单

快捷菜单是一种浮动的弹出式菜单，它是一种新的用户界面设计风格。当用户按下鼠标右键时，就会相应地弹出一个浮动菜单，其中提供了几个与当前选择内容相关的选项。

用资源编辑器和 MFC 库的 CMenu::TrackPopupMenu 函数可以很容易地创建快捷菜单。CMenu::TrackPopupMenu 函数原型如下：

```
BOOL TrackPopupMenu( UINT nFlags, int x, int y, CWnd* pWnd, LPCRECT lpRect = NULL );
```

该函数用来显示一个浮动的弹出式菜单，其位置由各参数决定。其中，nFlags 表示菜单在屏幕显示的位置以及鼠标按钮标志，如表 6.2 所示。

表 6.2　nFlags 的值及其含义

| nFlags 值 | 含　义 |
|---|---|
| TPM_CENTERALIGN | 屏幕位置标志，表示菜单的水平中心位置由 x 坐标确定 |
| TPM_LEFTALIGN | 屏幕位置标志，表示菜单的左边位置由 x 坐标确定 |
| TPM_RIGHTALIGN | 屏幕位置标志，表示菜单的右边位置由 x 坐标确定 |
| TPM_LEFTBUTTON | 鼠标按钮标志，表示当用户单击鼠标左键时弹出菜单 |
| TPM_RIGHTBUTTON | 鼠标按钮标志，表示当用户单击鼠标右键时弹出菜单 |

参数 x 和 y 表示菜单的水平坐标和菜单顶端的垂直坐标。pWnd 表示弹出菜单的窗口，此窗口将收到菜单全部的 WM_COMMAND 消息。lpRect 是一个 RECT 结构或 CRect 对象指针，它表示一个矩形区域，用户单击这个区域时，弹出菜单不消失；而当 lpRect 为 NULL 时，若用户在菜单外面单击鼠标，菜单立刻消失。

下面来看一个示例，在右击鼠标 WM_CONTEXTMENU 通知消息映射处理函数中添加快捷菜单的相关代码。

【例 Ex_ContextMenu】　使用快捷菜单。

（1）用“MFC 应用程序向导”创建一个经典单文档应用程序 Ex_ContextMenu，仅将项目“常规”配置中的“字符集”属性改为“使用多字节字符集”。

（2）打开并将 CEx_ContextMenuView 类“属性”窗口切换至“消息”页面，找到并添加 WM_CONTEXTMENU 消息映射处理，使用默认的处理函数名，添加下列代码：

```
void CEx_ContextMenuView::OnContextMenu(CWnd* pWnd, CPoint point)
{
	CMainFrame* pFrame=(CMainFrame*)AfxGetApp()->m_pMainWnd;	// 获得主窗口指针
	CMenu* pSysMenu = pFrame->GetMenu();					// 获得程序窗口菜单指针
	int nCount = pSysMenu->GetMenuItemCount();				// 获得顶层菜单个数
	int nSubMenuPos = -1;
	for (int i=0; i<nCount; i++) {						// 查找“文件”菜单
		CString str;
		pSysMenu->GetMenuString(i, str, MF_BYPOSITION);
		if ( str.Find("文件") >= 0 )	{
			nSubMenuPos = i;		break;
		}
	}
	if (nSubMenuPos<0) return;							// 没有找到，返回
	pSysMenu->GetSubMenu( nSubMenuPos)
		->TrackPopupMenu(TPM_LEFTALIGN|TPM_RIGHTBUTTON, point.x, point.y, this);
}
```

由于菜单、工具栏、状态栏是由主框架类 CMainFrame 来控制的，虽在视图类可以添加快捷菜单消息映射处理，但若要在视图类中访问应用程序的主框架窗口的系统菜单，则必须通过 CWinApp 类成员函数 AfxGetApp 来获取主框架类对象指针后才能获取相应的菜单。

（3）在 Ex_ContextMenuView.cpp 文件的前面添加 CMainFrame 类的文件包含：

```
#include "Ex_ContextMenuView.h"
#include "MainFrm.h"
```

（4）运行并测试。当在应用程序窗口的客户区中右击鼠标，会弹出如图 6.14 所示的快捷菜单。

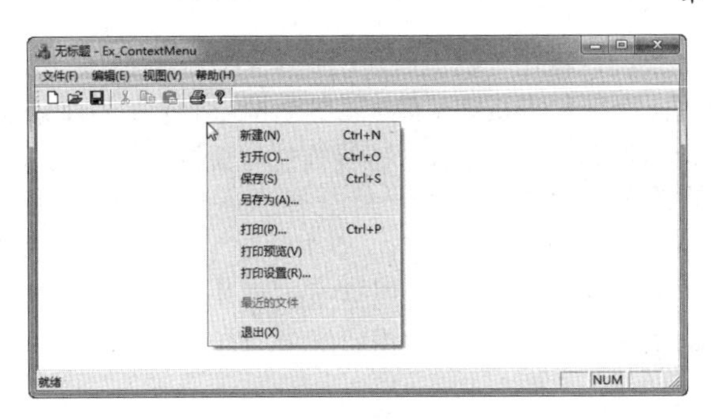


图 6.14　快捷菜单

需要说明的是，当在应用程序窗口的工具栏、菜单栏和状态栏等非客户区右击鼠标时，快捷菜单是不会弹出的，这是因为视图类控制的窗口区域是客户区，客户区外由主框架窗口类控制。若上述 WM_CONTEXTMENU 消息映射处理及其代码添加在 CMainFrame 类中，则无论在什么区域右击鼠标都会弹出快捷菜单。

## 6.3　工具栏

工具栏是一系列工具按钮的组合，借助它们可以提高工作效率。Visual C++ 系统保存了每个工具栏相应的位图，其中包括所有按钮的图像，而所有的按钮图像具有相同的尺寸（15 像素高，16 像素宽），它们在位图中的排列次序与在工具栏上的次序相同。

### 6.3.1　使用工具栏编辑器

将前面的经典单文档应用程序项目 Ex_MenuSDI 调入。将项目工作区窗口切换到“资源视图”页面，展开所有节点，双击 Toolbar 节点中的 IDR_MAINFRAME 项（Visual Studio 2008 还会询问是否对工具栏的位图大小进行调整），单击[确定]按钮，则工具栏编辑器出现在主界面的右边，如图 6.15 所示。

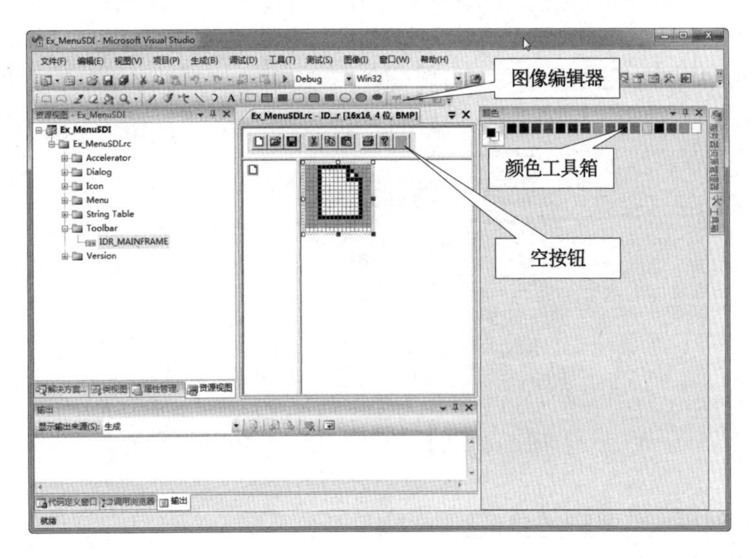


图 6.15　工具栏编辑器窗口

现在可以用工具栏编辑器对工具栏进行操作了。默认情况下，工具栏在最初创建时，其右端有一个空的按钮，在进行编辑之前，该按钮可以拖放移动到工具栏中其他位置。当创建一个新的按钮后，在工具栏右端又会自动出现一个新的空按钮（有时新的空按钮会紧挨着刚创建的按钮出现）。当保存此工具栏资源时，空按钮不会被保存。下面就其一般操作进行说明。

**1．创建一个新的工具栏按钮**

在新建的工具栏中，最右端总有一个空按钮，双击该按钮弹出其“属性”窗口，在 ID 属性框中输入其标识符名称，则在其右端又出现一个新的空按钮。单击该按钮，在资源编辑器的工具按钮设计窗口内进行编辑，这个编辑就是绘制一个工具按钮的位图，它同一般图像编辑器操作相同（如 Windows 系统中的“画图”附件）。

**2．移动一个按钮**

要在工具栏中移动一个按钮，用鼠标左键点中它并拖动至相应位置即可。如果用户拖动它离开工具栏位置，则此按钮从工具栏消失。若在移动一个按钮的同时按下 Ctrl 键，则在新位置复制一个按钮，新位置可以是同一个工具栏中的其他位置，也可以在不同的工具栏中。

**3．删除一个按钮**

前面已提到过，将选中的按钮拖离工具栏，则该按钮就消失了。但若选中按钮后，单击 Delete 键并不能删除一个按钮，只是将按钮中的图形全部以背景色填充。

**4．在工具栏中插入空格**

在工具栏中插入空格有以下几种情况：

（1）如果按钮前没有任何空格，拖动该按钮向右移动并当覆盖相邻按钮的一半以上时，释放鼠标键，则此按钮前出现空格。

（2）如果按钮前有空格而按钮后没有空格，拖动该按钮向左移动，并当按钮的左边界接触到前面的按钮时释放鼠标键，则此按钮后将出现空格。

（3）如果按钮前后均有空格，拖动该按钮向右移动并当接触到相邻按钮时，则此按钮前的空格保留，按钮后的空格消失。相反，拖动该按钮向左移动并当接触到前一个相邻按钮时，则此按钮前面的空格消失，后面的空格保留。

**5．工具栏按钮属性的设置**

双击按钮图标弹出其“属性”窗口，如图 6.16 所示。其中，Prompt 属性用来指定工具栏按钮的提示文本。例如，当“新建”图标按钮的 Prompt 属性值为“创建新文档\n 新建”时，则表示将鼠标指向该按钮时，在状态栏中显示“创建新文档”；鼠标停留片刻，还在按钮旁弹出一个小的信息提示窗口，显示“新建”字样。可见，状态栏和提示窗口显示的文本在 Prompt 属性文本中是通过“\n”来分隔的。

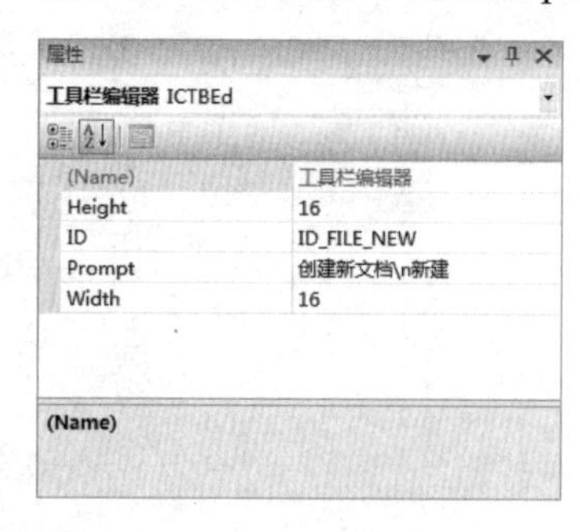


图 6.16　工具栏按钮“属性”窗口

## 6.3.2　工具按钮和菜单项相结合

工具按钮和菜单项相结合是指当选择工具按钮或菜单命令时操作结果是一样的。使它们结合的具体方法是在工具按钮的“属性”对话框中将按钮的 ID 设置为相关联的菜单项 ID。例如，下面的过程是在前面 Ex_MenuSDI 基础上进行的，通过工具栏上的两个工具按钮分别显示主菜单 IDR_MAINFRAME 和菜单 IDR_MENU1。

（1）打开前面的经典单文档应用程序 Ex_MenuSDI，将工作区窗口切换到“资源视图”页面，展开资源节点，双击 Toolbar 节点中的 IDR_MAINFRAME 项，打开工具栏编辑器。

（2）用工具栏编辑器添加并设计两个工具图标按钮，其位置和内容如图 6.17 所示。

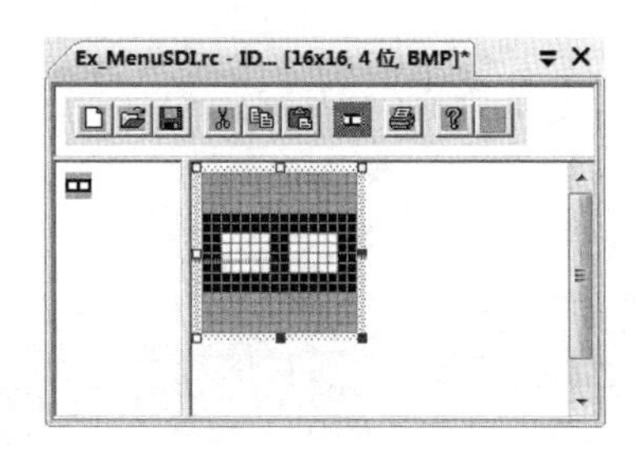


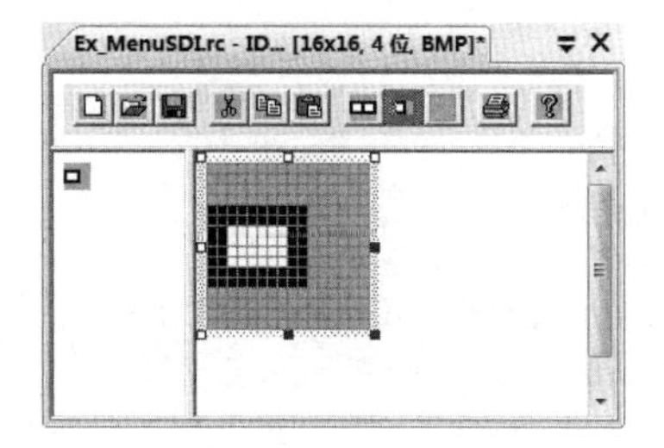


图 6.17 设计的两个工具图标按钮

（3）打开设计的第一个工具按钮▭的“属性”窗口，将其 ID 选定为 ID_TEST_RETURN，在提示框内输入“返回应用程序主菜单\n 返回主菜单”（双引号不输，输完后随即按 Enter 键）。

（4）单击设计的第二个工具按钮▫，在其“属性”窗口将 ID 选定为 ID_VIEW_TEST，在提示框内输入“显示测试菜单\n 显示测试菜单”。

（5）编译运行并测试。当程序运行后，将鼠标移至设计的第一个工具按钮处，这时在状态栏上显示出“返回应用程序主菜单”信息；若鼠标停留片刻，还会弹出提示小窗口，显示出“返回主菜单”字样，如图 6.18 所示。单击新添加的这两个按钮，会执行相应的菜单命令。

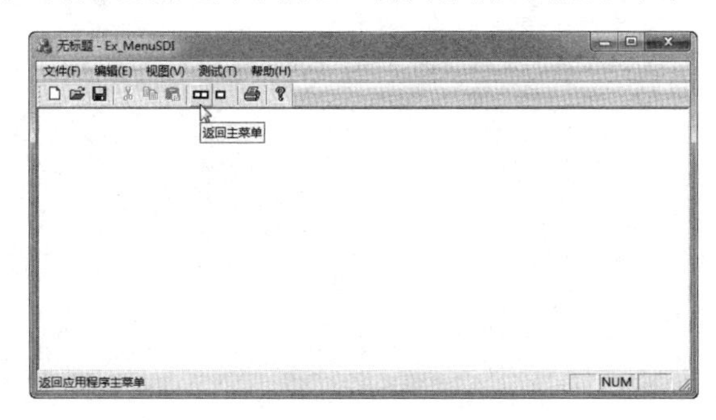


图 6.18 工具按钮提示

需要说明的是，对于工具按钮命令“事件”的处理方法跟菜单命令是一样的。

## 6.3.3 多个工具栏的使用

在用“MFC 应用程序向导”创建的经典单文档应用程序中往往只有一个工具栏，但在实际应用中，常常需要多个工具栏。这里以一个实例的形式来讨论多个工具栏的创建、显示和隐藏等操作。

【例 Ex_MultiBar】 多个工具栏的使用。

（1）用“MFC 应用程序向导”创建一个经典单文档应用程序 Ex_MultiBar，仅将项目“常规”配置中的“字符集”属性改为“使用多字节字符集”。将工作区窗口切换到“资源视图”页面，展开资源节点，双击 Toolbar 节点中的 IDR_MAINFRAME 项，打开工具栏编辑器。

（2）用鼠标单击 IDR_MAINFRAME 不松开，然后按下 Ctrl 键，移动鼠标将 IDR_MAINFRAME 拖到 Toolbar 资源名称上，这样就复制了工具栏默认资源 IDR_MAINFRAME。复制后的资源标识系统自动设为 IDR_MAINFRAME1。

（3）右击工具栏资源 IDR_MAINFRAME1，从弹出的快捷菜单中选择“属性”命令，弹出“属性”窗口，将其 ID 设为 IDR_TOOLBAR1。双击 IDR_TOOLBAR1，打开工具栏资源，删除几个与“编辑”相关的工具按钮（目的是让 IDR_TOOLBAR1 工具栏与 IDR_MAINFRAME 有明显区别）。

（4）将工作区窗口切换到“解决方案资源管理器”页面，展开“头文件”所有节点，双击 MainFrm.h 文件，在 CMainFrame 类中添加一个成员变量 m_wndTestBar，变量类型为 CToolBar（CToolBar 类封装了工具栏的操作）。

```
protected:  // 控件条嵌入成员
    CStatusBar        m_wndStatusBar;
    CToolBar          m_wndToolBar;
    CToolBar          m_wndTestBar;
```

（5）在 CMainFrame::OnCreate 函数中添加以下工具栏创建代码：

```
int CMainFrame::OnCreate(LPCREATESTRUCT lpCreateStruct)
{
    if (CFrameWnd::OnCreate(lpCreateStruct) == -1) return -1;
    if (    !m_wndToolBar.CreateEx(this, TBSTYLE_FLAT, WS_CHILD | WS_VISIBLE | CBRS_TOP |
            CBRS_GRIPPER | CBRS_TOOLTIPS | CBRS_FLYBY | CBRS_SIZE_DYNAMIC) ||
            !m_wndToolBar.LoadToolBar(IDR_MAINFRAME) ||
            !m_wndTestBar.CreateEx(this, TBSTYLE_FLAT, WS_CHILD | WS_VISIBLE | CBRS_TOP |
            CBRS_GRIPPER | CBRS_TOOLTIPS | CBRS_FLYBY | CBRS_SIZE_DYNAMIC,
            CRect(0,0,0,0), AFX_IDW_TOOLBAR + 10) ||
            !m_wndTestBar.LoadToolBar(IDR_TOOLBAR1) )
    {
        TRACE0("未能创建工具栏\n");
        return -1;          // 未能创建
    }
    ...
    m_wndToolBar.EnableDocking(CBRS_ALIGN_ANY);
    m_wndTestBar.EnableDocking(CBRS_ALIGN_ANY);
    EnableDocking(CBRS_ALIGN_ANY);
    DockControlBar(&m_wndToolBar);
    DockControlBar(&m_wndTestBar);
    return 0;
}
```

分析和说明：

① 代码中，CreateEx 是 CToolBar 类的成员函数，用来创建一个工具栏对象。该函数的第 1 个参数用来指定工具栏所在的父窗口指针，this 表示当前的 CMainFrame 类窗口指针。第 2 个参数用来指定工具按钮的风格，当为 TBSTYLE_FLAT 时表示工具按钮是“平面”的。第 3 个参数用来指定工具栏的风格。由于这里的工具栏是 CMainFrame 的子窗口，因此需要指定 WS_CHILD | WS_VISIBLE。CBRS_TOP 表示工具栏放置在父窗口的顶部，CBRS_GRIPPER 表示工具栏前面有一个“把手”，CBRS_TOOLTIPS 表示允许有工具提示，CBRS_FLYBY 表示在状态栏显示工具提示文本，CBRS_SIZE_DYNAMIC 表示工具栏在浮动时其大小是可以动态改变的。第 4 个参数用来指定工具栏四周的边框大小，一般都为 0。最后一个参数用来指定工具栏这个子窗口的标识 ID（与工具栏资源标识不同）。

② if 语句中的 LoadToolBar 函数用来装载工具栏资源。若 CreateEx 或 LoadToolBar 的返回值为 0，即调用不成功，则显示诊断信息“未能创建工具栏”。TRACE0 是一个用于程序调试的跟踪宏。OnCreate 函数返回-1 时，主框架窗口被清除。

③ 文档应用程序中的工具栏一般具有停靠或浮动特性，m_wndTestBar.EnableDocking 使得 m_wndTestBar 对象可以停靠，CBRS_ALIGN_ANY 表示可以停靠在窗口的任意一边。EnableDocking(CBRS_ALIGN_ANY)调用的是 CFrameWnd 类的成员函数，用来让工具栏或其他控制条在主框架窗口可以进行停靠操作。DockControlBar 也是 CFrameWnd 类的成员函数，用来将指定的工具栏或其他控制条进行停靠。

④ AFX_IDW_TOOLBAR 是系统内部的**工具栏子窗口标识**，并将 AFX_IDW_TOOLBAR + 1 的值表示默认的**状态栏子窗口标识**。如果在创建新的工具栏时没有指定相应的子窗口标识，则会使用默认的 AFX_IDW_TOOLBAR。这样，当打开“查看”菜单，单击“工具栏”菜单时，显示或隐藏的工具栏便不是原来的工具栏，而是新添加的工具栏。因此，需要重新指定工具栏子窗口的标识，并使其值等于 AFX_IDW_TOOLBAR + 10。

（6）编译运行，结果如图 6.19 所示。

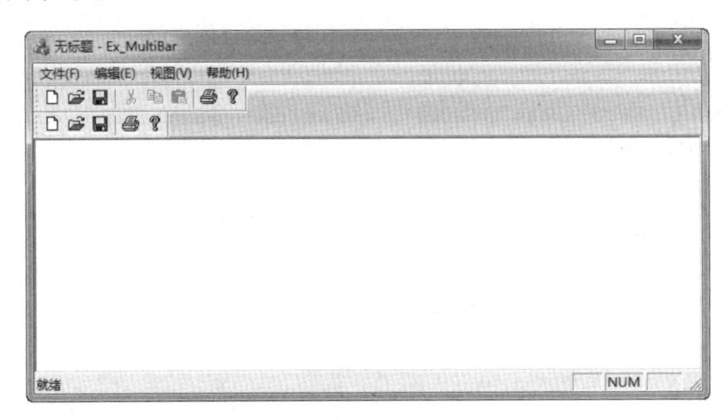


图 6.19　第一次运行的结果

（7）打开菜单资源，在顶层菜单项“视图(&V)”的下拉子菜单项的末尾添加一个“新的工具栏(&N)”菜单项，将其 ID 属性设为 ID_VIEW_NEWBAR。在 CMainFrame 类添加 ID_VIEW_NEWBAR 的 COMMAND“事件”映射，使用默认的处理函数名，并添加下列代码：

```
void CMainFrame::OnViewNewbar()
{
	int bShow = m_wndTestBar.IsWindowVisible();
	ShowControlBar( &m_wndTestBar, !bShow, FALSE);
}
```

事实上，多个工具栏的代码重点不仅在于工具栏的显示，更主要的是如何控制其显示。CFrameWnd 类的成员函数 ShowControlBar 就起到这样的作用，它有 3 个参数，第 1 个参数用来指定要操作的工具栏或状态栏指针；第 2 个参数是一个布尔型，当为 TRUE 时表示显示，否则表示隐藏；第 3 个参数用来表示是否延迟显示或隐藏，当为 FALSE 时表示立即显示或隐藏。

代码中，IsWindowVisible 函数用来判断窗口（对象）是否可见。若为可见，则下句的 ShowControlBar 函数调用就使其隐藏，反之就显示。

（8）编译运行并测试。

事实上，当 ID_VIEW_NEWBAR 工具栏显示时，还应使菜单“新的工具栏(&N)”文本前面能有一个显示✓，此时需跟踪交互对象的更新消息方可实现，后面还会讨论这个问题。

## 6.4　状态栏

应用程序往往需要把当前的状态信息或提示信息告诉用户，虽然其他窗口（如窗口的标题栏、提示窗口等）也可显示文本，但它们的功能比较有限，而状态栏能很好地满足应用程序显示信息的需求。

## 6.4.1 状态栏的定义

状态栏是一条水平长条，位于应用程序主窗口的底部。它可以分割成几个窗格，用来显示多组信息。在用“MFC 应用程序向导”创建的经典单文档（SDI）或多个文档（MDI）应用程序框架中，有一个静态的 indicators 数组，它是在 MainFrm.cpp 文件中定义的，被 MFC 用作状态栏窗格的定义。

这个数组中的元素是一些标识常量或字符串资源的 ID。默认的 indicator 数组包含了四个元素，它们是 ID_SEPARATOR、ID_INDICATOR_CAPS、ID_INDICATOR_NUM 和 ID_INDICATOR_SCRL。其中，ID_SEPARATOR 用来标识信息行窗格，菜单项或工具按钮的许多信息都在这个信息行窗格中显示；而其余三个元素用来标识指示器窗格，分别显示出 Caps Lock、Num Lock 和 Scroll Lock 这三个键的状态。如图 6.20 所示列出了 indicators 数组元素与标准状态栏窗格的关系。

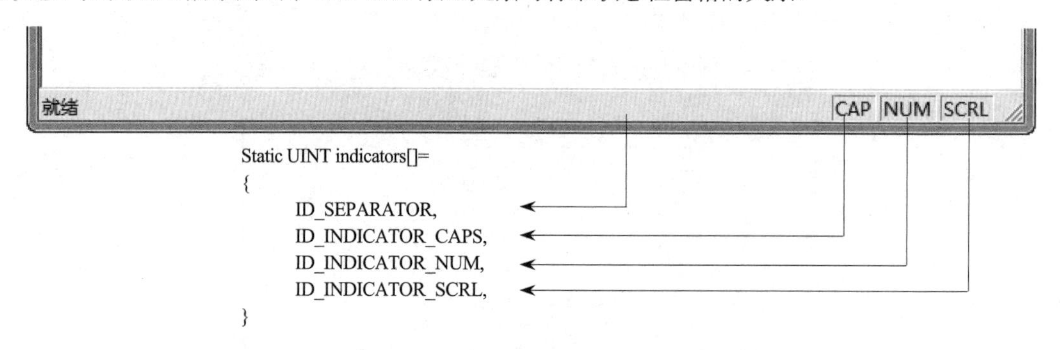


图 6.20 indicators 数组的定义

## 6.4.2 状态栏的常用操作

在 MFC 中可以方便地对状态栏进行操作，如增减窗格、在状态栏中显示文本、改变状态栏的风格和大小等，这是因为 MFC 的 CStatusBar 类封装了状态栏的大部分操作。

### 1. 增加和减少窗格

状态栏中的窗格可以分为信息行窗格和指示器窗格两类。若在状态栏中增加一个信息行窗格，则只需在 indicators 数组中的适当位置增加一个 ID_SEPARATOR 标识即可；若在状态栏中增加一个用户指示器窗格，则在 indicators 数组中的适当位置增加一个在字符串表中定义过的资源 ID，其字符串的长度表示用户指示器窗格的大小。若状态栏减少一个窗格，其操作与增加相类似，只需减少 indicators 数组元素即可。

### 2. 在状态栏上显示文本

调用 CStatusBar::SetPaneText 函数可以更新任何窗格（包括信息行 ID_SEPARATOR 窗格）中的文本。此函数原型描述如下：

```
BOOL SetPaneText( int nIndex, LPCTSTR lpszNewText, BOOL bUpdate = TRUE );
```

其中，lpszNewText 表示要显示的字符串；nIndex 表示设置的窗格索引（第一个窗格的索引为 0）；若 bUpdate 为 TRUE，则系统自动更新显示的结果。

下面来看一个示例，它是将鼠标在客户区窗口的位置显示在状态栏上。需要说明的是，状态栏对象 m_wndStatusBar 是在 CMainFrame 类中定义的保护成员变量，而鼠标等客户消息不能被主框架类 CMainFrame 接收，因而鼠标移动的消息 WM_MOUSEMOVE 只能映射到 CEx_SDIMouseView 类，即客户区窗口类中。但是，这样一来，不仅要将 CMainFrame 类的 m_wndStatusBar 成员属性由 protected 改为 public，而且还要为在 CEx_SDIMouseView 中访问 CMainFrame 类对象指针添加更多的代码。

【例 Ex_SDIMouse】 将鼠标在客户区窗口的位置显示在状态栏上。

（1）用“MFC 应用程序向导”创建一个经典单文档应用程序 Ex_SDIMouse，仅将项目“常规”配置中的“字符集”属性改为“使用多字节字符集”。

（2）将工作区窗口切换到“类视图”页面，展开类节点，单击 CMainFrame 类节点，在“成员”窗格中双击 CMainFrame 构造函数，此时将在文档窗口中出现该函数的定义，在它的前面就是状态栏数组的定义。

（3）将状态栏 indicators 数组的定义改为下列代码：

```
static UINT indicators[] =
{
	ID_SEPARATOR,
	ID_SEPARATOR,
};
```

（4）打开 CEx_SDIMouseView 类“属性”窗口并切换至“消息”页面，添加 WM_MOUSEMOVE 消息的默认映射处理函数，并增加下列代码：

```
void CEx_SDIMouseView::OnMouseMove(UINT nFlags, CPoint point)
{
	CString str;
	CMainFrame* pFrame=(CMainFrame*)AfxGetApp()->m_pMainWnd;	// 获得主窗口指针
	CStatusBar* pStatus=&pFrame->m_wndStatusBar;			// 获得主窗口中的状态栏指针
	if (pStatus)
	{
		str.Format("X=%d, Y=%d",point.x, point.y);		// 格式化文本
		pStatus->SetPaneText(1,str);				// 更新第二个窗格的文本
	}
	CView::OnMouseMove(nFlags, point);
}
```

（5）在 CMainFrame 类“成员”窗格中双击 m_wndStatusBar 节点，将其访问类型由 protected（保护）改为 public（公有），即：

```
protected:	// 控件条嵌入成员
	CToolBar		m_wndToolBar;
public:
	CStatusBar		m_wndStatusBar;
```

（6）将文档窗口切换到 Ex_SDIMouseView.cpp，在其开始处添加下列代码：

```
#include "Ex_SDIMouseView.h"
#include "MainFrm.h"
```

（7）编译并运行，结果如图 6.21 所示。

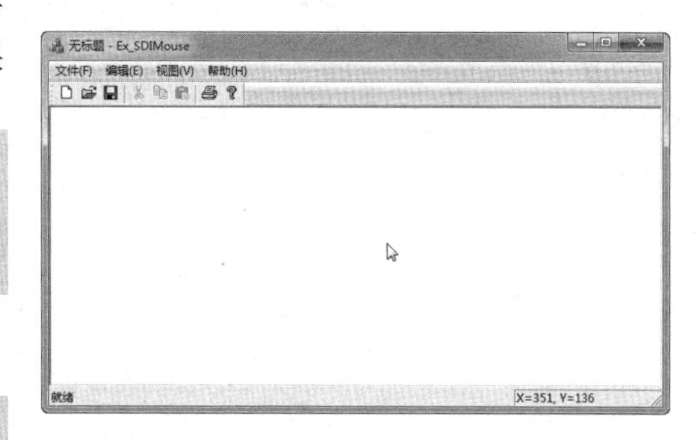


图 6.21　鼠标的位置显示在状态栏上

## 6.4.3　改变状态栏的风格

在 MFC 的 CStatusBar 类中，有两个成员函数可以改变经典的状态栏风格，它们是：

**void SetPaneInfo( int *nIndex*, UINT *nID*, UINT *nStyle*, int *cxWidth* );**
**void SetPaneStyle( int *nIndex*, UINT *nStyle* );**

其中，参数 nIndex 表示要设置的状态栏窗格的索引；nID 用来为状态栏窗格指定新的 ID；cxWidth 表示窗格的像素宽度；nStyle 表示窗格的风格类型，用来指定窗格的外观，例如 SBPS_POPOUT 表示窗格是凸起来的，具体见表 6.3。

表 6.3　状态栏窗格的风格类型

| 风格类型 | 含　义 |
| --- | --- |
| SBPS_NOBORDERS | 窗格周围没有 3D 边框 |
| SBPS_POPOUT | 反显边界以使文字"凸出来" |
| SBPS_DISABLED | 禁用窗格，不显示文本 |
| SBPS_STRETCH | 拉伸窗格，并填充窗格不用的空白空间。但状态栏只能有一个窗格具有这种风格 |
| SBPS_NORMAL | 普通风格，它没有"拉伸"、"3D 边框"或"凸出来"等特性 |

例如，在前面的示例中，将 OnMouseMove 函数修改为下列代码，则结果如图 6.22 所示。

```
void CEx_SDIMouseView::OnMouseMove(UINT nFlags, CPoint point)
{
	CString str;
	CMainFrame* pFrame=(CMainFrame*)AfxGetApp()->m_pMainWnd;  // 获得主窗口指针
	CStatusBar* pStatus=&pFrame->m_wndStatusBar;     // 获得主窗口中的状态栏指针
	if (pStatus)
	{
		pStatus->SetPaneStyle(1, SBPS_POPOUT);
		str.Format("X=%d, Y=%d",point.x, point.y);       // 格式化文本
		pStatus->SetPaneText(1,str);                     // 更新第二个窗格的文本
	}
	CView::OnMouseMove(nFlags, point);
}
```

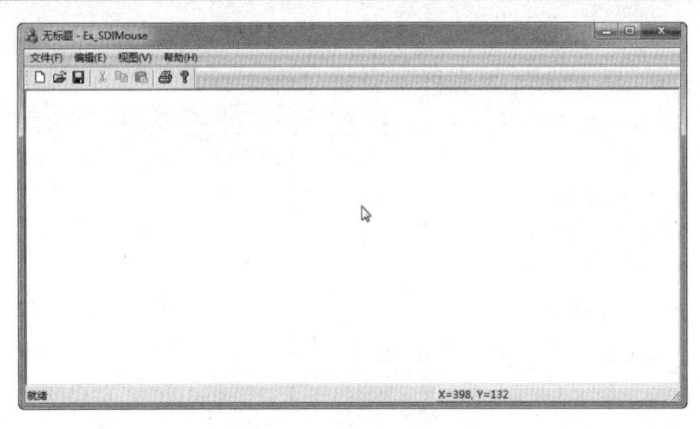


图 6.22　设置状态栏的风格

## 6.5　交互对象的动态更新

用户交互对象是指可由用户的操作而产生命令消息的对象，如菜单项、工具栏中的工具按钮和加速键等。每个用户交互对象都有一个唯一的 ID 标识符，在发送消息时，该 ID 标识符被包含在 WM_COMMAND 消息中。

特别是菜单项和工具栏按钮都有不止一个状态。例如，菜单项可以有灰显、选中和未选中三种状态；而工具栏按钮则可以有禁止和选中状态等。

那么，当状态改变时是谁来更新这些项的状态呢？从逻辑上来说，如果某菜单项产生的命令由主框架窗口来处理，那么可以有理由说是由主框架窗口来更新该菜单项。但事实上，一个命令可以有多

个用户交互对象（如某菜单项和相应的工具栏按钮），且它们有相似的处理函数。因此，更新项目状态的对象可能不止一个。为了使这些用户交互对象能动态地更新，MFC 专门为它们提供了“更新命令宏”ON_UPDATE_COMMAND_UI，并可通过在类“属性”窗口的“事件”页面中添加其处理函数。

例如，打开例 Ex_MultiBar 应用程序项目，打开并将 CMainFrame 类“属性”窗口切换到“事件”页面，找到并展开菜单项 ID_VIEW_NEWBAR 节点，添加 UPDATE_COMMAND_UI 消息映射处理（如图 6.23 所示），使用默认的处理函数名，并添加下列代码：

```
void CMainFrame::OnUpdateViewNewbar(CCmdUI* pCmdUI)
{
        int bShow = m_wndTestBar.IsWindowVisible();
        pCmdUI ->SetCheck( bShow );
}
```

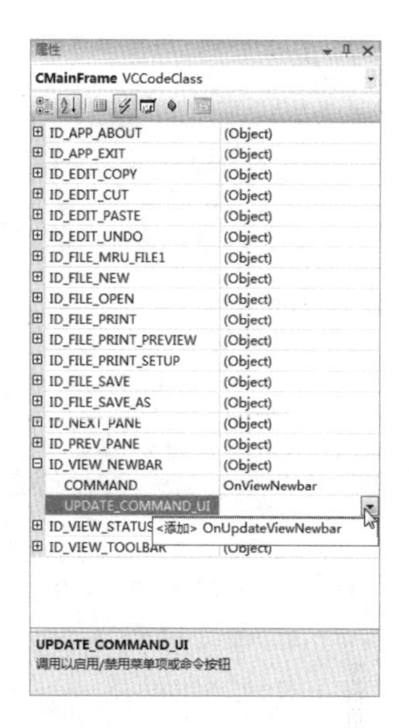


图 6.23　映射更新命令消息

代码中，OnUpdateViewNewbar 是 ID_VIEW_NEWBAR 的更新命令的映射处理函数。该函数只有一个参数，它是指向 CCmdUI 对象的指针。CCmdUI 类仅用于 ON_UPDATE_COMMAND_UI 映射处理函数，它的成员函数将对菜单项、工具按钮等用户交互对象起作用，具体如表 6.4 所示。

表 6.4　CCmdUI 类的成员函数对用户交互对象的作用

| 用户交互对象 | Enable | SetCheck | SetRadio | SetText |
|---|---|---|---|---|
| 菜单项 | 允许或禁用 | 选中（✔）或未选中 | 选中用点（●） | 设置菜单文本 |
| 工具栏按钮 | 允许或禁用 | 选定、未选定或不确定 | 同 SetCheck | 无效 |
| 状态栏窗格（PANE） | 使文本可见或不可见 | 边框外凸或正常 | 同 SetCheck | 设置窗格文本 |
| CDialogBar 中的按钮 | 允许或禁用 | 选中或未选中 | 同 SetCheck | 设置按钮文本 |
| CDialogBar 中的控件 | 允许或禁用 | 无效 | 无效 | 设置窗口文本 |

编译运行后，打开“查看”菜单，可以看到“新的工具栏(&N)”菜单前面有一个“✓”；再次选择“新的工具栏(&N)”菜单，则新创建的工具栏消失，“新的工具栏(&N)”菜单前面没有任何标记。若将代码中的 SetCheck 改为 SetRadio，则“✓”变成了“●”，这就是交互对象的更新效果。

当然，数据、文档和视图这三者是密不可分的，并还可构成不同的文档应用程序类型，这些内容将在第 7 章讨论。

# 第 7 章　文档和视图

在 MFC 文档应用程序框架中，文档代表一个数据单元，用户可使用“文件”菜单的“打开”和“保存”命令进行文档数据操作。视图不仅是用户与文档之间的交互接口，而且也是数据可视化的体现。同样，文档模板又使框架窗口、文档和视图紧密相联，它们围绕数据、资源和消息（事件）构成了 MFC 文档视图结构体系的核心。

## 7.1　文档模板

用“MFC 应用程序向导”创建的**经典**单文档（SDI）或多文档（MDI）应用程序项目均包含应用程序类、文档类、视图类和框架窗口类，这些类通过文档模板有机地联系在一起。

### 7.1.1　文档模板类

文档应用程序框架是在程序运行时就开始构造的，在**经典**单文档应用程序（设项目名为 Ex_SDI）的应用程序类 InitInstance 函数中，可以看到这样的代码：

```
BOOL CEx_SDIApp::InitInstance()
{	…
	CSingleDocTemplate* pDocTemplate;
	pDocTemplate = new CSingleDocTemplate(
		IDR_MAINFRAME,					// 资源 ID
		RUNTIME_CLASS(CEx_SDIDoc),		// 文档类
		RUNTIME_CLASS(CMainFrame),		// 主框架窗口类
		RUNTIME_CLASS(CEx_SDIView));	// 视图类
	if (!pDocTemplate)
		return FALSE;
	AddDocTemplate(pDocTemplate);
	…
	return TRUE;
}
```

代码中，pDocTemplate 是类 CSingleDocTemplate 的指针对象；CSingleDocTemplate 是一个**单文档模板类**，它的构造函数中有四个参数，分别表示菜单和加速键等资源的 ID，以及三个由宏 RUNTIME_CLASS 指定的运行时类；AddDocTemplate 是 CWinApp 类的一个成员函数，当调用了该函数后，就建立了应用程序类、文档类、视图类以及主框架类之间的相互联系。

类似地，多文档模板类 CMultiDocTemplate 的构造函数也有相同的定义。如下面的代码（设项目名为 Ex_MDI）：

```
BOOL CEx_MDIApp::InitInstance()
{	…
	CMultiDocTemplate* pDocTemplate;
	pDocTemplate = new CMultiDocTemplate(
		IDR_EX_MDITYPE,					// 资源 ID
		RUNTIME_CLASS(CEx_MDIDoc),		// 文档类
```

```
            RUNTIME_CLASS(CChildFrame),                // MDI 文档窗口类
            RUNTIME_CLASS(CEx_MDIView));               // 视图类
        if (!pDocTemplate)
            return FALSE;
        AddDocTemplate(pDocTemplate);
        // 创建主框架窗口
        CMainFrame* pMainFrame = new CMainFrame;
        if (!pMainFrame || !pMainFrame->LoadFrame(IDR_MAINFRAME))
        {
            delete pMainFrame;
            return FALSE;
        }
        m_pMainWnd = pMainFrame;
        …
        return TRUE;
    }
```

由于多文档模板只是用来建立资源、文档类、视图类和子框架窗口（文档窗口）类之间的关联，因而对于多文档主框架窗口的创建需要额外的代码。上述代码中，LoadFrame 是 CFrameWnd 类成员函数，用来加载与主框架窗口相关的菜单、加速键、图标等资源。需要说明的是，多文档主框架窗口的创建应在多文档模板创建后进行，以便 MFC 程序框架将多文档模板和多文档主框架窗口建立联系。

## 7.1.2 文档模板字符串资源

在“MFC 应用程序向导”创建的**经典**单文档应用程序资源中，许多资源标识符都是 IDR_MAINFRAME，这就意味着这些具有同名标识的资源将被框架自动加载到应用程序中。其中，String Table（字符串）资源列表中也有一个 IDR_MAINFRAME 项，用来标识文档类型、标题等内容，称为“文档模板字符串资源”。其内容如下（设创建的**经典**单文档应用程序项目名为 Ex_SDI2）：

```
Ex_SDI2\n\nEx_SDI2\n\n\nExSDI2.Document\nEx_SDI2.Document
```

可以看出，IDR_MAINFRAME 所标识的字符串被“\n”分成了七段子串，每段都有特定的用途，其含义如表 7.1 所示。

表 7.1 文档模板字符串的含义

| IDR_MAINFRAME 的子串 | 串 号 | 用 途 |
|---|---|---|
| Ex_SDI2\n | 0 | 应用程序窗口标题 |
| \n | 1 | 文档根名。对多文档应用程序来说，若在文档窗口标题上显示“Sheet1”，则其中的 Sheet 就是文档根名；若该子串为空，则文档名为默认的“无标题” |
| Ex_SDI2\n | 2 | 新建文档的类型名。若有多个文档类型，则这个名称将出现在“新建”对话框中。 |
| \n | 3 | 通用对话框的文件过滤器正文 |
| \n | 4 | 通用对话框的文件扩展名 |
| ExSDI2.Document\n | 5 | 在注册表中登记的文档类型标识 |
| Ex_SDI Document | 6 | 在注册表中登记的文档类型名称 |

但对于 MDI 来说，上述的子串分别由 IDR_MAINFRAME 和 IDR_EX_MDITYPE（若项目名为 Ex_MDI）组成。其中，IDR_MAINFRAME 表示窗口标题，而 IDR_EX_MDITYPE 表示后 6 项内容。它们的内容如下：

```
IDR_MAINFRAME：Ex_MDI
IDR_Ex_MDITYPE：\nEx_MDI\nEx_MDI\n\n\nExMDI.Document\nEx_MDI Document
```

实际上，文档模板字符串资源内容既可直接通过上述字符串资源编辑器进行修改，也可以在文档应用程序创建向导的“文档模板字符串”页面来指定，如图 7.1 所示（以单文档应用程序 Ex_SDI2 为例）。图中的数字表示该项的含义与表 7.1 中对应串号的含义相同。

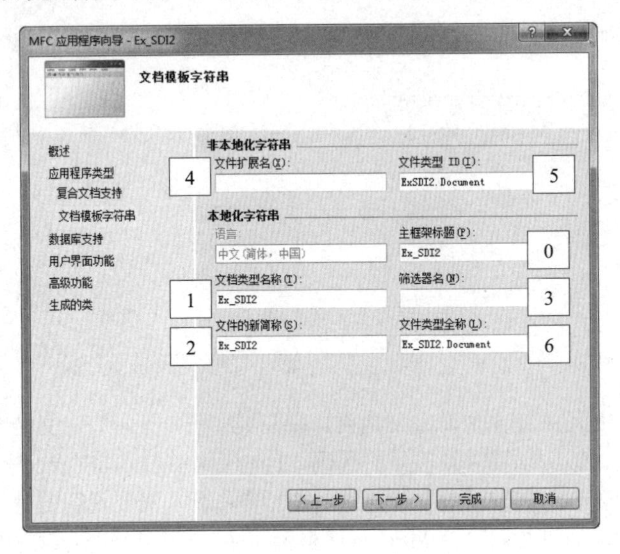


图 7.1 “文档模板字符串”页面

## 7.2 文档序列化

用户处理的数据往往需要存盘进行永久备份。将文档类中的数据成员变量的值保存在磁盘文件中，或者将存储的文档文件中的数据读取到相应的成员变量中，这个过程称为**序列化**（Serialize）。

### 7.2.1 文档序列化过程

MFC 文档序列化过程包括创建空文档、打开文档、保存文档和关闭文档这几个操作，下面来阐述它们的具体运行过程。

**1．创建空文档**

用户应用程序类的 InitInstance 函数在调用了 AddDocTemplate 函数之后，就会通过基类 CWinApp 的 ProcessShellCommand 函数间接调用 CWinApp 类的另一个非常有用的成员函数 OnFileNew，并依次完成下列工作：

（1）构造文档对象，但并不从磁盘中读数据。

（2）构造主框架类 CMainFrame 的对象，并创建该主框架窗口，但不显示。

（3）构造视图对象，并创建视图窗口，也不显示。

（4）通过内部机制，使文档、主框架和视图 “对象”之间“真正”建立联系。注意与 AddDocTemplate 函数的区别，AddDocTemplate 函数建立的是“类”之间的联系。

（5）调用文档对象的 CDocument::OnNewDocument 虚函数，并调用 CDocument::DeleteContents 虚函数来清除文档对象的内容。

（6）调用视图对象的 CView::OnInitialUpdate 虚函数对视图进行初始化操作。

（7）调用框架对象的 CFrameWnd::ActiveFrame 虚函数，以便显示出带有菜单、工具栏、状态栏以及视图窗口的主框架窗口。

在单文档应用程序中，文档、主框架以及视图对象仅被创建一次，并且这些对象在整个运行过程中都有效。CWinApp::OnFileNew 函数被 InitInstance 函数所调用。当用户选择“文件（File）”菜单中的“新建（New）”时，CWinApp::OnFileNew 也会被调用，但与 InitInstance 不同的是，这种情况下不再创建文档、主框架以及视图对象，而上述过程的最后 3 个步骤仍然会被执行。

### 2. 打开文档

当“MFC 应用程序向导”创建**经典**单文档应用程序时，它会自动将“文件（File）”菜单中的“打开（Open）”命令（ID 号为 ID_FILE_OPEN）映射到 CWinApp 的 OnFileOpen 成员函数。这一结果可以从用户应用程序类的消息入口处得到验证：

```
BEGIN_MESSAGE_MAP(CEx_SDIApp, CWinApp)
    ...
    ON_COMMAND(ID_FILE_NEW, CWinApp::OnFileNew)
    ON_COMMAND(ID_FILE_OPEN, CWinApp::OnFileOpen)
    // 标准打印设置命令
    ON_COMMAND(ID_FILE_PRINT_SETUP, CWinApp::OnFilePrintSetup)
END_MESSAGE_MAP()
```

OnFileOpen 函数还会进一步完成下列工作：

（1）弹出通用文件“打开”对话框，供用户选择一个文档。

（2）文档指定后，调用文档对象的 CDocument:: OnOpenDocument 虚函数。该函数将打开文档，并调用 DeleteContents 清除文档对象的内容，然后创建一个 CArchive 对象用于数据的读取，接着又自动调用 Serialize 函数。

（3）调用视图对象的 CView::OnInitialUpdate 虚函数。

除了使用“文件（File）”→“打开（Open）”菜单项外，用户也可以选择最近使用过的文件列表来打开相应的文档。在应用程序的运行过程中，系统会记录下 4 个（默认）最近使用过的文件，并将文件名保存在 Windows 注册表中。当每次启动应用程序时，应用程序都会将最近使用过的文件名称显示在“文件（File）”菜单中。

### 3. 保存文档

当“MFC 应用程序向导”创建**经典**单文档应用程序时，它会自动将“文件（File）”菜单中的“保存（Save）”命令与文档类 CDocument 的 OnFileSave 函数在内部进行关联，故用户在程序框架中看不到相应的代码。OnFileSave 函数还会进一步完成下列工作：

（1）弹出通用文件“保存”对话框，让用户提供一个文件名。

（2）调用文档对象的 CDocument::OnSaveDocument 虚函数，接着又自动调用 Serialize 函数，将 CArchive 对象的内容保存在文档中。

需要说明的是：

① 只有在保存文档之前还没有存过盘（亦即没有文件名）或读取的文档是“只读”的，OnFileSave 函数才会弹出通用“保存”对话框，否则只执行第 2 步。

② “文件(File)”菜单中还有一个“另存为(Save As)”命令，它是与文档类 CDocument 的 OnFileSaveAs 函数相关联。不管文档有没有保存过，OnFileSaveAs 都会执行上述两个步骤。

③ 上述文档存盘的必要操作都是由系统自动完成的。

### 4. 关闭文档

当用户试图关闭文档（或退出应用程序）时，应用程序会根据用户对文档的修改与否来进一步完成下列任务：

（1）若文档内容已被修改，则弹出一个消息对话框，询问用户是否需要保存文档。当用户选择“是”，则应用程序执行 OnFileSave 过程。

（2）调用 CDocument::OnCloseDocument 虚函数，关闭所有与该文档相关联的文档窗口及相应的视图，调用文档类 CDocument 的 DeleteContents 清除文档数据。

需要说明的是，MFC 文档应用程序通过 CDocument 的 protected 类型成员变量 m_bModified 的逻辑值来判断用户是否对文档进行修改，如果 m_bModified 为“真”，则表示文档被修改。对于用户来说，可以通过 CDocument 的 SetModifiedFlag 成员函数来设置或通过 IsModified 成员函数来访问 m_bModified 的逻辑值。当文档创建、从磁盘中读出以及文档存盘时，文档的这个标记就被置为 FALSE（假）；而当文档数据被修改时，用户必须使用 SetModifiedFlag 函数将该标记置为 TRUE（真）。这样，当关闭文档时，应用程序就会弹出消息对话框，询问是否保存已修改的文档。

由于多文档应用程序序列化过程基本上和单文档相似，因此这里无需赘述。

### 7.2.2 CArchive 类和序列化操作

从上述的单文档序列化过程可以看出，打开和保存文档时，系统都会自动调用 Serialize 函数。事实上，当“MFC 应用程序向导”在创建**经典**单文档应用程序框架时已在文档类中重载了 Serialize 函数，通过在该函数中添加代码可达到实现数据序列化的目的。例如，在 Ex_SDI 单文档应用程序的文档类中有这样的默认代码：

```
void CEx_SDIDoc::Serialize(CArchive& ar)
{
    if (ar.IsStoring())                          // 当文档数据需要存盘时
    {
        // TODO: 在此添加存储代码
    } else                                       // 当文档数据需要读取时
    {
        // TODO: 在此添加加载代码
    }
}
```

代码中，Serialize 函数的参数 ar 是一个 CArchive 类引用变量。通过判断 ar.IsStoring 的结果是 True 还是 False，就可决定向文档写还是读数据。

CArchive（归档）类不仅缓存文档数据，而且它还同时保存一个内部标记，用来标识文档是存入（写）还是载入（读）。每次只能有一个活动的文档与 ar 相连。通过 CArchive 类可以简化文件操作，它提供“<<”和“>>”运算符，用于向文档写入简单的数据类型以及从文档中读取它们。表 7.2 列出了 CArchive 所支持的的常用数据类型。

表 7.2　ar 中可以使用<<和>>运算符的数据类型

| 类　型 | 描　述 | 类　型 | 描　述 |
|---|---|---|---|
| BYTE | 8 位无符号整型 | WORD | 16 位无符号整型 |
| LONG | 32 位带符号整型 | DWORD | 32 位无符号整型 |
| float | 单精度浮点 | double | 双精度浮点 |
| int | 带符号整型 | short | 带符号短整型 |
| char | 字符型 | unsigned | 无符号整型 |

除了“<<”和“>>”运算符外，CArchive 类还提供成员函数 ReadString 和 WriteString 用来从一个文档对象中读写一行文本，它们的原型如下：

```
Bool ReadString(CString& rString );
LPTSTR ReadString( LPTSTR lpsz, UINT nMax );
void WriteString( LPCTSTR lpsz );
```

其中，lpsz 用来指定读或写的文本内容；nMax 用来指定可以读出的最大字符个数。需要说明的是，当向一个文档写一行字符串时，字符'\0'和'\n'都不会写到文档中，在使用时要特别注意。

下面举一个简单的示例来说明 Serialize 函数和 CArchive 类的文档序列化操作方法。

**【例 Ex_SDIArchive】**　一个简单的文档序列化示例。

（1）用“MFC 应用程序向导”创建一个**经典**单文档应用程序 Ex_SDIArchive，将项目“常规”配置中的“字符集”属性改为“使用多字节字符集”。打开 String Table 资源，将文档模板字符串资源 IDR_MAINFRAME 内容修改为：

```
文档序列化操作\n\n\n 自定义文件(*.my)\n.my\nExSDIArchive.Document\nEx_SDI Document
```

修改有两种方法：一种是单击 IDR_MAINFRAME“标题”项内容，进入编辑状态，此时便可修改；另一种是右击 IDR_MAINFRAME，从弹出的快捷菜单中选择“属性”命令，弹出“属性”窗口，修改其“标题”属性即可。

（2）在 CEx_SDIArchiveDoc 类的 Ex_SDIArchiveDoc.h 中添加下列成员变量：

```
// 属性
public:
	CString	m_strArchive;				// 读写数据时使用
	BOOL		m_bIsMyDoc;				// 用于判断文档
```

（3）在 CEx_SDIArchiveDoc 类构造函数中添加下列代码：

```
CEx_SDIArchiveDoc::CEx_SDIArchiveDoc()
{
	m_bIsMyDoc = FALSE;
}
```

（4）在 CEx_SDIArchiveDoc::OnNewDocument 函数中添加下列代码：

```
BOOL CEx_SDIArchiveDoc::OnNewDocument()
{
	if (!CDocument::OnNewDocument())
		return FALSE;
	m_strArchive = "这是一行文本,用于测试文档的内容！";
	m_bIsMyDoc = TRUE;
	return TRUE;
}
```

（5）在 CEx_SDIArchiveDoc::Serialize 函数中添加下列代码：

```
void CEx_SDIArchiveDoc::Serialize(CArchive& ar)
{
	if (ar.IsStoring())  {
		if (m_bIsMyDoc) {					// 是自己的文档
			// 先写文档标志
			ar<<'&';
			// 再写字符串类对象内容
			ar.WriteString( m_strArchive );
			ar.WriteString( "\n" );			// 换行，应有这行代码
		}
		else
			AfxMessageBox("数据无法保存！");
	}else {
		char chFlag;
		ar>>chFlag;						// 读取文档标志
		if ( chFlag == '&') {				// 是自己的文档
			ar.ReadString( m_strArchive );		// 读出字符串
			// 显示读取的内容
			AfxMessageBox( m_strArchive );
			m_bIsMyDoc = TRUE;
		}else {						// 不是自己的文档
```

```
				m_bIsMyDoc = FALSE;
				AfxMessageBox("打开的文档无效！");
			}
		}
	}
```

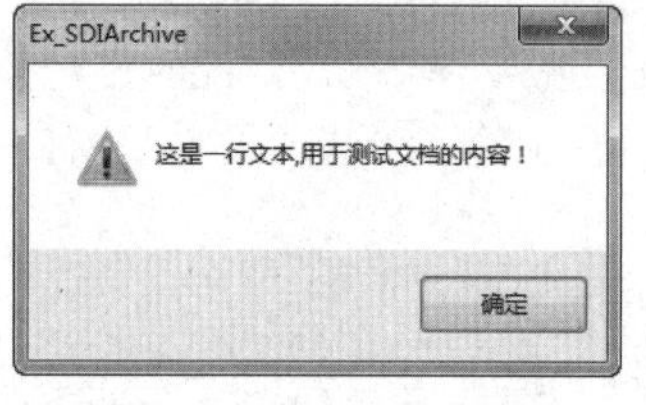

图 7.2　显示文档内容

（6）编译运行并测试。程序运行后，选择“文件”→“另存为”菜单命令，指定一个文档名 1.my，然后关闭再运行。选择“文件”→“打开”菜单命令，再打开该文档，结果就会弹出对话框，显示该文档的内容，如图 7.2 所示。

需要说明的是，Serialize 函数对操作的文档均有效。为了避免对其他文档误操作，这里在文档中加入“&”字符来作为自定义文档的标识，以与其他文档相区别。

### 7.2.3　使用简单数组集合类

上述文档的读写是通过变量来存取文档数据的，实际上还可以使用 MFC 提供的集合类来进行操作。这样不仅可以有利于优化数据结构，简化数据的序列化，而且保证数据类型的安全性。

集合类常常用于装载一组对象，组织文档中的数据，也常用作数据的容器。从集合类的表现形式上看，MFC 提供的集合类可分为三类：链表集合类（List）、数组集合类（Array）和映射集合类（Map）。

限于篇幅，这里仅讨论简单数组集合类，它包括 CObArray（对象数组集合类）、CByteArray（BYTE 数组集合类）、CDWordArray（DWORD 数组集合类）、CPtrArray（指针数组集合类）、CStringArray（字符串数组集合类）、CUIntArray（UINT 数组集合类）和 CWordArray（WORD 数组集合类）。

简单数组集合类是一个大小动态可变的数组，数组中的元素可用下标运算符“[ ]”来访问（从 0 开始）、设置或获取元素数据。若要设置超过数组当前个数的元素的值，可以指定是否使数组自动扩展。当数组不需要扩展时，访问数组集合类的速度与访问标准 C++中的数组的速度一样快。以下的基本操作对所有的简单数组集合类都适用。

**1．简单数组集合类的构造及元素的添加**

对简单数组集合类构造的方法都是一样的，均是使用各自的构造函数，它们的原型如下：

```
CByteArray		CByteArray( );
CDWordArray		CDWordArray( );
CObArray		CObArray( );
CPtrArray		CPtrArray( );
CStringArray	CStringArray( );
CUIntArray		CUIntArray( );
CWordArray		CWordArray( );
```

下面的代码说明了简单数组集合类的两种构造方法：

```
CObArray   array;						// 使用默认的内存块大小
CObArray* pArray = new CObArray;		// 使用堆内存中的默认的内存块大小
```

为了有效使用内存，在使用简单数组集合类之前最好调用成员函数 SetSize 设置此数组的大小，与其对应的函数是 GetSize，用来返回数组的大小。它们的原型如下：

```
void SetSize( int nNewSize, int nGrowBy = -1 );
int GetSize( ) const;
```

其中，参数 nNewSize 用来指定新的元素的数目（必须大小或等于 0）；nGrowBy 表示当数组需要扩展时允许可添加的最少元素数目，默认时为自动扩展。

向简单数组集合类添加一个元素，可使用成员函数 Add 和 Append，它们的原型如下：

```
int Add( CObject* newElement );
int Append( const CObArray& src );
```

其中，Add 函数是向数组的末尾添加一个新元素，且数组自动增 1。如果调用的函数 SetSize 的参数 nGrowBy 的值大于 1，那么扩展内存将被分配。此函数返回被添加的元素序号，元素序号就是数组下标。参数 newElement 表示要添加的相应类型的数据元素。而 Append 函数是向数组的末尾添加由 src 指定的另一个数组的内容。函数返回加入的第一个元素的序号。

### 2. 访问简单数组集合类的元素

在 MFC 中，一个简单数组集合类元素的访问既可以使用 GetAt 函数，也可使用“[]”操作符，例如：

```
//   CObArray::operator []示例
CObArray   array;
CAge*            pa;                          // CAge 是一个用户类
array.Add( new CAge( 21 ) );                  // 添加一个元素
array.Add( new CAge( 40 ) );                  // 再添加一个元素
pa = (CAge*)array[0];                         // 获取元素 0
array[0] = new CAge( 30 );                    // 替换元素 0
//   CObArray::GetAt 示例
CObArray   array;
array.Add( new CAge( 21 ) );                  // 元素 0
array.Add( new CAge( 40 ) );                  // 元素 1
```

### 3. 删除简单数组集合类的元素

删除简单数组集合类中的元素一般需要进行以下几个步骤：

（1）使用函数 GetSize 和整数下标值访问简单数组集合类中的元素。

（2）若对象元素是在堆内存中创建的，则使用 delete 操作符删除每一个对象元素。

（3）调用函数 RemoveAll 删除简单数组集合类中的所有元素。

例如，下面代码是一个 CObArray 的删除示例：

```
CObArray   array;
CAge*             pa1;
CAge*             pa2;
array.Add( pa1 = new CAge( 21 ) );
array.Add( pa2 = new CAge( 40 ) );
ASSERT( array.GetSize() == 2 );
for (int i=0;i<array.GetSize();i++)
      delete array.GetAt(i);                  // 或 delete array[i];
array.RemoveAll();
```

需要说明的是，函数 RemoveAll 是删除数组中的所有元素；而函数 RemoveAt( int nIndex, int nCount = 1)则表示要删除数组中从序号为 nIndex 元素开始的，数目为 nCount 的元素。

下面来看一个示例，用来读取打开的文档内容并显示在文档窗口（视图）中。

**【例 Ex_Array】**　读取文档数据并显示。

（1）用“MFC 应用程序向导”创建一个经典单文档应用程序 Ex_Array，将项目“常规”配置中的“字符集”属性改为“使用多字节字符集”。为 CEx_ArrayDoc 类添加 CStringArray 类型的成员变量 m_strContents，用来读取文档内容。

（2）在 CEx_ArrayDoc::Serialize 函数中添加读取文档内容的代码：

```
void CEx_ArrayDoc::Serialize(CArchive& ar)
{
      if (ar.IsStoring())
      {
            // TODO: 在此添加存储代码
      }
      else
      {
```

```
			// TODO: 在此添加加载代码
			CString str;
			m_strContents.RemoveAll();
			while (ar.ReadString(str))
			{
				m_strContents.Add(str);
			}
		}
}
```

（3）在 CEx_ArrayView::OnDraw 中添加下列代码：

```
void CEx_ArrayView::OnDraw(CDC*    pDC)
{
	CEx_ArrayDoc* pDoc = GetDocument();
	ASSERT_VALID(pDoc);
	if (!pDoc)
		return;
	// TODO: 在此处为本机数据添加绘制代码
	if ( pDoc->m_strContents.IsEmpty() ) return;
	int y = 0;
	CString str;
	for (int i=0; i<pDoc->m_strContents.GetSize(); i++)
	{
		str = pDoc->m_strContents.GetAt(i);
		if (!( str.IsEmpty() ))
			pDC->TextOut( 0, y, str);
		y += 16;
	}
}
```

代码中，宏 ASSERT_VALID 用来调用 AssertValid 函数，AssertValid 的目的是启用“断言”机制来检验对象的正确性和合法性。通过 GetDocument 函数可以在视图类中访问文档类的成员。TextOut 是 CDC 类的一个成员函数，用于在视图指定位置处绘制文本内容。

（4）编译运行并测试。打开任意一个文本文件，结果如图 7.3 所示。

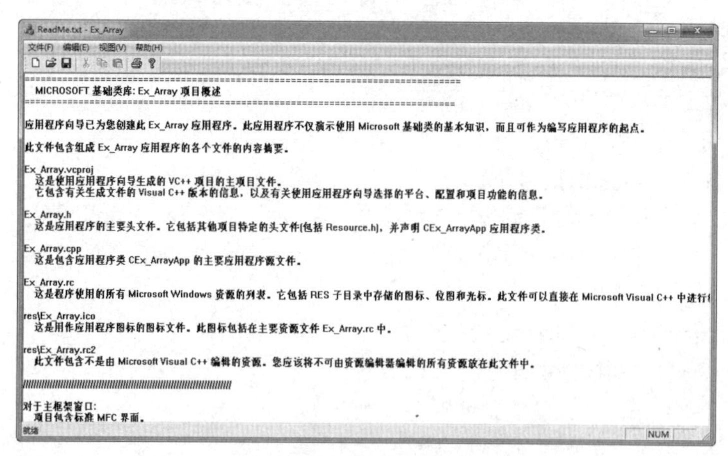


图 7.3　在视图上显示文档内容

需要说明的是，该示例的功能还需要进一步添加，如显示的字体改变、行距的控制等，最主要的是还应在视图中通过滚动条来查看文档的全部内容。以后会详细讨论这些功能的实现方法。

## 7.2.4　类对象序列化

在用文件来存取数据时，最大的难度是要保证读取的数据的正确性。对于具有定长字节的基本数据类型来说，这是完全没有问题的，因为若保存 1 个字节的字符，读取的也是 1 个字节的字符，不会出现多读的错误。但若是一个字符串，则情况就不同了，因为字符串是非定长的，存入字符串的有效字符若为 10 个，若读取时不指定这个数值，则读取的字符个数很可能超过 10，这就造成后面读取数据的紊乱。正因为如此，MFC 文档序列化 CArchive 提供了 ReadString 和 WriteString 来读写一行字符串，有了行的限制，自然就能保证字符串的读取的正确性了。

但若有一个记录结构，包括学生的姓名（字符串）、学号（字符串）以及三门课程成绩，则如何保证文件读写的正确性呢？为了能利用 MFC 文档序列化机制，最直接的方法是将记录声明成一个类，并使该类具体可序列化特性。一个可序列化的类的对象可以在 Serialize 函数中使用 CArchive 对象通过“<<”和“>>”来正确地向文件进行写入和读取操作。

下面来看一个综合应用，如图 7.4 所示。它首先通过对话框来输入一个学生记录，记录包括学生的姓名、学号和三门课程成绩，用类 CStudent 来描述，并使其可序列化。然后将记录内容保存到一个对象数组集合类对象中，最后通过文档序列化将记录保存到一个文件中。当添加记录或打开一个记录文件时，还会将数据显示在文档窗口（即视图）中。

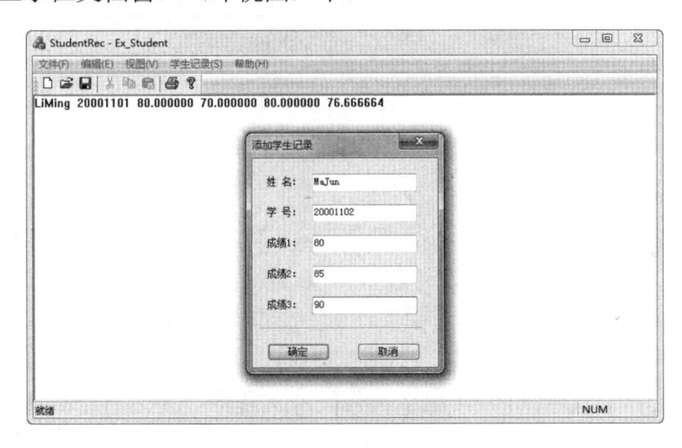


图 7.4　Ex_Student 运行结果

**【例 Ex_Student】**　类对象序列化。

（1）添加用于学生记录输入的对话框。

① 用“MFC 应用程序向导”创建一个**经典**单文档应用程序 Ex_Student，将项目“常规”配置中的“字符集”属性改为“使用多字节字符集”，并将 stdafx.h 文件最后面内容中的#ifdef _UNICODE 行和最后一个#endif 行删除。

② 向应用程序中添加一个对话框资源，在其“属性”窗口中将 Font(Size)改为“宋体，常规，9”，Caption（标题）设为“添加学生记录”，取默认的 ID 号 IDD_DIALOG1。

③ 单击“对话框编辑器”工具栏上的切换网格按钮，显示对话框网格。调整对话框的大小（大小调到 148 x 163），将 确定 和 取消 按钮移至对话框的下方。向对话框添加如表 7.3 所示的控件，调整控件的位置（按网格点布局后，选中所有静态文本控件，然后按两次向下方向键进行微调）。

**表 7.3　添加的控件**

| 控　件 | ID 号 | 标　题 | 属　性 |
|---|---|---|---|
| 编辑框 | IDC_EDIT1 | — | 默认 |
| 编辑框 | IDC_EDIT2 | — | 默认 |

续表

| 控　　件 | ID 号 | 标　　题 | 属　　性 |
|---|---|---|---|
| 编辑框 | IDC_EDIT3 | — | 默认 |
| 编辑框 | IDC_EDIT4 | — | 默认 |
| 编辑框 | IDC_EDIT5 | — | 默认 |
| 静态图片（水平蚀刻线） | 默认 | — | Etched Horz，其余默认 |

④ 双击对话框资源（模板）空白处，弹出“MFC 类向导”对话框，在这里为该对话框资源（模板）创建一个从 CDialog 类派生的子类 CInputDlg。

⑤ 将文档窗口切换到显示对话框资源（模板）页面，右击控件，从弹出的快捷菜单中选择“添加变量”命令，弹出“添加成员变量向导”对话框，依次为如表 7.4 控件增加 Value 类别的成员变量。

表 7.4　控件 Value 类别的成员变量

| 控件 ID 号 | 变 量 类 型 | 变　量　名 | 范围和大小 |
|---|---|---|---|
| IDC_EDIT1 | CString | m_strName | 20 |
| IDC_EDIT2 | CString | m_strID | 20 |
| IDC_EDIT3 | float | m_fScore1 | 0～100 |
| IDC_EDIT4 | float | m_fScore2 | 0～100 |
| IDC_EDIT5 | float | m_fScore3 | 0～100 |

（2）添加一个 CStudent 类并使该类可序列化。

一个可序列化的类必须是 CObject 的一个派生类，且在类声明中，需要包含 DECLARE_SERIAL 宏调用，而在类的实现文件中包含 IMPLEMENT_SERIAL 宏调用，这个宏有三个参数：前两个参数分别表示类名和基类名，第三个参数表示应用程序的版本号。最后还需要重载 Serialize 函数，使该类的数据成员进行相关序列化操作。

由于“MFC 类向导”添加的 CObject 派生类代码非常纯净，因此一般都是手动进行。为了简化类文件的复杂性，这里创建的 CStudent 类的声明和实现代码是直接添加在 Ex_StudentDoc.h 和 Ex_StudentDoc.cpp 文件中的，具体如下：

```
// 在 Ex_StudentDoc.h 文件中的 class CEx_StudentDoc 前添加的代码
class CStudent : public CObject
{
	CString strName;					// 姓名
	CString strID;					// 学号
	float fScore1, fScore2, fScore3;		// 三门成绩
	float fAverage;					// 平均成绩
	DECLARE_SERIAL(CStudent)
public:
	CStudent() {};
	CStudent(CString name, CString id, float f1, float f2, float f3);
	void Serialize(CArchive &ar);
	void Display(int y, CDC *pDC);		// 在坐标为(0,y)处显示数据
};
// 在 Ex_StudentDoc.cpp 文件中 IMPLEMENT_DYNCREATE 宏命令之前添加的 CStudent 实现代码
CStudent::CStudent(CString name, CString id, float f1, float f2, float f3)
{
	strName = name;
```

```
        strID = id;
        fScore1 = f1;            fScore2 = f2;            fScore3 = f3;
        fAverage = (float)((f1 + f2 + f3)/3.0);
    }
    void CStudent::Display(int y, CDC *pDC)
    {
        CString str;
        str.Format("%s   %s   %f   %f   %f   %f", strName, strID,
            fScore1, fScore2, fScore3, fAverage);
        pDC->TextOut(0, y, str);
    }
    IMPLEMENT_SERIAL(CStudent, CObject, 1)
    void CStudent::Serialize(CArchive &ar)
    {
        CObject:: Serialize( ar );                    // 总是要调用基类的序列化函数
        if (ar.IsStoring())
            ar<<strName<<strID<<fScore1<<fScore2<<fScore3<<fAverage;
        else
            ar>>strName>>strID>>fScore1>>fScore2>>fScore3>>fAverage;
    }
```

（3）添加并处理菜单项。

① 打开 Ex_Student 经典单文档应用程序的菜单资源，添加顶层菜单项“学生记录(&S)”并移至菜单项“视图(&V)”和“帮助(&H)”之间，在其下添加一个菜单项“添加(&A)”，指定 ID 属性为 ID_STUREC_ADD。

② 右击菜单项“添加(&A)”，从弹出的快捷菜单中选择“添加事件处理程序”命令，弹出“事件处理程序向导”对话框。在“类列表”中选定 CEx_StudentDoc 类，保留其他默认选项，单击“添加编辑(A)”按钮，退出向导对话框。这样，就为 CEx_StudentDoc 类添加了菜单项 ID_STUREC_ADD 的 COMMAND“事件”的默认映射处理函数 OnSturecAdd，添加下列代码：

```
    void CEx_StudentDoc::OnSturecAdd()
    {
        CInputDlg dlg;
        if (IDOK == dlg.DoModal())  {
            // 添加记录
            CStudent *pStudent = new CStudent(dlg.m_strName,
                dlg.m_strID, dlg.m_fScore1, dlg.m_fScore2, dlg.m_fScore3);
            m_stuObArray.Add(pStudent);
            SetModifiedFlag();                        // 设置文档更改标志
            UpdateAllViews(NULL);                     // 更新视图
        }
    }
```

③ 在 Ex_StudentDoc.cpp 文件的开始处增加包含 CInputDlg 的头文件：

```
#include "Ex_StudentDoc.h"
#include "InputDlg.h"
```

（4）完善代码。

① 在 Ex_StudentDoc.h 文件中，为 CEx_StudentDoc 类添加下列成员变量和成员函数：

```
public:
    CObArray m_stuObArray;
    int GetAllRecNum(void);
    CStudent * GetStudentAt(int nIndex);
```

② 在 Ex_StudentDoc.cpp 文件的最后添加函数的实现代码：

```
CStudent * CEx_StudentDoc::GetStudentAt(int nIndex)
{
	if ((nIndex < 0) || nIndex > m_stuObArray.GetUpperBound())
		return 0;						// 超界处理
	return (CStudent *)m_stuObArray.GetAt(nIndex);
}
int CEx_StudentDoc::GetAllRecNum()
{
	return m_stuObArray.GetSize();
}
```

③ 在 CEx_StudentDoc 析构函数中添加下列代码：

```
CEx_StudentDoc::~CEx_StudentDoc()
{
	int nIndex = GetAllRecNum();
	while (nIndex--)
		delete m_stuObArray.GetAt(nIndex);
	m_stuObArray.RemoveAll();
}
```

④ 在 Serialize 函数中添加下列代码：

```
void CEx_StudentDoc::Serialize(CArchive& ar)
{
	if (ar.IsStoring()) { }
	else { }
	m_stuObArray.Serialize(ar);
}
```

需要说明的是，m_stuObArray 是一个对象数组集合类 CObArray 的对象，当读取数据调用 Serialize 成员函数时，它实际上是调用集合类对象中的元素的 Serialize 成员函数，并将对象添加到 m_stuObArray 中。那么，它又是怎么知道元素是调用 CStudent 类的 Serialize 成员函数的呢？这是因为当添加学生成绩记录后，一旦保存到文件中，就会将 CStudent 类名同时存到文件中，当读取时，就会自动使用 CStudent 类。这是 CObArray 序列化的一个内部机制。

⑤ 在 CEx_StudentView::OnDraw 函数中添加下列代码：

```
void CEx_StudentView::OnDraw(CDC* pDC)
{
	CEx_StudentDoc* pDoc = GetDocument();
	ASSERT_VALID(pDoc);
	if (!pDoc)	return;
	int y = 0;
	for (int nIndex = 0; nIndex < pDoc->GetAllRecNum(); nIndex++)	{
		pDoc->GetStudentAt(nIndex)->Display(y, pDC);
		y += 16;
	}
}
```

⑥ 打开文档的字符串资源 IDR_MAINFRAME，将其内容修改为：

```
Ex_Student\nStudentRec\nEx_Stu\n 记录文件(*.rec)\n.rec\nExStudent.Document\nEx_Stu Document
```

⑦ 编译运行并测试，结果如图 7.4 所示。

### 7.2.5 使用文件对话框和 CFile 类

前面的文档序列化机制是 MFC 文档应用程序框架中的数据流的一条主线，但有时还需要额外地处理文件（文档），此时就需要使用文件对话框以及用 CFile 类来实现。当然，CArchive 类与 CFile 类之间是可以关联的。

**1．文件对话框**

MFC 的 CFileDialog 类提供了通用文件对话框类的全部操作。在程序中使用时，可如下面的代码运行：

```
CString filter;
filter = "文本文件(*.txt)|*.txt|C++文件(*.h,*.cpp)|*.h;*.cpp||";
CFileDialog dlg (TRUE, NULL, NULL, OFN_HIDEREADONLY, filter);
if (dlg.DoModal () == IDOK){
        CString str;
        str = dlg.GetPathName();
        AfxMessageBox(str);
}
```

代码中，CString 是 MFC 中的一个类，用来操作字符串。代码运行后，将弹出如图 7.5 所示的文件“打开”对话框。选定一个文件后，单击 打开(O) 按钮，就会弹出一个消息对话框，显示该文件的全路径名称。

图 7.5　“打开”对话框

通用文件对话框是“打开”还是“保存”，取决于在 CFileDialog 的构造函数中指定的参数，其原型如下：

```
CFileDialog( BOOL bOpenFileDialog, LPCTSTR lpszDefExt = NULL,
        LPCTSTR lpszFileName = NULL,
        DWORD dwFlags = OFN_HIDEREADONLY | OFN_OVERWRITEPROMPT,
        LPCTSTR lpszFilter = NULL, CWnd* pParentWnd = NULL );
```

参数中，当 bOpenFileDialog 为 TRUE 时表示文件“打开”对话框，为 FALSE 时表示文件“保存”对话框。lpszDefExt 用来指定文件扩展名，若用户在文件名编辑框中没有输入扩展名，则系统在文件名后自动添加 lpszDefExt 指定的扩展名。lpszFileName 用来在文件名编辑框中指定开始出现的文件名，若为 NULL 时，则不出现。dwFlags 用来指定对话框的界面标志，当为 OFN_HIDEREADONLY 时表示隐藏对话框中的“只读”复选框，当为 OFN_OVERWRITEPROMPT 时表示文件保存若与指定的文件重名则出现提示对话框。pParentWnd 用来指定对话框的父窗口指针。lpszFilter 参数用来确定出现在文件列表框中的文件类型，它由一对或多对字符串组成，每对字符串中第 1 个子串表示过滤器名称，第 2 个子串表示文件扩展名，若指定多个扩展名则用“;”分隔，字符串最后用两个“|”结尾。注意：字符串应写在一行，若一行写不下需用“\”来连接。

函数原型中，LPCTSTR 类型用来表示一个常值字符指针，这里可以将其理解成一个常值字符串类型。

当 DoModal 返回 IDOK 后，就可使用 CFileDialog 成员函数获取相关文件信息。其中，GetPathName 函数返回文件在对话框确定的全路径名；GetFileName 函数返回在对话框确定的文件名（如确定的文件是“C:\FILES\TEXT.DAT”，则返回“TEXT.DAT”）；GetFileExt 函数返回在对话框确定的文件扩展名（如确定的文件是“DATA.TXT”，则返回“TXT”）。一旦获取文件，就可使用 CFile 类对文件进行操作。

2. 使用 CFile 类

在 MFC 中，CFile 类是一个文件 I/O 的基类。它直接支持非缓冲、二进制的磁盘文件的输入/输出，也可以使用其派生类处理文本文件（CStdioFile）和内存文件（CMemFile）。使用 CFile 类可以打开或关闭一个磁盘文件、向一个文件读或写数据等。下面分别说明。

（1）文件的打开和关闭。在 MFC 中，使用 CFile 打开一个文件通常使用下列 2 个步骤：

① 构造一个不带任何指定参数的 CFile 对象；

② 调用成员函数 Open 并指定文件路径以及文件标志。

CFile 类的 Open 函数原型如下：

```
BOOL Open( LPCTSTR lpszFileName, UINT nOpenFlags, CFileException* pError = NULL );
```

其中，lpszFileName 用来指定一个要打开的文件路径，该路径可以是相对的、绝对的或是一个网络文件名（UNC）；nOpenFlags 用来指定文件打开的标志，它的值见表 7.5；pError 用来表示操作失败产生的 CFileException 指针，CFileException 是一个与文件操作有关的异常处理类；函数 Open 操作成功时返回 TRUE，否则为 FALSE。

表 7.5　CFile 类的文件常用访问方式

| 方　式 | 含　义 |
| --- | --- |
| CFile::modeCreate | 表示创建一个新文件，若该文件已存在，则将文件原有内容清除 |
| CFile::modeNoTruncate | 与 CFile::modeCreate 组合。若文件已存在，不会将文件原有内容清除 |
| CFile::modeRead | 打开文件只读 |
| CFile::modeReadWrite | 打开文件读与写 |
| CFile::modeWrite | 打开文件只写 |
| CFile::modeNoInherit | 防止子线程继承该文件 |

例如，下面的代码将显示如何用读写方式创建一个新文件：

```
char* pszFileName = "c:\\test\\myfile.dat";
CFile myFile;
CFileException fileException;
if ( !myFile.Open( pszFileName, CFile::modeCreate | CFile::modeReadWrite ,  &fileException )) {
	TRACE( "Can't open file %s, error = %u\n", pszFileName, fileException.m_cause );
}
```

代码中，若文件创建打开有任何问题，Open 函数将在它的最后一个参数中返回 CFileException（文件异常类）对象，TRACE 宏将显示出文件名和表示失败原因的代码。使用 AfxThrowFileException 函数将获得更详细的有关错误的报告。

与文件“打开”相反的操作是“关闭”。可以使用 Close 函数来关闭一个文件对象，若该对象是在堆内存中创建的，还需调用 delete 来删除它（不是删除物理文件）。

（2）文件的读写和定位。CFile 类支持文件的读、写和定位操作。它们相关函数的原型如下：

```
UINT Read( void* lpBuf, UINT nCount );
```

此函数将文件中指定大小的数据读入指定的缓冲区，并返回向缓冲区传输的字节数。需要说明的是，这个返回值可能小于 nCount，这是因为可能到达了文件的结尾。

```
void Write( const void* lpBuf, UINT nCount );
```

此函数将缓冲区的数据写到文件中。参数 lpBuf 用来指定要写到文件中的数据缓冲区的指针；nCount 表示从数据缓冲区传送的字节数，对于文本文件，每行的换行符也被计算在内。

```
LONG Seek( LONG lOff, UINT nFrom );
```

此函数用来定位文件指针的位置，若要定位的位置是合法的，此函数将返回从文件开始的偏移量；否则，返回值是不定的且激活一个 CFileException 对象。参数 lOff 用来指定文件指针移动的字节数，nFrom 表示指针移动方式，它可以是 CFile::begin（从文件的开始位置）、CFile::current（从文件的当前位置）或 CFile::end（从文件的最后位置，但 lOff 必须为负值才能在文件中定位，否则将超出文件）等。需要说明的是，文件刚打开时，默认的文件指针位置为 0，即文件的开始位置。

另外，函数 SeekToBegin 和 SeekToEnd 分别将文件指针移动到文件开始和结尾位置，对于后者还将返回文件的大小。

（3）获取文件的有关信息。CFile 还支持获取文件状态，包括文件是否存在、创建与修改的日期和时间、逻辑大小和路径等。

```
BOOL GetStatus( CFileStatus& rStatus ) const;
static BOOL PASCAL GetStatus( LPCTSTR lpszFileName, CFileStatus& rStatus );
```

若指定文件的状态信息成功获得，该函数返回 TRUE，否则返回 FALSE。其中，参数 lpszFileName 用来指定一个文件路径，这个路径可以是相对的或是绝对的，但不能是网络文件名。rStatus 用来存放文件状态信息，它是一个 CFileStatus 结构类型，该结构具有下列成员：

```
CTime    m_ctime                    文件创建日期和时间
CTime    m_mtime                    文件最后一次修改日期和时间
CTime    m_atime                    文件最后一次访问日期和时间
LONG     m_size                     文件的逻辑大小字节数，就像 DOS 命令中 DIR 所显示的大小
BYTE     m_attribute                文件属性
char  m_szFullName[_MAX_PATH]       文件名
```

需要说明的是，static 形式的 GetStatus 函数将获得指定文件名的文件状态，并将文件名复制至 m_szFullName 中。该函数仅获取文件状态，并没有真正打开文件，这对于测试一个文件的存在性是非常有用的。例如下面的代码：

```
CFile theFile;
char* szFileName = "c:\\test\\myfile.dat";
BOOL bOpenOK;
CFileStatus status;
if( CFile::GetStatus( szFileName, status ) ) {
    // 该文件已存在，直接打开
    bOpenOK = theFile.Open( szFileName, CFile::modeWrite );
} else {
    // 该文件不存在，需要使用 modeWrite 方式创建它
    bOpenOK = theFile.Open( szFileName, CFile::modeCreate | CFile::modeWrite );
}
```

（4）CFile 示例。

下面来看一个示例，如图 7.6 所示，单击 打开 按钮，将弹出文件“打开”对话框，从中选择一个文件时，编辑框上方显示出该文件的路径名、创建时间和文件大小，并在编辑框中显示出该文件的内容。

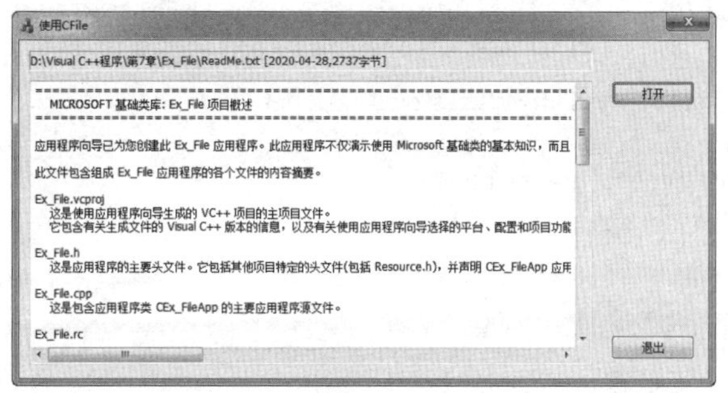


图 7.6　CFile 示例运行结果

【例 Ex_File】 使用 CFile。

① 创建一个默认的基于对话框的应用程序 Ex_File。系统会自动打开对话框编辑器并显示对话框资源模板。将项目“常规”配置中的“字符集”属性改为“使用多字节字符集”，并将 stdafx.h 文件最后面内容中的#ifdef _UNICODE 行和最后一个#endif 行删除。

② 将对话框资源模板切换成网格。打开对话框“属性”窗口，将 Caption（标题）属性改为“使用 CFile”。删除“TODO: 在此放置对话框控件。”静态文本控件和“取消”按钮，将“确定”按钮 Caption（标题）属性改为“退出”。

③ 调整对话框的大小（大小调到 419 x 200），参看图 7.6 的控件布局，添加一个静态文件控件（属性 ID 指定为 IDC_STATIC_TITLE，Sunken、Center Image 指定为 True）、一个编辑框（属性 ID 默认为 IDC_EDIT1，Multiline、Horizontal Scroll、Vertical Scroll 以及 Auto VScroll 指定为 True，调整其大小和位置）和一个按钮（属性 ID 指定 IDC_BUTTON_OPEN，Caption 改为“打开”）。

④ 为 IDC_STATIC_TITLE 控件添加 Value 类型（CString）控件变量 m_strTitle，为 IDC_EDIT1 控件添加 Value 类型（CString）控件变量 m_strContent。右击按钮控件 IDC_BUTTON_OPEN，从弹出的快捷菜单中选择“添加事件处理程序”命令，弹出“事件处理程序向导”对话框，保留默认选项（默认对 BN_CLICKED 进行映射），单击 添加编辑(A) 按钮，在打开的文档窗口中的 OnBnClickedButtonOpen 函数中添加下列代码：

```
void CEx_FileDlg:: OnBnClickedButtonOpen()
{
	CString filter;
	filter = "文本文件(*.txt)|*.txt|C++文件(*.h,*.cpp)|*.h;*.cpp||";
	CFileDialog dlg (TRUE, NULL, NULL, OFN_HIDEREADONLY, filter);
	if (dlg.DoModal () != IDOK) return;
	CString strFileName = dlg.GetPathName();
	CFileStatus status;
	if( !CFile::GetStatus( strFileName, status ) )
	{
		MessageBox("该文件不存在！ ");		return;
	}
	m_strTitle.Format( "%s [%s,%ld 字节]", strFileName,
		status.m_ctime.Format( "%Y-%m-%d" ), status.m_size );
	UpdateData( FALSE );
	// 打开文件，并读取数据
	m_strContent.Empty();
	CFile theFile;
	if (!theFile.Open(	strFileName, CFile::modeRead ))
	{
		MessageBox("该文件无法打开！ ");	return;
	}
	char		szBuffer[80];
	UINT		nActual = 0;
	while ( nActual = theFile.Read( szBuffer, sizeof( szBuffer ) ) )
	{
		CString str( szBuffer,	nActual );
		m_strContent = m_strContent + str;
	}
	theFile.Close();
	UpdateData( FALSE );
}
```

⑤ 编译运行并测试。

### 7.2.6 CFile 和 CArchive 类之间的关联

事实上，文档应用程序框架就是将一个外部磁盘文件和一个 CArchive 对象关联起来。当然，这种关联还可直接通过 CFile 来进行。例如：

```
CFile theFile;
theFile.Open(..., CFile::modeWrite);
CArchive archive(&theFile, CArchive::store);
```

其中，CArchive 构造函数的原型如下：

```
CArchive( CFile* pFile, UINT nMode, int nBufSize = 4096, void* lpBuf = NULL );
```

参数 pFile 用来指定与之关联的文件指针。nBufSize 表示内部文件的缓冲区大小，默认值为 4096 字节。lpBuf 表示自定义的缓冲区指针，若为 NULL 则表示缓冲区建立在堆内存中，当对象清除时缓冲区内存也被释放；若指明用户缓冲区，对象消除时缓冲区内存不会被释放。nMode 用来指定文档是用于存入还是读取，它可以是 CArchive::load（读取数据）、CArchive::store（存入数据）或 CArchive::bNoFlushOnDelete（当析构函数被调用时，避免文档自动调用 Flush。若设置这个标志，则必须在析构函数被调用之前调用 Close，否则文件数据将被破坏）。

也可将一个 CArchive 对象与 CFile 类指针相关联，如下面的代码（ar 是 CArchive 对象）：

```
const CFile* fp = ar.GetFile();
```

## 7.3 一般视图框架

**视图**，不仅可以响应各种类型的输入，如键盘输入、鼠标输入或拖放输入、菜单、工具条和滚动条产生的命令输入等，而且还与文档或控件一起构成了**视图应用框架**，如列表视图、树视图等。这里先就常用的视图应用框架类型进行介绍。

MFC 中的 CView 类及其他的派生类封装了视图的各种不同的应用功能，它们为用户实现最新的 Windows 应用程序特性提供了极大的便利。这些视图类如表 7.6 所示。它们都可以作为文档应用程序中视图类的基类，其设置的方法是在“MFC 应用程序向导”创建单文档或多文档应用程序的“生成的类”页面中进行用户视图类的基类的选择。

表 7.6 CView 的派生类及其功能描述

| 类　名 | 功能描述 |
| --- | --- |
| CScrollView | 提供自动滚动或缩放功能 |
| CHtmlView | 提供包含 WebBrowser 的视图应用框架，它用于访问网络或 HTML 文件 |
| CFormView | 提供可滚动的视图应用框架，它由对话框模板创建，并具有和对话框一样的设计方法 |
| CRecordView | 提供表单视图直接与 ODBC 记录集对象关联；和所有的表单视图一样，CRecordView 也是基于对话框模板设计的 |
| CDaoRecordView | 提供表单视图直接与 DAO 记录集对象关联；其他同 CRecordView |
| CCtrlView | 是 CEditView、CListView、CTreeView 和 CRichEditView 的基类，它们提供的文档视图结构也适用于 Windows 中的新控件 |
| CEditView | 提供包含编辑控件的视图应用框架；支持文本的编辑、查找、替换以及滚动功能 |
| CRichEditView | 提供包含复合编辑控件的视图应用框架；它除了 CEditView 功能外，还支持字体、颜色、图表及 OLE 对象的嵌入等 |
| CListView | 提供包含列表控件的视图应用框架。它类似于 Windows 资源管理器的右侧窗口 |
| CTreeView | 提供包含树状控件的视图应用框架。它类似于 Windows 资源管理器的左侧窗口 |

## 7.3.1 CEditView 和 CRichEditView

CEditView 是一种像编辑框控件 CEdit 一样的视图框架，它也提供窗口编辑控制功能，可以用来执行简单文本操作，如打印、查找、替换，剪贴板的剪切、复制和粘贴等。由于 CEditView 类自动封装上述常用操作，因此只要在文档模板中使用 CEditView 类，那么应用程序的“编辑”菜单和“文件”菜单里的菜单项都可自动激活。

CRichEditView 类要比 CEditView 类功能强大得多，由于它使用了富文本编辑控件，因而它支持混合字体格式和更大数据量的文本。CRichEditView 类被设计成与 CRichEditDoc 和 CRichEditCntrItem 类一起使用，用以实现一个完整的 ActiveX 包容器应用程序。

下面来看使用 CEditView 视图应用框架实例，使其能像记事本那样自动进行文档的显示、修改、打开和保存等操作。

【例 Ex_Edit】 创建 CEditView 视图应用程序。

（1）用“MFC 应用程序向导”创建一个**精简**的单文档应用程序 Ex_Edit。在向导“生成的类”页面中，将 CEx_EditView 的基类选为 CEditView，如图 7.7 所示。

（2）单击 完成 按钮。将项目“常规”配置中的“字符集”属性改为“使用多字节字符集”。编译运行，打开一个文档，结果如图 7.8 所示。

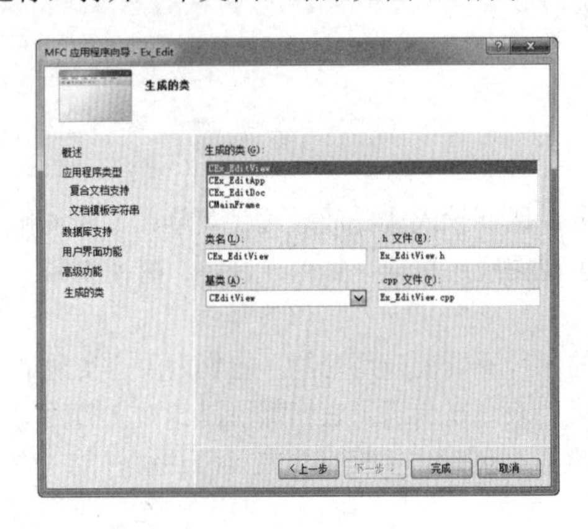


图 7.7 更改 CEx_EditView 的基类

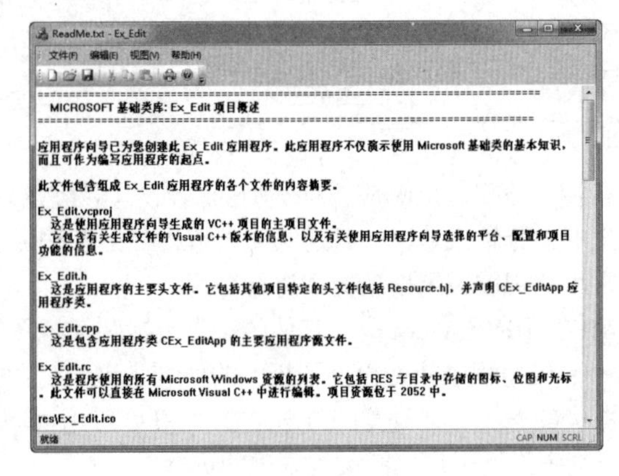


图 7.8 Ex_Edit 运行结果

需要说明的是，尽管 CEditView 类具有编辑框控件的功能，但它却不具有**所见即所得**编辑功能，而且只能将文本进行单一字体的显示，不支持特殊格式的字符。

## 7.3.2 CFormView

CFormView 是一个非常有用的视图应用框架，它具有许多无模式对话框的特点。像 CDialog 的派生类一样，CFormView 的派生类也和相应的对话框资源相关联，它也支持对话框数据交换和数据校验（DDX 和 DDV）。CFormView 还是所有表单视图类（如 CRecordView、CDaoRecordView、CHtmlView 等）的基类。

创建表单应用程序的基本方法除了在“MFC 应用程序向导”创建文档应用程序的“生成的类”页面中选择 CFormView 作为视图类的基类外，还可以通过相关菜单命令在文档应用程序中自动插入一个表单。下面来看一个示例，它在一个单文档应用程序 Ex_Form 中添加表单后，将文档内容显示在表单视图的编辑框控件中。

【例 Ex_Form】 添加表单视图应用框架。

（1）添加并设计表单。

① 用“MFC 应用程序向导”创建一个**精简**的单文档应用程序 Ex_Form。将项目“常规”配置中

的“字符集”属性改为“使用多字节字符集”，并将 stdafx.h 文件最后面内容中的#ifdef _UNICODE 行和最后一个#endif 行删除。

② 选择“项目”→“添加类”菜单命令，弹出“添加类”对话框；在“类别”中选定 MFC，在“模板”中选中 MFC 类，单击 添加(A) 按钮，弹出“MFC 类向导”对话框；输入“类名”为 CTextView，选择“基类”为 CFormView，保留默认的对话框 ID，结果如图 7.9 所示。

图 7.9　添加表单视图类

③ 单击 完成 按钮。将工作区窗口切换到“资源视图”页面，展开节点，双击 Dialog 下的 IDD_TEXTVIEW 资源，这就是表单模板，如果如图 7.10 所示。

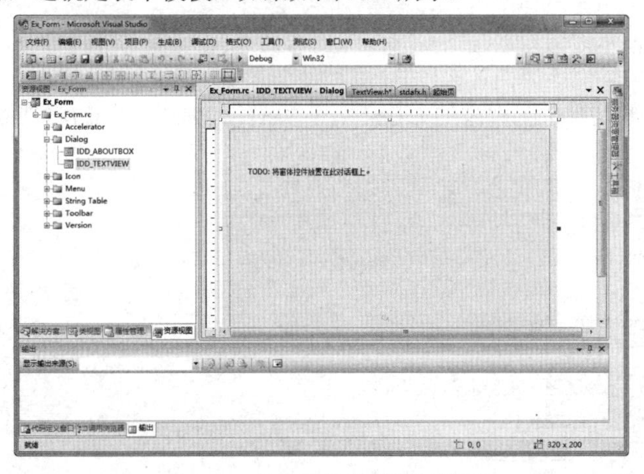


图 7.10　相关联的表单资源模板

需要说明的是，在上述操作中，若选中“生成 DocTemplate 资源”选项，则还可单击 下一步 > 按钮，进入“文档模板字符串”页面，用来生成相应的文档模板字符串资源。同时，向导还会在应用程序类 InitInstance 函数中添加相应的文档模板类型的创建代码，这样一来就有 2 种文档类型，程序运行后将弹出文档类型选择的对话框。

④ 将表单资源模板切换成网格显示。删除原来的静态文本控件，添加一个编辑框（用于文档内容的显示），在其“属性”窗口中，保留默认的 ID 属性（IDC_EDIT1），将 Multiline、Horizontal Scroll、Vertical Scroll 以及 Auto VScroll 指定为 True，调整其大小和位置。

⑤ 为 IDC_EDIT1 控件添加 Value 类型（CString）控件变量 m_strText。

（2）完善代码并测试。

① 打开 Ex_FormDoc.h 文件，为 CEx_FormDoc 类添加一个成员变量 CString m_strContent。

② 在 CEx_FormDoc::Serialize 函数中添加下列代码：

```
void CEx_FormDoc::Serialize(CArchive& ar)
{
	if (ar.IsStoring())  {}
	else   {
		CString str;
		m_strContent.Empty();                              // 清空字符串变量内容
		while (ar.ReadString(str)) {
			m_strContent = m_strContent + str;
			m_strContent = m_strContent + "\r\n";     // 在每行文本末尾添加回车换行
		}
	}
}
```

③ 打开并将 CTextView 类"属性"窗口切换到"重写"页面，找到并添加 OnUpdate 虚函数的重载映射，使用默认重载名，添加下列代码：

```
void CTextView::OnUpdate(CView* /*pSender*/, LPARAM /*lHint*/, CObject* /*pHint*/)
{
	CEx_FormDoc* pDoc = (CEx_FormDoc*)GetDocument();
	m_strText = pDoc->m_strContent;
	UpdateData(FALSE);
}
```

这样一来，当文档更新后，会自动通知其关联的视图类，并自动调用这里的 OnUpdate 函数。

④ 在 TextView.cpp 文件前面添加 CEx_FormDoc 类头文件包含：

```
#include "Ex_Form.h"
#include "TextView.h"
#include "Ex_FormDoc.h"
```

⑤ 在 Ex_Form.cpp 文件的前面添加 CTextView 类的包含指令，同时将文档模板创建的代码修改如下：

```
#include "Ex_FormDoc.h"
#include "Ex_FormView.h"
#include "TextView.h"
...
BOOL CEx_FormApp::InitInstance()
{	...
	pDocTemplate = new CSingleDocTemplate(
		IDR_MAINFRAME,
		RUNTIME_CLASS(CEx_FormDoc),
		RUNTIME_CLASS(CMainFrame),            // 主 SDI 框架窗口
		RUNTIME_CLASS(CTextView));            // 修改成添加的表单视图类
	AddDocTemplate(pDocTemplate);
	...
	return TRUE;
}
```

⑥ 编译运行并测试，结果如图 7.11 所示。

⑦ 在实际应用中，如图 7.11 所示结果是有缺陷的，因为总希望显示文档内容的编辑框控件大小能和表单视图大小一样大。为此需要为 CTextView 类添加 WM_SIZE（当窗口大小发生改变时产生）"消息"的默认映射处理函数，并添加下列代码：

```
void CTextView::OnSize(UINT nType, int cx, int cy)
{
	CFormView::OnSize(nType, cx, cy);
	CWnd* pWnd = GetDlgItem(IDC_EDIT1);                // 获取编辑框窗口指针
```

```
    if (pWnd)            // 若窗口指针有效
        pWnd->SetWindowPos( NULL,-2,-2,cx+4,cy+4,SWP_NOZORDER);
    // 将编辑框 IDC_EDIT1 窗口大小扩大一些，以使整个文档窗口界面看上去更好一些
}
```

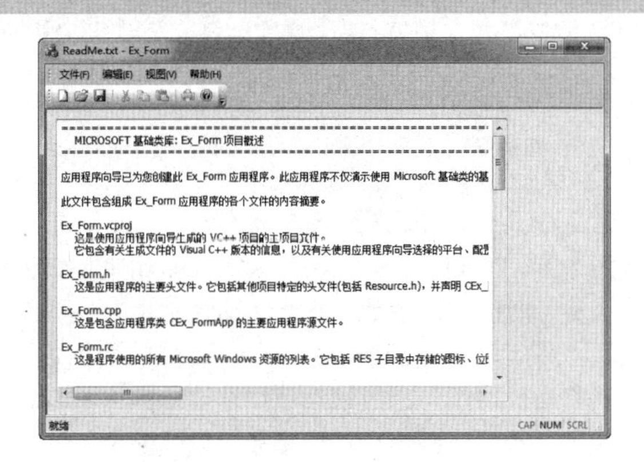


图 7.11　Ex_Form 第一次运行结果

⑧ 再次编译运行并测试，结果如图 7.12 所示。

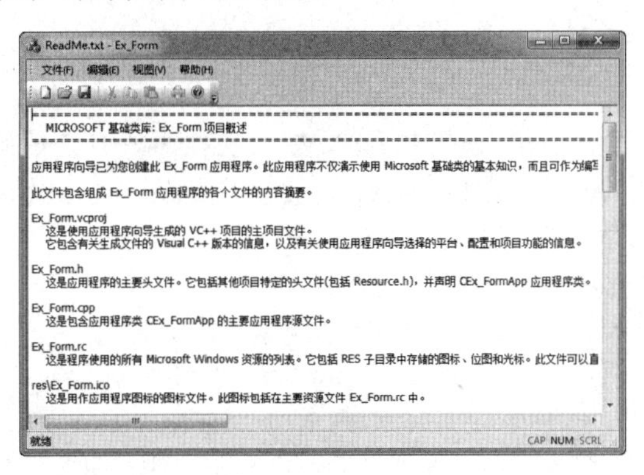


图 7.12　Ex_Form 修改后运行结果

### 7.3.3　CHtmlView

CHtmlView 框架是将 WebBrowser 控件嵌入文档视图结构中所形成的视图框架。WebBrowser 控件可以浏览网址，也可以作为本地文件和网络文件系统的窗口，它支持超级链接、统一资源定位器（URL）并维护历史列表等。其中，核心函数 CHtmlView::Navigate2 用来浏览指定的文件、网页或网址，其用法如下列代码：

```
void CEx_HtmlView::OnInitialUpdate()
{
    CHtmlView::OnInitialUpdate();
    Navigate2(_T("http://www.microsoft.com/visualc/"),NULL,NULL);
}
```

### 7.3.4　CScrollView

CScrollView 框架不仅能直接支持视图的滚动操作，而且还能管理视图的大小和映射模式，并能响应滚动条消息、键盘消息以及鼠标滚轮消息。

需要说明的是，当基于滚动视图的文档应用程序框架创建（即在向导的“生成的类”页面中将视

图基类改为 CScrollView）后，“MFC 应用程序向导”会自动重载 CView::OnInitialUpdate，并在该函数中调用 CScrollView 成员函数 SetScrollSizes 来设置相关参数，如映射模式、滚动逻辑窗口的大小、水平或垂直方向的滚动量等。如果仅需要视图具有自动缩放功能（而不具有滚动特性），则调用 CScrollView::SetScaleToFitSize 函数代替“MFC 应用程序向导”添加的 SetScrollSizes 函数调用代码。它们的原型如下：

```
void SetScaleToFitSize( SIZE sizeTotal );
void SetScrollSizes( int nMapMode, SIZE sizeTotal,  const SIZE& sizePage = sizeDefault,
                    const SIZE& sizeLine = sizeDefault );
```

其中，sizeTotal 用来指定要显示的文档或图片等内容的大小（长和高）；nMapMode 用来指定设备环境的坐标映射模式，默认为 MM_TEXT；sizePage 和 sizeLine 用来指定鼠标点击滚动条中的页面滚动（空白页面）和行滚动（箭头）时的水平滚动及垂直滚动大小。

若当前视图的大小不能全部显示由 SetScrollSizes 中指定的当前的文档或图片等内容的大小（sizeTotal）时，相应的滚动条将自动激活，通过滚动条浏览显示的内容。若当前视图的大小不能全部显示由 SetScaleToFitSize 指定的大小时，则会自动缩小显示以匹配全部的文档窗口（视图）大小，否则就放大到全部文档窗口大小。

## 7.4 列表视图框架

CListView 框架是将列表控件（CListCtrl）嵌入文档视图结构中所形成的视图框架。由于它又是从 CCtrlView 中派生的，因此它既可以调用 CCtrlView 的基类 CView 的成员函数，又可以使用 CListCtrl 功能。当使用 CListCtrl 功能时，必须先得到 CListView 封装的内嵌可引用的 CListCtrl 对象，这时可调用 CListView 的成员函数 GetListCtrl，如下面的代码：

```
CListCtrl& listCtrl = GetListCtrl();        // listCtrl 必须定义成引用
```

### 7.4.1 图像列表

列表视图和树视图框架往往还涉及图像列表类，以便能为列表项设置相应的图标，在它们封装的类的成员函数中，都有一个 SetImageList 函数用来指定要关联的图像列表组件。在 MFC 中，图像列表组件是使用 CImageList 类来创建、显示和管理图像的。

**1. 图像列表的创建**

图像列表是一个组件，它的创建不能像控件那样在对话框资源中通过编辑器来实现。因此，创建一个图像列表首先要声明一个 CImageList 对象，然后调用 Create 函数。由于 Create 函数的重载很多，故这里给出最常用的一个原型：

```
BOOL Create( int cx, int cy, UINT nFlags, int nInitial, int nGrow );
```

其中，cx 和 cy 用来指定图像的像素大小；nFlags 表示要创建的图像类型，一般取其 ILC_COLOR 和 ILC_MASK（指定屏蔽图像）的组合，默认的 ILC_COLOR 为 ILC_COLOR4（16 色），当然也可以是 ILC_COLOR8（256 色）、ILC_COLOR16（16 位色）等；nInitial 用来指定图像列表中最初的图像数目；nGrow 表示当图像列表的大小发生改变时图像可以增加的数目。

**2. 图像列表的基本操作**

常见的图像列表的基本操作有增加、删除和绘制等，其相关成员函数如下：

```
int Add( CBitmap* pbmImage, CBitmap* pbmMask );
int Add( CBitmap* pbmImage, COLORREF crMask );
int Add( HICON hIcon );
```

此函数用来向一个图像列表添加一个图标或多个位图，成功时返回第一个新图像的索引号，否则返回-1。参数 pbmImage 表示包含图像的位图指针；pbmMask 表示包含屏蔽的位图指针；crMask 表示屏蔽色；hIcon 表示图标句柄。

```
BOOL Remove( int nImage );
```

该函数用来从图像列表中删除一个由 nImage 指定的图像，成功时返回非 0，否则返回 0。

```
BOOL Draw( CDC* pdc, int nImage, POINT pt, UINT nStyle );
```

该函数用来在由 pt 指定的位置处绘制一个图像。参数 pdc 表示绘制的设备环境指针；nImage 表示要绘制的图像的索引号；nStyle 用来指定绘制图像时采用的方式。

```
HICON ExtractIcon( int nImage );
```

该函数用来将 nImage 指定的图像扩展为图标。

```
COLORREF SetBkColor( COLORREF cr );
```

该函数用来设置图像列表的背景色，它可以是 CLR_NONE。成功时返回先前的背景色，否则为 CLR_NONE。

## 7.4.2 列表视图类型和样式

由于 CListView 框架是以列表控件 CListCtrl 为内建对象，因而它的类型和样式也就是列表控件的类型和样式（通过属性来设置）。

### 1．列表控件的类型

列表控件是一种极为有用的控件，它可以用“大图标”、“小图标”、“列表视图”或“报表视图”四种不同的方式来显示一组信息，如图 7.13 所示。

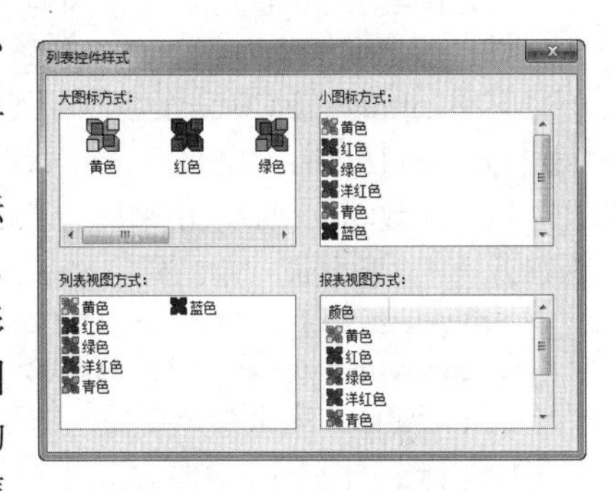

图 7.13 列表控件样式

所谓**大图标**方式，是指列表中的所有项的上方均以大图标（32×32）形式出现，用户可将其拖动到列表视图窗口的任意位置。**小图标**方式是指列表中的所有项的左方均以小图标（16×16）形式出现，用户可将其拖动到列表视图窗口的任意位置。**列表视图**方式与图标方式不同，列表项被安排在某一列中，用户不能拖动它们。**报表视图**方式是指列表项出现在各自的行上，而相关的信息出现在右边，最左边的列可以是标签或图标，接下来的列则是程序指定的列表项内容。报表视图方式中最引人注目的是它可以有标题头。

### 2．列表控件的常用样式

列表控件常用的一般样式如表 7.7 所示。

表 7.7 列表控件常用的一般样式

| 样　式 | 含　义 |
|---|---|
| LVS_ALIGNLEFT | 在“大图标”或“小图标”显示方式中，所有列表项左对齐 |
| LVS_ALIGNTOP | 在“大图标”或“小图标”显示方式中，所有列表项被安排在控件的顶部 |
| LVS_AUTOARRANGE | 在“大图标”或“小图标”显示方式中，图标自动排列 |
| LVS_ICON | “大图标”显示方式 |
| LVS_LIST | “列表视图”显示方式 |
| LVS_REPORT | “报表视图”显示方式 |
| LVS_SHOWSELALWAYS | 一直显示被选择的部分 |
| LVS_SINGLESEL | 只允许单项选择，默认时是多项选择 |
| LVS_SMALLICON | “小图标”显示方式 |

对于一般样式，可通过先调用 GetWindowLong 来获取当前样式，然后调用 SetWindowLong 重新

设置新的样式。当然，最简单的方法是在列表控件的“属性”窗口中进行修改。

在列表控件“属性”窗口中，View 属性用来指定列表控件的显示方式：Icon（大图标，默认）、Small Icon（小图标）、List（列表）和 Report（报表）；Alignment 属性用来指定列表项的布排方式：Left（左，默认）和 Top（顶）；Auto Arrange 属性用来指定图标是否自动排列（默认为 False）；Always Show Selection 属性用来指定选中的项是否一直显示选中状态（默认为 False）；Single Selection 属性用来指定是否为单项选择（默认为 False，多选）。

需要说明的是，对于列表控件的扩展样式来说，一般可直接调用函数 CListCtrl::SetExtendedStyle 加以设置。常见的扩展样式有：

```
LVS_EX_FULLROWSELECT      列表项整行选择
LVS_EX_BORDERSELECT       用边框选择方式代替高亮显示列表项
LVS_EX_GRIDLINES          列表项各行显示线条（仅用于报表视图）
```

### 7.4.3 列表项的基本操作

列表控件类 CListCtrl 提供了许多用于列表项操作的成员函数，如列表项与列的添加和删除等，下面分别介绍。

（1）函数 SetImageList 用来为列表控件设置一个关联的图像列表，其原型如下：

```
CImageList* SetImageList( CImageList* pImageList, int nImageList );
```

其中，nImageList 用来指定图像列表的类型，它可以是 LVSIL_NORMAL（大图标）、LVSIL_SMALL（小图标）和 LVSIL_STATE（表示状态的图像列表）。

（2）函数 InsertItem 用来向列表控件中插入一个列表项。该函数成功时返回新列表项的索引号，否则返回-1。函数最常用的原型如下：

```
int InsertItem( int nItem, LPCTSTR lpszItem );
int InsertItem( int nItem, LPCTSTR lpszItem, int nImage );
```

其中，nItem 用来指定要插入的列表项的索引号；lpszItem 表示列表项的文本标签；nImage 表示列表项图标在图像列表中的索引号。

（3）函数 DeleteItem 和 DeleteAllItems 分别用来删除指定的列表项和全部列表项，函数原型如下：

```
BOOL DeleteItem( int nItem );
BOOL DeleteAllItems( );
```

（4）函数 Arrange 用来按指定方式重新排列列表项，其原型如下：

```
BOOL Arrange( UINT nCode );
```

其中，nCode 用来指定排列方式，它可以是下列值之一：

```
LVA_ALIGNLEFT          左对齐
LVA_ALIGNTOP           上对齐
LVA_DEFAULT            默认方式
LVA_SNAPTOGRID         使所有的图标安排在最接近的网格位置处
```

（5）函数 InsertColumn 用来向列表控件插入新的一列，函数成功调用后返回新的列的索引，否则返回-1。其最常用的原型如下：

```
int InsertColumn( int nCol, LPCTSTR lpszColumnHeading, int nFormat = LVCFMT_LEFT,
int nWidth = -1, int nSubItem = -1 );
```

其中，nCol 用来指定新列的索引；lpszColumnHeading 用来指定列的标题文本；nFormat 用来指定列排列的方式，它可以是 LVCFMT_LEFT（左对齐）、LVCFMT_RIGHT（右对齐）和 LVCFMT_CENTER（居中对齐）；nWidth 用来指定列的像素宽度，-1 时表示宽度没有设置；nSubItem 表示与列相关的子项索引，-1 时表示没有子项。

（6）函数 DeleteColumn 用来从列表控件中删除一个指定的列，其原型如下：

```
BOOL DeleteColumn( int nCol );
```

除了上述操作外，还有一些函数是用来设置或获取列表控件的相关属性的。例如，SetColumnWidth 用来设置指定列的像素宽度；GetItemCount 用来返回列表控件中的列表项个数。它们的原型如下：

```
BOOL SetColumnWidth( int nCol, int cx );
int GetItemCount( );
```

其中，nCol 用来指定要设置的列的索引号；cx 用来指定列的像素宽度，它可以是 LVSCW_AUTOSIZE，表示自动调整宽度。

## 7.4.4 列表控件的消息

在列表视图中，可在其“属性”窗口的“消息”页面中映射的控件消息有公共控件消息（NM_开头）、标题头控件消息（HDN_开头）以及列表控件消息（LVN_开头）。常用的列表控件消息有：

```
LVN_BEGINDRAG            用户按鼠标左键拖动列表项
LVN_BEGINLABELEDIT       用户对某列表项标签进行编辑
LVN_COLUMNCLICK          某列被单击
LVN_ENDLABELEDIT         用户对某列表项标签结束编辑
LVN_ITEMACTIVATE         用户激活某列表项
LVN_ITEMCHANGED          当前列表项已被改变
LVN_ITEMCHANGING         当前列表项即将改变
LVN_KEYDOWN              某键被按下
```

需要说明的是，在上述消息处理函数参数中往往会出现 NM_LISTVIEW 结构，其定义如下：

```
typedef struct tagNMLISTVIEW
{
    NMHDR       hdr;            // 包含通知消息的结构
    int         iItem;          // 列表项索引，没有为-1
    int         iSubItem;       // 子项索引，没有为 0
    UINT        uNewState;      // 新的项目状态
    UINT        uOldState;      // 原来的项目状态
    UINT        uChanged;       // 项目属性更改标志
    POINT       ptAction;       // 事件发生的地点
    LPARAM      lParam;         // 用户定义的 32 位值
} NMLISTVIEW, FAR *LPNMLISTVIEW;
```

但对于 LVN_ITEMACTIVATE 等消息来说，上述结构变成了 NMITEMACTIVATE，它在结构类型 NM_LISTVIEW 的基础上增加了一个成员“UINT uKeyFlags”，用来表示 ALT、CTRL 和 SHIFT 键的按下状态，它的值可以是 LVKF_ALT、LVKF_CONTROL 和 LVKF_SHIFT。

## 7.4.5 示例：列表显示当前的文件

这个示例用来将当前文件夹中的文件用“大图标”、“小图标”、“列表视图”以及“报表视图”四种不同方式在列表视图中显示出来。当双击某个列表项时，还将该项的文本标签内容用消息对话框的形式显示出来。

实现这个示例有两个关键问题：一个是如何获取当前文件夹中的所有文件；另一个是如何获取各个文件的图标以便添加到与列表控件相关联的图像列表中。第一个问题可以通过 MFC 类 CFileFind 来解决；而对于第二个问题，则需要使用 API 函数 SHGetFileInfo。

需要说明的是，为了使添加到图像列表中的图标不重复，本例还使用了一个字符串数组集合类对象来保存图标的类型，每次添加图标时都先来验证该图标是否已经添加过。

【例 Ex_List】 列表显示当前的文件。

（1）用“MFC 应用程序向导”创建一个**精简**的单文档应用程序 Ex_List。在向导“生成的类”页面中，将 CEx_ListView 的基类选为 CListView。将项目“常规”配置中的“字符集”属性改为“使用多字节字符集"，并将 stdafx.h 文件最后面内容中的#ifdef _UNICODE 行和最后一个#endif 行删除。

（2）为 CEx_ListView 类添加下列数据成员和成员函数：

```
class CEx_ListView : public CListView
{...
// 操作
public:
	CImageList		m_ImageList;
	CImageList		m_ImageListSmall;
	CStringArray	m_strArray;
	void SetCtrlStyle(HWND hWnd, DWORD dwNewStyle)
	{
		DWORD	dwOldStyle;
		dwOldStyle = GetWindowLong(hWnd, GWL_STYLE);			// 获取当前样式
		if ((dwOldStyle&LVS_TYPEMASK) != dwNewStyle){
			dwOldStyle &= ~LVS_TYPEMASK;
			dwNewStyle |= dwOldStyle;
			SetWindowLong(hWnd, GWL_STYLE, dwNewStyle);		// 设置新样式
		}
	}
...
};
```

其中，成员函数 SetCtrlStyle 用来设置列表控件的一般样式。

（3）将工作区窗口切换到"资源视图"页面，打开 Accelerator 节点下的 IDR_MAINFRAME 资源，添加一个键盘加速键 Ctrl+G，其 ID 指定为 ID_VIEW_CHANGE。

（4）为 CEx_ListView 类添加 ID_VIEW_CHANGE 的 COMMAND"事件"映射处理函数，并增加下列代码：

```
void CEx_ListView::OnViewChange()
{
	static int nStyleIndex = 1;
	DWORD style[4] = {LVS_REPORT, LVS_ICON, LVS_SMALLICON, LVS_LIST };
	CListCtrl& m_ListCtrl = GetListCtrl();
	SetCtrlStyle(m_ListCtrl.GetSafeHwnd(), style[nStyleIndex]);
	nStyleIndex++;
	if (nStyleIndex>3) nStyleIndex = 0;
}
```

这样，当程序运行后按下 Ctrl+G 快捷键就会切换列表控件的显示方式。

（5）为 CEx_ListView 类添加 NM_DBLCLK（双击列表项）的"消息"映射处理函数，并增加下列代码：

```
void CEx_ListView::OnNMDblclk(NMHDR *pNMHDR, LRESULT *pResult)
{
	LPNMITEMACTIVATE pNMItemActivate = reinterpret_cast<LPNMITEMACTIVATE>(pNMHDR);
	int nIndex = pNMItemActivate->iItem;
	if (nIndex >= 0) {
		CListCtrl& m_ListCtrl = GetListCtrl();
		CString str = m_ListCtrl.GetItemText(nIndex, 0);
		MessageBox(str);
	}
	*pResult = 0;
}
```

这样，当双击某个列表项时，就是弹出一个消息对话框，显示该列表项的文本内容。

（6）在 CEx_ListView::OnInitialUpdate 中添加下列代码：

```
void CEx_ListView::OnInitialUpdate()
{
	CListView::OnInitialUpdate();
	m_ImageList.Create(32,32,ILC_COLOR8|ILC_MASK,1,1);
	m_ImageListSmall.Create(16,16,ILC_COLOR8|ILC_MASK,1,1);
	CListCtrl& m_ListCtrl = GetListCtrl();
	m_ListCtrl.SetImageList(&m_ImageList,LVSIL_NORMAL);
	m_ListCtrl.SetImageList(&m_ImageListSmall,LVSIL_SMALL);
	char* arCols[4]={"文件名", "大小", "类型", "修改日期"};
	// 添加列表头
	for (int nCol=0; nCol<4; nCol++)
	{
		if (nCol == 1)
			m_ListCtrl.InsertColumn( nCol, arCols[nCol], LVCFMT_RIGHT );
		else
			m_ListCtrl.InsertColumn( nCol, arCols[nCol] );
	}
	// 查找当前目录下的文件
	CFileFind finder;
	BOOL bWorking = finder.FindFile("*.*");
	int nItem = 0, nIndex, nImage;
	CTime m_time;
	CString str, strTypeName;
	while (bWorking)
	{
		bWorking = finder.FindNextFile();
		if (finder.IsArchived())
		{
			str = finder.GetFilePath();
			SHFILEINFO fi;
			// 获取文件关联的图标和文件类型名
			SHGetFileInfo(str,0,&fi,sizeof(SHFILEINFO),
						SHGFI_ICON|SHGFI_LARGEICON|SHGFI_TYPENAME);
			strTypeName = fi.szTypeName;
			nImage = -1;
			for (int i=0; i<m_strArray.GetSize(); i++)
			{
				if (m_strArray[i] == strTypeName)
				{
					nImage = i;		break;
				}
			}
			if (nImage<0)	{					// 添加图标
				nImage = m_ImageList.Add(fi.hIcon);
				SHGetFileInfo(str,0,&fi,sizeof(SHFILEINFO),
							SHGFI_ICON|SHGFI_SMALLICON );
				m_ImageListSmall.Add(fi.hIcon);
				m_strArray.Add(strTypeName);
			}
```

```
                // 添加列表项
                nIndex = m_ListCtrl.InsertItem(nItem,finder.GetFileName(),nImage);
                ULONGLONG    dwSize = finder.GetLength();
                if (dwSize> 1024)
                    str.Format("%dK", dwSize/1024);
                else
                    str.Format("%d", dwSize);
                m_ListCtrl.SetItemText(nIndex, 1, str);
                m_ListCtrl.SetItemText(nIndex, 2, strTypeName);
                finder.GetLastWriteTime(m_time) ;
                m_ListCtrl.SetItemText(nIndex, 3, m_time.Format("%Y-%m-%d"));
                nItem++;
            }
        }
        SetCtrlStyle(m_ListCtrl.GetSafeHwnd(), LVS_REPORT);             // 设置为报表方式
        // 设置扩展样式，使得列表项一行全项选择且显示出网格线
        m_ListCtrl.SetExtendedStyle(LVS_EX_FULLROWSELECT|LVS_EX_GRIDLINES);
        m_ListCtrl.SetColumnWidth(0, LVSCW_AUTOSIZE);                 // 设置列宽
        m_ListCtrl.SetColumnWidth(1, 100);
        m_ListCtrl.SetColumnWidth(2, LVSCW_AUTOSIZE);
        m_ListCtrl.SetColumnWidth(3, 200);
}
```

代码中，CTime 的 Format 函数用来获取时间或日期字符串，其参数是一些以%开始的格式子串，常用的有%a（缩写星期名）、%A（星期全名）、%b（缩写月份名）、%B（月份全名）、%d（日，01-31）、%H（24 小时格式的点数）、%I（12 小时格式的点数）、%M（月，01-12）、%y（年号，后 2 位数）及%y（年号，4 位数）等。

（7）编译并运行，结果如图 7.14 所示。

图 7.14 Ex_List 运行结果

## 7.5 树视图框架

同 CListView 相类似，CTreeView 按照 MFC 文档视图结构封装了树控件 CTreeCtrl 类的功能。使用时可用下列代码来获取 CTreeView 中内嵌的树控件：

```
CTreeCtrl& treeCtrl = GetTreeCtrl();              // treeCtrl 必须定义成引用
```

## 7.5.1　树控件及其样式

与列表控件不同的是，在树控件的初始状态下只显示少量的顶层信息，这样有利于用户决定树的哪一部分需要展开，且可看到节点之间的层次关系。每一个节点都可由一个文本和一个可选的位图图像组成，单击节点可展开或收缩该节点下的子节点。

树控件由父节点和子节点组成。位于某一节点之下的节点称为**子**节点，位于子节点之上的节点称为该节点的**父**节点。位于树的顶层或根部的节点称为**根**节点。

由于 CTreeView 框架是以树控件 CTreeCtrl 为内建对象，因而它的样式也就是控件的样式。常见的树控件样式如表 7.8 所示（含树控件“属性”窗口的属性和默认值），其修改方法与列表控件的一般样式修改方法相同。

表 7.8　树控件的一般样式

| 样　式 | 含　义 | 属　性 | 默 认 值 |
|---|---|---|---|
| TVS_HASLINES | 子节点与它们的父节点之间用线连接 | Has Lines | False |
| TVS_LINESATROOT | 用线连接子节点和根节点 | Lines At Root | False |
| TVS_HASBUTTONS | 在每一个父节点的左边添加一个按钮“+”和“-” | Has Buttons | False |
| TVS_EDITLABELS | 允许用户编辑节点的标签文本内容 | Edit Labels | False |
| TVS_SHOWSELALWAYS | 当控件失去焦点时，被选择的节点仍然保持被选择 | Always Show Selection | False |
| TVS_NOTOOLTIPS | 控件禁用工具提示 | ToolTips | True |
| TVS_SINGLEEXPAND | 当使用这个样式时，节点可展开收缩 | Single Expand | False |
| TVS_CHECKBOXES | 在每一节点的最左边有一个复选框 | Check Boxes | False |
| TVS_FULLROWSELECT | 整行选择，不能与 TVS_HASLINES 一起使用 | Full Row Select | False |
| TVS_INFOTIP | 控件得到工具提示时发送 TVN_GETINFOTIP 通知消息 | Info Tip | False |
| TVS_NONEVENHEIGHT | 允许通过 TVM_SETITEMHEIGHT 设定奇数值节点高度 | Non Even Height | False |
| TVS_NOHSCROLL | 不使用水平滚动条 | Horizontal Scroll | True |
| TVS_NOSCROLL | 不使用水平或垂直滚动条 | Scroll | True |
| TVS_TRACKSELECT | 使用热点跟踪 | Track Select | False |

## 7.5.2　树控件的常用操作

MFC 树控件类 CTreeCtrl 提供了许多关于树控件操作的成员函数，如节点的添加和删除等。下面分别说明。

（1）函数 InsertItem 用来向树控件插入一个新节点，操作成功后函数返回新节点的句柄，否则返回 NULL。函数原型如下：

```
HTREEITEM InsertItem( UINT nMask, LPCTSTR lpszItem,int nImage, int nSelectedImage,
                      UINT nState, UINT nStateMask, LPARAM lParam,
                      HTREEITEM hParent,   HTREEITEM hInsertAfter );
HTREEITEM InsertItem( LPCTSTR lpszItem, HTREEITEM hParent = TVI_ROOT,
                      HTREEITEM hInsertAfter = TVI_LAST );
HTREEITEM InsertItem( LPCTSTR lpszItem, int nImage, int nSelectedImage,
                      HTREEITEM hParent = TVI_ROOT,
                      HTREEITEM hInsertAfter = TVI_LAST );
```

其中，nMask 用来指定要设置的属性；lpszItem 用来指定节点的文本标签内容；nImage 用来指定该节点图标在图像列表中的索引号；nSelectedImage 表示该节点被选定时，其图标图像列表中的索引号；nState 表示该节点的当前状态，它可以是 TVIS_BOLD（加粗）、TVIS_EXPANDED（展开）和 TVIS_SELECTED（选中）等；nStateMask 用来指定哪些状态参数有效或必须设置；lParam 表示与该节点关联的一个 32 位值；hParent 用来指定要插入节点的父节点的句柄；hInsertAfter 用来指定新节点添加的位置，它可以是：

```
TVI_FIRST                       插到开始位置
TVI_LAST                        插到最后
TVI_SORT                        插入后按字母重新排序
```

（2）函数 DeleteItem 和 DeleteAllItems 分别用来删除指定的节点和全部的节点。它们的原型如下：

```
BOOL DeleteAllItems( );
BOOL DeleteItem( HTREEITEM hItem );
```

其中，hItem 用来指定要删除的节点的句柄。如果 hItem 的值是 TVI_ROOT，则所有的节点都被从此控件中删除。

（3）函数 Expand 用来展开或收缩指定父节点的所有子节点，其原型如下：

```
BOOL Expand( HTREEETEM hItem, UINT nCode );
```

其中，hItem 指定要被展开或收缩的节点的句柄；nCode 用来指定动作标志，它可以是：

```
TVE_COLLAPSE                    收缩所有子节点
TVE_COLLAPSERESET               收缩并删除所有子节点
TVE_EXPAND                      展开所有子节点
TVE_TOGGLE                      如果当前是展开的则收缩，反之则展开
```

（4）函数 GetNextItem 用来获取下一个节点的句柄。它的原型如下：

```
HTREEITEM GetNextItem( HTREEITEM hItem, UINT nCode );
```

其中，hItem 指定参考节点的句柄；nCode 用来指定与 hItem 的关系标志，常见的标志有：

```
TVGN_CARET                      返回当前选择节点的句柄
TVGN_CHILD                      返回第一个子节点句柄，hItem 必须为 NULL
TVGN_NEXT                       返回下一个兄弟节点（同一个树支上的节点）句柄
TVGN_PARENT                     返回指定节点的父节点句柄
TVGN_PREVIOUS                   返回上一个兄弟节点句柄
TVGN_ROOT                       返回 hItem 父节点的第一个子节点句柄
```

（5）函数 HitTest 用来测试鼠标当前操作的位置位于哪一个节点中，并返回该节点句柄。它的原型如下：

```
HTREEITEM HitTest( CPoint pt, UINT* pFlags );
```

其中，pFlags 包含当前鼠标所在的位置标志，如下列常用定义：

```
TVHT_ONITEM                     在节点上
TVHT_ONITEMBUTTON               在节点前面的按钮上
TVHT_ONITEMICON                 在节点文本前面的图标上
TVHT_ONITEMLABEL                在节点文本上
```

除了上述操作外，还有其他常见操作，如表 7.9 所示。

表 7.9　CTreeCtrl 类其他常见操作

| 成员函数 | 说　明 |
|---|---|
| UINT GetCount( ); | 获取树中节点的数目，若没有则返回-1 |
| BOOL ItemHasChildren( HTREEITEM hItem ); | 判断一个节点是否有子节点 |
| HTREEITEM GetChildItem( HTREEITEM hItem ); | 获取由 hItem 指定的节点的子节点句柄 |
| HTREEITEM GetParentItem( HTREEITEM hItem ); | 获取由 hItem 指定的节点的父节点句柄 |
| HTREEITEM GetSelectedItem( ); | 获取当前被选择的节点 |
| HTREEITEM GetRootItem( ); | 获取根节点句柄 |

续表

| 成员函数 | 说 明 |
|---|---|
| CString GetItemText( HTREEITEM hItem ) const; | 返回由 hItem 指定的节点的文本 |
| BOOL SetItemText( HTREEITEM hItem, LPCTSTR lpszItem ); | 设置由 hItem 指定的节点的文本 |
| DWORD GetItemData( HTREEITEM hItem ) const; | 返回与指定节点关联的 32 位值 |
| BOOL SetItemData( HTREEITEM hItem, DWORD dwData ); | 设置与指定节点关联的 32 位值 |
| COLORREF SetBkColor( COLORREF clr ); | 设置控件的背景颜色 |
| COLORREF SetTextColor ( COLORREF clr ); | 设置控件的文本颜色 |
| BOOL SelectItem( HTREEITEM hItem ); | 选中指定节点 |
| BOOL SortChildren( HTREEITEM hItem ); | 用来将指定节点的所有子节点排序 |

## 7.5.3 树视图控件的消息

同列表控件相类似，在树控件“属性”窗口的“消息”页面中可映射其公共控件消息和树控件消息（TVN_开头）。其中，常用的树控件消息有：

```
TVN_BEGINDRAG                开始拖放操作
TVN_BEGINLABELEDIT           开始编辑文本
TVN_BEGINRDRAG               鼠标右键开始拖放操作
TVN_ENDLABELEDIT             文本编辑结束
TVN_ITEMEXPANDED             含有子节点的父节点已展开或收缩
TVN_ITEMEXPANDING            含有子节点的父节点将要展开或收缩
TVN_SELCHANGED               当前选择节点发生改变
TVN_SELCHANGING              当前选择节点将要发生改变
```

需要说明的是，在上述消息处理函数中，其参数往往会出现 NM_TREEVIEW 结构，其定义如下：

```
typedef struct tagNMTREEVIEW
{
    NMHDR       hdr;            // 含有通知代码的信息结构
    UINT        action;         // 通知方式标志
    TVITEM      itemOld;        // 原有节点的信息
    TVITEM      itemNew;        // 现在节点的信息
    POINT       ptDrag;         // 事件产生时，鼠标的位置
} NMTREEVIEW, FAR *LPNMTREEVIEW;
```

## 7.5.4 示例：遍历本地文件夹

这个示例用来遍历本地磁盘所有的文件夹。需要说明的是，为了能获取本地机器中有效的驱动器，可使用 GetLogicalDrives（获取逻辑驱动器）和 GetDriveType（获取驱动器）函数。但本例中是使用 SHGetFileInfo 来进行的。

**【例 Ex_Tree】** 遍历本地磁盘所有的文件夹。

（1）用“MFC 应用程序向导”创建一个**精简**的单文档应用程序 Ex_Tree。在向导“生成的类”页面中，将 CEx_TreeView 的基类选为 CTreeView。将项目“常规”配置中的“字符集”属性改为“使用多字节字符集”，并将 stdafx.h 文件最后面内容中的#ifdef _UNICODE 行和最后一个#endif 行删除。

（2）为 CEx_TreeView 类添加下列成员变量：

```
class CEx_TreeView : public CTreeView
{...
// 操作
public:
```

```
	CImageList		m_ImageList;
	CString			m_strPath;		// 文件夹路径
```

（3）为 CEx_TreeView 类添加成员函数 InsertFoldItem，其代码如下：

```
void CEx_TreeView::InsertFoldItem(HTREEITEM hItem, CString strPath)
{
	CTreeCtrl& treeCtrl = GetTreeCtrl();
	if (treeCtrl.ItemHasChildren(hItem)) return;
	CFileFind finder;
	BOOL bWorking = finder.FindFile(strPath);
	while (bWorking){
		bWorking = finder.FindNextFile();
		if (finder.IsDirectory() && !finder.IsHidden() && !finder.IsDots())
			treeCtrl.InsertItem(finder.GetFileTitle(), 0, 1, hItem, TVI_SORT);
	}
}
```

（4）为 CEx_TreeView 类添加成员函数 GetFoldItemPath，其代码如下：

```
CString CEx_TreeView::GetFoldItemPath(HTREEITEM hItem)
{
	CString strPath, str;
	strPath.Empty();
	CTreeCtrl& treeCtrl = GetTreeCtrl();
	HTREEITEM folderItem = hItem;
	while (folderItem) {
		int data = (int)treeCtrl.GetItemData( folderItem );
		if (data == 0)
			str = treeCtrl.GetItemText( folderItem );
		else
			str.Format( "%c:\\", data );
		strPath = str + "\\" + strPath;
		folderItem = treeCtrl.GetParentItem( folderItem );
	}
	strPath = strPath + "*.*";
	return strPath;
}
```

（5）为 CEx_TreeView 类添加=TVN_SELCHANGED（当前选择的节点改变后）“消息”映射处理函数，并增加下列代码：

```
void CEx_TreeView::OnTvnSelchanged(NMHDR *pNMHDR, LRESULT *pResult)
{
	LPNMTREEVIEW pNMTreeView = reinterpret_cast<LPNMTREEVIEW>(pNMHDR);
	HTREEITEM hSelItem = pNMTreeView->itemNew.hItem; // 获取当前选择的节点
	CTreeCtrl& treeCtrl = GetTreeCtrl();
	CString strPath = GetFoldItemPath( hSelItem );
	if (!strPath.IsEmpty()){
		InsertFoldItem(hSelItem, strPath);
		treeCtrl.Expand(hSelItem,TVE_EXPAND);
	}
	*pResult = 0;
}
```

（6）在 CEx_TreeView::PreCreateWindow 函数中添加设置树控件样式代码：

```
BOOL CEx_TreeView::PreCreateWindow(CREATESTRUCT& cs)
{
```

```
        cs.style |= TVS_HASLINES|TVS_LINESATROOT|TVS_HASBUTTONS;
        return CTreeView::PreCreateWindow(cs);
}
```

（7）在 CEx_TreeView::OnInitialUpdate 函数中添加下列代码：

```
void CEx_TreeView::OnInitialUpdate()
{
        CTreeView::OnInitialUpdate();
        CTreeCtrl& treeCtrl = GetTreeCtrl();
        m_ImageList.Create(16, 16, ILC_COLOR8|ILC_MASK, 2, 1);
        m_ImageList.SetBkColor( RGB( 255,255,255 ));              // 消除图标黑色背景
        treeCtrl.SetImageList(&m_ImageList,TVSIL_NORMAL);
        // 获取 Windows 文件夹路径以便获取其文件夹图标
        CString strPath;
        GetWindowsDirectory((LPTSTR)(LPCTSTR)strPath, MAX_PATH+1);
        // 获取文件夹及其打开时的图标，并添加到图像列表中
        SHFILEINFO fi;
        SHGetFileInfo( strPath, 0, &fi, sizeof(SHFILEINFO),
                                SHGFI_ICON | SHGFI_SMALLICON );
        m_ImageList.Add( fi.hIcon );
        SHGetFileInfo( strPath, 0, &fi, sizeof(SHFILEINFO),
                                SHGFI_ICON | SHGFI_SMALLICON | SHGFI_OPENICON );
        m_ImageList.Add( fi.hIcon );
        // 获取已有的驱动器图标和名称
        CString str;
        for( int i = 0; i < 32; i++ ){
                str.Format( "%c:\\", 'A'+i );
                LRESULT lr = (LRESULT)SHGetFileInfo( str, 0, &fi, sizeof(SHFILEINFO),
                                        SHGFI_ICON | SHGFI_SMALLICON | SHGFI_DISPLAYNAME);
                if ((fi.hIcon) && ( lr > 0 ))
                {
                        int nImage = m_ImageList.Add( fi.hIcon );
                        HTREEITEM hItem = treeCtrl.InsertItem( fi.szDisplayName, nImage, nImage );
                        treeCtrl.SetItemData( hItem, (DWORD)('A'+i));
                }
        }
}
```

（8）编译并运行，结果如图 7.15 所示。

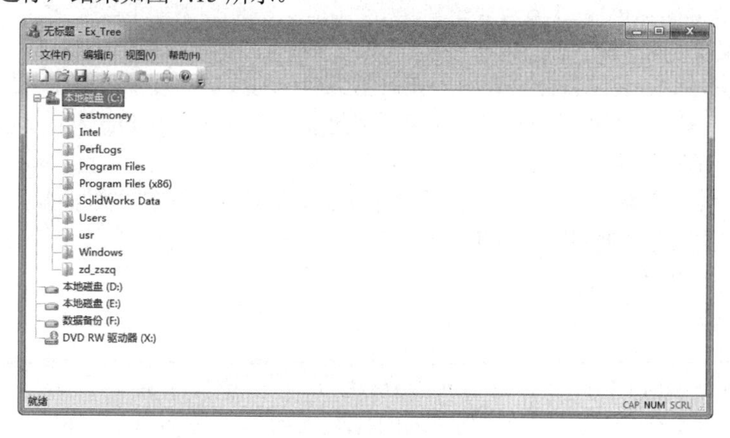


图 7.15　Ex_Tree 运行结果

## 7.6 文档视图结构

文档和视图是编程者最关心的，应用程序的大部分代码都会被添加在这两个类中。文档和视图紧密关联，是用户与文档之间的交互接口；用户通过文档视图结构可实现数据的传输、编辑、读取和保存等。但文档、视图以及和应用程序框架的相关部分之间还包含了一系列非常复杂的相互作用。切分窗口和一档多视是文档和视图相互作用的典型实例。

### 7.6.1 文档与视图的相互作用

正常情况下，MFC 应用程序用一种编程模式使程序中的数据与它的显示形式及用户交互分离开来，这种模式就是“文档视图结构”，文档视图结构能方便地实现文档和视图的相互作用。一旦在用“MFC 应用程序向导”创建文档应用程序的“应用程序类型”页面中选中了“文档/视图结构支持”复选框，就可使用下列 5 个文档和视图相互作用的重要成员函数。

#### 1．CView::GetDocument 函数

视图对象只有一个与之相联系的文档对象，它所包含的 GetDocument 函数允许应用程序由视图得到与之相关联的文档。假设视图对象接收到了一条消息，表示用户输入了新的数据，此时，视图就必须通知文档对象对其内部数据进行相应的更新。GetDocument 函数返回的是指向文档的指针，利用它可以对文档类公有型成员函数及成员变量进行访问。

当“MFC 应用程序向导”产生 CView 的用户派生类时，同时也创建一个安全类型的 GetDocument 函数，它返回的是指向用户派生文档类的指针。该函数是一个内联（inline）函数，类似于下面的代码形式：

```
CMyDoc* CMyView::GetDocument() const        // 非调试版本是内联的
{
    ASSERT(m_pDocument->IsKindOf(RUNTIME_CLASS(CMyDoc)));
    // 断言 m_pDocument 指针可以指向的 CMyDoc 类是一个 RUNTIME_CLASS 类型
    return (CMyDoc*)m_pDocument;
}
```

当编译器在视图类代码中遇到对 GetDocument 函数的调用时，它执行的实际上是派生类视图类中 GetDocument 函数的代码。

#### 2．CDocument::UpdateAllViews 函数

如果文档中的数据发生了改变，那么所有的视图都必须被通知到，以便它们能够对所显示的数据进行相应的更新。UpdateAllViews 函数就起到这样的作用，它的原型如下：

```
void UpdateAllViews( CView* pSender, LPARAM lHint = 0L, CObject* pHint = NULL );
```

其中，参数 pSender 表示视图指针。若在派生文档类的成员函数中调用该函数，则此参数应为 NULL；若该函数被派生视图中的成员函数调用，则此参数应为 this。lHint 表示更新视图时发送的相关信息。pHint 表示存储信息的对象指针。

当 UpdateAllViews 函数被调用时，如果参数 pSender 指向某个特定的视图对象，那么除了该指定的视图之外，文档的所有其他视图的 OnUpdate 函数都会被调用。

#### 3．CView::OnUpdate 函数

这是一个虚函数。当应用程序调用了 CDocument::UpdateAllViews 函数时，应用程序框架就会相应地调用各视图的 OnUpdate 函数，它的原型如下：

```
virtual void OnUpdate( CView* pSender, LPARAM lHint, CObject* pHint );
```

其中，参数 pSender 表示文档被更改所关联的视图类指针，当为 NULL 时表示所有视图都被更新。

OnUpdate 函数的默认参数（lHint = 0，pHint = NULL）使得整个窗口区域无效。如果想要视图的

某部分无效，那么就要给相关的提示（Hint）参数指定准确的无效区域。其中，lHint 可用来表示任何内容；pHint 可用来传递从 CObject 派生的类指针。在具体实现时，还可用 CWnd::InvalidateRect 来代替上述方法。

事实上，hint 机制主要用来传递更新视图时所需的一些相关数据或其他信息。例如，将文档的 CPoint 数据传给所有的视图类，则有下列语句：

```
GetDocument()->UpdateAllViews(NULL, 1, (CObject *)(&m_ptDraw));
```

4．CView::OnInitialUpdate 函数

当应用程序被启动时，或当用户从“文件”菜单中选择了“新建”或“打开”命令时，该 CView 虚函数都会被自动调用。该函数除了调用默认提示参数（lHint = 0，pHint = NULL）的 OnUpdate 函数外，没有其他任何操作。

但用户可以重载此函数对文档所需信息进行初始化操作。例如，如果用户应用程序中的文档大小是固定的，那么用户就可以在此重载函数中根据文档大小设置视图滚动范围；如果应用程序中的文档大小是动态的，那么用户就可在文档每次改变时调用 OnUpdate 来更新视图的滚动范围。

5．CDocument::OnNewDocument 函数

在文档应用程序中，当用户从“文件”菜单中选择“新建”命令时，框架将首先构造一个文档对象，然后调用该虚函数。这里是设置文档数据成员初始值的好地方，当然文档数据成员初始化处理还有其他的一些方法。

### 7.6.2 应用程序对象指针的互调

在 MFC 中，文档视图机制使框架窗口、文档、视图和应用程序对象之间具有一定的联系，通过相应的函数可实现各对象指针的互相调用。

1．从文档类中获取视图对象指针

在文档类中有一个与其关联的各视图对象的列表，并可通过 CDocument 类的成员函数 GetFirstViewPosition 和 GetNextView 来定位相应的视图对象。

GetFirstViewPosition 函数用来获得与文档类相关联的视图列表中第一个可见视图的位置；GetNextView 函数用来获取指定视图位置的视图类指针，并将此视图位置移动至下一个位置，若没有下一个视图，则视图位置为 NULL。它们的原型如下：

```
virtual POSITION GetFirstViewPosition( ) const;
virtual CView* GetNextView( POSITION& rPosition ) const;
```

例如，以下代码是使用 CDocument::GetFirstViewPosition 和 GetNextView 重绘每个视图：

```
void CMyDoc::OnRepaintAllViews()
{
    POSITION pos = GetFirstViewPosition();
    while (pos != NULL)
    {
        CView* pView = GetNextView(pos);
        pView->UpdateWindow();
    }
}
// 实现上述功能也可直接调用 UpdateAllViews(NULL);
```

2．从视图类中获取文档对象和主框架对象指针

在视图类中获取文档对象指针是很容易的，只需调用视图类中的成员函数 GetDocument 即可。而函数 CWnd::GetParentFrame 可实现从视图类中获取主框架指针，其原型如下：

```
CFrameWnd* GetParentFrame( ) const;
```

该函数将获得父框架窗口指针，它在父窗口链中搜索，直到一个 CFrameWnd（或其派生类）被找到为止。成功时返回一个 CFrameWnd 指针，否则返回 NULL。

### 3．在主框架类中获取视图对象指针

对于单文档应用程序来说，只需调用 CFrameWnd 类的 GetActiveView 成员函数即可，其原型如下：

```
CView* GetActiveView( ) const;
```

该函数返回当前 CView 类指针，若没有当前视图，则返回 NULL。

需要注意的是，若将此函数应用在多文档应用程序的主框架类 CMainFrame（由 CMDIFrameWnd 派生）中，并不能像所想象的那样获得当前活动子窗口的视图对象指针，而是返回 NULL。这是因为，在一个多文档应用程序中，多文档应用程序主框架窗口没有任何相关联的视图对象。相反，每个子窗口（由基类 CMDIChildWnd 封装）却有一个或多个与之相关联的视图对象。因此，在多文档应用程序中获取活动视图对象指针的正确方法是：先获得多文档应用程序的活动文档窗口，然后再获得与该活动文档窗口相关联的活动视图。如下面的代码：

```
CMDIFrameWnd *pFrame = (CMDIFrameWnd*)AfxGetApp()->m_pMainWnd;
// 获得 MDI 的活动子窗口
CMDIChildWnd *pChild = (CMDIChildWnd *) pFrame->GetActiveFrame();
// 或 CMDIChildWnd *pChild = pFrame->MDIGetActive();
// 获得与子窗口相关联的活动视图
CMyView *pView = (CMyView *) pChild->GetActiveView();
```

另外，在框架类中还可直接调用 CFrameWnd::GetActiveDocument 函数获得当前活动的文档对象指针。

需要说明的是，在同一个应用程序的任何对象中，可通过全局函数 AfxGetApp()来获得指向应用程序对象的指针。表 7.10 列出了各种对象指针的互调方法。

表 7.10 各种对象指针的互调方法

| 所 在 的 类 | 获取的对象指针 | 调用的函数 | 说 明 |
|---|---|---|---|
| 文档类 | 视图 | GetFirstViewPosition 和 GetNextView | 获取第一个和下一个视图的位置 |
| 文档类 | 文档模板 | GetDocTemplate | 获取文档模板对象指针 |
| 视图类 | 文档 | GetDocument | 获取文档对象指针 |
| 视图类 | 框架窗口 | GetParentFrame | 获取框架窗口对象指针 |
| 框架窗口类 | 视图 | GetActiveView | 获取当前活动的视图对象指针 |
| 框架窗口类 | 文档 | GetActiveDocument | 获得当前活动的文档对象指针 |
| MDI 主框架类 | MDI 子窗口 | MDIGetActive | 获得当前活动的 MDI 子窗口对象指针 |

## 7.6.3 切分窗口

切分窗口是一种“特殊”的文档窗口，它可以有许多窗格（pane），在窗格中又可包含若干个视图。

### 1．静态切分和动态切分

切分视图可分为**静态切分**和**动态切分**两种类型。

对于“静态切分”窗口来说，当窗口第一次被创建时，窗格就已经被切分好了，窗格的次序和数目不能再被改变，但用户可以移动切分条来调整窗格的大小。每个窗格通常是不同的视图类对象。

对于“动态切分”窗口来说，它允许用户在任何时候对窗口进行切分，用户既可以通过选择菜单项来对窗口进行切分，也可以通过拖动滚动条中的切分块对窗口进行切分。动态切分窗口中的窗格通常使用的是同一个视图类。当切分窗口被创建时，左上窗格通常被初始化成一个特殊的视图。当视图沿着某个方向被切分时，另一个新添加的视图对象被动态创建；当视图沿着两个方向被切分时，新添加的三个视图对象则被动态创建。当用户取消切分时，所有新添加的视图对象被删除，但最先的视图仍被保留，直到切分窗口本身消失为止。

无论是静态切分还是动态切分，在创建时都要指定切分窗口中行和列的窗格最大数目。对于静态切分窗口，窗格在初始时就按用户指定的最大数目划分好了；而对于动态切分窗口，当窗口构造时，第一个窗格就被自动创建。动态切分窗口允许的最大窗格数目是 2×2，而静态切分窗口允许的最大窗格数目为 16×16。

**2．切分窗口的 CSplitterWnd 类操作**

在 MFC 中，CSplitterWnd 类封装了窗口切分过程中所需的功能函数，其中，成员函数 Create 和 CreateStatic 分别用来创建“动态切分”和“静态切分”的文档窗口，函数原型如下：

```
BOOL Create( CWnd* pParentWnd, int nMaxRows, int nMaxCols, SIZE sizeMin,
             CCreateContext* pContext,
             DWORD dwStyle      = WS_CHILD | WS_VISIBLE |WS_HSCROLL |
                                  WS_VSCROLL | SPLS_DYNAMIC_SPLIT,
             UINT nID           = AFX_IDW_PANE_FIRST );
BOOL CreateStatic( CWnd* pParentWnd, int nRows, int nCols,
             DWORD dwStyle      = WS_CHILD | WS_VISIBLE,
             UINT nID           = AFX_IDW_PANE_FIRST );
```

其中，参数 pParentWnd 表示切分窗口的父框架窗口；nMaxRows 表示窗口动态切分的最大行数（不能超过 2）；nMaxCols 表示窗口动态切分的最大列数（不能超过 2）；nRows 表示窗口静态切分的行数（不能超过 16）；nCols 表示窗口静态切分的列数（不能超过 16）；sizeMin 表示动态切分时允许的窗格最小尺寸。

CSplitterWnd 类成员函数 CreateView 用来为静态窗格指定一个视图类，并创建视图窗口，其函数原型如下：

```
BOOL CreateView( int row, int col, CRuntimeClass* pViewClass,
             SIZE sizeInit, CCreateContext* pContext );
```

其中，row 和 col 用来指定具体的静态窗格；pViewClass 用来指定与静态窗格相关联的视图类；sizeInit 表示视图窗口初始大小；pContext 用来指定一个“创建上下文”指针，“创建上下文”结构 CCreateContext 包含当前文档视图框架结构。

**3．静态切分窗口简单示例**

利用 CSplitterWnd 成员函数，用户可以在文档应用程序的文档窗口（视图）中添加动态或静态切分功能。例如，下面的示例是将单文档应用程序中的文档窗口静态分成 3×2 个窗格。

**【例 Ex_SplitSDI】**　静态切分。

（1）用“MFC 应用程序向导”创建一个**精简**的单文档应用程序 Ex_SplitSDI。

（2）打开框架窗口类 MainFrm.h 头文件，为 CMainFrame 类添加一个保护型的切分窗口的数据成员，如下面的定义：

```
protected:  // 控件条嵌入成员
    CMFCMenuBar           m_wndMenuBar;
    CMFCToolBar           m_wndToolBar;
    CMFCStatusBar         m_wndStatusBar;
    CMFCToolBarImages     m_UserImages;
    CSplitterWnd          m_wndSplitter;
```

（3）用“MFC 类向导”为项目添加并创建一个新的视图类 CDemoView（基类为 CView），用于与静态切分的窗格相关联。

（4）为 CMainFrame 类添加 OnCreateClient（当主框架窗口客户区创建的时候自动调用该函数）虚函数“重写”（重载），并添加下列代码：

```
BOOL CMainFrame::OnCreateClient(LPCREATESTRUCT lpcs,    CCreateContext* pContext)
{
    CRect rc;
```

```
    GetClientRect(rc);                                       // 获取客户区大小
    CSize paneSize(rc.Width()/2-16,rc.Height()/3-16);        // 计算每个窗格的平均尺寸
    m_wndSplitter.CreateStatic(this,3,2);                    // 创建 3×2 个静态窗格
    m_wndSplitter.CreateView(0,0,RUNTIME_CLASS(CDemoView),
        paneSize,pContext);                                  // 为相应的窗格指定视图类
    m_wndSplitter.CreateView(0,1,RUNTIME_CLASS(CDemoView),
        paneSize,pContext);
    m_wndSplitter.CreateView(1,0,RUNTIME_CLASS(CDemoView),
        paneSize,pContext);
    m_wndSplitter.CreateView(1,1,RUNTIME_CLASS(CDemoView),
        paneSize,pContext);
    m_wndSplitter.CreateView(2,0,RUNTIME_CLASS(CDemoView),
        paneSize,pContext);
    m_wndSplitter.CreateView(2,1,RUNTIME_CLASS(CDemoView),
        paneSize,pContext);
    return TRUE;
}
```

（5）在 MainFrm.cpp 源文件的开始处添加视图类 CDemoView 的包含文件：

```
#include "MainFrm.h"
#include "DemoView.h"
```

（6）编译并运行，结果如图 7.16 所示。

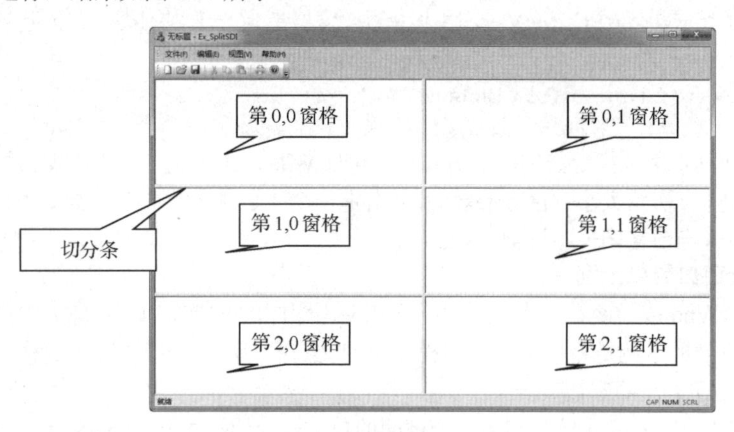


图 7.16　单文档的静态切分

需要说明的是：

（1）在调用 CreateStatic 函数创建静态切分窗口后，必须将每个窗格用 CreateView 函数指定相关联的视图类。各窗格的视图类可以相同，也可以不同。

（2）切分功能只应用于文档窗口，对于单文档应用程序切分的创建是在 CMainFrame 类进行的；而对于多文档应用程序，添加切分功能时应在子框架窗口类 CChildFrame 中进行。

**4．动态切分窗口实现**

动态切分功能的创建过程要比静态切分简单得多，它不需要重新为窗格指定其他视图类，因为动态切分窗口的所有窗格共享同一个视图。若在文档窗口中添加动态切分功能，除了上述方法外，还可在“MFC 应用程序向导”创建文档应用程序的“用户界面功能”页面中选中“拆分窗口”项来创建。

## 7.6.4　一档多视

多数情况下，一个文档对应于一个视图。但有时一个文档可能对应于多个视图，这种情况称为**一档多视**。下面的示例是用切分窗口在一个多文档应用程序 Ex_Rect 中为同一个文档数据提供两种不同

的显示和编辑方式，如图 7.17 所示。

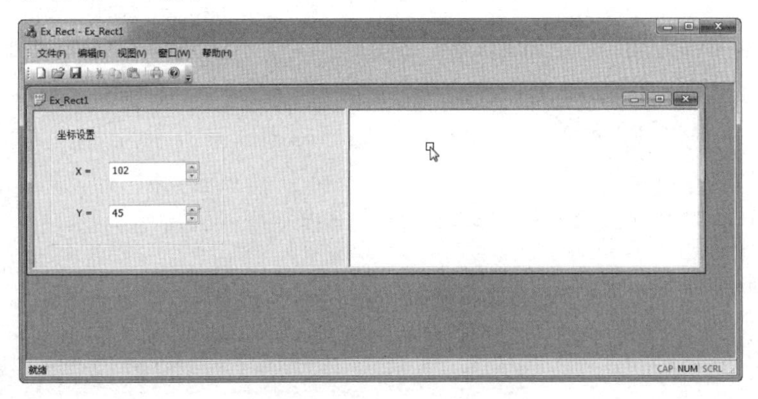


图 7.17　Ex_Rect 运行结果

在左边的窗格（表单视图）中，用户可以调整小方块在右边窗格的坐标位置。而若在右边窗格（一般视图）中任意单击鼠标，相应的小方块会移动到当前鼠标位置处，且左边窗格的编辑框内容也随之发生改变。

**【例 Ex_Rect】**　一档多视。

（1）设计并完善切分窗口左边的表单视图。

① 用“MFC 应用程序向导”创建一个**精简**的多文档应用程序 Ex_Rect。在向导“生成的类”页面中，将 CEx_RectView 的基类选为 CFormView。

② 打开表单模板资源 IDD_EX_RECT_FORM，切换至网格，见看图 7.17，删除原来的静态文本控件，调整表单模板大小（153 x 111），并依次添加如表 7.11 所示的控件（组框的 Transparent 属性要指定为 True）。

**表 7.11　在表单中添加的控件**

| 添加的控件 | ID 号 | 标　题 | 其 他 属 性 |
|---|---|---|---|
| 编辑框 | IDC_EDIT1 | — | 默认 |
| 旋转按钮 | IDC_SPIN1 | — | 自动结伴，设置结伴整数，靠右排列 |
| 编辑框 | IDC_EDIT2 | — | 默认 |
| 旋转按钮 | IDC_SPIN2 | — | 自动结伴，设置结伴整数，靠右排列 |

③ 依次为表 7.11 所示控件添加成员变量，如表 7.12 所示。

**表 7.12　添加的控件变量**

| 控件 ID 号 | 变 量 类 别 | 变 量 类 型 | 变　量　名 |
|---|---|---|---|
| IDC_EDIT1 | Value | int | m_CoorX |
| IDC_EDIT2 | Value | int | m_CoorY |
| IDC_SPIN1 | Control | CSpinButtonCtrl | m_SpinX |
| IDC_SPIN2 | Control | CSpinButtonCtrl | m_SpinY |

④ 在 CEx_RectDoc 类中添加一个公有型的 CPoint 数据成员 m_ptRect，用来记录小方块的位置。在 CEx_RectDoc 类的构造函数处添加下列代码：

```
CEx_RectDoc::CEx_RectDoc()
{
```

```
        m_ptRect.x = m_ptRect.y = 0; //  或 m_ptRect = CPoint(0,0)
}
```

⑤ 在 CEx_RectView 类中添加编辑框 IDC_EDIT1 的 EN_CHANGE“事件”处理映射函数，函数名均设为 OnChangeEdit，并添加下列代码：

```
void CEx_RectView::OnChangeEdit()
{
        UpdateData(TRUE);
        CEx_RectDoc* pDoc = (CEx_RectDoc*)GetDocument();
        pDoc->m_ptRect.x = m_CoorX;
        pDoc->m_ptRect.y = m_CoorY;
        CPoint pt(m_CoorX, m_CoorY);
        pDoc->UpdateAllViews(NULL, 2, (CObject *)&pt);
}
```

⑥ 打开 Ex_RectView.cpp 文件，在消息映射宏段内添加下列代码：

```
BEGIN_MESSAGE_MAP(CEx_RectView, CFormView)
        ON_EN_CHANGE(IDC_EDIT1, &CEx_RectView::OnChangeEdit)
        ON_EN_CHANGE(IDC_EDIT2, &CEx_RectView::OnChangeEdit)
END_MESSAGE_MAP()
```

这样就使得 IDC_EDIT1 和 IDC_EDIT2 控件的 EN_CHANGE 消息处理共用一个映射函数。

⑦ 为 CEx_RectView 类添加 OnUpdate 虚函数的“重写”（重载），并添加下列代码：

```
void CEx_RectView::OnUpdate(CView* pSender, LPARAM lHint, CObject* pHint)
{
        if (lHint == 1)      {
                CPoint* pPoint = (CPoint *)pHint;
                m_CoorX = pPoint->x;          m_CoorY = pPoint->y;
                UpdateData(FALSE);                        // 在控件中显示
                CEx_RectDoc* pDoc = (CEx_RectDoc*)GetDocument();
                pDoc->m_ptRect = *pPoint;            // 保存在文档类中的 m_ptRect
        }
}
```

⑧ 在 CEx_RectView::OnInitialUpdate 中添加一些初始化代码：

```
void CEx_RectView::OnInitialUpdate()
{
        CFormView::OnInitialUpdate();
        ResizeParentToFit();
        CEx_RectDoc* pDoc = (CEx_RectDoc*)GetDocument();
        m_CoorX = pDoc->m_ptRect.x;       m_CoorY = pDoc->m_ptRect.y;
        m_SpinX.SetRange(0, 1024);          m_SpinY.SetRange(0, 768);
        UpdateData(FALSE);
}
```

（2）运行错误处理。这时编译并运行程序，程序会出现一个运行错误。造成这个错误的原因是旋转按钮控件在设置范围时，会自动对其伙伴窗口（编辑框控件）进行更新，而此时编辑框控件还没有完全创建好。处理的方法如下面的操作：

① 为 CEx_RectView 添加一个 BOOL 型的成员变量 m_bEditOK。

② 在 CEx_RectView 构造函数中将 m_bEditOK 的初值设为 FALSE。

③ 在 CEx_RectView::OnInitialUpdate 函数的最后将 m_bEditOK 置为 TRUE，如下面的代码：

```
void CEx_RectView::OnInitialUpdate()
{       ...
        UpdateData(FALSE);
```

```
        m_bEditOK = TRUE;
}
```

④ 在 CEx_RectView::OnChangeEdit 函数的最前面添加下列语句：

```
void CEx_RectView::OnChangeEdit()
{
        if (!m_bEditOK) return;
        …
}
```

（3）添加视图类并创建切分窗口。

① 用“MFC 类向类”添加一个新的 CView 派生类 CDrawView。

② 为 CChildFrame 类添加 OnCreateClient 虚函数的“重写”（重载），并添加下列代码：

```
BOOL CChildFrame::OnCreateClient(LPCREATESTRUCT lpcs, CCreateContext* pContext)
{
        CRect rect;
        GetWindowRect( &rect );
        BOOL bRes = m_wndSplitter.CreateStatic(this, 1, 2);            // 创建 2 个水平静态窗格
        m_wndSplitter.CreateView(0,0,RUNTIME_CLASS(CEx_RectView), CSize(0,0), pContext);
        m_wndSplitter.CreateView(0,1,RUNTIME_CLASS(CDrawView), CSize(0,0), pContext);
        m_wndSplitter.SetColumnInfo(0, rect.Width()/2, 10);            // 设置列宽
        m_wndSplitter.SetColumnInfo(1, rect.Width()/2, 10);
        m_wndSplitter.RecalcLayout();                                  // 重新布局
        return bRes;        // CMDIChildWndEx::OnCreateClient(lpcs, pContext);
}
```

③ 在 ChildFrm.cpp 的前面添加下列语句：

```
#include "ChildFrm.h"
#include "Ex_RectView.h"
#include "DrawView.h"
```

④ 打开 ChildFrm.h 文件，为 CChildFrame 类添加下列成员变量：

```
public:
        CSplitterWnd        m_wndSplitter;
```

⑤ 此时编译，程序会有一些错误。这些错误的出现是基于这样的一些事实：在用标准 C/C++设计程序时，有一个原则即两个代码文件不能相互包含，而且多次包含还会造成重复定义的错误。为了解决这个难题，Visual C++使用#pragma once 来通知编译器在生成时只包含（打开）一次，也就是说，在第一次#include 之后，编译器重新生成时不会再对这些包含文件进行包含和读取，因此看到在用向导创建的所有类的头文件中都有#pragma once 这样的语句。然而正是由于这个语句造成了在第二次#include 后编译器无法正确识别所引用的类，从而发生错误。解决的办法是在相互包含时加入类的声明，来通知编译器这个类是一个实际的调用，如下一步操作。

⑥ 打开 Ex_RectView.h 文件，在 class CEx_RectView : public CFormView 语句前面添加下列代码：

```
class CEx_RectDoc;
class CEx_RectView : public CFormView
{...}
```

（4）完善 CDrawView 类代码并测试。

① 为 CDrawView 类添加一个公有型的 CPoint 数据成员 m_ptDraw，用来记录绘制小方块的位置。在 CDrawView::OnDraw 函数中添加下列代码：

```
void CDrawView::OnDraw(CDC* pDC)
{
        CDocument* pDoc = GetDocument();
        CRect rc(m_ptDraw.x-5, m_ptDraw.y-5, m_ptDraw.x+5, m_ptDraw.y+5);
```

```
        pDC->Rectangle(rc);
}
```

② 为 CDrawView 类添加 OnInitialUpdate 虚函数的“重写”（重载），并添加下列代码：

```
void CDrawView::OnInitialUpdate()
{
        CView::OnInitialUpdate();
        CEx_RectDoc* pDoc = (CEx_RectDoc*)m_pDocument;
        m_ptDraw = pDoc->m_ptRect;
}
```

③ 在 DrawView.cpp 文件的前面添加 CEx_RectDoc 类的头文件包含：

```
#include "Ex_Rect.h"
#include "DrawView.h"
#include "Ex_RectDoc.h"
```

④ 为 CDrawView 类添加 OnUpdate 虚函数的“重写”（重载），并添加下列代码：

```
void CDrawView::OnUpdate(CView* /*pSender*/, LPARAM lHint, CObject* pHint)
{
        if (lHint == 2)      {
                CPoint* pPoint = (CPoint *)pHint;
                m_ptDraw = *pPoint;
                Invalidate();
        }
}
```

⑤ 为 CDrawView 类添加 WM_LBUTTONDOWN“消息”处理函数，并添加下列代码：

```
void CDrawView::OnLButtonDown(UINT nFlags, CPoint point)
{
        m_ptDraw = point;
        GetDocument()->UpdateAllViews(NULL, 1, (CObject*)&m_ptDraw);
        Invalidate();        // 强迫调用 CDrawView::OnDraw
        CView::OnLButtonDown(nFlags, point);
}
```

⑥ 编译运行并测试，结果如图 7.17 所示。

从上面的程序代码中可以看出下列一些有关“文档视图”的框架核心技术：

（1）几个视图之间的数据传输是通过 CDocument::UpdateAllViews 和 CView::OnUpdate 的相互作用来实现的。而且，为了避免传输的相互干涉，采用了提示数（lHint）来区分。例如，当在 CDrawView 中鼠标单击的坐标数据经文档类调用 UpdateAllViews 函数传递，提示数为 1，在 CEx_RectView 类接收数据时，通过提示数来判断，如下面的代码片断：

```
void CDrawView::OnLButtonDown(UINT nFlags, CPoint point)
{       ...
        GetDocument()->UpdateAllViews(NULL, 1, (CObject*)&m_ptDraw);    // 传送数据
        ...
}
void CEx_RectView::OnUpdate(CView* pSender, LPARAM lHint, CObject* pHint)
{
        if (lHint == 1)                                         // 接收时，通过提示数来判断
        {...}
}
```

再如，当 CEx_RectView 类中的编辑框控件数据改变后，经文档类调用 UpdateAllViews 函数传递，提示数为 2，在 CDrawView 类接收数据时，通过 OnUpdate 函数判断提示数来决定接收数据。

（2）为了能及时更新并保存文档数据，相应的数据成员应在用户文档类中定义。这样，由于所有

的视图类都可与文档类进行交互，因而可以共享这些数据。

（3）在为文档创建另一个视图时，该视图的 CView::OnInitialUpdate 函数将被调用，因此该函数是放置初始化的最好地方。

总之，文档和视图结构是 MFC 文档应用程序的核心机制，切分窗口、一档多视等带有多个文档或多个视图的文档应用程序更是利用这个核心机制简化了代码。不过，文档应用程序的视图本身就是用“图形”来呈现的，因此就需要掌握在视图中进行图形绘制的方法和技巧，第 8 章将讨论该部分内容。

# 第8章　图形和文本

"绘制"基于图形设备环境，在Visual C++中，任何从CWnd派生而来的对话框、控件和视图等都可以作为绘图设备环境。而MFC的CDC类就是对设备环境进行的封装，它提供了画点、线、多边形、位图以及文本输出等操作。一般地，这些绘图操作代码还应添加到OnPaint或OnDraw虚函数中，因为当窗口或视图**无效**（如被其他窗口覆盖）时，就会调用这个虚函数中的代码来自动更新。

## 8.1　概述

Visual C++的CDC（Device Context，设备环境）类是MFC中最重要的类之一，它封装了绘图所需要的所有函数，是用户编写图形和文字处理程序必不可少的。当然，绘制图形和文字时还必须指定相应的设备环境。设备环境是由Windows保存的一个数据结构，该结构包含应用程序向设备输出时所需要的信息。

### 8.1.1　设备环境类

为了能使用一些特殊的设备环境，CDC还派生了CPaintDC、CClientDC、CWindowDC和CMetaFileDC类。

（1）CPaintDC比较特殊，它的构造函数和析构函数都是针对OnPaint进行的，但一旦获得相关的CDC指针，就可以将它当成任何设备环境（包括屏幕、打印机）指针来使用。CPaintDC类的构造函数会自动调用BeginPaint，而它的析构函数则会自动调用EndPaint。

（2）CClientDC只能在窗口的客户区中进行绘图，原点(0,0)通常指的是客户区的左上角。而CWindowDC允许在窗口的任意位置中进行绘图，原点(0,0)是整个窗口的左上角。CWindowDC和CClientDC构造函数分别调用GetWindowDC和GetDC，但它们的析构函数都是调用ReleaseDC函数。

（3）CMetaFileDC封装了在一个Windows图元文件中绘图的方法。**图元文件**是一系列与设备无关的图片的集合，由于它对图像的保存比像素更精确，因而往往在要求较高的场合下使用，如AutoCAD的图形保存等。目前的Windows已使用增强格式（Enhanced-Format）的32位图元文件来进行操作。

### 8.1.2　坐标映射

在讨论坐标映射之前，先来看看下列语句：

```
pDC->Rectangle(CRect(0,0,200,200));
```

它是在某设备环境中绘制出一个高为200像素，宽也为200像素的方块。由于默认的映射模式是MM_TEXT，其逻辑坐标（在映射模式下的坐标）和设备坐标（显示设备或打印设备坐标系下的坐标）相等。因此，这个方块在1024×768的显示器上看起来要比在640×480的显示器上显得小一些，而且若将它打印在600dpi精度的激光打印机上，这个方块就会显得更小了。为了保证打印的结果不受设备的影响，Windows定义了一些映射模式，这些映射模式决定了设备坐标和逻辑坐标之间的关系，如表8.1所示。

这样，就可以通过调用CDC::SetMapMode(int nMapMode)函数来设置相应的映射模式。例如，若将映射模式设置为MM_LOMETRIC，那么不管在什么设备中调用上述语句，都将显示出20毫米×20毫米的方块。

表 8.1　映射模式

| 映射模式 | 含　义 |
| --- | --- |
| MM_TEXT | 每个逻辑单位等于一个设备像素，x 向右为正，y 向上为正 |
| MM_HIENGLISH | 每个逻辑单位为 0.001 英寸，x 向右为正，y 向上为正 |
| MM_LOENGLISH | 每个逻辑单位为 0.01 英寸，x 向右为正，y 向上为正 |
| MM_HIMETRIC | 每个逻辑单位为 0.01 毫米，x 向右为正，y 向上为正 |
| MM_LOMETRIC | 每个逻辑单位为 0.1 毫米，x 向右为正，y 向上为正 |
| MM_TWIPS | 每个逻辑单位为一个点的 1/20（一个点是 1/72 英寸），x 向右为正，y 向上为正 |
| MM_ANISOTROPIC | x、y 可变比例 |
| MM_ISOTROPIC | x、y 等比例 |

需要说明的是：

（1）在 MM_ISOTROPIC 映射模式下，纵横比总是 1:1，换句话说，无论比例因子如何变化，圆看上去总是圆的；但在 MM_ANISOTROPIC 映射模式下，x 和 y 的比例因子可以独立地变化，即圆可以被拉扁成椭圆形状。

（2）在映射模式 MM_ANISOTROPIC 和 MM_ISOTROPIC 中，常常可以调用 CDC 类的成员函数 SetWindowExt（设置窗口大小）和 SetViewportExt（设置视口大小）来设置所需要的比例因子。这里的“窗口”和“视口”的概念往往不易理解。所谓“窗口”，可以理解成一种逻辑坐标下的窗口，而“视口”是实际看到的那个窗口，也就是设备坐标下的窗口。根据“窗口”和“视口”的大小就可以确定 x 和 y 的比例因子。

【例 Ex_Scale】　通过设置窗口和视口大小来改变显示的比例。

① 用“MFC 应用程序向导”创建一个**精简**的单文档应用程序 Ex_Scale。

② 在 CEx_ScaleView::OnDraw 函数中添加下列代码：

```
void CEx_ScaleView::OnDraw(CDC* pDC)
{
    CEx_ScaleDoc* pDoc = GetDocument();
    ASSERT_VALID(pDoc);
    if (!pDoc)  return;
    CRect rectClient;
    GetClientRect(rectClient);                          // 获得当前窗口的客户区大小
    pDC->SetMapMode(MM_ANISOTROPIC);                    // 设置 MM_ANISOTROPIC 映射模式
    pDC->SetWindowExt(1000,1000);                       // 设置窗口范围
    int     nViewLength = rectClient.Width() / 2;       // 一半宽度
    int     nViewHeight = rectClient.Height() / 2;      // 一半高度
    pDC->SetViewportExt( nViewLength, nViewHeight );    // 设置视口范围
    pDC->SetViewportOrg( nViewLength, nViewHeight );    // 设置视口原点
    pDC->Ellipse( CRect(-500,-500,500,500) );           // 数据单位总是逻辑坐标
}
```

上述添加的代码是将一个椭圆绘制在视图中央，且当视图的大小发生改变时，椭圆的形状也会随之改变。

③ 编译并运行，结果如图 8.1 所示。

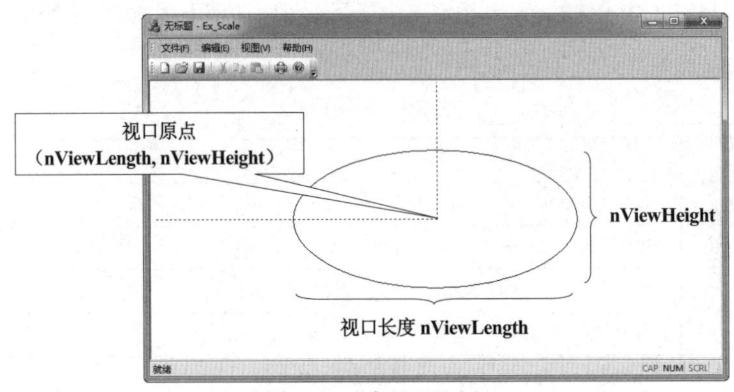


图 8.1　改变显示比例

## 8.1.3　CPoint、CSize 和 CRect

在图形绘制操作中，常常需要使用 MFC 中的 CPoint、CSize 和 CRect 等简单数据类。由于 CPoint（点）、CSize（大小）和 CRect（矩形）是对 Windows 的 POINT、SIZE 及 RECT 结构的封装，因此它们可以直接使用各自结构的数据成员，如下所示：

```
typedef struct tagPOINT {
    LONG x;                          // 点的 x 坐标
    LONG y;                          // 点的 y 坐标
} POINT;
typedef struct tagSIZE {
    int cx;                          // 水平大小
    int cy;                          // 垂直大小
} SIZE;
typedef struct tagRECT {
    LONG left;                       // 矩形左上角点的 x 坐标
    LONG top;                        // 矩形左上角点的 y 坐标
    LONG right;                      // 矩形右下角点的 x 坐标
    LONG bottom;                     // 矩形右下角点的 y 坐标
} RECT;
```

### 1. CPoint、CSize 和 CRect 类的构造函数

CPoint 类带参数的常用构造函数原型如下：

```
CPoint( int initX, int initY);
CPoint( POINT initPt );
```

其中，initX 和 initY 分别用来指定 CPoint 的成员 x 和 y 的值；initPt 用来指定一个 POINT 结构或 CPoint 对象来初始化 CPoint 的成员。

CSize 类带参数的常用构造函数原型如下：

```
CSize( int initCX, int initCY );
CSize( SIZE initSize );
```

其中，initCX 和 initCY 分别用来设置 CSize 的 cx 和 cy 成员；initSize 用来指定一个 SIZE 结构或 CSize 对象来初始化 CSize 的成员。

CRect 类带参数的常用构造函数原型如下：

```
CRect( int l, int t, int r, int b );
CRect( const RECT& srcRect );
CRect( LPCRECT lpSrcRect );
CRect( POINT point, SIZE size );
CRect( POINT topLeft, POINT bottomRight );
```

其中，l、t、r、b 分别用来指定 CRect 的 left、top、right 和 bottom 成员的值；srcRect 和 lpSrcRect 分别用一个 RECT 结构或指针来初始化 CRect 的成员；point 用来指定矩形的左上角位置；size 用来指定矩形的长度和宽度；topLeft 和 bottomRight 分别用来指定 CRect 的左上角和右下角的位置。

**2. CRect 类的常用操作**

由于一个 CRect 类对象包含用于定义矩形的左上角和右下角点的成员变量，因此在传递 LPRECT、LPCRECT 或 RECT 结构作为参数的任何地方，都可以使用 CRect 类相应的对象来代替。

需要说明的是，当构造一个 CRect 时，还应使它符合规范。也就是说，使其 left 小于 right，top 小于 bottom。例如，若左上角为(20, 20)，而右下角为(10, 10)，那么定义的这个矩形就不符合规范。定义一个不符合规范的矩形，CRect 的许多成员函数都不会有正确的结果。基于此种原因，常常需要使用 CRect::NormalizeRect 函数使一个不符合规范的矩形合乎规范。

CRect 类的操作函数有很多，这里只介绍矩形的扩大、缩小以及两个矩形的"并"和"交"操作，更多的常用操作如表 8.2 所示。

表 8.2　CRect 类常用的成员函数

| 成 员 函 数 | 功 能 说 明 |
|---|---|
| int Width( ) const; | 返回矩形的宽度 |
| int Height( ) const; | 返回矩形的高度 |
| CSize Size( ) const; | 返回矩形的大小，CSize 中的 cx 和 cy 成员分别表示矩形的宽度和高度 |
| CPoint& TopLeft( ); | 返回矩形左下角的点坐标 |
| CPoint& BottomRight( ); | 返回矩形右下角的点坐标 |
| CPoint CenterPoint( ) const; | 返回 CRect 的中点坐标 |
| BOOL IsRectEmpty() const; | 如果一个矩形的宽度或高度是 0 或负值，则称这个矩形为空，返回 TRUE |
| BOOL IsRectNull() const; | 如果一个矩形的上、左、下和右边的值都等于 0，则返回 TRUE |
| BOOL PtInRect( POINT point ) const; | 如果点 point 位于矩形中（包括点在矩形的边上），则返回 TRUE |
| void SetRect( int x1, int y1, int x2, int y2 ); | 将矩形的各边设为指定的值，左上角点为(x1, y1)，右下角点为(x2, y2) |
| void SetRectEmpty(); | 将矩形的所有坐标设置为零 |
| void NormalizeRect( ); | 使矩形符合规范 |
| void OffsetRect( int x, int y );<br>void OffsetRect( POINT point );<br>void OffsetRect( SIZE size ); | 移动矩形，水平和垂直移动量分别由 x、y 或 point、size 的两个成员来指定 |

成员函数 InflateRect 和 DeflateRect 用来扩大和缩小一个矩形。由于它们的操作是相互的，也就是说，若指定 InflateRect 函数的参数为负值，那么操作的结果是缩小矩形，因此下面只给出 InflateRect 函数的原型：

```
void InflateRect( int x, int y );
void InflateRect( SIZE size );
void InflateRect( LPCRECT lpRect );
void InflateRect( int l, int t, int r, int b );
```

其中，x 用来指定扩大 CRect 左、右边的数值；y 用来指定扩大 CRect 上、下边的数值；size 中的 cx 成员指定扩大左、右边的数值，cy 指定扩大上、下边的数值；lpRect 的各个成员用来指定扩大每一边的数值；l、t、r 和 b 分别用来指定扩大 CRect 左、上、右和下边的数值。

需要注意的是，由于 InflateRect 是通过将 CRect 的边向远离其中心的方向移动来扩大的，因此对于前两个重载函数来说，CRect 的总宽度被增加了两倍的 x 或 cx，总高度被增加了两倍的 y 或 cy。

成员函数 IntersectRect 和 UnionRect 分别用来将两个矩形进行相交和合并，当结果为空时返回 FALSE，否则返回 TRUE。它们的原型如下：

```
BOOL IntersectRect( LPCRECT lpRect1, LPCRECT lpRect2 );
BOOL UnionRect( LPCRECT lpRect1, LPCRECT lpRect2 );
```

其中，lpRect1 和 lpRect2 用来指定操作的两个矩形。例如：

```
CRect rectOne(125,    0,      150,        200);
CRect rectTwo(   0,   75,     350,         95);
CRect rectInter;
rectInter.IntersectRect(rectOne, rectTwo);              // 结果为(125, 75, 150, 95)
ASSERT(rectInter == CRect(125, 75, 150, 95));
rectInter.UnionRect (rectOne, rectTwo);                 // 结果为(0, 0, 350, 200)
ASSERT(rectInter == CRect(0, 0, 350, 200));
```

### 8.1.4 颜色和“颜色”对话框

一个彩色像素的显示需要颜色空间的支持，常用的颜色空间有 RGB 和 YUV 两种。RGB 颜色空间选用红（R）、绿（G）、蓝（B）三种基色分量，通过对这三种基色不同比例的混合，可以得到不同的彩色效果。而 YUV 颜色空间是将一个彩色像素表示成一个亮度分量（Y）和两个色度分量（U、V）。

在 MFC 中，CDC 使用的是 RGB 颜色空间，并使用 COLORREF 数据类型来表示一个 32 位的 RGB 颜色，它也可以用下列的十六进制表示：

```
0x00bbggrr
```

此形式的 rr、gg、bb 分别表示红、绿、蓝三个颜色分量的十六进制值，最大为 0xff。在具体操作 RGB 颜色时，还可使用下列的宏操作：

| | |
|---|---|
| GetBValue | 获得 32 位 RGB 颜色值中的蓝色分量 |
| GetGValue | 获得 32 位 RGB 颜色值中的绿色分量 |
| GetRValue | 获得 32 位 RGB 颜色值中的红色分量 |
| RGB | 将指定的 R、G、B 分量值转换成一个 32 位的 RGB 颜色值。 |

MFC 的 CColorDialog 类为应用程序提供了通用的“颜色”对话框，如图 8.2 所示。它具有下列的构造函数：

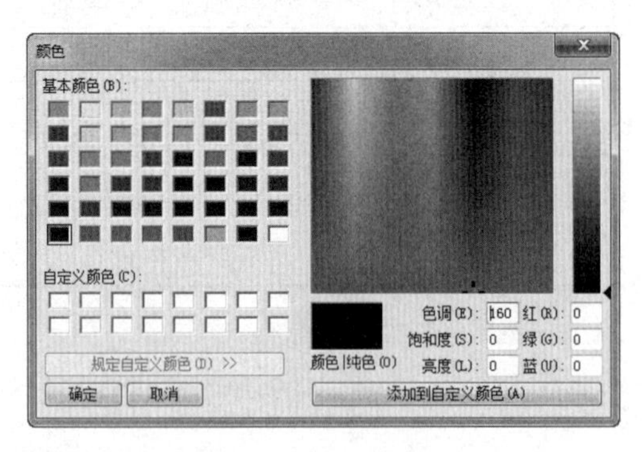


图 8.2　“颜色”对话框

```
CColorDialog( COLORREF clrInit = 0, DWORD dwFlags = 0, CWnd* pParentWnd = NULL );
```

其中，clrInit 用来指定初始的颜色值，若此值没指定，则为 RGB(0,0,0)（黑色）；pParentWnd 用来指定对话框的父窗口指针；dwFlags 表示用来定制对话框外观和功能的系列标志参数，它可以是下列值之一或“|”组合：

| | |
|---|---|
| CC_ANYCOLOR | 在基本颜色单元中列出所有可得到的颜色 |
| CC_FULLOPEN | 显示所有的“颜色”对话框界面。若此标志没有被设定，则用户需单击“规定自定义颜色”按钮才能显示出定制颜色的界面 |

```
CC_PREVENTFULLOPEN          禁用“规定自定义颜色”按钮
CC_SHOWHELP                 在对话框中显示“帮助”按钮
CC_SOLIDCOLOR               在“基本颜色”单元中只列出所得到的纯色
```

当用户在对话框中单击“确定”按钮退出后，可调用下列成员获得相应的颜色。

```
COLORREF GetColor( ) const;                    // 返回用户选择的颜色。
void SetCurrentColor( COLORREF clr );          // 强制使用 clr 作为当前选择的颜色
static COLORREF * GetSavedCustomColors( );     // 返回用户自己定义的颜色
```

## 8.2 图形设备接口

Windows 为设备环境提供了各种各样的绘图工具，如用于画线的“画笔”、填充区域的“画刷”以及用于绘制文本的“字体”。MFC 封装了这些工具，并提供相应的类来作为应用程序的图形设备接口 GDI，这些类有一个共同的抽象基类 CGdiObject，具体如表 8.3 所示。

表 8.3　MFC 的 GDI 类

| 类　名 | 说　明 |
| --- | --- |
| CBitmap | “位图”是一种位矩阵，每一个显示像素都对应于其中的一个或多个位。用户可以利用位图来表示图像，也可以利用它来创建画刷 |
| CBrush | “画刷”定义了一种位图形式的像素，利用它可对区域内部填充颜色或样式 |
| CFont | “字体”是一种具有某种样式和尺寸的所有字符的完整集合，它常常被当作资源存于磁盘中，其中有一些还依赖于某种设备 |
| CPalette | “调色板”是一种颜色映射接口，它允许应用程序在不干扰其他应用程序的前提下，可以充分利用输出设备的颜色描绘能力 |
| CPen | “画笔”是一种用来画线及绘制有形边框的工具，用户可以指定它的颜色及宽度，并且可以指定它画实线、点线或虚线等 |
| CRgn | “区域”是由多边形、椭圆或二者组合形成的一种范围，可以利用它来进行填充、裁剪以及鼠标点中测试等 |

### 8.2.1 使用 GDI 对象

在选择 GDI 对象进行绘图时，往往遵循以下步骤：

（1）在堆栈中定义一个 GDI 对象（如 CPen、CBrush 对象），然后用相应的函数（如 CreatePen、CreateSolidBrush）创建此 GDI 对象。但要注意，有些 GDI 派生类的构造函数允许用户提供足够的信息，从而一步即可完成对象的创建任务，这些类有 CPen、CBrush 等。

（2）将构造的 GDI 对象选入当前设备环境中，但不要忘记将原来的 GDI 对象保存起来。

（3）绘图结束后，恢复当前设备环境中原来的 GDI 对象。

（4）由于 GDI 对象在堆栈中创建，当程序结束后，会自动删除程序创建的 GDI 对象。

具体操作可参考下面的代码过程：

```
void CMyView::OnDraw( CDC* pDC )
{
    CPen penBlack;                                  // 定义一个画笔变量
    penBlack.CreatePen( PS_SOLID, 2, RGB(0,0,0));   // 创建画笔
    // 将此画笔选入当前设备环境并保存原来的画笔
    CPen* pOldPen = pDC->SelectObject( &penBlack );
    // 用此画笔绘图
    pDC->MoveTo(...);
```

```
        pDC->LineTo(...);
        //… 其他绘图函数
        pDC->SelectObject( pOldPen );                    // 恢复设备环境中原来的画笔
}
```

除了自定义的 GDI 对象外，Windows 还包含了一些预定义的库存 GDI 对象。由于它们是 Windows 系统的一部分，因此用户用不着删除它们。CDC 的成员函数 SelectStockObject 可以把一个库存对象选入当前设备环境中，并返回原先被选中的对象指针，同时使原先被选中的对象从设备环境中分离出来。如下面的代码：

```
void CMyView::OnDraw( CDC* pDC )
{
        CPen newPen( PS_SOLID, 2, RGB(0,0,0) ) )
        pDC->SelectObject( &newPen );
        pDC->MoveTo(...);
        pDC->LineTo(...);
        //…   其他绘图函数
        pDC->SelectStockObject( BLACK_PEN );             // newPen 被分离出来
}
```

函数 SelectStockObject 可选用的库存 GDI 对象类型可以是下列值之一：

```
BLACK_BRUSH                    黑色画刷
DKGRAY_BRUSH                   深灰色画刷
GRAY_BRUSH                     灰色画刷
HOLLOW_BRUSH                   中空画刷
LTGRAY_BRUSH                   浅灰色画刷
NULL_BRUSH                     空画刷
WHITE_BRUSH                    白色画刷
BLACK_PEN                      黑色画笔
NULL_PEN                       空画笔
WHITE_PEN                      白色画笔
DEVICE_DEFAULT_FONT            设备默认字体
SYSTEM_FONT                    系统字体
```

### 8.2.2 画笔

画笔是 Windows 应用程序中用来绘制各种直线和曲线的一种图形工具，它可分为修饰画笔和几何画笔两种类型。其中，几何画笔的定义最复杂，它不但有修饰画笔的属性，而且还跟线帽、连接类型有关，通常用在对绘图有较高要求的场合。而修饰画笔只有简单的几种属性，通常用在简单的绘制直线和曲线等场合。

一个修饰画笔通常具有宽度、样式和颜色三种属性。画笔的宽度用来确定所画的线条宽度，它是用设备单位表示的。默认的画笔宽度是一个像素单位。画笔的颜色确定了所画的线条颜色。画笔的样式确定了所绘图形的线型，它通常有实线、虚线、点线、点划线、双点划线、不可见线和内框线 7 种样式。这些样式在 Windows 中都是以 PS_为前缀的预定义的标识，如表 8.4 所示。

表 8.4 修饰画笔的样式

| 风　格 | 含　义 | 图　例 |
|---|---|---|
| PS_SOLID | 实线 | ———————— |
| PS_DASH | 虚线 | - - - - - - - - |
| PS_DOT | 点线 | ··············· |
| PS_DASHDOT | 点划线 | -·-·-·-·-· |

续表

| 风　格 | 含　义 | 图　例 |
| --- | --- | --- |
| PS_DASHDOTDOT | 双点划线 | ----------------- |
| PS_NULL | 不可见线 | |
| PS_INSIDEFRAME | 内框线 | —————— |

创建一个修饰画笔，可以使用 CPen 类的 CreatePen 函数，其原型如下：

```
BOOL CreatePen( int nPenStyle, int nWidth, COLORREF crColor );
```

其中，参数 nPenStyle、nWidth、crColor 分别用来指定画笔的样式、宽度和颜色，若 nWidth 为 0，则笔宽取默认的 1 像素。此外，还有一个 CreatePenIndirect 函数也是用来创建画笔对象的，它的作用与 CreatePen 函数是完全一样的，只是画笔的三个属性不是直接出现在函数参数中，而是通过一个 LOGPEN 结构间接地给出。

```
BOOL CreatePenIndirect( LPLOGPEN lpLogPen );
```

此函数用由 LOGPEN 结构指针指定的相关参数创建画笔，LOGPEN 结构如下：

```
typedef struct tagLOGPEN {   /* lgpn */
    UINT          lopnStyle;        // 画笔样式，同上
    POINT         lopnWidth;        // POINT 结构的 y 不起作用，而用 x 表示画笔宽度
    COLORREF      lopnColor;        // 画笔颜色
} LOGPEN;
```

值得注意的是：

（1）当修饰画笔的宽度大于 1 像素时，画笔的样式只能取 PS_NULL、PS_SOLID 或 PS_INSIDEFRAME，定义为其他样式不会起作用。

（2）画笔的创建也可在画笔的构造函数中进行，它具有下列原型：

```
CPen( int nPenStyle, int nWidth, COLORREF crColor );
```

## 8.2.3　画刷

画刷用于指定填充的特性，许多窗口、控件以及其他区域都需要用画刷进行填充绘制，它比画笔的内容更加丰富。

画刷的属性通常包括填充色、填充图案和填充样式三种。画刷的填充色和画笔颜色一样，都是使用 COLORREF 颜色类型；画刷的填充图案通常是用户定义的 8×8 位图；而填充样式往往是 CDC 内部定义的一些特性，它们都是以 HS_为前缀的标识，如图 8.3 所示。

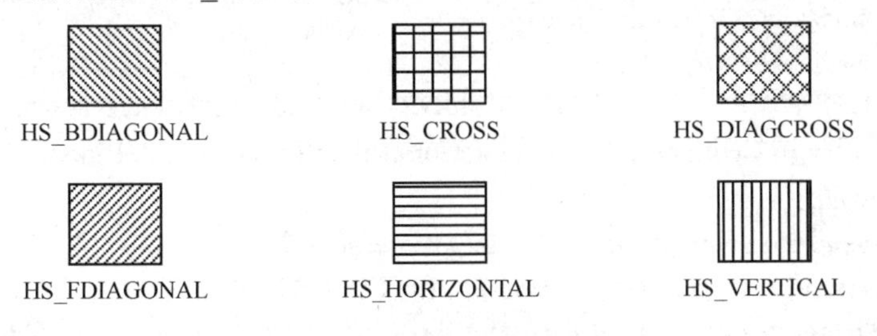


图 8.3　画刷的填充样式

CBrush 类根据画刷属性提供了相应的创建函数，例如，创建填充色画刷和填充样式画刷的函数为 CreateSolidBrush 和 CreateHatchBrush，它们的原型如下：

```
BOOL CreateSolidBrush( COLORREF crColor );                    // 创建填充色画刷
BOOL CreateHatchBrush( int nIndex, COLORREF crColor );        // 创建填充样式画刷
```

其中，nIndex 用来指定画刷的内部填充样式；而 crColor 表示画刷的填充色。

与画笔类似，也有一个 LOGBRUSH 逻辑结构用于画刷属性的定义，并通过 CBrush 的成员函数 CreateBrushIndirect 来创建，其原型如下：

```
BOOL CreateBrushIndirect( const LOGBRUSH* lpLogBrush );
```

其中，LOGBRUSH 逻辑结构如下定义：

```
typedef struct tagLOGBRUSH {                        // lb
    UINT          lbStyle;                          // 样式
    COLORREF      lbColor;                          // 填充色
    LONG          lbHatch;                          // 填充样式
} LOGBRUSH;
```

另外，还需注意：

（1）画刷的创建也可在其构造函数中进行，它具有下列原型：

```
CBrush( COLORREF crColor );
CBrush( int nIndex, COLORREF crColor );
CBrush( CBitmap* pBitmap );
```

（2）画刷也可用位图来指定其填充图案，但该位图应该是 8×8 像素，若位图太大，Windows 则只使用其左上角的 8×8 像素。

（3）画刷仅对绘图函数 Chord、Ellipse、FillRect、FrameRect、InvertRect、Pie、Polygon、PolyPolygon、Rectangle、RoundRect 有效。

### 8.2.4 位图

Windows 的位图有两种类型：一种是 **GDI 位图**，另一种是 **DIB 位图**。

**GDI 位图**是由 MFC 中的 CBitmap 类来表示的，在 CBitmap 类的对象中，包含了一种和 Windows 的 GDI 模块有关的 Windows 数据结构，该数据结构与设备有关，故此位图又称为 **DDB 位图**（device-dependent bitmap，设备相关位图）。当用户的程序取得位图数据信息时，其位图显示方式视显卡而定。由于 GDI 位图的这种设备依赖性，当位图通过网络传送到另一台 PC 时，可能就会出现问题。

**DIB**（device-independent bitmap，设备无关位图）比 GDI 位图有更多编程优势，例如，它自带颜色信息，从而使调色板管理更加容易。任何运行 Windows 的机器都可以处理 DIB，并通常以后缀为 BMP 的文件形式保存在磁盘中或作为资源存在于程序的 EXE 或 DLL 文件中。

#### 1. CBitmap 类

CBitmap 类封装了 Windows 的 GDI 位图操作所需的大部分函数。其中，LoadBitmap 是位图的初始化函数，其函数原型如下：

```
BOOL LoadBitmap( LPCTSTR lpszResourceName );
BOOL LoadBitmap( UINT nIDResource );
```

该函数从应用程序中调入一个位图资源（由 nIDResource 或 lpszResourceName 指定）。若用户直接创建一个位图对象，可使用 CBitmap 类中的 CreateCompatibleBitmap、CreateBitmap、CreateBitmapIndirect 等函数，它们的原型如下。

```
BOOL CreateCompatibleBitmap( CDC* pDC, int nWidth, int nHeight );
```

该函数为某设备环境创建一个指定宽度（nWidth）和高度（nHeight）的位图对象。

```
BOOL CreateBitmap( int nWidth, int nHeight, UINT nPlanes, UINT nBitcount, const void* lpBits );
```

该函数用指定的宽度（nWidth）、高度（nHeight）和位模式创建一个位图对象。其中，参数 nPlanes 表示位图颜色的位面数目；nBitcount 表示每个像素颜色的位数；lpBits 表示包含像素各位颜色值的短整型数组，若此数组为 NULL，则位图对象还未初始化。

```
BOOL CreateBitmapIndirect( LPBITMAP lpBitmap );
```

该函数直接用 BITMAP 结构来创建一个位图对象。

### 2. GDI 位图的显示

由于位图不能直接显示在实际设备中，因此对于 GDI 位图的显示必须遵循下列步骤：

（1）调用 CBitmap 类的 CreateBitmap、CreateCompatibleBitmap 以及 CreateBitmapIndirect 函数创建一个适当的位图对象。

（2）调用 CDC::CreateCompatibleDC 函数创建一个内存设备环境，以便位图在内存中保存下来，并与指定设备（窗口设备）环境兼容。

（3）调用 CDC::SelectObject 函数将位图对象选入内存设备环境中。

（4）调用 CDC::BitBlt 或 CDC::StretchBlt 函数将位图复制到实际设备环境中。

（5）使用之后，恢复原来的内存设备环境。

例如，下面的示例过程就是调用一个位图并在视图中显示。

**【例 Ex_BMP】**　在视图中显示位图。

（1）用"MFC 应用程序向导"创建一个**精简**的单文档应用程序 Ex_BMP。

（2）选择"项目"→"添加资源"菜单命令，打开"添加资源"对话框；选择 Bitmap 资源类型，单击[导入(M)...]按钮，出现"导入"对话框；从外部文件（如 AutoCAD 中的 Inventor Server\Textures\surfaces）中选定一个位图文件，然后单击[打开(O)]按钮，该位图就被调入应用程序中。保留默认的位图资源标识 IDB_BITMAP1。

（3）在 CEx_BMPView::OnDraw 函数中添加下列代码：

```
void CEx_BMPView::OnDraw(CDC* pDC)
{
	CEx_BMPDoc* pDoc = GetDocument();
	ASSERT_VALID(pDoc);
	if (!pDoc)	return;
	CBitmap m_bmp;
	m_bmp.LoadBitmap(IDB_BITMAP1);					// 调入位图资源
	BITMAP bm;									// 定义一个 BITMAP 结构变量
	m_bmp.GetObject(sizeof(BITMAP),&bm);
	CDC dcMem;									// 定义并创建一个内存设备环境
	dcMem.CreateCompatibleDC(pDC);
	CBitmap *pOldbmp = dcMem.SelectObject(&m_bmp);		// 将位图选入内存设备环境中
	pDC->BitBlt(0,0,bm.bmWidth,bm.bmHeight,&dcMem,0,0,SRCCOPY);
												// 将位图复制到实际的设备环境中
	dcMem.SelectObject(pOldbmp);					// 恢复原来的内存设备环境
}
```

（4）编译并运行，结果如图 8.4 所示。

通过上述代码过程可以看出，位图的最终显示是通过调用 CDC::BitBlt 函数来完成的。除此之外，也可以使用 CDC::StretchBlt 函数。这两个函数的区别在于：StretchBlt 函数可以对位图进行缩小或放大，而 BitBlt 则不能，但 BitBlt 的显示更新速度较快。它们的原型如下：

```
BOOL BitBlt( int x, int y, int nWidth, int nHeight, CDC* pSrcDC,
					int xSrc, int ySrc, DWORD dwRop );
BOOL StretchBlt( int x, int y, int nWidth, int nHeight, CDC* pSrcDC, int xSrc,
					int ySrc, int nSrcWidth, int nSrcHeight, DWORD dwRop );
```

其中，参数 x、y 表示位图目标方块左上角的 x、y 逻辑坐标值；nWidth、nHeight 表示位图目标方块的逻辑宽度和高度；pSrcDC 表示源设备 CDC 指针；xSrc、ySrc 表示位图源方块的左上角的 x、y 逻辑坐标值；dwRop 表示显示位图的光栅操作方式。光栅操作方式有很多种，但经常使用的是 SRCCOPY，用来直接将位图复制到目标环境中。StretchBlt 函数还比 BitBlt 多两个参数：nSrcWidth、nSrcHeight，它们用来表示位图源方块的逻辑宽度和高度。

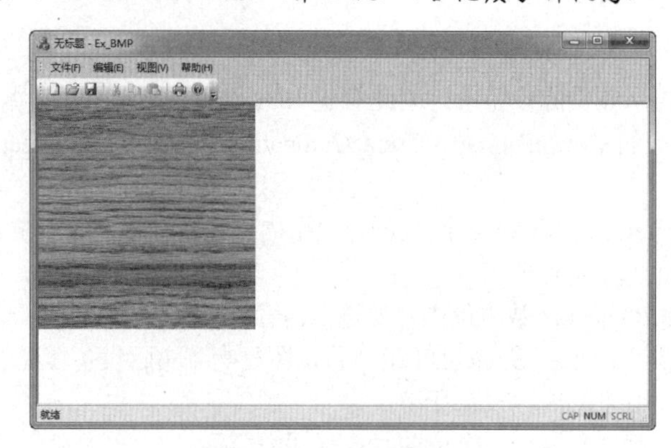

图 8.4　Ex_BMP 运行结果

### 8.2.5　图形绘制

Visual C++的 MFC 为用户的图形绘制提供了许多函数，这其中包括画点、线、矩形、多边形、圆弧、椭圆、扇形以及 Bézier 曲线等。下面就来分别说明。

**1. 点和线**

如果绘图函数中没有画点和画线的功能，很难想象其他图形是怎样构成的，因为点和线是一切图形的基础。

画点是最基本的绘图操作之一，它是通过调用 CDC::SetPixel 或 CDC::SetPixelV 函数来实现的。这两个函数都用来在指定的坐标上设置指定的颜色，只不过 SetPixelV 函数不需要返回实际像素点的 RGB 值，正是因为这一点，函数 SetPixelV 要比 SetPixel 快得多。

```
COLORREF SetPixel( int x, int y, COLORREF crColor );
COLORREF SetPixel( POINT point, COLORREF crColor );
BOOL SetPixelV(int x, int y, COLORREF crColor);
BOOL SetPixelV( POINT point, COLORREF crColor );
```

与上述函数相对应的 GetPixel 函数是用来获取指定点的颜色：

```
COLORREF GetPixel( int x, int y ) const;
COLORREF GetPixel( POINT point ) const;
```

画线也是特别常用的绘图操作之一。CDC 的 LineTo 和 MoveTo 函数就是用来实现画线功能的两个函数，通过这两个函数的配合使用，可完成任何直线和折线的绘制操作。

LineTo 函数以当前位置所在点为直线起始点，另指定直线终点，画出一段直线。其原型如下：

```
BOOL LineTo( int x, int y );
BOOL LineTo( POINT point );
```

如果当前要画的直线并不与上一条直线的终点相接，那么应该调用 MoveTo 函数来调整当前位置。此函数不但可以用来更新当前位置，而且还可用来返回更新前的当前位置。其函数原型如下：

```
CPoint MoveTo( int x, int y );
CPoint MoveTo( POINT point );
```

**2. 折线**

除了 LineTo 函数可用来画线之外，CDC 中还提供了一系列用于画各种折线的函数，主要有 Polyline、PolyPolyline 和 PolylineTo。这 3 个函数中，Polyline 和 PolyPolyline 既不使用当前位置，也不更新当前位置；而 PolylineTo 总是把当前位置作为起始点，并且在折线画完之后，还把折线终点所在位置设为新的当前位置。

```
BOOL Polyline( LPPOINT lpPoints, int nCount );
BOOL PolylineTo( const POINT* lpPoints, int nCount );
```

这两个函数用来画一系列连续的折线。参数 lpPoints 是 POINT 或 CPoint 的顶点数组；nCount 表示数组中顶点的个数，至少为 2。

```
BOOL PolyPolyline( const POINT* lpPoints, const DWORD* lpPolyPoints, int nCount );
```

此函数可用来绘制多条折线。其中，lpPoints 同前定义；lpPolyPoints 表示各条折线所需的顶点数；nCount 表示折线的数目。

### 3. 矩形和圆角矩形

CDC 提供的 Rectangle 和 RoundRect 函数分别用于矩形和圆角矩形的绘制，它们的原型如下：

```
BOOL Rectangle( int x1, int y1, int x2, int y2 );
BOOL Rectangle( LPCRECT lpRect );
BOOL RoundRect( int x1, int y1, int x2, int y2, int x3, int y3 );
BOOL RoundRect( LPCRECT lpRect, POINT point );
```

参数 lpRect 的成员 left、top、right、bottom 分别对应于参数 x1、y1、x2、y2，point 的成员 x、y 分别对应于参数 x3、y3；而 x1、y1 表示矩形的左上角坐标，x2、y2 表示矩形的右上角坐标，x3、y3 表示绘制圆角的椭圆大小。

### 4. 多边形

前面已经介绍过折线的画法，而多边形可以说就是由首尾相接的封闭折线所围成的图形。画多边形的函数 Polygon 原型如下：

```
BOOL Polygon( LPPOINT lpPoints, int nCount );
```

可以看出，Polygon 函数的参数形式与 Polyline 函数是相同的，但也稍有差异。例如，要画一个三角形，使用 Polyline 函数，顶点数组中就得给出 4 个顶点（尽管始点和终点重复出现）；而用 Polygon 函数则只需给出 3 个顶点。

与 PolyPolyline 可画多条折线一样，使用 PolyPolygon 函数，一次可画出多个多边形，这两个函数的参数形式和含义也一样。

```
BOOL PolyPolygon( LPPOINT lpPoints, LPINT lpPolyCounts, int nCount );
```

### 5. 圆弧和椭圆

通过调用 CDC 的 Arc 函数可以画一条椭圆弧线或者整个椭圆，这个椭圆的大小是由其外接矩形（本身并不可见）所决定的。Arc 函数的原型如下：

```
BOOL Arc( int x1, int y1, int x2, int y2, int x3, int y3, int x4, int y4 );
BOOL Arc( LPCRECT lpRect, POINT ptStart, POINT ptEnd );
```

这里，x1、y1、x2、y2 或 lpRect 用来指定外接矩形的位置和大小，而椭圆中心和点(x3,y3)或 ptStart 所构成的射线与椭圆的交点就成为椭圆弧线的起始点，椭圆中心和点(x4,y4)或 ptEnd 所构成的射线与椭圆的交点就成为椭圆弧线的终点。椭圆上弧线始点到终点的部分是要绘制的椭圆弧。

需要说明的是，要唯一地确定一条椭圆弧线，除了上述参数外，还有一个重要参数，那就是弧线绘制的方向。默认时，这个方向为逆时针，但可以通过调用 SetArcDirection 函数将绘制方向改设为顺时针方向。

```
int SetArcDirection( int nArcDirection );
```

该函数成功调用时返回以前的绘制方向，nArcDirection 可以是 AD_CLOCKWISE（顺时针） 或 AD_COUNTERCLOCKWISE（逆时针）。此方向对函数 Arc、Pie 、ArcTo、Rectangle、Chord、RoundRect、Ellipse 有效。

另外，ArcTo 也是一个画圆弧的 CDC 成员函数，它与 Arc 函数的唯一的区别是：ArcTo 函数将圆弧的终点作为新的当前位置，而 Arc 不会。

```
BOOL ArcTo( int x1, int y1, int x2, int y2, int x3, int y3, int x4, int y4 );
BOOL ArcTo( LPCRECT lpRect, POINT ptStart, POINT ptEnd );
```

与上述函数类似，调用 CDC 成员函数 Ellipse 可以用当前画刷绘制一个椭圆区域。

```
BOOL Ellipse( int x1, int y1, int x2, int y2 );
BOOL Ellipse( LPCRECT lpRect );
```

参数 x1、y1、x2、y2 或 lpRect 表示椭圆外接矩形的大小和位置。

除此之外，CDC 类提供的函数 Chord、Pie 和 PolyBezier 用来绘制弦形、扇形和 Bézier 曲线等。

### 6. 在视图中绘图示例

下面的示例用来表示一个班级某门课程的成绩分布，它是一个直方图，反映<60、60～69、70～79、80～89 以及>90 五个分数段的人数，需要绘制五个矩形，相邻矩形的填充样式还要有所区别，并且还需要显示各分数段的人数。其结果如图 8.5 所示。

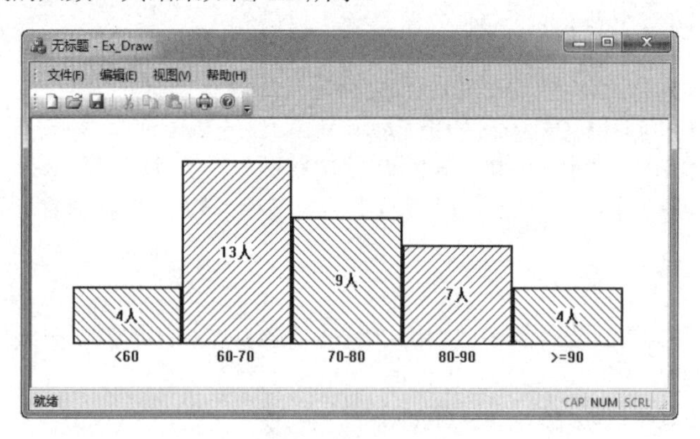


图 8.5　Ex_Draw 运行结果

**【例 Ex_Draw】**　课程的成绩分布直方图。

（1）用“MFC 应用程序向导”创建一个**精简**的单文档应用程序 Ex_Draw。将项目“常规”配置中的“字符集”属性改为“使用多字节字符集”，并将 stdafx.h 文件最后面内容中的#ifdef _UNICODE 行和最后一个#endif 行删除。

（2）为 CEx_DrawView 类添加一个成员函数 DrawScore，用来根据成绩绘制直方图，该函数的代码如下：

```
void CEx_DrawView::DrawScore(CDC *pDC, float *fScore, int nNum)
// fScore 是成绩数组指针，nNum 是学生人数
{
    int nScoreNum[] = { 0, 0, 0, 0, 0}, i;                  // 各成绩段的人数的初始值
    // 下面是用来统计各分数段的人数
    for ( i=0; i<nNum; i++) {
        int nSeg = (int)(fScore[i]) / 10;                   // 取数的“十”位上的值
        if (nSeg < 6)           nSeg = 5;                   // <60 分
        if (nSeg == 10 )   nSeg = 9;                        // 当为 100 分，算为>90 分数段
        nScoreNum[nSeg - 5] ++;                             // 各分数段计数
    }
    int nSegNum = sizeof(nScoreNum)/sizeof(int);            // 计算有多少个分数段
    // 求分数段上最大的人数
    int nNumMax = nScoreNum[0];
    for (i=1; i<nSegNum; i++)      {
        if (nNumMax < nScoreNum[i]) nNumMax = nScoreNum[i];
    }
    CRect rc;
    GetClientRect(rc);
    rc.DeflateRect( 40, 40 );                               // 缩小矩形大小
    int nSegWidth = rc.Width()/nSegNum;                     // 计算每段的宽度
    int nSegHeight = rc.Height()/nNumMax;                   // 计算每段的单位高度
    COLORREF crSeg = RGB(0,0,192);                          // 定义一个颜色变量
```

```
        CBrush brush1( HS_FDIAGONAL, crSeg );
        CBrush brush2( HS_BDIAGONAL, crSeg );
        CPen     pen( PS_INSIDEFRAME, 2, crSeg );
        CBrush* oldBrush = pDC->SelectObject( &brush1 );          // 将 brush1 选入设备环境
        CPen* oldPen = pDC->SelectObject( &pen );                 // 将 pen 选入设备环境
        CRect rcSeg(rc);
        rcSeg.right = rcSeg.left + nSegWidth;                     // 使每段的矩形宽度等于 nSegWidth
        CString strSeg[]={"<60","60-70","70-80","80-90",">=90"};
        CRect rcStr;
        for (i=0; i<nSegNum; i++)
        {
            // 保证相邻的矩形填充样式不相同
            if (i%2)      pDC->SelectObject( &brush2 );
            else          pDC->SelectObject( &brush1 );
            rcSeg.top = rcSeg.bottom - nScoreNum[i]*nSegHeight - 2;   // 计算每段矩形的高度
            pDC->Rectangle(rcSeg);
            if (nScoreNum[i] > 0)    {
                CString str;
                str.Format("%d 人", nScoreNum[i]);
                pDC->DrawText( str, rcSeg, DT_CENTER | DT_VCENTER | DT_SINGLELINE );
            }
            rcStr = rcSeg;
            rcStr.top = rcStr.bottom + 2;          rcStr.bottom += 20;
            pDC->DrawText( strSeg[i], rcStr, DT_CENTER | DT_VCENTER | DT_SINGLELINE );
            rcSeg.OffsetRect( nSegWidth, 0 );                     // 右移矩形
        }
        pDC->SelectObject( oldBrush );                            // 恢复原来的画刷属性
        pDC->SelectObject( oldPen );                              // 恢复原来的画笔属性
}
```

（3）在 CEx_DrawView::OnDraw 函数中添加下列代码：

```
void CEx_DrawView::OnDraw(CDC* pDC)
{
        CEx_DrawDoc* pDoc = GetDocument();
        ASSERT_VALID(pDoc);
        if (!pDoc)    return;
        float fScore[] = {66,82,79,74,86,82,67,60,45,44,77,98,65,90,66,76,66,
              62,83,84,97,43,67,57,60,60,71,74,60,72,81,69,79,91,69,71,81};
        DrawScore(pDC, fScore, sizeof(fScore)/sizeof(float));
}
```

（4）编译并运行。

## 8.3　字体与文字处理

字体是文字显示和打印的外观形式，它包括了文字的字样、样式和尺寸等多方面的属性。适当地选用不同的字体，可以大大地丰富文字的外在表现力。例如，把文字中某些重要的字句用较粗的字体显示，能够表现出突出、强调的意图。

### 8.3.1　字体和“字体”对话框

根据字体的构造技术，可以把字体分为四种基本类型：光栅字体、矢量字体、TrueType 字体和

OpenType 字体。光栅字体也往往称为点阵字体，其每一个字符的原型都以固定的位图形式存储在字库中。矢量字体则是把字符分解为一系列直线段而存储起来的。TrueType 和 OpenType 字体的字符原型是一系列直线和曲线绘制命令的集合。光栅字体依赖于特定的设备分辨率，是与设备相关的字体。矢量字体、TrueType 字体和 OpenType 字体都是与设备无关的，可以任意缩放。OpenType 字体不但可以定义 TrueType 字形，还可以定义手写体字形。

**1. 字体的属性和创建**

字体的属性有很多，但其主要属性有字样、样式和尺寸三个。字样是字符书写和显示时表现出的特定模式，例如，对于汉字，通常有宋体、楷体、仿宋、黑体、隶书以及幼圆等多种字样。字体样式主要表现为字体的粗细和是否倾斜等特点。字体尺寸用来指定字符所占区域的大小，通常用字符高度来描述。字体尺寸可以取毫米或英寸作为单位，但为了直观起见，也常常采用一种称为“点”的单位，1 点约折合为 1/72 英寸。

为了方便用户创建字体，系统定义一种“逻辑字体”，它是应用程序对于理想字体的一种描述方式。在使用逻辑字体绘制文字时，系统会采用一种特定的算法把逻辑字体映射为最匹配的物理字体（实际安装在操作系统中的字体）。逻辑字体的具体属性可用 LOGFONT 结构来描述，这里仅列出最常用到的结构成员。

```
typedef struct tagLOGFONT
{
    LONG    lfHeight;                    // 字体的逻辑高度
    LONG    lfWidth;                     // 字符的平均逻辑宽度
    LONG    lfEscapement;                // 倾角
    LONG    lfOrientation;               // 书写方向
    LONG    lfWeight;                    // 字体的粗细程度
    BYTE    lfItalic;                    // 斜体标志
    BYTE    lfUnderline;                 // 下画线标志
    BYTE    lfStrikeOut;                 // 删除线标志
    BYTE    lfCharSet;                   // 字符集，汉字必须为 GB2312_CHARSET
    TCHAR   lfFaceName[LF_FACESIZE];     // 字样名称
    // …
} LOGFONT;
```

在结构成员中，lfHeight 表示字符的逻辑高度。这里的高度是字符的纯高度，当此值> 0 时，系统将此值映射为实际字体单元格的高度；当等于 0 时，系统将使用默认的值；当小于 0 时，系统将此值映射为实际的字符高度。lfEscapement 表示字体的倾斜矢量与设备的 x 轴之间的夹角（以 1/10 度为计量单位），该倾斜矢量与文本的书写方向是平行的。lfOrientation 表示字符基准线与设备的 x 轴之间的夹角（以 1/10 度为计量单位）。lfWeight 表示字体的粗细程度，取值范围是从 0 到 1000（字符笔划从细到粗），例如，400 为常规情况，700 为粗体。

根据定义的逻辑字体，用户就可以调用 CFont 类的 CreateFontIndirect 函数创建文本输出所需要的字体，如下面的代码：

```
LOGFONT     lf;                                  // 定义逻辑字体的结构变量
memset(&lf, 0, sizeof(LOGFONT));                 // 将 lf 中的所有成员置 0
lf.lfHeight = -13;
lf.lfCharSet = GB2312_CHARSET;
strcpy((LPSTR)&(lf.lfFaceName), "黑体");
CFont       cf;
cf.CreateFontIndirect(&lf);                      // 用逻辑字体结构创建字体
// 在设备环境中使用字体
CFont* oldfont = pDC->SelectObject(&cf);
pDC->TextOut(100,100,"Hello");
```

```
pDC->SelectObject(oldfont);                    // 恢复设备环境原来的属性
cf.DeleteObject();                             // 删除字体对象
```

2. 使用“字体”对话框

CFontDialog 类提供了字体及其文本颜色选择的通用对话框，如图 8.6 所示。它的构造函数如下：

```
CFontDialog( LPLOGFONT lplfInitial = NULL, DWORD dwFlags = CF_EFFECTS |
CF_SCREENFONTS, CDC* pdcPrinter = NULL, CWnd* pParentWnd = NULL );
```

其中，参数 lplfInitial 是一个 LOGFONT 结构指针，用来设置对话框最初的字体特性；dwFlags 指定选择字体的标志；pdcPrinter 用来表示打印设备环境指针；pParentWnd 表示对话框的父窗口指针。

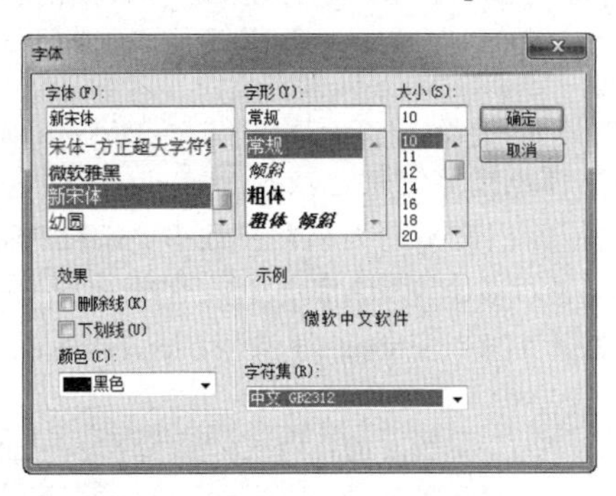


图 8.6　“字体”对话框

当“字体”对话框 DoModal 返回 IDOK 后，可使用下列的成员函数：

```
void        GetCurrentFont( LPLOGFONT lplf);       // 返回用户选择的 LOGFONT 字体
CString     GetFaceName( ) const;                  // 返回用户选择的字体名称
CString     GetStyleName( ) const;                 // 返回用户选择的字体样式名称
int         GetSize( ) const;                      // 返回用户选择的字体大小
COLORREF    GetColor( ) const;                     // 返回用户选择的文本颜色
int         GetWeight( ) const;                    // 返回用户选择的字体粗细程度
BOOL        IsStrikeOut( ) const;                  // 判断是否有删除线
BOOL        IsUnderline( ) const;                  // 判断是否有下画线
BOOL        IsBold( ) const;                       // 判断是否是粗体
BOOL        IsItalic( ) const;                     // 判断是否是斜体
```

通过“字体”对话框可以创建一个字体，如下面的代码：

```
LOGFONT lf;
CFont      cf;
memset(&lf, 0, sizeof(LOGFONT));               // 将 lf 中的所有成员置 0
CFontDialog dlg(&lf);
if (dlg.DoModal()==IDOK) {
    dlg.GetCurrentFont(&lf);
    pDC->SetTextColor(dlg.GetColor());
    cf.CreateFontIndirect(&lf);
    ...
}
```

## 8.3.2　常用文本输出函数

文本的最终输出不仅依赖于文本的字体，而且还跟文本的颜色、对齐方式等有很大关系。CDC 类提供了 4 个输出文本的成员函数：TextOut、ExtTextOut、TabbedTextOut 和 DrawText。

对于这 4 个函数，用户应根据具体情况来选用。例如，如果想要绘制的文本是一个多列的列表形式，那么采用 TabbedTextOut 函数，启用制表位，可以使绘制出来的文本效果更佳；如果要在一个矩形区域内绘制多行文本，那么采用 DrawText 函数，会更有效率；如果文本和图形结合紧密，字符间隔不等，并要求有背景颜色或矩形裁剪特性，那么 ExtTextOut 函数将是最好的选择；如果没有什么特殊要求，那使用 TextOut 函数就显得简练了。下面介绍 TextOut、TabbedTextOut 和 DrawText 函数。

```
virtual BOOL TextOut( int x, int y, LPCTSTR lpszString, int nCount );
BOOL TextOut( int x, int y, const CString& str );
```

TextOut 函数是用当前字体在指定位置 (x,y) 处显示一个文本。参数中 lpszString 和 str 指定即将显示的文本；nCount 表示文本的字节长度。若输出成功，函数返回 TRUE，否则返回 FALSE。

```
virtual CSize TabbedTextOut( int x, int y, LPCTSTR lpszString, int nCount,
                             int nTabPositions, LPINT lpnTabStopPositions, int nTabOrigin );
CSize TabbedTextOut( int x, int y, const CString& str,
                             int nTabPositions, LPINT lpnTabStopPositions, int nTabOrigin );
```

TabbedTextOut 也是用当前字体在指定位置处显示一个文本，但它还根据指定的制表位（Tab）设置相应字符位置，函数成功时返回输出文本的大小。参数中，nTabPositions 表示 lpnTabStopPositions 数组的大小；lpnTabStopPositions 表示多个递增的制表位（逻辑坐标）的数组；nTabOrigin 表示制表位 x 方向的起始点（逻辑坐标）。如果 nTabPositions 为 0，且 lpnTabStopPositions 为 NULL，则使用默认的制表位，即一个 Tab 相当于 8 个字符。

```
virtual int DrawText( LPCTSTR lpszString, int nCount, LPRECT lpRect, UINT nFormat );
int DrawText( const CString& str, LPRECT lpRect, UINT nFormat );
```

DrawText 函数是用当前字体在指定矩形中对文本进行格式化绘制。参数中，lpRect 用来指定文本绘制时的参考矩形，它本身并不显示；nFormat 表示文本的格式，它可以是下列的常用值之一或“|”组合：

| | |
|---|---|
| DT_BOTTOM | 下对齐文本，该值还必须与 DT_SINGLELINE 组合 |
| DT_CENTER | 水平居中 |
| DT_END_ELLIPSIS | 使用省略号取代文本末尾的字符 |
| DT_PATH_ELLIPSIS | 使用省略号取代文本中间的字符 |
| DT_EXPANDTABS | 使用制表位，缺省的制表长度为 8 个字符 |
| DT_LEFT | 左对齐 |
| DT_MODIFYSTRING | 将文本调整为能显示的字串 |
| DT_NOCLIP | 不裁剪 |
| DT_NOPREFIX | 不支持“&”字符转义 |
| DT_RIGHT | 右对齐 |
| DT_SINGLELINE | 指定文本的基准线为参考点，单行文本 |
| DT_TABSTOP | 设置停止位。nFormat 的高位字节是每个制表位的数目 |
| DT_TOP | 上对齐 |
| DT_VCENTER | 垂直居中 |
| DT_WORDBREAK | 自动换行 |

注意：DT_TABSTOP 与上述 DT_CALCRECT、DT_EXTERNALLEADING、DT_NOCLIP 及 DT_NOPREFIX 不能组合。

需要说明的是，默认时，上述文本输出函数既不使用也不更新“当前位置”。若要使用和更新“当前位置”，则必须调用 SetTextAlign，并将参数 nFlags 设置为 TA_UPDATECP。使用时，最好在文本输出前用 MoveTo 将当前位置移动至指定位置后，再调用文本输出函数。这样，文本输出函数参数中 x、y 或矩形的左边才会被忽略。

**【例 Ex_DrawText】** 绘制文本的简单示例。

（1）用“MFC 应用程序向导”创建一个**精简**的单文档应用程序 Ex_DrawText。将项目“常规”配置中的“字符集”属性改为“使用多字节字符集”，并将 stdafx.h 文件最后面内容中的#ifdef _UNICODE 行和最后一个#endif 行删除。

（2）在 CEx_DrawTextView::OnDraw 中添加下列代码：

```
void CEx_DrawTextView::OnDraw(CDC* pDC)
```

```
{
    CEx_DrawTextDoc* pDoc = GetDocument();
    ASSERT_VALID(pDoc);
    if (!pDoc)   return;
    CRect rc(10, 10, 200, 140);
    pDC->Rectangle( rc );
    pDC->DrawText( "单行文本居中", rc, DT_CENTER | DT_VCENTER | DT_SINGLELINE);
    rc.OffsetRect( 200, 0 );                // 将矩形向右偏移 200
    pDC->Rectangle( rc );
    int nTab = 40;                          // 将一个 Tab 位的值指定为 40 个逻辑单位
    pDC->TabbedTextOut( rc.left, rc.top, "绘制\tTab\t 文本\t 示例",   1, &nTab, rc.left);
                                            // 使用自定义的停止位（Tab）
    nTab = 80;                              // 将一个 Tab 位的值指定为 80 个逻辑单位
    pDC->TabbedTextOut( rc.left, rc.top+20, "绘制\tTab\t 文本\t 示例",   1, &nTab, rc.left);
                                            // 使用自定义的停止位（Tab）
    pDC->TabbedTextOut( rc.left, rc.top+40, "绘制\tTab\t 文本\t 示例",   0, NULL, 0);
                                            // 使用默认的停止位
}
```

（3）编译并运行，结果如图 8.7 所示。

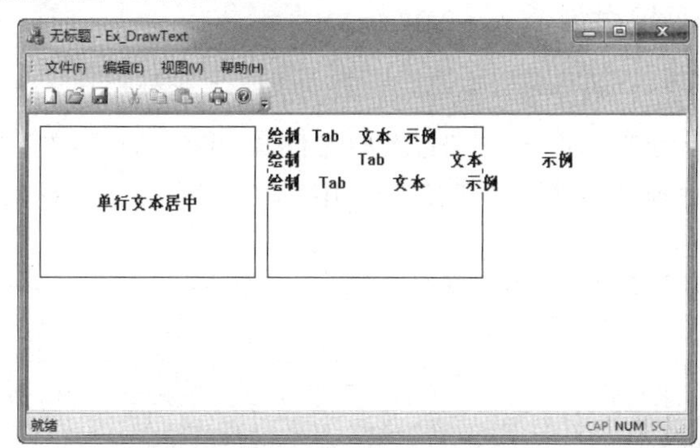


图 8.7 Ex_DrawText 运行结果

### 8.3.3 文本格式化属性

文本的格式化属性通常包括文本颜色、对齐方式、字符间隔以及文本调整等。在绘图设备环境中，默认的文本颜色是黑色，而文本背景色为白色，且默认的背景模式是不透明方式（OPAQUE）。在 CDC 类中，SetTextColor、SetBkColor 和 SetBkMode 函数分别用来设置文本颜色、文本背景色和背景模式，而与之相对应的 GetTextColor、GetBkcolor 和 GetBkMode 函数则是分别获取这三项属性的。它们的原型如下：

```
virtual COLORREF SetTextColor( COLORREF crColor );
COLORREF GetTextColor( ) const;
virtual COLORREF SetBkColor( COLORREF crColor );
COLORREF GetBkColor( ) const;
int SetBkMode( int nBkMode );
int GetBkMode( ) const;
```

其中，nBkMode 用来指定文本背景模式，它可以是 OPAQUE 或 TRANSPARENT（透明）。

文本对齐方式的设置和获取是由 CDC 函数 SetTextAlign 和 GetTextAlign 决定的。它们的原型如下：

```
UINT SetTextAlign( UINT nFlags );
UINT GetTextAlign( ) const;
```

上述两个函数中所用到的文本对齐标志如表 8.5 所示。

表 8.5　文本对齐标志

| 对 齐 标 志 | 含　　义 |
|---|---|
| TA_BASELINE | 以字体的基准线作为上下对齐方式 |
| TA_BOTTOM | 以文本外框矩形的底边作为上下对齐方式 |
| TA_CENTER | 以文本外框矩形的中点作为左右对齐方式 |
| TA_LEFT | 以文本外框矩形的左边作为左右对齐方式 |
| TA_NOUPDATECP | 不更新当前位置 |
| TA_RIGHT | 以文本外框矩形的右边作为左右对齐方式 |
| TA_TOP | 以文本外框矩形的顶边作为上下对齐方式 |
| TA_UPDATECP | 更新当前位置 |

这些标志可以分为三组：TA_LEFT、TA_CENTER 和 TA_RIGHT 确定水平方向的对齐方式；TA_BASELINE、TA_BOTTOM 和 TA_TOP 确定上下方向的对齐方式；TA_NOUPDATECP 和 TA_UPDATECP 确定当前位置的更新标志。这三组标志中，组与组之间的标志可使用“|”操作符。

### 8.3.4　计算字符的几何尺寸

在打印和显示某段文本时，有必要了解字符的高度计算及字符的测量方式，才能更好地控制文本输出效果。在 CDC 类中，GetTextMetrics(LPTEXTMETRIC lpMetrics)函数用来获得指定映射模式下相关设备环境的字符几何尺寸及其他属性，其 TEXTMETRIC 结构描述如下（这里仅列出最常用的结构成员）：

```
typedef struct tagTEXTMETRIC { // tm
    int   tmHeight;                        // 字符的高度（ascent + descent）
    int   tmAscent;                        // 高于基准线部分的值
    int   tmDescent;                       // 低于基准线部分的值
    int   tmInternalLeading;               // 字符内标高
    int   tmExternalLeading;               // 字符外标高
    int   tmAveCharWidth;                  // 字体中字符平均宽度
    int   tmMaxCharWidth;                  // 字符的最大宽度
    // …
} TEXTMETRIC;
```

通常，字符的总高度是用 tmHeight 和 tmExternalLeading 的总和来表示的。但对于字符宽度的测量，除了上述参数 tmAveCharWidth 和 tmMaxCharWidth 外，还有 CDC 中的相关成员函数 GetCharWidth、GetOutputCharWidth、GetCharABCWidths。

在 CDC 类中，计算字符串的宽度和高度的函数主要有两个：GetTextExtent 函数和 GetTabbedTextExtent 函数。前者适用于字符串没有制表符的情况，而后者适用于含有制表符的字符串。它们的原型如下：

```
CSize GetTextExtent( LPCTSTR lpszString, int nCount ) const;
CSize GetTextExtent( const CString& str ) const;
CSize GetTabbedTextExtent( LPCTSTR lpszString, int nCount,
                           int nTabPositions, LPINT lpnTabStopPositions ) const;
CSize GetTabbedTextExtent( const CString& str,
                           int nTabPositions, LPINT lpnTabStopPositions ) const;
```

其中，参数 lpszString 和 str 表示要计算的字符串；nCount 表示字符串的字节长度；nTabPositions 表示 lpnTabStopPositions 数组的大小；lpnTabStopPositions 表示多个递增的制表位（逻辑坐标）的数组。函数返回当前设备环境下的一行字符串的宽度（CSize 的 cx）和高度（CSize 的 cy）。

## 8.3.5 文档内容显示及其字体改变

这里用示例的形式来说明如何在视图类中通过文本绘图的方法显示文档的文本内容以及改变显示的字体。

【例 Ex_Text】 显示文档内容并改变显示的字体。

（1）用“MFC 应用程序向导”创建一个**精简**的单文档应用程序 Ex_Text。在向导“生成的类”页面中，将 CEx_TextView 的基类选为 CScrollView。将项目“常规”配置中的“字符集”属性改为“使用多字节字符集”，并将 stdafx.h 文件最后面内容中的#ifdef _UNICODE 行和最后一个#endif 行删除。

（2）为 CEx_TextDoc 类添加 CStringArray 类型的成员变量 m_strContents，用来保存读取的文档内容。

（3）在 CEx_TextDoc::Serialize 函数中添加读取文档内容的代码：

```
void CEx_TextDoc::Serialize(CArchive& ar)
{
	if (ar.IsStoring()){…}
	else
	{
		CString str;
		m_strContents.RemoveAll();
		while (ar.ReadString(str)) m_strContents.Add(str);
	}
}
```

（4）为 CEx_TextView 类添加 LOGFONT 类型的成员变量 m_lfText，用来保存当前所使用的逻辑字体。

（5）在 CEx_TextView 类构造函数中添加 m_lfText 的初始化代码：

```
CEx_TextView::CEx_TextView()
{
	memset(&m_lfText, 0, sizeof(LOGFONT));
	m_lfText.lfHeight		= -12;
	m_lfText.lfCharSet		= GB2312_CHARSET;
	strcpy(m_lfText.lfFaceName, "宋体");
}
```

（6）为 CEx_TextView 类添加 WM_LBUTTONDBLCLK（双击鼠标）的“消息”映射函数，并增加下列代码：

```
void CEx_TextView::OnLButtonDblClk(UINT nFlags, CPoint point)
{
	CFontDialog dlg(&m_lfText);
	if (dlg.DoModal() == IDOK)
	{
		dlg.GetCurrentFont(&m_lfText);
		Invalidate();
	}
	CScrollView::OnLButtonDblClk(nFlags, point);
}
```

（7）这样，当双击鼠标左键后，就会弹出“字体”对话框，从中可改变字体的属性。单击“确定”按钮后，执行 CEx_TextView::OnDraw 中的代码。

（8）在 CEx_TextView::OnDraw 中添加下列代码：

```
void CEx_TextView::OnDraw(CDC* pDC)
{
```

```
        CEx_TextDoc* pDoc = GetDocument();
        ASSERT_VALID(pDoc);
        if (!pDoc)    return;
        // 创建字体
        CFont       cf;
        cf.CreateFontIndirect(&m_lfText);
        CFont* oldFont = pDC->SelectObject(&cf);
        // 计算每行高度
        TEXTMETRIC tm;
        pDC->GetTextMetrics(&tm);
        int lineHeight = tm.tmHeight + tm.tmExternalLeading;
        int y = 0;
        int tab = tm.tmAveCharWidth * 4;                    // 为一个 Tab 设置 4 个字符
        // 输出并计算行的最大长度
        int lineMaxWidth = 0;
        CString str;
        CSize lineSize(0,0);
        for (int i=0; i<pDoc->m_strContents.GetSize(); i++)
        {
              str = pDoc->m_strContents.GetAt(i);
              pDC->TabbedTextOut(0, y, str, 1, &tab, 0);
              str = str + "A";                              // 多计算一个字符宽度
              lineSize = pDC->GetTabbedTextExtent(str, 1, &tab);
              if ( lineMaxWidth < lineSize.cx )
                    lineMaxWidth = lineSize.cx;
              y += lineHeight;
        }
        pDC->SelectObject(oldFont);
        // 多算一行，以滚动窗口能显示全部文档内容
        int nLines =    pDoc->m_strContents.GetSize() + 1;
        CSize sizeTotal;
        sizeTotal.cx = lineMaxWidth;
        sizeTotal.cy = lineHeight * nLines;
        SetScrollSizes(MM_TEXT, sizeTotal);                 // 设置滚动逻辑窗口的大小
}
```

（9）编译运行并测试，打开任意一个文本文件，结果如图 8.8 所示。

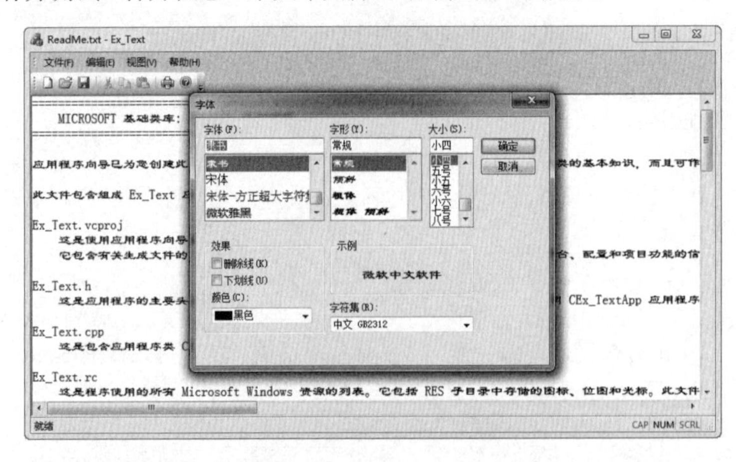


图 8.8 Ex_Text 运行结果

总之，使用 CDC 类所提供的方法不仅可以实现 CAD 中的绝大多数图形交互技术，而且通过 CDC 类的路径（Path）操作还可以提取文字或其他图形的轮廓，以便进行更复杂的后续处理，达到令人叹为观止的 3D 画面（限于篇幅，这里不做讨论）。当然，如果说 CDC 是数据的图视化手段的话，那么数据的管理，尤其是对海量数据来说，使用数据库操作则更为方便和高效，此部分相关内容将在第 9 章来讨论。

# 第9章 数据库编程

日常生活中有大量的信息，采用数据库管理比文件管理要方便得多。要操作数据库，需要通过数据库管理系统（DBMS）。但要开发出满足用户要求的 Windows 应用程序，还需要借助于开发工具。而 Visual C++就是一个很好的开发工具，它采用 MFC 面向对象的编程方法，通过 DBMS 接口操作数据库，可以开发出包含数据库在内的功能强大的应用系统。

## 9.1 数据库和 ODBC 操作

### 9.1.1 数据库基本概念

**1. 数据库和表**

数据库是指以一定的组织形式存放在计算机存储介质上的相互关联的数据的集合。例如，把一个学校的教师、学生和课程等数据有序地组织起来，存储在计算机磁盘上，就构成了一个数据库。数据库是一个容器，包括表、视图、存储过程、触发器等。

**2. 数据库和表**

**数据库管理系统**（DBMS）是管理数据库的系统，它按一定的数据模型组织数据。数据库管理系统采用的数据模型主要有关系模型、层次模型和网状模型，现在主要使用的是关系模型。所谓关系模型，简单地说，就是用二维表格数据来表示实体及实体之间联系的模型，一个表就是一个关系。

例如，在学生成绩管理系统中，经分析可得该系统涉及的主要数据对象有学生、课程和成绩。“学生”涉及的主要信息有学号、姓名、性别、专业、出生年月；“课程”涉及的主要信息有课程号、课程名、所属专业、课程类型、开课学期、课时数和学分；“成绩”涉及的主要信息有学号、课程号、成绩和学分。若以二维表格（关系表）的形式来组织数据库中的数据，可有表 9.1、表 9.2 和表 9.3 这样的描述。

**表 9.1 学生基本信息表**

| 姓名（studentname） | 学号（studentno） | 性别（xb） | 出生年月（birthday） | 专业（special） |
|---|---|---|---|---|
| 李明 | 21010101 | true | 1985-1-1 | 电气工程及其自动化 |
| 王玲 | 21010102 | false | 1985-1-1 | 电气工程及其自动化 |
| 张芳 | 21010501 | false | 1985-1-1 | 机械工程及其自动化 |
| 陈涛 | 21010502 | true | 1985-1-1 | 机械工程及其自动化 |

表格中的一行称为一个记录，一列称为一个字段，每列的标题称为字段名。如果给每个关系表取一个名字，则有 *n* 个字段的关系表的结构可表示为关系表名（字段名 1，…，字段名 *n*），通常把关系表的结构称为关系模式。

在关系表中，如果一个字段或几个字段组合的值可唯一标识其对应记录，则称该字段或字段组合为**主键**。例如，表 9.1 中的“学号”可唯一地标识每一个学生；表 9.2 中的“课程号”可唯一地标识每一门课程；表 9.3 中的“学号”和“课程号”可唯一地标识每一个学生某一门课程的成绩。

表 9.2　课程信息表

| 课程号（courseno） | 所属专业（special） | 课程名（coursename） | 课程类型（coursetype） | 开课学期（openterm） | 课时数（hours） | 学分（credit） |
|---|---|---|---|---|---|---|
| 2112105 | 机械工程及其自动化 | C 语言程序设计 | 专修 | 3 | 48 | 3 |
| 2112348 | 机械工程及其自动化 | AutoCAD | 选修 | 6 | 51 | 2.5 |
| 2121331 | 电气工程及其自动化 | 计算机图形学 | 方向 | 5 | 72 | 3 |
| 2121344 | 电气工程及其自动化 | Visual C++程序设计 | 通修 | 4 | 60 | 3 |

表 9.3　学生课程成绩表

| 学号（studentno） | 课程号（courseno） | 成绩（score） | 学分（credit） |
|---|---|---|---|
| 21010101 | 2112105 | 80 | 3 |
| 21010102 | 2112348 | 85 | 2.5 |
| 21010501 | 2121344 | 70 | 3 |
| 21010502 | 2121331 | 78 | 3 |

一般 DBMS 提供两种方式操作和访问数据库：一种是通过用户界面方式；另一种是通过 SQL 命令方式。目前比较流行的关系数据库管理系统包括 Access、SQL Server、Oracle 等。

## 9.1.2　常用 SQL 语句

流行的数据库管理系统（DBMS）都提供了一个 SQL（结构化查询语言）接口，作为在 DBMS 中访问和操作的语言。下面简单介绍 SQL 的几个常用语句。

### 1. SELECT 语句：查询数据

格式：

```
SELECT  字段名 FROM 表名 [WHERE 子句] [ORDER BY 子句]
```

最简单形式：

```
SELECT  *  FROM  tableName
```

其中，星号（*）用来指定从数据库的 tableName 表中选择所有的字段（列）。若要从表中选择指定字段的记录，则将星号（*）用字段列表来代替，多个字段之间用逗号分隔。

需要说明的是：

（1）可选项 WHERE 子句用来设定查询的条件。WHERE 子句中的条件可以有<（小于）、>（大于）、<=（小于等于）、>=（大于等于）、=（等于）、<>（不等于）和 LIKE 等运算符。其中，LIKE 用于匹配条件的查询，它可以使用“%”和“_”（下画线）等通配符，“%”表示可以出现 0 个或多个字符，“_”表示该位置只能出现 1 个字符。例如：

```
SELECT * FROM Score WHERE studentno LIKE  '21%'
```

则将 Score 表中所有学号中以 21 开头的记录查询出来。注意：LIKE 后面的字符串是以单引号来标识的。再如：

```
SELECT * FROM Score WHERE studentno LIKE  '210105__'        //此处有两个“_”
```

则将 Score 表中所有学号中以 210105 开头的，且学号为 8 位的记录查询出来。

WHERE 子句中的条件还可用 AND（与）、OR（或）及 NOT（非）运算符来构造复合条件查询。例如，若查询 Score 表中成绩（score）在 70 分到 80 分之间的记录，则可用下列语句：

```
SELECT * FROM Score WHERE score<=80 AND score>=70
```

（2）可选项 ORDER BY 子句用来对查询到的记录进行排序。如下面的形式：

```
SELECT   column1, column2,...   FROM   tableName [WHERE condition]
ORDER BY col1, co2,... ASC | DESC
```

其中，ASC 表示升序（从低到高）；DESC 表示降序（从高到低）；col1、col2……分别用来指定按什么字段来排序。当指定多个字段时，则先按 col1 排序；当有相同 col1 的记录时，则相同的记录按 col2 排序，以此类推。

2. INSERT 语句：插入记录

格式：

```
INSERT INTO tableName(col1,col2,col3,…,colN)   VALUES (val1,val2,val3,…valN)
```

其中，tableName 用来指定插入新记录的数据表，tableName 后跟一对圆括号，包含一个以逗号分隔的列（字段）名的列表，VALUES 后面的圆括号内是一个以逗号分隔的值列表，它与 tableName 后面的列名列表是一一对应的。需要说明的是，若某个记录的某个字段值是字符串，则需要用单引号来括起来。例如：

```
INSERT INTO Student(studentno,studentname) VALUES ('21010503', '张小峰')
```

将在 Student 表中插入一个新行，其中，studentno（学号）为“21010503”，studentname（学生姓名）为“张小峰”。对于该记录的其他字段值，由于没有指定相应的值，其结果由系统决定。

3. UPDATE 语句：修改记录

格式：

```
UPDATE   tableName   SET column1=value1, column2=value2,…,columnN=valueN
    WHERE condition
```

该语句可以更新 tableName 指定的表中符合 condition 条件的记录，关键字 SET 后面是以逗号分隔的“列名/值”列表。例如：

```
UPDATE Student SET studentname = '王鹏' WHERE studentno = '21010503'
```

将 Student 表中学号为“21010503”的记录中的 studentname 字段内容更新为“王鹏”。

4. DELETE 语句：删除记录

格式：

```
DELETE   FROM   tableName WHERE condition
```

该语句可以删除 tableName 指定的表中符合 condition 条件的记录。

**注意：**

与 UPDATE 语句相同，DELETE 语句后面的 WHERE 子句是可选的。但若不指定 WHERE 条件，则将删除全部记录，这也是很危险的，使用时要特别注意！

### 9.1.3 Visual C++操作数据库接口

1. ODBC、DAO 和 OLE DB

Visual C++为用户提供了 ODBC（Open Database Connectivity，开放数据库连接）、DAO（Data Access Objects，数据访问对象）及 OLE DB（OLE Data Base，OLE 数据库）三种数据库连接方式，使用户的应用程序从特定的数据库管理系统脱离出来。

ODBC 提供了应用程序接口（API），使任何一个数据库都可以通过 ODBC 驱动器与指定的 DBMS 相联。用户的程序可通过调用 ODBC 驱动管理器中相应的驱动程序达到管理数据库的目的。

DAO 使用 Jet 数据库引擎形成一系列的数据访问对象：数据库对象、表和查询对象、记录集对象等。它可以打开一个 Access 数据库文件（MDB 文件），也可直接打开一个 ODBC 数据源，以及使用 Jet 引擎打开一个 ISAM（被索引的顺序访问方法）类型的数据源（dBASE、FoxPro、Paradox、Excel 或文本文件）。

OLE DB 试图提供一种统一的数据访问接口，它提供一个数据库编程 COM（Component Object

Model，组件对象模型）接口，使得数据的使用者（应用程序）可以使用同样的方法访问各种数据，而不用考虑数据的具体存储地点、格式或类型。这个 COM 接口与 ODBC 相比，其健壮性和灵活性要高得多。但是，由于 OLE DB 的程序比较复杂，因而对于一般用户来说使用 ODBC 和 DAO 方式已能满足一般数据库处理的需要。

**2. ADO 技术**

ADO 是目前在 Windows 环境中比较流行的客户端数据库编程技术，是 Microsoft 为最新和最强大的数据访问范例 OLE DB 而设计的一个应用程序层接口。ADO 使用户应用程序能够通过“OLE DB 提供者”访问和操作数据库服务器中的数据。由于它兼具强大的数据处理功能（处理各种不同类型的数据源、分布式的数据处理等）和极其简单、易用的编程接口，因而得到了广泛的应用。

ADO 技术基于 COM，具有 COM 组件的许多优点，可以用来构造可复用应用框架，被多种语言支持，能够访问关系数据库、非关系数据库及所有的文件系统。另外，ADO 还支持各种 B/S 及基于 Web 的应用程序，具有远程数据服务 RDS（Remote Data Service）的特性，是远程数据存取的发展方向。

## 9.2 MFC ODBC 一般操作

ODBC 是一种使用 SQL 的程序设计接口，使用 ODBC 能使用户编写数据库应用程序变得容易简单，避免了与数据源相连接的复杂性。在 Visual C++中，MFC 的 ODBC 数据库类 CDatabase（数据库类）、CRecordSet（记录集类）和 CRecordView（记录视图类）可为用户管理数据库提供切实可行的解决方案。

### 9.2.1 MFC ODBC 向导过程

在“MFC 应用程序向导”中使用 ODBC 操作数据库的一般过程是：

① 用 Access 或其他数据库工具构造一个数据库；

② 在 Windows 中为刚才构造的数据库定义一个 ODBC 数据源；

③ 在创建数据库处理的文档应用程序向导中选择数据源；

④ 设计界面，并使控件与数据表字段关联。

**1. 构造数据库**

数据库表与表之间的关系构成了一个数据库。作为示例，这里用 Microsoft Access 创建一个数据库 Student.mdb，其中暂时包含一个数据表 score，用来描述学生课程成绩，如表 9.4 所示。在表中包括上、下两部分，第一部分是数据表的记录内容，第二部分是数据表的结构内容。

表 9.4　学生课程成绩表（score）及其表结构

| 学号（studentno） | 课程号（course） | 成绩（score） | 学分（credit） |
|---|---|---|---|
| 21010101 | 2112105 | 80 | 3 |
| 21010102 | 2112348 | 85 | 2.5 |
| 21010501 | 2121344 | 70 | 3 |
| 21010502 | 2121331 | 78 | 3 |

| 序　号 | 字段名称 | 数据类型 | 字段大小 | 小数位 | 字段含义 |
|---|---|---|---|---|---|
| 1 | studentno | 文本 | 8 | | 学号 |
| 2 | course | 文本 | 7 | | 课程号 |
| 3 | score | 数字 | 单精度 | 1 | 成绩 |
| 4 | credit | 数字 | 单精度 | 1 | 学分 |

### 2. 创建 ODBC 数据源

在 Windows 7 中的“控制面板”输入“ODBC”进行搜索，如图 9.1 所示。单击“设置数据源（ODBC）”，进入 ODBC 数据源管理器（在 64 位 Windows 7 下运行 C:\Windows\SysWOW64 中的 odbcad32.exe）。在这里，用户可以设置 ODBC 数据源的一些信息。其中，“用户 DSN”页面用来定义用户自己在本地计算机使用的数据源名（DSN），如图 9.2 所示。创建一个用户 DSN 的过程如下：

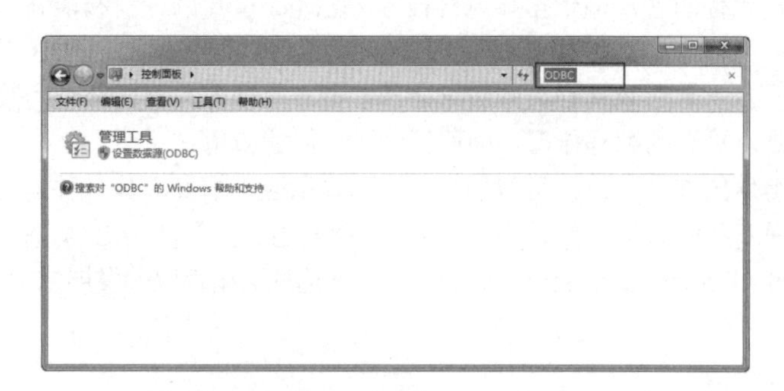


图 9.1　在 Windows 7 的“控制面板”中搜“ODBC”

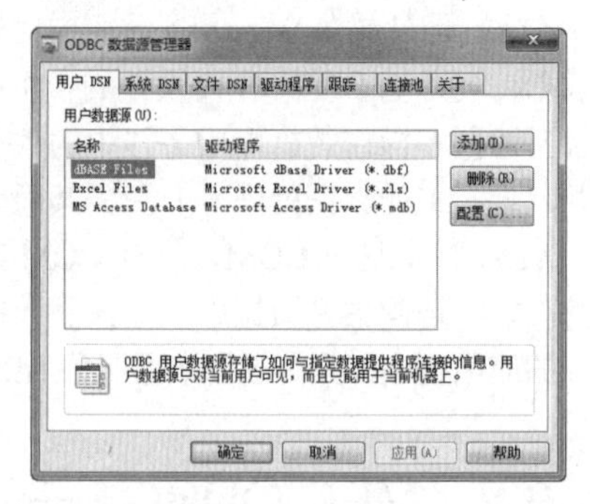


图 9.2　ODBC 数据源管理器

（1）单击 添加(D)... 按钮，弹出“创建新数据源”对话框，在该对话框中选择要添加用户数据源的驱动程序，这里选择“Microsoft Access Driver（*.mdb）”，如图 9.3 所示。

（2）单击 完成 按钮，打开“ODBC Microsoft Access 安装”对话框，单击 选择(S)... 按钮将前面创建的数据库调入，然后在“数据源名”框中输入“Database Example For VC++”，结果如图 9.4 所示。

（3）单击 确定 按钮，刚才创建的用户数据源被添加在“ODBC 数据源管理器”的“用户数据源”列表中。

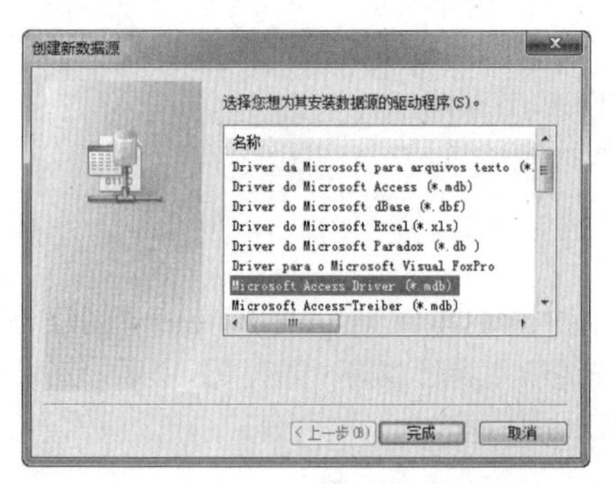


图 9.3　“创建新数据源”对话框

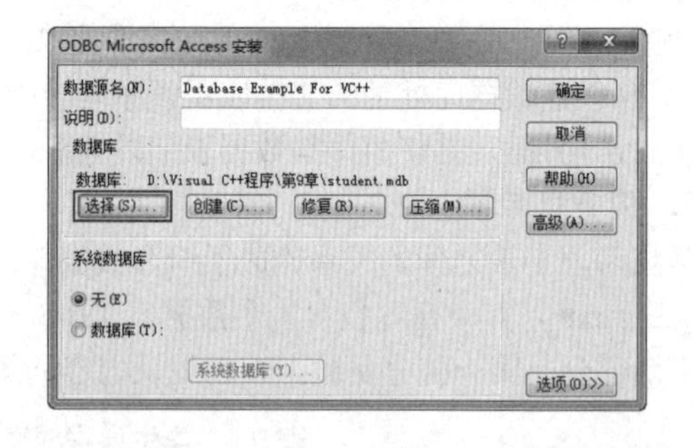


图 9.4　“ODBC Microsoft Access 安装”对话框

### 3. 在“MFC 应用程序向导”中选择数据源

用“MFC 应用程序向导”可以容易地创建一个支持数据库的文档应用程序，操作过程如下：

（1）用“MFC 应用程序向导”创建一个**精简**的单文档应用程序 Ex_ODBC。在向导的“数据库支持”页面中选择“支持文件的数据库视图”（不同的选项含义如表 9.5 所示），选中“ODBC”客户端类型，如图 9.5 所示。

需要说明的是，记录集“类型”（参见图 9.5）有动态集（Dynaset）和快照（Snapshot）之分。动态集能与其他应用程序所做的更改保持同步，而快照则是数据的一个静态视图。这两种类型在记录集被打开时都提供一组记录，所不同的是：当在一个动态集里滚动一条记录时，由其他用户或应用程序中的其他记录集对该记录所做的更改会相应地显示出来；而快照则不会。

表 9.5　MFC 支持数据库的不同选项

| 选　　项 | 创建的视图类 | 创建的文档类 |
|---|---|---|
| 无 | 从 CView 派生 | 支持文档的常用操作，并在“文件”菜单中有“新建”“打开”“保存”“另存为”等命令 |
| 仅支持头文件 | 从 CView 派生 | 除了在 StdAfx.h 文件中添加了“#include <afxdb.h>”语句外，其余与“无”选项相同 |
| 不支持文件的数据库视图 | 从 CRecordView 派生 | 不支持文档的常用操作，也就是说，创建的文档类不能进行序列化，且在“文件”菜单中没有“新建”等文档操作命令。但用户可在用户视图中使用 CRecordSet 类处理数据库 |
| 支持文件的数据库视图 | 从 CRecordView 派生 | 全面支持文档操作和数据库操作 |

（2）单击 数据源(S)... 按钮，将弹出的“选择数据源”对话框切换到“机器数据源”页面，从中选择前面创建的 ODBC 数据源“Database Example For VC++”，如图 9.6 所示。

图 9.5　向导的“数据库支持”页面

图 9.6　“机器数据源”页面

（3）单击 确定 按钮，弹出“登录”对话框，不做任何输入，单击 确定 按钮，弹出如图 9.7 所示的“选择数据库对象”对话框，从中选择要使用的表 score。单击 确定 按钮，又回到了如图 9.5 所示向导的“数据库支持”页面。

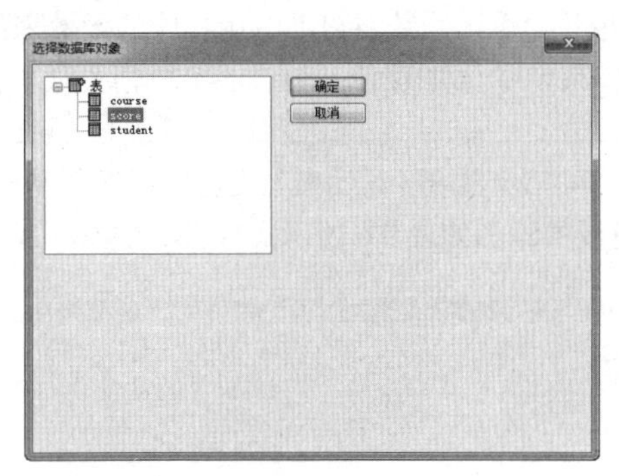


图 9.7　“选择数据库对象”对话框

（4）单击 下一步 > 按钮，进入“用户界面功能”页面，将其中的“个性化菜单行为”选项去除，单击 完成 按钮（有可能会出现“安全警告”对话框，暂不管它）。

（5）编译运行，出现错误，修改如下：

```
// #error 安全问题：连接字符串可能包含密码
// ...
CString CEx_ODBCSet::GetDefaultConnect()
{
	return _T("DSN=Database Example For VC++;DBQ=D:\\Visual C++程序\\第 9 章\\student.mdb; \
			DriverId=25;FIL=MS Access;MaxBufferSize=2048;PageTimeout=5;UID=admin;");
}
```

代码中，_T 是一个宏，可以更好地支持 Unicode 字符集。与之相关联，可在字符串前面加上 L，表示将 ANSI 字符串转换成 Unicode 的字符串。

（6）再次编译运行，结果如图 9.8 所示。

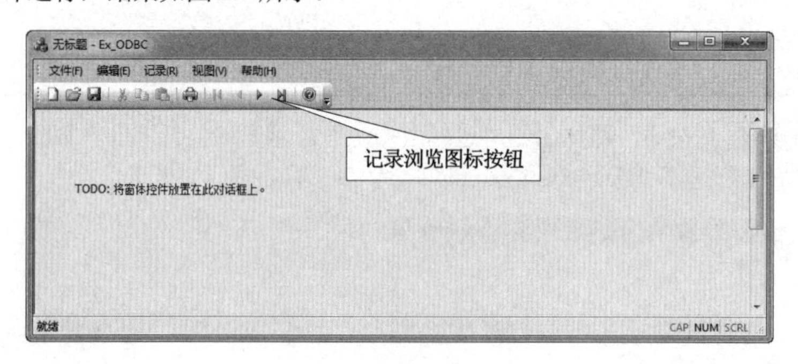


图 9.8 Ex_ODBC 运行结果

需要说明的是，“MFC 应用程序向导”创建的 Ex_ODBC 应用程序与一般单文档应用程序相比较，在类框架方面有如下几点不同：

（1）添加了一个 CEx_ODBCSet 类，它与上述过程中所选择的数据表 score 进行数据绑定，也就是说，CEx_ODBCSet 对象的操作实质上是对数据表进行操作。

（2）将 CEx_ODBCView 类的基类设置成 CRecordView。由于 CRecordView 的基类是 CFormView，因此它需要与之相关联的表单资源。

（3）在 CEx_ODBCView 类中添加了一个全局的 CEx_ODBCSet 对象指针变量 m_pSet，目的是在表单视图和记录集之间建立联系，使记录集中的查询结果能够很容易地在表单视图上显示出来。

**4. 设计浏览记录界面**

在上面的 Ex_ODBC 中，MFC 为用户自动创建了用于浏览数据表记录的工具按钮和相应的“记录”菜单项。若用户选择这些浏览记录命令，系统将自动调用相应的函数来移动数据表的当前记录位置。

若在表单视图 CEx_ODBCView 中添加控件并与表的字段相关联，就可以根据表的当前记录位置显示相应的数据。其步骤如下：

（1）打开 IDD_EX_ODBC_FORM 表单（对话框）资源，切换至网格，删除原来的静态文本控件，按照如图 9.9 所示的布局，在模板中添加如表 9.6 所示的控件（组框的 Transparent 属性要指定为 True）。

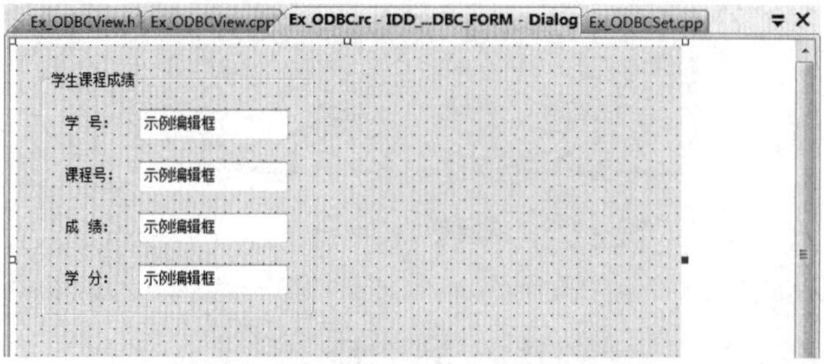

图 9.9 控件的设计

表 9.6 表单对话框控件及其属性

| 添加的控件 | ID | 标 题 | 其 他 属 性 |
|---|---|---|---|
| 编辑框（学号） | IDC_STUNO | — | 默认 |
| 编辑框（课程号） | IDC_COURSENO | — | 默认 |
| 编辑框（成绩） | IDC_SCORE | — | 默认 |
| 编辑框（学分） | IDC_CREDIT | — | 默认 |

（2）在 CEx_ODBCView::DoDataExchange 函数中添加下列代码：

```
void CEx_ODBCView::DoDataExchange(CDataExchange* pDX)
{
    CRecordView::DoDataExchange(pDX);
    DDX_FieldText( pDX, IDC_STUNO,       m_pSet->m_studentno,     m_pSet );
    DDX_FieldText( pDX, IDC_COURSENO,    m_pSet->m_course,        m_pSet );
    DDX_FieldText( pDX, IDC_SCORE,       m_pSet->m_score,         m_pSet );
    DDX_FieldText( pDX, IDC_CREDIT,      m_pSet->m_credit,        m_pSet );
}
```

需要说明的是，在 Visual C++ 6.0 中可以使用“MFC 类向导”对话框对字段变量与控件进行关联，而在 Visual Studio 2008 中更加简单，直接在 DoDataExchange 函数中添加 DDX_FieldText（编辑框）、DDX_FieldRadio（单选）、DDX_FieldCheck（复选）等相关函数的调用即可。

（3）编译运行并测试，结果如图 9.10 所示。

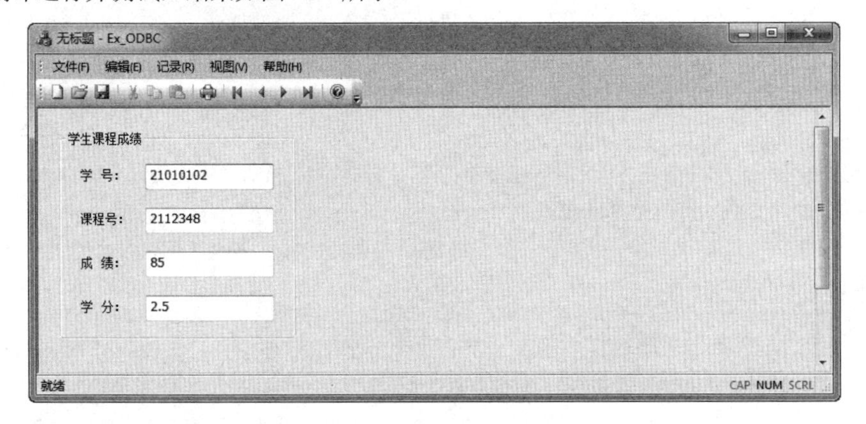


图 9.10 Ex_ODBC 最后运行结果

## 9.2.2 ODBC 数据表绑定更新

上述 MFC ODBC 应用程序框架中，数据表 score 和 CEx_ODBCSet 类进行数据绑定。但当数据表的字段更新后，例如，若用 Access 为 score 数据表再添加一个“备注”字段名 remark（文本类型，长度为 50 个字符）并关闭 Access，就需要为 Ex_ODBC 重新对数据表 score 和 CEx_ODBCSet 类进行数据绑定的更新，即要在 CEx_ODBCSet 类中为添加的字段增设变量的绑定，其步骤如下：

（1）打开 Ex_ODBCSet.h 文件，添加要与“备注”字段名相绑定的字符串变量 m_remark，代码如下：

```
public:
    CEx_ODBCSet(CDatabase* pDatabase = NULL);
    DECLARE_DYNAMIC(CEx_ODBCSet)
    ...
```

```
        CStringW        m_studentno;
        CStringW        m_course;
        float           m_score;
        float           m_credit;
        CStringW        m_remark;
```

代码中，CStringW 与 CString 功能相同，只不过 CStringW 是用于 Unicode 数据类型的字符串。类似地，CStringA 是用于 ANSI 数据类型的字符串。

（2）在 CEx_ODBCSet 构造函数中添加（修改）下列初始化代码：

```
CEx_ODBCSet::CEx_ODBCSet(CDatabase* pdb)
        : CRecordset(pdb)
{
        m_studentno         = L"";
        m_course            = L"";
        m_remark            = L"";
        m_score             = 0.0;
        m_credit            = 0.0;
        m_nFields           = 5;
        m_nDefaultType  = dynaset;
}
```

（3）在 CEx_ODBCSet::DoFieldExchange 中添加下列代码：

```
void CEx_ODBCSet::DoFieldExchange(CFieldExchange* pFX)
{
        pFX->SetFieldType(CFieldExchange::outputColumn);
        ...
        RFX_Text(pFX, _T("[studentno]"), m_studentno);
        RFX_Text(pFX, _T("[course]"), m_course);
        RFX_Single(pFX, _T("[score]"), m_score);
        RFX_Single(pFX, _T("[credit]"), m_credit);
        RFX_Text(pFX, _T("[remark]"), m_remark);
}
```

### 9.2.3 MFC 的 ODBC 类

在“MFC 应用程序向导”中创建的数据库处理的基本程序框架中，只提供了程序和数据库记录之间的关系映射，却没有操作的完整界面。如果想增加操作功能，还必须加入一些代码。这时就需要使用 MFC 提供的 ODBC 类：CDatabase（数据库类）、CRecordSet（记录集类）和 CRecordView（用于记录集的表单视图类）。其中，CDatabase 类用来提供对数据源的连接，通过它可以对数据源进行操作；CRecordView 类用来控制并显示数据库表中的记录，该视图是直接连到一个 CRecordSet 对象的表单视图。但在实际应用过程中，CRecordSet 类是用户最关心的，因为它为用户提供了对表记录进行操作的许多功能，如查询记录、添加记录、删除记录、修改记录等，并能直接为数据源中的表映射一个 CRecordSet 类对象，方便用户的操作。

**1. 动态集和快照**

CRecordSet 类对象提供了从数据源中提取出表的记录集，并提供了两种操作形式：动态集（Dynaset）和快照（Snapshot）。

**2. 查询记录**

使用 CRecordSet 类的成员变量 m_strFilter、m_strSort 和成员函数 Open 可以对表进行记录的查询和排序操作。

先来看一个示例，该示例在前面的 Ex_ODBC 的表单中添加一个编辑框和一个“查询”按钮，单击“查询”按钮，将按编辑框中的学号内容对数据表进行查询，并将查找到的记录显示在前面添加的控件中。示例的实现过程如下：

（1）打开 Ex_ODBC 应用程序的表单资源，按如图 9.11 所示的布局添加控件，其中添加的编辑框 ID 设为 IDC_EDIT_QUERY，“查询”按钮的 ID 设为 IDC_BUTTON_QUERY。

图 9.11　要添加的控件

（2）为编辑框 IDC_EDIT_QUERY 添加 Value 类型 CString 控件变量 m_strQuery。在 CEx_ODBCView 类中添加按钮 IDC_BUTTON_QUERY 的 BN_CLICKED“事件”消息的处理函数，并添加下列代码：

```
void CEx_ODBCView::OnBnClickedButtonQuery()
{
    UpdateData();
    m_strQuery.TrimLeft();
    if (m_strQuery.IsEmpty()) {
        MessageBox(L"要查询的学号不能为空！");    return;
    }
    if (m_pSet->IsOpen())
        m_pSet->Close();                // 如果记录集打开，则先关闭
    m_pSet->m_strFilter.Format(L"studentno='%s'",m_strQuery);
    // studentno 是 score 表的字段名，用来指定查询条件
    m_pSet->m_strSort = "course";       // 这里的字符串常量前可不用加 L
    // course 是 score 表的字段名，用来按 course 字段从小到大排序
    m_pSet->Open();                     // 打开记录集
    if (!m_pSet->IsEOF())               // 如果打开的记录集有记录
        UpdateData(FALSE);              // 自动更新表单中控件显示的内容
    else
        MessageBox(L"没有查到你要找的学号记录！");
}
```

代码中，m_strFilter 和 m_strSort 是 CRecordSet 的成员变量，用来执行条件查询和结果排序。其中，m_strFilter 称为“过滤字符串”，相当于 SQL 语句中 WHERE 后的条件串；而 m_strSort 称为“排序字符串”，相当于 SQL 语句中 ORDER BY 后的字符串。若字段的数据类型是文本，则需要在 m_strFilter 字符串中用单引号将查询的内容括起来；对于数字，则不需要用单引号。

需要注意的是，只有在调用 Open 函数之前设置 m_strFilter 和 m_strSort 才能保证查询和排序有效。如果有多个条件查询，则可以使用 AND、OR、NOT 来组合，例如下面的代码：

```
m_pSet->m_strFilter = "studentno>='21010101' AND studentno<='21010105'";
```

（3）编译运行并测试，结果如图 9.12 所示。

需要说明的是，如果查询的结果有多条记录，可以用 CRecordSet 类的 MoveNext（下移一个记录）、MovePrev（上移一个记录）、MoveFirst（定位到第一个记录）和 MoveLast（定位到最后一个记录）等成员函数来移动当前记录位置进行操作。

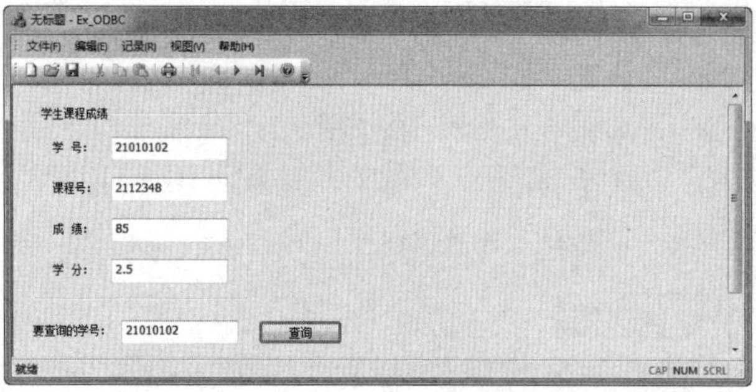

图 9.12　查询记录

### 3. 增加记录

增加记录是使用 AddNew 函数，但要求数据库必须是以“可增加”的方式打开的。下面的代码是在表的末尾增加新记录：

```
m_pSet->AddNew();                                   // 在表的末尾增加新记录
m_pSet->SetFieldNull(&(m_pSet->m_studentno), FALSE);
// 设定 m_studentno 值不为空(NULL)
m_pSet-> m_studentno = "21010503";                  // 输入新的字段值
...
m_pSet->Update();                                   // 将新记录存入数据库
m_pSet->Requery();                                  // 刷新记录集，这在快照方式下是必须的
```

### 4. 删除记录

可以直接使用 CRecordSet::Delete 函数来删除记录。需要说明的是，要使删除操作有效，还需要移动记录函数。例如下面的代码：

```
CRecordsetStatus status;
m_pSet->GetStatus(status);                          // 获取当前记录集状态
m_pSet->Delete();                                   // 删除当前记录
if (status.m_lCurrentRecord==0)                     // 若当前记录索引号为 0（0 表示第一条记录）则
        m_pSet->MoveNext();                         // 下移一个记录
else
        m_pSet->MoveFirst();                        // 移动到第一个记录处
UpdateData(FALSE);
```

### 5. 修改记录

函数 CRecordSet::Edit 可以用来修改记录，例如下面的代码：

```
m_pSet->Edit();                                     // 修改当前记录
m_pSet->m_name="刘向东";                            // 修改当前记录字段值
...
m_pSet->Update();                                   // 将修改结果存入数据库
m_pSet->Requery();
```

### 6. 撤销操作

如果用户在进行增加或者修改记录操作后，希望放弃当前操作，则在调用 CRecordSet::Update() 函数之前调用 CRecordSet::Move(AFX_MOVE_REFRESH)来撤销操作，便可恢复在增加或修改操作之前的当前记录。

## 9.3 MFC ODBC 应用编程

下面从显示记录总数和当前记录号、编辑记录、字段操作、多表处理等几个方面来讨论数据库编

程的方法和技巧。

## 9.3.1　显示记录总数和当前记录号

在 Ex_ODBC 的记录浏览过程中，用户并不能知道表中的记录总数及当前的记录位置，这就造成了交互的不完善，因此，必须将这些信息显示出来。这时就需要使用 CRecordSet 类的成员函数 GetRecordCount 和 GetStatus，它们分别用来获得表中的记录总数和当前记录的索引，其原型如下：

```
long GetRecordCount( ) const;
void GetStatus( CRecordsetStatus& rStatus ) const;
```

其中，参数 rStatus 是指向下列 CRecordsetStatus 结构的对象：

```
struct CRecordsetStatus
{
    long m_lCurrentRecord;                    // 当前记录的索引，0 表示第一个记录，
    // 1 表示第二个记录，以此类推。但-1 表示在第一个记录之前，-2 表示不确定。
    BOOL m_bRecordCountFinal;                 // 记录总数是否为最终结果
};
```

需要注意的是，GetRecordCount 函数所返回的记录总数在表打开时或调用 Requery 函数后是不确定的，因而必须执行下列的代码才能获得最终有效的记录总数：

```
while (!m_pSet->IsEOF())    {
    m_pSet->MoveNext();
    m_pSet->GetRecordCount();
}
```

下面的示例过程将实现显示记录信息的功能。

（1）打开应用程序 Ex_ODBC。在 MainFrm.cpp 文件中，向原来的 indicators 数组添加一个元素，用来在状态栏上增加一个窗格，修改的结果如下：

```
static UINT indicators[] =
{
    ID_SEPARATOR,                             // 第一个信息行窗格
    ID_SEPARATOR,                             // 第二个信息行窗格
    ID_INDICATOR_CAPS,
    ID_INDICATOR_NUM,
    ID_INDICATOR_SCRL,
};
```

（2）为 CEx_ODBCView 类添加 OnCommand 虚函数的“重写”（重载），并添加下列代码：

```
BOOL CEx_ODBCView::OnCommand(WPARAM wParam, LPARAM lParam)
{
    CString str;
    CMainFrame* pFrame = (CMainFrame*)AfxGetApp()->m_pMainWnd;
    CMFCStatusBar* pStatus = &pFrame->m_wndStatusBar;
    if (pStatus){
        CRecordsetStatus rStatus;
        m_pSet->GetStatus(rStatus);           // 获得当前记录信息
        str.Format(L"当前记录:%d/总记录:%d",1+rStatus.m_lCurrentRecord,
        m_pSet->GetRecordCount());
        pStatus->SetPaneText(1,str);          // 更新第二个窗格的文本
    }
    return CRecordView::OnCommand(wParam, lParam);
}
```

该函数先获得状态栏对象的指针，然后调用 SetPaneText 函数更新第二个窗格的文本。在 VS 2008 的 MFC 类中，状态栏 CStatusBar 类由 CMFCStatusBar 类替代，虽然用法和很多成员函数相似（相同），

但它的功能（支持颜色、字体、图标等）更加丰富。类似的还有 CMFCToolBar、CMFCMenuBar 等。

（3）在 CEx_ODBCView 的 OnInitialUpdate 函数处添加下列代码：

```
void CEx_ODBCView::OnInitialUpdate()
{
	m_pSet = &GetDocument()->m_ex_ODBCSet;
	CRecordView::OnInitialUpdate();                    // 视图更新并初始化
	GetParentFrame()->RecalcLayout();                  // 视图所在的父窗口重新调整外观
	ResizeParentToFit();                               // 根据视图的尺寸重新调整父窗口的大小
	while (!m_pSet->IsEOF()){
		m_pSet->MoveNext();
		m_pSet->GetRecordCount();
	}
	m_pSet->MoveFirst();
}
```

（4）在 Ex_ODBCView.cpp 文件的开始处添加下列语句：

```
#include "Ex_ODBCDoc.h"
#include "Ex_ODBCView.h"
#include "MainFrm.h"
```

（5）将 MainFrm.h 文件中的保护型变量 m_wndStatusBar 变成公共（public）变量：

```
protected:  // 控件条嵌入成员
	CMFCMenuBar            m_wndMenuBar;
	CMFCToolBar            m_wndToolBar;
public:
	CMFCStatusBar          m_wndStatusBar;
protected:
	CMFCToolBarImages      m_UserImages;
```

（6）编译运行并测试，结果如图 9.13 所示。

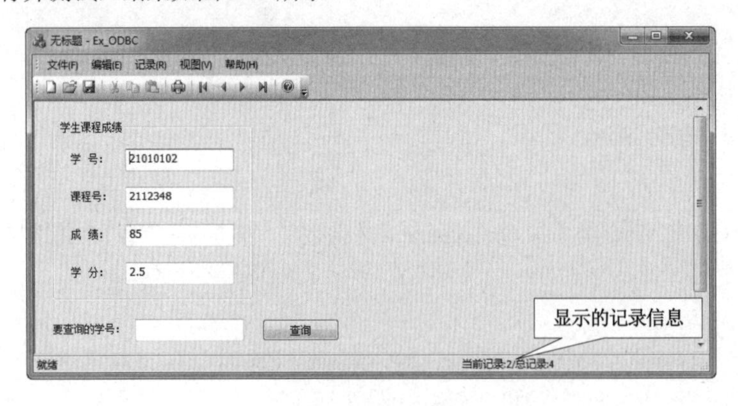


图 9.13　显示记录信息

## 9.3.2　编辑记录

CRecordSet 类为用户提供了编辑记录所需要的成员函数，但在编程时应注意控件与字段数据成员的相互影响。

在 MFC 创建的数据库处理的应用程序框架中，表的字段总是和系统定义的默认数据成员相关联的，如表 score 中的字段 studentno 与 CEx_ODBCSet 指针对象 m_pSet 的 m_studentno 相关联。而且，在表单视图 CEx_ODBCView 中添加用于记录内容显示的一些控件，在定义其控件变量时，使用的也是 m_pSet 中的成员变量。例如，编辑框 IDC_STUNO 定义的控件变量是 m_pSet 的 m_studentno。虽然，共用同一个成员变量能简化编程，但有时也给编程带来不便，因为稍不留神就会产生误操作。例如，下面的代码用来增加一条记录：

```
m_pSet->AddNew();                    // 在表的末尾增加新记录
UpdateData(TRUE);                    // 将控件中的数据传给字段数据成员
m_pSet->Update();                    // 将新记录存入数据库
m_pSet->MoveLast();                  // 将当前记录位置定位到最后一个记录
UpdateData(FALSE);                   // 将字段数据成员的数据传给控件，即在控件中显示
```

由于增加和显示记录在同一个界面中出现，容易造成误操作。因此，在修改和添加记录数据之前，往往设计一个对话框用以获得所需要的数据，然后用该数据进行当前记录的编辑。这样就能避免它们相互影响，且保证代码的相对独立性。

作为示例，下面的过程是在 Ex_ODBC 的表单视图中增加 3 个按钮："添加"、"修改"和"删除"，如图 9.14 所示。单击"添加"或"修改"按钮都将弹出一个如图 9.15 所示的对话框，在该对话框中对数据进行编辑后，单击[确定]按钮使操作有效。

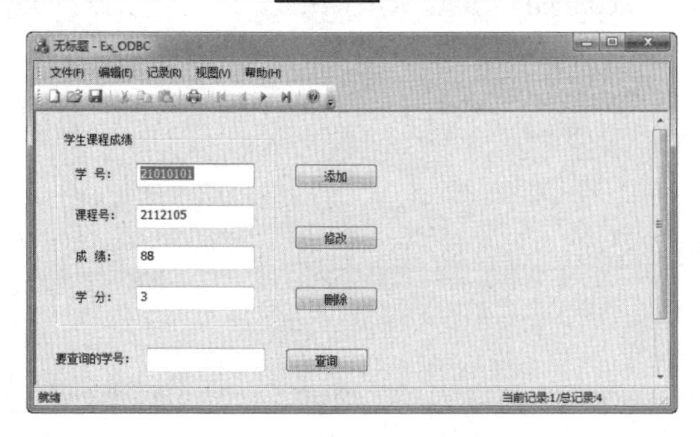

图 9.14　Ex_ODBC 的记录编辑　　　　图 9.15　"学生课程成绩表"对话框

（1）将工作区窗口切换到"资源视图"页面，打开表单（对话框）资源 IDD_EX_ODBC_FORM 及模板网格。参照图 9.14，向表单资源模板中添加 3 个按钮："添加"（IDC_REC_ADD）、"修改"（IDC_REC_EDIT）和"删除"（IDC_REC_DEL）。

（2）添加一个对话框资源，在"属性"窗口中将 ID 改为 IDD_SCORE_TABLE，Caption（标题）设为"学生课程成绩表"。

（3）打开对话框资源模板网格，参照图 9.15，将表单中的控件复制到对话框中。复制时先选中 IDD_EX_ODBC_FORM 表单资源模板"学生课程成绩表"组框中的所有控件，然后按 Ctrl+C 组合键，打开对话框 IDD_SCORE_TABLE 资源，按 Ctrl+V 快捷键即可。

（4）微调控件布局，将"确定"和"取消"移至右侧，调整对话框大小（238 x 127），添加竖直蚀刻线。

（5）双击对话框模板空白处或右击后从弹出的快捷菜单中选择"添加类"命令，为对话框资源 IDD_SCORE_TABLE 创建一个基于 CDialog 的对话框类 CScoreDlg。依次为如表 5.6 所示控件添加成员变量。

表 9.7　控件变量

| 控件 ID 号 | 变量类别 | 变量类型 | 变量名 | 范围和大小 |
|---|---|---|---|---|
| IDC_STUNO | Value | CString | m_strStudentNO | 20 |
| IDC_COURSENO | Value | CString | m_strCourseNO | 20 |
| IDC_SCORE | Value | float | m_fScore | 0.0～100.0 |
| IDC_CREDIT | Value | float | m_fCredit | 0.0～20.0 |

（6）为 CScoreDlg 类添加 IDOK 按钮的 BN_CLICKED“事件”消息的处理映射，并添加下列代码：

```
void CScoreDlg:: OnBnClickedOk ()
{
	UpdateData();
	m_strStudentNO.TrimLeft();
	m_strCourseNO.TrimLeft();
	if (m_strStudentNO.IsEmpty())
		MessageBox(L"学号不能为空！");
	else
		if (m_strCourseNO.IsEmpty())
			MessageBox(L"课程号不能为空！");
		else
			OnOK();
}
```

（7）为 CEx_ODBCView 类中的 3 个按钮 IDC_REC_ADD、IDC_REC_EDIT 和 IDC_REC_DEL 添加 BN_CLICKED“事件”消息的处理映射，并添加下列代码：

```
void CEx_ODBCView::OnBnClickedRecAdd ()
{
	CScoreDlg dlg;
	if (dlg.DoModal()==IDOK){
		m_pSet->AddNew();
		m_pSet->m_course	= dlg.m_strCourseNO;
		m_pSet->m_studentno	= dlg.m_strStudentNO;
		m_pSet->m_score		= dlg.m_fScore;
		m_pSet->m_credit	= dlg.m_fCredit;
		m_pSet->Update();
		m_pSet->Requery();
	}
}
void CEx_ODBCView::OnBnClickedRecEdit ()
{
	CScoreDlg dlg;
	dlg.m_strCourseNO	= m_pSet->m_course;
	dlg.m_strStudentNO	= m_pSet->m_studentno;
	dlg.m_fScore		= m_pSet->m_score;
	dlg.m_fCredit		= m_pSet->m_credit;
	if (dlg.DoModal()==IDOK)	{
		m_pSet->Edit();
		m_pSet->m_course	= dlg.m_strCourseNO;
		m_pSet->m_studentno	= dlg.m_strStudentNO;
		m_pSet->m_score		= dlg.m_fScore;
		m_pSet->m_credit	= dlg.m_fCredit;
		m_pSet->Update();
		UpdateData(FALSE);
	}
}
void CEx_ODBCView::OnBnClickedRecDel ()
{
	CRecordsetStatus status;
	m_pSet->GetStatus(status);
	m_pSet->Delete();
	if (status.m_lCurrentRecord==0)
```

```
            m_pSet->MoveNext();
        else
            m_pSet->MoveFirst();
        UpdateData(FALSE);
    }
```

（8）在 Ex_ODBCView.cpp 文件的开始处添加下列语句：

```
#include "MainFrm.h"
#include "ScoreDlg.h"
```

（9）编译运行并测试。

### 9.3.3　字段操作

在前面的示例中，虽然通过 CRecordSet 对象中的字段关联变量可以直接访问当前记录的相关字段值，但在处理多个字段时就不太方便了。CRecordSet 类中的成员变量 m_nFields（用于保存数据表的字段个数）和成员函数 GetODBCFieldInfo 及 GetFieldValue 可以简化多字段的访问操作。

GetODBCFieldInfo 函数用来获取数据表中的字段信息，其函数原型如下：

```
void GetODBCFieldInfo( short nIndex, CODBCFieldInfo& fieldinfo );
```

其中，nIndex 用于指定字段索引号，0 表示第一个字段，1 表示第二个字段，以此类推；fieldinfo 是 CODBCFieldInfo 结构参数，用来表示字段信息。CODBCFieldInfo 结构如下：

```
struct CODBCFieldInfo
{
    CString m_strName;                  // 字段名
    SWORD m_nSQLType;                   // 字段的 SQL 数据类型
    UDWORD m_nPrecision;                // 字段的文本大小或数据大小
    SWORD m_nScale;                     // 字段的小数点位数
    SWORD m_nNullability;               // 字段接受空值（NULL）能力
};
```

结构中，SWORD 和 UDWORD 分别表示 short int 和 unsigned long int 数据类型。

GetFieldValue 函数用来获取数据表当前记录中指定字段的值，其最常用的函数原型如下：

```
void GetFieldValue( short nIndex, CString& strValue );
```

其中，nIndex 用于指定字段索引号；strValue 用来返回字段的内容。

下面来看一个示例，该示例用列表视图来显示前面课程信息表的内容。在开始这个示例之前，先用 Microsoft Access 为数据库 Student.mdb 添加一个数据表 course，如表 9.8 所示。表中第一部分是数据表的记录内容，第二部分是数据表的结构内容。需要说明的是，上述字段名最好不要用中文，且一般不能为 SQL 的关键字 no、class、open 等，以避免运行结果出现难以排除的错误。

**表 9.8　课程信息表（course）及其表结构**

| 课程号（courseno） | 所属专业（special） | 课程名（coursename） | 课程类型（coursetype） | 开课学期（openterm） | 课时数（hours） | 学分（credit） |
|---|---|---|---|---|---|---|
| 2112105 | 机械工程及其自动化 | C 语言程序设计 | 专修 | 3 | 48 | 3 |
| 2112348 | 机械工程及其自动化 | AutoCAD | 选修 | 6 | 51 | 2.5 |
| 2121331 | 电气工程及其自动化 | 计算机图形学 | 方向 | 5 | 72 | 3 |
| 2121344 | 电气工程及其自动化 | Visual C++程序设计 | 通修 | 4 | 60 | 3 |

| 序　号 | 字段名称 | 数据类型 | 字段大小 | 小数位 | 字段含义 |
|---|---|---|---|---|---|
| 1 | courseno | 文本 | 7 | — | 课程号 |
| 2 | special | 文本 | 50 | — | 所属专业 |

续表

| 序　号 | 字段名称 | 数据类型 | 字段大小 | 小数位 | 字段含义 |
|---|---|---|---|---|---|
| 3 | coursename | 文本 | 50 | — | 课程名 |
| 4 | coursetype | 文本 | 10 | — | 课程类型 |
| 5 | openterm | 数字 | 字节 | — | 开课学期 |
| 6 | hours | 数字 | 字节 | — | 课时数 |
| 7 | credit | 数字 | 单精度 | 1 | 学分 |

【例 Ex_Field】　字段的编程操作。

（1）用“MFC 应用程序向导”创建一个**精简**的单文档应用程序 Ex_Field。在向导“数据库支持”页面中，选中“仅支持头文件”以及“ODBC”客户端类型；在“生成的类”页面中，将 CEx_FieldView 的基类选为 CListView。

（2）选择“项目”→“添加类”菜单命令，弹出“添加类”对话框；在“类别”中选定 MFC，在“模板”中选中 MFC ODBC 使用者，单击 添加(A) 按钮，弹出“MFC ODBC 使用者向导”对话框；单击 数据源(S)... 按钮，将弹出的“选择数据源”对话框切换到“机器数据源”页面，从中选择前面创建的 ODBC 数据源“Database Example For VC++”，单击 确定 按钮，弹出“登录”对话框；不做任何输入，单击 确定 按钮，弹出“选择数据库对象”对话框，从中选择表 course。单击 确定 按钮，又回到了如图 9.16 所示“MFC ODBC 使用者向导”对话框页面。输入“类名”为 CCourseSet，如图 9.16 所示。

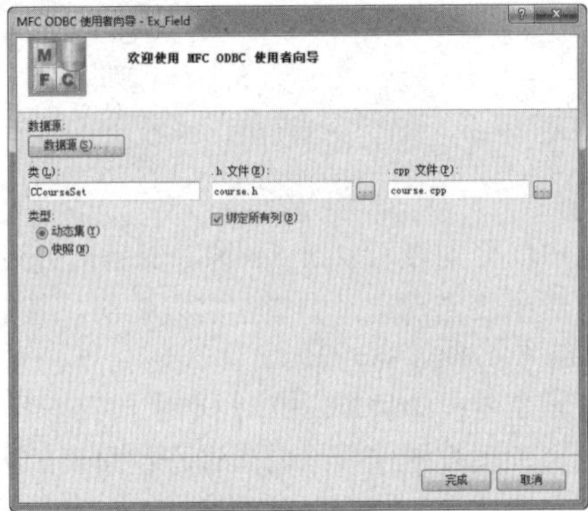

图 9.16　定义新的 CRecordSet 派生类

（3）保留其他默认选项，单击 完成 按钮。此时编译运行，出现错误，修改如下：

```
// #error 安全问题：连接字符串可能包含密码
// ...
CString CCourseSet::GetDefaultConnect()
{
	return _T("DSN=Database Example For VC++;DBQ=D:\\Visual C++程序\\第 9 章\\student.mdb; \
			DriverId=25;FIL=MS Access;MaxBufferSize=2048;PageTimeout=5;UID=admin;");
}
```

（4）在 CEx_FieldView::PreCreateWindow 函数中添加修改列表视图风格的代码：

```
BOOL CEx_FieldView::PreCreateWindow(CREATESTRUCT& cs)
{
	cs.style &= ~LVS_TYPEMASK;
	cs.style |= LVS_REPORT;                              // 报表方式
	return CListView::PreCreateWindow(cs);
}
```

（5）在 CEx_FieldView::OnInitialUpdate 函数中添加下列代码：

```
void CEx_FieldView::OnInitialUpdate()
{
	CListView::OnInitialUpdate();
	CListCtrl& m_ListCtrl = GetListCtrl();				// 获取内嵌在列表视图中的列表控件
	CCourseSet cSet;
	cSet.Open();									// 打开记录集
	CODBCFieldInfo field;
	// 创建列表头
	for (UINT i=0; i<cSet.m_nFields; i++)	{
		cSet.GetODBCFieldInfo( i, field );
		m_ListCtrl.InsertColumn(i,field.m_strName,LVCFMT_LEFT,100);
	}
	// 添加列表项
	int nItem = 0;
	CString str;
	while (!cSet.IsEOF()){
		for (UINT i=0; i<cSet.m_nFields; i++) {
			cSet.GetFieldValue(i, str);
			if ( i == 0)		m_ListCtrl.InsertItem( nItem, str );
			else			m_ListCtrl.SetItemText( nItem, i, str );
		}
		nItem++;
		cSet.MoveNext();
	}
	cSet.Close();									// 关闭记录集
}
```

（6）在 Ex_FieldView.cpp 文件的前面添加 CCourseSet 类的头文件包含：

```
#include "Ex_FieldDoc.h"
#include "Ex_FieldView.h"
#include "course.h"
```

（7）编译运行，结果如图 9.17 所示。需要说明的是，当为数据源中的某个数据表映射一个 CRecordSet 类时，该类对象一定要先调用 CRecordSet::Open 成员函数，才能访问该数据表的记录集，访问后还须调用 CRecordSet::Close 成员函数关闭记录集。

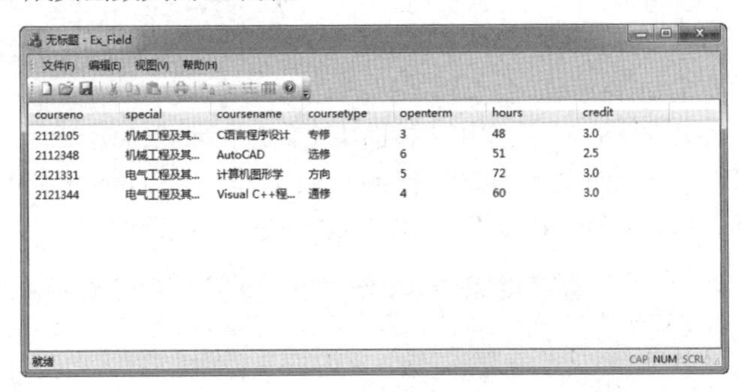


图 9.17　Ex_Field 运行结果

## 9.3.4　多表处理

数据库中表与表之间往往存在着一定的关系，例如，要显示一个学生的课程成绩信息，包括学号、姓名、课程号、课程所属专业、课程名称、课程类别、开课学期、课时数、学分、成绩，则要涉及前面的学生课程成绩表、课程表以及学生基本信息表（其中的学生基本信息表可参见表 9.9，表中第一部分是数据表的记录内容，第二部分是数据表的结构内容）。

**表 9.9 学生基本信息表（student）及其表结构**

| 姓名（studentname） | 学号（studentno） | 性别（xb） | 出生年月（birthday） | 专业（special） |
|---|---|---|---|---|
| 李明 | 21010101 | true | 1985-1-1 | 电气工程及其自动化 |
| 王玲 | 21010102 | false | 1985-1-1 | 电气工程及其自动化 |
| 张芳 | 21010501 | false | 1985-1-1 | 机械工程及其自动化 |
| 陈涛 | 21010502 | true | 1985-1-1 | 机械工程及其自动化 |

| 序　号 | 字段名称 | 数据类型 | 字段大小 | 小数位 | 字段含义 |
|---|---|---|---|---|---|
| 1 | studentname | 文本 | 20 | | 姓名 |
| 2 | studentno | 文本 | 10 | | 学号 |
| 3 | xb | 是/否 | | | 性别 |
| 4 | birthday | 日期/时间 | | | 出生年月 |
| 5 | special | 文本 | 50 | | 专业 |

下面的示例是在一个对话框中用两个控件来进行学生课程成绩信息的相关操作，如图 9.18 所示，左边是树视图，用来显示学生成绩、专业和班级号三个层次信息；单击班级号，所有该班级的学生课程成绩信息将在右边的列表视图中显示出来。在开始这个示例之前，先用 Microsoft Access 为数据库 Student.mdb 添加一个如表 9.9 所示的数据表 student。

**【例 Ex_Student】** 多表处理。

（1）创建并设计支持数据库的对话框应用程序。

① 用“MFC 应用程序向导”创建一个默认的基于对话框的应用程序 Ex_Student。

② 在对话框资源模板中，删除“取消”按钮和默认的静态文本控件。显示网格，调整对话框大小（395 x 131），将对话框的 Caption（标题）属性改为“处理多表”，将“确定”按钮的 Caption（标题）属性改为“退出”。

③ 参照图 9.18 控件布局，向对话框模板左侧添加一个树控件，调整其位置和大小（114 x 96）；在其“属性”窗口中，将 Has Buttons、Has Lines 和 Always Show Selection 属性设为 True。

④ 向对话框模板右侧添加一个列表控件，在其“属性”窗口中，将 View 属性选为 Report。

⑤ 为 CEx_StudentDlg 类添加树控件的 Control“类别”的控件变量 m_treeCtrl，添加列表控件的 Control“类别”的控件变量 m_listCtrl。

⑥ 在 stdafx.h 文件中添加 ODBC 数据库支持的头文件包含#include <afxdb.h>。

⑦ 用“MFC ODBC 使用者向导”为数据表 student、course 和 score 分别创建 CRecordSet 派生类 CStudentSet、CCourseSet 和 CScoreSet。同时，按前面的方法修改出现的编译错误。

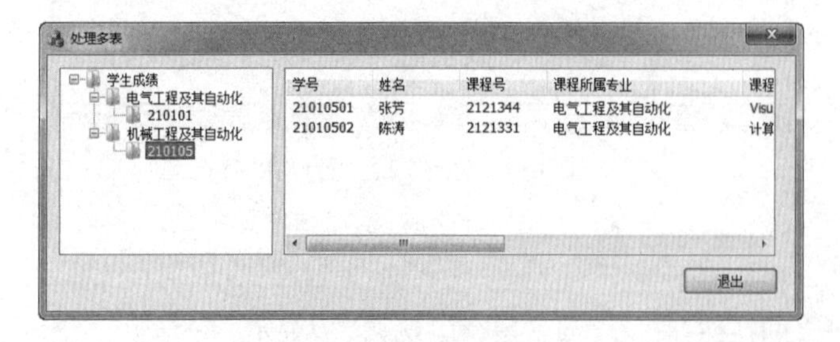


图 9.18 Ex_Student 运行结果

（2）完善左侧树控件的代码。

① 为 CEx_StudentDlg 类添加一个成员函数 FindTreeItem，用来查找指定节点下是否有指定节点文本的子节点，该函数的代码如下：

```
HTREEITEM CEx_StudentDlg::FindTreeItem(HTREEITEM hParent, CString str)
{
	HTREEITEM hNext;
	CString strItem;
	hNext = m_treeCtrl.GetChildItem( hParent);
	while (hNext != NULL)	{
		strItem = m_treeCtrl.GetItemText( hNext );
		if ( strItem == str )		return hNext;
		else	hNext = m_treeCtrl.GetNextItem( hNext, TVGN_NEXT );
	}
	return NULL;
}
```

② 为 CEx_StudentDlg 类添加一个 CImageList 成员变量 m_ImageList。

③ 在 CEx_StudentDlg::OnInitDialog 中添加下列代码：

```
BOOL CEx_StudentDlg::OnInitDialog()
{
	...
	SetIcon(m_hIcon, FALSE);					// 设置小图标
	m_ImageList.Create(16, 16, ILC_COLOR8 | ILC_MASK, 2, 1);
	m_ImageList.SetBkColor( RGB( 255,255,255 ));		// 消除图标黑色背景
	m_treeCtrl.SetImageList( &m_ImageList, TVSIL_NORMAL );
	SHFILEINFO fi;						// 定义一个文件信息结构变量
	SHGetFileInfo(L"C:\\Windows", 0, &fi, sizeof(SHFILEINFO),
		SHGFI_ICON | SHGFI_SMALLICON);			// 获取文件夹图标
	m_ImageList.Add( fi.hIcon );
	SHGetFileInfo(L"C:\\Windows", 0, &fi, sizeof(SHFILEINFO),
		SHGFI_ICON | SHGFI_SMALLICON | SHGFI_OPENICON);	// 获取打开文件夹图标
	m_ImageList.Add( fi.hIcon );
	HTREEITEM hRoot, hSpec, hClass;
	hRoot = m_treeCtrl.InsertItem(L"学生成绩",0,1);
	CStudentSet sSet;
	sSet.m_strSort = "special";					// 按专业排序
	sSet.Open();
	while (!sSet.IsEOF()) {
		// 查找是否有重复的专业节点
		hSpec = FindTreeItem( hRoot, sSet.m_special);
		if (hSpec == NULL)				// 若没有重复的专业节点
			hSpec = m_treeCtrl.InsertItem( sSet.m_special, 0, 1, hRoot);
		// 查找是否有重复的班级节点
		hClass = FindTreeItem( hSpec, sSet.m_studentno.Left(6));
		if (hClass == NULL)				// 若没有重复的班级节点
			hClass = m_treeCtrl.InsertItem(sSet.m_studentno.Left(6), 0, 1, hSpec);
		sSet.MoveNext();
	}
	sSet.Close();
	return TRUE;	// 除非将焦点设置到控件，否则返回 TRUE
}
```

④ 在 Ex_StudentDlg.cpp 文件的前面添加记录集类的包含文件，如下面的代码：

```
#include "Ex_StudentDlg.h"
#include "StudentSet.h"
#include "ScoreSet.h"
#include "CourseSet.h"
```

⑤ 编译并运行，结果如图 9.19 所示。

图 9.19 Ex_Student 第一次运行结果

（3）完善右侧列表控件的代码。

① 在 CEx_StudentDlg::OnInitDialog 函数中再添加代码，用来创建列表标题头：

```
BOOL CEx_StudentDlg::OnInitDialog()
{	...
	sSet.Close();
	// 设置列表头
	CString strHeader[]={L"学号",L"姓名",L"课程号",L"课程所属专业",
		L"课程名称",L"课程类别",L"开课学期",L"课时数",L"学分",L"成绩"};
	int nLong[] = {80, 80, 80, 180, 180, 80, 80, 80, 80, 80};
	for (int nCol=0; nCol<sizeof(strHeader)/sizeof(CString); nCol++)
		m_listCtrl.InsertColumn(nCol,strHeader[nCol],LVCFMT_LEFT,nLong[nCol]);
	return TRUE;  // 除非将焦点设置到控件，否则返回 TRUE
}
```

② 为 CEx_StudentDlg 类添加一个成员函数 DispScoreAndCourseInfo，用来根据指定的条件在列表控件中以报表形式显示学生成绩的所有信息，该函数的代码如下：

```
void CEx_StudentDlg::DispScoreAndCourseInfo(CString strFilter)
{
	m_listCtrl.DeleteAllItems();						// 删除所有的列表项
	CScoreSet sSet;
	sSet.m_strFilter = strFilter;						// 设置过滤条件
	sSet.Open();									// 打开 score 表
	int nItem = 0;
	CString str;
	while (!sSet.IsEOF())	{
		m_listCtrl.InsertItem( nItem, sSet.m_studentno);		// 插入学号
		// 根据 score 表中的 studentno(学号)获取 student 表中的"姓名"
		CStudentSet uSet;
		uSet.m_strFilter.Format(L"studentno='%s'", sSet.m_studentno);
		uSet.Open();
		if (!uSet.IsEOF())
			m_listCtrl.SetItemText( nItem, 1, uSet.m_studentname);
		uSet.Close();
		m_listCtrl.SetItemText( nItem, 2, sSet.m_course);
		// 根据 score 表中的 course(课程号)获取 course 表中的课程信息
		CCourseSet cSet;
```

```
            cSet.m_strFilter.Format(L"courseno='%s'", sSet.m_course);
            cSet.Open();
            UINT i = 7;
            if (!cSet.IsEOF())  {
                for (i=1; i<cSet.m_nFields; i++) {
                    cSet.GetFieldValue(i, str);                    // 获取指定字段值
                    m_listCtrl.SetItemText( nItem, i+2, str);
                }
            }
            cSet.Close();
            str.Format(L"%0.1f", sSet.m_score);
            m_listCtrl.SetItemText( nItem, i+2, str);
            sSet.MoveNext();
            nItem++;
        }
        if (sSet.IsOpen())
            sSet.Close();
}
```

③ 编译并运行，结果如图 9.20 所示。

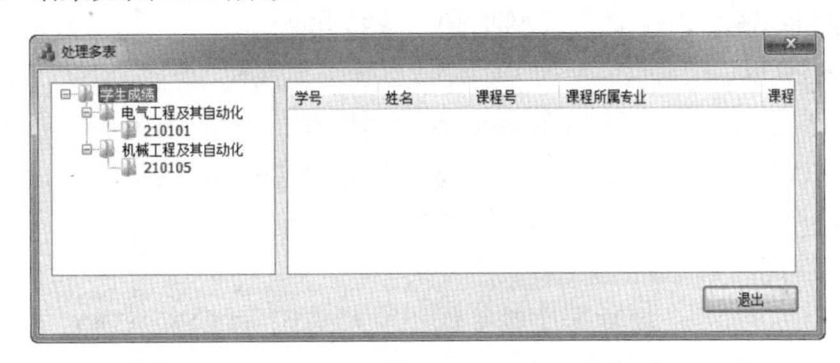


图 9.20　Ex_Student 第二次运行结果

（4）完善两个控件的关联代码。从图 9.20 中可以看出，学生成绩还没有显示出来，下面将实现单击左侧树控件中的班级号，在右侧的视图中显示该班级的所有学生成绩信息。

① 为 CEx_StudentDlg 类添加树控件 TVN_SELCHANGED“消息”处理函数，并添加下列代码：

```
void CEx_StudentDlg:: OnTvnSelchangedTree1 (NMHDR* pNMHDR, LRESULT* pResult)
{
    LPNMTREEVIEW pNMTreeView = reinterpret_cast<LPNMTREEVIEW>(pNMHDR);
    HTREEITEM hSelItem = pNMTreeView->itemNew.hItem;          // 获取当前选择的节点
    // 如果当前的节点没有子节点，那说明该节点是班级号节点
    if (m_treeCtrl.GetChildItem(hSelItem) == NULL)
    {
        CString strSelItem, str;
        strSelItem = m_treeCtrl.GetItemText( hSelItem );
        str.Format(L"studentno LIKE '%s%%'", strSelItem.Left(6));
        DispScoreAndCourseInfo(str);
    }
    *pResult = 0;
}
```

代码中，调用 DispScoreAndCourseInfo 函数是用来根据数据表（记录集）打开的过滤条件在列表控件中显示记录。str 是类似“studentno LIKE 210101%”这样的内容，它使所有学号前面是 210101 的记录被打开。%是 SQL 使用的通配符，由于%也是 Visual C++格式前导符，**所以在代码中需要两个%。**

② 编译运行并测试，结果如图 9.18 所示。

# 9.4 ADO 数据库编程

ADO 最主要的优点是易于使用、速度快、内存开销小，它使用最少的网络流量，并且在前端和数据源之间使用最少的层数，它是一个轻量、高性能的接口。ADO 实际上就是由一组 Automation 对象构成的组件，因此可以像使用其他任何 Automation 对象一样使用 ADO。ADO 中最重要的对象有三个：Connection、Command 和 Recordset，它们分别表示“连接”对象、“命令”对象和“记录集”对象。

## 9.4.1 ADO 编程的一般过程

在 MFC 应用程序中使用 ADO 操作数据库的一般过程是：

① 添加对 ADO 的支持；

② 创建一个数据源连接；

③ 对数据源中的数据库进行操作；

④ 关闭数据源。

这里先来介绍添加对 ADO 的支持以及数据源的连接和关闭。

### 1. 添加对 ADO 的支持

ADO 编程有 3 种方式：使用预处理指令#import、使用 MFC 中的 CIDispatchDriver 和直接使用 COM 提供的 API。这 3 种方式中，第 1 种最为简便，故这里采用这种方法。

下面以一个示例过程来说明在 MFC 应用程序中添加对 ADO 的支持。

**【例 Ex_ADO】** 添加对 ADO 的支持。

（1）用“MFC 应用程序向导”创建一个**精简**的单文档应用程序 Ex_ADO。在“生成的类”页面中，将 CEx_ADOView 的基类选为 CListView，以便更好地显示和操作数据表中的记录。

（2）在 CEx_ADOView::PreCreateWindow 函数中添加下列代码，用来设置列表视图内嵌列表控件的风格：

```
BOOL CEx_ADOView::PreCreateWindow(CREATESTRUCT& cs)
{
	cs.style |= LVS_REPORT;		// 报表风格
	return CListView::PreCreateWindow(cs);
}
```

（3）在 stdafx.h 文件中添加对 ADO 支持的代码：

```
#include <afxcontrolbars.h>		// 功能区和控件条的 MFC 支持
#import "C:\Program Files\Common Files\System\ADO\msado15.dll" \
no_namespace rename("EOF", "adoEOF")
#include <icrsint.h>
```

代码中，预编译命令#import 是编译器将此命令中所指定的动态链接库文件引入程序中，并从动态链接库文件中抽取出其中的对象和类的信息。icrsint.h 文件包含了 Visual C++扩展的一些预处理指令、宏等的定义，用于与数据库数据绑定。

（4）在 CEx_ADOApp::InitInstance 函数中添加下列代码，用来对 ADO 的 COM 环境进行初始化：

```
BOOL CEx_ADOApp::InitInstance()
{	…
	// 初始化 OLE 库
	…
	::CoInitialize(NULL);
	AfxEnableControlContainer();
```

```
    …
}
```

（5）在 Ex_ADOView.h 文件中为 CEx_ADOView 定义 3 个 ADO 对象指针变量：

```
public:
    _ConnectionPtr      m_pConnection;
    _RecordsetPtr       m_pRecordset;
    _CommandPtr         m_pCommand;
```

代码中，_ConnectionPtr、_RecordsetPtr 和_CommandPtr 分别是 ADO 对象 Connection、Recordset 和 Command 的智能指针类型。

**2. 连接数据源**

只有建立了与数据库服务器的连接后，才能进行其他有关数据库的访问和操作。ADO 使用 Connection 对象来建立与数据库服务器的连接，它相当于 MFC 中的 CDatabase 类。和 CDatabase 类一样，调用 Connection 对象的 Open 方法即可建立与服务器的连接。

```
HRESULT Connection::Open(_bstr_t ConnectionString, _bstr_t UserID,
                         _bstr_t Password, long Options )
```

其中，ConnectionString 为连接字串；UserID 为用户名；Password 为登录密码；Options 为选项，通常用于设置同步和异步等方式；_bstr_t 是一个 COM 类，用于字符串 BSTR（用于 Automation 的宽字符）操作。

需要说明的是，正确设置 ConnectionString 是连接数据源的关键。不同的数据源，其连接字串有所不同，见表 9.10。例如，若连接本地当前目录中的 Access 数据库文件 student.mdb，则有：

```
m_pConnection->Open("Provider=Microsoft.Jet.OLEDB.4.0; Data Source=student.mdb;","","",0);
```

或者，先设置 Connection 对象的 ConnectionString 属性，然后调用 Open 方法：

```
m_pConnection->ConnectionString="Provider=Microsoft.Jet.OLEDB.4.0; Data Source=student.mdb;";
m_pConnection->Open("","","",0);
```

再如，若连接 ODBC 数据源为“Database Example For VC++”的数据库，则有：

```
m_pConnection->ConnectionString = "DSN=Database Example For VC++";
m_pConnection->Open("","","",0);
```

表 9.10　Connection 对象的连接字符串格式

| 数 据 源 | 格　式 |
|---|---|
| ODBC | "[Provider=MSDASQL;] {DSN = name \| FileDSN = filename}; [DATABASE=database;] UID = user; PWD = password" |
| Access 数据库 | "Provider = Microsoft.Jet.OLEDB.4.0; Data Source = databaseName; User ID = userName; Password = userPassWord" |
| Oracle 数据库 | "Provider = MSDAORA; Data Sourse = serverName; User ID = userName; Password = userPassword;" |
| MS SQL 数据库 | "Provider = SQLOLEDB; Data Source = serverName; Initial Catalog = databaseName; User ID = user; Password = userPassword;" |

注：格式字符串中，“[]”为可选项，“{}”为必选项，且等于符号“=”两边不应有空格符。

这样，在 CEx_ADOView::OnInitialUpdate 函数中添加下列数据源连接代码：

```
void CEx_ADOView::OnInitialUpdate()
{
    CListView::OnInitialUpdate();
    m_pConnection.CreateInstance(__uuidof(Connection));     //初始化 Connection 指针
    m_pRecordset.CreateInstance(__uuidof(Recordset));       //初始化 Recordset 指针
    m_pConnection->ConnectionString = "DSN=Database Example For VC++";
    m_pConnection->Open("","","",0);
}
```

**3. 关闭连接**

在 CEx_ADOView 类“属性”窗口的“消息”页面中，添加 WM_DESTROY 消息映射，并添加下列代码：

```
void CEx_ADOView::OnDestroy()
{
	CListView::OnDestroy();
	if (m_pConnection)
		m_pConnection->Close();				// 关闭连接
}
```

## 9.4.2 Recordset 对象使用

Recordset 是用来从数据表或某一个 SQL 命令执行后获得记录集，通过 Recordset 对象的 AddNew、Update 和 Delete 方法可实现记录的添加、修改和删除等操作。

**1. 读取数据表全部记录内容**

下面的过程是将数据库 Student.mdb 中的 course 表中的记录显示在列表视图中。

（1）打开菜单资源 IDR_MAINFRAME，在顶层菜单“视图”下添加一个“显示 course 表记录”子菜单，将其 ID 属性设为 ID_VIEW_COURSE。

（2）向 CEx_ADOView 类添加 ID_VIEW_COURSE 的 COMMAND“事件”消息的映射处理，保留默认的映射函数 OnViewCourse，并在该函数中添加下列代码：

```
void CEx_ADOView::OnViewCourse()
{
	CListCtrl& m_ListCtrl = GetListCtrl();
	// 删除列表中所有行和列表头
	m_ListCtrl.DeleteAllItems();
	int nColumnCount = m_ListCtrl.GetHeaderCtrl()->GetItemCount();
	for (int i=0; i<nColumnCount; i++)
		m_ListCtrl.DeleteColumn(0);
	m_pRecordset->Open( "Course",				// 指定要打开的表
		m_pConnection.GetInterfacePtr(),		// 获取当前数据库连接的接口指针
		adOpenDynamic,					// 动态游标类型，可以使用 Move 等操作
		adLockOptimistic,	adCmdTable);
	// 建立列表控件的列表头
	FieldsPtr flds = m_pRecordset->GetFields();		// 获取当前表的字段指针
	_variant_t Index;
	Index.vt = VT_I2;
	m_ListCtrl.InsertColumn(0, L"序号", LVCFMT_LEFT, 60 );
	for (int i = 0; i < (int)flds->GetCount(); i++)	{
		Index.iVal=i;
		m_ListCtrl.InsertColumn(i+1, flds->GetItem(Index)->GetName(),
			LVCFMT_LEFT, 140 );
	}
	// 显示记录
	_bstr_t str, value;
	int nItem = 0;
	CString strItem;
	while(!m_pRecordset->adoEOF){
		strItem.Format(L"%d", nItem+1);
		m_ListCtrl.InsertItem(nItem, strItem );
		for (int i = 0; i < (int)flds->GetCount(); i++){
```

```
                Index.iVal=i;
                str = flds->GetItem(Index)->GetName();
                value = m_pRecordset->GetCollect(str);
                m_ListCtrl.SetItemText( nItem, i+1, value );
            }
            m_pRecordset->MoveNext();
            nItem++;
        }
        m_pRecordset->Close();
    }
```

代码中，_variant_t 是一个用于 COM 的 VARIANT 类。VARIANT 类型是一个 C 结构，由于它既包含了数据本身，也包含了数据的类型，因而可以实现各种不同的自动化数据的传输。

（3）编译运行并测试。选择“视图”→“显示 course 表记录”菜单命令，结果如图 9.21 所示。

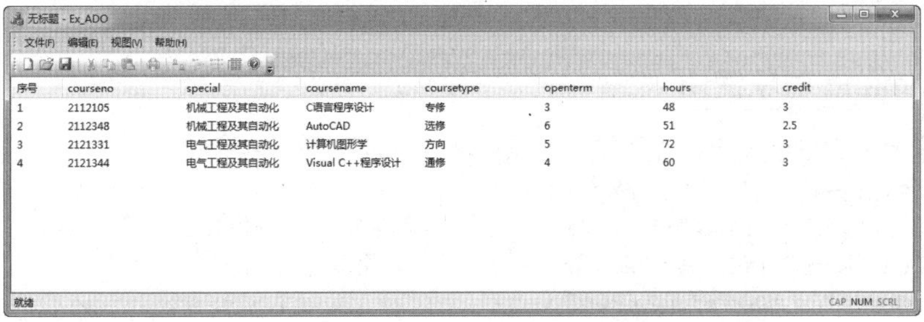

图 9.21　显示 course 表所有记录

需要说明的是，上述代码是显示 course 表的所有记录。若按条件显示记录，则为“条件查询”，Recordset 对象可以用下列两种方式来实现。

第一种方式是在调用 Recordset 的 Open 方法之前，设置 Recordset 对象的 Filter 属性来实现。Filter 属性可以是由 AND、OR、NOT 等构成的条件查询字符串，它相当于“SELECT…WHERE”SQL 语句格式中 WHERE 子句的功能。例如：

```
m_pRecordset->Filter = "coursename LIKE 'C%'";
// 查询课程名以 C 开头的记录
m_pRecordset->Filter = "coursehours>=40 AND credit=3";
// 查询课时超过 40 且学分为 3 的记录
```

第二种方式是在 Recordset 的 Open 方法参数中进行设置。例如：

```
m_pRecordset->Open( "SELECT * FROM Course WHERE coursename LIKE 'C%'",
                m_pConnection.GetInterfacePtr(),    adOpenDynamic, adLockOptimistic, adCmdText);
```

事实上，第二种方式就是 Command 方式。

### 2. 添加、修改和删除记录

记录的添加、修改和删除是通过 Recordset 对象的 AddNew、Update 和 Delete 方法来实现的。例如，向 course 表中新添加一个记录可以用下列代码：

```
// 打开记录集
m_pRecordset->AddNew();                                    // 添加新记录
m_pRecordset->PutCollect("courseno",_variant_t("2112111"));
m_pRecordset->PutCollect("coursehourse",_variant_t(60));
...
m_pRecordset->Update();                                    // 使添加有效
// 关闭记录集
```

若从 course 表中删除一个记录可以用下列代码：

```
// 打开记录集
```

```
...
m_pRecordset->Delete(adAffectCurrent);                    // 删除当前行
m_pRecordset->MoveFirst();                                // 调用 Move 方法，使删除有效
// 关闭记录集
```

若从 course 表中修改一个记录可以用下列代码：

```
// 打开记录集
m_pRecordset->PutCollect("courseno",_variant_t("2112111"));
m_pRecordset->PutCollect("coursehourse",_variant_t(60));
…
m_pRecordset->Update();                                   // 使修改有效
// 关闭记录集
```

**需要特别强调的是，数据库的表名不能与 ADO 的某些关键字串同名，如 user 等。**另外，通常用 Command 对象执行 SQL 命令来实现数据表记录的查询、添加、更新和删除等操作；而用 Recordset 对象获取记录集，用来显示记录内容。

### 9.4.3 Command 对象使用

Command 对象直接用来执行 SQL 命令，使用时应遵循下列代码步骤：

```
_CommandPtr pCmd;
pCmd.CreateInstance(__uuidof(Command));                   // 初始化 Command 指针
pCmd->ActiveConnection = m_pConnection;                   // 指向已有的连接
pCmd->CommandText ="SELECT * FROM course";                // 指定一个 SQL 查询
m_pRecordset = pCmd->Execute(NULL, NULL, adCmdText );
// 执行命令，并返回一个记录集指针
```

总之，Visual C++中的 MFC 编程方式不仅可以应用于一般类型的应用程序，而且还可以应用于图形、数据库、网络及多媒体等。限于篇幅，本书仅介绍最基本的也是最常用的 MFC 应用程序开发方法和技巧。

# 第2部分　习　　题

## 第1章　基本C++语言

1．C++程序的基本组成部分包含哪些内容？其中最主要的、不可缺少的函数是哪一个？

2．C++程序的书写格式有哪些规定？

3．编写一个简单的程序，输出如下内容：

```
/*************************************************
*                  How are you!                  *
*************************************************/
```

4．下列常量的表示在C++中是否合法？若不合法，指出原因；若合法，指出常量的数据类型。

```
32767          35u          1.25e3.4      3L        0.0086e-32  '\87'
"Computer System"           "a"     'a'   '\96\45'   .5
```

5．字符常量与字符串常量有什么区别？指出下列哪些表示字符？哪些表示字符串？哪些既不表示字符也不表示字符串？

```
'0x66'         China      "中国"         "8.42"        '\0x33'        56.34
"\n\t0x34"     '\r'   '\\'      '8.34'     "\0x33"       '\0'
```

6．定义一个标号常量的方法有哪几种？

7．判断下列标识符的合法性，并说明理由。

```
X.25           4foots        exam-1        Int           main
Who_am_I       Large&Small   _Years        val(7)        2xy
```

8．下列变量说明中，哪些是不正确的？为什么？

（1）int m, n, x, y; float x, z;

（2）char c1, c2; float a, b, c1;

9．设有语句：

```
int a, b, c;
cin>>hex>>a>>oct>>b>>dec>>c;
cout<<hex<<a<< '\t'<<oct<<b<<'\t'<<dec<<c;
```

若在执行过程中，输入

```
123   123   123
```

则cin执行后，a、b、c的值分别是什么？输出的结果是什么？

10．将下列代数式写成C++的表达式。

（1）$ax^2+bx+c$　　　　（2）$(x+y)^3$　　　　（3）(a+b)/(a-b)

11．下列式子中，哪些是合法的赋值表达式？哪些不是？为什么？

（1）A = b = 4.5+7.8　　　　（2）c = 3.5+4.5 = x = y = 7.9

（3）x = (y=4.5) *45　　　　（4）e = x>y

12．计算下列表达式的值。

（1）x+y%4*(int)(x+z)%3/2　　　　其中x=3.5，y=13，z=2.5

（2）(int)x%(int)y+(float)(z*w)　　　　其中x=2.5，y=3.5，z=3，w=4

13．写出下列表达式运算后a的值，设原来的a都是10。

（1）a+=a　　　　（2）a%=(7%2)　　　　（3）a*=3+4

（4）a/=a+a　　（5）a-=a　　（6）a+=a-=a*=a

14．设有变量：

```
int a = 3, b = 4, c = 5;
```

求下列表达式的值。

（1）a+b>c&&b==c　　（2）a||b+c&&b>c

（3）!a||!c||b　　（4）a*b&&c+a

15．设 m、n 的值分别为 10、8，指出下列表达式运算后 a、b、c 和 d 的值。

（1）a = m++ + n++　　（2）b = m++ + ++n

（3）c = ++m + ++n　　（4）d = m-- + n++

16．设 a、b、c 的值分别为 5、8、9，指出下列表达式运算后 x、y 和 z 的值。

（1）y = (a+b, c+a)　　（2）x = y = a, z = a+b

（3）y = (x = a*b, x+x, x*x)　　（4）x = (y = a, z = a+b)

17．设 a、b、c 的值分别为 15、18、19，指出下列表达式运算后 x、y、a、b 和 c 的值。

（1）x = a<b||c++　　（2）y = a>b&&c++

（3）x = a+b>c&&c++　　（4）y = a||b++||c++

18．设有变量：

```
float x, y ;
int a, b ;
```

指出下列表达式运算后 x、y、a 和 b 的值。

（1）x = a = 3.523　　（2）a = x = 3.523

（3）x = a = y = 3.523　　（4）b = x = (a = 25, 15/2.)

19．选择填空。

（1）下列（　　）是语句。

A. ; ;　　B．a = 17;　　C．x+y　　D．cout<< "\n"

（2）下列 for 循环的循环次数为（　　）。

```
for (int i=0, x=0 ; !x&&i<=5 ; i++)
```

A．5　　B．6　　C．1　　D．无限

（3）下列 while 循环的循环次数为（　　）。

```
while (int i=0) i-- ;
```

A．0　　B．1　　C．5　　D．无限

（4）下列 do-while 循环的循环次数为（　　）。

```
int i = 5 ;
do {
        cout<<i--<<endl;        i--;
} while (i!=0);
```

A．1　　B．3　　C．5　　D．无限

（5）已知“int a, b;”，下列 switch 语句中，（　　）是正确的。

A．
```
switch(a)
{
    case a: a++;break;
    case b: b++;break;
}
```

B．
```
switch(a+b)
{
    case 1: a+b;break;
    case 2: a-b
}
```

C．
```
switch(a*a)
{
```

D．
```
switch(a/10+b)
{
```

```
        case 1,2: ++a;                          case 5: a/5;   break;
        case 3,4: ++b;                          default: a+b;
    }                                       }
```

20．C++提供了哪些循环语句？它们各自的特点是什么？它们是否可以相互替代？是否可以相互嵌套？

21．填充下列程序中的方框，使之成为完整的程序。它用来计算一个不大于 20 的正整数的阶乘，如 5!=5×4×3×2×1，并将计算的结果输出。在程序设计中，还应考虑一些特殊情况的处理，如输入的整数小于零、等于 0 及等于 1 等。

```
#include <iostream>
using namespace std;
int  main()
{
        int             nData;
        unsigned   long         lResult = 1;
        cout<< "请输入一个正整数：";
        cint>>nData;
        if (nData<0) nData = -nData;
        if (nData>20)     {
                cout<<"输入的整数超出范围！";
                return;
        }
        if (nData>1)      {
                for (int i=nData; i>1; i--)
                {
                        lResult = [ (1) ]   i;
                }
        } else  {
                lResult = [ (2) ]  ;
        }
        cout<<nData<<"的阶乘为："<<lResult<<endl;
        return 0;
}
```

22．分析下列程序的输出结果。

```
#include <iostream>
using namespace std;
int  main()
{
        char   c = 'A';
        int   k = 0;
        do    {
                switch(c++)
                {
                        case  'A':  k++;        break;
                        case  'B':  k--;
                        case  'C':  k+=2;break;
                        case  'D':  k%=2;       continue;
                        case  'C':  k*=10;      break;
                        default:            k/=3;
                }
                k++;
```

```
    } while (c <'G');
    cout<<"k = "<<k<<endl;
    return 0;
}
```

23．分析下列程序的输出结果。

```
#include <iostream>
using namespace std;
int  main()
{
    int  i;
    for (i=1; i<=5; i++)     {
        if (i%2)
            cout<<'<';
        else
            continue;
        cout<<'>';
    }
    cout<<'#';
    return 0;
}
```

24．斐波那契（Fibonacci）数列中的头两个数是 1 和 1，从第三个数开始，每个数等于前两个数的和。下列程序是计算此数列的前 30 个数，且每行输出 5 个数。请完成填空。

```
#include <iostream>
using namespace std;
int  main()
{
    int  f,  f1 = 1,  f2 = 1;
    char  ch = ',';
    cout<<f1<<ch<<f2;
    for (int i=3; i<=30; i++) {
        f = [   (1)   ];
        if ( [   (2)   ] )
            ch = '\n';
        cout<<ch<<f;
        f1 = f2;
        [   (3)   ] ;
    }
    return 0;
}
```

25．编程，求 100 以内能被 7 整除的最大自然数。

26．从键盘上输入一个整数 n 的值，按下式求出 y 的值，并输出 n 和 y 的值（y 用浮点数表示）。

```
y = 1! + 2! + 3! + … + n!
```

27．设计一个程序，输出所有的水仙花数。所谓水仙花数是一个三位整数，其各位数字的立方和等于该数的本身，如 $153 = 1^3 + 5^3 + 3^3$。

28．设计一个程序，输入一个四位整数，将各位数字分开，并按其反序输出。例如，输入 1234，则输出 4321。要求必须用循环语句实现。

29．求 π/2 的近似值的公式为：

$$\frac{\pi}{2}=\frac{2}{1}\times\frac{2}{3}\times\frac{4}{3}\times\frac{4}{5}\times\cdots\times\frac{2n}{2n-1}\times\frac{2n}{2n+1}\times\cdots$$

其中，$n=1$，2，3……设计一个程序，求出当 $n=1000$ 时π/2 的近似值。

30．选择填空。

（1）在 C++中，若未对函数类型加以说明，则函数的隐含类型是（　　）。

A．void　　B．double　　C．int　　D．char

（2）要求调用下述函数时能够实现交换变量值的功能，合乎要求的是（　　）。

A.
```
void swapa(int *x, int *y)
{
    int *p;
    *p=*x; *x=*y; *y=*p;
}
```

B.
```
void swapb(int x, int y)
{
    int p;
    p=x; x=y; y=p;
}
```

C.
```
void swapc(int *x, int *y)
{
    int *p;
    *x= *y; *y= *x;
}
```

D.
```
void swapd(int *x, int *y)
{
    *x= *x + *y;
    *y= *x - *y;
    *x= *x - *y;
}
```

（3）系统在调用重载函数时往往根据一些条件确定哪个重载函数被调用，在下列选项中，不能作为依据的是（　　）。

A．参数的个数　　B．参数的类型　　C．函数名称　　D．函数的类型

（4）在 C++中，下列关于设置参数默认值的描述中，（　　）是正确的。

A．不允许设置参数的默认值

B．参数默认值只能在定义函数时设置

C．设置参数默认值时，应该是先设置右边的再设置左边的

D．设置参数默认值时，应该设置全部参数

（5）下列的标识符中，（　　）是文件作用域的。

A．函数形参　　B．语句标号

C．外部静态类标识符　　D．自动标识符

（6）有一个 int 型变量，在程序中使用频率很高，最好定义它为（　　）。

A．register　　B．auto　　C．extern　　D．static

（7）下列标识符中，（　　）不是局部变量。

A．register 类　　B．auto 类　　C．函数形参　　D．外部 static 类

（8）在一个函数中，要求通过函数来实现一种不太复杂的功能，并且要求加快执行速度，选用（　　）最合适。

A．内联函数　　B．重载函数　　C．递归调用　　D．嵌套调用

（9）预处理命令在程序中都是以（　　）开头的。

A．*　　B．#　　C．:　　D．/

（10）文件包含命令中被包含文件的扩展名（　　）。

A．必须是.h　　B．不能用.h　　C．必须是.c　　D．不一定是.h

31．编写两个函数：一个是将一个不大于 9999 的整数转换成一个字符串；另一个是求出转换后的字符串的长度。要求由主函数输入一个整数，并输出转换后的字符串和长度。

32．设计一个程序，输入一个十进制数，输出相应的十六进制数。设计一个函数实现数制转换。

33．设计一个程序，通过重载求两个数中最大数的函数 max()，分别实现求两个实数、两个整数及两个字符的最大数。

34．设计一个程序，用内联函数实现求出三个实数中的最大值，并输出。

35．输入 4 个学生 4 门功课的成绩，然后：

（1）求出每个学生的总成绩；　　　　（2）求出每门课程的平均成绩；

（3）输出最高分的学生姓名和总成绩。

36．用至少两种方法编程求下式的值，编写函数时，设置参数 n 的默认值为 2。

$n^1 + n^2 + n^3 + n^4 + \ldots + n^{10}$　　　其中 $n = 1$、2、3

37．用递归法将一个整数 n 转换成字符串，如输入 1234，应输出字符串“1234”。n 的位数不确定，可以是任意位数的整数。

38．当 $x$>1 时，Hermite 多项式定义为：

$$H_n(x) = \begin{cases} 1 & n = 0 \\ 2x & n = 1 \\ 2xH_{n-1} - 2(n-1)H_{n-2}(x) & n > 1 \end{cases}$$

当输入浮点数 x 和整数 n 后，求出 Hermite 多项式的前 n 项的值。分别用递归函数和非递归函数来实现。

39．设计一个程序，定义带参数的宏 MAX(A, B)和 MIN(A, B)，分别求出两数中的最大值和最小值。在主函数 main 中输入 3 个数，并求出这 3 个数中的最大值和最小值。

40．分析下列程序的运行结果。

```
#include <iostream>
using namespace std;
#define    MIN(x, y)        (x)<(y)?(x):(y)
int   main()
{
      int   i=10, j=15, k;
      k = 10*MIN(i, j);
      cout<<k<<endl;
      return 0;
}
```

41．已知三角形的三边 $a$、$b$、$c$，则三角形的面积为：

$$\text{area} = \sqrt{s(s-a)(s-b)(s-c)}$$

其中，$s = (a+b+c)/2$。编写程序，分别用带参数的宏和函数求三角形的面积。

42．选择填空。

（1）下列数组声明中错误的是（　　）。

A．#define n 5<br>char a[n] = {"Good"};

B．const int n = 5;<br>char a[n] = {"Good"};

C．int n = 5;<br>char a[n] = {"Good"};

D．const int n = 5;<br>char a[n+2] = {"Good"};

（2）若有以下定义：

```
int b[2][3] = {1, 2, 3, 4, 5, 6};
```

则对 b 数组元素正确的引用是（　　）。

A．b[1]　　　B．b[0][3]　　　C．b[2][2]　　　D．b[1][1]

（3）若有以下语句：

```
static char x[] = "12345";
static char y[] = {'1','2','3','4','5'};
```

则正确的说法是（　　）。

A．x 和 y 数组的长度相同　　　　B．x 数组长度大于 y 数组长度

C．x 数组长度小于 y 数组长度　　　　　　D．x 数组等价于 y 数组

（4）下述程序的输出结果是（　　）。

```
#include <iostream>
using namespace std;
struct   COMPLEX {
        int   x;
        int   y;
} cNum[2]={1,3,2,7};
int   main()
{
        cout<<cNum[0].y/cNum[0].x*cNum[1].x<<endl;
        return 0;
}
```

A．0　　　　B．1　　　　C．3　　　　D．6

（5）下述程序的输出结果是（　　）。

```
#include <iostream>
using namespace std;
union   {
        unsigned char   c;
        unsigned int   i[4];
} z;
int   main()
{
        z.i[0]=0x39;
        z.i[1]=0x36;
        cout<<z.c<<endl;
        return 0;
}
```

A．6　　　　B．9　　　　C．0　　　　D．3

（6）下述程序的输出结果是（　　）。

```
#include <iostream>
using namespace std;
enum   TEAM{Jone, Adam, Smith = 10, Bob = 12, Liang};
int   main()
{
        cout<<Adam<<', '<<Liang<<endl;
        return 0;
}
```

A．1 , 13　　　　B．2 , 13　　　　C．1 , 0　　　　D．1 , 12

43．下列 invert 函数的功能是将数组 a 中的 n 个元素逆序存放。填充下列程序中的方框。

```
void invert(int a[], int n)
{
        int i = 0, j = n - 1;
        while ( [   (1)   ] )
        {
                int t;
                t = a[i];  [   (2)   ]  ; a[j] = t;
                i++;
                [   (3)   ]          ;
        }
}
```

44．函数 findmax 的功能是找出数组 a 中最大值的下标，并返回主函数，输出下标及最大值。填充下列程序中的方框。

```
#include <iostream>
using namespace std;
int findmax(int a[], int n)
{
        int i, k;
        for (k=0, i=1; i<n; i++)
                if (    (1)    )k = i;
        return    (2)    ;
}
int   main()
{
        int data[10], i, n = 10;
        int pos;
        for (i=0; i<n; i++) cin>>data[i];
        pos = findmax(data, n);
        cout<<pos<<","<<    (3)    ;
        return 0;
}
```

45．函数 fun 的功能是判断 s 所指的字符串是否是“回文”（即顺读和逆读都相同的字符），若是“回文”，函数返回 1，否则返回 0。填充下列程序中的方框。

```
int fun(char s[])
{
        int i = 0, j;
        j =    (1)    ;
        while (i<j)
        {
                if (    (2)    ) return 0;
                i++;
                j--;
        }
            (3)    ;
}
```

46．输入一组非 0 整数（以输入 0 作为输入结束标志）到一维数组中，设计一段程序，求出这一组数的平均值，并分别统计出这一组数中正数和负数的个数。

47．输入 10 个数到一维数组中，按升序排序后输出。分别用三个函数实现数据的输入、排序及输出。

48．采用插入排序的方法，输入 10 个整数，按升序排序后输出。要求编写一个通用的插入排序函数，它带有 3 个参数：第一个参数是含有 n 个元素的数组，这 n 个元素已按升序排序；第二个参数给出当前数组中的元素个数；第三个参数是要插入的整数。该函数的功能是将一个整数插入到数组中，然后进行排序。另外，还需要一个用于输出数组元素的函数。

49．设计一个程序，求一个 4×4 矩阵两对角线元素之和。

50．设计一个函数 void strcpy(char a[], char b[])，将 b 中的字符串复制到数组 a 中（要求：不能使用 C++的库函数 strcpy()）。

51．定义描述复数的结构体类型变量，并实现复数的输入和输出。设计 3 个函数分别完成复数的加法、减法和乘法运算。

52．定义全班学生成绩的结构体数组，元素包括姓名、学号、C++成绩、英语成绩、数学成绩以及这三门功课的平均成绩（通过计算得到）。设计 4 个函数：全班学生成绩的输入，求出每一个学生的平均成绩，按平均成绩的升序排序，输出全班成绩。

53．已知“int d=5, *pd=&d, b=3;”，求下列表达式的值。

（1）*pd*b　　（2）++*pd-b　　（3）*pd++　　（4）++(*pd)

54．选择填空。

（1）下列语句中，正确的说明语句是（　　）。

A．int　N['b'];　　B．int　N[4,9];

C．int　N[ ] [ ];　　D．int　*N[10];

（2）若有定义“int a = 100, *p = &a;”，则*p 的值是（　　）。

A．变量 p 的地址　　B．变量 a 的地址值

C．变量 a 的值　　D．无意义

（3）下述程序的输出结果是（　　）。

```
#include <iostream>
using namespace std;
int  main()
{
     int  a[5]={2,4,6,8,10};
     int  *p=a, **q=&p;
     cout<<*(p++)<<','<<**q;
     return 0;
}
```

A．4，4　　B．2，2　　C．4，2　　D．4，5

（4）下述程序片段的输出是（　　）。

```
int  a[3][4]={{1,2,3,4},{5,6,7,8}};
int  x, *p=a[0];
x=(*p)*(*p+2)*(*p+4);
cout<<x<<endl;
```

A．15　　B．14　　C．16　　D．13

（5）若有以下定义：

```
int (*q)[3] = new int [2][3];
```

则下列对数组引用正确的是（　　）。

A．q[2][3]　　B．*q　　C．*(*q+2)　　D．*(*(q+2)+3)

（6）若要用如下程序片段使指针变量 p 指向一个存储动态分配的存储单元：

```
float  *p;
p = [        ] new float;
```

则空白处应填入（　　）。

A．float *　　B．(* float)　　C．省略　　D．(float)

（7）已知“int m = 10;”，下列表示引用的方法中，（　　）是正确的。

A．int &x = m;　　B．int &y = 10;　　C．int &z;　　D．float &t = &m;

55．分析下列程序的结果。

```
#include <iostream>
using namespace std;
int  &fun(int  n, int s[ ])
{
     int &m=s[n];
     return  m;
```

```
}
int  main()
{
      int  s[ ] = {5,4,3,2,1,0};
      fun(3, s)=10;
      cout<<fun(3, s)<<endl;
      return 0;
}
```

56．用指针作为函数的参数，设计一个实现两个参数交换的函数。输入 3 个实数，按升序排序后输出。

57．编写函数“void fun(int *a, int *n, int pos, int x)”，其功能是将 x 值插入指针 a 所指的一维数组中，其中，指针 n 所指存储单元中存放的是数组元素个数；pos 为指定插入位置的下标。

58．编写函数“void fun(char *s)”，其功能是将 s 所指的字符串逆序存放。

59．输入一个字符串，串内有数字和非数字字符，如“abc2345 345fdf678 jdhfg945”。将其中连续的数字作为一个整数，依次存放到另一个整型数组 b 中，如将 2345 存入 b[0]、345 存入 b[1]、678 存入 b[2]……统计出字符串中的整数个数，并输出这些整数。要求在主函数中完成输入和输出工作。设计一个函数，把指向字符串的指针和指向整数的指针作为函数的参数，并完成从字符串中依次提取出整数的工作。

60．有 5 个学生，每个学生的数据结构包括学号、姓名、年龄、C++成绩、数学成绩和英语成绩以及总平均分，用键盘输入 5 个学生的学号、姓名、三门课的成绩，计算三门课的总平均分，最后将 5 个学生的数据输出。要求各个功能用函数来实现。

## 第 2 章　C++面向对象程序设计

1．什么是类？类的定义格式是什么？类的成员一般分为哪两部分？它们的区别如何？

2．类与结构体有什么区别？

3．什么是对象？如何定义一个对象？对象的成员如何表示？

4．什么是构造函数？构造函数有哪些特点？

5．什么是析构函数？析构函数有哪些特点？

6．什么是默认构造函数和默认析构函数？

7．什么是拷贝构造函数？它的功能和特点是什么？

8．什么是静态成员？静态成员的作用是什么？

9．如何对对象进行初始化？

10．什么是友元？它的作用有哪些？什么是友元函数和友元类？

11．什么是 this 指针？它有何作用？

12．什么是类的作用域？对象的生存期有何不同？

13．定义一个描述学生基本情况的类，数据成员包括姓名，学号，C++成绩、英语成绩和数学成绩，成员函数包括输出姓名和学号、三门课的成绩，求出总成绩和平均成绩。

14．设有一个描述坐标点的 CPoint 类，其私有变量 x 和 y 代表一个点的 x、y 坐标值。编写程序实现以下功能：利用构造函数传递参数，并设其默认参数置为 60 和 75，利用成员函数 display()输出这一默认的值；利用公有成员函数 setpoint()将坐标值修改为(80, 150)，并利用成员函数输出修改后的坐标值。

15．下面是一个类的测试程序，给出类的定义，构造一个完整的程序。执行程序时的输出为：

输出结果：200 – 60 = 140

主函数为：

```
int   main()
{
      CTest c;
      c.init(200, 60);
      c.print();
      return 0;
}
```

16．设有一个类，其定义如下：

```
class CSample
{
      char *p1, *p2;
public:
      void init(char *s1, char *s2);
      void print()
      {
            cout<<"p1 = "<<p1<<'\n'<<"p2 = "<<p2<<'\n';
      }
      void copy(CSample &one);
      void free();
}
```

成员函数 init()是将 s1 和 s2 所指向的字符串分别送到 p1 和 p2 所指向的动态申请的内存空间中；函数 copy 将对象 one 中的两个字符串复制到当前的对象中；free()函数释放 p1 和 p2 所指向的动态分配的内存空间。设计一个完整的程序，包括完成这 3 个函数的定义和测试工作。

17．设有一个类，其定义如下：

```
class CArray
{
      int nSizeOfInt;                    // 整型数组的大小
      int nNumOfInt;                     // 整型数组中实际存放的元素个数
      int nSizeOfFloat;                  // 浮点数组的大小
      int nNumOfFloat;                   // 浮点数组中实际存放的元素个数
      int *pInt;                         // 指向整型数组，动态分配内存空间
      int *pFloat;                       // 指向浮点数组，动态分配内存空间
public:
      CArray( int nIntSize = 100, int nFloatSize = 200);
      void put(int n);                   // 将 n 加到整型数组中
      void put(float x);                 // 将 x 加到浮点数组中
      int getInt(int index);             // 取整型数组中第 index 个元素，index 从 0 开始
      float getFloat(int index);         // 取浮点数组中第 index 个元素，index 从 0 开始
      ~CArray();                         // 析构函数，释放动态分配的内存空间
      void print();                      // 分别输出整型数组和浮点数组中的所有元素
}
```

构造完整的程序，包括类成员函数的定义和测试程序的设计。构造函数中的 nIntSize 和 nFloatSize 分别表示整型数组和浮点数组的大小。

18．在一个程序中，实现如下要求：

（1）构造函数重载；

（2）成员函数设置默认参数；

（3）有一个友元函数；

（4）有一个静态函数；

（5）使用不同的构造函数创建不同的对象。

19．派生类是如何定义的？它有哪些特点？

20．派生类的继承方式有哪些？它们各有哪些特点？

21．在定义派生类的过程中，如何对基类的数据成员进行初始化？

22．在派生类中能否直接访问基类中的私有成员？在派生类中如何实现访问基类中的私有成员？

23．什么是虚基类？它的作用如何？

24．定义一个人员类 CPerson，包括数据成员姓名、编号、性别和用于输入/输出的成员函数。在此基础上派生出学生类 Cstudent（增加成绩）和教师类 Cteacher（增加教龄），并实现对学生和教师信息的输入/输出。

25．把定义平面直角坐标系上的一个点的类 CPoint 作为基类，派生出描述一条直线的类 CLine，再派生出一个矩形类 CRect。要求成员函数能求出两点间的距离、矩形的周长和面积等。设计一个测试程序，并构造完整的程序。

26．定义一个字符串类 CStrOne，包含一个存放字符串的数据成员，能够通过构造函数初始化字符串，通过成员函数显示字符串的内容。在此基础上派生出 CStrTwo 类，增加一个存放字符串的数据成员，并能通过派生类的构造函数传递参数，初始化两个字符串，通过成员函数进行两个字符串的合并及输出（提示：字符串合并可使用标准库函数 strcat，需要包含头文件 string.h）。

27．什么是多态性？什么是虚函数？为什么要定义虚函数？

28．什么是纯虚函数？什么是抽象类？

29．定义一个抽象类 CShape，包含纯虚函数 Area()（用来计算面积）和 SetData()（用来重设形状大小）。然后派生出三角形 CTriangle 类、矩形 CRect 类、圆 CCircle 类，分别求其面积。最后定义一个 CArea 类，计算这几个形状的面积之和，各形状的数据通过 CArea 类构造函数或成员函数来设置。编写一个完整的程序。

30．运算符重载的含义是什么？是否所有的运算符都可以重载？

31．运算符重载有哪两种形式？这两种形式有何区别？

32．转换函数的作用是什么？

33．定义一个复数类，通过重载运算符=、+=、-=、+、-、*、/，直接实现两个复数之间的各种运算。编写一个完整的程序（包括测试各种运算符的程序部分）。提示：两个复数相乘的计算公式为$(a+bi)*(c+di)=(ac-bd)+(ad+bc)i$，而两个复数相除的计算公式为$(a+bi)/(c+di)=(ac+bd)/(c*c+d*d)+(bc-ad)/(c*c+d*d)i$。

34．定义一个学生类，数据成员包括姓名、学号、C++成绩、英语成绩和数学成绩。重载运算符<<和>>，实现学生类对象的直接输入和输出。增加转换函数，实现姓名的转换。设计一个完整的程序，验证成员函数和重载运算符的正确性。

35．定义一个平面直角坐标系上一个点的类 CPoint，重载++和- -运算符，并区分这两种运算符的前置和后置运算。构造一个完整的程序。

36．在 35 题的基础上，为其定义友元函数，实现重载运算符+。

37．在 C++的输入/输出操作中，“流”的概念如何理解？从流的角度说明什么是提取操作、什么是插入操作。

38．标准流 cin、cout、cerr 和 clog 的作用是什么？cerr 和 clog 这两个流有何异同？

39．采用什么方法打开和关闭磁盘文件？

40．写磁盘文件时有哪几种方法？

41．读磁盘文件时有哪几种方法？

42．如何确定文件指针的位置？如何改变文件指针的位置？

43．设计一个程序，实现整数和字符串的输入和输出。当输入的数据不正确时，要进行流的错误处理，要求重新输入数据，直到输入正确为止。

44．重载提取（>>）和插入（<<）运算符，使其可以实现“点”对象的输入和输出，并利用重载后的运算符从键盘读入点坐标，写到磁盘文件 point.txt 中。

45．建立一个二进制文件，用来存放自然数 1～20 及其平方根，然后输入 1～20 之内的任意一个自然数，查找出其平方根并显示在屏幕上（求平方根时可使用 math.h 中的库函数 sqrt）。

46．设计两个类：一个是学生类 CStudent，另一个是用来操作文件的 CStuFile 类。其中，CStudent 类应包含的数据成员有姓名、学号、三门课的成绩及总平均分等，并有相关成员函数，如用于数据校验的 Validate()、用于输出的 Print()等；CStuFile 类包含实现学生数据添加的 AddTo()、输出的 List()、按平均分从高到低排序的 Sort()、按学号查找数据的 Seek()及删除某个学号数据的 Delete()等。编写一个完整的程序。

# 第 3 章　MFC 基本应用程序的建立

1．Windows 的应用程序特点有哪些？

2．“MFC 应用程序向导”提供了哪几种类型的应用程序？

3．说一说 MFC 有哪些机制？这些机制有什么作用？

4．用“MFC 应用程序向导”创建一个**经典**多文档应用程序项目 Ex_MDIHello 和一个**经典**单文档应用程序项目 Ex_SDIHello，比较它们的异同。

5．如何向项目中添加一个 MFC 类？

6．如何为某个类添加鼠标、键盘等消息的映射处理函数？

7．如何添加 WM_COMMAND 消息的映射处理函数？

8．如何添加及删除一个类的代码？

9．举例说明向一个类添加成员变量和成员函数的方法及过程。

# 第 4 章　窗口和对话框

1．什么是主窗口和文档窗口？

2．窗口的风格分为哪两类？各举一例。

3．改变窗口风格的方法有哪些？

4．窗口状态的改变方法有哪些？

5．若将主窗口的大小设置为屏幕的 1/4 大小，并移动到屏幕的右上角，应如何实现？

6．若将多文档的文档窗口的大小设置为主窗口客户区的 1/4 大小，并移动到主窗口客户区的右上角，应如何实现？

7．消息的类别有哪些？映射控件、菜单命令等消息一般有哪些操作方法？

8．什么是对话框？它分为哪两类？这两类对话框有哪些不同？

9．什么是对话框模板、对话框资源和对话框类？

10．对一个对话框编程一般经过哪几个步骤？

11．向对话框添加一个常用控件的方法有哪些？这些方法是否适用于 ActiveX 控件？

12．在 MFC 中，通用对话框有哪些？如何在程序中使用它们？

13．如果消息对话框只有两个按钮“是”和“否”，如何设置 MessageBox 函数的参数？

## 第 5 章　常用控件

1．什么是控件？根据控件的性质可以将控件分为哪几类？

2．什么是 DDV/DDX 技术？如何使用这种技术？

3．什么是控件的通知消息？它在编程中起哪些作用？

4．什么是按钮控件？它有哪几种类型？

5．什么是编辑框控件？它有哪些功能？

6．编辑框控件中的 EN_CHANGE 和 EN_UPDATE 通知消息有何异同？

7．向某一个应用程序添加一个对话框，并在对话框中添加一个按钮和一个编辑框，当单击按钮后，在编辑框中显示“你好！”字样。

8．什么是列表框和组合框？它们的通知消息有何异同？

9．什么是滚动条、进展条、滑动条和旋转按钮控件？

10．什么是旋转按钮的“伙伴”控件？如何设置？

11．什么是计时器？与时间、日期相关的控件有哪些？

## 第 6 章　基本界面元素

1．如何改变应用程序的图标和光标？

2．菜单有哪些常见的规则？什么是助记符？它是如何在菜单中定义的？

3．菜单项的消息有哪些？若对同一个菜单命令，分别在视图类和主框架窗口类 CMainFrame 中添加其 COMMAND 消息的“事件”处理函数，并在它们的函数中添加相同的代码，则当用户选择该菜单后，会有什么样的结果？为什么？

4．什么是键盘快捷键？其资源是如何添加的？如何指定的？又是如何映射处理的？

5．什么是快捷菜单？用程序实现一般需要哪些步骤？

6．如何使一个工具按钮和某菜单项命令相结合？

7．状态栏的作用是什么？状态栏的窗格分为几类？如何添加和减少相应的窗格？如何在状态栏的窗格中显示文本？

8．若状态栏只有一个用户定义的指示器窗格（其 ID 为 ID_TEXT_PANE），应如何定义？若使用户在客户区双击鼠标时该窗格中显示“双击鼠标”字样，则应如何编程？

9．什么是命令更新消息？它的作用是什么？

## 第 7 章　文档和视图

1．文档字符串资源有哪些含义？如何编辑字符串资源？

2．若想通过对文档字符串资源进行更改，使应用程序的“打开”或“保存”对话框中的文件类型显示为“C 源文件(*.c,*.cpp)”，则应如何实现？

3．什么是文档的序列化？其过程是怎样的？

4．视图类 CView 的派生类有哪些？其基本使用方法是什么？

5．列表视图有哪些显示方式？如何切换？

6．如何向树视图中添加一个新项（节点）？

7．试说出主窗口、文档窗口、视图和文档之间的相互关系以及它们的对象指针的互相调用方法。

8．什么是静态切分和动态切分？它们有何异同？如何在文档窗口中添加切分功能？

9．什么是“一档多视”？文档中数据改变后是怎样通知视图的？与同一个文档相联系的多个视图又是怎样获得数据的？在例 Ex_Rect 中，若还有小方块大小数据需要传递，则代码应如何修改？

# 第 8 章　图形和文本

1．什么是设备环境（DC）？MFC 提供的设备环境类有哪些？有何不同？

2．为什么需要坐标映射模式？坐标映射模式有哪些？它们有什么不同？

3．什么是 GDI？MFC 提供哪些 GDI 类？如何使用它们？

4．什么是字体？如何构造或定义字体？CDC 中文本绘制的函数有哪些？它们有何不同？

5．文本的格式化属性有哪些？如何进行设置？

6．什么是位图？如何将项目中的位图资源在应用程序中显示出来？

# 第 9 章　数据库编程

1．MFC 提供的数据库编程方式有哪些？它们有何不同？

2．用 MFC 进行 ODBC 的编程过程是怎样的？

3．什么是动态集（Dynaset）和快照（Snapshot）？它们的根本区别是什么？

4．在用 CRecordset 成员函数进行记录的编辑、添加和删除等操作时，如何使操作有效？

5．若对一个数据表进行排序和检索，用 CRecordset 的成员变量 m_strFilter 和 m_strSort 如何操作？

6．如何处理多个表？试叙述其过程及其技巧。

7．如何用 ADO 的 Command 对象实现对数据表的记录操作？

# 第 3 部分　上机操作指导

## 实验 1　认识 Visual C++开发环境

### 实验内容

（1）熟悉 Visual Studio 2008（Visual C++）的开发环境。

（2）输入并执行 C++程序 Ex_Hello。

（3）熟悉代码编辑器。

（4）学会窗口常用操作。

（5）输入并执行一个新的 C++程序 Ex_Simple。

（6）修正语法错误。

### 实验准备和说明

（1）在学完第 1 章的“C++程序结构”内容之后进行本次实验。

（2）熟悉 Windows 7 系统的基本操作，同时已安装了 Visual Studio 2008 专业版（含 SP1 更新）。

（3）掌握实验报告的书写格式，这里给出下列建议：

实验报告纸张采用 A4 大小，封面一般包含实验目次、实验题目、班级、姓名、日期和机构（学院或系等）名称。报告内容一般包括实验目的和要求、实验步骤、实验思考和总结。需要指出的是，实验步骤不是书本内容的重复，而是自己结合实验内容进行探索的过程。特别地，教师也可根据具体情况提出新的实验报告格式及要求。

### 实验步骤

**1. 打开计算机，启动 Windows 7**

**2. 创建工作文件夹**

创建 Visual C++实验的工作文件夹“D:\Visual C++实验\LiMing”（LiMing 是自己的名字），以后创建的所有应用程序项目都存在此文件夹下，这样既便于管理，又容易查找。

**3. 启动 Visual Studio 2008**

选择 Windows 7 中的“开始”（ ）→“所有程序”→“Microsoft Visual Studio 2008”→“Microsoft Visual Studio 2008”菜单命令，运行 Microsoft Visual Studio 2008。

第一次运行时，会出现“选择默认环境设置”对话框。对于 Visual C++用户来说，为了能延续以往的环境布局和操作习惯，应选中“Visual C++开发设置”，然后单击 启动 Visual Studio(S) 按钮。稍等片刻后，出现 Visual Studio 2008 开发环境，如图 T1.1 所示。

从中可以看出，它除了具有和 Windows 窗口一样的标题栏、菜单栏、工具栏和状态栏外，最主要的是还有不一样的窗口区。窗口区是由中间的 Web 浏览区、左边的解决方案（项目）工作区以及底部窗口（代码定义、调用浏览器、输出）等组成的。

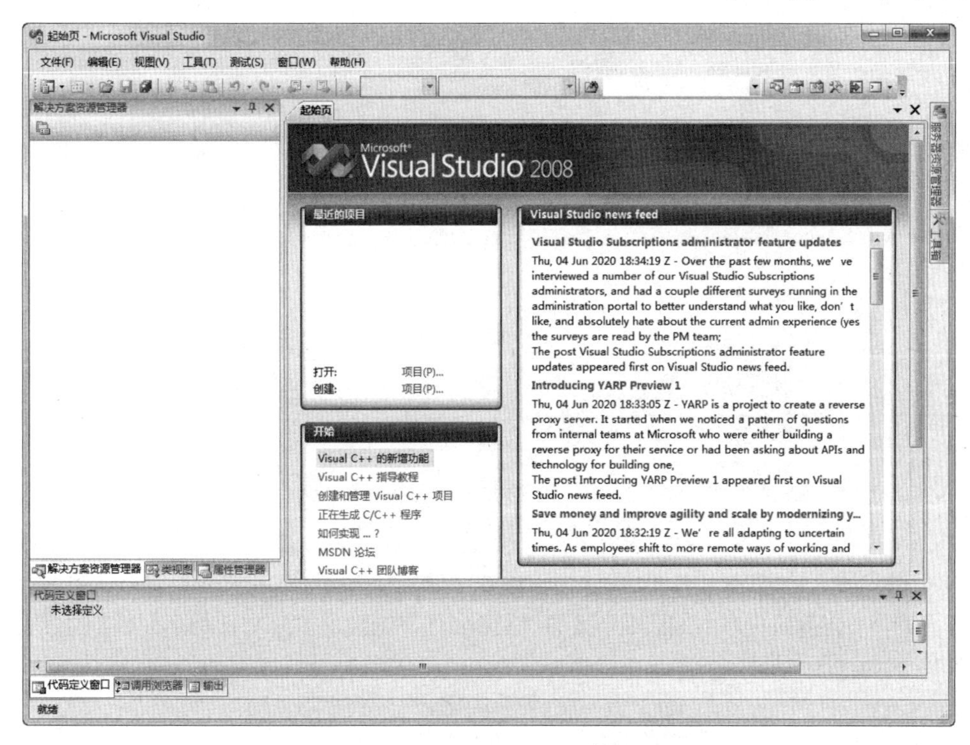


图 T1.1 Microsoft Visual Studio 2008 开发环境（简体中文专业版）

Web 浏览区位于开发环境的中间，占着较大的范围。它是一个多文档浏览窗口区，不仅可以显示各种程序代码的源文件、资源内容、文档等，而且还将 Web 浏览器（IE）嵌入其中，从而可以直接浏览 Web 页面。由于各文档页面均以标签形式呈列在窗口上方，因而文档内容的切换只需单击相应的标签即可，操作非常方便。

默认时，Web 浏览区窗口显示的是“起始页”。“起始页”除“最近的项目”外，几乎所有的内容都来源于相关的网络资源，其左边还包了“最近的项目”、“开始”和“Visual Studio 标题新闻”等内容，而右边则是“MSDN 中文网站”。

在开发环境的左侧是解决方案（项目）工作区，它是由“解决方案资源管理器”、“类视图”及“资源视图”页面等组成，并以树结构方式显示解决方案中的一些信息和相应的操作项，包括类成员、解决方案项目文件节点以及资源节点等。

在开发环境的底部窗口区中，一般包括“代码定义窗口”、“调用浏览器”以及“输出”等页面，用来显示各种调用关系、编连信息、查找等内容。

**4. 创建一个控制台应用程序空项目**

所谓“控制台应用程序”，是指那些需要与传统 DOS 操作系统保持程序的某种兼容，同时又不需要为用户提供完善界面的程序。简单地讲，就是指在 Windows 环境下运行的 DOS 程序。在 Visual Studio 2008 中，用向导创建一个控制台应用程序的步骤是一般先创建一个“空项目”，然后再添加 C++程序。这里先来创建一个控制台应用程序“空项目”：

（1）选择“文件”→“新建”→“项目”菜单命令或按快捷键 Ctrl+Shift+N 或单击标准工具栏中的按钮，弹出“新建项目”对话框，在“项目类型”栏中选中“Visual C++”下的“Win32”，在“模板”栏中选中 Win32 控制台应用程序；单击 浏览(B)... 按钮，将项目位置定位到“D:\Visual C++实验\LiMing”文件夹中；在“名称”栏中输入项目名称“Ex_C1”（双引号不输入，C 表示控制台 Console 单词的首字母）。**特别地，要去除“创建解决方案的目录”选项**，如图 T1.2 所示。

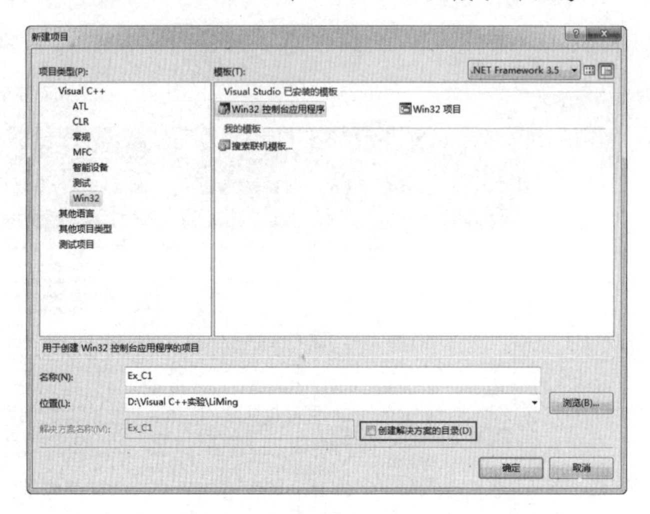


图 T1.2 “新建项目”对话框

（2）单击确定按钮，弹出“Win32 应用程序向导”对话框；单击下一步 >按钮，进入“应用程序设置”页面，一定要选中“附加选项”区的“空项目”复选框，如图 T1.3 所示；单击完成按钮，系统开始创建 Ex_C1 空项目。

图 T1.3 向导“应用程序设置”页面

### 5. 输入并运行 C++程序 Ex_Hello

（1） 选择“项目”→“添加新项”菜单命令或按快捷键 Ctrl+Shift+A 或单击标准工具栏中的按钮，弹出“添加新项”对话框，在“类别”栏中选中“Visual C++”下的“代码”，在“模板”栏中选中C++ 文件(.cpp)；在“名称”栏中输入文件名称“Ex_Hello”（双引号不输入，扩展名.cpp 可省略），如图 T1.4 所示。

（2）单击添加(A)按钮，在打开的文档窗口中输入下列 C++代码：

```
/* Ex_Hello */
#include <iostream>
using namespace std;
int  main()
{
	cout<<"Hello World!"<<"\n";			// 输出并换行
	return 0;					// 指定返回值
}
```

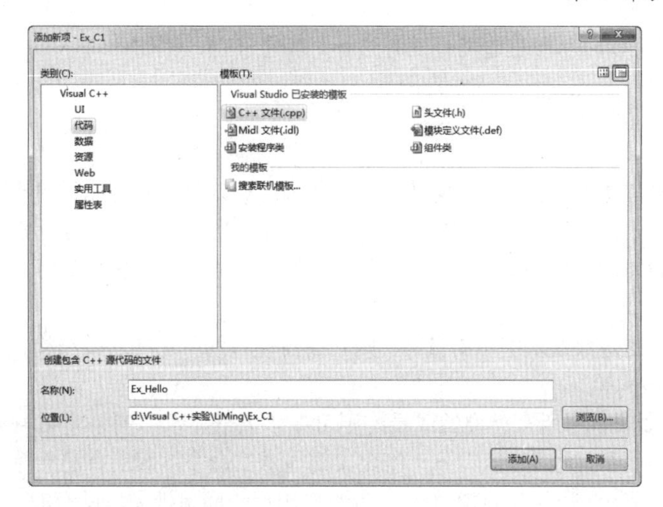


图 T1.4　添加 C++文件

### 6. 使用代码编辑器

代码输入后，可以看见其颜色会相应地发生改变，这是 Microsoft Visual Studio 2008 的代码编辑器所具有的语法颜色功能，绿色表示注释（如//…），蓝色表示关键词（如 double）等。但代码的字体需要更改，这里先按下列步骤进行：

（1）选择“工具”→“选项”菜单命令，弹出“选项”对话框（窗口），在左侧“环境”节点下找到并单击“字体和颜色”，如图 T1.5 所示。

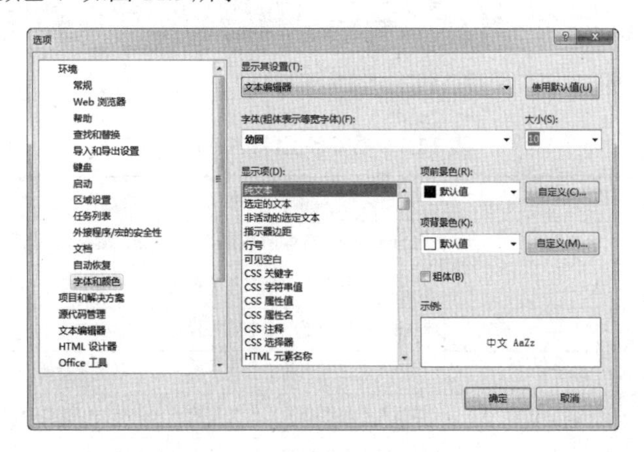


图 T1.5　代码字体和颜色设置

（2）在右侧的“显示其设置”框下保留其默认值“文本编辑器”，将“字体”选择为“幼圆”，“大小”设为“10”（或“9”）（若单击 使用默认值(U) 按钮，则恢复其默认值）。单击 确定 按钮，“选项”对话框关闭，设置生效。

需要说明的是，“幼圆”虽说是一个不错的中文字体，其代码字母看起来也还不错，但有一种更好的英文字体可用于 Visual Studio 2008 中，这个字体就是 Consolas（大小设为 10）。它是一种专门为编程人员设计的字体，这一字体的特性是所有字符都具有相同的宽度，让编程人员看着更舒服。这一字体还专门为 ClearType 做了优化，可以让它更舒适地展示在 LCD 屏幕上。

除了字体和大小外，在开始编辑代码时，插入或修改的代码行的左边竖直线旁（前置区域）显示一个黄色标记。代码保存后，凡是黄色标记的变成了绿色标记。

事实上，Microsoft Visual Studio 2008 代码编辑器还具有代码大纲功能，即可将某段代码折叠起来，同时显示一个加框标记和显示在左边竖直线旁的一个加号（+），例如：

```
/* Ex_Hello */
#include <iostream>
using namespace std;
int  main(){ ... }
```

可见，复杂的代码通过大纲方式可使其可读性增强。默认时，在带注释的代码行、函数等首行代码的前置区域中均有一个减号（-），单击它可折叠其代码。当然，也可将要折叠的代码选定，然后右击鼠标，从弹出的快捷菜单中选择“大纲显示”→“隐藏选定内容”命令即可。

需要说明的是：

① 若在有“{}”的函数或块中右击鼠标，则它会自动识别所在的块或结构代码，尤其是选择（if、switch）结构、循环结构等。

② 若要折叠整个项目中所有类型的成员，则可在“大纲显示”的子菜单中选择“折叠到定义”命令即可。当然，若选择“大纲显示”→“停止大纲显示”命令，则所有已折叠的部分都会展开，同时指示器边距中用于折叠这些部分的减号（-）也不再出现。简单地说，所有的大纲定义都将被取消。

③ 由于代码编辑器的默认设置总是“自动大纲显示”的，所以停止大纲显示后不用担心大纲显示的恢复，只要添加一个代码行或删除代码行时，自动大纲显示就恢复了。

另外，Microsoft Visual Studio 2008 代码编辑器有许多代码定位的方法，其中“书签定位”最为强大。默认时，会在开发环境的顶部显示“文本编辑器”工具栏，如图 T1.6 所示，它分别由智能感知、缩进、注释和书签这几个部分组成。其中，书签组的各个工具按钮，其作用如表 T1.1 所示。

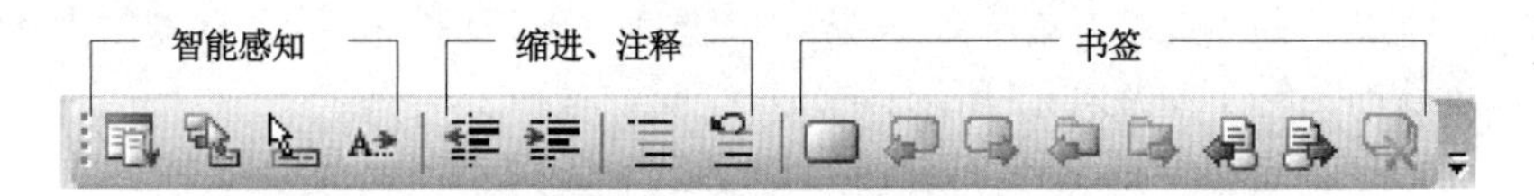


图 T1.6 “文本编辑器”工具栏

**表 T1.1 书签各工具按钮说明**

| 图 标 | 快 捷 键 | 含 义 |
|---|---|---|
| | Ctrl+K，Ctrl+K | 在当前行设定或取消书签。一旦设定，则在代码行前面有一个标记 |
| | Shift+F2 | 将插入点移至上一个书签位置处 |
| | F2 | 将插入点移至下一个书签位置处 |
| | Ctrl+Shift+K，Ctrl+Shift+N | 将插入点移至当前文件夹下的上一个书签位置处 |
| | Ctrl+Shift+K，Ctrl+Shift+P | 将插入点移至当前文件夹下的下一个书签位置处 |
| | | 将插入点移至当前文档中的上一个书签位置处 |
| | | 将插入点移至当前文档中的下一个书签位置处 |
| | Ctrl+Shift+F2 | 清除全部文件中的所有书签 |

当然，相同的命令还可在“编辑”→“书签”菜单下进行，只不过其“书签”命令更加完整。

**7. 生成和运行**

（1）选择“生成”→“生成解决方案”菜单命令或直接按快捷键 F7，系统开始对 Ex_Hello.cpp 进行编译、连接，同时在输出窗口中显示编连信息。当出现“Ex_C1 - 0 个错误，0 个警告”时表示可执行文件 Ex_C1.exe 已经正确无误地生成了。

（2）选择“调试”→“开始执行（不调试）”菜单命令或直接按快捷键 Ctrl+F5，就可以运行刚刚生成的 Ex_C1.exe 了，结果如图 T1.7 所示，弹出的运行结果窗口就是控制台窗口。

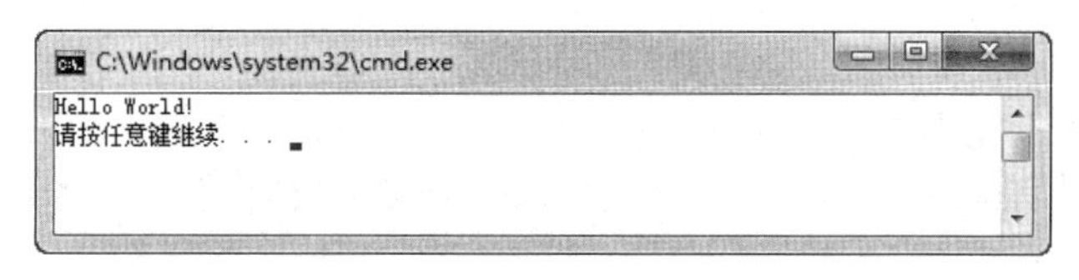


图 T1.7 运行 Ex_C1.exe 后的控制台窗口

需要说明的是：

① 默认的控制台窗口显示的字体和背景与上述结果是不同的。单击窗口标题栏最左边的，从弹出的菜单中选择“属性”，弹出如图 T1.8 所示的属性对话框，在“字体”和“颜色”等页面中可设置控制台窗口显示的界面类型。

② 上述（1）（2）也可合二为一，即直接运行第（2）步。控制台窗口中，“请按任意键继续...”是 Visual C++自动加上去的，表示 Ex_C1 运行后，按任意键返回 Visual Studio 2008 开发环境。

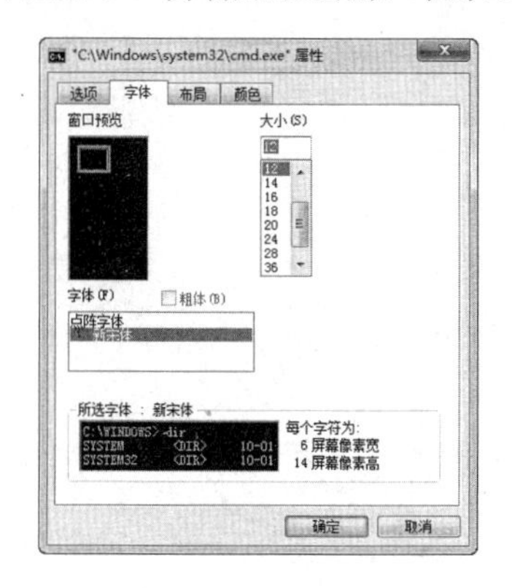

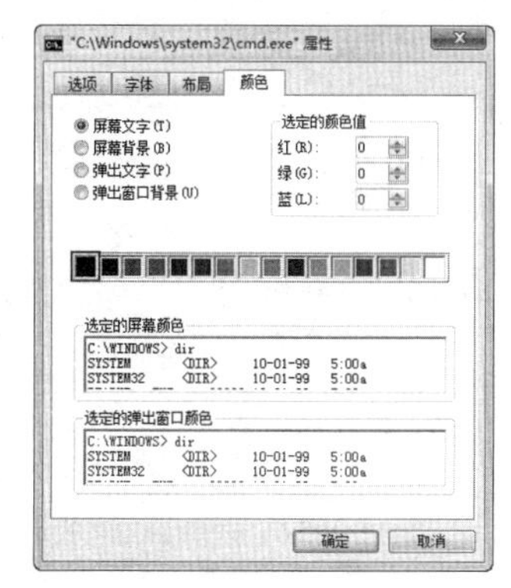

图 T1.8 控制台窗口的属性

## 8. 窗口操作

事实上，组成 Visual Studio 2008 开发环境的窗口可只分为两种类型：一种是“文档窗口”，另一种是“工具窗口”。文档窗口是动态产生的，当打开一个 C++文件或在解决方案工作区查看类、资源等具体内容时，就会在 Web 浏览区打开一个文档窗口来显示相应的内容。而除文档窗口外的窗口都可称为**工具窗口**，如输出窗口和属性窗口等。

在 Visual Studio 2008 开发环境中，文档窗口的切换可直接在 Web 浏览区窗口上方单击相应的标签进行；或单击文档窗口最右上角的下拉按钮▾，从弹出的下列文档列表中选择要显示的文档项即可。若单击下拉按钮右边的关闭按钮✕，则退出当前文档。而对于工具窗口来说，窗口操作往往可以有浮动和停靠、选项卡式文档、自动隐藏等。

（1）浮动和停靠。Visual Studio 2008 刚开始运行时，窗口区中的各种窗口均处于停靠状态，任何时候用鼠标双击窗口标题栏，都会在浮动和停靠之间进行切换。若用鼠标单击某个窗口不放，可将其拖放到整个窗口区的任何位置，这个位置可以是任何一个窗口区的四边。被拖放的窗口既可单独显示在开发环境界面中的某处，也可与窗口区的其他窗口构成一组。

（2）选项卡式文档窗口。前面说过，Visual Studio 2008 的文档窗口采用标签式（又称选项卡式）的操作模式。对于工具窗口来说，可通过“选项卡式文档”命令使其按文档窗口模式来操作。

单击某个工具窗口后，选择“窗口”→“选项卡式文档”菜单命令，则将该工具窗口以标签的方式显示在 Web 浏览区。当然，若此时选择“窗口”→“可停靠”菜单命令，则当前工具窗口恢复到上次的停靠位置。

（3）自动隐藏。自动隐藏是 Visual Studio 2008 新增的界面特性，它和 Windows 7 任务栏的自动隐藏功能类似。自动隐藏功能使窗口显示的数量更多，凡是自动隐藏的窗口，都会在其靠近的那一侧边最小化，并只显示出窗口名称标签，参看图 T1.1 右侧边的“服务器资源管理器”和“工具箱”默认两个窗口。当用户将鼠标移动到这些窗口的名称标签上时，该窗口就会自动滑出；当该窗口具有输入焦点（即该窗口标题栏高亮显示）时，它不会自动隐藏；一旦失去焦点，它又滑向屏幕的侧边，呈最小化状态。

（4）关闭和显示。在窗口区中，每个活动窗口的标题栏处都有下拉操作、自动隐藏和关闭按钮，如图 T1.9 所示。单击关闭按钮后，窗口被关闭，但可通过选择“视图”→“其他窗口”菜单命令来恢复显示相应的窗口，如图 T1.10 所示。

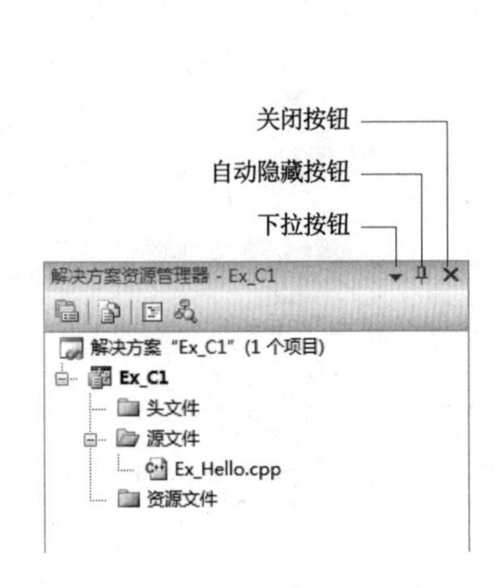


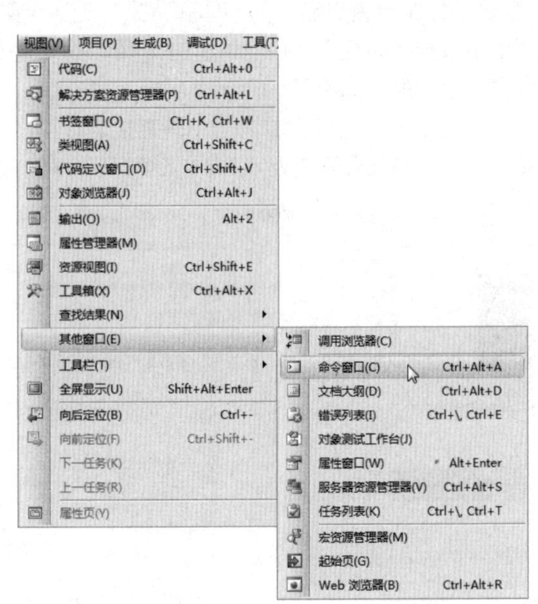


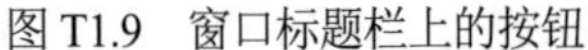

图 T1.9　窗口标题栏上的按钮　　　　图 T1.10　“视图”和“其他窗口”菜单项

需要说明的是，当用鼠标右击窗口的标题栏时，或单击下拉按钮，都会弹出一个快捷菜单，其菜单命令依次为“浮动”、“可停靠”、“选项卡式文档”、“自动隐藏”和“隐藏”，这些命令与“窗口”菜单中的同名命令功能一致。

**9. 输入一个新的 C++程序**

（1）选择“项目”→“添加新项”菜单命令或按快捷键 Ctrl+Shift+A 或单击标准工具栏中的按钮，弹出“添加新项”对话框，在“类别”栏中选中“Visual C++”下的“代码”，在“模板”栏中选中 C++ 文件(.cpp)；在“名称”栏中输入文件名称“Ex_Simple”（双引号不输入，扩展名.cpp 可省略），单击 添加(A) 按钮，在打开的文档窗口中输入下列 C++代码：

```
#include <iostream>
using namespace std;
int main()
{
	double r, area;
	r = 10.0;                                   // 设置圆的半径
	aea = 3.14159 * r * r;
	cout<<"圆的面积为："<<area<<"\n;
	return 0;
}
```

这段代码是有错误的，下面会通过开发环境来修正它。注意：在输入字符和中文时，要切换到相应的输入方式，除了字符串和注释可以使用中文外，其余一律用英文字符输入。

（2）在源文件节点 Ex_Hello.cpp 处右击鼠标，从弹出的快捷菜单中选中“从项目中排除”命令，这样就将最前面的 Ex_Hello.cpp 源文件排除出项目。

（3）选择“生成”→“生成解决方案”菜单命令或直接按快捷键 F7，系统开始对 Ex_Hello.cpp 进行编译、连接，同时在输出窗口中显示编连信息。由于这段代码有错误，所以会出现“Ex_C1 - 3 个错误，0 个警告”字样，如图 T1.11 所示。

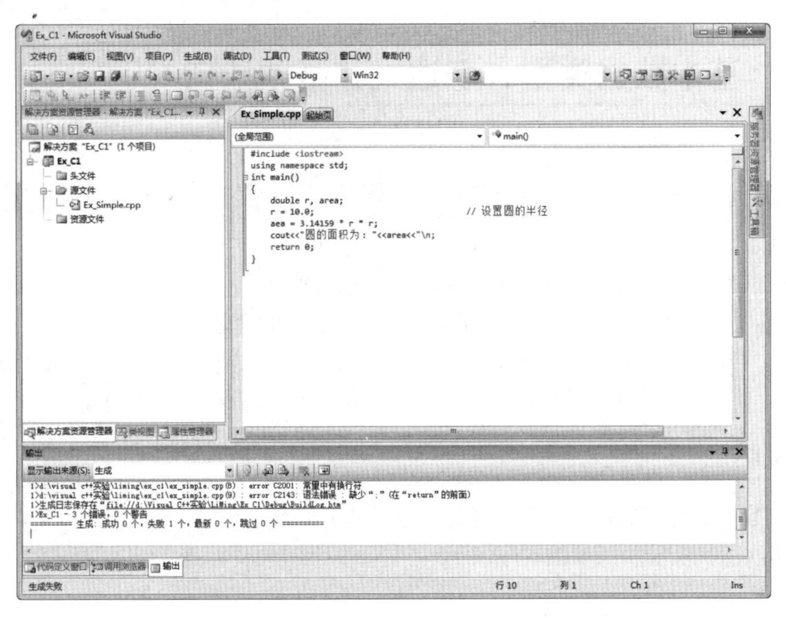

图 T1.11　Ex_Simple.cpp 编译后的开发环境

### 10. 修正语法错误

（1）移动“输出”页面窗口中的滚动条，使窗口中显示出第一条错误信息“xxx(7) : error C2065: 'aea': 未声明的标识符”，其含义是：'aea'未定义，错误发生在第 7 行中。双击该错误提示信息，光标将自动定位在发生该错误的代码行中。

（2）将“aea”改成“area”，重新编译和连接。编译后，“生成”页面给出的第一条错误信息是：

xxx (8) : error C2001: 常量中有换行符

（3）将"\n 改为"\n"，选择“调试”→“开始执行（不调试）”菜单命令或直接按快捷键 Ctrl+F5，弹出对话框，提示“此项目已过期……要生成它吗？”，单击 是(Y) 按钮，运行结果如图 T1.12 所示。

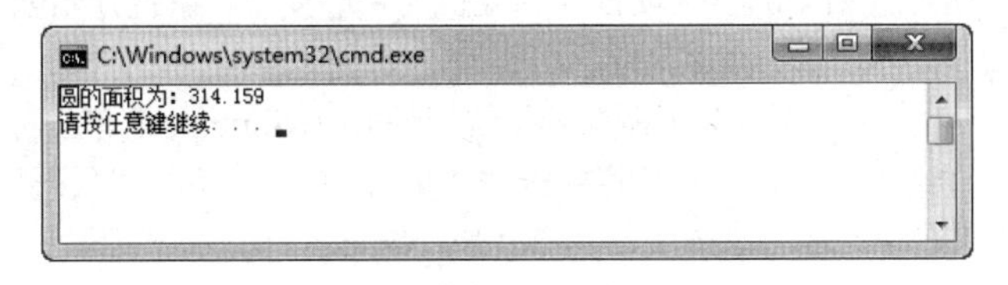


图 T1.12　Ex_Simple.cpp 运行结果

### 11. 退出 Visual Studio 2008

退出 Visual Studio 2008 有两种方式：一种是单击主窗口右上角的“关闭”按钮（ X ），另一种是选择“文件”→“退出”菜单命令。

### 12. 写出实验报告

结合思考与练习，写出实验报告。

## 思考与练习

（1）Visual Studio 2008 中的窗口可分为几类？窗口有哪些常用操作？当显示的窗口杂乱无章时，如何才能恢复到原来的默认界面？

（2）当有多个 C++程序需要编译并运行时，最好的方法是什么？

# 实验 2　基本数据类型、表达式和基本语句

## 实验内容

（1）测试基本数据类型 char、int 和 short 之间的相互转换。

（2）测试有自增、自减运算符的表达式的结果和运行次序。

（3）程序 Ex_Prime：输出 1～100 之间的素数（用 for 语句编写）。

（4）程序 Ex_CircleAndBall：设圆半径 *r*=2.5，圆柱高 *h*=4，求圆的周长、圆面积、圆球体积、圆柱体积。用 cin 输入要计算的项目，然后输出计算结果，输入/输出时要有文字提示。

## 实验准备和说明

（1）在学完第 1 章的“基本语句”内容之后进行本次实验。

（2）编写本次上机实验所需要的程序。

## 实验步骤

### 1. 创建控制台应用程序空项目 Ex_C2

（1）启动 Visual Studio 2008。

（2）选择“文件”→“新建”→“项目”菜单命令或按快捷键 Ctrl+Shift+N 或单击标准工具栏中的按钮，弹出“新建项目”对话框，在“项目类型”栏中选中“Visual C++”下的“Win32”，在“模板”栏中选中 Win32 控制台应用程序；单击 浏览(B)... 按钮，将项目位置定位到“D:\Visual C++实验\LiMing”文件夹中，在“名称”栏中输入项目名称“Ex_C2”（双引号不输入，C 表示控制台 Console 单词的首字母）。

（3）单击 确定 按钮，弹出“Win32 应用程序向导”对话框；单击 下一步 > 按钮，进入“应用程序设置”页面，选中“附加选项”的“空项目”；单击 完成 按钮，系统开始创建 Ex_C2 空项目。

### 2. 输入并运行程序 Ex_Simple.cpp

（1）选择“项目”→“添加新项”菜单命令或按快捷键 Ctrl+Shift+A 或单击标准工具栏中的按钮，弹出“添加新项”对话框，在“类别”栏中选中“Visual C++”下的“代码”，在“模板”栏中选中 C++ 文件(.cpp)；在“名称”栏中输入文件名称“Ex_Simple”（双引号不输入）。

（2）单击 添加(A) 按钮，在打开的文档窗口中输入下列 C++代码：

```
#include <iostream>
using namespace std;
int main()
{
	char c1,c2,c3;
	c1 = 97;	c2 = 98;	c3 = 99;
	cout<<c1<<", "<<c2<<", "<<c3<<endl;
	return 0;
}
```

（3）编译并运行，看看出现的结果与理解的是否一样。

那么，怎样将输出的结果变成数值而不是字符呢？有两种办法：一种是将 c1、c2 和 c3 的变量类型由 char 变为 int 或 short；另一种是变量类型保持不变，在输出语句中加入类型的强制转换，例如：

```
cout<<(short)c1<<", "<<(short)c2<<", "<<(short)c3<<endl;
```

**想一想** 除了上述两种办法外，使用数据类型的“自动转换”也可使上述结果显示为数值，那么应如何修改上述代码？

### 3. 修改并添加复杂表达式的测试代码

（1）将 main 函数修改成下列代码：

```
#include <iostream>
using namespace std;
int main()
{
	int i = 8, j = 10, m = 0, n = 0;

	m += i++;
	n -= --j;
	cout<<"i="<<i<<", j="<<j<<", m="<<m<<", n="<<n<<endl;		// A

	i = 8;	j = 10;
	cout<<i++<<","<<i++<<","<<j--<<","<<j--<<endl;			// B
	i = 2;	j = 3;
	cout<<i++ * i++ * i++<<","<<j++ * --j * --j<<endl;		// C
	return 0;
}
```

（2）编译运行后，写出其结果，并加以分析。

（3）若将 C 行修改为下列代码，则结果又将如何？请分析。

```
	i = j = 3;
	cout<<++i * ++i * --i * --i * ++i<<","<<++j * --j * --j * ++j * ++j<<endl;
```

（4）编译运行后，写出其结果，并加以分析。

### 4. 输入并运行程序 Ex_Prime.cpp

（1）选择“项目”→“添加新项”菜单命令或按快捷键 Ctrl+Shift+A 或单击标准工具栏中的按钮，弹出“添加新项”对话框，在“类别”栏中选中“Visual C++”下的“代码”，在“模板”栏中选中 C++ 文件(.cpp)；在“名称”栏中输入文件名称“Ex_Prime”（双引号不输入）。

（2）单击 添加(A) 按钮，在打开的文档窗口中输入下列 C++代码：

```
#include <iostream>
using namespace std;
int main()
{
	for (int n=1; n<=100; n++)
	{
		int flag = 1;
		for (int i=2; i<=n/2; i++)
		{
			if (n%i==0)
			{
				flag = 0;
				break;
			}
		}
```

```
            if (flag)     cout<<n<<",";
        }
        cout<<endl;
        return 0;
}
```

（3）在源文件节点 Ex_Simple.cpp 处右击鼠标，从弹出的快捷菜单中选择“从项目中排除”命令，这样就将前面的 Ex_Simple.cpp 源文件排除出项目。

（4）编译运行，并分析其运行结果。

**5. 输入并运行程序 Ex_CircleAndBall.cpp**

（1）选择“项目”→“添加新项”菜单命令或按快捷键 Ctrl+Shift+A 或单击标准工具栏中的按钮，弹出“添加新项”对话框，在“类别”栏中选中“Visual C++”下的“代码”，在“模板”栏中选中 C++ 文件(.cpp)；在“名称”栏中输入文件名称“Ex_CircleAndBall”（双引号不输入）。

（2）单击 添加(A) 按钮，在打开的文档窗口中输入下列 C++代码：

```
#include <iostream>
#include <cstdlib>
using namespace std;
int main()
{
        const double PI = 3.14159265;
        double r = 2.5, h = 4.0, dResult;
        int nID;
        for (;;)
        {
                cout<<"1--计算圆周长"<<endl;
                cout<<"2--计算圆面积"<<endl;
                cout<<"3--计算圆球体积"<<endl;
                cout<<"4--计算圆柱体积"<<endl;
                cout<<"5--退出"<<endl;
                cout<<"请选择命令号<1…5>:";
                cin>>nID;
                if (nID == 5) break;
                else
                {
                        switch(nID)
                        {
                                case 1:
                                        dResult = PI*r*2.0;
                                        cout<<"圆周长为："<<dResult<<endl;
                                        break;
                                case 2:
                                        dResult = PI*r*r;
                                        cout<<"圆面积为："<<dResult<<endl;
                                        break;
                                case 3:
                                        dResult = PI*r*r*r*4.0/3.0;
                                        cout<<"圆球体积为："<<dResult<<endl;
                                        break;
                                case 4:
                                        dResult = PI*r*r*h;
                                        cout<<"圆柱体积为："<<dResult<<endl;
```

```
                    break;
                default:
                    cout<<"选择的命令号不对！"<<endl;
                    break;
            }
            cout<<"按 Enter 键继续……";
            cin.get();    cin.get();
            system("cls");          // 执行 DOS 下的清屏命令，需要头文件 cstdlib
        }
    }
    return 0;
}
```

（3）在源文件节点 Ex_Prime.cpp 处右击鼠标，从弹出的快捷菜单中选择“从项目中排除”命令，这样就将前面的 Ex_Prime.cpp 源文件排除出项目。

（4）编译运行，并分析其运行结果。

**6. 退出 Visual Studio 2008**

**7. 写出实验报告**

结合思考与练习，写出实验报告。

## 思考与练习

（1）前缀或后缀的自增和自减运算符有什么不同？在 Visual C++中，多个自增和自减运算符与算术运算符混合运算时有什么规律？

（2）将 Ex_Prime.cpp 程序改用 while 和 do…while 循环语句重新编写。

（3）用 sizeof 运算符编写一个测试程序，用来测试本机中各基本数据类型所占的字节数，并将其填写在表 T2.1 中，然后分析其结果。

**表 T2.1　本机中各基本数据类型所占的字节数**

| 基本数据类型 | 所占字节数 | 基本数据类型 | 所占字节数 |
|---|---|---|---|
| char | | float | |
| short | | double | |
| int | | long double | |
| long | | “\nCh\t\v\0ina” | |

# 实验 3　函数和预处理

## 实验内容

（1）程序 Ex_AreaFunc：已知三角形的三边 $a$、$b$、$c$，则三角形的面积为：

$$\text{area} = \sqrt{s(s-a)(s-b)(s-c)}$$

其中，$s=(a+b+c)/2$。需要说明的是，三角形三边的边长由 cin 输入，需要判断这三边能否构成一个三角形，若是，则计算其面积并输出，否则输出“错误：不能构成三角形！”。编写一个完整的程序，其中需要两个函数：一个函数用来判断，另一个函数用来计算三角形的面积。

（2）在（1）的基础上，改用带参数的宏编写程序 Ex_AreaMacro 求三角形的面积。

（3）程序 Ex_NumToStr：用递归法将一个整数 n 转换成字符串，例如输入 1234，应输出字符串

“1234”。n 的位数不确定，可以是任意位数的整数。

## 实验准备和说明

（1）在学完第 1 章的“函数和预处理”内容之后进行本次实验。

（2）编写本次上机实验所需要的程序。

## 实验步骤

### 1. 创建控制台应用程序空项目 Ex_C3

（1）启动 Visual Studio 2008。

（2）选择“文件”→“新建”→“项目”菜单命令或按快捷键 Ctrl+Shift+N 或单击标准工具栏中的按钮，弹出“新建项目”对话框，在“项目类型”栏中选中“Visual C++”下的“Win32”，在“模板”栏中选中 Win32 控制台应用程序；单击 浏览(B)... 按钮，将项目位置定位到“D:\Visual C++实验\LiMing”文件夹中，在“名称”栏中输入项目名称“Ex_C3”（双引号不输入，C 表示控制台 Console 单词的首字母）。

（3）单击 确定 按钮，弹出“Win32 应用程序向导”对话框；单击 下一步 > 按钮，进入“应用程序设置”页面，选中“附加选项”的“空项目”；单击 完成 按钮，系统开始创建 Ex_C3 空项目。

### 2. 输入并运行程序 Ex_AreaFunc.cpp

（1）选择“项目”→“添加新项”菜单命令或按快捷键 Ctrl+Shift+A 或单击标准工具栏中的按钮，弹出“添加新项”对话框，在“类别”栏中选中“Visual C++”下的“代码”，在“模板”栏中选中 C++ 文件(.cpp)；在“名称”栏中输入文件名称“Ex_AreaFunc”（双引号不输入）。

（2）单击 添加(A) 按钮，在打开的文档窗口中输入下列 C++代码：

```
#include <iostream>
#include <cmath >
using namespace std;
bool Validate(double a, double b, double c);
void CalAndOutputArea(double a, double b, double c);
int main()
{
	double a, b, c;
	cout<<"请输入三角形的三边长度：";
	cin>>a>>b>>c;
	if (Validate(a, b, c))
		CalAndOutputArea(a, b, c);
	else
		cout<<"错误：不能构成三角形！"<<endl;
	return 0;
}
bool Validate(double a, double b, double c)
{
	if ((a>0)&&(b>0)&&(c>0))
	{
		if ((a+b)<=c) return 0;
		if ((a+c)<=b) return 0;
		if ((b+c)<=a) return 0;
		return 1;	// true
	} else
		return 0;	// false
```

```
}
void CalAndOutputArea(double a, double b, double c)
{
    double s = (a + b + c)/2.0;
    double area = sqrt(s*(s-a)*(s-b)*(s-c));
    cout<<"三角形("<<a<<", "<<b<<", "<<c<<")的面积是："<<area<<endl;
}
```

代码中，sqrt 是求平方根的 C/C++标准库函数，使用时要在程序中包含头文件 cmath。

（3）编译并运行，输入三角形的三边长度进行测试。

**试一试** 上述函数 Validate 和 CalAndOutputArea 只能处理三角形的判断和面积计算，若还能处理圆和矩形，则应如何对这些函数进行重载？

**3. 输入并运行程序 Ex_AreaMacro.cpp**

（1）在 Ex_AreaFunc.cpp 文档窗口中任意代码处单击鼠标，使其成为当前文档窗口。选择“文件”→“Ex_AreaFunc.cpp 另存为”菜单命令，将其另存为 Ex_AreaMacro.cpp。

（2）删除 CalAndOutputArea 函数的声明和定义，在 main 函数前添加宏定义，使其能计算三角形的面积。修改后的代码如下：

```
#include <iostream>
#include <cmath >
using namespace std;
#define     AREA(s, a, b, c)    sqrt((s)*((s)-a)*((s)-b)*((s)-c))
bool Validate(double a, double b, double c);
int main()
{
    double a, b, c;
    cout<<"请输入三角形的三边长度：";
    cin>>a>>b>>c;
    if (Validate(a, b, c))
        cout<<"三角形("<<a<<", "<<b<<", "<<c<<")的面积是："
            <<AREA((a+b+c)/2, a , b, c)<<endl;
    else
        cout<<"错误：不能构成三角形！"<<endl;
    return 0;
}
bool Validate(double a, double b, double c)
{
    if ((a>0)&&(b>0)&&(c>0))
    {
        if ((a+b)<=c) return 0;
        if ((a+c)<=b) return 0;
        if ((b+c)<=a) return 0;
        return 1;    // true
    } else
        return 0;    // false
}
```

（3）选择“项目”→“添加现有项”菜单命令，弹出“添加现有项”对话框，选中 Ex_AreaMacro.cpp，单击 添加(A) 按钮。

（4）在源文件节点 Ex_AreaFunc.cpp处右击鼠标，从弹出的快捷菜单中选择“从项目中排除”命令，这样就将前面的 Ex_AreaFunc.cpp 源文件排除出项目。

（5）编译并运行。试比较和 Ex_AreaFunc.cpp 的运行结果是否相同。

#### 4. 输入并运行程序 Ex_NumToStr.cpp

（1）选择“项目”→“添加新项”菜单命令或按快捷键 Ctrl+Shift+A 或单击标准工具栏中的按钮，弹出“添加新项”对话框，在“类别”栏中选中“Visual C++”下的“代码”，在“模板”栏中选中 C++ 文件(.cpp)；在“名称”栏中输入文件名称“Ex_NumToStr”（双引号不输入）。

（2）单击 添加(A) 按钮，在打开的文档窗口中输入下列 C++代码：

```
#include <iostream>
using namespace std;
void convert(int n)
{
	int i;
	if ((i=n/10)!=0)
		convert(i);
	cout<<(char)(n%10+'0');
}
int main()
{
	int nNum;
	cout<<"请输出一个整数：";
	cin>>nNum;
	cout<<"输出的是：";
	if (nNum<0)						// 负数的处理
	{
		cout<<'-';
		nNum = -nNum;
	}
	convert(nNum);
	cout<<endl;
	return 0;
}
```

（3）在源文件节点 Ex_AreaMacro.cpp 处右击鼠标，从弹出的快捷菜单中选择“从项目中排除”命令，这样就将前面的 Ex_AreaMacro.cpp 源文件排除出项目。

（4）编译并运行。当输入一个整数 1234 时，分析函数 convert 的递归过程。

**想一想** *若输入一个整数 1234 时，输出字符串“4321”，则递归函数 convert 的代码应如何修改？*

#### 5. 退出 Visual Studio 2008

#### 6. 写出实验报告

结合思考与练习，写出实验报告。

### 思考与练习

（1）通过以上几个实验，说明用 Visual Studio 2008 编写和运行 C++程序的一般方法。

（2）比较带参宏和一般函数的区别。

（3）有返回值和无返回值的递归函数的运行过程有没有区别？如果有，有哪些区别？

## 实验 4　构造类型、指针和引用

### 实验内容

（1）程序 Ex_Sort：采用插入排序的方法，输入 10 个整数，按升序排序后输出。要求编写一个通用的插入排序函数 InsertSort，它带有 3 个参数：第一个参数是含有 n 个元素的数组，这 n 个元素已按升序排序；第二个参数给出当前数组中的元素个数；第三个参数是要插入的整数。该函数的功能是将一个整数插入到数组中，然后进行排序。另外，还需要一个用于输出数组元素的函数 Print，要求每一行输出 5 个元素。

（2）程序 Ex_Student：有 5 个学生，每个学生的数据结构包括学号、姓名、年龄、C++成绩、数学成绩和英语成绩以及总平均分。用键盘输入 5 个学生的学号、姓名、三门课的成绩，计算三门课的总平均分，最后将 5 个学生的数据输出。要求各个功能用函数来实现，例如（设学生数据结构体类型名为 STUDENT）：

```
STUDENT InputData();                              // 输入学生数据，返回此结构体类型数据
void CalAverage(STUDENT *data, int nNum);         // 计算总平均分
void PrintData(STUDENT *data, int nNum);          // 将学生数据输出
```

## 实验准备和说明

（1）在学完第 1 章的“结构、共用和自定义”内容之后进行本次实验。

（2）编写本次上机实验所需要的程序。

## 实验步骤

### 1. 创建控制台应用程序空项目 Ex_C4

（1）启动 Visual Studio 2008。

（2）选择“文件”→“新建”→“项目”菜单命令或按快捷键 Ctrl+Shift+N 或单击标准工具栏中的按钮，弹出“新建项目”对话框，在“项目类型”栏中选中“Visual C++”下的“Win32”，在“模板”栏中选中 Win32 控制台应用程序；单击 浏览(B)... 按钮，将项目位置定位到“D:\Visual C++实验\LiMing”文件夹中，在“名称”栏中输入项目名称“Ex_C4”（双引号不输入）。

（3）单击 确定 按钮，弹出“Win32 应用程序向导”对话框；单击 下一步 > 按钮，进入“应用程序设置”页面，选中“附加选项”的“空项目”；单击 完成 按钮，系统开始创建 Ex_C4 空项目。

### 2. 输入并运行程序 Ex_Sort.cpp

（1）选择“项目”→“添加新项”菜单命令或按快捷键 Ctrl+Shift+A 或单击标准工具栏中的按钮，弹出“添加新项”对话框，在“类别”栏中选中“Visual C++”下的“代码”，在“模板”栏中选中 C++ 文件(.cpp)；在“名称”栏中输入文件名称“Ex_Sort”（双引号不输入）。

（2）单击 添加(A) 按钮，在打开的文档窗口中输入下列 C++代码：

```
#include <iostream>
using namespace std;
void InsertSort(int data[], int &n, int a)              // 形参 n 为引用，以便能返回修改后的 n 值
{
    int i;
    for (i=0; i<n; i++)
        if (a<=data[i]) break;
    if (i == n) data[n] = a;
    else
    {
        for (int j=n; j>i; j--)
            data[j] = data[j-1];
        data[i] = a;
    }
    n++;                                                // 插入后，数组元素个数增加 1
}
```

```
void Print(int data[], int n)
{
        for (int i=0; i<n; i++)
        {
                cout<<data[i]<<"\t";
                if ((i+1)%5 == 0) cout<<endl;
        }
        cout<<endl;
}
int main()
{
        int data[10], nNum = 0, m;
        for (int i=0; i<10; i++)
        {
                cout<<"输入第"<<i+1<<"个整数：";
                cin>>m;
                InsertSort(data, nNum, m);
        }
        Print(data, nNum);
        return 0;
}
```

代码中，插入排序函数 InsertSort 最需要考虑的是当一个整数 a 插入数组 data（设数组元素个数为 n）中时满足下列几个条件：

① 要按升序确定该元素 a 要插入的位置；

② 当插入的位置 i 为最后的 n 时，直接令 data[n] = a，此时数组元素个数为 n+1；

③ 当插入的位置 i 不是最后的 n 时，则该位置后面的元素要依次后移一个位置，然后令 data[i] = a，数组元素个数为 n+1。

（3）编译运行后，输入下列数据进行测试，看看结果是否正确，并分析函数 InsertSort。

```
25  78  90  12  10  100  33  44  22  55
```

### 3. 输入并运行程序 Ex_Student.cpp

（1）选择“项目”→“添加新项”菜单命令或按快捷键 Ctrl+Shift+A 或单击标准工具栏中的按钮，弹出“添加新项”对话框，在“类别”栏中选中“Visual C++”下的“代码”，在“模板”栏中选中 C++ 文件(.cpp)；在“名称”栏中输入文件名称“Ex_Student”（双引号不输入）。

（2）单击 添加(A) 按钮，在打开的文档窗口中输入下列 C++代码：

```
#include <iostream>
using namespace std;
struct STUDENT                                  // 定义结构体类型
{
        char   name[8];                         // 姓名
        char   id[10];                          // 学号
        int         score[3];                   // 三门课的成绩
        double       ave;                       // 平均分
};
STUDENT InputData()                             // 输入
{
        STUDENT stu;
        cout<<"姓名：";
        cin>>stu.name;
        cout<<"学号：";
```

```
        cin>>stu.id;
        int aveResult=0;
        cout<<"三门成绩：";
        cin>>stu.score[0]>>stu.score[1]>>stu.score[2];
        return    stu;
}
void CalAverage(STUDENT    *data, int nNum)
{
        for (int i=0; i<nNum; i++)
                data[i].ave = ( data[i].score[0] + data[i].score[1] + data[i].score[0])/3.0;
}
void PrintData(STUDENT    *data, int nNum)
{
        cout<<"\n 学号\t 姓名\t 成绩 1\t 成绩 2\t 成绩 3\t 平均分\n";
        for (int i=0; i<nNum; i++)
        {
                cout<<data[i].id<<"\t"<<data[i].name;
                for (int j=0; j<3; j++)
                        cout<<"\t"<<data[i].score[j];
                cout<<"\t"<<data[i].ave<<endl;
        }
}
int main()
{
        const int stuNum=5;
        STUDENT stu[stuNum];
        for (int i=0; i<stuNum; i++)
        {
                cout<<"输入第"<<i+1<<"个学生信息\n";
                stu[i] = InputData();                          // 输入学生数据
        }
        CalAverage(stu, stuNum);                               // 计算平均分
        PrintData(stu, stuNum);                                // 输出学生数据
        return 0;
}
```

（3）在源文件节点 Ex_Sort.cpp 处右击鼠标，从弹出的快捷菜单中选择“从项目中排除”命令，这样就将前面的 Ex_Sort.cpp 源文件排除出项目。

（4）编译运行并测试。

### 4. 退出 Visual Studio 2008

### 5. 写出实验报告

结合思考与练习，写出实验报告。

## 思考与练习

（1）在 Ex_Student 程序中，若学生的人数不定，则程序应如何修改？

（2）在 Ex_Student 程序中，若有一个函数 SortPrintData 用来对学生数据按平均分的高低进行排序并输出，则该函数应如何实现？

# 实验 5　类和对象、继承和派生

## 实验内容

程序 Ex_Class：定义一个人员类 CPerson，包括的数据成员有姓名、编号、性别和用于输入/输出的成员函数。在此基础上派生出学生类 Cstudent（增加成绩）和教师类 Cteacher（增加教龄），并实现对学生和教师信息的输入/输出。编写一个完整的测试程序，并将 Ex_Class 所有的类定义保存在 Ex_Class.h 中，将类的成员函数实现代码保存在 Ex_Class.cpp 中。

## 实验准备和说明

（1）在学完第 2 章的“继承和派生”内容之后进行本次实验。

（2）编写本次上机实验所需要的程序。

## 实验步骤

### 1. 创建控制台应用程序空项目 Ex_C5

（1）启动 Visual Studio 2008。

（2）选择“文件”→“新建”→“项目”菜单命令或按快捷键 Ctrl+Shift+N 或单击标准工具栏中的按钮，弹出“新建项目”对话框，在“项目类型”栏中选中“Visual C++”下的“Win32”，在“模板”栏中选中 Win32 控制台应用程序；单击 浏览(B)... 按钮，将项目位置定位到“D:\Visual C++实验\LiMing”文件夹中，在“名称”栏中输入项目名称“Ex_C5”（双引号不输入）。

（3）单击 确定 按钮，弹出“Win32 应用程序向导”对话框；单击 下一步 > 按钮，进入“应用程序设置”页面，选中“附加选项”的“空项目”；单击 完成 按钮，系统开始创建 Ex_C5 空项目。

### 2. 输入程序 Ex_Class.h

（1）选择“项目”→“添加新项”菜单命令或按快捷键 Ctrl+Shift+A 或单击标准工具栏中的按钮，弹出“添加新项”对话框，在“类别”栏中选中“Visual C++”下的“代码”，在“模板”栏中选中 头文件(.h)；在“名称”栏中输入文件名称“Ex_Class”（双引号不输入）。

（2）单击 添加(A) 按钮，在打开的文档窗口中输入下列 C++代码：

```
#include <iostream>
#include <cstring>
using namespace std;
class CPerson
{
public:
        CPerson()
        {
                strcpy(pName, "");
                strcpy(pID, "");
        }
        CPerson(char *name, char *id, bool isman = 1)
        {
                Input(name, id, isman);
        }
        void Input(char *name, char *id, bool isman)
        {
```

```
            setName(name);
            setID(id);
            setSex(isman);
        }
        void Output()
        {
            cout<<"姓名："<<pName<<endl;
            cout<<"编号："<<pID<<endl;
            char *str = bMan?"男":"女";
            cout<<"性别："<<str<<endl;
        }
public:
        // 姓名属性操作
        char* getName() const
        {
            return (char *)pName;
        }
        void setName(char *name)
        {
            int n = strlen(name);
            strncpy(pName, name, n);
            pName[n] = '\0';
        }
        // 编号属性操作
        char* getID() const
        {
            return (char *)pID;
        }
        void setID(char *id)
        {
            int n = strlen(id);
            strncpy(pID, id, n);
            pID[n] = '\0';
        }
        // 性别属性操作
        bool getSex()
        {
            return bMan;
        }
        void setSex(bool isman)
        {
            bMan = isman;
        }
private:
        char pName[20];                                     // 姓名
        char pID[20];                                       // 编号
        bool bMan;                                          // 性别：0 表示女，1 表示男
};
class CStudent: public CPerson
{
public:
        CStudent(char *name, char *id, bool isman = 1);
```

```
	~CStudent(){ }
	void InputScore(double score1, double score2, double score3);
	void Print();
	CPerson student;
private:
	double dbScore[3];                                    // 三门成绩
};
class CTeacher: public CPerson
{
public:
	CTeacher(char *name, char *id, bool isman = 1, int years = 10);
	~CTeacher(){ }
	void Print();
private:
	int nTeachYears;                                      // 教龄
};
```

3. 输入程序 Ex_Class.cpp

（1）选择“项目”→“添加新项”菜单命令或按快捷键 Ctrl+Shift+A 或单击标准工具栏中的按钮，弹出“添加新项”对话框，在“类别”栏中选中“Visual C++”下的“代码”，在“模板”栏中选中 C++ 文件(.cpp)；在“名称”栏中输入文件名称“Ex_Class”（双引号不输入）。

（2）单击 添加(A) 按钮，在打开的文档窗口中输入下列 C++代码：

```
#include <iostream>
#include "Ex_Class.h"
using namespace std;
// 类 CStudent 实现代码
CStudent::CStudent(char *name, char *id, bool isman)
	:student(name, id, isman)
{
	dbScore[0] = 0;
	dbScore[1] = 0;
	dbScore[2] = 0;
}
void CStudent::InputScore(double score1, double score2, double score3)
{
	dbScore[0] = score1;
	dbScore[1] = score2;
	dbScore[2] = score3;
}
void CStudent::Print()
{
	student.Output();
	for (int i=0; i<3; i++)
		cout<<"成绩"<<i+1<<"："<<dbScore[i]<<endl;
}
// 类 CTeacher 实现代码
CTeacher::CTeacher(char *name, char *id, bool isman, int years)
{
	nTeachYears = years;
	Input(name, id, isman);
}
void CTeacher::Print()
```

```
{
        Output();
        cout<<"教龄："<<nTeachYears<<endl;
}
// 主函数
int main()
{
        CStudent stu("LiMing", "21010211");
        cout<<stu.getName()<<endl;
        cout<<stu.student.getName()<<endl;
        stu.Print();
        stu.student.setName("LingLing");
        stu.student.setSex(0);
        stu.InputScore(80, 90, 85);
        stu.Print();
        CTeacher tea("Ding","911085");
        tea.Print();
        tea.setID("9110234");
        tea.Print();
        return 0;
}
```

（3）这时编译会出现 C4996 警告。为此，选择“项目”→“Ex_C5 属性”（“属性”）菜单命令或按快捷键 Alt+F7，弹出“Ex_C5 属性页”对话框，展开并选中“C/C++”→“预处理器”节点，在“预处理器定义”属性栏右侧单击...按钮，在弹出的对话框中添加_CRT_SECURE_NO_DEPRECATE 宏标记，如图 T5.1 所示。单击确定按钮，回到“Ex_C5 属性页”对话框窗口，再单击确定按钮。

图 T5.1　添加预处理定义宏标记

（4）编译并运行。

**4. 退出 Visual Studio 2008**

**5. 写出实验报告**

结合思考与练习，写出实验报告。

## 思考与练习

（1）主函数 main 中的第一条语句是：

```
CStudent stu("LiMing", "21010211");
```

分析它的构造过程。

（2）下面两条语句都是调用基类的 getName 函数，它们的结果相同吗？为什么？

```
cout<<stu.getName()<<endl;
cout<<stu.student.getName()<<endl;
```

（3）CStudent 类和 CTeacher 类有何不同？为什么要把 CStudent 中的数据成员 student 定义为 public？若改为 private 会有什么不同？

（4）若将基类 CPerson 中的私有数据成员 pName 和 pID 变成：

```
char *pName;
char *pID;
```

则整个程序应如何修改？

# 实验 6　多态和虚函数、运算符重载

## 实验内容

（1）程序 Ex_Shape：定义一个抽象类 CShape，包含纯虚函数 Area（用来计算面积）和 SetData（用来重设形状大小）。然后派生出三角形 CTriangle 类、矩形 CRect 类、圆 CCircle 类，分别求其面积。最后定义一个 CArea 类，计算这几个形状的面积之和，各形状的数据通过 CArea 类构造函数或成员函数来设置。编写一个完整的程序。

（2）程序 Ex_Complex：定义一个复数类 CComplex，通过重载运算符“*”和“/”，直接实现两个复数之间的乘除运算。运算符“*”用成员函数实现重载，而运算符“/”用友元函数实现重载。编写一个完整的程序（包括测试运算符的程序部分）。

**提示**：两个复数相乘的计算公式为 $(a+b\mathrm{i}) * (c+d\mathrm{i}) = (ac-bd) + (ad+bc)\mathrm{i}$，而两个复数相除的计算公式为 $(a+b\mathrm{i}) / (c+d\mathrm{i}) = (ac+bd)/(c*c+d*d) + (bc-ad)/(c*c+d*d)\mathrm{i}$。

## 实验准备和说明

（1）在学完第 2 章的“运算符重载”内容之后进行本次实验。

（2）编写本次上机实验所需要的程序。

## 实验步骤

### 1. 创建控制台应用程序空项目 Ex_C6

（1）启动 Visual Studio 2008。

（2）选择“文件”→“新建”→“项目”菜单命令或按快捷键 Ctrl+Shift+N 或单击标准工具栏中的按钮，弹出“新建项目”对话框，在“项目类型”栏中选中“Visual C++”下的“Win32”，在“模板”栏中选中 Win32 控制台应用程序；单击 浏览(B)... 按钮，将项目位置定位到“D:\Visual C++实验\LiMing”文件夹中，在“名称”栏中输入项目名称“Ex_C6”（双引号不输入）。

（3）单击 确定 按钮，弹出“Win32 应用程序向导”对话框；单击 下一步 > 按钮，进入“应用程序设置”页面，选中“附加选项”的“空项目”；单击 完成 按钮，系统开始创建 Ex_C6 空项目。

### 2. 输入并运行程序 Ex_Shape.cpp

（1）选择“项目”→“添加新项”菜单命令或按快捷键 Ctrl+Shift+A 或单击标准工具栏中的按钮，弹出“添加新项”对话框，在“类别”栏中选中“Visual C++”下的“代码”，在“模板”栏中选中 头文件(.h)；在“名称”栏中输入文件名称“Ex_Shape”（双引号不输入）。

（2）单击 添加(A) 按钮，在打开的文档窗口中输入下列 C++代码：

```
#include <iostream>
using namespace std;
class CShape
{
public:
	virtual float Area() = 0;                        // 将 Area 定义成纯虚函数
	virtual void SetData(float f1, float f2) = 0;    // 将 SetData 定义成纯虚函数
};
class CTriangle: public CShape
{
public:
	CTriangle(float h = 0, float w = 0)
	{
		H = h;		W = w;
	}
	float Area()                                     // 在派生类定义纯虚函数的具体实现代码
	{
		return (float)(H * W * 0.5);
	}
	void SetData(float f1, float f2)
	{
		H = f1;		W = f2;
	}
private:
	float H, W;
};
class CRect: public CShape
{
public:
	CRect(float h = 0, float w = 0)
	{
		H = h;		W = w;
	}
	float Area()                                     // 在派生类定义纯虚函数的具体实现代码
	{
		return (float)(H * W);
	}
	void SetData(float f1, float f2)
	{
		H = f1;		W = f2;
	}
private:
	float H, W;
};
class CCircle: public CShape
{
public:
	CCircle(float r = 0)
	{
		R = r;
	}
```

```
        float Area()                                                    // 在派生类定义纯虚函数的具体实现代码
        {
            return (float)(3.14159265 * R * R);
        }
        void SetData(float r, float)                                    // 保持与纯虚函数一致
        {
            R = r;
        }
private:
        float R;
};
class CArea
{
public:
        CArea(float triWidth, float triHeight, float rcWidth, float rcHeight, float r)
        {
            ppShape = new CShape*[3];
            ppShape[0] = new CTriangle(triWidth, triHeight);
            ppShape[1] = new CRect(rcWidth, rcHeight);
            ppShape[2] = new CCircle(r);
        }
        ~CArea()
        {
            for (int i=0; i<3; i++)
                delete ppShape[i];
            delete []ppShape;
        }
        void SetShapeData(int n, float f1, float f2 = 0)
        // n 为 0 表示操作的是三角形，1 表示矩形，2 表示圆形
        {
            if ((n>2)||(n<0)) return;
            ppShape[n]->SetData(f1, f2);
        }
        void CalAndPrint(void)                                          // 计算并输出
        {
            float fSum = 0.0;
            char* str[3] = {"三角", "矩", "圆"};
            for (int i=0; i<3; i++)
            {
                float area = ppShape[i]->Area();                        // 通过基类指针，求不同形状的面积
                cout<<str[i]<<"形面积是："<<area<<endl;
                fSum += area;
            }
            cout<<"总面积是："<<fSum<<endl;
        }
private:
        CShape **ppShape;                                               // 指向基类的指针数组
};
int main()
{
        CArea a(10, 20, 6, 8, 6.5);
        a.CalAndPrint();
```

```
        a.SetShapeData(0, 20, 30);                       // 重设三角形大小
        a.CalAndPrint();
        a.SetShapeData(2, 11);                           // 重设圆的半径大小
        a.CalAndPrint();
        a.SetShapeData(1, 2, 5);                         // 重设矩形的大小
        a.CalAndPrint();
        return 0;
}
```

（3）编译并运行。分析结果。

**试一试**　在上述程序的基础上，若还有一个正方形类 CSquare，则这样的类如何实现？整个程序如何修改？

### 3. 输入并运行程序 Ex_Complex.cpp

（1）选择“项目”→“添加新项”菜单命令或按快捷键 Ctrl+Shift+A 或单击标准工具栏中的按钮，弹出“添加新项”对话框，在“类别”栏中选中“Visual C++”下的“代码”，在“模板”栏中选中 C++ 文件(.cpp)；在“名称”栏中输入文件名称“Ex_Complex”（双引号不输入）。

（2）单击 添加(A) 按钮，在打开的文档窗口中输入下列 C++代码：

```
#include <iostream>
using namespace std;
class CComplex
{
public:
        CComplex(double r = 0, double i = 0)
        {
                realPart = r;
                imagePart = i;
        }
        void print()
        {
                cout<<"该复数实部 ="<<realPart<<", 虚部 ="<<imagePart<<endl;
        }
        CComplex operator * (CComplex &b);                      // 成员函数重载运算符
        friend CComplex operator / (CComplex &a, CComplex &b);  // 友元函数重载运算符
private:
        double realPart;                                        // 复数的实部
        double imagePart;                                       // 复数的虚部
};
CComplex CComplex::operator * (CComplex &b)
{
        CComplex temp;
        temp.realPart = realPart*b.realPart - imagePart*b.imagePart;
        temp.imagePart = realPart*b.imagePart + imagePart*b.realPart;
        return temp;
}
CComplex operator / (CComplex &a, CComplex &b)
{
        CComplex temp;
        double d = b.realPart*b.realPart + b.imagePart*b.imagePart;
        temp.realPart = (a.realPart*b.realPart + a.imagePart*b.imagePart)/d;
        temp.imagePart = ( a.imagePart*b.realPart - a.realPart*b.imagePart)/d;
        return temp;
```

```
}
int main()
{
        CComplex c1(12,20), c2(50,70), c;
        c = c1*c2;
        c.print();
        c = c1/c2;
        c.print();
        return 0;
}
```

（3）在源文件节点 Ex_Shape.cpp 处右击鼠标，从弹出的快捷菜单中选择“从项目中排除”命令，这样就将前面的 Ex_Shape.cpp 源文件排除出项目。

（4）编译并运行。分析结果。

**试一试** 在上述程序的基础上，若还有复数和实数的乘除运算，则如何进行重载？

#### 4. 退出 Visual Studio 2008

#### 5. 写出实验报告

根据上述分析和试一试内容，结合思考与练习，写出实验报告。

### 思考与练习

（1）在程序 Ex_Shape 中，若基类 CShape 中没有纯虚函数 SetData，则编译肯定会有错误，这是为什么？

（2）用友元函数和成员函数进行运算符重载的区别是什么？

## 实验 7　输入/输出流库

### 实验内容

程序 Ex_File：用文件来实现一个学生记录的添加、查找等操作。

**提示**：学生记录用类 CStudentRec 表示，它的数据成员有姓名、学号、三门课的成绩及总平均分，成员函数有记录显示 Print、记录键盘输入 Input 和数据校验 Validate 及“<<”、“>>”运算符重载等。文件操作用 CStuFile 类定义，成员函数有数据的添加 Add、查找 Seek、显示 List 等。

### 实验准备和说明

（1）在学完第 2 章内容之后进行本次实验。

（2）编写本次上机实验所需要的程序。

### 实验步骤

#### 1. 创建控制台应用程序空项目 Ex_C6

（1）启动 Visual Studio 2008。

（2）选择“文件”→“新建”→“项目”菜单命令或按快捷键 Ctrl+Shift+N 或单击标准工具栏中的按钮，弹出“新建项目”对话框，在“项目类型”栏中选中“Visual C++”下的“Win32”，在“模板”栏中选中 Win32 控制台应用程序；单击 浏览(B)... 按钮，将项目位置定位到“D:\Visual C++实验\LiMing”文件夹中，在“名称”栏中输入项目名称“Ex_C7”（双引号不输入）。

（3）单击 确定 按钮，弹出“Win32 应用程序向导”对话框；单击 下一步 > 按钮，进入“应用程序设置”页面，选中“附加选项”的“空项目”；单击 完成 按钮，系统开始创建 Ex_C7 空项目。

2. 输入程序 Ex_File.h

（1）选择“项目”→“添加新项”菜单命令或按快捷键 Ctrl+Shift+A 或单击标准工具栏中的按钮，弹出“添加新项”对话框，在“类别”栏中选中“Visual C++”下的“代码”，在“模板”栏中选中 头文件(.h)；在“名称”栏中输入文件名称“Ex_File”（双引号不输入）。

（2）单击 添加(A) 按钮，在打开的文档窗口中输入下列 C++代码：

```
#include <iostream>
#include <iomanip>
#include <fstream>
#include <cstring>
using namespace std;
class CStudentRec
{
public:
	CStudentRec(char* name, char* id, float score[]);
	CStudentRec(){chFlag = 'N';};				// 默认构造函数
	~CStudentRec(){};					// 默认析构函数
	void  Input(void);					// 键盘输入，返回记录
	float  Validate(void);				// 成绩数据的输入验证，返回正确值
	void  Print(bool isTitle = false);		// 记录显示
	friend ostream& operator<< ( ostream& os, CStudentRec& stu );
	friend istream& operator>> ( istream& is, CStudentRec& stu );
	char  chFlag;						// 标志，'A'表示正常，'N'表示空
	char  strName[20];					// 姓名
	char  strID[10];					// 学号
	float  fScore[3];					// 三门课程的成绩
	float  fAve;						// 总平均分
};
// CStudent 类的实现
CStudentRec::CStudentRec(char* name, char* id, float score[])
{
	strncpy(strName, name, 20);
	strncpy(strID, id, 10);
	fAve = 0;
	for (int i=0; i<3; i++)
	{
		fScore[i] = score[i];		fAve += fScore[i];
	}
	fAve = float(fAve / 3.0);
	chFlag = 'A';
}
void CStudentRec::Input(void)
{
	cout<<"姓名："; cin>>strName;
	cout<<"学号："; cin>>strID;
	float fSum = 0;
	for (int i=0; i<3; i++)
	{
		cout<<"成绩"<<i+1<<"：";
		fScore[i] = Validate();		fSum += fScore[i];
```

```
        }
        fAve = (float)(fSum / 3.0);
        chFlag = 'A';
}
float CStudentRec::Validate(void)
{
        int s;
        char buf[80];
        float res;
        for (;;)
        {
                cin>>res;
                s = cin.rdstate();
                while (s)
                {
                        cin.clear();
                        cin.getline(buf, 80);
                        cout<<"非法输入，重新输入：";
                        cin>>res;
                        s = cin.rdstate();
                }
                if ((res<=100.0) && (res>=0.0)) break;
                else
                        cout<<"输入的成绩超出范围！请重新输入：";
        }
        return res;
}
void CStudentRec::Print(bool isTitle)
{
        cout.setf( ios::left );
        if (isTitle)
                cout<<setw(20)<<"姓名"<<setw(10)<<"学号"
                        <<"\t 成绩 1"<<"\t 成绩 2"<<"\t 成绩 3"<<"\t 平均分"<<endl;
        cout<<setw(20)<<strName<<setw(10)<<strID;
        for (int i=0; i<3; i++)
                cout<<"\t"<<fScore[i];
        cout<<"\t"<<fAve<<endl;
}
ostream& operator<< ( ostream& os, CStudentRec& stu )
{
        os.write(&stu.chFlag, sizeof(char));
        os.write(stu.strName, sizeof(stu.strName));
        os.write(stu.strID, sizeof(stu.strID));
        os.write((char *)stu.fScore, sizeof(float)*3);
        os.write((char *)&stu.fAve, sizeof(float));
        return os;
}
istream& operator>> ( istream& is, CStudentRec& stu )
{
        char name[20],id[10];
        is.read(&stu.chFlag, sizeof(char));
        is.read(name, sizeof(name));
```

```
        is.read(id, sizeof(id));
        is.read((char*)stu.fScore, sizeof(float)*3);
        is.read((char*)&stu.fAve, sizeof(float));
        strncpy(stu.strName, name, sizeof(name));
        strncpy(stu.strID, id, sizeof(id));
        return is;
}
```

### 3. 添加 Ex_File.cpp 文件，测试 CStudentRec 类

（1） 选择“项目”→“添加新项”菜单命令或按快捷键 Ctrl+Shift+A 或单击标准工具栏中的按钮，弹出“添加新项”对话框，在“类别”栏中选中“Visual C++”下的“代码”，在“模板”栏中选中 C++ 文件(.cpp)；在“名称”栏中输入文件名称“Ex_File”（双引号不输入）。

（2）单击 添加(A) 按钮，在打开的文档窗口中输入下列 C++代码：

```
#include <iostream>
#include "Ex_File.h"
using namespace std;
int main()
{
        float fScore[] = {80,90,92};
        CStudentRec rec1("Ding","21050101",fScore);
        rec1.Print(true);
        CStudentRec rec2;
        rec2.Input();
        rec2.Print(true);
        return 0;
}
```

（3）这时编译会出现 C4996 警告。为此，选择“项目”→“Ex_C7 属性”（“属性”）菜单命令或按快捷键 Alt+F7，弹出“Ex_C7 属性页”对话框，展开并选中“C/C++”→“预处理器”节点，在“预处理器定义”属性栏右侧单击按钮，在弹出的对话框中添加_CRT_SECURE_NO_DEPRECATE 宏标记（参见图 T5.1）。单击 确定 按钮，回到“Ex_C7 属性页”对话框窗口，再单击 确定 按钮。

（4）编译运行并测试，如图 T7.1 所示。

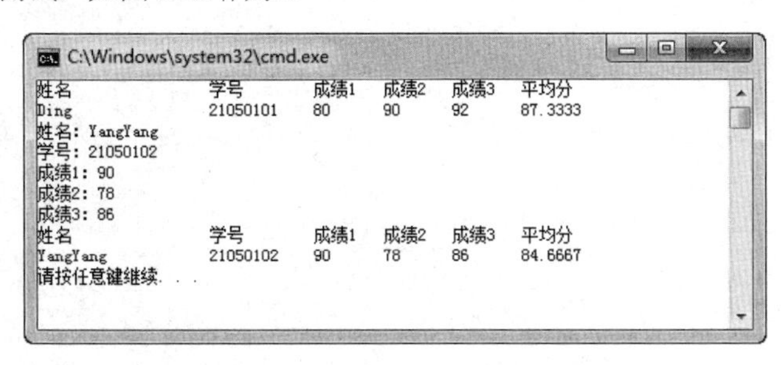


图 T7.1　CStudentRec 类的测试结果

**试一试**　若将输入的学生记录保存在文件中，并从文件中读取记录，应如何实现？

### 4. 添加 CStuFile 类代码

切换到 Ex_File.h 文档窗口页面，在其后添加下列 CStuFile 类代码：

```
class CStuFile
{
public:
        CStuFile(char* filename);
        ~CStuFile();
```

```
        void  Add(CStudentRec stu);                        // 添加记录
        int   Seek(char* id, CStudentRec &stu);            // 按学号查找，返回记录号，-1表示没有找到
        int   List(int nNum = -1);
private:
        char* strFileName;                                 // 文件名
};
// CStuFile类的实现
CStuFile::CStuFile(char* filename)
{
        strFileName = new char[strlen(filename)+1];
        strcpy(strFileName, filename);
}
CStuFile::~CStuFile()
{
        if (strFileName)
                delete []strFileName;
}
void CStuFile::Add(CStudentRec stu)
{
        // 打开文件用于添加
        fstream file(strFileName, ios::out|ios::app|ios::binary );
        file<<stu;
        file.close();
}
int CStuFile::Seek(char* id, CStudentRec& stu)             // 按学号查找
{
        int nRec = -1;
        fstream file(strFileName, ios::in|ios::_Nocreate);  // 打开文件用于只读
        if (!file)
        {
                cout<<"文件 "<<strFileName<<" 不能打开！\n";
                return nRec;
        }
        int i=0;
        while (!file.eof())
        {
                file>>stu;
                if ((strcmp(id, stu.strID) == 0) && (stu.chFlag != 'N'))
                {
                        nRec = i;   break;
                }
                i++;
        }
        file.close();
        return nRec;
}
// 列表显示nNum个记录，-1时全部显示，并返回文件中的记录数
int    CStuFile::List(int nNum)
{
        fstream file(strFileName, ios::in|ios::_Nocreate);  // 打开文件用于只读
        if (!file)
        {
```

```
            cout<<"文件 "<<strFileName<<" 不能打开！\n";
            return 0;
        }
        int nRec = 0;
        if (( nNum == -1 ) || (nNum>0))
        {
            cout.setf( ios::left );
            cout<<setw(6)<<"记录"<<setw(20)<<"姓名"<<setw(10)<<"学号"
                <<"\t 成绩 1\t 成绩 2\t 成绩 3\t 平均分"<<endl;
        }
        while (!file.eof())                                     // 读出所有记录
        {
            CStudentRec data;
            file>>data;
            if (data.chFlag == 'A')
            {
                nRec++;
                if (( nNum == -1 ) || (nRec <= nNum))
                {
                    cout.setf( ios::left );
                    cout<<setw(6)<<nRec;
                    data.Print();
                }
            }
        }
        file.close();
        return nRec;
}
```

## 5. 添加 CStuFile 类的测试代码

（1）切换到 Ex_File.cpp 文档窗口页面，修改 Ex_File.cpp 文件的代码：

```
#include <iostream>
#include "Ex_File.h"
using namespace std;
CStuFile theStu("student.txt");                                 // 定义一个全局对象
void AddTo( int nNum )                                          // 输入多个记录
{
    CStudentRec stu;
    for (int i=0; i<nNum; i++)
    {
        cout<<"请输入第"<<i+1<<"个记录："<<endl;
        stu.Input(); // 输入
        theStu.Add( stu );
    }
}
int main()
{
    AddTo(3);
    theStu.List();
    CStudentRec one;
    if (theStu.Seek("21050102",one)>=0)
        one.Print(true);
```

```
        else
            cout<<"没有找到！\n";
        theStu.List();
        return 0;
}
```

（2）编译运行并测试。按运行的提示内容输入下列 3 个记录数据：

```
MaWenTao    21050101    80    90    85
LiMing      21050102    75    81    83
YangYang    21050103    80    65    76
```

**想一想** 若上述程序再重新运行一次，且输入 3 个相同的记录数据，则运行的结果将会如何？若在输入成绩时，故意输成字符或不在 0～100 范围内的数值，则运行结果又将如何？

### 6. 退出 Visual Studio 2008

### 7. 写出实验报告

结合上述分析和试一试内容，写出实验报告。

## 思考与练习

若 CStuFile 类还能实现记录的修改、删除、排序功能（按平均分高低），则应如何编程？

提示：对于删除来说，由于文件中的记录删除需要移动大量数据，因此为避免这种情况发生，删除时只需将文件中要删除的记录的标志成员 chFlag 变成'N'即可。

# 实验 8 窗口、消息及调试

## 实验内容

（1）在一个默认的经典单文档应用程序 Ex_D8_SDI 中通过映射计时器消息实现这样的功能：无论在应用程序窗口的客户区中单击鼠标左键或右键，都会弹出一个消息对话框，显示鼠标左键或右键的单击次数。

（2）使用调试器对上述程序的流程和鼠标单击次数进行调试。

## 实验准备和说明

（1）在学完第 3 章的“消息和消息映射”内容之后进行本次实验。

（2）构思本次上机实验所需要的程序。

（3）“调试”为新增的内容，要学会并掌握调试过程。

## 实验步骤

### 1. 创建经典单文档应用程序 Ex_D8_SDI

（1）启动 Visual Studio 2008。

（2）选择“文件”→“新建”→“项目”菜单命令或按快捷键 Ctrl+Shift+N 或单击标准工具栏中的按钮，弹出“新建项目”对话框，在“项目类型”栏中选中“Visual C++”下的“MFC”，在“模板”栏中选中 MFC 应用程序；单击 浏览(B)... 按钮，将项目位置定位到“D:\Visual C++实验\LiMing”文件夹中，在“名称”栏中输入项目名称“Ex_D8_SDI”（双引号不输入，D8 表示实验 8 的桌面程序）。

（3）单击 确定 按钮，弹出“MFC 应用程序向导”对话框；单击 下一步 > 按钮，进入“应用程序类型”页面，选择“单个文档”、“MFC 标准”及“Windows 本机/默认”，如图 T8.1 所示。

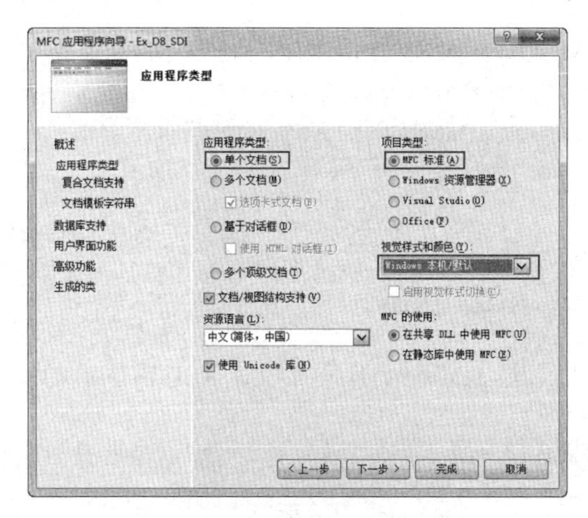


图 T8.1　“应用程序类型”页面

（4）单击左侧的“用户界面功能”，在该页面中选中“使用经典菜单”，此时会弹出对话框提示将禁用所有新的外观功能（选项卡文档、视觉样式和颜色），询问是否继续，单击 是(Y) 按钮。选中“使用传统的停靠工具栏”选项。

（5）单击 完成 按钮，系统开始创建经典单文档应用程序 Ex_D8_SDI。

### 2. 添加数据成员

（1）将项目工作区窗口切换到“类视图”页面，展开所有类节点。

（2）右击 CEx_D8_SDIView 类节点，从弹出的快捷菜单中选择“添加”→“添加变量”命令，弹出“添加成员变量向导”对话框。在“变量类型”框中输入 int，在“变量名”框中输入 m_nLButton，如图 T8.2 所示，保留其他默认选项，单击 完成 按钮。

图 T8.2　“添加成员变量向导”对话框

（3）经过上述操作，就会在 CEx_D8_SDIView 中添加一个公有型成员变量 m_nLButton，变量类型为 int，并自动在该类构造函数处进行成员初始化（设为 0）。按相同的方法，在 CEx_D8_SDIView 中添加一个公有型成员变量 m_nRButton，变量类型为 int。

### 3. 添加消息映射

（1）右击 CEx_D8_SDIView 类节点，从弹出的快捷菜单中选择“属性”命令，在开发环境右侧出现 CEx_D8_SDIView 属性窗口，单击顶部的消息按钮，拖动右侧的滚动块，直到出现要映射的 WM_LBUTTOMDOWN 消息为止。

（2）在 WM_LBUTTOMDOWN 属性项的右侧栏单击鼠标，将出现一个下拉按钮，单击它，从中选择“<添加> OnLButtonDown ”，在打开的文档窗口中为 OnLButtonDown 添加下列代码：

```
void CEx_D8_SDIView::OnLButtonDown(UINT nFlags, CPoint point)
{
	// 计数变量 m_nLButton 加 1，然后启动计时器
	m_nLButton++;
	SetTimer( 1, 50, NULL );
	CView::OnLButtonDown(nFlags, point);
}
```

（3）按相同的方法为 CEx_D8_SDIView 类添加 WM_RBUTTOMDOWN 消息映射，并在映射函数中添加下列代码：

```
void CEx_D8_SDIView::OnRButtonDown(UINT nFlags, CPoint point)
{
	// 计数变量 m_nRButton 加 1，然后启动计时器
	m_nRButton++;
	SetTimer( 2, 50, NULL );
	CView::OnRButtonDown(nFlags, point);
}
```

（4）按类似的方法为 CEx_D8_SDIView 类添加 WM_TIMER 消息映射，并在映射函数中添加下列代码：

```
void CEx_D8_SDIView::OnTimer(UINT nIDEvent)
{
	CString str;                                    // 创建一个字符串类对象
	// 通过判断 nIDEvent 的值来确定鼠标是左击还是右击
	if ( nIDEvent == 1)
		str.Format( "你已单击鼠标左键 %d 次！", m_nLButton );
	if ( nIDEvent == 2)
		str.Format( "你已单击鼠标右键 %d 次！", m_nRButton );
	if ((nIDEvent == 1) || (nIDEvent == 2))     {
		KillTimer( nIDEvent );                  // 先关闭计时器
		MessageBox( str, "报告");
	}
	CView::OnTimer(nIDEvent);
}
```

（5）选择“项目”→“Ex_D8_SDI 属性”菜单命令，在弹出的“Ex_D8_SDI 属性页”窗口中，将“常规”配置属性中的“字符集”默认值改选为“使用多字节字符集”，如图 T8.3，单击 确定 按钮。

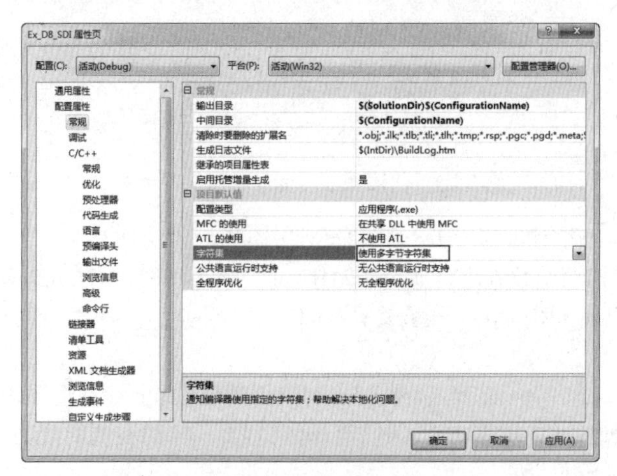


图 T8.3　配置“字符集”属性

（6）编译运行并测试，结果如图 T8.4 所示。

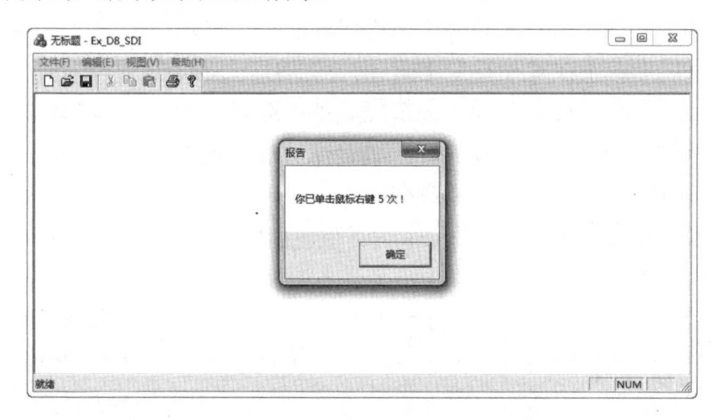


图 T8.4　Ex_D8_SDI 运行结果

**4. 设置断点**

在设置断点之前，首先要保证程序中没有语法错误。所谓断点，实际上就是告诉调试器在何处暂时中断程序的运行，以便查看程序的状态以及浏览和修改变量的值等。

定位到 CEx_D8_SDIView:: OnLButtonDown 函数中的代码行“m_nLButton++;”处，用下列 2 种方式之一设置断点：

（1）按快捷键 F9。

（2）在需要设置（或清除）断点的位置右击鼠标，在弹出的快捷菜单中选择“断点”→“插入断点”命令。

利用上述方式可以将断点位置设置在程序源代码中指定的一行上，或者某函数的开始处，或指定的内存地址上。一旦断点设置成功，则断点所在代码行的前置区域中有一个深橘红色的实心圆点，如图 T8.4 所示。

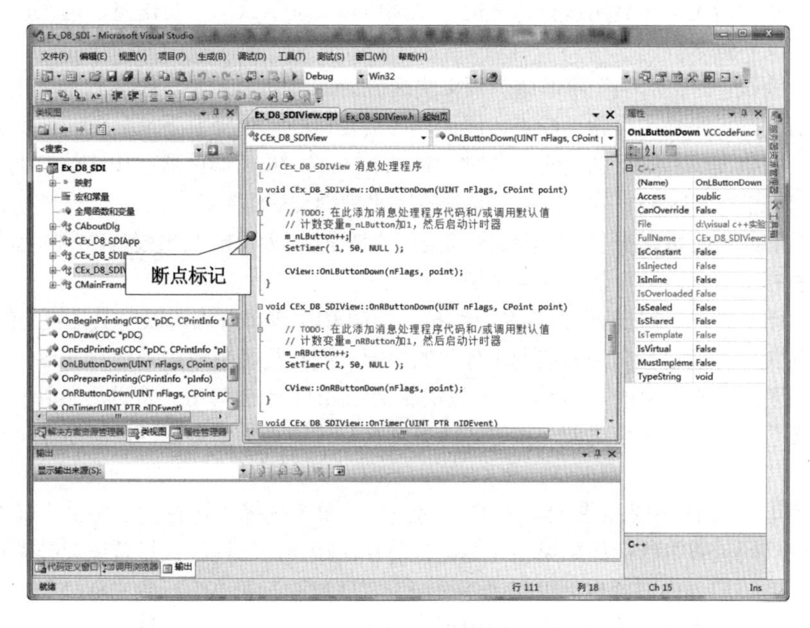


图 T8.4　设置的断点

需要说明的是，若在断点所在的代码行中再使用上述快捷方式进行操作，则相应的位置断点被清除。若此时用快捷菜单方式进行操作，则“断点”子菜单项中还包含“删除断点”和“禁用断点”命令。当选择“禁用断点”命令后，相应的断点标志由原来深橘红色的实心圆变为空心圆。

在默认情况下，调试器遇到断点时总会中断程序的执行。但是，可通过设置断点的属性来改变这种默认行为，指定在满足一定条件时才发生中断。

在有断点的代码行上右击鼠标，从弹出的快捷菜单中选择“断点”→“命中次数”命令，则可弹出如图 T8.5 所示的对话框。所谓“命中次数”，对于位置断点来说，就是指点执行到指定位置的次数（这对于循环结构的调试特别有用）；而对于数据断点来说，则是变量的值发生改变的次数。在“断点命中次数”对话框中选择相应的命中条件属性，单击 确定 按钮。一旦设置断点命中次数属性后，调试器就会按此属性进行中断。

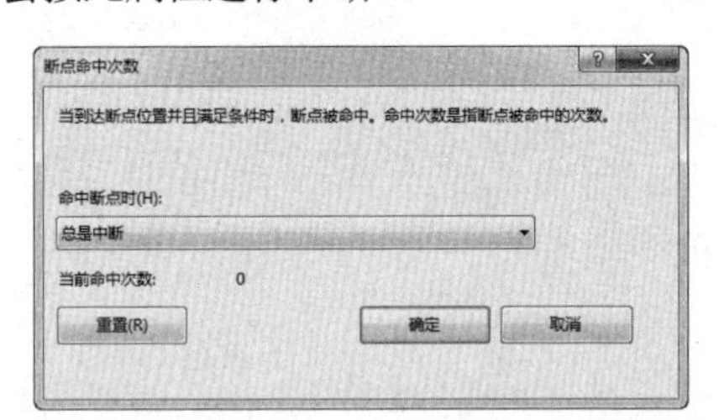


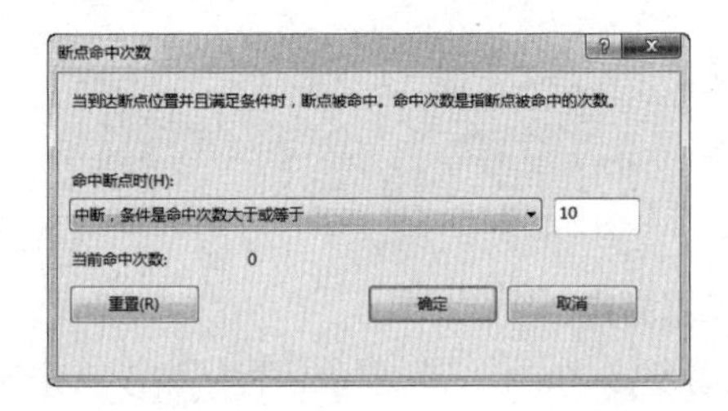


图 T8.5　设置断点命中次数

同样，可选择“断点”→“条件”或“命中条件”命令，在弹出的对话框中为断点设置一个断点条件或命中条件。另外，选择“调试”→“窗口”→“断点”菜单命令或直接按快捷键 Alt+F9，弹出“断点”窗口。该窗口列出了程序中用户设置的所有断点，凡是可以使用的断点前均有选中标记（√）。若用户单击前面的复选框，即未选中，则该断点被禁止。按钮、和分别用来清除当前选中的断点、删除或禁止全部断点。

**5. 控制程序运行**

当用 MFC 应用程序项目模板创建项目时，系统会自动为项目创建 Win32 Debug（调试）版本的默认配置。需要说明的是，在启用调试器之前，虽然可以改变默认的项目配置，但在调试程序时必须使用 Debug（调试）版本。

（1）选择“调试”→“启动”菜单命令或按快捷键 F5，调试器启动，在客户区单击鼠标左键，由于程序中该消息的映射函数中设置了断点，因此程序会在该断点处停顿下来。这时可看到断点标记里有一个小箭头，它指向即将执行的代码。此时，Visual Studio 2008 调试器有相应的“调试”工具栏和“调试”菜单，如图 T8.6 所示，并可用以下几种方式来控制程序运行：

① 选择“调试”→“逐语句”菜单命令或按快捷键 F11 或单击“调试”工具栏上的按钮，调试器从中断处执行下一条语句，然后就会中断。

② 选择“调试”→“逐过程”菜单命令或按快捷键 F10 或单击“调试”工具栏上的按钮，这种方式和逐语句类似，但它不会进入被调用程序的内部，而是把函数调用当作一条语句执行。

③ 选择“调试”→“跳出”菜单命令或按快捷键 Shift+F11 或单击“调试”工具栏上的按钮，若当前中断位置位于被调用函数内部，该方式能继续执行代码直到函数返回，然后在调用函数中的返回点中断。

④ 在源代码文档窗口中右击鼠标，从弹出的快捷菜单中选择“运行到光标处”命令，则程序执行到光标所处的代码位置中断；但如果在光标位置前存在断点，则程序执行首先会在断点处中断。

需要说明的是，启动调试器也可以有“逐语句”、“逐过程”和“运行到光标处”方式，其含义与上述基本相同，但对于“逐语句”方式，应用程序开始执行第一条语句，然后就会中断。若为控制台应用程序，它中断在 main 函数体的第一个“{”位置处。

**试一试**　执行“逐语句”、“逐过程”、“跳出”和“运行到光标处”命令，运行结果和流程是怎样的？

（2）选择“调试”→“停止调试”菜单命令或单击“调试”工具条栏上的按钮停止调试。

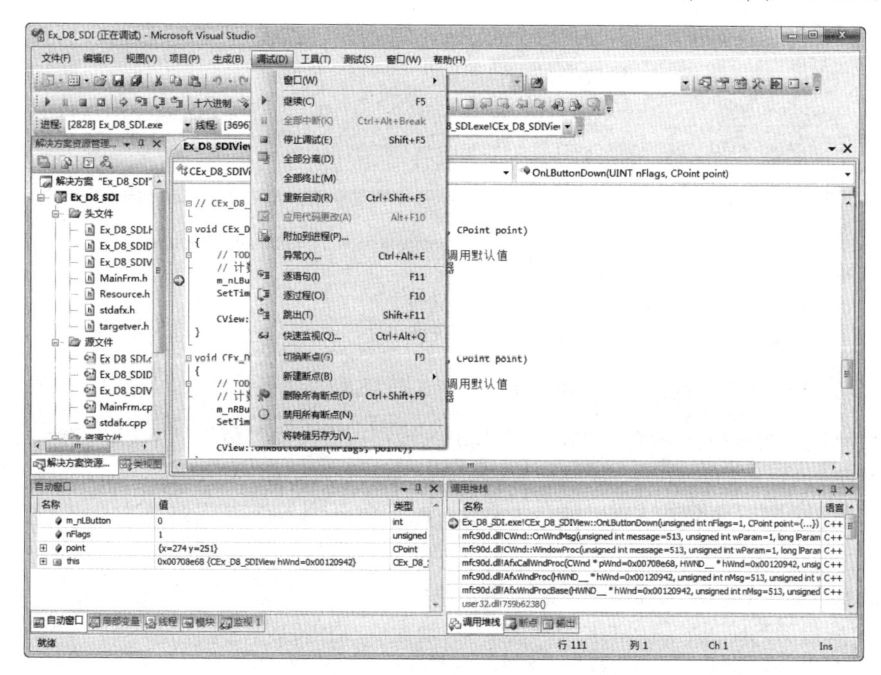


图 T8.6　启动调试器后的“调试”菜单

## 6. 查看和修改变量的值

为了更好地进行程序调试，调试器还提供了一系列的窗口，用来显示各种不同的调试信息。这些窗口可借助“调试”菜单下的“窗口”子菜单来访问；或者单击“调试”工具条上的“断点窗口；下拉按钮，从弹出的下拉菜单中选择要显示的窗口。

事实上，调试器启动后，开发环境底部会自动显示出左右两组窗口标签页面（参看图 T8.6），左侧的窗口有“自动窗口”、“局部变量”、“线程”、“模块”和“监视 1”，右侧的窗口有“调用堆栈”、“断点”、“输出”和“挂起的签入”等。

对于对象及变量值的查看和修改来说，调试器启动后，通常可以使用“快速监视”对话框以及“监视”、“自动窗口”和“局部变量”这几个窗口：

（1）“快速监视”对话框用来快速查看或修改某个变量或表达式的值。当然，若仅需要快速查看变量或表达式的值，则只需要将鼠标指针直接放在该变量或表达式上，片刻后，系统会自动弹出一个小窗口显示出该变量或表达式的值。

选择“调试”→“快速监视”命令，将弹出如图 T8.7 所示的“快速监视”对话框。其中，“表达式”框用来输入变量名或表达式，输入后按 Enter 键或单击[重新计算(R)]按钮，就可在“值”列表中显示出相应的“名称”、“值”和“类型”等内容。若想要修改其值的大小，则可按 Tab 键或在列表项的“值”列中双击该值，输入新值后按 Enter 键就可以了。单击[添加监视(W)]按钮，可将刚才输入的变量名或表达式及其值显示在“监视”窗口中。

（2）“监视”窗口主要用于观察特定变量或表达式在调试过程中的值。选择“调试”→“窗口”→“监视”下的子菜单命令，则打开相应的监视窗口，如图 T8.8 所示。最多可以同时打开 4 个这样的窗口，每一个监视窗口均可有一系列或一组要查看的变量或表达式。

需要说明的是，在使用“监视”窗口进行操作时，要注意到下面一些技巧：

① 当用户需要查看或修改某个新的变量或表达式而向“监视”窗口添加时，单击左边的“名称”列下面的行，输入变量或表达式，按 Enter 键，相应的内容就会自动出现在同一行的“值”和“类型”域中，同时选定下一行。

图 T8.7 “快速监视”对话框

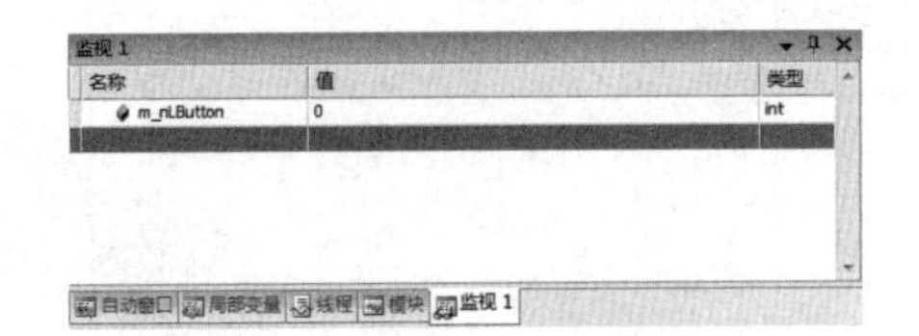


图 T8.8 添加新的变量或表达式

② 修改时选中相应的变量或表达式，按 Tab 键或在列表项的“值”域中双击该值，输入新值后按 Enter 键就可以了。

③ 当“监视”窗口中含有太多的变量或表达式时，单击 Delete 键可将当前选定列表项的变量或表达式删除。

（3）“局部变量”和“自动窗口”用来快速访问程序当前的环境中所使用的一些重要变量。“局部变量”窗口用来显示当前函数使用的局部变量。“自动窗口”用来显示当前语句和上一条语句使用的变量，它还显示使用“逐过程”或“跳出”命令后函数的返回值。

需要说明的是，这两个窗口内均有“名称”、“值”和“类型”三个列，调试器自动填充它们的内容。其查看和修改变量数值的方法与“监视”窗口类似，这里不再赘述。

**总结** 从上述过程可以看出，调试一般按这样的步骤进行：修正语法错误→设置断点→启用调试器→控制程序运行→查看和修改变量的值→停用调试器。

**7. 退出 Visual Studio 2008**

**8. 写出实验报告**

结合实验内容和思考与练习，写出实验报告。

## 思考与练习

（1）若向一个类添加成员函数，则应如何进行？

（2）在 Ex_D8_SDI 中，若再在 CMainFrame 类中添加 WM_LBUTTOMDOWN 消息映射，并在映射函数添加弹出消息对话框的代码。这样，就在 CMainFrame 类和 CEx_ D8_SDIView 类中都有该消息的映射函数。测试一下，看看在 CMainFrame 类的这个消息映射函数会不会执行。为什么？用调试器调试其结果。

# 实验 9 对话框和按钮控件

## 实验内容

设计一个对话框，用于问卷调查，在第 5 章例 Ex_Research 基础上针对“上网”话题再提出一个问题：“你每天上网的平均时间：”，该问题的备选答案是“<1 小时”、“<2 小时”、“<3 小时”和“>3 小时”，如图 T9.1 所示。当回答问题后，单击“确定”按钮，弹出一个消息对话框，显示用户选择的内容。

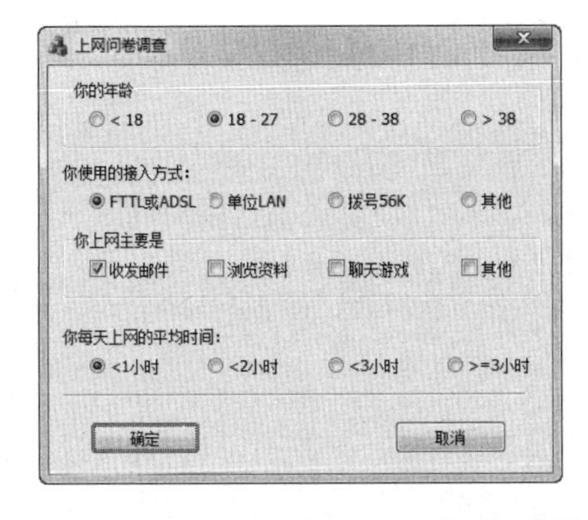


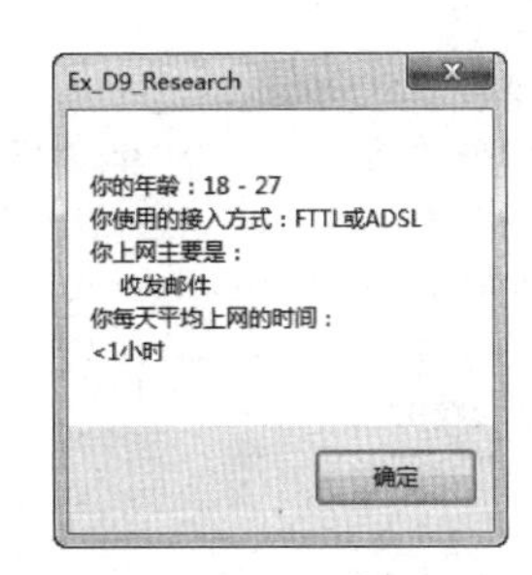


图 T9.1　“上网问卷调查”对话框

## 实验准备和说明

（1）在学完第 5 章的“静态控件和按钮”内容后进行本次实验。

（2）复习第 5 章的“创建和使用控件”内容。

## 实验步骤

### 1. 设计“上网问卷调查”对话框

（1）启动 Visual Studio 2008。

（2）创建一个默认的基于对话框的应用程序 Ex_D9_Research。将项目“常规”配置中的“字符集”属性改为“使用多字节字符集”，并将 stdafx.h 文件最后面内容中的#ifdef _UNICODE 行和最后一个#endif 行删除。

（3）依照第 5 章例 Ex_Research 的步骤实现该对话框应用程序，并上机练习及通过。

（4）不用调整对话框的大小（已将其大小设定好），参照图 T9.1 控件的布局，添加一个静态文本控件，标题为“你每天上网的平均时间:”，保留默认的标识符。

（5）添加 4 个单选按钮控件，在其“属性”窗口中分别将其 Caption（标题）属性内容设置为“<1 小时”、“<2 小时”、“<3 小时”和“>=3 小时”，ID 属性内容分别设为 IDC_TIME_L1、IDC_TIME_L2、IDC_TIME_L3 和 IDC_TIME_M3。

（6）在新添加的第 1 个单选按钮“属性”窗口中，将其 Group（组）属性选定为 True。

（7）添加一个静态图片控件，在其“属性”窗口中将将 Type（类型）属性选定为 Etched Horz（水平蚀刻），调整其位置，如图 T9.2 所示。

图 T9.2　调整静态图片控件位置

### 2. 修改代码

（1）在 CEx_D9_ResearchDlg::OnInitDialog 函数中添加下列代码：

```
BOOL CEx_D9_ResearchDlg::OnInitDialog()
{…
    pBtn->SetCheck(1);                         // 使“收发邮件”复选框选中
    CheckRadioButton(IDC_TIME_L1, IDC_TIME_M3, IDC_TIME_L1);
    return TRUE;   // 除非将焦点设置到控件，否则返回 TRUE
}
```

（2）在 CEx_D9_ResearchDlg::OnOK 函数中添加下列代码：

```
void CEx_D9_ResearchDlg::OnOK()
{…
	// 获取第四个问题的用户选择
	str = str + "\n 你每天平均上网的时间：\n";
	nID = GetCheckedRadioButton( IDC_TIME_L1, IDC_TIME_M3);
	GetDlgItemText(nID, strCtrl);				// 获取指定控件的标题文本
	str = str + strCtrl;
	MessageBox( str );
	OnOK();
}
```

**3. 编译运行并测试**

编译并运行后，出现“上网问卷调查”对话框，当回答问题后，单击“确定”按钮，出现相应的消息对话框，显示用户选择的内容。

**4. 退出 Visual Studio 2008**

**5. 写出实验报告**

分析上述运行结果并结合思考与练习，写出实验报告。

## 思考与练习

（1）本实验中，当单击消息对话框的“确定”按钮后，对话框全部消失。若使“上网问卷调查”对话框一直显示，直到单击“取消”按钮，则应该如何设计和编程？

**提示：**删除 CEx_D9_ResearchDlg::OnOK 函数中最后的基类调用代码“OnOK();”即可。

（2）若将弹出的消息对话框的标题设为“选择的结果”，则应如何修改代码？

# 实验 10 编辑框、列表框和组合框

## 实验内容

设计一个“学生成绩管理”对话框应用程序 Ex_DA_Input，如图 T10.1 所示。单击“添加”按钮后，学生成绩记录被添加到列表框中；在列表框中单击学生成绩记录，则相关记录内容显示在左边的相关控件中；单击“删除”按钮，则删除该记录。需要说明的是，当列表框没有记录或没有选定的记录项时，“删除”按钮是灰显的。

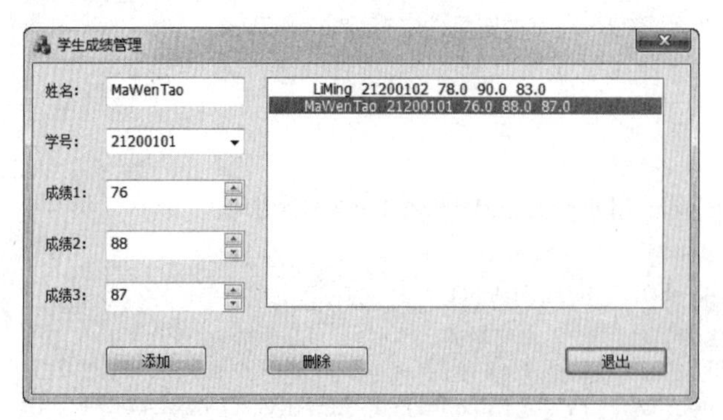


图 T10.1 Ex_DA_Input 运行结果

## 实验准备和说明

（1）在学完第 5 章的“组合框”内容后进行本次实验。

（2）构思本次上机实验所需要的程序。

## 实验步骤

### 1. 设计“学生成绩管理”对话框

（1）启动 Visual Studio 2008。

（2）创建一个默认的基于对话框的应用程序 Ex_DA_Input。将项目“常规”配置中的“字符集”属性改为“使用多字节字符集”，并将 stdafx.h 文件最后面内容中的#ifdef _UNICODE 行和最后一个#endif 行删除。

（3）在对话框资源“属性”窗口中将 Caption（标题）属性设为“学生成绩管理”。删除“TODO: …”静态文本控件和“取消”按钮，将“确定”按钮的 Caption（标题）属性改为“退出”。

（4）显示对话框网格，调整对话框的大小（319 x 155），按如图 T10.2 所示的控件布局，向对话框添加如表 T10.1 所示控件，并调整控件的位置（在调整静态文本时，选中后按两次向下方向键，以使静态文本处在右边控件的中间）。

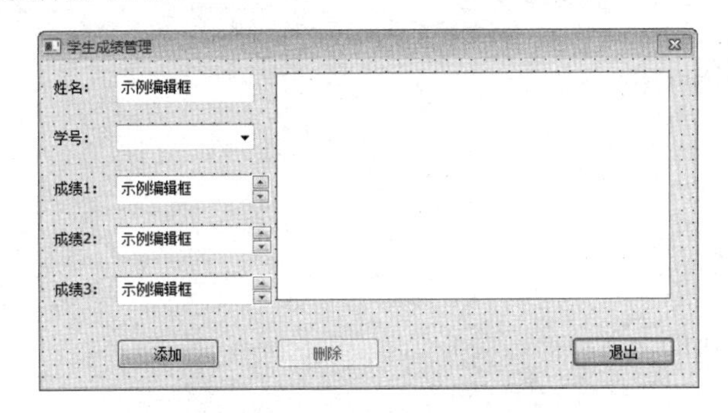


图 T10.2　Ex_Input 对话框布局

**表 T10.1　向“学生成绩管理”对话框添加的控件**

| 添加的控件 | ID 标识符 | 标　　题 | 其 他 属 性 |
|---|---|---|---|
| 编辑框 | IDC_EDIT_NAME | — | 默认 |
| 组合框 | IDC_COMBO_NO | — | 默认 |
| 编辑框 | IDC_EDIT_S1 | — | 默认 |
| 旋转按钮控件 | IDC_SPIN_S1 | — | 自动结伴，设置结伴整数，靠右排列 |
| 编辑框 | IDC_EDIT_S2 | — | 默认 |
| 旋转按钮控件 | IDC_SPIN_S2 | — | 自动结伴，设置结伴整数，靠右排列 |
| 编辑框 | IDC_EDIT_S3 | — | 默认 |
| 旋转按钮控件 | IDC_SPIN_S3 | — | 自动结伴，设置结伴整数，靠右排列 |
| 列表框 | IDC_LIST1 | — | 默认 |
| 按钮 | IDC_BUTTON_ADD | 添加 | 默认 |
| 按钮 | IDC_BUTTON_DEL | 删除 | Disabled 设为 True |

（5）测试对话框，查看编辑框和旋转按钮是否合二为一（结伴）。若不是，则应改变并使它们的 Tab 次序相邻，且编辑框的 Tab 次序在前。右击控件，从弹出的快捷菜单中选择“添加变量”命令，

弹出“添加成员变量向导”对话框，依次为如表 T10.2 所示的控件增加成员变量。

表 T10.2　控件变量

| 控件 ID 标识符 | 变 量 类 别 | 变 量 类 型 | 变 量 名 | 范围和大小 |
| --- | --- | --- | --- | --- |
| IDC_EDIT_NAME | Value | CString | m_strName | 20 |
| IDC_COMBO_NO | Value | CString | m_strNo | 20 |
| IDC_COMBO_NO | Control | CComboBox | m_cbNo | — |
| IDC_LIST1 | Control | CListBox | m_ltBox | — |
| IDC_EDIT_S1 | Value | float | m_fScore1 | 0.0～100.0 |
| IDC_SPIN_S1 | Control | CSpinButtonCtrl | m_spinS1 | — |
| IDC_EDIT_S2 | Value | float | m_fScore2 | 0.0～100.0 |
| IDC_SPIN_S2 | Control | CSpinButtonCtrl | m_spinS2 | — |
| IDC_EDIT_S3 | Value | float | m_fScore3 | 0.0～100.0 |
| IDC_SPIN_S3 | Control | CSpinButtonCtrl | m_spinS3 | — |

（6）在 CEx_DA_InputDlg::OnInitDialog 函数中添加下列代码：

```
BOOL CEx_DA_InputDlg::OnInitDialog()
{
	CDialog::OnInitDialog();
	…
	m_spinS1.SetRange( 0, 100 );			// 设置旋转按钮控件范围
	m_spinS2.SetRange( 0, 100 );
	m_spinS3.SetRange( 0, 100 );
	// 设置组合框内容
	CString str;
	for (int i=1; i<=50; i++)
	{
		str.Format("212001%02d", i );
		// %为格式引导符，后面的 02d 表示 i 按 2 位整数格式输出，不足时前方补 0
		m_cbNo.InsertString( i-1, str );
	}
	m_cbNo.SetCurSel(0);
	return TRUE;	// 除非将焦点设置到控件，否则返回 TRUE
}
```

（7）编译并运行。

**2. 完善代码**

（1）在 Ex_DA_InputDlg.h 文件的 class CEx_DA_InputDlg : public CDialog 语句前面添加下列 CStudentRec 类代码：

```
class CStudentRec
{
public:
	CStudentRec(CString name, CString id, float s1, float s2, float s3)
	{
		strName = name;
		strID = id;
		fScore[0] = s1;	fScore[1] = s2;	fScore[2] = s3;
	}
	CStudentRec(){};					// 默认构造函数
```

```
        ~CStudentRec(){};                                   // 默认析构函数
        CString         strName;                            // 姓名
        CString         strID;                              // 学号
        float           fScore[3];                          // 三门课程成绩
};
```

（2）打开对话框资源模板，右击 IDC_BUTTON_ADD 控件，从弹出的快捷菜单中选择“添加事件处理程序”命令，在弹出的“事件处理程序向导”对话框中为 CEx_DA_InputDlg 类添加其 BN_CLICKED 消息（事件）的默认映射（处理）函数，并增加下列代码：

```
void CEx_DA_InputDlg::OnBnClickedButtonAdd()
{
        UpdateData();                                       // 使控件数据传到控件变量中
        m_strName.TrimLeft();
        m_strName.TrimRight();
        if (m_strName.IsEmpty())
        {
                MessageBox("姓名不能为空！","提示" );
                return;
        }
        CString str;
        str.Format("%15s%10s%6.1f%6.1f%6.1f", m_strName, m_strNo,
                m_fScore1, m_fScore2, m_fScore3);
        CStudentRec *rec = new CStudentRec( m_strName, m_strNo,
                m_fScore1, m_fScore2, m_fScore3);
        int nIndex = m_ltBox.AddString( str );
        m_ltBox.SetItemDataPtr( nIndex, rec );
}
```

（3）类似地，在 CEx_DA_InputDlg 类中添加 IDC_BUTTON_DEL 控件的 BN_CLICKED 消息（事件）的默认映射（处理）函数，并增加下列代码：

```
void CEx_DA_InputDlg::OnBnClickedButtonDel()
{
        int nIndex = m_ltBox.GetCurSel();
        if (nIndex != LB_ERR )
        {
                delete (CStudentRec *)m_ltBox.GetItemDataPtr(nIndex);
                m_ltBox.DeleteString( nIndex );
        } else
                GetDlgItem(IDC_BUTTON_DEL)->EnableWindow( FALSE );
}
```

（4）在 CEx_DA_InputDlg 类中映射 IDC_LIST1 列表框控件的 LBN_SELCHANGE 消息（事件），并添加下列代码：

```
void CEx_DA_InputDlg::OnLbnSelchangeList1()
{
        int nIndex = m_ltBox.GetCurSel();
        if (nIndex != LB_ERR )
        {
                GetDlgItem(IDC_BUTTON_DEL)->EnableWindow( TRUE );
                CStudentRec data;
                data = *(CStudentRec*)m_ltBox.GetItemDataPtr( nIndex );
                m_strName = data.strName;
                m_strNo = data.strID;
                m_fScore1 = data.fScore[0];
                m_fScore2 = data.fScore[1];
                m_fScore3 = data.fScore[2];
```

```
            UpdateData( FALSE );
        } else
            GetDlgItem(IDC_BUTTON_DEL)->EnableWindow( FALSE );
}
```

（5）在 CEx_DA_InputDlg 类“属性”窗口的“消息”页面中添加 WM_DESTROY 窗口消息的默认映射函数，并增加下列代码：

```
void CEx_DA_InputDlg::OnDestroy()
{
    CDialog::OnDestroy();
    for (int nIndex = m_ltBox.GetCount()-1; nIndex>=0; nIndex--)
    {
        // 删除所有与列表项关联的 CStudentRec 数据，并释放内存
        delete (CStudentRec *)m_ltBox.GetItemDataPtr(nIndex);
    }
}
```

（6）编译运行并测试。

**3. 写出实验报告**

分析上述运行结果并结合思考与练习，写出实验报告。

## 思考与练习

（1）若在 Ex_DA_Input 中还需要对添加的学生成绩记录进行修改，即在列表框中选中某记录项时，单击“修改”按钮，修改当前记录项，则这样的功能应如何实现？

**提示：**可先将原来的记录项删除，然后再添加。

（2）若在 Ex_DA_Input 中还需对添加的学生成绩记录进行重复性判断，即判断添加的记录的学生姓名与已添加的记录是否重名，若是则不添加，并弹出相应的消息对话框。那么，上述的代码应如何修改？

（3）在对话框类中添加控件的消息（事件）映射（处理）一般有几种具体方法？

# 实验 11　进展条、滚动条和滑动条

## 实验内容

设计一个对话框应用程序 Ex_DB_Color，如图 T11.1 所示。操作滚动条、滑动条和进展条控件可以调整 RGB 颜色的三个颜色分量 R（红色分量）、G（绿色分量）和 B（蓝色分量），并根据用户指定的颜色填充控件。

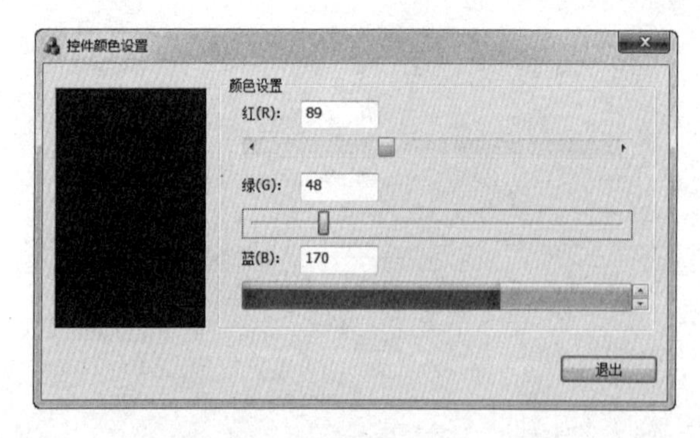


图 T11.1　Ex_DB_Color 运行结果

## 实验准备和说明

（1）在学完第 5 章全部内容之后进行本次实验。

（2）构思本次上机实验所需要的程序。

## 实验步骤

### 1. 设计对话框

（1）启动 Visual Studio 2008。

（2）创建一个默认的基于对话框的应用程序项目 Ex_DB_Color。将项目“常规”配置中的“字符集”属性改为“使用多字节字符集”，并将 stdafx.h 文件最后面内容中的#ifdef _UNICODE 行和最后一个#endif 行删除。

（3）在对话框资源“属性”窗口中将 Caption（标题）属性设为“控件颜色设置”。删除“TODO: …”静态文本控件和“取消”按钮，将“确定”按钮的 Caption（标题）属性改为“退出”。

（4）显示对话框网格，调整对话框的大小（319 x 167），按如图 T11.2 所示的控件布局，向对话框添加如表 T11.1 所示的控件，调整控件的位置。

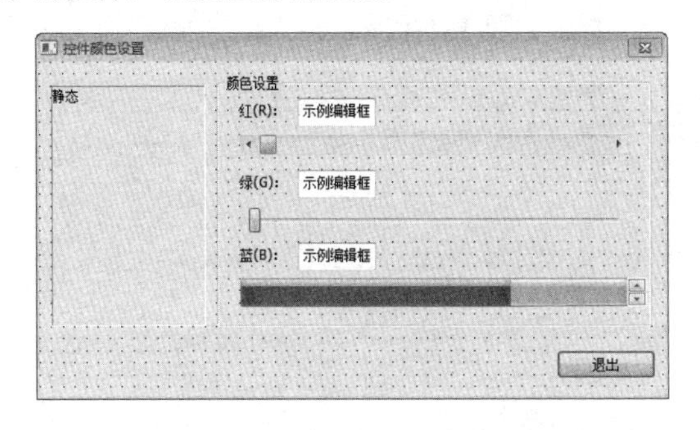


图 T11.2　Ex_DB_Color 对话框控件布局

表 T11.1　添加的控件

| 添加的控件 | ID 标识符 | 标　题 | 其 他 属 性 |
|---|---|---|---|
| 静态文本 | IDC_DRAW | 默认 | Static Edge 设为 True，其余默认 |
| 组框 | 默认 | 颜色设置 | 默认 |
| 静态文本 | 默认 | 红（R） | 默认 |
| 编辑框 | IDC_EDIT_R | — | 默认 |
| 滚动条 | IDC_SCROLLBAR1 | — | 默认 |
| 静态文本 | 默认 | 绿（G） | 默认 |
| 编辑框 | IDC_EDIT_G | — | 默认 |
| 滑动条 | IDC_SLIDER1 | — | 默认 |
| 静态文本 | 默认 | 蓝（B） | 默认 |
| 编辑框 | IDC_EDIT_B | — | 默认 |
| 进展条 | IDC_PROGRESS1 | — | Border 设为 False，其余默认 |
| 旋转按钮 | IDC_SPIN1 | — | 默认 |

（5）右击控件，从弹出的快捷菜单中选择“添加变量”命令，弹出“添加成员变量向导”对话框，依次为如表 T11.2 所示的控件增加成员变量。

表 T11.2 控件变量

| 控件 ID 标识符 | 变量类别 | 变量类型 | 变量名 | 范围和大小 |
|---|---|---|---|---|
| IDC_EDIT_R | Value | int | m_nRValue | 0～255 |
| IDC_EDIT_G | Value | int | m_nGValue | 0～255 |
| IDC_EDIT_B | Value | int | m_nBValue | 0～255 |
| IDC_SCROLLBAR1 | Control | CScrollBar | m_Scroll | — |
| IDC_SLIDER1 | Control | CSliderCtrl | m_Slider | — |
| IDC_SPIN1 | Control | CSpinButtonCtrl | m_Spin | — |
| IDC_PROGRESS1 | Control | CProgressCtrl | m_Progress | — |

### 2. 添加成员函数 Draw

（1）将项目工作区窗口切换到“类视图”页面，展开所有类节点。

（2）右击 CEx_DB_ColorDlg 类节点，从弹出的快捷菜单中选择“添加”→“添加函数”命令，弹出“添加成员函数向导”对话框。将“返回类型”选为 void，输入“函数名”DrawColor，指定“参数类型”为 UINT、“参数名”为 nID，如图 T11.3 所示。

图 T11.3 “添加成员函数向导”对话框

（3）单击 添加(A) 按钮，DrawColor 函数形参添加完成，保留其他默认选项，单击 完成 按钮，在打开的文档窗口中添加下列 DrawColor 函数代码：

```
void CEx_DB_ColorDlg::DrawColor(UINT nID)              // nID 是指定的控件资源标识符
{
    CWnd* pWnd = GetDlgItem(nID);
    CDC* pDC = pWnd->GetDC();                          // 获得窗口当前的设备环境指针
    CBrush drawBrush;                                  // 定义画刷变量
    drawBrush.CreateSolidBrush(RGB(m_nRValue,m_nGValue,m_nBValue));
    // 创建一个填充色画刷。RGB 是一个颜色宏，用来将指定的红、绿、蓝三种
    // 颜色分量转换成一个 32 位的 RGB 颜色值
    CBrush* pOldBrush = pDC->SelectObject(&drawBrush);
    CRect rcClient;
    pWnd->GetClientRect(rcClient);                     // 获取当前控件的客户区大小
    pDC->Rectangle(rcClient);                          // 用当前画刷填充指定的矩形框
    pDC->SelectObject(pOldBrush);                      // 恢复原来的画刷
}
```

### 3. 添加初始化代码

（1）在 CEx_DB_ColorDlg::OnInitDialog 函数中添加下列代码：

```
BOOL CEx_DB_ColorDlg::OnInitDialog()
{
	CDialog::OnInitDialog();
	…
	// 设置滚动条、滑动条、进展条、旋转按钮的范围和当前位置
	m_Scroll.SetScrollRange( 0, 255 );
	m_Scroll.SetScrollPos( m_nRValue );
	m_Slider.SetRange( 0, 255 );
	m_Slider.SetPos( m_nGValue );
	m_Progress.SetRange( 0, 255 );
	m_Progress.SetPos( m_nBValue );
	m_Spin.SetRange( 0, 255 );
	m_Spin.SetPos( m_nBValue );
	return TRUE;  // 除非将焦点设置到控件，否则返回 TRUE
}
```

（2）编译并运行。

### 4. 完善代码

（1）在 CEx_DB_ColorDlg 类“属性”窗口的“事件”页面中，为编辑框 IDC_EDIT_R 添加 EN_CHANGE 的消息映射，将其消息映射函数名设为 OnChangeEdit，并增加下列代码：

```
void CEx_DB_ColorDlg::OnChangeEdit()
{
	UpdateData();
	m_Scroll.SetScrollPos(m_nRValue);
	m_Slider.SetPos(m_nGValue);
	m_Progress.SetPos( m_nBValue );
	m_Spin.SetPos( m_nBValue );
	DrawColor(IDC_DRAW);
}
```

（2）类似地，为编辑框 IDC_EDIT_G 和 IDC_EDIT_B 分别添加 EN_CHANGE 的消息映射，保留默认的消息映射函数名。

（3）打开 Ex_DB_ColorDlg.h 文件，删除消息函数 OnEnChangeEditG、OnEnChangeEditB 声明。在 Ex_DB_ColorDlg.cpp 中，删除这两个函数的实现代码，同时修改它们的消息映射代码：

```
BEGIN_MESSAGE_MAP(CEx_DB_ColorDlg, CDialog)
	ON_WM_SYSCOMMAND()
	ON_WM_PAINT()
	ON_WM_QUERYDRAGICON()
	//}}AFX_MSG_MAP
	ON_EN_CHANGE(IDC_EDIT_R, &CEx_DB_ColorDlg::OnChangeEdit)
	ON_EN_CHANGE(IDC_EDIT_G, &CEx_DB_ColorDlg::OnChangeEdit)
	ON_EN_CHANGE(IDC_EDIT_B, &CEx_DB_ColorDlg::OnChangeEdit)
END_MESSAGE_MAP()
```

（4）在 CEx_DB_ColorDlg 类“属性”窗口的“事件”页面中，为旋转按钮控件 IDC_SPIN1 添加 UDN_DELTAPOS 消息映射，并在默认映射函数中添加下列代码：

```
void CEx_DB_ColorDlg::OnDeltaposSpin1(NMHDR* pNMHDR, LRESULT* pResult)
{
	LPNMUPDOWN pNMUpDown = reinterpret_cast<LPNMUPDOWN>(pNMHDR);
	UpdateData(TRUE);                              // 将控件的内容保存到变量中
```

```
        m_nBValue += pNMUpDown->iDelta;
        if (m_nBValue<0)        m_nBValue = 0;
        if (m_nBValue>255)      m_nBValue = 255;
        UpdateData(FALSE);                              // 将变量的内容显示在控件中
        OnChangeEdit();
        *pResult = 0;
}
```

（5）在 CEx_DB_ColorDlg 类“属性”窗口的“消息”页面中，添加 WM_HSCROLL 消息映射，并在映射函数中添加下列代码：

```
void CEx_DB_ColorDlg::OnHScroll(UINT nSBCode, UINT nPos, CScrollBar* pScrollBar)
{
        int nID = pScrollBar->GetDlgCtrlID();
        if (nID == IDC_SLIDER1)
        {                                               // 使滑动条产生水平滚动消息
                m_nGValue = m_Slider.GetPos();          // 获得滑动条的当前位置
        }
        if (nID == IDC_SCROLLBAR1)                      // 使滚动条产生水平滚动消息
        {
                switch(nSBCode)
                {
                        case SB_LINELEFT:   m_nRValue--;     // 单击滚动条左边箭头
                                            break;
                        case SB_LINERIGHT: m_nRValue++;      // 单击滚动条右边箭头
                                            break;
                        case SB_PAGELEFT:   m_nRValue -= 10;
                                            break;
                        case SB_PAGERIGHT: m_nRValue += 10;
                                            break;
                        case SB_THUMBTRACK: m_nRValue = nPos;
                                            break;
                }
                if (m_nRValue<0) m_nRValue = 0;
                if (m_nRValue>255) m_nRValue = 255;
                m_Scroll.SetScrollPos(m_nRValue);
        }
        UpdateData(FALSE);
        OnChangeEdit();
        CDialog::OnHScroll(nSBCode, nPos, pScrollBar);
}
```

（6）编译运行并测试，如图 T11.1 所示。但若用另一个窗口去遮挡 Ex_DB_Color 对话框，静态文本控件中的颜色又变成了默认的灰色，这是因为当一个对话框被遮挡时，系统认为此时的对话框无效，会自动调用 OnPaint 函数进行刷新。因此，需要在 OnPaint 函数中调用前面添加的 Draw 函数，如下列代码：

```
void CEx_DB_ColorDlg::OnPaint()
{
        if (IsIconic())
        {…
        } else
        {
                CDialog::OnPaint();
                CWnd* pWnd=GetDlgItem(IDC_DRAW);
                pWnd->UpdateWindow();
                DrawColor(IDC_DRAW);
```

```
        }
    }
```

需要说明的是：

① 当需要更新或重新绘制窗口的外观时，应用程序就会发送 WM_PAINT 消息。映射 WM_PAINT 消息的目的是执行用户自己的绘图代码。但在基于对话框应用程序的框架中，WM_PAINT 消息映射已自动添加过了。

② 在对话框的控件中进行绘画时，为了防止 Windows 用系统默认的颜色向对话框进行重复绘制，用户需调用 UpdateWindow（更新窗口）函数来达到这一效果。UpdateWindow 是 CWnd 的一个无参数的成员函数，其目的是绕过系统的消息列队，而直接发送或停止发送 WM_PAINT 消息。当窗口没有需要更新的区域时就停止发送。这样，当用户绘制完图形时，由于没有 WM_PAINT 消息的发送，系统也就不会用默认的颜色对窗口进行重复绘制。

③ 像所有的窗口一样，如果对话框中的任何部分变为无效（即需要更新），对话框的 OnPaint 函数就会自动调用。用户也可以通过调用 Invalidate 函数来通知系统此时的窗口状态已变为无效，强制系统调用 WM_PAINT 消息函数 OnPaint 重新绘制。

**5. 写出实验报告**

分析上述运行结果并结合思考与练习，写出实验报告。

## 思考与练习

（1）在 Ex_DB_Color 的基础上，若添加设置对话框背景色的功能，则应如何添加代码？

（2）试述当单击旋转按钮控件的向上箭头时，程序流程是怎样的。

# 实验 12　基本界面元素

## 实验内容

创建一个单文档应用程序 Ex_DC_SDI，单击工具栏上的圆圈按钮，该按钮呈按下状态，此时在窗口的客户区的光标为一个圆圈；双击鼠标，则状态栏上显示“你在(x,y)处双击鼠标”（(x,y)为鼠标在客户区的位置）。若再单击工具栏上的圆圈按钮，该按钮呈正常状态，光标变成原来的箭形；双击鼠标，状态栏上不再显示任何文本。如图 T12.1 所示是圆圈按钮按下时的程序界面。

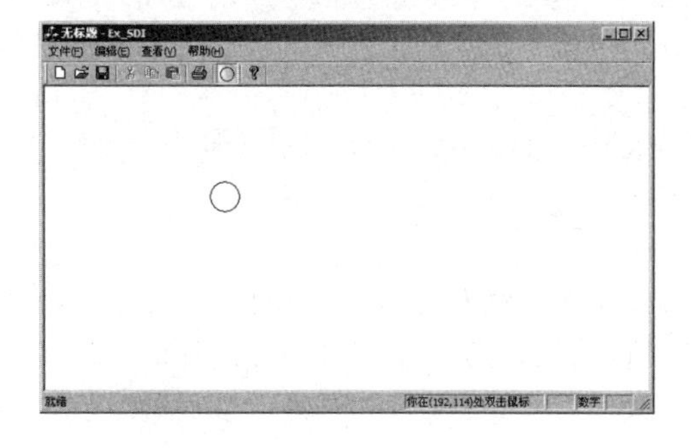


图 T12.1　Ex_DC_SDI 运行结果

## 实验准备和说明

（1）在学完第 6 章全部内容后进行本次实验。

（2）构思本次上机实验所需要的程序。

## 实验步骤

### 1. 添加并设计一个工具按钮

（1）启动 Visual Studio 2008。

（2）用“MFC 应用程序向导”创建一个经典单文档应用程序 Ex_DC_SDI，将项目“常规”配置中的“字符集”属性改为“使用多字节字符集”。

（3）选择“视图”→“资源视图”菜单命令，为工作区窗口添加“资源视图”页面。展开资源节点，双击 Toolbar 节点中的 IDR_MAINFRAME 项（第一次打开时会有大小调整提示，单击“是”按钮），打开工具栏编辑器。

（4）单击工具栏最右端的空白按钮，在资源编辑器的按钮设计窗口中绘制一个圆，颜色为黑色，然后将其拖动到“打印”按钮的前面，并使该按钮的前后均有半个空格，结果如图 T12.2 所示。

（5）双击刚才设计的工具按钮，在弹出的“属性”对话框中将其 ID 属性设为 ID_TEST，在 Prompt 属性中输入“用于测试的工具按钮\n 测试”，结果如图 T12.3 所示。

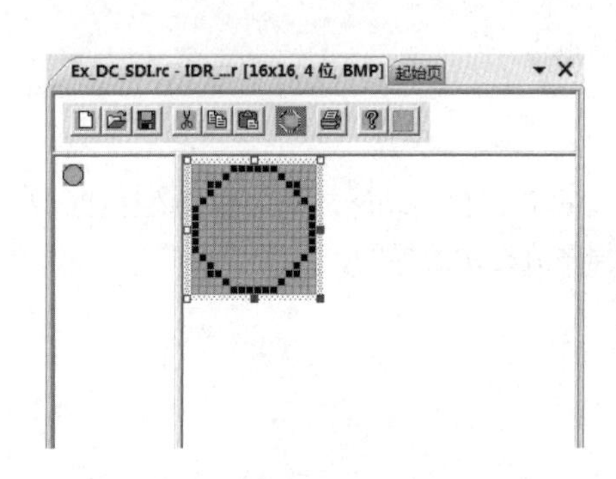


图 T12.2　设计的工具按钮

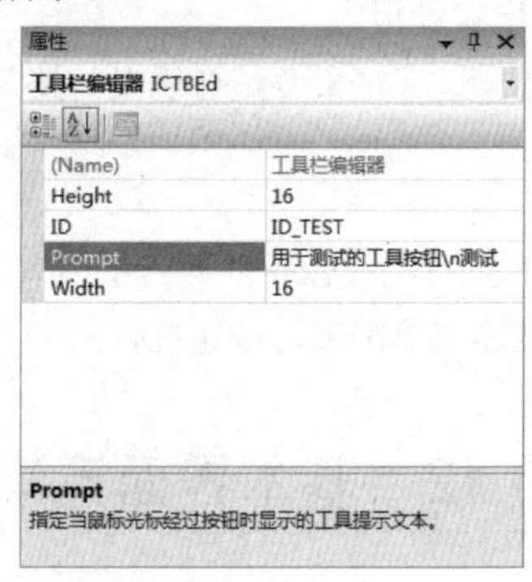


图 T12.3　设置工具按钮的属性

### 2. 添加并设计一个光标

（1）右击 Ex_DC_SDI.rc节点，从弹出的快捷菜单中选择“添加资源”命令，在弹出的对话框中选择 Cursor 类型后，单击新建(N)按钮。

（2）选择“图像”→“新建图像类型”菜单命令或单击图像编辑器工具栏上的图标按钮，在弹出的对话框中选择“32×32，4 位”类型，单击确定按钮，则添加该类型。在中间的缩略图像类型列表区域中选定并右击“32×32，1 位”类型，从弹出的快捷菜单中选择“删除图像类型”命令，删除“32×32，1 位”类型。

（3）保留默认的 ID（IDC_CURSOR1），用图形编辑器绘制光标图形，指定光标热点位置为(15, 15)，结果如图 T12.4 所示。

### 3. 工具按钮的更新

（1）用“添加成员变量向导”为 CMainFrame 类添加一个 bool 型的成员变量 m_bIsTest。

（2）在 Visual Studio 2008 中无法直接为工具按钮添加消息映射，为此先添加一个菜单资源（默认的 ID 号为 IDR_MENU1），添加任意一个菜单项“测试”，在“属性”窗口中将 Popup 属性设为 False，然后将 ID 选定为 ID_TEST。

（3）在 CMainFrame 类“属性”窗口的“事件”页面中添加 ID_TEST 的 COMMAND 和 UPDATE_COMMAND_UI 消息映射函数，并添加下列代码：

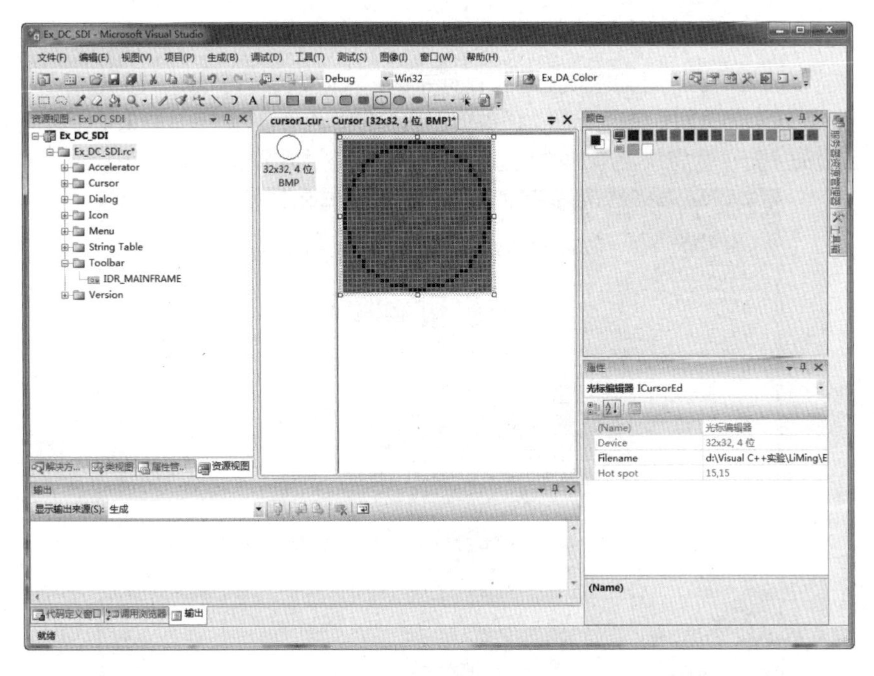

图 T12.4　设计的光标图形

```
void CMainFrame::OnTest()
{
    m_bIsTest = !m_bIsTest;
}
void CMainFrame::OnUpdateTest(CCmdUI* pCmdUI)
{
    pCmdUI->SetCheck(m_bIsTest);
}
```

（4）编译运行并测试。

### 4. 更改应用程序光标

（1）用“添加成员变量向导”为 CMainFrame 类添加一个成员变量 m_hCursor，变量类型为光标句柄 HCURSOR。

（2）在 CMainFrame 类“属性”窗口的“消息”页面中添加 WM_SETCURSOR 的消息映射函数，并增加下列代码：

```
BOOL CMainFrame::OnSetCursor(CWnd* pWnd, UINT nHitTest, UINT message)
{
    BOOL bRes = CFrameWnd::OnSetCursor(pWnd, nHitTest, message);
    if ((nHitTest == HTCLIENT ) && (m_bIsTest))
    {
        m_hCursor = AfxGetApp()->LoadCursor(IDC_CURSOR1);
        SetCursor(m_hCursor);
        bRes = TRUE;
    }
    return bRes;
}
```

（3）编译运行并测试。

### 5. 添加状态栏窗格

（1）将项目工作区窗口切换到“资源视图”页面，双击 String Table 项下的“String Table”子节点，打开字符串编辑器。

（2）在字符串列表最后一行的空项上单击鼠标左键，一个默认的字符串就创建好了。双击 ID 名称，将其改为 ID_TEST_PANE；在“标题”栏中单击鼠标，将其值设为“你在(1024,1024)处双击鼠标”。注意：该字符串的字符个数将决定添加的状态栏窗格的大小。结果如图 T12.5 所示。

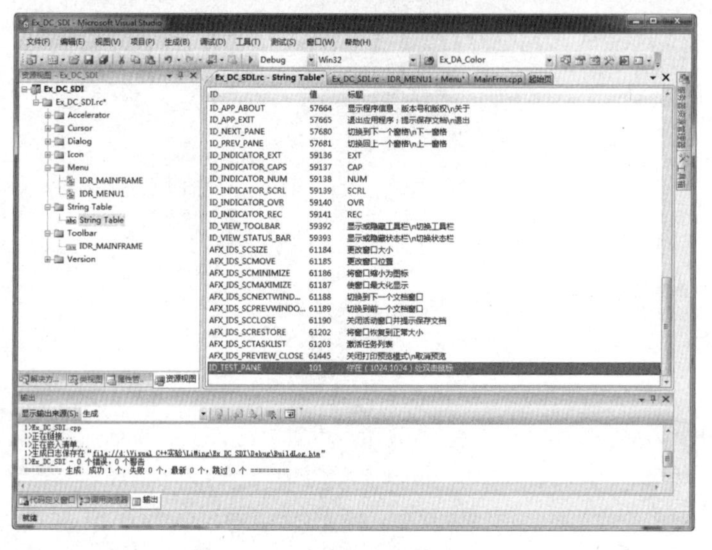

图 T12.5　添加一个字串资源

（3）打开 MainFrm.cpp 文件，将原先的 indicators 数组修改如下：

```
static UINT indicators[] =
{
	ID_SEPARATOR,                    // 状态行指示器
	ID_TEST_PANE,
	ID_INDICATOR_CAPS,
	ID_INDICATOR_NUM,
	ID_INDICATOR_SCRL,
};
```

### 6. 映射鼠标双击消息

（1）在 CEx_DC_SDIView 类“属性”窗口的“消息”页面中添加 WM_LBUTTONDBLCLK（双击鼠标）的消息映射，并在映射函数中添加下列代码：

```
void CEx_DC_SDIView::OnLButtonDblClk(UINT nFlags, CPoint point)
{
	CMainFrame* pFrame=(CMainFrame*)AfxGetApp()->m_pMainWnd;  // 获得主窗口指针
	CStatusBar* pStatus=&pFrame->m_wndStatusBar;              // 获得主窗口中的状态栏指针
	CString str;
	if (pFrame->m_bIsTest)
		str.Format("你在(%d,%d)处双击鼠标",point.x, point.y);  // 格式化文本
	else
		str.Empty();                                          // 为空字符
	if (pStatus)
		pStatus->SetPaneText(1,str);                          // 更新第二个窗格的文本
	CView::OnLButtonDblClk(nFlags, point);
}
```

（2）将 MainFrm.h 文件中的受保护变量 m_wndStatusBar 变成公共变量。

（3）在 Ex_DC_SDIView.cpp 文件的开始处增加下列语句：

```
#include "Ex_DC_SDIView.h"
#include "MainFrm.h"
```

（4）编译运行并测试，结果如图 T12.6 所示。

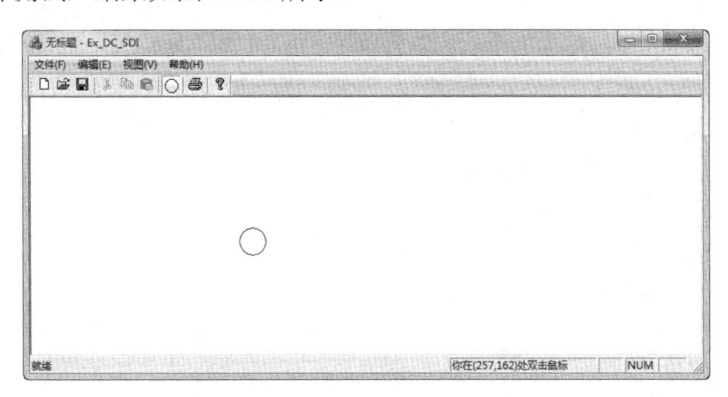


图 T12.6　在状态栏上显示文本

### 7. 完善代码

上述运行结果并不是很理想，因为一开始运行时，状态栏第二个窗格上的文本是“你在(1024,1024)处双击鼠标”，因此，需要在 CMainFrame::OnUpdateTest 函数中添加下列代码：

```
void CMainFrame::OnUpdateTest(CCmdUI* pCmdUI)
{
	pCmdUI->SetCheck(m_bIsTest);
	if (!m_bIsTest)
		m_wndStatusBar.SetPaneText(1, "");
}
```

### 9. 写出实验报告

分析上述运行结并结合思考与练习，写出实验报告。

## 思考与练习

添加并设计一个图标，然后更改 Ex_DC_SDI 应用程序的图标。

# 实验 13　数据、文档和视图

## 实验内容

上机练习第 7 章的例 Ex_Student 和例 Ex_Rect，但项目名要改成 Ex_DD_Student 及 Ex_DD_Rect。

## 实验准备和说明

（1）在学完第 7 章全部内容后进行本次实验。

（2）阅读第 7 章内容，理解本次上机所需要的程序。

## 实验步骤

### 1. 上机练习例 Ex_Student

（1）启动 Visual Studio 2008。

（2）用“MFC 应用程序向导”创建一个经典单文档应用程序 Ex_DD_Student，将项目“常规”配置中的“字符集”属性改为“使用多字节字符集”，并将 stdafx.h 文件最后面内容中的#ifdef _UNICODE

行和最后一个#endif 行删除。

（3）余下步骤参考第 7 章例 Ex_Student 进行。

**2. 上机练习例 Ex_Rect**

（1）用“MFC 应用程序向导”创建一个**经典**单文档应用程序 Ex_DD_Rect，将项目“常规”配置中的“字符集”属性改为“使用多字节字符集”，并将 stdafx.h 文件最后面内容中的#ifdef _UNICODE 行和最后一个#endif 行删除。

（2）余下步骤参考第 7 章例 Ex_Rect 进行。

**3. 写出实验报告**

结合实验内容和思考与练习，写出实验报告。

## 思考与练习

（1）经过上述实验后，说说对类的序列化和文档序列化的理解。

（2）在 Ex_DD_Student 中，若用 CListView 来显示和操作学生记录，则相应的功能应如何实现？

# 实验 14 图形和文本

## 实验内容

上机练习第 8 章的例 Ex_Draw 和例 Ex_Text，但项目名要改成 Ex_DE_Draw 及 Ex_DE_Text。

## 实验准备和说明

（1）在学完第 8 章全部内容后进行本次实验。

（2）阅读第 8 章内容，理解本次上机所需要的程序。

## 实验步骤

**1. 上机练习例 Ex_Draw**

（1）启动 Visual Studio 2008。

（2）用“MFC 应用程序向导”创建一个**精简**的单文档应用程序 Ex_DE_Draw。将项目“常规”配置中的“字符集”属性改为“使用多字节字符集”，并将 stdafx.h 文件最后面内容中的#ifdef _UNICODE 行和最后一个#endif 行删除。

（3）余下步骤参考第 8 章例 Ex_Draw 进行。

**2. 上机练习例 Ex_Text**

（1）用“MFC 应用程序向导”创建一个**精简**的单文档应用程序 Ex_DE_Text。在向导“生成的类”页面中，将 CEx_DE_TextView 的基类选为 CScrollView。将项目“常规”配置中的“字符集”属性改为“使用多字节字符集”，并将 stdafx.h 文件最后面内容中的#ifdef _UNICODE 行和最后一个#endif 行删除。

（2）余下步骤参考第 8 章例 Ex_Text 进行。

**3. 写出实验报告**

结合实验内容和思考与练习，写出实验报告。

## 思考与练习

若将 Ex_DE_Draw 中的数据用如图 T14.1 所示效果表示，则应如何编程？

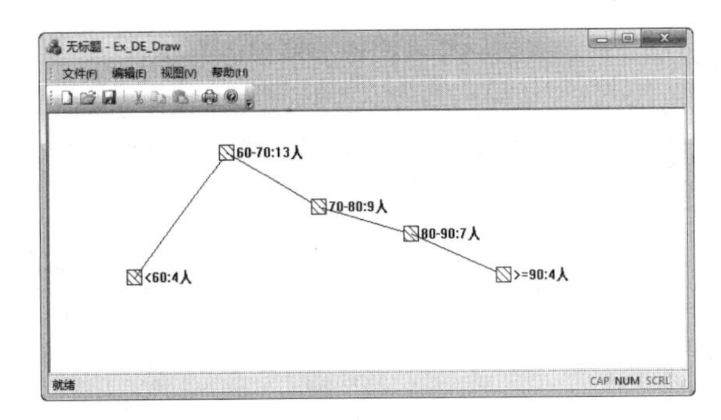


图 T14.1　Ex_DE_Draw 中数据的另一种显示效果

# 实验 15　ODBC 数据库编程

## 实验内容

创建一个基于 CListView 的单文档应用程序 Ex_DF_ODBC，用来操作 ODBC 源"用于 MFC ODBC 的数据库"中指定数据库的 score 表。如图 T15.1（a）所示，初始时列表中以报表样式显示出 score 表当前的记录内容。单击"操作"顶层菜单的下拉菜单项"添加"、"修改"及"删除"，可对 score 表进行相应操作，必要时还弹出"课程成绩信息"对话框，如图 T15.1（b）所示。

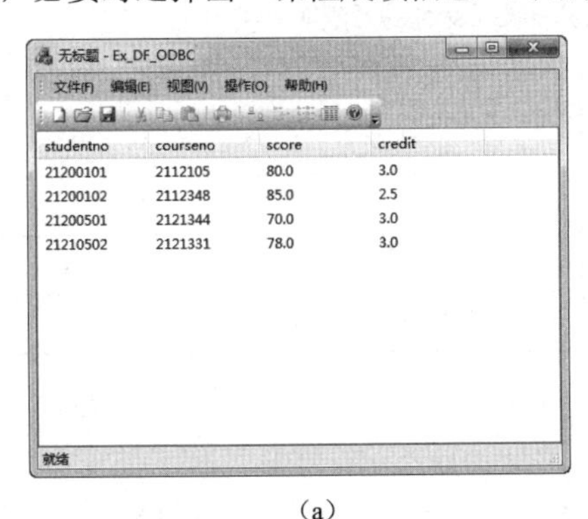


（a）

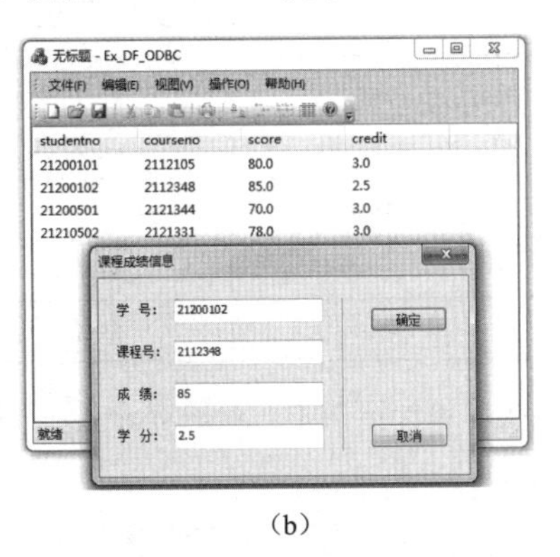


（b）

图 T15.1　Ex_DF_ODBC 运行结果

对于大量数据处理，采用数据库更为安全简便。例如，对于学生成绩管理系统，常常需要处理学生的基本信息、课程成绩及与学生相关的院系、专业情况等，这些信息用数据库表的形式来描述更为清晰。本次实验按第 9 章内容来练习 MFC ODBC 数据库编程过程，但项目名有所不同。

## 实验准备和说明

（1）在学完第 9 章的"MFC ODBC 应用编程"内容后进行本次实验。

（2）复习第 9 章相关内容。

## 实验步骤

### 1. 创建数据库和数据表

（1）启动 Microsoft Access 2003。选择"文件"→"新建"菜单命令，在右边的任务窗格中单击"空数据库"，弹出一个对话框，将文件路径指定到"D:\Visual C++实验\LiMing"，指定数据库名 main.mdb。

单击创建(C)按钮，出现如图 T15.2 所示的数据库设计窗口。

（2）双击“使用设计器创建表”，出现如图 T15.3 所示的表设计界面。其中，单击“数据类型”栏右侧的下拉按钮，可在弹出的列表中选择适当的数据类型。在下方的“常规”页面中可以设置字段大小、格式等内容。

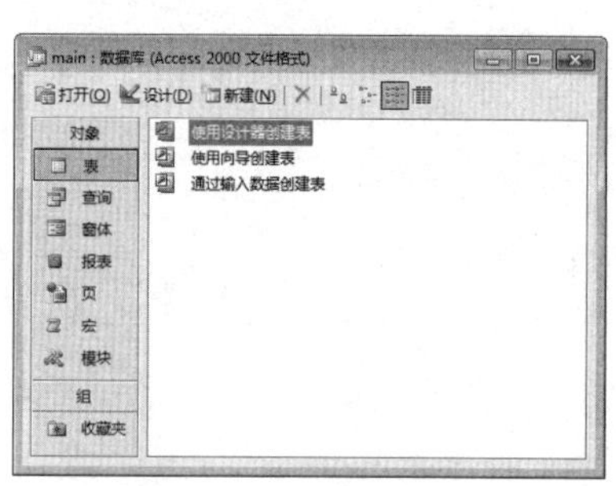


图 T15.2　数据库设计窗口

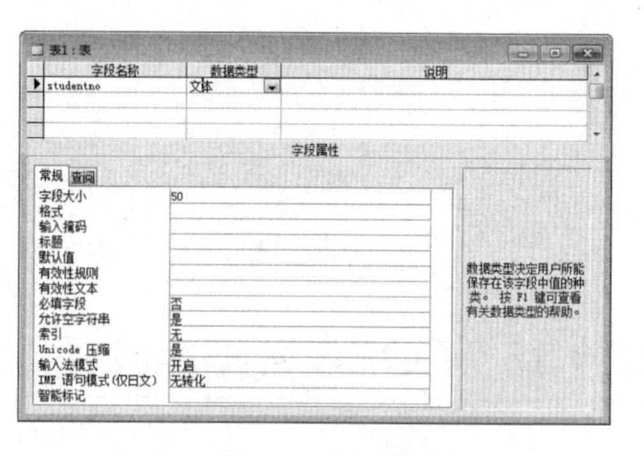


图 T15.3　表设计界面

（3）按表 T15.1 所示添加字段名和数据类型。关闭表设计界面，弹出一个消息对话框，询问是否保存刚才设计的数据表，单击是(Y)按钮，出现“另存为”对话框，在表名称中输入 score，单击确定按钮。此时出现一个消息对话框，用来询问是否要为表创建主关键词，单击否(N)按钮。需要注意的是，若单击是(Y)按钮，则系统会自动为表添加另一个字段“ID”。

**表 T15.1　学生课程成绩表（score）结构**

| 序　号 | 字 段 名 称 | 数 据 类 型 | 字 段 大 小 | 小 数 位 数 | 字 段 含 义 |
|---|---|---|---|---|---|
| 1 | studentno | 文本 | 20 | | 学号 |
| 2 | courseno | 文本 | 20 | | 课程号 |
| 3 | score | 数字 | 单精度型 | 1 | 成绩 |
| 4 | credit | 数字 | 单精度型 | 1 | 学分 |

（4）在数据库设计窗口中，双击 score 表，就可向数据表输入记录数据。如图 T15.4 所示是记录输入的结果。

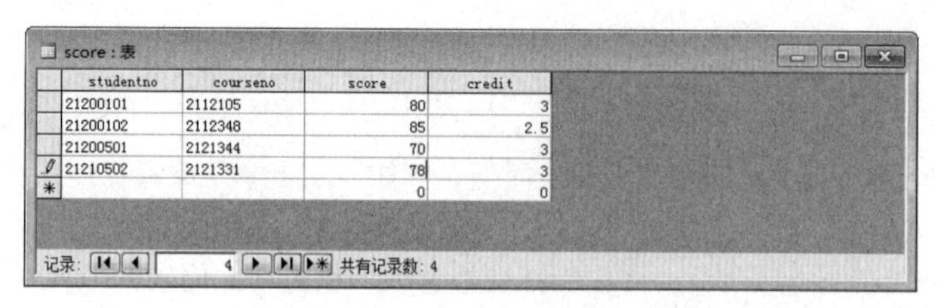


图 T15.4　在 score 表中添加的记录

（5）关闭 Microsoft Access 2003。在 Windows 7 的“控制面板”中找到并单击“设置数据源（ODBC)”，进入 ODBC 数据源管理器（在 64 位 Windows 7 下运行 C:\Windows\SysWOW64 中的 odbcad32. exe)。

（6）单击添加(D)...按钮，弹出带有一个驱动程序列表的“创建新数据源”对话框，在该对话框中选择“Microsoft Access Driver”。单击完成按钮，进入指定驱动程序的安装对话框，数据源名称设为“用于 MFC ODBC 的数据库”，单击选择(S)...按钮，弹出“选择数据库”对话框，将本实验中的 main.mdb 数据库选入。

（7）单击[确定]按钮，刚才创建的用户数据源就会被添加到“ODBC 数据源管理器”的“用户数据源”列表中。

（8）单击[确定]按钮，退出“ODBC 数据源管理器”对话框。

### 2. 记录列表显示

（1）启动 Visual Studio 2008。

（2）用“MFC 应用程序向导”创建一个**精简**的单文档应用程序 Ex_DF_ODBC。在向导“数据库支持”页面中，选中“仅支持头文件”以及“ODBC”客户端类型；在“生成的类”页面中，将 CEx_DF_ODBCView 的基类选为 CListView。

（3）在 CEx_DF_ODBCView::PreCreateWindow 函数中添加下列代码：

```
BOOL CEx_DF_ODBCView::PreCreateWindow(CREATESTRUCT& cs)
{
	cs.style |= LVS_REPORT;				// 报表风格
	return CListView::PreCreateWindow(cs);
}
```

（4）选择“项目”→“添加类”菜单命令，弹出“添加类”对话框，在“类别”中选定 MFC，在“模板”中选中[MFC ODBC 使用者]；单击[添加(A)]按钮，弹出“MFC ODBC 使用者向导”对话框；单击[数据源(S)...]按钮，将弹出的对话框切换到“机器数据源”页面，从中选择前面创建的 ODBC 数据源“用于 MFC ODBC 的数据库”；单击[确定]按钮，弹出“登录”对话框，不进行任何输入；单击[确定]按钮，弹出“选择数据库对象”对话框，从中选择表 score。单击[确定]按钮，返回“MFC ODBC 使用者向导”对话框页面。输入“类名”为 CScoreSet，单击[完成]按钮。

（5）此时编译并运行，出现错误，修改如下：

```
// #error 安全问题：连接字符串可能包含密码
// ...
CString CScoreSet::GetDefaultConnect()
{
	return _T("DSN=用于 MFC ODBC 的数据库;DBQ=D:\\Visual C++实验\\LiMing\\; \
			DriverId=25;FIL=MS Access;MaxBufferSize=2048;PageTimeout=5;UID=admin;");
}
```

（6）在 CEx_DF_ODBCView::OnInitialUpdate 函数中添加下列代码：

```
void CEx_DF_ODBCView::OnInitialUpdate()
{
	CListView::OnInitialUpdate();
	CListCtrl& m_ListCtrl = GetListCtrl();			// 获取内嵌在列表视图中的列表控件
	m_ListCtrl.SetExtendedStyle( LVS_EX_FULLROWSELECT ); //LVS_EX_GRIDLINES
	CScoreSet cSet;
	cSet.Open();						// 打开记录集
	CODBCFieldInfo field;
	// 创建列表头
	for (UINT i=0; i<cSet.m_nFields; i++)
	{
		cSet.GetODBCFieldInfo( i, field );
		m_ListCtrl.InsertColumn(i,field.m_strName,LVCFMT_LEFT,100);
	}
	cSet.Close();						// 关闭记录集
	UpdateListItemData();
}
```

（7）用“添加成员函数向导”在 CEx_DF_ODBCView 类中添加 UpdateListItemData 成员函数：

```
void CEx_DF_ODBCView::UpdateListItemData(void)
{
	CListCtrl& m_ListCtrl = GetListCtrl();					// 获取内嵌在列表视图中的列表控件
	m_ListCtrl.DeleteAllItems();
	CScoreSet cSet;
	cSet.m_strSort = "studentno, courseno";
	cSet.Open();											// 打开记录集
	// 添加列表项
	int nItem = 0;
	CString str;
	while (!cSet.IsEOF())
	{
		for (UINT i=0; i<cSet.m_nFields; i++)
		{
			cSet.GetFieldValue(i, str);
			if ( i == 0)
				m_ListCtrl.InsertItem( nItem, str );
			else
				m_ListCtrl.SetItemText( nItem, i, str );
		}
		nItem++;
		cSet.MoveNext();
	}
	cSet.Close();											// 关闭记录集
}
```

（8）在 Ex_DF_ODBCView.cpp 文件的前面添加 CScoreSet 类的头文件包含：

```
#include "Ex_DF_ODBCDoc.h"
#include "Ex_DF_ODBCView.h"
#include "score.h"
```

（9）编译并运行，结果如图 T15.5 所示。

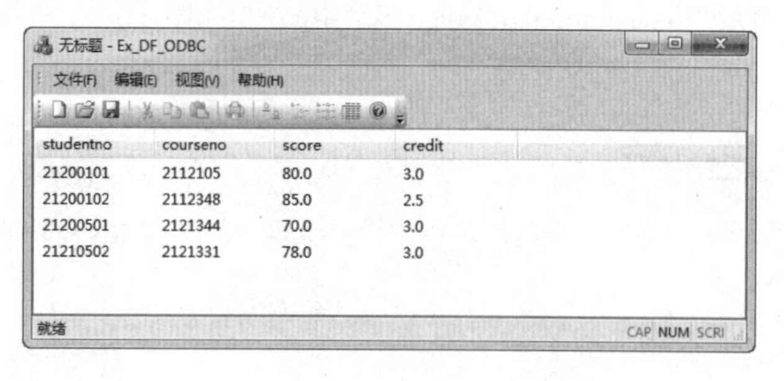


图 T15.5　Ex_DF_ODBC 第一次运行结果

### 3. 添加、修改和删除

（1）添加一个对话框资源，保留默认 ID 属性，在“属性”窗口中将 Caption（标题）设为“课程成绩信息”。双击对话框模板空白处或右击后从弹出的快捷菜单中选择“添加类”命令，为其创建一个基于 CDialog 的对话框类 CScoreDlg。

（2）切换到对话框资源模板窗口，打开对话框模板的网格。调整对话框的大小（238 x 114），添加竖直蚀刻线。将“确定”和“取消”按钮移至对话框的右侧，根据图 T15.6 所示添加如表 T15.2 所示的一些控件。

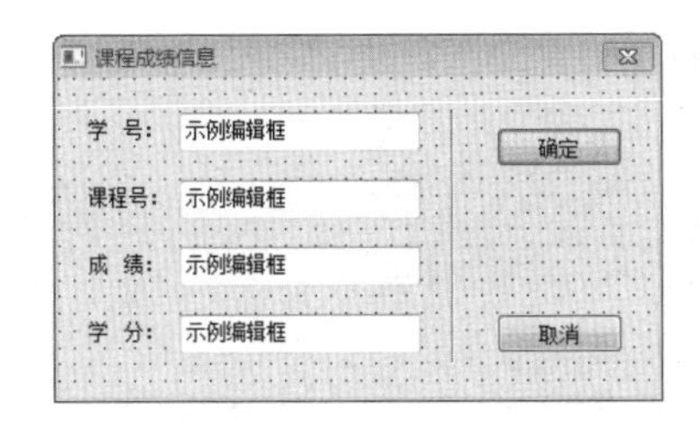


图 T15.6 添加的对话框

**表 T15.2 向“课程成绩信息”对话框添加的控件**

| 添加的控件 | ID | 标 题 | 其他属性 |
|---|---|---|---|
| 编辑框（学号） | IDC_EDIT_STUNO | — | 默认 |
| 编辑框（课程号） | IDC_EDIT_COURSENO | — | 默认 |
| 编辑框（成绩） | IDC_EDIT_SCORE | — | 默认 |
| 编辑框（学分） | IDC_EDIT_CREDIT | — | 默认 |

（3）右击控件，从弹出的快捷菜单中选择“添加变量”命令，弹出“添加成员变量向导”对话框，依次为如表 T15.3 所示的控件增加成员变量。

**表 T15.3 控件变量**

| 控件 ID | 变量类别 | 变量类型 | 变 量 名 | 范围和大小 |
|---|---|---|---|---|
| IDC_EDIT_STUNO | Value | CString | m_strStuNO | 20 |
| IDC_EDIT_COURSENO | Value | CString | m_strCourseNO | 20 |
| IDC_EDIT_SCORE | Value | float | m_fScore | 0～100.0 |
| IDC_EDIT_CREDIT | Value | float | m_fCredit | 0～10.0 |

（4）为 CScoreDlg 类添加 IDOK 按钮的 BN_CLICKED“事件”消息处理映射，并添加下列代码：

```
void CScoreDlg:: OnBnClickedOk ()
{
    UpdateData();
    m_strStuNO.TrimLeft();
    m_strCourseNO.TrimLeft();
    if (m_strStuNO.IsEmpty())
        MessageBox(L"学号不能为空！");
    else
        if (m_strCourseNO.IsEmpty())
            MessageBox(L"课程号不能为空！");
        else
            OnOK();
}
```

（5）编译。将项目工作区窗口切换到“资源视图”页面，展开节点，双击资源 Menu 项中的 IDR_MAINFRAME，则菜单编辑器窗口出现在主界面的右边，相应的菜单资源被显示出来。

（6）在“查看”和“帮助”菜单项之间添加“操作(&O)”顶层菜单，其下添加下拉菜单项“添加”、“修改”和“删除”，其 ID 分别置为 ID_OP_ADD、ID_OP_CHANGE 和 ID_OP_DEL。同时，在 CEx_DF_ODBCView 类“属性”窗口的“事件”页面中，添加这 3 个菜单项的 COMMAND 消息的映射，使用默认的映射函数名，添加下列代码：

```
void CEx_DF_ODBCView::OnOpAdd()
{
	CScoreDlg dlg;
	if (dlg.DoModal()==IDOK) {
		// 先查找是否有相同学号相同课程的记录
		CScoreSet cSet;
		cSet.m_strFilter.Format(L"studentno = '%s' AND courseno = '%s'",
			dlg.m_strStuNO, dlg.m_strCourseNO );
		cSet.Open();						// 打开记录集
		if ( !cSet.IsEOF() )
		{
			MessageBox(L"有相同的记录存在！");
			cSet.Close();
			return;
		}
		cSet.AddNew();
		cSet.m_studentno		= dlg.m_strStuNO;
		cSet.m_courseno		= dlg.m_strCourseNO;
		cSet.m_score		= dlg.m_fScore;
		cSet.m_credit		= dlg.m_fCredit;
		cSet.Update();
		cSet.Requery();
		cSet.Close();
		MessageBox(L"记录已添加！");
		UpdateListItemData();
	}
}
void CEx_DF_ODBCView::OnOpChange()
{
	MessageBox(L"双击要修改的列表项即可！");
}
void CEx_DF_ODBCView::OnOpDel()
{
	CListCtrl& m_ListCtrl = GetListCtrl();
	POSITION pos;
	pos = m_ListCtrl.GetFirstSelectedItemPosition();
	if (pos == NULL)
	{
		MessageBox(L"你还没有选中列表项！");
		return;
	}
	int nItem = m_ListCtrl.GetNextSelectedItem( pos );
	CString strItem, str;
	strItem = m_ListCtrl.GetItemText( nItem, 0 );
	str.Format(L"你确实要删除 %s 列表项（记录）吗？", strItem );
	if ( IDOK != MessageBox(str, L"删除确认", MB_ICONQUESTION | MB_OKCANCEL ))
		return;
	CString strStuNO		= m_ListCtrl.GetItemText( nItem, 0 );
	CString strCourseNO		= m_ListCtrl.GetItemText( nItem, 1 );
	CScoreSet infoSet;
	infoSet.m_strFilter.Format(L"studentno = '%s' AND courseno = '%s'",	strStuNO, strCourseNO);
	infoSet.Open();
```

```
        if (!infoSet.IsEOF())
        {
            CRecordsetStatus status;
            infoSet.GetStatus(status);                    // 获取当前记录集状态
            infoSet.Delete();                             // 删除当前记录
            if (status.m_lCurrentRecord==0)               // 若当前记录索引号为 0（0 表示第一条记录）
                infoSet.MoveNext();                       // 下移一个记录
            else
                infoSet.MoveFirst();                      // 移动到第一个记录处
        }
        if (infoSet.IsOpen())
            infoSet.Close();
        // 更新列表视图
        MessageBox(L"当前指定的记录已删除！");
        UpdateListItemData();
    }
```

（7）在 CEx_DF_ODBCView 类“属性”窗口的“消息”页面中，添加 NM_DBLCLK 的消息映射，并添加下列代码：

```
    void CEx_DF_ODBCView::OnNMDblclk(NMHDR *pNMHDR, LRESULT *pResult)
    {
        LPNMITEMACTIVATE pNMItemActivate = reinterpret_cast<LPNMITEMACTIVATE>(pNMHDR);
        CListCtrl& m_ListCtrl = GetListCtrl();
        POSITION pos;
        pos = m_ListCtrl.GetFirstSelectedItemPosition();
        if (pos == NULL)
        {
            MessageBox(L"应双击要修改的列表项！");          return;
        }
        int nItem = m_ListCtrl.GetNextSelectedItem( pos );
        CString strStuNO            = m_ListCtrl.GetItemText( nItem, 0 );
        CString strCourseNO         = m_ListCtrl.GetItemText( nItem, 1 );
        CScoreSet sSet;
        sSet.m_strFilter.Format(L"studentno = '%s' AND courseno = '%s'", strStuNO, strCourseNO);
        sSet.Open();
        CScoreDlg dlg;
        dlg.m_strCourseNO           = sSet.m_courseno;
        dlg.m_strStuNO              = sSet.m_studentno;
        dlg.m_fScore                = sSet.m_score;
        dlg.m_fCredit               = sSet.m_credit;
        if (IDOK != dlg.DoModal())
        {
            if (sSet.IsOpen()) sSet.Close();        return;
        }
        sSet.Edit();
        sSet.m_score                = dlg.m_fScore;          // 只能修改学分
        sSet.m_credit               = dlg.m_fCredit;         // 只能修改成绩
        sSet.Update();
        sSet.Requery();
        if (sSet.IsOpen()) sSet.Close();
        // 更新列表视图
        MessageBox(L"当前只能修改成绩和学分，修改成功！");
        UpdateListItemData();
```

```
        *pResult = 0;
    }
```

（8）在 Ex_DF_ODBCView.cpp 文件的前面添加 CScoreDlg 类的头文件包含，编译运行并测试，结果如图 T15.1 所示。

```
#include "Ex_DF_ODBCDoc.h"
#include "Ex_DF_ODBCView.h"
#include "score.h"
#include "ScoreDlg.h"
```

4. 写出实验报告

分析上述运行结果并结合思考与练习，写出实验报告。

## 思考与练习

（1）上述表 score 的记录操作与对话框中的数据是如何一一对应的？例如，说出记录添加的完整过程。

（2）若记录中还有学生“姓名”（stuname）字段，则上述代码应如何修改？

（3）若“课程成绩信息”对话框中的内容没有任何修改，单击了“确定”按钮，这时应避免后面程序的执行。试修改代码来解决这个问题。同时，当弹出用于修改的“学生课程成绩”对话框时，学号和课程号编辑框应禁止修改，试添加此功能。

# 实验 16　ADO 数据库编程

## 实验内容

创建一个基于 CListView 视图的单文档应用程序 Ex_DG_ADO，如图 T16.1 所示，它采用 ADO 方法将 score 和 course 两表合并输出到列表视图中。单击“添加”命令菜单，会弹出“课程成绩信息”对话框；选择“课程号”，将自动填充“课程名”和“学分”；单击“确定”按钮，相应的记录被添加到表 score 中，同时自动显示新的记录数据。

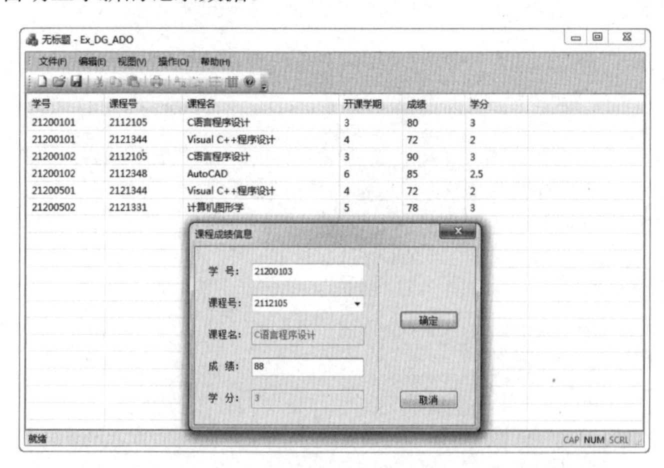


图 T16.1　Ex_DG_ADO 运行结果

## 实验准备和说明

（1）在学完第 9 章全部内容后进行本次实验。

（2）用 ADO 实现数据库表的添加和修改功能，构思本次上机实验所需要的程序。

## 实验步骤

### 1. 创建数据库和数据表

用 Access 打开 Ex_DF_ODBC 中的数据库文件 main.mdb，添加数据表 course，如表 T16.1 所示。表中第一部分是数据表的记录内容，第二部分是数据表的结构内容。

表 T16.1　课程信息表（course）及其表结构

| 课程号（courseno） | 所属专业（special） | 课程名（coursename） | 课程类型（coursetype） | 开课学期（openterm） | 课时数（hours） | 学分（credit） |
|---|---|---|---|---|---|---|
| 2112105 | 机械工程及其自动化 | C 语言程序设计 | 专修 | 3 | 48 | 3 |
| 2112348 | 机械工程及其自动化 | AutoCAD | 选修 | 6 | 51 | 2.5 |
| 2121331 | 电气工程及其自动化 | 计算机图形学 | 方向 | 5 | 72 | 3 |
| 2121344 | 电气工程及其自动化 | Visual C++程序设计 | 通修 | 4 | 60 | 3 |

| 序　号 | 字段名称 | 数据类型 | 字段大小 | 小数位 | 字段含义 |
|---|---|---|---|---|---|
| 1 | courseno | 文本 | 7 | — | 课程号 |
| 2 | special | 文本 | 50 | — | 所属专业 |
| 3 | coursename | 文本 | 50 | — | 课程名 |
| 4 | coursetype | 文本 | 10 | — | 课程类型 |
| 5 | openterm | 数字 | 字节 | — | 开课学期 |
| 6 | hours | 数字 | 字节 | — | 课时数 |
| 7 | credit | 数字 | 单精度 | 1 | 学分 |

### 2. 创建 ADO 应用程序框架

（1）启动 Visual Studio 2008。

（2）用“MFC 应用程序向导”创建一个**精简**的单文档应用程序 Ex_DG_ADO。在“生成的类”页面中，将 CEx_ADOView 的基类选为 CListView。

（3）在 CEx_DG_ADOView::PreCreateWindow 函数中添加下列代码：

```
BOOL CEx_DG_ADOView::PreCreateWindow(CREATESTRUCT& cs)
{
	cs.style |= LVS_REPORT  |  LVS_SHOWSELALWAYS ;
	return CListView::PreCreateWindow(cs);
}
```

（4）在 stdafx.h 中添加对 ADO 数据库的支持：

```
#include <afxcontrolbars.h>        // 功能区和控件条的 MFC 支持
#import "C:\Program Files\Common Files\System\ADO\msado15.dll" \
no_namespace rename("EOF", "adoEOF")
#include <icrsint.h>
```

（5）在 Ex_DG_ADO.h 文件中为 CEx_DG_ADOApp 定义 ADO 连接对象指针变量：

```
class CEx_DG_ADOApp : public CWinAppEx
{
public:
	_ConnectionPtr		m_pConnection;
…
}
```

（6）在 CEx_DG_ADOApp::InitInstance 函数中添加下列代码，用来对 ADO 的 COM 环境进行初始化和数据库连接：

```
BOOL CEx_DG_ADOApp::InitInstance()
{      …
       // 初始化 OLE 库
       if (!AfxOleInit())
       {
            AfxMessageBox(IDP_OLE_INIT_FAILED);
            return FALSE;
       }
       ::CoInitialize(NULL);
       m_pConnection.CreateInstance(__uuidof(Connection));        // 初始化 Connection 指针
       m_pConnection->ConnectionString
            ="Provider=Microsoft.Jet.OLEDB.4.0;Data Source=D:\\Visual C++实验\\LiMing\\main.mdb;";
       m_pConnection->ConnectionTimeout = 30;                      // 允许连接超时时间，单位为秒
       HRESULT   hr = m_pConnection->Open("","","",0);
       if (hr != S_OK)
       {
            AfxMessageBox(L"无法连接指定的数据库！ ");
            return FALSE;
       }
       AfxEnableControlContainer();
…
}
```

（7）在 CEx_DG_ADOApp 类“属性”窗口“重写”页面中添加 ExitInstance 的重写（重载），并添加下列代码：

```
int CEx_DG_ADOApp::ExitInstance()
{
       if (m_pConnection)      m_pConnection->Close();            // 关闭连接
       return CWinAppEx::ExitInstance();
}
```

（8）编译并运行。

**3. 多表项显示**

（1）用“添加成员函数向导”为 CEx_DG_ADOView 类添加 UpdateListItemData 成员函数：

```
void CEx_DG_ADOView::UpdateListItemData(void)
{
       // 删除列表中所有行
       CListCtrl& m_ListCtrl = GetListCtrl();
       m_ListCtrl.DeleteAllItems();
       _CommandPtr              pCmd;
       pCmd.CreateInstance(__uuidof(Command));                     // 初始化 Command 指针
       // 通过命令查询并获取其记录子集
       pCmd->ActiveConnection = ((CEx_DG_ADOApp *)AfxGetApp())->m_pConnection;
       // 指向已有的连接
       CString strCmd = L"SELECT score.studentno, score.courseno, \
            course.coursename, course.openterm, score.score, score.credit \
            FROM score INNER JOIN course ON score.courseno = course.courseno \
            ORDER BY score.studentno, score.courseno ";
```

```
        pCmd->CommandText =   _bstr_t(strCmd);
        // 指定一个 SQL 查询
        _RecordsetPtr    pSet;
        pSet.CreateInstance(__uuidof(Recordset));                // 初始化 Recordset 指针
        pSet = pCmd->Execute(NULL, NULL, adCmdText );            // 执行命令，并返回一个记录集指针
        // 显示记录
        FieldsPtr    flds = pSet->GetFields();                   // 获取当前表的字段指针
        _bstr_t      str, value;
        _variant_t   Index;
        Index.vt          = VT_I2;
        int    nItem      = 0;
        while(!pSet->adoEOF)
        {
            for ( int i = 0; i < (int)flds->GetCount(); i++)
            {
                Index.iVal   = i;
                str = flds->GetItem( Index )->GetName();
                value = pSet->GetCollect(str);
                if ( i == 0 )
                    m_ListCtrl.InsertItem( nItem, (LPCTSTR)value );
                else
                    m_ListCtrl.SetItemText( nItem, i, (LPCTSTR)value );
            }
            pSet->MoveNext();
            nItem++;
        }
        pSet->Close();
    }
```

（2）在 CEx_DG_ADOView::OnInitialUpdate 函数中添加下列代码：

```
    void CEx_DG_ADOView::OnInitialUpdate()
    {
        CListView::OnInitialUpdate();
        CListCtrl& m_ListCtrl = GetListCtrl();
        m_ListCtrl.SetExtendedStyle(LVS_EX_FULLROWSELECT|LVS_EX_GRIDLINES);
        // 创建列表头
        CString strHeader[6] = { L"学号",L"课程号",L"课程名",L"开课学期",L"成绩",L"学分" };
        int nHeaderWidth[6] = { 100,100,200,80,80,80 };
        for (int i=0; i<6; i++)
            m_ListCtrl.InsertColumn( i, strHeader[i], LVCFMT_LEFT, nHeaderWidth[i]);
        // 显示记录
        UpdateListItemData();
    }
```

（3）编译并运行，结果如图 T16.2 所示。

**4. 记录添加**

（1）添加一个对话框资源，保留默认 ID 属性，在“属性”窗口中将 Caption（标题）设为“课程成绩信息”。双击对话框模板空白处或右击后从弹出的快捷菜单中选择“添加类”命令，为其创建一个基于 CDialog 的对话框类 CScoreDlg。

图 T16.2　Ex_DG_ADO 第一次运行结果

（2）切换到对话框资源模板窗口，打开对话框模板的网格。调整对话框的大小（238 x 135），添加竖直蚀刻线。将“确定”和“取消”按钮移至对话框的右侧，参照图 T16.1 添加如表 T16.2 所示的一些控件。

**表 T16.2　“课程成绩信息”对话框添加的控件**

| 添加的控件 | ID | 标　题 | 其 他 属 性 |
|---|---|---|---|
| 编辑框（学号） | IDC_EDIT_STUNO | — | 默认 |
| 组合框（课程号） | IDC_COMBO_COURSENO | — | 默认 |
| 编辑框（课程名） | IDC_EDIT_COURSENAME | — | Disabled 设为 True，其余默认 |
| 编辑框（成绩） | IDC_EDIT_SCORE | — | 默认 |
| 编辑框（学分） | IDC_EDIT_CREDIT | — | Disabled 设为 True，其余默认 |

（3）为表 T16.3 中的控件添加相应的控件变量。

**表 T16.3　控件变量**

| 控件 ID | 变 量 类 别 | 变 量 类 型 | 变　量　名 | 范围和大小 |
|---|---|---|---|---|
| IDC_EDIT_STUNO | Value | CString | m_strStuNO | 20 |
| IDC_COMBO_COURSENO | Control | CComboBox | m_cmbCourseNO | — |
| IDC_COMBO_COURSENO | Value | CString | m_strCourseNO | 20 |
| IDC_EDIT_COURSENAME | Value | CString | m_strCourseName | 100 |
| IDC_EDIT_SCORE | Value | float | m_fScore | 0～100.0 |
| IDC_EDIT_CREDIT | Value | float | m_fCredit | 0～10.0 |

（4）为 CScoreDlg 类添加 IDOK 按钮的 BN_CLICKED“事件”消息的处理映射，并添加下列代码：

```
void CScoreDlg:: OnBnClickedOk ()
{
	UpdateData();
	m_strStuNO.TrimLeft();
	if (m_strStuNO.IsEmpty())
		MessageBox(L"学号不能为空！");
	else
		OnOK();
}
```

（5）为 CScoreDlg 添加 IDC_COMBO_COURSENO 的 CB_SELCHANGE 消息映射，保留默认的消息映射函数名，添加下列代码：

```
void CScoreDlg::OnCbnSelchangeComboCourseno()
{
	CString		strCourseNO;
	int nIndex = m_cmbCourseNO.GetCurSel();
	if ( nIndex == CB_ERR ) return;
	m_cmbCourseNO.GetLBText( nIndex, strCourseNO );
	// 创建查询并获取记录子集
	_CommandPtr pCmd;
	pCmd.CreateInstance(__uuidof(Command));				// 初始化 Command 指针
	// 通过命令查询并获取其记录子集
	pCmd->ActiveConnection = ((CEx_DG_ADOApp *)AfxGetApp())->m_pConnection;
	CString strCmd;
	strCmd.Format( L"SELECT * FROM course WHERE courseno = '%s'", strCourseNO );
	pCmd->CommandText = _bstr_t(strCmd);
	// 指定一个 SQL 查询
	_RecordsetPtr		pSet;
	pSet.CreateInstance(__uuidof(Recordset));				// 初始化 Recordset 指针
	pSet = pCmd->Execute(NULL, NULL, adCmdText );			// 执行命令，并返回一个记录集指针
	_bstr_t value;
	m_fCredit = -1.0f;
	m_strCourseName = "";
	if ( !pSet->adoEOF )
	{
		value = pSet->GetCollect( _bstr_t("coursename") );
		m_strCourseName = (LPCSTR)value;
		value = pSet->GetCollect( _bstr_t("credit") );
		m_fCredit = (float)(atof( (LPCSTR)value ));
	}
	pSet->Close();
	m_strCourseNO = strCourseNO;
	UpdateData( FALSE );
}
```

（6）在 CScoreDlg 类“属性”窗口的“重写”页面中添加 OnInitDialog 的重写（重载）：

```
BOOL CScoreDlg::OnInitDialog()
{
	CDialog::OnInitDialog();
	// 创建查询并获取记录子集
	_CommandPtr			pCmd;
	pCmd.CreateInstance(__uuidof(Command));				// 初始化 Command 指针
	// 通过命令查询并获取其记录子集
	pCmd->ActiveConnection = ((CEx_DG_ADOApp *)AfxGetApp())->m_pConnection;
	CString strCmd = L"SELECT * FROM course ORDER BY courseno";
	pCmd->CommandText =  _bstr_t(strCmd);
	_RecordsetPtr		pSet;
	pSet.CreateInstance(__uuidof(Recordset));				// 初始化 Recordset 指针
	pSet = pCmd->Execute(NULL, NULL, adCmdText );			// 执行命令，并返回一个记录集指针
	m_cmbCourseNO.ResetContent();
	_bstr_t			value;
	while ( !pSet->adoEOF )		{
```

```
            value = pSet->GetCollect( _bstr_t("courseno") );
            m_cmbCourseNO.AddString( (LPCTSTR)value );
            pSet->MoveNext();
        }
        pSet->Close();
        if ( m_cmbCourseNO.GetCount() > 0 )      {
            m_cmbCourseNO.SetCurSel( 0 );
            OnCbnSelchangeComboCourseno();
        }
        return TRUE;
}
```

（7）编译。将项目工作区窗口切换到“资源视图”页面，打开菜单资源 IDR_MAINFRAME，在“查看”和“帮助”菜单项之间添加“操作(&O)”顶层菜单，其下添加下拉菜单项“添加”，将其 ID 置为 ID_OP_ADD。同时，在 CEx_DG_ADOView 类“属性”窗口的“事件”页面中添加该菜单项的 COMMAND 消息的映射，使用默认的映射函数名，添加下列代码：

```
void CEx_DG_ADOView::OnOpAdd()
{
    CScoreDlg dlg;
    if (dlg.DoModal()!=IDOK) return;
    // 先查找是否有相同学号相同课程的记录
    _CommandPtr             pCmd;
    pCmd.CreateInstance(__uuidof(Command));                 // 初始化 Command 指针
    // 通过命令查询并获取其记录子集
    pCmd->ActiveConnection = ((CEx_DG_ADOApp *)AfxGetApp())->m_pConnection;
    // 指向已有的连接
    CString strCmd;
    strCmd.Format( L"SELECT * FROM score WHERE studentno='%s' AND courseno='%s'",
        dlg.m_strStuNO, dlg.m_strCourseNO );
    pCmd->CommandText =   _bstr_t(strCmd);
    // 指定一个 SQL 查询
    _RecordsetPtr     pSet;
    pSet.CreateInstance(__uuidof(Recordset));               // 初始化 Recordset 指针
    pSet = pCmd->Execute(NULL, NULL, adCmdText );           // 执行命令，并返回一个记录集指针
    if ( !pSet->adoEOF )
    {
        MessageBox(L"有相同的记录存在！");
        pSet->Close();
        return;
    }
    strCmd.Format( L"INSERT INTO score(studentno,courseno,score,credit) \
        VALUES('%s','%s',%5.1f, %5.1f) ",
        dlg.m_strStuNO, dlg.m_strCourseNO, dlg.m_fScore, dlg.m_fCredit );
    pCmd->CommandText = _bstr_t(strCmd);
    pCmd->Execute(NULL, NULL, adCmdText );
    MessageBox(L"记录已添加！");
    UpdateListItemData();
}
```

（8）在 Ex_DG_ADOView.cpp 文件的前面添加 CScoreDlg 类的头文件包含：

```
#include "Ex_DG_ADODoc.h"
#include "Ex_DG_ADOView.h"
#include "ScoreDlg.h"
```

（9）编译运行并测试，结果如图 T16.1 所示。

**5. 写出实验报告**

分析上述运行结果并结合思考与练习，写出实验报告。

## 思考与练习

（1）若在 Ex_DG_ADO 中还需要对学生信息记录进行删除和查询，则这样的功能应如何实现？

（2）为什么有时候在字符串常量前面加上“L”，而有时候不加？

# 第4部分　综合应用实习

## 题目1　学生成绩管理程序（C++版）

### 所需知识

教材第1～2章，实验1～7。

### 难度级别

难度级别：■（7格中第3格为黑色）

### 目的

（1）掌握用Visual Studio 2008开发环境开发控制台应用程序的方法；
（2）掌握运算符重载的常用方法；
（3）掌握C++面向对象的设计方法；
（4）掌握基本输入/输出的方法；
（5）掌握文件的打开、关闭、读/写等常用操作；
（6）了解控制台窗口的界面设计方法。

### 要求

开发一个"学生成绩管理"应用程序，要求：
（1）用文件和类的方式管理学生成绩数据；
（2）能进行数据记录的增加和删除；
（3）能进行数据记录的显示、查找和排序；
（4）应用程序的文本界面设计美观简洁；
（5）有简要的应用程序项目开发文档。

### 实现方法

本实习的应用程序项目Ex_P1_Student可在实验7的基础上进行，下面说明其实现方法。

**1．项目创建和类的设计**

（1）创建Win32控制台应用程序空项目Ex_P1_Student，项目位置定位到"D:\Visual C++实验\LiMing"文件夹中。

（2）添加文件student.h（或将实验7的Ex_File.h复制并重命名，然后添加到项目中），此文件包含实验7的CStudentRec（用来定义基本的数据类型和操作）和CStuFile（用来定义记录在文件中的基本操作）两个类的所有代码。

其中，CStudentRec类添加"赋值运算符重载"功能，如下面的代码（直接在类体内中添加）：

```
CStudentRec& operator = (CStudentRec &stu)                    // 赋值运算符重载
{
```

```
	strncpy(strName, stu.strName, 20);
	strncpy(strID, stu.strID, 10);
	for (int i=0; i<3; i++)
		fScore[i] = stu.fScore[i];
	fAve = stu.fAve;
	chFlag = stu.chFlag;
	return *this;
}
```

而 CStuFile 类添加的功能多一些，如加粗的部分：

```
// CStuFile 类的声明
class CStuFile
{
public:
	CStuFile(char* filename);
	~CStuFile();
	void  Add(CStudentRec stu);                        // 添加记录
	void  Delete(char* id);                            // 删除学号为 id 的记录
	void  Update(int nRec, CStudentRec stu);                  // 更新记录号为 nRec 的内容，nRec 从 0 开始
	int   Seek(char* id, CStudentRec &stu);            // 按学号查找，返回记录号，-1 表示没有找到
	int   List(int nNum = -1);
	int   GetRecCount(void);                           // 获取文件中的记录数
	int   GetStuRec( CStudentRec* data );              // 获取所有记录，返回记录数
private:
	char* strFileName;                                 // 文件名
};
```

添加的成员函数实现代码如下：

```
void CStuFile::Delete(char *id)
{
	CStudentRec temp;
	int nDel = Seek(id, temp);
	if (nDel<0) return;
	// 设置记录中的 chFlag 为'N'
	temp.chFlag = 'N';
	Update( nDel, temp );
}
void CStuFile::Update(int nRec, CStudentRec stu)
{
	fstream file(strFileName, ios::in|ios::out|ios::binary);          // 二进制读写方式
	if (!file) {
		cout<<"the "<<strFileName<<" file can't open !\n";
		return ;
	}
	int nSize = sizeof(CStudentRec) - 1;
	file.seekg( nRec * nSize);
	file<<stu;
	file.close();
}
int	CStuFile::GetRecCount(void)
{
	fstream file(strFileName, ios::in|ios::_Nocreate);                // 打开文件用于只读
	if (!file) {
```

```
			cout<<"the "<<strFileName<<" file can't open !\n";
			return 0;
		}
		int nRec = 0;
		while (!file.eof()){					// 读出所有记录
			CStudentRec data;
			file>>data;
			if (data.chFlag == 'A')	nRec++;
		}
		file.close();
		return nRec;
}
int CStuFile::GetStuRec( CStudentRec* data)
{
		fstream file(strFileName, ios::in|ios::_Nocreate);		// 打开文件用于只读
		if (!file) {
			cout<<"the "<<strFileName<<" file can't open !\n";
			return 0;
		}
		int nRec = 0;
		while (!file.eof()){					// 读出所有记录
			CStudentRec stu;
			file>>stu;
			if (stu.chFlag == 'A') {
				data[nRec] = stu;
				nRec++;
			}
		}
		file.close();
		return nRec;
}
```

2. 关于界面设计

从专业角度来说，控制台（与 DOS 兼容）模式下的文本界面需要自己定制。本书前 4 版中都提供了开发好的 CConUI 类供下载和使用，但文本界面也有简单的形式，其中最直接的就是使用 stdlib.h 中的“system("…");”来执行指定的 DOS 命令，例如，system("cls")用来将控制台窗口清屏，system("pause")用来暂停并提示“请按任意键继续…”等。

3. 程序框架设计

按项目的要求，数据记录操作通常有增加、删除、排序、列表、查找以及记录保存和调用等。这些操作的实现可参看教程和实验相关内容。下面给出本项目的参考程序框架（添加并输入 student.cpp 代码，同时解决 C4996 警告）：

```
#include <iostream>
#include "student.h"
#include "cstdlib"
using namespace std;
CStuFile theFile("student.dat");
// 定义命令函数
void DoAddRec(void);
void DoDelRec(void);
void DoListAllRec(void);
void DoFindRec(void);
```

```
// 定义界面操作函数
void ToMainUI( void );
void ToWaiting( void );
void ToClear( void );
int      GetSelectNum( int nMaxNum );
int main(int argc, char* argv[])
{
        for (;;)
        {
                ToMainUI();
                int nIndex = GetSelectNum( 9 );
                switch( nIndex )   {
                        case 1:                         // Add a student data record
                                                        DoAddRec();             break;
                        case 2:                         // Delete a student data record
                                                        DoDelRec();             break;
                        case 3:                         // List all data records
                                                        DoListAllRec();   break;
                        case 4:                         // Find a student data record
                                                        DoFindRec();      break;
                        case 9:                         // Exit
                                                        break;
                }
                if ( nIndex == 9 ) break;
                else   ToWaiting();
        }
        return 0;
}

// 这是界面相关的几个函数实现
void ToMainUI( void )
{
        ToClear();
        cout<<"              主菜单"<<endl;
        cout<<"------------------------------------------"<<endl;
        cout<<" 1   添加学生成绩记录"<<endl;
        cout<<" 2   删除学生成绩记录"<<endl;
        cout<<" 3   列表所有学生成绩记录"<<endl;
        cout<<" 4   查找学生成绩记录"<<endl;
        cout<<" 9   退出"<<endl;
        cout<<"------------------------------------------"<<endl;
        cout<<" 请输入菜单前面的数字并按回车...";
}

void ToWaiting( void )
{
        system("pause");
}
void ToClear( void )
{
        system("cls");
```

```
}
int     GetSelectNum( int nMaxSelNum )                    // 获取选择项的序号
{
        if ( nMaxSelNum < 1 ) return 0;
        int i;
        cin>>i;
        if ( cin.rdstate() ){
                char buf[80];
                cin.clear();
                cin.getline( buf, 80 );
        } else {
                if (( i <= nMaxSelNum ) && ( i >= 1 ) )
                        return i;
        }
        return 0;
}

// 这是命令函数的实现
void DoAddRec(void)
{
        CStudentRec rec;
        rec.Input();
        theFile.Add( rec );
        DoListAllRec();
}
void DoDelRec(void)
{
        char strID[80];
        cout<<"请输入要删除的学生的学号：";
        cin>>strID;
        if ( strID ) {
                CStudentRec rec;
                int nIndex = theFile.Seek( strID, rec );
                if ( nIndex >= 0 ) {
                        theFile.Delete( strID );
                        DoListAllRec();
        } else
                cout<<"要删除的学生 "<<strID<<" 不存在！"<<endl;
        }
}
void DoListAllRec(void)
{
        int nCount = theFile.GetRecCount();
        CStudentRec *stu;
        stu = new CStudentRec[nCount];
        theFile.GetStuRec( stu );
        for ( int i=0; i<nCount; i++ )
        {
                stu[i].Print( i == 0 );
        }
        delete [nCount]stu;
}
```

```
void DoFindRec(void)
{
    char strID[80];
    cout<<"请输入要查找的学生的学号：";
    cin>>strID;
    if (strID) {
        CStudentRec rec;
        int nIndex = theFile.Seek( strID, rec );
        if ( nIndex>=0 )
            rec.Print( true );
        else
            cout<<"没有找到学生 "<<strID<<" ！ "<<endl;
    }
}
```

程序运行后测试的结果如图 P1.1 所示。需要说明的是，此框架还需要添加排序、修改记录等功能，相信在此基础上一定能实现。

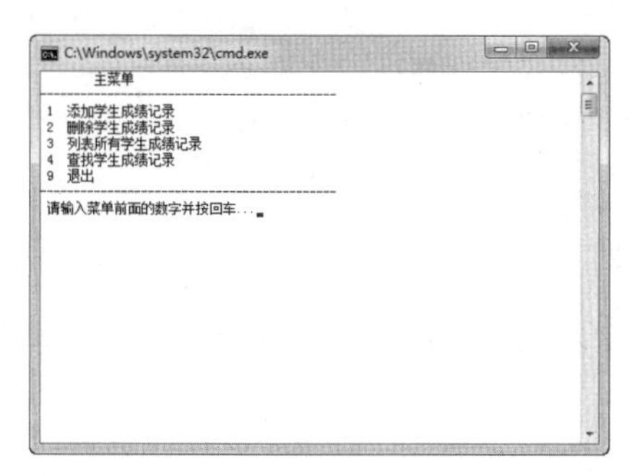


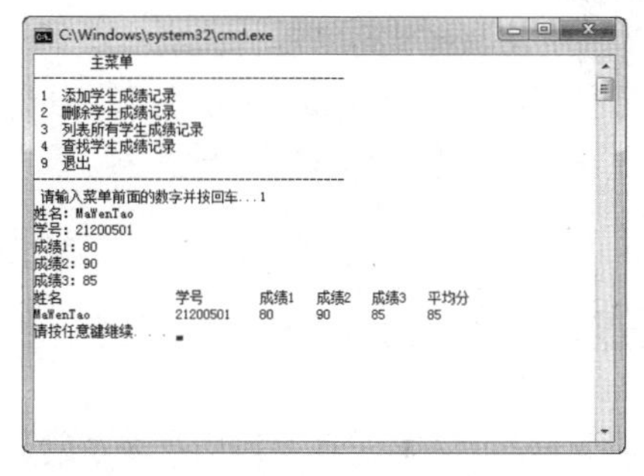


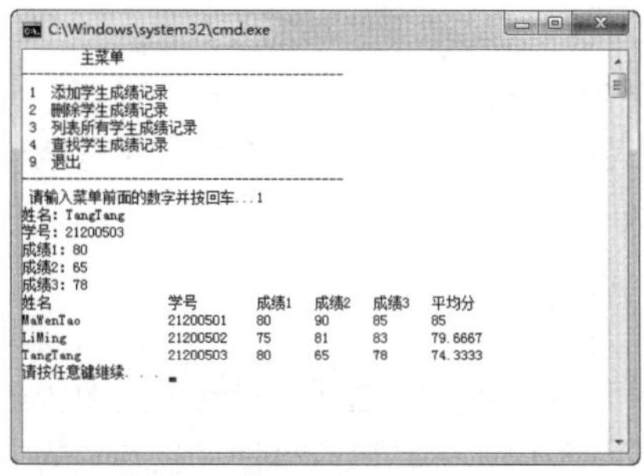


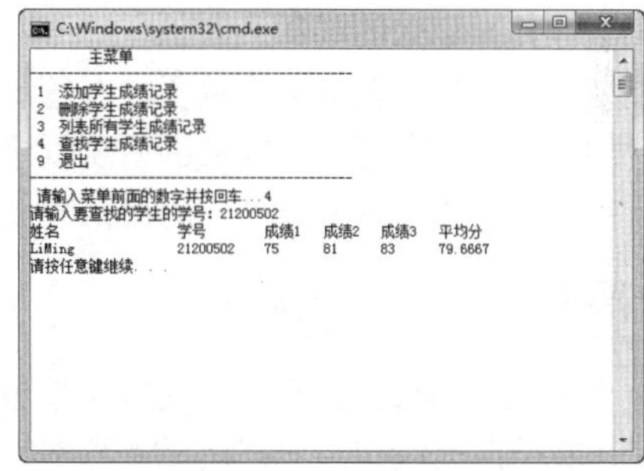


图 P1.1　框架运行并测试

# 题目 2　学生成绩管理系统（MFC 版）

## 所需知识

教材第 3～8 章，实验 8～16。

## 难度级别

难度级别：

## 目的

（1）掌握用 Visual Studio 2008 开发环境开发软件的方法；

（2）掌握单文档应用程序结构，熟悉多文档和基于对话框的应用程序的编程方法；

（3）掌握用资源编辑器进行图标、光标、菜单、工具栏、对话框等资源的编辑，熟悉应用程序界面设计方法；

（4）掌握对话框、常用控件和 ActiveX 控件的使用方法；

（5）熟悉文档视图结构，掌握文档与视图、视图与视图之间的数据传递技巧；

（6）熟悉切分窗口及一档多视的编程方法；

（7）熟悉在视图和对话框控件等窗口中绘制图形的方法；

（8）掌握用 MFC 编写 ODBC 或 ADO 数据库应用程序的方法和技巧。

## 建议

（1）完成本应用实习时，可将 4～6 人组成一个开发小组。

（2）教师也可根据实际情况提出或由学生自行提出新的实习题目。

（3）教师在应用实习过程中进行 1～2 次的方案讨论。

（4）本次实习时间建议安排 1～1.5 周。

## 要求

学生成绩管理系统通常涉及对学生信息、课程成绩及课程信息等内容的管理，开发这样的应用程序，要求：

（1）用数据库的方式管理系统中所涉及的数据；

（2）能进行数据记录的添加、删除、修改、查询和排序；

（3）能统计学生单科成绩分布情况，并绘制相应的分布图；

（4）应用程序界面友好，有简要的应用程序项目开发文档，对于计算机专业学生或较优秀学生，要求写出项目概要设计、详细设计及用户帮助文档。

## 界面设计原则

主框架界面应根据总体方案和功能模块来进行设计，其中主要界面元素设计的主要内容包括：应用程序图标、文档图标设计；文档模板资源字符串修改；菜单和工具栏的设计；状态栏的文字提示；“关于…”对话框的设计等。除了这些内容，界面设计时还应考虑下列四个方面：

（1）界面的简化。在默认的文档应用程序中，有些界面元素实际上是不需要的。由于本次实习中不需要文本的编辑功能，因此应将其去除。去除的最好方法是在用“MFC 应用程序向导”创建过程中进行相关选项的选择或者删除相应的界面元素（菜单项和工具按钮等）。

（2）界面元素的联动。菜单中的一些命令和工具栏的按钮的功能是相同的，当鼠标指针移至这些命令按钮或菜单项时，在状态栏上应有相应的信息提示。

（3）多个操作方式。切分窗口型的方案能直观地将操作界面呈现在用户的眼前，但不是所有的用户都欣赏这样的做法。许多用户对选择菜单命令或工具栏按钮仍然非常喜爱。因此，需要提供多种操作方式，以满足不同的用户需要。但也要注意，当在菜单栏和工具栏上提供“增加”、“修改”、“删除”、“查询”及“统计”等命令时，这些命令的功能方案最好能弹出对话框或直接执行功能，以保持和传统风格一致。值得一提的是，应根据实际需要提供快捷菜单供用户选择执行。

（4）界面的美学要求。在应用程序界面的现代设计和制作过程中，如果仅仅考虑界面的形式、颜色、字体、功能，以及与用户的交互能力等因素，则远远不够。因为一个出色的软件还应有其独到之处，如果没有创意，那只是一种重复劳动。在设计过程中还必须考虑“人性”的影响，因为界面的好坏最终是由“人”来评价的。因此，在界面的设计过程中除了考虑其本身的基本原则外，还应该有美学方面的要求。

## 方案

为了满足上述要求，从应用程序的界面和功能出发通常有下列两种方案：

（1）简单窗口型。简单窗口型的方案是一种采用基于对话框的应用程序框架结构，无菜单栏、工具栏和状态栏。数据的显示和操作都是通过控件或弹出对话框来进行的，如图 P2.1 所示。这种方案最主要的好处是不需要复杂 MFC 文档视图结构，代码实现简单容易，建议少学时和一般学时的学生（学员）采用这种方案。

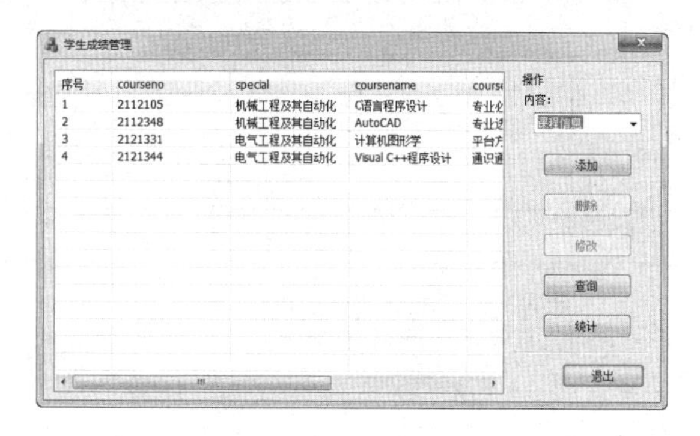


图 P2.1　简单型的主界面

（2）文档窗口型。文档窗口型的方案类似如图 P2.2 所示的界面，主框架是一个基于 CListView 视图类的单文档应用程序，也是最通用的方案。CListView 的视图窗口用于显示数据库的内容，菜单命令和工具栏按钮联动，用于添加、删除、修改、查询、统计等操作。当然，采用这种方案，可能会面临更多的难点。对于学时比较多或要求较高的学生（学员）来说，建议采用此方案。

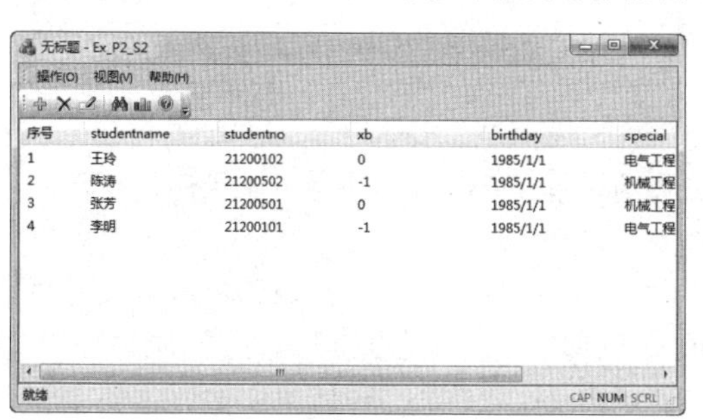


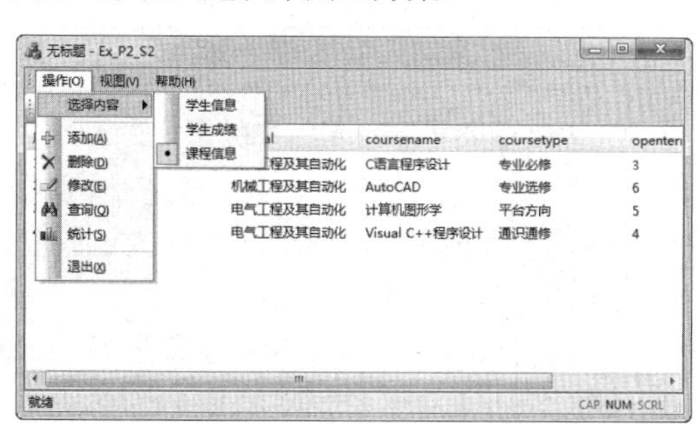


图 P2.2　文档窗口型的主界面

## 实现方法

下面以文档窗口型的方案说明其实现方法（由于 ODBC 方法在不同机器上需要重新设置，不太方便，所以建议使用 ADO 方法，但基本框架和思路是一致的）。

**1. 数据库的设计**

用 Microsoft Access 创建一个数据库 Student.mdb，包含用于描述学生基本信息、课程成绩及课程信息的数据表 student、score、course，其表结构分别如表 P2.1、表 P2.2 和表 P2.3 所示。它适用于所有方案类型。

表 P2.1 学生基本信息表（student）结构

| 序 号 | 字 段 名 称 | 数 据 类 型 | 字 段 大 小 | 小 数 位 | 字 段 含 义 |
| --- | --- | --- | --- | --- | --- |
| 1 | studentname | 文本 | 20 | | 姓名 |
| 2 | studentno | 文本 | 10 | | 学号 |
| 3 | xb | 是/否 | | | 性别 |
| 4 | birthday | 日期/时间 | | | 出生年月 |
| 5 | special | 文本 | 50 | | 专业 |

表 P2.2 课程成绩表（score）结构

| 序 号 | 字 段 名 称 | 数 据 类 型 | 字 段 大 小 | 小 数 位 | 字 段 含 义 |
| --- | --- | --- | --- | --- | --- |
| 1 | studentno | 文本 | 8 | | 学号 |
| 2 | course | 文本 | 7 | | 课程号 |
| 3 | score | 数字 | 单精度 | 1 | 成绩 |
| 4 | credit | 数字 | 单精度 | 1 | 学分 |

表 P2.3 课程信息表（course）结构

| 序 号 | 字 段 名 称 | 数 据 类 型 | 字 段 大 小 | 小 数 位 | 字 段 含 义 |
| --- | --- | --- | --- | --- | --- |
| 1 | courseno | 文本 | 7 | —— | 课程号 |
| 2 | special | 文本 | 50 | —— | 所属专业 |
| 3 | coursename | 文本 | 50 | —— | 课程名 |
| 4 | coursetype | 文本 | 10 | —— | 课程类型 |
| 5 | openterm | 数字 | 字节 | —— | 开课学期 |
| 6 | hours | 数字 | 字节 | —— | 课时数 |
| 7 | credit | 数字 | 单精度 | 1 | 学分 |

### 2. 程序框架界面及其添加的类

（1）用“MFC 应用程序向导”创建一个**精简**的单文档应用程序 Ex_P2_S2（项目名要改为自己的）。在“生成的类”页面中，将 C Ex_P2_S2View 的基类选为 CListView。

（2）将项目“常规”配置中的“字符集”属性改为“使用多字节字符集”，并将 stdafx.h 文件最后面内容中的#ifdef _UNICODE 行和最后一个#endif 行删除。在“预处理器定义”属性中添加_CRT_SECURE_NO_DEPRECATE 宏标记。

（3）余下步骤参照实验 16“ADO 数据库编程”进行。

（4）添加一个对话框资源 IDD_DIALOG_STUINFO，用于学生基本信息数据的添加和修改，如图 P2.3 所示，创建的对话框类为 CStuInfoDlg。

图 P2.3 “学生基本信息”对话框

（5）添加一个对话框资源 IDD_DIALOG_SCORE，用于学生课程成绩数据的添加和修改，如图 P2.4 所示，创建的对话框类为 CScoreDlg。

（6）添加一个对话框资源 IDD_DIALOG_COURSE，用于课程信息数据的添加和修改，如图 P2.5 所示，创建的对话框类为 CCourseDlg。需要说明的是，其中的“课程类型”在 Student.mdb 中的 dict 表中有相关记录。

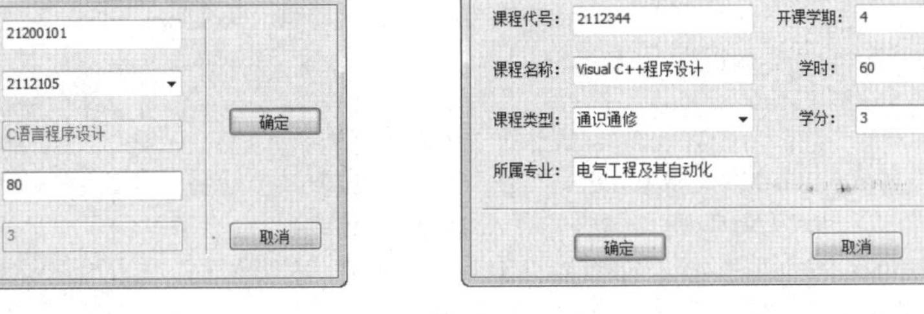


图 P2.4 “学生课程成绩”对话框　　　　图 P2.5 “课程信息”对话框

（7）设计菜单和工具栏，参照图 P2.2。需要说明的是，在 Visual Studio 2008 中，MFC 文档应用程序支持 256 色的工具图标的显示，但工具按钮编辑器有点麻烦。一般先按 16×15 像素大小将工具栏图像文件 toolbar256.bmp 设计好，另存到其他文件夹中。当工具按钮编辑器中修改好 ID 后，再将 toolbar256.bmp 复制到 res 文件夹中。不要试图删除工具按钮，它是通过程序运行后的工具栏右侧的下拉小按钮来进行添加或删除的。

### 3. 通用数据表记录显示函数 DispTableData

```
void CEx_P2_S2View::DispTableData(int nTable, bool bHeader)
{
	// nTable = 0: student, 1: score, 2: course
	CListCtrl& m_ListMain = GetListCtrl();
	_CommandPtr		pCmd;
	pCmd.CreateInstance(__uuidof(Command));			// 初始化 Command 指针
	// 通过命令查询并获取其记录子集
	pCmd->ActiveConnection = ((CEx_P2_S2App *)AfxGetApp())->m_pConnection;
	// 指向已有的连接
	CString strCmd = "SELECT * FROM student";
	if ( nTable == 1 )  strCmd = "SELECT * FROM score";
	if ( nTable == 2 )  strCmd = "SELECT * FROM course";
	pCmd->CommandText =  _bstr_t(strCmd);
	// 指定一个 SQL 查询
	_RecordsetPtr	pSet;
	pSet.CreateInstance(__uuidof(Recordset));		// 初始化 Recordset 指针
	pSet = pCmd->Execute(NULL, NULL, adCmdText );		// 执行命令，并返回一个记录集指针
	// 显示记录
	FieldsPtr		flds = pSet->GetFields();		// 获取当前表的字段指针
	_bstr_t		str, value;
	_variant_t		Index;
	Index.vt = VT_I2;
	int			nFieldNum = (int)flds->GetCount();
	if ( bHeader )
	{
		// 删除原来表头
		int	nColNum		=	m_ListMain.GetHeaderCtrl()->GetItemCount();
		for ( int i = 0; i < nColNum; i++ )	m_ListMain.DeleteColumn( 0 );
		// 添加新表头
		m_ListMain.InsertColumn( 0, "序号", LVCFMT_LEFT, 60 );
		for ( int i = 0; i < nFieldNum; i++)
		{
			Index.iVal	= i;
			str = flds->GetItem( Index )->GetName();
```

```
                // 计算字段的最小宽度
                int          nFldWidth  = flds->GetItem( Index )->GetPrecision() / 2;
                CString      strField( (LPCTSTR)str );
                strField.Trim();
                int          nStrWidth  = strField.GetLength() * 9;
                if ( nFldWidth < nStrWidth )           nFldWidth = nStrWidth;
                if ( nFldWidth < 60)                   nFldWidth = 60;
                m_ListMain.InsertColumn( i + 1, (LPCTSTR)str, LVCFMT_LEFT, nFldWidth );
            }
        }
        m_ListMain.DeleteAllItems();
        int                 nItem = 0;
        CString             strItem;
        while(!pSet->adoEOF)
        {
            strItem.Format( "%d", nItem+1 );
            m_ListMain.InsertItem( nItem, strItem );
            for ( int i = 0; i < nFieldNum; i++)
            {
                Index.iVal  = i;
                str = flds->GetItem( Index )->GetName();
                try    {
                    value = pSet->GetCollect(str);
                } catch(...)
                {
                    m_ListMain.SetItemText( nItem, i+1, " " );
                    break;
                }
                m_ListMain.SetItemText( nItem, i+1, (LPCTSTR)value );
            }
            pSet->MoveNext();
            nItem++;
        }
        pSet->Close();
}
```

### 4. 在一个对话框中绘制某门课程成绩分布的直方图或饼图

直方图和饼图是数据可视化手段中最常用的形式，我们预先构造了一个简单的 CGraph 类，用来绘制直方图和饼图，其类的声明代码如下：

```
class CGraph : public CObject
{
public:
    CGraph::CGraph();
    CGraph::CGraph(CRect rcDraw);
    CGraph::CGraph(CRect rcDraw, int nMode);
    void SetDrawRect(CRect rcDraw);
    void SetDrawMode(int nMode);
    void AddData(unsigned int data);                    // 添加数据
    void Draw(CDC *pDC, bool isDispData = FALSE);
    // 绘制，当 isDispData 为 TRUE 时，在直方图的顶端显示数字或在饼图中显示百分比
private:
    CRect          m_rectDraw;                          // 用于绘制直方图和饼图的整个范围
```

```
        int             m_nMode;                    // 0 表示直方图，其他值表示饼图
        CUIntArray      m_uDataArray;               // 用于存放各个分量的值
        LOGFONT m_lfData;
        void DrawBar(CDC *pDC, bool isDispData);
        void DrawPie(CDC *pDC);
        void InitGraph(CRect rcDraw, int nMode);
};
```

下面来看一个通用的示例过程：

（1）将 Graph.h 文件复制到应用程序项目文件夹中，同时添加到项目中。

（2）在应用程序项目中添加一个对话框资源 IDD_DRAW，删除“确定”和“取消”按钮。

（3）将对话框形状调整为大致正方形，创建该对话框类为 CDrawDlg。

（4）为对话框类 CDrawDlg 添加 3 个公有型成员变量：

```
public:
        CUIntArray          m_uData;            // 分布数据
        int                 m_nMode;            // 0 为直方图，其他值为饼图
        CString             m_strTitle;         // 对话框标题
```

（5）在构造函数中添加下列初始化代码：

```
CDrawDlg::CDrawDlg(CWnd* pParent /*=NULL*/)
        : CDialog(CDrawDlg::IDD, pParent)
{
        m_strTitle = "成绩分布图";
        m_nMode = 0;
}
```

（6）为 CDrawDlg 添加 OnInitDialog 的“重写”和 WM_PAINT 消息映射函数，并在消息函数中添加下列代码：

```
#include "Graph.h"
CGraph theGraph;                // 全局变量
BOOL CDrawDlg::OnInitDialog()
{
        CDialog::OnInitDialog();
        SetWindowText( m_strTitle );
        for (int i=0; i<m_uData.GetSize(); i++)
                theGraph.AddData( m_uData[i] );
        theGraph.SetDrawMode( m_nMode );
        return TRUE;
}
void CDrawDlg::OnPaint()
{
        CPaintDC dc(this); // device context for painting
        UpdateWindow();
        CRect rc;
        GetClientRect( rc );
        theGraph.SetDrawRect( rc );
        theGraph.Draw(&dc, TRUE);
}
```

（7）在任意一个命令消息函数中添加类似下列代码，并在调用所在的程序文件的前面添加 CDrawDlg 类的头文件包含。

```
CDrawDlg dlg;
dlg.m_nMode = 1;
dlg.m_strTitle = "示例：这是一个圆饼图";
```

```
dlg.m_uData.Add( 2 );          dlg.m_uData.Add( 1 );          dlg.m_uData.Add( 11 );
dlg.m_uData.Add( 15 );         dlg.m_uData.Add( 24 );         dlg.m_uData.Add( 6 );
dlg.DoModal();
```

（8）编译运行并测试，结果如图 P2.6（a）所示；若将 dlg.m_nMode 改为 0，dlg.m_strTitle 改为“示例：这是一个直方图”，则结果如图 P2.6（b）所示。

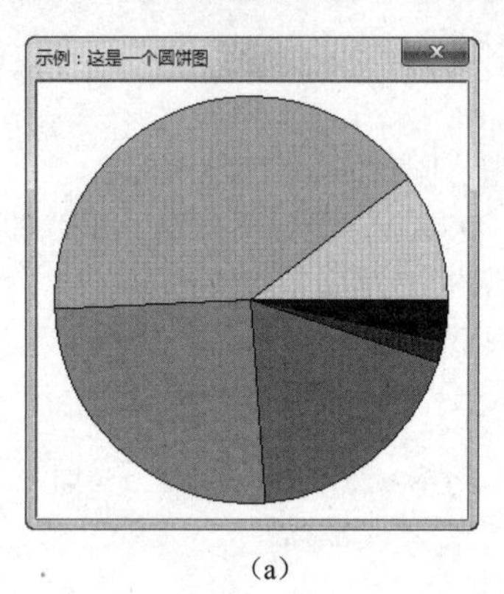


（a）

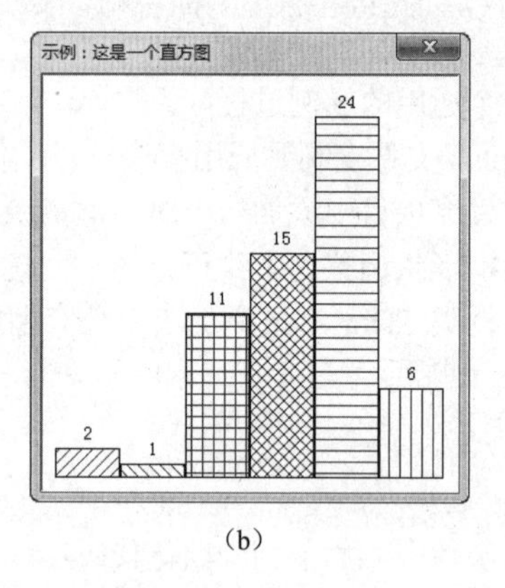


（b）

图 P2.6　在对话框中绘制饼图和直方图

# 第 5 部分　附　录

## 附录 A　运算符优先级和结合性

C++将表达式的求值中多种运算之间的先后关系用运算符的优先级表示，优先级的数值越小优先级越高，优先级相同的运算符则按它们的结合性进行处理，如表 A.1 所示。

表 A.1　C++常用运算符一览表

<table>
<tr><th>优先级</th><th>运算符</th><th>描述</th><th>目数</th><th>结合性</th></tr>
<tr><td>1</td><td>::</td><td>作用域（作用范围）运算符（域作用符）</td><td rowspan="2">单目、双目</td><td rowspan="2">从左至右</td></tr>
<tr><td>2</td><td>()<br>[]<br>•, -><br>++, --</td><td>圆括号<br>数组（下标运算符）<br>成员运算符<br>后缀自增、后缀自减运算符</td></tr>
<tr><td rowspan="2">3</td><td>++, --<br>&<br>*<br>!<br>~</td><td>前缀自增、前缀自减运算符<br>取对象的指针<br>引用对象的内存空间<br>逻辑非<br>按位求反</td><td rowspan="2">单目</td><td rowspan="2">从右至左</td></tr>
<tr><td>+, -<br>(类型)<br>sizeof<br>new　delete</td><td>正号运算符，负号运算符<br>强制类型转换<br>返回操作数的字节大小<br>动态存储分配</td></tr>
<tr><td>4</td><td>.*, - >*</td><td>成员指针运算符</td><td>双目</td><td>从左至右</td></tr>
<tr><td>5</td><td>*　/　%</td><td>乘法，除法，取余</td><td rowspan="10">双目</td><td rowspan="10">从左至右</td></tr>
<tr><td>6</td><td>+　-</td><td>加法，减法</td></tr>
<tr><td>7</td><td><<　>></td><td>左移位，右移位</td></tr>
<tr><td>8</td><td><　<=　>　>=</td><td>小于，小于等于，大于，大于等于</td></tr>
<tr><td>9</td><td>==　!=</td><td>相等于，不等于</td></tr>
<tr><td>10</td><td>&</td><td>按位与</td></tr>
<tr><td>11</td><td>^</td><td>按位异或</td></tr>
<tr><td>12</td><td>|</td><td>按位或</td></tr>
<tr><td>13</td><td>&&</td><td>逻辑与</td></tr>
<tr><td>14</td><td>||</td><td>逻辑或</td></tr>
<tr><td>15</td><td>?:</td><td>条件运算符</td><td>三目运算符</td><td>从右至左</td></tr>
</table>

续表

| 优先级 | 运算符 | 描述 | 目数 | 结合性 |
|---|---|---|---|---|
| 16 | = += -= *= /= %= &= ^= \|= <<= >>= | 赋值运算符 | 双目 | 从右至左 |
| 17 | , | 逗号运算符 | | 从左至右 |

为便于记忆和教学，可用这样几句话来描述常用的运算符的优先级（从高到低）：“域符运算级最高，成员下标圆括号；自增自减后缀先，单目乘除余加减；左移右移关系紧，位与位或异或间；逻辑与或与为前，条件赋值逗号填。”

# 附录B 字符串类型和CString类

为了满足数据操作不同场合的需要，MFC提供了许多有关数据操作的类。CString就是这样的一个类，它是对C++语言的一个很重要的扩充，有许多非常有用的运算符和成员函数用于**字符串**的操作。由于CString类对象能自动进行内存的动态开辟和释放，因而实际使用时，根本不用担心CString对象的容量大小（它最大可使用214748364个字符）。下面来讨论它的一些典型用法和技巧。

### 1. BSTR、const char*、LPCTSTR和CString

在Visual C++的所有编程方式中，常常要用到这样的一些基本字符串类型，如BSTR、LPSTR和LPWSTR等。之所以出现类似上述的这些数据类型，是因为不同编程语言之间的数据交换以及对ANSI、双字节字符集（Unicode）和多字节字符集（MBCS）的支持。

那么什么是BSTR、LPSTR以及LPWSTR呢？

BSTR（**B**asic **STR**ing，Basic字符串）是一个OLE CHAR*类型的Unicode字符串，它被描述成一个与自动化相兼容的类型。由于操作系统提供相应的API函数（如SysAllocString）来管理它以及一些默认的调度代码，因此BSTR实际上就是一个COM字符串。但它却在自动化技术以外的多种场合下也得到了较为广泛的使用。

LPSTR和LPWSTR是Win32和Visual C++所使用的一种字符串数据类型。LPSTR被定义成是一个指向以NULL（‘\0’）结尾的8位ANSI字符数组指针，而LPWSTR是一个指向以NULL结尾的16位双字节字符数组指针。在Visual C++中，还有类似的字符串类型，如LPTSTR、LPCTSTR等，它们的含义如图B.1所示。

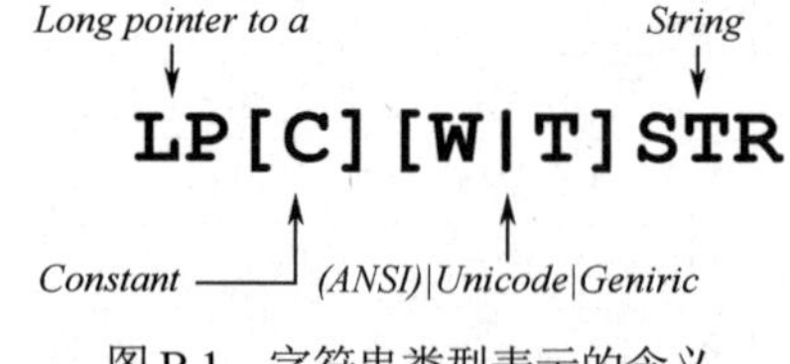


图B.1 字符串类型表示的含义

例如，LPCTSTR是指“long pointer to a constant generic string”，表示“一个指向一般字符串常量的长指针类型”，与C/C++的const char*相映射，而LPTSTR映射为 char*。

CString类支持字符串类型，并可通过CString类构造函数和一些运算符进行构造。CString类构造函数原型如下：

```
CString( );
CString( const CString& stringSrc );
CString( TCHAR ch, int nRepeat = 1 );
```

```
CString( LPCTSTR lpch, int nLength );
CString( const unsigned char* psz );
CString( LPCWSTR lpsz );
CString( LPCSTR lpsz );
```

例如：

```
CString s1;                              // 创建一个空字符串
CString s2( "cat" );                     // 用 C 语言样式的字符串来创建 s2
CString s3 = s2;                         // 使用拷贝构造函数，将 s2 作为 s3 的初值
CString s4( s2 + " " + s3 );             // 用一个字符串表达式来创建 s4
CString s5( 'x' );                       // 使 s5 = "x"
CString s6( 'x', 6 );                    // 使 s6 = "xxxxxx"
CString s7((LPCSTR)ID_FILE_NEW);         // 用资源 ID_FILE_NEW 的字符串值创建 s7
// 等同于：
// CString s7 ;
// s7. LoadString( ID_FILE_NEW ) ;
CString city = "Philadelphia";           // 用 C 语言样式的字符串来创建 city
```

当然，也可使用 CString 类的 Format 成员函数将任意数据类型转换成 CString 字符串（后面专门讨论）。

若将一个 CString 字符串向上述字符串类型进行转换，则可使用 CString 类提供的 const char*、LPCTSTR 运算符以及 AllocSysString 和 SetSysString 成员函数等。例如：

```
// 将 CString 向 LPTSTR 转换的方法一
CString theString( "This is a test" );
LPTSTR lpsz = new TCHAR[theString.GetLength()+1];
// TCHAR 在 Unicode 平台中等同于 WCHAR(16 位 Unicode 字符)，在 ANSI 中等价于 char
_tcscpy( lpsz,   theString);
// 将 CString 向 LPTSTR 转换的方法二
CString theString( "This is a test" );
LPTSTR lpsz = (LPTSTR)(LPCTSTR)theString;
// 将 CString 向 BSTR 转换
CString str("This is a test");
BSTR bstrText = str.AllocSysString();
//...
SysFreeString(bstrText);                 // 用完释放
```

### 2. 字符串的字符访问

在 CString 类中，可以用 SetAt 和 GetAt 来设置或获取指定字符串中的字符，也可以使用运算符“[ ]”来直接操作。它们的函数原型描述如下：

```
void SetAt( int nIndex, TCHAR ch );
```

其中，参数 nIndex 用来指 CString 对象中的某个字符的索引（从 0 开始），它的值必须大于或等于 0，且应小于由 GetLength 返回的值；ch 用来指定要插入的字符。这样，就可将一个 CString 对象看作是一个字符数组，SetAt 成员函数用来改写指定索引的字符。

```
TCHAR GetAt( int nIndex ) const;
```

该函数用来返回由 nIndex 指定索引位置（从 0 开始）的 TCHAR 字符。例如：

```
CString str( "abcdef" );
ASSERT( str.GetAt(2) == 'c' );
// 断言返回的字符与'c'相等。在 MFC 中，断言机制常用于调试，当断言失败后，程序在此中断，
// 然后弹出对话框，询问是否进入调试或选择其他操作
TCHAR operator []( int nIndex) const;
```

这是一个运算符重载函数，即将一个 CString 对象看作一个字符数组，使用下标运行符“[]”，通过指定下标值 nIndex 来获取相应的字符。例如：

```
CString str( "abc" );
ASSERT( str[1] == 'b' );
```

### 3. 清空及字符串长度

清空 CString 对象可用 Empty 函数，判断 CString 对象是否为空用函数 IsEmpty，获取 CString 对象的字符串长度用函数 GetLength，它们的原型如下：

```
void Empty( );
```

该函数强迫 CString 对象为空（字符串长度为 0）并释放相应的内存。

```
BOOL IsEmpty( ) const;
```

该函数用来判断 CString 对象是否为空（字符串长度为 0），“是”为 TRUE，“否”为 FALSE。

```
int GetLength( ) const;
```

该函数用来获取 CString 对象的字符串长度（字符个数），这个长度不包括字符串结尾的结束符。例如：

```
CString s( "abcdef" );
ASSERT( s.GetLength() == 6 );
```

### 4. 提取和大小写转换

CString 类提供许多用来从一个字符串中提取部分字符串的操作函数，也提供了大小写转换函数。下面分别说明。

```
CString Left( int nCount ) const;
```

该函数用来从 CString 对象中提取最前面的 nCount 个字符作为要提取的子字符串（简称**子串**）。如果 nCount 超过了字符串的长度，则整个字符串都被抽取。

```
CString Mid( int nFirst ) const;
CString Mid( int nFirst, int nCount ) const;
```

该函数用来从 CString 对象中提取一个从 nFirst（从 0 开始的索引）指定的位置开始的 nCount 个字符的子串。若 nCount 不指定，则提取的子串是从 nFirst 开始直到字符串结束。

```
CString Right( int nCount ) const;
```

该函数用来从 CString 对象中提取最后面的 nCount 个字符作为要提取的子字符串。如果 nCount 超过了字符串的长度，则整个字符串都被抽取。

```
void MakeLower( );
```

该函数用来将 CString 对象的所有字符转换成小写字符。

```
void MakeUpper( );
```

该函数用来将 CString 对象的所有字符转换成大写字符。

```
void TrimLeft( );
void CString::TrimLeft( TCHAR chTarget );
void CString::TrimLeft( LPCTSTR lpszTargets );
```

该函数用来将 CString 对象最左边的空格、空格和 tab 字符或 chTarget 指定的字符或 lpszTargets 指定的子串删除。

```
void TrimRight( );
void CString::TrimRight( TCHAR chTarget );
void CString::TrimRight( LPCTSTR lpszTargets );
```

该函数用来将 CString 对象最后边的空格、空格和 tab 字符或 chTarget 指定的字符或 lpszTargets 指定的子串删除。例如：

```
CString strBefore;
CString strAfter;
strBefore = "Hockey is Best!!!!" ;
strAfter = strBefore;
strAfter.TrimRight('!' );
// strAfter 中的字符串"Hockey is Best!!!!"变成了"Hockey is Best"
strBefore = "Hockey is Best?!?!?!?!" ;
```

```
strAfter = strBefore;
strAfter.TrimRight("?!?");
// strAfter 中的字符串"Hockey is Best?!?!?!?!"变成了"Hockey is Best"
```

### 5. Format 成员函数

CString 类的 Format 成员函数将任意数据类型转换成 CString 字符串。Format 成员函数使用 C 语言的 printf 格式样式进行创建。例如：

```
CString str;
str.Format( "Floating point: %.2f\n", 12345.12345);
str.Format( "Left-justified integer: %.6d\n", 35);
```

其中，凡格式字串中出现的“以引导符%开始的，以基本类型转换符结束”的子串都是格式参数域，其使用格式如下：

```
%[标识符][m.n][类型修饰符]基本类型转换符
```

格式中，基本类型转换符如表 B.1 所示；在基本类型符的前面可以加上 h、l、L、ll 和 LL 等类型修饰符。其中，h 表示 short 的含义，l 或 L 表示 long 的含义；m.n 是宽度和精度的控制格式，它们都是整数，*m* 表示宽度，*.n* 表示精度，例如，“10.8”、“10”、“10.” 和 “.8” 都是合法的“*m.n*”格式。在格式中还可以使用标识符，如 ‘-’、‘+’、‘#’、‘0’ 和 ‘␣’ 等，指定时，它们必须紧随“%”之后，其含义如表 B.2 所示。

**表 B.1　基本类型转换符**

| 基本类型转换符 | | 对应的类型名 | 说　明 |
|---|---|---|---|
| 整型 | d, i | int, signed [int] | 表示十进制的有符号整型 |
| | u | unsigned [int] | 表示十进制的无符号整型 |
| | o（小写字母） | unsigned [int] | 表示八进制的无符号整型 |
| | x（小写字母） | unsigned [int] | 表示十六进制的无符号整型，对于 10～15 的数使用小写的 a～f 来表示 |
| | X（大写字母） | unsigned [int] | 表示十六进制的无符号整型，对于 10～15 的数使用大写的 A～F 来表示 |
| 浮点型 | e | float, double | 小写形式的 e 格式，即科学记数法（指数形式）中的 e 是小写的 |
| | E | float, double | 大写形式的 E 格式，即科学记数法（指数形式）中的 E 是大写的 |
| | f | float, double | 小数形式的实型格式 |
| | g | float, double | 去掉 e 格式和小数格式中数字后面没有意义的 0 |
| | G | float, double | 去掉 E 格式和小数格式中数字后面没有意义的 0 |
| | c（小写字母） | char | 表示单个字符 |
| | s（小写字母） | 字符串 | 表示字符串 |

**表 B.2　格式输出标志符**

| 标 志 符 | 指定后的结果 | 默 认 结 果 |
|---|---|---|
| - | 在指定的宽度中，输出的内容靠左对齐 | 靠右对齐 |
| + | 强制输出符号，正数前面输出“+”，负数前面输出“-” | 正数前面没有符号；<br>负数前面输出“-” |
| # | 对 c、d、i、u 和 s 类型输出不起作用；<br>对于 o、x 或 X 类型输出来说，它在非零数前面相应地添加进制前缀 0、0x 或 0X；<br>对于 e、E 和 f 类型输出来说，它强制出现小数点；<br>对于 g 或 G 类型输出来说，它强制出现小数点，这样就避免小数尾部 0 被舍去 | 没有前缀<br>小数点视小数出现而出现<br>小数尾部 0 被舍去 |
| 0 | 在指定输出宽度时，数据前面的不足部分用 0 来补齐；若还出现 ‘-’ 标志，则 ‘0’ 标志不起作用 | 不足部分用空格来补齐 |
| ␣ | 强制使用符号“位”，正数前面输出“␣”，负数前面输出“-” | 正数前面没有符号 |

# 附录 C　常用 C++库函数及类库

C++编译器自带了许多头文件，包含用于实现基本输入/输出、数值计算、字符串处理等方面的函数。这里仅列出最常用的一些 C++库函数，如表 C.1～C.3 所示（表格标题后面括号中是使用库函数时需要指定包含的头文件名）。

表 C.1　常用数学函数（cmath 或 math.h）

| 函 数 原 型 | 功 能 说 明 |
|---|---|
| int abs( int n ); | 分别求整数 n 的绝对值，其结果由函数返回 |
| long labs( long n ); | 分别求长整数 n 的绝对值，其结果由函数返回 |
| double fabs( double x ); | 分别求双精度浮点数 x 的绝对值，其结果由函数返回 |
| double cos( double x ); | 求余弦，x 用来指定一个弧度值，结果由函数返回 |
| double sin( double x ); | 求正弦，x 用来指定一个弧度值，结果由函数返回 |
| double tan( double x ); | 求正切，x 用来指定一个弧度值，结果由函数返回 |
| double acos( double x ); | 求反余弦，x 用来指定一个余弦值（-1 到 1 之间），求得的弧度值由函数返回 |
| double asin( double x ); | 求反正弦，x 用来指定一个正弦值（-1 到 1 之间），求得的弧度值由函数返回 |
| double atan( double x ); | 求反正切，x 用来指定一个正切值，求得的弧度值由函数返回 |
| double log( double x ); | 求以 e 为底的对数，结果由函数返回 |
| double log10( double x ); | 求以 10 为底的对数，结果由函数返回 |
| double exp( double x ); | 求 ex，结果由函数返回 |
| double pow( double x, double y ); | 求 xy，结果由函数返回 |
| double sqrt( double x ); | 求 x 的平方根，结果由函数返回 |
| double fmod( double x, double y ); | 求整除 x/y 的余数，结果由函数返回 |
| double ceil( double x ); | 求不小于 x 的最小整数，结果由函数返回 |
| double floor( double x ); | 求不大于 x 的最大整数，结果由函数返回 |

表 C.2　常用字符串函数（cstring 或 string.h）

| 函 数 原 型 | 功 能 说 明 |
|---|---|
| char *strcat( char *strDestination, const char *strSource );<br>char *strncat( char *strDest, const char *strSource, int count ); | 将 strSource 接到 strDestination 后面，函数返回 strDestination，count 指定要接的字符个数 |
| char *strcpy( char *strDestination, const char *strSource );<br>char *strncpy( char *strDest, const char *strSource, int count ); | 将 strSource 复制到 strDestination 中，函数返回 strDestination，count 指定要复制的字符个数 |
| int strcmp( const char *string1, const char *string2 );<br>int strncmp( const char *string1, const char *string2, int count ); | 比较两个字符串，count 指定要比较的字符个数。当它们相同时，函数返回 0，小于则返回负数，否则返回正数 |
| int strlen( const char *string ); | 返回 string 中的字符个数 |
| char *strchr( const char *string, int c ); | 找出 string 中首次出现字符 c 的指针位置 |
| char *strstr( const char *string, const char *strCharSet ); | 找出 string 中首次出现子串 strCharSet 的指针位置，若不存在，函数返回 NULL |

表 C.3　其他常用函数（cstdlib 或 stdlib.h）

| 函数原型 | 功能说明 |
|---|---|
| void abort( void ); | 立即结束当前程序运行，但不做结束工作 |
| void exit( int status ); | 结束当前程序运行，做结束工作。若 status 为 0，表示正常退出 |
| double atof( const char *string ); | 将字符串 string 转换成浮点数，结果由函数返回 |
| int atoi( const char *string ); | 将字符串 string 转换成整数，结果由函数返回 |
| long atol( const char *string ); | 将字符串 string 转换成长整数，结果由函数返回 |
| int rand( void ); | 产生一个随机数 |
| void srand( unsigned int seed ); | 随机数种子发生器 |
| __max(a, b); | 返回 a 和 b 中最大的数（Visual C++），其他编译器为 max(a, b) |
| __min(a, b); | 返回 a 和 b 中最小的数（Visual C++），其他编译器为 min(a, b) |

# 附录 D　匈牙利命名规则

为了增强程序的可读性，许多 Visual Basic、Visual C++及 Delphi 程序员广泛使用“匈牙利标记法”的命名规则来定义标识符，这是为了纪念传奇性的 Microsoft 程序员 Charles Simonyi（匈牙利人）。但不要恪守这样的原则，因为它本身也在不断改进。以下介绍的匈牙利命名规则仅供参考。

### 1. 标识符的前缀

通常用一个或多个小写字母作为变量的前缀，表示变量类型。多数情况下，使用变量类型的第一个字母，这样容易记忆也容易理解。表 D.1 是常用变量的前缀。

表 D.1　常用变量的前缀

| 前　缀 | 含　义 |
|---|---|
| byt | BYTE 类型 |
| b | BOOL 类型 |
| c | char 类型 |
| d | double 类型 |
| dw | DWORD 类型 |
| h | 句柄（Handle） |
| hf | 文件句柄（File Handle） |
| hwnd | 窗口句柄（Window Handle） |
| l | long 类型 |
| n 或 i | int 类型 |
| o | 对象（Object） |
| p | 指针 |
| s | 字符串（String） |

### 2. 变量的状态

在不同的程序结构中，变量的状态是不一样的，如一个变量可能是临时的。给变量加上状态的描述有助于其他用户了解变量的重要性。表 D.2 是常用变量的状态标识。

表 D.2　常用变量的状态标识

| 字　符 | 含　义 |
|---|---|
| Bak | 表示备份状态 |
| Cur | 表示当前状态 |
| New | 表示新的状态 |
| Sav | 表示保存状态 |
| Tem | 表示临时状态 |

### 3. 变量的作用

变量的作用通常包括该变量的使用场合、与什么相关等内容。例如，用 Clr 表示该变量与颜色（Color）有关。一般用少量的字母来表示变量的作用，但最好选用完整的英文单词，若单词字母太多（超过 8 个），则取前 3 个字母或通用的缩写来表示，如表 D.3 所示。

表 D.3　部分变量的作用标识

| 字　符 | 含　义 |
|---|---|
| Attr | 属性 |
| Bk | 背景 |
| Btm 或 Bottom | 底部 |
| Clr 或 Color | 颜色 |
| Col | 列 |
| File | 文件 |
| Left | 左边 |
| Len 或 Length | 长度 |
| Msg 或 Message | 消息 |
| Name | 名称 |
| Num | 数量 |
| Right | 右边 |
| Row | 行 |
| Scr | 屏幕 |
| Top | 顶部 |
| X | X 坐标 |
| Y | Y 坐标 |

### 4. 变量的后缀

变量的后缀通常用于表示多个变量。例如，clrRValue1、clrRValue2 表示颜色（Color）的红色（Red）分量的两个标识符；又如 nNumMax、nNumMin 表示最大和最小整数的两个标识符。

通过以上的命名规则，应该很容易地定义出可读性较强的标识符。但也要看到，命名规则不是一成不变的，在不同的应用环境中，标识所表示的意义也有所不同，例如字母 B，在颜色中表示蓝色（Blue）分量，而在数据类型中表示 BOOL 型。而且实际上，不同版本的 C++开发环境还使用各自的命名规则。例如，CEx_SDIApp 是 MFC 命名规则，表示用户的应用类名，C 表示类（Class），注意这里的类型字母却是用大写的字母表示的，App 表示应用类（Application）；再如用 m_前缀表示一个类的成员变量，等等。

实际上，用户甚至还可以创立自己的命名规则，例如 Ex_SDI，Ex_表示前缀，意思是"练习"，SDI 表示单文档应用程序类型。但不管采用什么样的命名规则，其本身应该是易理解、易归纳的。